电力安全标准汇编

输配电和供用电卷

国家能源局电力安全监管司　编

浙江人民出版社
ZHEJIANG PEOPLE'S PUBLISHING HOUSE

中国电力传媒集团
CHINA ELECTRIC POWER MEDIA GROUP

内 容 提 要

为了保障电力系统的安全运行，促进电力标准和规程规范的全面实施，国家能源局组织编写了《电力安全标准汇编》。

本书为《电力安全标准汇编 输配电和供用电卷》，主要内容包括：架空输电线路运行规程、直流输电系统可靠性评价规程、配电线路带电作业技术导则、城市电网供电安全标准、用电安全导则等，共24个标准。本书另附一张光盘，汇编相关电力安全标准，共22个。

本书可作为全国电力行业从事设计、施工、验收、运行、维护、检修、安全、调度、通信、用电、计量和管理等方面的技术人员和管理人员的必备标准工具书，也可作为电力工程相关专业人员和师生的参考工具书。

图书在版编目（CIP）数据

电力安全标准汇编. 输配电和供用电卷/国家能源局电力安全监管司编. —杭州：浙江人民出版社，2014.12

ISBN 978-7-213-06465-4

Ⅰ. ①电… Ⅱ. ①国… Ⅲ. ①电力安全—安全标准—汇编—中国 ②输配电线路—安全标准—汇编—中国 ③供电管理—安全标准—汇编—中国 ④用电管理—安全标准—汇编—中国 Ⅳ. ①TM7-65

中国版本图书馆CIP数据核字（2014）第298936号

电力安全标准汇编 输配电和供用电卷

作　　者：国家能源局电力安全监管司
出版发行：浙江人民出版社　中国电力传媒集团
经　　销：中电联合（北京）图书销售有限公司
　　　　　销售部电话：（010）63416768　60617430
印　　刷：三河市鑫利来印装有限公司
责任编辑：杜启孟　宗　合
责任印制：郭福宾
版　　次：2014年12月第1版·2014年12月第1次印刷
规　　格：787mm×1092mm　16开本·38.25印张·980千字
书　　号：ISBN 978-7-213-06465-4
定　　价：**188.00元**

编 制 说 明

  电能是社会发展，人民生活不可或缺的重要能源；安全是现代社会生产经营活动顺利进行的前提条件。因此，保障电力系统安全稳定运行，既是电力工业科学发展、安全发展的迫切需要，又是提升国力、国民生活水平和维护社会稳定、促进社会和谐的必要条件。

  近年来，我国电力系统安全生产工作取得了丰硕成果，各类事故逐年减少，安全生产水平逐步提高，电力安全标准日臻完善。然而，有关电力行业安全的标准相对分散，缺乏全面、系统的分类汇总，不利于电力企业安全生产和电力安全科学研究工作。

  为贯彻落实党中央、国务院关于开展安全生产的重要指示，进一步加强电力系统安全意识，促进电力标准和规程规范的全面实施，我们组织了本套标准汇编，主要汇集了最新版的国家安全标准、电力行业安全标准等。标准汇编力求系统、准确，编排力争科学、精炼，基本满足电力行业技术管理人员、电力科学研究人员的工作需要。

  随着我国社会生产水平的发展，标准将不断更新、完善。目前，安全标准的覆盖尚不全面，有些标准需要今后补充制定，本标准汇编中所收录的标准也会及时修订，希望广大读者在参考、引用汇编中所收录标准的同时，关注标准的发布、修订等信息，及时更新并使用最新标准。

国家能源局电力安全监管司

2013 年 12 月

目　　录

光盘目录

架空输电线路运行规程

DL/T 741—2010

代替 DL/T 741—2001

输配电和供用电卷

电力安全标准汇编

目　　次

前　言

本标准是根据国家发展改革委办公厅《关于印发 2007 年行业标准修订、制订计划的通知》（发改办工业〔2007〕1415 号）的安排，对 DL/T 741—2001《架空送电线路运行规程》的修订。

本标准与 DL/T 741—2001 相比主要变化如下：

——原标准适用于交流 35kV～500kV 架空送电线路的运行。根据 IEC 对于电压等级的划分，以及国内电压等级的发展而达成的共识，35kV 为配电电压等级，交流 750kV 为新发展的电压等级，因此将本标准范围调整为适用于 110（66）kV～750kV 架空输电线路运行，35kV 架空线路及直流架空输电线路可参照执行。

——为规范术语，将原标准的名称"架空送电线路运行规程"更改为"架空输电线路运行规程"。

——增加了输电线路保护区的维护及输电线路的环境保护的章节。

本标准的附录 A 为规范性附录，附录 B、附录 C 为资料性附录。

本标准实施后代替 DL/T 741—2001。

本标准由中国电力企业联合会提出。

本标准由全国电力架空线路标准化技术委员会线路运行分技术委员会归口。

本标准主要起草单位：国网电力科学研究院、国家电网公司、华北电网有限公司、山西省电力公司、山东电力集团公司、辽宁省电力有限公司、河北省电力公司、黑龙江省电力有限公司、湖北省电力试验研究院、湖北省超高压输变电公司、浙江省金华电业局。

本标准主要起草人：易辉、张爱军、刘亚新、张强、程学启、周国华、李字明、刘长江、汪涛、胡毅、应伟国、尹正来、陶文秋、吕军、何慧雯、张丽华、贾雷亮、罗永勤。

本标准于 2001 年 2 月 12 日首次发布，本次为第一次修订。

本标准在执行过程中的意见或建议反馈至中国电力企业联合会标准化中心（北京市白广路二条 1 号，100761）。

架空输电线路运行规程

1 范围

本标准规定了架空输电线路运行工作的基本要求、技术标准，输电线路巡视、检测、维修、技术管理及线路保护区的维护和线路的环境保护等。

本标准适用于交流 110（66）kV～750kV 架空输电线路。35kV 架空线路及直流架空输电线路可参照执行。

2 规范性引用文件

下列文件中的条款通过本标准的引用而成为本标准的条款。凡是注日期的引用文件，其随后所有的修改单（不包括勘误的内容）或修订版均不适用于本标准，然而，鼓励根据本标准达成协议的各方研究是否可使用这些文件的最新版本。凡是不注日期的引用文件，其最新版本适用于本标准。

GB/T 2900.51　电工术语　架空线路（GB/T 2900.51—1998，IEC 60050（466）：1990，IDT）

GB/T 4365　电工术语　电磁兼容（GB/T 4365—2003，IEC 60050（161）：1990，IDT）

GB/T 16434　高压架空线路和发电厂、变电所环境污区分级及外绝缘选择标准

GB 50233　110～500kV 架空送电线路施工及验收规范

DL/T 409　电业安全工作规程（电力线路部分）

DL/T 626　劣化盘形悬式绝缘子检测规程

DL/T 887　杆塔工频接地电阻测量

DL/T 966　送电线路带电作业技术导则

DL/T 5092　110～500kV 架空送电线路设计技术规程

DL/T 5130　架空送电线路钢管杆设计技术规定

中华人民共和国主席令第 60 号　《中华人民共和国电力法》1995 年 12 月

中华人民共和国国务院令第 239 号　《电力设施保护条例》1998 年 1 月

中华人民共和国国家经济贸易委员会/中华人民共和国公安部令第 8 号　《电力设施保护条例实施细则》1999 年 3 月

3 术语和定义

GB/T 2900.51 和 GB/T 4365 确立的以及下列术语和定义适用于本标准。

3.1 居民区　residential area

工业企业地区、港口、码头、火车站、城镇、村庄等人口密集区，属于公众环境。

3.2 非居民区　nonresidential area

上述居民区以外地区，均属非居民区。虽然时常有人、有车辆或农业机械到达，但未遇房屋或房屋稀少的地区，亦属非居民区。

3.3 民房　residences

有人长时间居住的建筑物，包括其中的房间或平台。也包括经地方规划批准建设的医

院、幼儿园、学校、办公楼等有人长时间居住或工作的建筑物。

3.4 输电线路保护区 transmission line protected region

导线边线向外侧水平延伸一定距离，并垂直于地面所形成的两平行面内的区域。

3.5 微气象区 area of minute meteorological phenomena

是指某一大区域内的局部地段。由于地形、位置、坡向及温度、湿度等出现特殊变化，造成局部区域形成有别于大区域的更为特殊且对线路运行产生严重影响的气象区域。

3.6 微地形区 area of micro-topography

为大地形区域中的一个局部狭小的范围。微地形按分类主要有垭口型微地形、高山分水岭型微地形、水汽增大型微地形、地形抬升型微地形、峡谷风道型微地形等。

3.7 采动影响区 mining area

地下开采引起或有可能引起地表移动变形的区域。

3.8 线路的电磁环境 electromagnetic environment of line

输电线路运行时线路电压、电流所产生的电场效应、磁场效应以及电晕效应所产生的无线电干扰、电视干扰和可听噪声等对人和动物的生活环境和生活质量可能产生的影响，包括静电感应、地面电场强度、地面磁感应强度、无线电干扰水平、可听噪声水平、风噪声水平等参数对人和动物的生活基本不产生影响下的环境限值。

3.9 线路巡视 line inspection

为掌握线路的运行状况，及时发现线路本体、附属设施以及线路保护区出现的缺陷或隐患，并为线路检修、维护及状态评价（评估）等提供依据，近距离对线路进行观测、检查、记录的工作。根据不同的需要（或目的），线路巡视可分为三种：正常巡视、故障巡视、特殊巡视。

3.10 正常巡视 periodic inspection

线路巡视人员按一定的周期对线路所进行的巡视，包括对线路设备（指线路本体和附属设备）和线路保护区（线路通道）所进行的巡视。

3.11 故障巡视 fault inspection

运行单位为查明线路故障点，故障原因及故障情况等所组织的线路巡视。

3.12 特殊巡视 special inspection

在特殊情况下或根据特殊需要、采用特殊巡视方法所进行的线路巡视。特殊巡视包括夜间巡视、交叉巡视、登杆塔检查、防外力破坏巡视以及直升机（或利用其他飞行器）空中巡视等。

4 基本要求

4.1 线路的运行工作应贯彻安全第一、预防为主的方针，严格执行电力安全工作规程的有关规定。运行维护单位应全面做好线路的巡视、检测、维修和管理工作，应积极采用先进技术和实行科学管理，不断总结经验、积累资料、掌握规律，保证线路安全运行。

4.2 运行维护单位应参与线路的规划、可行性研究、路径选择、设计审核、杆塔定位、材料设备的选型及招标等生产全过程管理工作，并根据本地区的特点、运行经验和反事故措施，提出要求和建议，使设计与运行协调一致。

4.3 对于新投运的线路，应按 GB 50233 等相关标准和规定进行验收移交。

4.4 运行维护单位应建立健全岗位责任制，运行、管理人员应掌握设备状况和维修技术，熟知有关规程制度，经常分析线路运行情况，提出并实施预防事故、提高安全运行水平的措施。如发生事故，应按电业生产事故调查有关规定进行。

4.5 运行单位应根据运行经验，在线路状态分析评估的基础上逐步开展线路状态检修工作。

4.6 每条线路应有明确的维修管理界限，应与发电厂、变电站和相邻的运行管理单位明确划分分界点，不应出现空白点。

4.7 新型杆塔、导线、金具、绝缘子以及工具等应经试验合格通过后方能使用。

4.8 应开展电力设施保护宣传教育工作，建立和完善电力设施保护工作机制和责任制，加强线路保护区管理，防止外力破坏。

4.9 线路外绝缘的配置应在长期监测的基础上，结合运行经验，综合考虑防污、防雷、防风偏、防覆冰等因素。

4.10 对易发生外力破坏、鸟害的地区和处于洪水冲刷区等区域内的输电线路，应加强巡视，并采取针对性技术措施。

4.11 线路的杆塔上必须有线路名称、杆塔编号、相位以及必要的安全、保护等标志，同塔双回、多回线路应有醒目的标志。

4.12 运行中应加强对防鸟装置、标志牌、警示牌及有关监测装置等附属设施的维护，确保其完好无损。

5 运行标准

5.1 杆塔与基础

5.1.1 基础表面水泥不应脱落，钢筋不应外露，装配式、插入式基础不应出现锈蚀，基础周围保护土层不应流失、塌陷；基础边坡保护距离应满足 DL/T 5092 的要求。

5.1.2 杆塔的倾斜、杆（塔）顶挠度、横担的歪斜程度不应超过表 1 的规定。

表 1 杆塔倾斜、杆（塔）顶挠度、横担歪斜最大允许值

类　别	钢筋混凝土电杆	钢管杆	角钢塔	钢管塔
直线杆塔倾斜度（包括挠度）	1.5%	0.5%（倾斜度）	0.5%（50 m 及以上高度铁塔） 1.0%（50 m 以下高度铁塔）	0.5%
直线转角杆最大挠度		0.7%		
转角和终端杆 66kV 及以下最大挠度		1.5%		
转角和终端杆 110kV～220kV 最大挠度		2%		
杆塔横担歪斜度	1.0%		1.0%	0.5%

5.1.3 铁塔主材相邻接点间弯曲度不应超过 0.2%。

5.1.4 钢筋混凝土杆保护层不应腐蚀脱落、钢筋外露，普通钢筋混凝土杆不应有纵向裂纹和横向裂纹，缝隙宽度不应超过 0.2mm，预应力钢筋混凝土杆不应有裂纹。

5.1.5 拉线拉棒锈蚀后直径减少值不应超过 2mm。

5.1.6 拉线基础埋层厚度、宽度不应减少。

5.1.7 拉线镀锌钢绞线不应断股，镀锌层不应锈蚀、脱落。

5.1.8 拉线张力应均匀，不应严重松弛。

5.2 导线与地线

5.2.1 导、地线由于断股、损伤造成强度损失或减少截面的处理标准应按表 2 的规定。

表 2 导线、地线断股、损伤造成强度损失或减少截面的处理

线 别	处 理 方 法			
	金属单丝、预绞丝补修条补修	预绞丝护线条、普通补修管补修	加长型补修管、预绞丝接续条	接续管、预绞丝接续条、接续管补强接续条
钢芯铝绞线钢芯铝合金绞线	导线在同一处损伤导致强度损失不超过总拉断力的 5%且截面积损伤未超过总导电部分截面积的 7%	导线在同一处损伤导致强度损失在总拉断力的 5%～17%间,且截面损伤在总导电部分截面积的 7%～25%间	导线损伤范围导致强度损失在总拉断力的 17%～50%间,且截面积损伤在总导电部分截面积的 25%～60%间	导线损伤范围导致强度损失在总拉断力的 50%以上,且截面积损伤在总导电部分截面积的 60%及以上
铝绞线铝合金绞线	断股损伤截面不超过总面积的 7%	断股损伤截面占总面积的 7%～25%	断股损伤截面占总面积的 25%～60%	断股损伤截面超过总面积的 60%及以上
镀锌钢绞线	19 股断 1 股	7 股断 1 股 19 股断 2 股	7 股断 2 股 19 股断 3 股	7 股断 2 股以上 19 股断 3 股以上
OPGW	断损伤截面不超过总面积的 7%(光纤单元未损伤)	断股损伤截面占面积的 7%～17%,光纤单元未损伤(修补管不适用)		

注: 1. 钢芯铝绞线导线应未伤及钢芯,计算强度损失或总铝截面损伤时,按铝股的总拉断力和铝总截面积作基数进行计算。

2. 铝绞线、铝合金绞线导线计算损伤截面时,按导线的总截面积作基数进行计算。

3. 良导体架空地线按钢芯铝绞线计算强度损失和铝截面损失。

5.2.2 导、地线不应出现腐蚀、外层脱落或疲劳状态,强度试验值不应小于原破坏值的 80%。

5.2.3 导、地线弧垂不应超过设计允许偏差:110kV 及以下线路为 +6.0%、-2.5%;220kV 及以上线路为 +3.0%、-2.5%。

5.2.4 导线相间相对弧垂值不应超过:110kV 及以下线路为 200mm,220kV 及以上线路为 300mm。

5.2.5 相分裂导线同相子导线相对弧垂值不应超过以下值:垂直排列双分裂导线 100mm,其他排列形式分裂导线 220kV 为 80mm,330kV 及以上线路 50mm。

5.2.6 OPGW 接地引线不应松动或对地放电。

5.2.7 导线对地线距离及交叉距离应符合附录 A 的要求。

5.3 绝缘子

5.3.1 瓷质绝缘子伞裙不应破损,瓷质不应有裂纹,瓷釉不应烧坏。

5.3.2 玻璃绝缘子不应自爆或表面有裂纹。

5.3.3 棒形及盘形复合绝缘子伞裙、护套不应出现破损或龟裂,端头密封不应开裂、老化。

5.3.4 钢帽、绝缘件、钢脚应在同一轴线上,钢脚、钢帽、浇装水泥不应有裂纹、歪斜、变形或严重锈蚀,钢脚与钢帽槽口间隙不应超标。钢脚锈蚀判据标准见附录 B。

5.3.5 盘形绝缘子绝缘电阻 330kV 及以下线路不应小于 300MΩ,500kV 及以上线路不应小于 500MΩ。

5.3.6 盘形绝缘子分布电压不应为零或低值。

5.3.7 锁紧销不应脱落变形。

5.3.8 绝缘横担不应有严重结垢、裂纹,不应出现瓷釉烧坏、瓷质损坏、伞裙破损。

5.3.9 直线杆塔绝缘子串顺线路方向偏斜角（除设计要求的预偏外）不应大于7.5°，或偏移值不应大于300mm，绝缘横担端部偏移不应大于100mm。

5.3.10 地线绝缘子、地线间隙不应出现非雷击放电或烧伤。

5.4 金具

5.4.1 金具本体不应出现变形、锈蚀、烧伤、裂纹，连接处转动应灵活，强度不应低于原值的80%。

5.4.2 防振锤、防振阻尼线、间隔棒等金具不应发生位移、变形、疲劳。

5.4.3 屏蔽环、均压环不应出现松动、变形，均压环不得反装。

5.4.4 OPGW余缆固定金具不应脱落，接续盒不应松动、漏水。

5.4.5 OPGW预绞丝线夹不应出现疲劳断脱或滑移。

5.4.6 接续金具不应出现下列任一情况：
a) 外观鼓包、裂纹、烧伤、滑移或出口处断股，弯曲度不符合有关规程要求；
b) 温度高于相邻导线温度10℃，跳线联板温度高于相邻导线温度10℃；
c) 过热变色或连接螺栓松动；
d) 金具内部严重烧伤、断股或压接不实（有抽头或位移）；
e) 并沟线夹、跳线引流板螺栓扭矩值未达到相应规格螺栓拧紧力矩（见表3）。

表3 螺栓型金具钢质热镀锌螺栓拧紧力矩值

螺栓直径 mm	8	10	12	14	16	18	20
拧紧力矩 N·m	9～11	18～23	32～40	50	80～100	115～140	105

5.5 接地装置

5.5.1 检测到的工频接地电阻值（已按季节系数换算）不应大于设计规定值（见表4）。

5.5.2 多根接地引下线接地电阻值不应出现明显差别。

5.5.3 接地引下线不应断开或与接地体接触不良。

5.5.4 接地装置不应出现外露或腐蚀严重，被腐蚀后其导体截面不应低于原值的80%。

表4 水平接地体的季节系数

接地射线埋深 m	季节系数
0.5	1.4～1.8
0.8～1.0	1.25～1.45

注：检测接地装置工频接地电阻时，如土壤较干燥，季节系数取较小值；土壤较潮湿时，季节系数取较大值。

6 巡视

6.1 基本要求

6.1.1 线路运行单位对所管辖输电线路，均应指定专人巡视，同时明确其巡视的范围和电力设施保护（包括宣传、组织群众护线）等责任。

6.1.2 线路巡视以地面巡视为基本手段，并辅以带电登杆（塔）检查、空中巡视等。

6.1.3 正常巡视包括对线路设备（本体、附属设施）及通道环境的检查，可以按全线或区段进行。巡视周期相对固定，并可动态调整。线路设备与通道环境的巡视可按不同的周期分别进行。

6.1.4 故障巡视应在线路发生故障后及时进行，巡视人员由运行单位根据需要确定。巡视范围为发生故障的区段或全线。线路发生故障时，不论开关重合是否成功，均应及时组织故障巡视。巡视中巡视人员应将所分担的巡视区段全部巡完，不得中断或漏巡。发现故障点后应及时报告，遇有重大事故应设法保护现场。对引发事故的证物证件应妥为保管设法取回，并对事故现场应进行记录、拍摄，以便为事故分析提供证据或参考。

6.1.5 特殊巡视应在气候剧烈变化、自然灾害、外力影响、异常运行和对电网安全稳定运行有特殊要求时进行。特殊巡视根据需要及时进行，巡视的范围视情况可为全线、特定区段或个别组件。

6.1.6 线路巡视中，如发现危急缺陷或线路遭到外力破坏等情况，应立即采取措施并向上级或有关部门报告，以便尽快予以处理。

对巡视中发现的可疑情况或无法认定的缺陷，应及时上报以便组织复查、处理。

6.2 设备巡视的要求及内容

6.2.1 设备巡视应沿线路逐基逐档进行并实行立体式巡视，不得出现漏点（段），巡视对象包括线路本体和附属设施。

6.2.2 设备巡视以地面巡视为主，可以按照一定的比例进行带电登杆（塔）检查，重点对导线、绝缘子、金具、附属设施的完好情况进行全面检查。

6.2.3 设备巡视检查的内容可参照表5执行。

表5　架空输电线路巡视检查主要内容表

巡视对象		检查线路本体和附属设施有无以下缺陷、变化或情况
线路本体	地基与基面	回填土下沉或缺土、水淹、冻胀、堆积杂物等
	杆塔基础	破损、酥松、裂纹、露筋、基础下沉、保护帽破损、边坡保护不够等
	杆塔	杆塔倾斜、主材弯曲、地线支架变形、塔材、螺栓丢失、严重锈蚀、脚钉缺失、爬梯变形、土埋塔脚等；混凝土杆未封杆顶、破损、裂纹等
	接地装置	断裂、严重锈蚀、螺栓松脱、接地带丢失、接地带外露、接地带连接部位有雷电烧痕等
	拉线及基础	拉线金具等被拆卸、拉线棒严重锈蚀或蚀损、拉线松弛、断股、严重锈蚀、基础回填土下沉或缺土等
	绝缘子	伞裙破损、严重污秽、有放电痕迹、弹簧销缺损、钢帽裂纹、断裂、钢脚严重锈蚀或蚀损、绝缘子串顺线路方向倾斜角大于7.5°或300mm
	导线、地线、引流线、屏蔽线、OPGW	散股、断股、损伤、断线、放电烧伤、导线接头部位过热、悬挂漂浮物、弧垂过大或过小、严重锈蚀、有电晕现象、导线缠绕（混线）、覆冰、舞动、风偏过大、对交叉跨越物距离不够等
	线路金具	线夹断裂、裂纹、磨损、销钉脱落或严重锈蚀；均压环、屏蔽环烧伤、螺栓松动；防振锤跑位、脱落、严重锈蚀、阻尼线变形、烧伤；间隔棒松脱、变形或离位；各种连板、连接环、调整板损伤、裂纹等
附属设施	防雷装置	避雷器动作异常、计数器失效、破损、变形、引线松脱；放电间隙变化、烧伤等
	防鸟装置	固定式：破损、变形、螺栓松脱等； 活动式：动作失灵、褪色、破损等； 电子、光波、声响式：供电装置失效或功能失效、损坏等

9

巡视对象		检查线路本体和附属设施有无以下缺陷、变化或情况
附属设施	各种监测装置	缺失、损坏、功能失效等
	杆号、警告、防护、指示、相位等标志	缺失、损坏、字迹或颜色不清、严重锈蚀等
	航空警示器材	高塔警示灯、跨江线彩球等缺失、损坏、失灵
	防舞防冰装置	缺失、损坏等
	ADSS 光缆	损坏、断裂、弛度变化等

6.3 通道环境巡视的要求及内容

6.3.1 通道环境巡视应对线路通道、周边环境、沿线交跨、施工作业等情况进行检查，及时发现和掌握线路通道环境的动态变化情况。

6.3.2 在确保对线路设备巡视到位的基础上宜适当增加通道环境巡视次数，根据线路路径特点安排步行巡视或乘车巡视，对通道环境上的各类隐患或危险点安排定点检查。

6.3.3 对交通不便和线路特殊区段可采用空中巡视或安装在线监测装置等。

6.3.4 通道环境巡视检查的内容按表 6 执行。

表 6 架空输电线路通道环境巡视检查主要内容表

巡视对象		检查线路通道环境有无以下缺陷、变化或情况
线路通道环境	建（构）筑物	有违章建筑，导线与建（构）筑物安全距离不足等
	树木（竹林）	树木（竹林）与导线安全距离不足等
	施工作业	线路下方或附近有危及线路安全的施工作业等
	火灾	线路附近有烟火现象，有易燃、易爆物堆积等
	交叉跨越	出现新建或改建电力、通信线路、道路、铁路、索道、管道等
	防洪、排水、基础保护设施	坍塌、淤堵、破损等
	自然灾害	地震、洪水、泥石流、山体滑坡等引起通道环境的变化
	道路、桥梁	巡线道、桥梁损坏等
	污染源	出现新的污染源或污染加重等
	采动影响区	出现裂缝、塌陷等情况
	其他	线路附近有人放风筝、有危及线路安全的飘浮物、线路跨越鱼塘边无警示牌、采石（开矿）、射击打靶、藤蔓类植物攀附杆塔等

6.4 巡视周期的确定原则

6.4.1 运行维护单位应根据线路设备和通道环境特点划分区段，结合状态评价和运行经验确定线路（区段）巡视周期。同时依据线路区段和时间段的变化，及时对巡视周期进行必要的调整。

6.4.2 不同区域线路（区段）巡视周期的一般规定：

　　a）城市（城镇）及近郊区域的巡视周期一般为 1 个月；

　　b）远郊、平原等一般区域的巡视周期一般为 2 个月；

　　c）高山大岭、沿海滩涂、戈壁沙漠等车辆人员难以到达区域的巡视周期一般为 3 个月。

在大雪封山等特殊情况下，采取空中巡视、在线监测等手段后可适当延长周期，但不应超过

6个月；

  d）以上应为设备和通道环境的全面巡视，对特殊区段宜增加通道环境的巡视次数。

6.4.3 不同性质的线路（区段）巡视周期：

  a）单电源、重要电源、重要负荷、网间联络等线路的巡视周期不应超过1个月；

  b）运行状况不佳的老旧线路（区段）、缺陷频发线路（区段）的巡视周期不应超过1个月。

6.4.4 对通道环境恶劣的区段，如易受外力破坏区、树竹速长区、偷盗多发区、采动影响区、易建房区等应在相应时段加强巡视，巡视周期一般为半个月。

6.4.5 新建线路和切改区段在投运后3个月内，每月应进行1次全面巡视，之后执行正常巡视周期。

6.4.6 运行维护单位每年应进行巡视周期的修订，必要时应及时调整巡视周期。

7 检测

7.1 线路检测是发现设备隐患，开展设备状态评估，为状态检修提供科学依据的重要手段。

7.2 所采用的检测技术应成熟，方法应正确可靠，测试数据应准确。

7.3 应做好检测结果的记录和统计分析，并做好检测资料的存档保管。

7.4 检测项目与周期规定见表7。

表 7　检 测 项 目 与 周 期

	项　　目	周期年	备　　　注
杆塔	钢筋混凝土杆裂缝与缺陷检查	必要时	根据巡视发现的问题
	钢筋混凝土杆受冻情况检查 （1）杆内积水 （2）冻土上拔 （3）水泥杆放水孔检查	 1 1 1	根据巡视发现的问题 在结冻前进行 在结冻和解冻后进行 在结冻前进行
	杆塔、铁件锈蚀情况检查	3	对新建线路投运5年后，进行一次全面检查，以后结合巡线情况而定；对杆塔进行防腐处理后应做现场检验
	杆塔倾斜、挠度	必要时	根据实际情况选点测量
	钢管塔	必要时	应满足DL/T 5130的要求
	钢管杆	必要时	对新建线路投运1年后，进行一次全面检查，应满足DL/T 5130的要求
	表面锈蚀情况 挠度测量	1 必要时	对新建线路投运2年内，每年测量1次，以后根据巡线情况
绝缘子	盘形瓷绝缘子绝缘测试	6～10	330kV及以上：6年；220kV及以下：10年
	绝缘子污秽度测量	1	根据实际情况定点测量，或根据巡视情况选点测量
	绝缘子金属附件检查	2	投运后第5年开始抽查
	瓷绝缘子裂纹、钢帽裂纹、浇装水泥及伞裙与钢帽位移	必要时	每次清扫时
	玻璃绝缘子钢帽裂纹、伞裙闪络损伤	必要时	每次清扫时
	复合绝缘子伞裙、护套、黏结剂老化、破损、裂纹；金具及附件锈蚀	2～3	根据运行需要
	复合绝缘子电气机械抽样检测试验	5	投运5～8年后开始抽查，以后至少每5年抽查1次

项　目		周期年	备　注
导线、地线（OPGW）（铝包钢）	导线、地线磨损、断股、破股、严重锈蚀、放电损伤外层铝股、松动等	每次检修时	抽查导、地线线夹必须及时打开检查
	大跨越导线、地线振动测量	2～5	对一般线路应选择有代表性档距进行现场振动测量，测量点应包括悬垂线夹、防振锤及间隔棒线夹处，根据振动情况选点测量
	导线、地线舞动观测	在舞动发生时应及时观测	
	导线弧垂、对地距离、交叉跨越距离测量	必要时	线路投入运行1年后测量1次，以后根据巡视结果决定
金具	导流金具的测试： （1）直线接续金具 （2）不同金属接续金具 （3）并沟线夹、跳线连接板、压接式耐张线夹	必要时 必要时 每次检修	接续管采用望远镜观察接续管口导线有否断股、灯笼泡或最大张力后导线拔出移位现象；每次线路检修测试连接金具螺栓扭矩值应符合标准；红外测试应在线路负荷较大时抽测，根据测温结果确定是否进行测试
	金具锈蚀、磨损、裂纹、变形检查	每次检修时	外观难以看到的部位，应打开螺栓、垫圈检查或用仪器检查。如果开展线路远红外测温工作，则每年进行一次测温，根据测温结果确定是否进行测试
	间隔棒（器）检查	每次检修时	投运1年后紧固1次，以后进行抽查
防雷设施及接地装置	杆塔接地电阻测量	5	根据运行情况可调整时间，每次雷击故障后的杆塔应进行测试
	线路避雷器检测	5	根据运行情况或设备的要求可调整时间
	地线间隙检查 防雷间隙检查	必要时 1	根据巡视发现的问题进行
基础	铁塔、钢管杆（塔）基础（金属基础、预制基础、现场浇制基础、灌注桩基础）	5	抽查，挖开地面1m以下，检查金属件锈蚀、混凝土裂纹、酥松、损伤等变化情况
	拉线（拉棒）装置、接地装置	5	拉棒直径测量；接地电阻测试必要时开挖
	基础沉降测量	必要时	根据实际情况选点测量
其他	气象测量	必要时	选点进行
	无线电干扰测量	必要时	根据实际情况选点测量
	地面场强测量	必要时	根据实际情况选点测量

注：1. 检测周期可根据本地区实际情况进行适当调整，但应经本单位总工程师批准。
　　2. 检测项目的数量及线段可由运行单位根据实际情况选定。
　　3. 大跨越或易舞区宜选择具有代表性地段杆塔装设在线监测装置。

8　维修

8.1　维修项目应按照设备状况、巡视、检测的结果和反事故措施确定，其主要项目及周期见表8和表9。

表8　线路维修的主要项目及周期

序号	项　目	周期年	维　修　要　求
1	杆塔紧固螺栓	必要时	新线投运需紧固1次

序号	项 目	周期年	维 修 要 求
2	混凝土杆内排水，修补防冻装置	必要时	根据季节和巡视结果在结冻前进行
3	绝缘子清扫	1～3	根据污秽情况、盐密灰密测量、运行经验调整周期
4	防振器和防舞动装置维修调整	必要时	根据测振仪监测结果调整周期进行
5	砍修剪树、竹	必要时	根据巡视结果确定，发现危急情况随时进行
6	修补防汛设施	必要时	根据巡视结果随时进行
7	修补巡线道、桥	必要时	根据现场需要随时进行
8	修补防鸟设施和拆巢	必要时	根据需要随时进行
9	各种在线监测设备维修调整	必要时	根据监测设备监测结果进行
10	瓷绝缘子涂 RTV 长效涂料	必要时	根据涂刷 RTV 长效涂料后绝缘子表面的憎水性确定

表 9　根据巡视结果及实际情况需维修的项目

序号	项 目	备 注
1	更换或补装杆塔构件	根据巡视结果进行
2	杆塔铁件防腐	根据铁件表面锈蚀情况决定
3	杆塔倾斜扶正	根据测量、巡视结果进行
4	金属基础、拉线防腐	根据检查结果进行
5	调整、更新拉线及金具	根据巡视、测试结果进行
6	混凝土杆及混凝土构件修补	根据巡视结果进行
7	更换绝缘子	根据巡视、测试结果进行
8	更换导线、地线及金具	根据巡视、测试结果进行
9	导线、地线损伤补修	根据巡视结果进行
10	调整导线、地线弧垂	根据巡视、测量结果进行
11	处理不合格交叉跨越	根据测量结果进行
12	并沟线夹、跳线连板检修紧固	根据巡视、测试结果进行
13	间隔棒更换、检修	根据检查、巡视结果进行
14	接地装置和防雷设施维修	根据检查、巡视结果进行
15	补齐线路名称、杆号、相位等各种标志及警告指示、防护标志、色标	根据巡视结果进行

8.2 维修工作应根据季节特点和要求安排，应及时落实各项反事故措施。

8.3 维修时，除处理缺陷外，应对杆塔上各部件进行检查，并做好记录。

8.4 维修工作应遵守有关检修工艺要求及质量标准。更换部件维修（如更换杆塔、横担、导线、地线、绝缘子等）时，要求更换后新部件的强度和参数不低于原设计要求。

8.5 抢修工作应注意以下条款。

　　a）运行维护单位应建立健全抢修机制；

　　b）运行维护单位应配备抢修工具，根据不同的抢修方式分类配备工具，并分类保管；

　　c）运行维护单位应根据线路的运行特点研究制定不同方式的应急抢修预案，应急抢修预案应经过专责工程师审核并经总工程师的审定批准，批准后的抢修预案应定期进行演练和完善；

d) 运行维护单位应根据事故备品备件管理规定，配备充足的事故备品、抢修工具、照明设备及必要的通信工具，不应挪作他用。抢修后，应及时清点补充。事故备品备件应按有关规定及本单位的设备特点和运行条件确定种类和数量。事故备品应单独保管，定期检查测试，并确定各类备件轮回更新使用周期和办法。

8.6 线路维修检测工作应广泛开展带电作业，以提高线路运行的可用率。对紧凑型线路开展带电作业应计算或实测最大操作过电压倍数，认真核对塔窗的最小安全距离，慎重进行。

8.7 线路维修工作应逐步向状态维修过渡和发展。状态维修应根据运行巡视、检测和运行状态监测等数据结果，在充分进行技术分析和评估的基础上开展，确保维修及时和维修质量。

9 特殊区段的运行要求

9.1 特殊区段

输电线路的特殊区段是指线路设计及运行中不同于其他常规区段、经超常规设计建设的线路区段。特殊区段包括以下情况：

　　a）大跨越；

　　b）多雷区；

　　c）重污区；

　　d）重冰区；

　　e）微地形、气象区；

　　f）采动影响区。

9.2 大跨越的运行要求

9.2.1 大跨越段应根据环境、设备特点和运行经验制订专用现场规程，维护检修的周期应根据实际运行条件确定。

9.2.2 宜设专门维护班组。在洪汛、覆冰、大风和雷电活动频繁的季节，宜设专人监视，做好记录，有条件的可装自动检测设备。

9.2.3 应加强对杆塔、基础、导线、地线、接线、绝缘子、金具及防洪、防冰、防舞、防雷、测振等设施的检测和维修，并做好定期分析工作。

9.2.4 大跨越段应定期对导、地线进行振动测量。

9.2.5 大跨越段应适当缩短接地电阻测量周期。

9.2.6 大跨越段应做好长期的气象、覆冰、雷电、水文的观测记录和分析工作。

9.2.7 主塔的升降设备、航空指示灯、照明和通信等附属设施应加强维修保养，经常保持在良好状态。

9.3 多雷区的运行要求

9.3.1 多雷区的线路应做好综合防雷措施，降低杆塔接地电阻值，适当缩短检测周期。

9.3.2 雷季前，应做好防雷设施的检测和维修，落实各项防雷措施，同时做好雷电定位观测设备的检测、维护、调试工作，确保雷电定位系统正常运行。

9.3.3 雷雨季期间，应加强对防雷设施各部件连接状况、防雷设备和观测装置动作情况的检测，并做雷电活动观测记录。

9.3.4 应做好被雷击线路的检查，对损坏的设备应及时更换、修补，对发生闪络的绝缘子串的导线、地线线夹必须打开检查，必要时还须检查相邻档线夹及接地装置。

9.3.5 结合雷电定位系统的数据，组织好对雷击事故的调查分析，总结现有防雷设施效果，研究更有效的防雷措施，并加以实施。

9.4 重污区的运行要求

9.4.1 重污区线路外绝缘应配置足够的爬电比距，并留有裕度；特殊地区可以在上级主管部门批准后，在配置足够的爬电比距后，若有必要，可在瓷绝缘子上喷涂长效防污闪涂料。

9.4.2 应选点定期测量盐密、灰密，要求检测点较一般地区多。必要时建立污秽实验站，以掌握污秽程度、污秽性质、绝缘子表面积污速率及气象变化规律。

9.4.3 污闪季节前，应逐基确定污秽等级、检查防污闪措施的落实情况。污秽等级与爬电比距不相适应时应及时调整绝缘子串的爬电比距、调整绝缘子类型或采取其他有效的防污闪措施。线路上的零（低）值绝缘子应及时更换。

9.4.4 防污清扫工作应根据污秽度、积污速度、气象变化规律等因素确定周期，及时安排清扫，保证清扫质量。

9.4.5 应建立特殊巡视责任制，在恶劣天气时进行现场特巡，发现异常及时分析并采取措施。

9.4.6 应做好测试分析，掌握规律，总结经验，针对不同性质的污秽物选择相应有效的防污闪措施，临时采取的补救措施应及时改造为长期防御措施。

9.5 重冰区的运行要求

9.5.1 处于重冰区的线路应进行覆冰观测，有条件或危及重要线路运行的区域应建立覆冰观测站，研究覆冰性质、特点，制定反事故措施。特殊地区的设备要加装融冰装置。

9.5.2 经实践证明不能满足重冰区要求的杆塔型式、绝缘子串型式、导线排列方式应有计划地进行改造或更换，做好记录，并提交设计部门在同类地区不再使用。

9.5.3 覆冰季节前应对线路做全面检查，消除设备缺陷，落实除冰、融冰和防止导线、地线跳跃、舞动的措施，检查各种观测、记录设施，并对融冰装置进行检查、试验，确保必要时能投入使用。

9.5.4 覆冰季节应有专门观测维护组织，加强巡视、观测，做好覆冰和气象观测记录及分析，研究覆冰和舞动的规律，随时了解冰情，适时采取相应措施。

9.6 微地形、气象区的运行要求

9.6.1 频发超设计标准的自然灾害地区应设立微气象观测站点，通过监测确定微气象区的分布及基本情况。

9.6.2 已经投入运行，经实践证明不能满足微气象区要求的杆塔型式、绝缘子串型式、导线排列方式应有计划地进行改造或更换，做好记录，并与设计单位沟通，在同类地区不得再使用。

9.6.3 大风季节前应对微气象区运行线路做全面检查，消除设备缺陷，落实各项防风措施。

9.6.4 新建线路，选择走径时应尽量避开运行单位提供的微气象地区；确实无法避让时应采取符合现场实际的设计方案，确保线路安全运行。

9.7 采动影响区的运行要求

9.7.1 应与线路所在地区地质部门、煤矿等矿产部门联系，了解输电线路沿线地质和塔位处煤层的开采计划及动态情况，绘制特殊区域分布图，并采取针对性的运行措施。

9.7.2 位于采动影响区的杆塔，应在杆塔投运前安装杆塔倾斜监测仪。

9.7.3 运行中发现基础周围有地表裂缝时，应积极与设计单位联系，进行现场勘察，确定处理方案。依据处理方案，及时对塔基周围的地表裂缝、塌陷进行处理，防止雨水、山洪加剧诱发地基塌陷。

9.7.4 应加强线路的运行巡视，结合季节变化进行采动影响区杆塔倾斜、基础根开变化、塔材或杆体变形、拉线变化、导地线弧垂变化、地表塌陷和裂缝变化检查；对发生倾斜的采动影响区杆塔应缩短周期、密切监测，及时采取应对措施，避免发生倒塔断线事故。

10 线路保护区的运行要求

10.1 架空输电线路保护区内不得有建筑物、厂矿、树木（高跨设计除外）及其他生产活动。一般地区各级电压导线的边线保护区范围如表10所示。

表10 一般地区各级电压导线的边线保护区范围

电压等级 kV	边线外距离 m
66～110	10
220～330	15
500	20
750	25

在厂矿、城镇等人口密集地区，架空输电线路保护区的区域可略小于上述规定。但各级电压导线边线延伸的距离，不应小于导线在最大计算弧垂及最大计算风偏后的水平距离和风偏后距建筑物的安全距离之和。

10.2 巡视人员应及时发现保护区隐患，并记录隐患的详细信息。

10.3 运行维护单位应联系隐患所属单位（个人），告知电力设施保护的有关规定，及时将隐患消除。

10.4 运行维护单位对无法消除的隐患，应及时上报，并做好现场监控工作。

10.5 运行维护单位应建立隐患台账，并及时更新。台账的内容包括：发现时间、地点、情况、所属单位（个人）、联系方式、处理情况及结果等。

10.6 运行维护单位应向保护区内有固定场地的施工单位宣讲《中华人民共和国电力法》和《电力设施保护条例》等有关规定，并与之签订安全责任书，同时加强线路巡视，必要时应进行现场监护。

10.7 运行维护单位对保护区内可能危及线路安全运行的作业（如使用吊车等大型施工机械），应及时予以制止或令其采取安全措施，必要时应进行现场监护。

10.8 在易发生隐患的线路杆塔上或线路附近，应设置醒目的警示、警告类标志。

10.9 线路遭受破坏或线路组（配）件被盗，应及时报告当地公安部门并配合侦查。

10.10 宜采用先进的技防措施，对隐患进行预防或监控。

11 输电线路的环境保护

11.1 工频电场

输电线路投产运行后，线路运行电压、线路参数、塔型结构及相序排列等均已确定，线下的工频电场基本变化不大。运行维护中应注意因线路弧垂变化大导致工频电场变化。

11.2 工频磁场

输电线路投产运行后，线路塔型结构及相序排列等均已确定。在运行维护过程中，应注意因线路负荷变化、弧垂变化导致工频磁场变化。

11.3 无线电干扰

在运行初期，新建线路导线表面有毛刺或架线过程中可能有导线与金具的损伤，导线容易起晕，无线电干扰值普遍偏高。运行半年至一年后，输电线路老化过程基本完成，无线电干扰值将降低至限值之内。

对运行一年后的输电线路进行维护时，应注意外力和运行过程中自身的磨损而使得导线、金具发生损伤，从而导致的无线电干扰增大。

11.4 可听噪声

线路运行维护时，应关注天气状况变化和其他原因所导致输电线路可听噪声的变化，避免由此引起公众投诉。

12 技术管理

12.1 运行单位应建立和完善输电线路生产管理系统，并在此基础上开展技术管理。

12.2 运行单位必须存有的有关资料，至少应包括下列基本的法律、法规、规程、制度：

    a)《中华人民共和国电力法》；

    b)《电力设施保护条例》；

    c)《电力设施保护条例实施细则》；

    d) DL/T 741；

    e) DL/T 409；

    f)《电业生产事故调查规程》；

    g) DL/T 5092；

    h) GB 50233；

    i) DL/T 966；

    j) GB/T 16434；

    k) DL/T 626；

    l) DL/T 887。

12.3 运行单位至少应有下列图表：

    a) 地区电力系统接线图；

    b) 设备一览表；

    c) 设备评级图表；

    d) 事故跳闸统计表；

    e) 反事故措施计划表；

    f) 年度技改、大修计划表；

    g) 周期性检测计划表；

    h) 工器具和仪器、仪表试验以及检测（校验）计划表；

    i) 人员培训计划表。

12.4 业主、设计和施工方移交的基础资料应包括下列内容：

    a) 工程建设依据性文件及资料：

    1) 国有土地使用证、规划许可证、施工许可证、建设用地许可、用地批准等，塔基占地、拆迁、青苗损坏、林木砍伐等补偿文件、协议、合同等；

2）同规划、土地、林业、环保、建设、通信、军事、民航等的往来合同、协议；

3）可研报告和审批文件。

b）线路设计文件及资料：

1）设计任务书；

2）初设审查意见的批复；

3）工程设计图。

c）与沿线有关单位、政府、个人签订的合同、协议（包括青苗、林木等赔偿协议，交叉跨越、房屋拆迁协议、各种安全协议等）；

d）施工、供货文件及资料：

1）符合实际的竣工图；

2）设计变更通知单及有关设计图；

3）原材料和器材产品合格证明、检测试验报告；

4）代用材料清单；

5）工程施工质量文件及各种施工原始记录、数据；

6）隐蔽工程检查验收记录及签证书；

7）施工缺陷处理明细表及附图；

8）未按原设计施工的各项明细表及附图；

9）未完工程及需改进工程清单；

10）线路杆塔 GPS 坐标记录；

11）导线、避雷线的连接器和接头位置及数量记录；

12）杆塔偏移及挠度记录；

13）导线风偏校核和测试记录；

14）线路交叉跨越明细及测试记录；

15）绝缘子检测记录；

16）杆塔接地电阻测量记录；

17）导线换位记录；

18）工程试验报告或记录；

19）质量监督报告；

20）工程竣工验收报告。

12.5 运行单位应结合实际需要，具备下列记录。

a）检测记录：

1）杆塔偏移、倾斜和挠度测量记录；

2）杆塔金属部件锈蚀检查记录；

3）导线弧垂、交叉跨越和限距测量记录；

4）绝缘子检测记录；

5）接地装置以及接地电阻检测记录；

6）绝缘子附盐密度、灰密度测量记录；

7）导线、地线覆冰、振动、舞动观测记录；

8）大跨越监测记录；

9）雷电观测记录；

10）红外测温记录；

11）工器具和仪器、仪表试验以及检测（校验）记录。

b）运行维护管理记录：

1）线路巡视记录；

2）带电检修记录；

3）停电检修记录；

4）检修消缺记录；

5）线路跳闸、事故及异常运行记录；

6）事故备品、备件记录；

7）设备评级记录；

8）对外联系记录及有关协议。

12.6 运行单位应结合实际需要，开展以下专项技术工作并形成专项技术管理记录：

a）设备台账；

b）防雷管理；

c）防污闪管理；

d）防覆冰舞动管理；

e）线路特殊区段的管理；

f）保护区管理。

12.7 线路运行维护工作分析总结资料应包括下列内容：

a）输电线路年度工作总结；

b）事故、异常情况分析；

c）专项技术分析报告；

d）线路设备运行状态评价报告。

附 录 A

（规范性附录）

线路导线对地距离及交叉跨越

A.1 弧垂计算

导线对地面、建筑物、树木、铁路、道路、河流、管道、索道及各种架空线路的距离，应根据导线运行温度40℃（若导线按允许温度80℃设计时，导线运行温度取50℃）情况或覆冰无风情况求得的最大弧垂计算垂直距离，根据最大风情况或覆冰情况求得的最大风偏进行风偏校验。

计算上述距离，可不考虑由于电流、太阳辐射等引起的弧垂增大，但应计及导线架线后塑性伸长的影响和设计、施工的误差。重覆冰区的线路，还应计算导线不均匀覆冰和验算覆冰情况下的弧垂增大。

大跨越的导线弧垂应按导线实际能够达到的最高温度计算。

输电线路与主干铁路、高速公路交叉，采用独立耐张段。

输电线路与标准轨距铁路、高速公路及一级公路交叉时，如交叉档距超过200 m，最大弧垂应按导线允许温度计算，导线的允许温度按不同要求取70℃或80℃计算。

A.2 导线与地面距离

导线与地面的距离，在最大计算弧垂情况下，不应小于表 A.1 所列数值。

表 A.1 导线与地面的最小距离

地区类别	线路电压 kV				
	66～110	220	330	500	750
居民区 m	7.0	7.5	8.5	14.0	19.5
非居民区 m	6.0	6.5	7.5	11.0 (10.5)	15.5 (13.7)
交通困难地区 m	5.0	5.5	6.5	8.5	11.0

注：1. 500kV 线路对非居民区 11m 用于导线水平排列，10.5 m 用于导线三角排列的单回路；
　　2. 750kV 线路对非居民区 15.5 m 用于导线水平排列单回路的农业耕作区，13.7 m 用于导线水平排列单回路的非农业耕作区；
　　3. 交通困难地区是指车辆、农业机械不能到达的地区。

A.3 导线与山坡距离

导线与山坡、峭壁、岩石之间的净空距离，在最大计算风偏情况下，不应小于表 A.2 所列数值。

表 A.2 导线与山坡、峭壁、岩石最小净空距离

线路经过地区	线路电压 kV				
	66～110	220	330	500	750
步行可以到达的山坡 m	5.0	5.5	6.5	8.5	11.0
步行不能到达的山坡、峭壁和岩石 m	3.0	4.0	5.0	6.5	8.5

A.4 导线与建筑物之间的垂直距离

线路导线不应跨越屋顶为易燃材料做成的建筑物。对耐火屋顶的建筑物，应尽量不跨越，特殊情况需要跨越时，电力建设部门应采取一定的安全措施，并与有关部门达成协议或取得当地政府同意。500kV 及以上线路导线对有人居住或经常有人出入的耐火屋顶的建筑物不应跨越。导线与建筑物之间的垂直距离，在最大计算弧垂情况下，不应小于表 A.3 所列数值。

表 A.3 导线与建筑物之间的最小垂直距离

线路电压 kV	66～110	220	330	500	750
垂直距离 m	5.0	6.0	7.0	9.0	11.5

A.5 线路边导线与建筑物之间的水平距离

线路边导线与建筑物之间的水平距离，在最大计算风偏情况下，不应小于表 A.4 所列数值。

表 A.4 边导线与建筑物之间的最小水平距离

线路电压 kV	66～110	220	330	500	750
水平距离 m	4.0	5.0	6.0	8.5	11.0

在无风情况下，边导线与建筑物之间的水平距离，不应小于表 A.5 所列数值。

表 A.5　边导线与建筑物之间的水平距离

线路电压 kV	66～110	220	330	500	750
水平距离 m	2.0	2.5	3.0	5.0	6.0

500kV 及以上输电线路跨越非长期住人的建筑物或邻近民房时，房屋所在位置离地面 1.5 m 处的未畸变电场不得超过 4kV/m。

A.6　线路通过林区

线路通过林区及成片林时应采取高跨设计，未采取高跨设计时，应砍伐出通道，通道内不得再种植树木。通道宽度不应小于线路两边相导线间的距离和林区主要树种自然生长最终高度两倍之和。通道附近超过主要树种自然生长最终高度的个别树木，也应砍伐。

对不影响线路安全运行，不妨碍对线路进行巡视、维修的树木或果林、经济作物林或高跨设计的林区树木，可不砍伐，但树木所有者与线路运行单位应签订限高协议，确定双方责任，运行中应对这些特殊地段建立台账并定期测量维护，确保线路导线在最大弧垂或最大风偏后与树木之间的安全距离不小于表 A.6 和表 A.7 所列数值。

表 A.6　导线在最大弧垂、最大风偏时与树木之间的安全距离

线路电压 kV	66～110	220	330	500	750
最大弧垂时垂直距离 m	4.0	4.5	5.5	7.0	8.5
最大风偏时净空距离 m	3.5	4.0	5.0	7.0	8.5

表 A.7　导线与果树、经济作物、城市绿化灌木及街道树之间的最小垂直距离

线路电压 kV	66～110	220	330	500	750
垂直距离 m	3.0	3.5	4.5	7.0	8.5

A.7　导线与树木间距

对于已运行线路先于架线栽种的防护区内树木，也可采取削顶处理。树木削顶要掌握好季节、时间，果树宜在果农剪枝时进行，在水源充足的湿地或沟渠旁的杨树、柳树及杉树等 7、8 月份生长很快，宜在每年 6 月底前削剪。

A.8　与弱电线路交叉

线路与弱电线路交叉时，对一、二级弱电线路的交叉角应分别大于等于 45°、30°，对三级弱电线路不限制。

A.9　防火防爆间距

线路与甲类火灾危险性的生产厂房、甲类物品库房、易燃、易爆材料堆场以及可燃或易燃、易爆液（气）体储罐的防火间距，不应小于杆塔高度加 3m，还应满足其他的相关规定。

A.10　与交通设施、线路、管道间距

线路与铁路、公路、电车道以及道路、河流、弱电线路、管道、索道及各种电力线路交叉或接近的基本要求，应符合表 A.8 和表 A.9 的要求。跨越弱电线路或电力线路，如导线截面按允许载流量选择，还应校验最高允许温度时的交叉距离，其数值不得小于操作过电压间隙，且不得小于 0.8m。

21

表 A.8 输电线路与铁路、公路、电车道交叉或接近的基本要求

项目	铁路				公路	电车道（有轨及无轨）	
导线或避雷线在跨越档内接头	不得接头				高速公路，一级公路不得接头	不得接头	
最小垂直距离 m 线路电压 kV	至轨顶 标准轨	窄轨	电气轨	至承力索或接触线	至路面	至路面	至承力索或接触线
66～110	7.5	7.5	11.5	3.0	7.0	10.0	3.0
154～220	8.5	7.5	12.5	4.0	8.0	11.0	4.0
330	9.5	8.5	13.5	5.0	9.0	12.0	5.0
500	14.0	13.0	16.0	6.0	14.0	16.0	6.5
750	19.5	18.5	21.5	7.0(10.0)	19.5	21.5	7.0(10.0)
线路电压 kV	杆塔外缘至轨道中心		杆塔外缘到路基边缘 交叉：8m 10m(750kV)；平行：最高杆塔高加3m		杆塔外缘到路基边缘 开阔地区 / 路径受限制地区	杆塔外缘到路基边缘 开阔地区 / 路径受限制地区	
66～220	交叉：30m；平行：最高杆塔高加3m				开阔地区 5.0 / 路径受限制地区 5.0	交叉：8m 10m(750kV)；平行：最高杆塔加3m / 路径受限制地区 5.0	
330					6.0	6.0	
500					8.0（15.0）	8.0	
750					10.0（20.0）	10.0	
邻档断线时的最小垂直距离 m 线路电压 kV	至轨顶			至承力索或接触线	至路面	至承力索或接触线	
110	7.0			2.0	6.0	2.0	
备注	不宜在铁路出站信号机以内跨越				1. 三、四级公路可不检验邻档断线 2. 括号内为高速公路数值，高速公路路基边缘是指公路下缘的排水沟		

表 A.9 输电线路与河流、弱电线路、电力线路、管道、索道交叉或接近的基本要求

项目	通航河流		不通航河流		弱电线路	电力线路	管道	索道
导线或避雷线在跨越档内接头	不得接头		不限制		不限制	110kV 及以上不得接头	不得接头	不得接头
最小垂直距离 m 线路电压 kV	至5年一遇洪水位	至遇高航行水位最高船樯顶	至5年一遇洪水位	冬季至冰面	至被跨越线	至被跨越线	至管道任何部分	至索道任何部分
66～110	6.0	2.0	3.0	6.0	3.0	3.0	4.0	3.0
154～220	7.0	3.0	4.0	6.5	4.0	4.0	5.0	4.0
330	8.0	4.0	5.0	7.5	5.0	5.0	6.0	5.0
500	9.5	6.0	6.5	11.0（水平）10.5（三角）	8.5	6.0（8.5）	7.5	6.5

项目		通航河流	不通航河流		弱电线路	电力线路	管道	索道
	750	11.5	8.0	8.0	15.5	12.0	7.0（12.0）	9.5	11.0（底部）8.5（顶部）

最小垂直距离 m	线路电压 kV	边导线至斜坡上缘		与边导线间		与边导线间		与导线至管道、索道任何部分	
				开阔地区	路径受限制地区（在最大风偏时）	开阔地区	路径受限制地区（在最大风偏时）	开阔地区	路径受限制地区（在最大风偏时）
	66～110	最高杆塔高度		最高杆塔高度	4.0	最高杆塔高度	5.0	最高杆塔高度	4.0
	154～220				5.0		7.0		5.0
	330				6.0		9.0		6.0
	500				8.0		13.0		7.5
	750				10.0		16.0		9.5（管道）8.5（顶部）11（底部）

邻档断线时最小垂直距离 m	线路电压 kV	不检验		至被跨越物	不检验	至管道任何部分	不检验
	66～110			1.0		1.0	
	154			2.0		2.0	

附加要求及备注	1. 最高洪水时，有抗洪抢险船只航行的河流垂直距离应协商确定 2. 不通航河流指不能通航也不能浮运的河流	送电线路应架在上方，三级线可不检验邻档断线	1. 电压较高的线路架在电压较低线路的上方 2. 公用线路架在专用线路的上方 3. 不宜在杆塔顶部跨越，500kV 线路跨越杆塔时为 8.5 m，跨越档距中央时为 6 m	1. 与索道交叉，如索道在上方，索道的下方应装保护设施 2. 交叉点不应选在管道的检查并（孔）处 3. 与管、索道平行、交叉时索道应接地 4. 管、索道上的附属设施，均应视为管、索道的一部分 5. 特殊管道指架设在地面上输送易燃、易爆物品管道

附 录 B

（资料性附录）

绝缘子钢脚腐蚀判据

绝缘子钢脚腐蚀判据见表 B.1。

表 B.1 绝缘子钢脚腐蚀判据

序号	现 象	说 明	判 断
1		仅水泥界面锌层腐蚀	继续运行

表 B.1（续）

序号	现象	说明	判断
2		锌层损失，钢脚颈部开始腐蚀	结合设备标准检修时更换
3		钢脚腐蚀进展很快，颈部出现腐蚀物沉积	立即更换

附　录　C
（资料性附录）
采动影响区分级标准与防灾措施

采动影响区分级标准与防灾措施见表 C.1。

表 C.1　采动影响区分级标准与防灾措施

级别	采厚比	防灾措施		
		线路	基础	铁塔
Ⅰ	100 以上		不受限制	加强观测，与煤炭开采部门提前联系
Ⅱ	40～100		采用地脚螺栓连接方式的刚性基础	采用自立型铁塔；开采区安装杆塔倾斜在线监测仪
Ⅲ	40 以下	避免采用同塔双回或多回路	采用加长地脚螺栓连接方式的大板基础	采用自立型铁塔，塔腿具备可更换要求；不宜采用耐张塔；开采区全部安装在线监测仪

±800kV 直流架空输电线路运行规程

GB/T 28813—2012

输配电和供用电卷

目　　次

前　言

本标准按照 GB/T 1.1—2009 给出的规则起草。

本标准的附录 A、附录 B 为资料性附录，附录 C 为规范性附录。

本标准由中国电力企业联合会提出。

本标准由全国高压直流输电工程标准化技术委员会（SAC/TC 324）归口。

本标准起草单位：国家电网公司运行分公司、湖北超高压输变电公司。

本标准主要起草人：王国满、涂明、杜勇、董晓虎、龙飞、常乃超。

±800kV 直流架空输电线路运行规程

1 范围

本标准规定了±800kV 特高压直流架空输电线路、接地极线路及极址运行工作的基本要求、技术标准，并对线路巡视检查、检测、在线监测、缺陷管理、维修、运行标准、技术管理等提出了具体要求。

本标准适用于±800kV 特高压直流架空输电线路、接地极线路及极址。

2 规范性引用文件

下列文件对于本文件的应用是必不可少的。凡是注日期的引用文件，仅注日期的版本适用于本文件。凡是不注日期的引用文件，其最新版本（包括所有的修改单）适用于本文件。

GB/T 2900.51 电工术语 架空线路

DL 409 电业安全工作规程（电力线路部分）

DL 436 高压直流架空送电线路技术导则

DL 437 高压直流接地极技术导则

DL 558 电业生产事故调查规程

DL/T 626 劣化盘形悬式绝缘子检测规程

DL/T 741 架空送电线路运行规程

DL/T 763 架空线路用预绞式金具技术条件

DL/T 810 直流棒型悬式复合绝缘子技术条件

DL/T 864 标称电压高于 1000V 交流架空线路用复合绝缘子使用导则

DL/T 1069 架空输电线路导地线补修导则

DL/T 5092 110～500kV 架空送电线路设计技术规程

DL/T 5235 ±800kV 及以下直流架空输电线路工程施工及验收规程

中华人民共和国电力法

中华人民共和国电力设施保护条例

中华人民共和国电力设施保护条例实施细则

3 术语和定义

下列术语和定义适用于本文件。

3.1 线路本体缺陷 deviant item in electric line

组成线路本体的全部构件、附件及零部件，包括基础、杆塔、导地线、OPGW 光缆、绝缘子、金具、接地装置等发生的缺陷。

3.2 附属设施缺陷 deviant item of ancillary facilities

附加在线路本体上的线路标志、警示牌及各种技术监测及具有特殊用途的设备（在线监测设备，防雷、防鸟装置等）发生的缺陷。

3.3 外部隐患 external risks

外部环境变化对线路的安全运行构成某种潜在性威胁的情况，如：在保护区内违章建房、种植树（竹）、堆物、取土以及各种施工作业等。

3.4 一般缺陷 general deviant item

缺陷情况对线路的安全运行威胁较小，在一定期间内不影响线路安全运行的一类缺陷。此类缺陷应列入年、季检修计划中加以消除。

3.5 严重缺陷 serious deviant item

缺陷情况对线路安全运行已构成严重威胁，短期内线路尚可维持安全运行。此类缺陷应在短时间内消除，消除前须加强监视。

3.6 危及缺陷 crisis deviant item

缺陷情况已危及到线路安全运行，随时可能导致线路发生事故，必须尽快消除或临时采取确保线路安全的技术措施进行处理，随即消除。

3.7 特殊区段 special section

线路设计及运行中不同于其他常规区段或运行中环境有重大变化的线路区段，运行维护必须有不同于其他线路的手段，运行单位应根据线路沿线地形、地貌、环境、气象条件及气候变化等情况划分出特殊区段，并应根据不同区域（区段）的特点、运行经验，制定出相应的管理办法保证线路较高的健康水平。

3.8 线路保护区 electric line protection area

±800kV 直流架空输电线路保护区：导线边线向外侧水平延伸 30m 并垂直于地面所形成的两平行面内的区域。在厂矿、城镇等人口密集地区，架空电力线路保护区的区域可略小于上述规定。但导线边线延伸的距离，不应小于导线在最大计算弧垂及最大计算风偏后的水平距离和风偏后距建筑物的安全距离之和。

4 基本要求

4.1 ±800kV 直流架空输电线路的运行工作必须贯彻"安全第一、预防为主、综合治理"的方针，严格执行 DL 409 有关规定。运行单位应全面做好线路的巡视、检测、维修和管理工作，应积极采用先进技术和实行科学管理，不断总结经验、积累资料、掌握规律，保证线路安全运行。

4.2 运行维护单位必须建立健全岗位责任制，运行、管理人员应掌握设备状况和维修技术，熟知有关规程制度，经常分析线路运行情况，提出并实施预防事故、提高安全运行水平的措施，如发生事故，应按 DL 558 的有关规定进行。

4.3 运行维护单位必须以科学的态度管理 ±800kV 直流架空输电线路，结合日常线路巡视、技术监督及在线监测等工作对设备运行状况进行综合评估，以指导线路状态检修的开展，确保 ±800kV 直流架空输电线路的健康水平和安全运行。

4.4 运行维护单位应根据线路沿线地形、地貌、环境、气象条件等特点，结合运行经验，逐步摸清并划定特殊区域（区段），如：大跨越段线路或位于重污区、重冰区、多雷区、不良地质区、微气象区等，并将其纳入危险点及预控措施管理体系。

4.5 ±800kV 直流架空输电线路必须有明确的维护界限，应与换流站和相邻的运行管理单位明确划分分界点，不得出现空白点。分界点按有关规定执行。

4.6 ±800kV 直流架空输电线路正常运行情况下，对应换流站极Ⅰ的直流线路编号为Ⅰ号输电线路（简称极Ⅰ），该线的极色为红色；对应换流站极Ⅱ的直流线路编号为Ⅱ号输电线路（简称极Ⅱ），该线的极色为深蓝色。

4.7 ±800kV 直流架空输电线路必须装设线路故障测距、定位装置及分析系统，线路的杆塔上必须有线路名称、杆塔编号，以及必要的安全、保护、极性等标志，同塔双回应有色标。所有标志和警示要符合相关规定。

4.8 运行单位应充分利用高科技手段对线路进行在线监测，对于新型器材和设备必须经试验、鉴定合格后方能试用，在试用的基础上逐步推广应用。

4.9 运行维护单位应严格遵守执行《中华人民共和国电力法》、《中华人民共和国电力设施保护条例》、《中华人民共和国电力设施保护条例实施细则》，防止外力破坏，做好线路设施保护及群众护线工作。

5 工程前期和建设阶段要求

5.1 运行单位应积极参与 ±800kV 直流架空输电线路工程设计审查工作，了解工程概况和设计情况，依据有关设计规程、上级文件，结合线路沿线的自然地理条件、经济发展情况和运行经验，提出意见和建议。

5.2 为确保 ±800kV 直流架空输电线路工程的建设质量，工程建设阶段，运行维护单位应成立组织机构，适时介入线路工程的终勘定线，并参加工程设计的审查、设备选型、招标等各项工作。

5.3 为加强 ±800kV 直流架空输电线路建设期间的全过程管理，运行单位应选派熟悉线路设计、施工及验收规范，并掌握 ±800kV 直流架空输电线路工程质量检测方法的人员作为运行方代表进驻施工现场，做好工程质量检查工作。

5.4 在施工过程中，运行维护单位派出代表应熟悉设计图纸、建设管理文件，熟悉线路途经区域地质地貌、气象水文等自然条件，逐步熟悉设备结构特点参数等技术指标。运行代表应抽查技术文件、材质证明、施工记录等需要移交的资料，深入现场了解通道处理情况。

5.5 运行维护单位参加线路图纸会审和工程验收会议，在验收中严格按照有关规定进行分部工程验收和隐蔽工程检查，认真做好中间验收和阶段性检查工作。

5.6 运行维护单位在 ±800kV 直流架空输电线路的中间验收、生产验收中，对不符合设计、施工及验收规范或不满足线路安全运行要求的工程项目，督促相关单位限期整改，缺陷消除前线路不得投入运行。

5.7 工程竣工验收后，运行维护单位应及时派专人负责技术资料、备品备件以及专用工具的交接。

5.8 ±800kV 直流架空输电线路启动投运前，运行维护单位对线路进行全面巡视检查，送电过程中运行维护单位进行现场监视和夜间巡视，实时监控线路投运情况。

5.9 运行维护单位应在生产准备阶段积极开展检修和带电工器具的研制和开发工作。

6 运行要求

±800kV 直流架空输电线路设备运行状况超过下述各条标准或出现下述各种不应出现的情况时，应进行处理。

6.1 基础

6.1.1 基础表面水泥脱落、钢筋外露、基础周围环境发生不良变化；周围土壤有明显下沉或显著变化，GB/T 28813—2012 出现水洞、塌方、沉陷等不良情况。

6.1.2 塔脚与保护帽接触处有积水现象，保护帽或基础面无散水坡度，无法保证自然散水工件表面光滑。

6.1.3 杆塔基础上方或周围有取土现象或水土流失情况，影响基础稳定。

6.2 杆塔

6.2.1 杆塔的倾斜、横担的歪斜程度超过表 1 的规定。

表 1 杆塔倾斜、横担歪斜最大允许值

类　别	杆塔倾斜度（包括绕度）	横担歪斜度
100m 以下杆塔	0.25%	1‰
100m 及以上高塔	0.15%	1‰

6.2.2 耐张塔受力后向内角倾斜，终端塔受力后向内角或线路方向倾斜。

6.2.3 杆塔相邻节点间主材弯曲度角钢铁塔不超过 1/750；钢管塔不得超过 1/1000。

6.2.4 塔材丢失或锈蚀严重，铁塔螺栓松动或缺损，脚钉丢失。

6.3 导线与地线（含光纤复合架空地线）

6.3.1 导、地线由于断股、损伤减少截面的处理标准按表 2 的规定执行。

表 2 导地线损伤处理一览表

导地线损伤状况分类		补修方法	具 体 情 况
损伤类型	损伤程度		
Ⅰ类	占总截面积的 7% 及以下镀锌钢绞线 19 股断 1 股	采用 A 型补修材料补修（金属单丝、预绞式补修条）	一般导线凡未伤及钢芯的损伤，可选择 A、B、C 三类补修材料进行修补；而凡伤及导线钢芯的损伤，则可选择接续管或接续条进行补修；一般地线损伤为Ⅰ、Ⅱ、Ⅲ类损伤，可选择 A、B、C 三类补修材料进行补修，而为Ⅳ类损伤，应切断重接；金钩、破股使钢芯或内层铝股形成无法修复的永久变形，则应将导线切断重接
Ⅱ类	占总截面积的 7%～25% 镀锌钢绞线 19 股断 2 股	采用 B 型补修材料补修（预绞式护线条、普通补修管）	
Ⅲ类	占总截面积的 25%～60% 镀锌钢绞线 19 股断 3 股	采用 C 型补修材料补修（加长型补修管、预绞式接续条）	
Ⅳ类	占总截面积的 60% 及以上镀锌钢绞线 19 股断 3 股以上	采用 D 型补修材料补修（接续管、预绞式接续条、接续管补强接续条）	
光纤复合架空地线		光纤复合架空地线在同一处损伤，在确认光纤单元未受损，强度损失不超过设计计算拉断力的 17% 时，应用光纤复合地线专用预绞丝补修，不得采用补修管进行修补	

注：1. 铝、铝合金单股线的损伤程度达到直径的 1/2 及以上，则视为断股。
　　2. 钢芯铝绞线导线应未伤及钢芯，计算损伤截面时，按铝股的总截面积作基数。
　　3. 铝绞线、铝合金绞线导线计算损伤截面时，按导线的总截面积作基数进行计算。

6.3.2 导、地线表面腐蚀、外层脱落或呈疲劳状态，应取样进行强度试验。若试验值小于原破坏值的 80%，应换线。

6.3.3 导线出现松股、抛股、金钩、背股、扭伤现象。

6.3.4 导地线上挂有异物等。

6.4 绝缘子

6.4.1 瓷质绝缘子伞裙破损，瓷质有裂纹，瓷釉表面闪络烧伤。

6.4.2 玻璃绝缘子自爆或表面有闪络痕迹。

6.4.3 复合绝缘子伞裙、护套损坏或龟裂，黏结剂老化，均压环损坏，连接金具与护套发生位移。

6.4.4 RTV 或 PR7V 涂料涂层厚度小于 0.4mm，涂层破损起皮或憎水性丧失。

6.4.5 绝缘子钢帽、钢脚出现弯曲变形，钢脚、钢帽、浇装水泥有裂纹、歪斜、变形或严重锈蚀，钢脚与钢帽槽口间隙过大。

6.4.6 绝缘子锌套腐蚀。

6.4.7 盘型绝缘子绝缘电阻小于 500 MΩ。

6.4.8 盘型绝缘子分布电压零值或低值。

6.4.9 绝缘子的锁紧销锈蚀、变形。

6.4.10 除设计考虑的预偏外，直线杆塔的绝缘子串顺线路方向的最大偏移值不得大于 300mm。

6.4.11 线路最小空气间隙及绝缘子使用最少片数，不符合附录 B 的规定。

6.5 金具和附件

6.5.1 金具发生变形、锈蚀、烧伤、裂纹，金具连接处转动不灵活，严重磨损。

6.5.2 屏蔽环、均压环出现倾斜与松动。

6.5.3 接续金具出现下列任一情况：

　　a) 外观鼓包、裂纹、烧伤、滑移、端部径缩，弯曲度大于 2%；

　　b) 接续金具测试温度高于导线温度 10℃，跳线联板温度高于导线温度 10℃；

　　c) 接续金具过热变色或连接螺栓松动，有相互位移；

　　d) 接续金具探伤发现金具内严重烧伤、断股或压接不实（有抽头或位移）。

6.5.4 防振锤移位、疲劳、脱落。

6.5.5 间隔棒松动、扭转、线夹松脱。

6.5.6 线路标示牌和警示牌等缺损、丢失；线路名称、杆塔编号字迹不清，色标模糊不清，标识不规范。

6.6 杆塔接地装置

6.6.1 接地电阻大于设计规定值。

6.6.2 接地引下线断开或与接地体接触不良。

6.6.3 接地装置外露、损坏或腐蚀严重。

6.7 导线、地线弧垂

6.7.1 一般情况下设计弧垂允许偏差为 ±2.5%；跨越通航河流的大跨越档弧垂允许偏差为 ±1%，其正偏差不应超过 1m；导、地线弧垂超过上述偏差值。

6.7.2 一般情况下极间弧垂最大允许偏差值为 300mm，大跨越档极间弧垂最大允许偏差值为 500mm，导、地线弧垂超过上述偏差值。

6.7.3 同极分裂导线的子导线弧垂允许偏差值为 50mm，同极子导线弧垂超过上述偏差值。

6.7.4 导线对地距离及交叉跨越净空距离不符合附录 A 的要求。

6.8 接地极

6.8.1 回填土沉陷，渗水孔堵塞。

6.8.2 接地电阻值超标。

6.8.3 接地极锈蚀和温度超标。

6.8.4 观测孔水位严重下降或土壤严重干燥。

6.8.5 电感、电容元件检测参数超标。

7 运行管理

7.1 巡视

线路的巡视是为了掌握线路的运行状况，及时发现设备缺陷和沿线情况，并为线路维修提供资料。

7.1.1 巡视种类

a) 定期巡视：掌握线路各部件运行情况及沿线情况，及时发现设备缺陷和威胁线路安全运行的情况。定期巡视一般一月一次，也可根据具体情况适当调整，巡视区段为全线。

b) 故障巡视：查找线路的故障点，查明故障原因及故障情况，故障巡视应在发生故障后及时进行，巡视区段为发生故障的区段或全线。

c) 特殊巡视：在气候剧烈变化、自然灾害、外力影响、异常运行和其他特殊情况时及时发现线路的异常现象及部件的变形损坏情况。特殊巡视根据需要及时进行，一般巡视全线、某线段或某部件。

d) 夜间、交叉和诊断性巡视：根据运行季节特点、线路的健康情况和环境特点确定重点。巡视根据运行情况及时进行，一般巡视全线、某线段或某部件。

e) 监察巡视：工区（所、输电公司）及以上单位的领导干部和技术人员了解线路运行情况，检查指导巡线人员的工作。监察巡视每年至少一次，一般巡视全线或某线段。

f) 其他巡视：有条件情况下可采用直升机巡线。利用航拍和航测等先进技术，掌握线路的运行情况和设备状况，由专业人员对拍测情况进行分析。

7.1.2 巡视要求

a) 运行单位坚持做好一月一次的定期巡视，特殊时期应适当增加其他巡视次数，必须对每个巡线员明确巡视范围、内容和要求，不得出现遗漏段（点）。巡视到位率通过有效手段进行考核。

b) 巡视工作必须由有经验的人担任，山区、夜间、故障或风雪等特殊天气情况下必须由二人进行，并配备相应的巡视装备（GPS巡视仪、望远镜、对讲机、数码相机及个人防护用品），确保巡视质量和巡线安全。

c) 运行人员在巡视时应做到"四到"（走到、看到、听到、宣传到），"三准"（缺陷判断准、记录填写准、图表资料准）。

d) 线路发生故障时，不论再启动是否成功，均应及时组织故障巡视，必要时需登杆塔检查。发现故障点后应及时报告，重大事故应设法保护现场。对所发现的可能造成故障的所有物件应收集带回，并对故障现场情况做好详细记录，作为事故分析的依据和参考。

7.1.3 巡视主要内容

a) 检查沿线环境有无影响线路安全的下列情况：

1) 向线路设施射击、抛掷物体；

2) 攀登杆塔或在杆塔上架设电力线、通信线，以及安装广播喇叭；

3) 在杆塔内（不含杆塔与杆塔之间）修建车道；

4) 在杆塔与杆塔之间修建影响线路安全的道路或房屋等设施；

5) 在杆塔基础周围取土、打桩、钻探、开挖或倾倒酸、碱、盐及其他有害化学物品；

6) 在线路保护区内兴建建筑物、烧窑、烧荒或堆放谷物、草料、垃圾、矿渣、易爆物及其他影响输电安全的物品；

7）在杆塔上筑有危及线路安全的鸟巢以及有蔓藤类植物附生；

8）在线路保护区种植树木、竹子；

9）在线路保护区内进行农田水利基本建设及打桩、钻探、开挖、地下采掘等活动；

10）在线路保护区有油气管道、电力线、高速公路、铁路以及超高机械进入或穿越的情况；

11）在线路附近危及线路安全及线路导线风偏摆动时，可能引起放电的树木或其他设施；

12）线路附近存在施工爆破、开山采石情况；

13）线路附近有人放风筝；

14）线路附近河道、冲沟的变化，巡视、维修时使用道路、桥梁是否损坏。

b）检查杆塔和基础有无下列缺陷和运行情况的变化：

1）杆塔倾斜、横担歪扭及杆塔部件锈蚀变形、缺损；

2）杆塔螺栓松动、缺螺栓或螺帽，螺栓丝扣长度不够，铆焊处裂纹、开焊；

3）杆塔基础变异，周围土壤突起或沉陷，基础裂纹、损坏、下沉或上拔，护基沉塌或被冲刷；

4）基础保护帽上部塔材被埋入土或废弃物堆中，塔材锈蚀；

5）杆塔与基础之间绝缘层损坏或失去绝缘性能（接地极址附近杆塔）；

6）防洪设施坍塌或损坏。

c）检查导线、地线、光纤复合架空地线有无下列缺陷和运行情况的变化：

1）导线、地线、光纤复合架空地线锈蚀、断股、损伤或闪络烧伤；

2）导线、地线、光纤复合架空地线弧垂变化、相分裂导线间距变化；

3）导线、地线、光纤复合架空地线舞动、脱冰跳跃，分裂导线鞭击、扭绞、粘连；

4）导线、地线接续金具过热、变色、变形、滑移；

5）导线在线夹内滑动，释放线夹船体部分自挂架中脱出；

6）跳线断股、歪扭变形；跳线与杆塔空气间隙变化，跳线间扭绞；跳线舞动、摆动过大；

7）导线对地、对交叉跨越设施及对其他物体距离变化；

8）导线、地线、光纤复合架空地线上悬挂有异物。

d）检查绝缘子有无下列缺陷和运行情况的变化：

1）绝缘子脏污，瓷质裂纹、破碎，钢化玻璃绝缘子爆裂，绝缘子钢帽及钢脚锈蚀，钢脚弯曲；

2）复合绝缘子伞裙及护套破损、烧伤，金具、均压环变形、扭曲、锈蚀等异常情况；

3）绝缘子有闪络痕迹和局部火花放电留下的痕迹；

4）绝缘子串偏斜。

e）检查防雷设施和接地装置有无下列缺陷和运行情况的变化：

1）放电间隙变动、烧损；

2）避雷器、避雷针等防雷装置和其他设备的连接、固定情况；

3）避雷器动作情况；

4）绝缘避雷线间隙变化情况；

5）地线、接地引下线、接地装置固定以及锈蚀情况。

f) 检查金具附件及其他设施有无下列缺陷和运行情况的变化：

1) 金具锈蚀、变形、磨损、裂纹，开口销及弹簧销缺损或脱出，特别要注意检查金具经常活动、转动的部位和绝缘子串悬挂点的金具；

2) 刚性跳线铝管、重锤片连接、固定以及锈蚀情况；

3) 预绞丝滑动、断股或烧伤；

4) 防振锤疲劳、移位、脱落、偏斜、钢丝断股，阻尼线变形、烧伤，绑线松动；

5) 极分裂导线的间隔棒松动、位移、折断、线夹脱落、连接处磨损和放电烧伤；

6) 光纤复合架空地线引下线、接续盒等设备有无损坏和异常；

7) 均压环、屏蔽环锈蚀及螺栓松动、偏斜；

8) 防鸟设施损坏、变形或缺损；

9) 通信设施损坏；

10) 各种检测装置缺损；

11) 标示牌、警示牌等标志字迹不清、缺损、丢失；

12) 导线防舞动设施如极间间隔棒、防舞设施等运行情况变化。

7.2 检测

检测工作是为了发现日常巡视工作中不易发现的隐患，以便及时消除，也是为检修提供依据，是开展预知维修的重要手段。

检测方法应积极采用和推广新技术、新方法并不断完善和更新，检测数据可靠、准确、完整，对检测结果做好记录和统计分析，检测计划应符合季节性要求，要有针对性。±800kV架空输电线路基本检测项目与周期规定见表3。

表 3　检 测 项 目 与 周 期

项　目		周期年	备　注
杆塔和基础	杆塔塔材锈蚀情况检查	3～5	对杆塔进行防腐处理后应做现场检验
	杆塔接地装置锈蚀情况检查	5	抽查，包括挖开地面检查
	杆塔倾斜、挠度及基础沉降测量		根据实际情况选点测量，每年一次
绝缘子	瓷质绝缘子绝缘电阻测试	3～5	参照 DL/T 626 相关规定执行
	盘形绝缘子等值盐密、灰密值测量	1	根据实际情况定点测量，5～10km/点
	绝缘子金属附件检查		投运后第 5 年开始抽查，按照 DL/T 626 相关规定执行
	复合绝缘子憎水性检查	3	挂网后第 6 年开始抽查，按照 DL/T 864 相关规定
	绝缘子外观检查 (1) 瓷绝缘子裂纹、钢帽裂纹、浇装水泥及伞裙与钢帽位移 (2) 玻璃绝缘子钢帽裂纹、闪烙灼伤 (3) 复合绝缘子伞裙、护套、黏结剂老化、破损、裂纹；金具及附件锈蚀 (4) RTV 涂层破损、脱落		登杆检查或每次清扫时

项　　目		周期年	备　　注
导地线	导线接续金具的红外测温： （1）直线接续金具 （2）跳线连接板、压接式耐张线夹	4 1	应在高温天气或线路负荷较大时检测
	导线、地线烧伤、振动断股和腐蚀检查	3	抽查导、地线线夹必要时打开检查
	导线、地线振动测量： （1）一般线路 （2）大跨越	5 2	对一般线路应选择有代表性档距进行现场振动测量，测量点应包括悬垂线夹、防振锤及间隔棒线夹处，根据振动情况选点测量
	导线、地线舞动观测		在舞动发生时应及时观测
	导线弧垂、对地距离、交叉跨越距离测量		线路投入运行 1 年后测量 1 次，以后根据巡视结果安排在夏季进行
金具	金具锈蚀、磨损、裂纹、变形检查	3	外观难以看到的部位，要打开螺栓、垫圈检查或用仪器检查
	间隔棒检查	2	投运 1 年后检查 1 次，以后进行抽查
	防振锤、阻尼线	2	在舞动发生时应及时检查
	架空地线放电间隙检查	1	结合停电检修进行
防雷及接地装置	杆塔接地电阻测量： （1）一般线段 （2）雷击多发区 （3）变电站所进出线段 3km 及特殊地点	5 2 1	发生雷击事故后，对事故地段逐基测量
其他	防护设施检查	1	
	气象测量		根据运行发现的问题选点进行
	无线电干扰、噪声测量		根据运行发现的问题选点进行
	感应场强测量		根据运行发现的问题选点进行

注：　1. 检测周期可根据本地区实际情况进行适当调整，但应报本单位总工程师批准。
　　　2. 检测项目的数量及线段可由运行单位根据规程和实际情况选定。

7.3　缺陷管理

7.3.1　运行单位应加强对设备缺陷的管理，做好缺陷记录，定期进行统计分析，及时安排处理。

7.3.2　±800kV 直流架空输电线路对不同级别设备缺陷的处理时限，应符合如下要求：

a）一般缺陷的处理，不宜超过 6 个月；

b）严重缺陷的处理，不超过 7 天；

c）危急缺陷的处理，不超过 24 小时。

7.3.3　运行单位应建立完整的线路缺陷管理程序，形成责任分明的闭环管理体系，并利用计算机管理使线路缺陷的处理、统计、分析、上报实现规范化、自动化、网络化。

7.4　维修

7.4.1　维修是线路运行管理的重点内容之一，必须贯彻"安全第一、预防为主、综合治理"的方针，坚持"应修必修、修必修好"的原则。维修项目应按照设备状况，巡视、检测及在线监测的结果和反事故措施的要求确定。

7.4.2　维修工作应根据季节特点和要求安排，要及时落实各项反事故措施。

7.4.3 维修工作应遵守有关检修工艺要求及质量标准。要求更换后新部件的强度和参数不低于原设计要求。

7.4.4 抢修与备品备件要求：

    a) 运行维护单位必须建立健全抢修机制；

    b) 运行维护单位必须配备抢修工具，根据不同的抢修方式分类配备工具，并分类保管；

    c) 运行维护单位要根据±800kV直流架空输电线路的运行特点研究制定不同方式的抢修预案，抢修预案要经过运行维护单位总工程师审核报上级单位批准，按照相关标准执行。

7.4.5 线路维修检测工作应在管理、技术等各项条件均已具备，可确保万无一失的情况下，积极稳妥开展带电作业，以提高线路可用率。

7.4.6 需要改变运行状态的线路检修工作，应按有关规定向调度部门提出申请。

7.5 接地极运行维护

7.5.1 接地极线路

运行单位应定期对接地极线路进行维护和检查，维护检查的项目和周期与该系统的直流输电线路相同。

7.5.2 接地极极址

运行维护单位应做好接地极极址电流分布、检测孔水位、温度、湿度的在线监测工作，掌握重要设备的运行情况和参数，以便及时发现设备存在的隐患。

7.5.2.1 电流分布测量

运行中接地极线路和元件馈电电缆的电流应定期进行核查，核查的周期为每两个月或半年进行一次，周期的长短根据系统是否单极大地回路运行来确定。

7.5.2.2 汇流排接触电阻测量

在每次极址停电检修期间，对极址入地端的汇流排接触电阻进行测量。

7.5.2.3 接地电阻、跨步电压和接触电势测量

高压直流接地极在有单极大地回路运行的年份，每年进行一次接地电阻实测检查及跨步电压和接触电势测量。

7.5.2.4 温度、湿度测量

在需要单极大地回路运行的年份，接地极在旱季或夏季进行一次温度测量或加装温度报警系统，温度报警整定值宜设在80℃以内，同时应加强检测孔湿度测量工作。

7.5.2.5 水位检查

定期检查观测孔水位下降情况或土壤干燥情况。

7.5.2.6 元件检测

定期检测接地极极址电容、电感元件。

7.5.2.7 外观检查

    a) 回填土的沉陷情况。若回填土有沉陷情况，应继续回填，以保证接地极元件离地面的高度。但回填土也不得高于附近地面，以免影响雨水在接地极表面土壤的汇聚。

    b) 检查接地极的砾石渗水处，发现有污泥等杂物堵塞渗水孔，应及时清除。

    c) 检查入地电缆及接头、杆塔基础及安全警告标志等是否完好，发现异常，应及时处理。

7.5.2.8 开挖检查

接地极在设计寿命内每10年，设计寿命外每5年需进行一次局部开挖检查，以确定腐蚀程度。

7.5.2.9 周围环境与生态影响

在有单极大地回路运行的年份，注意对周围环境与生态影响的资料收集。

8 特殊区段的运行管理

8.1 大跨越

8.1.1 大跨越指档距超过一般使用档距的跨越，应根据运行环境、设备特点和运行经验对大跨越段制定专用现场规程，运行维护的周期应根据实际运行条件确定；要定期向当地水文、气象、地质、环境部门收集大跨越段有关资料，做好分析工作。

8.1.2 设置专门维护班组，在洪汛、覆冰、大风和雷电活动频繁的季节，专人监视，做好记录，并装设自动检测设备。

8.1.3 应加强对杆塔、基础、导线、地线、绝缘子、金具及防洪、防舞、防雷、防振等设施的检测和维修，并做好定期分析工作。

8.1.4 大跨越段应定期对导、地线进行振动测量。

8.1.5 大跨越塔的升降设备、航空指示灯、照明和通信等附属设施应加强维修保养，经常保持在良好状态。

8.2 多雷区

8.2.1 多雷区的线路应做好综合防雷措施，降低杆塔接地电阻值，适当缩短检测周期。

8.2.2 雷雨季节前，应做好防雷设施的检测和维修，落实各项防雷措施，同时做好雷电定位系统的检测、调试工作。

8.2.3 雷雨季节期间，应加强对防雷设施各部件连接状况、防雷设备和观测装置动作情况的检测，并做好雷电活动观测记录。

8.2.4 做好被雷击线路的检查，对损坏的设备应及时更换、修补，对发生闪络的绝缘子串进行更换，必要时检查相邻杆塔接地装置。

8.2.5 组织好对雷击事故的调查分析，提出有效的防雷措施，并加以实施。

8.3 重污区

8.3.1 重污区线路外绝缘应配置足够的爬电比距，并留有裕度。

8.3.2 应选点定期测量盐密、灰密，且要求检测点较一般地区多，必要时收集该地区污源物分析，以掌握污秽程度、污秽性质、绝缘子表面积污速率及气象变化规律。

8.3.3 污闪季节前，检查防污闪措施的落实情况，污秽等级与爬电比距不相适应时，应及时调整绝缘子串的爬电比距、调整绝缘子类型或采取其他有效的防污闪措施，线路上的低、零值绝缘子应及时更换。

8.3.4 防污清扫工作应根据污秽程度、积污速率、气象变化规律等因素确定周期及时安排清扫、保证清扫质量。污闪季节中，可根据巡视及检测情况，及时开展清扫或带电水冲洗。

8.3.5 做好污秽测试分析，掌握规律，总结经验，针对不同性质的污秽物选择相应有效的防污闪措施。

8.3.6 积极研究、应用新的污秽监测技术，做好线路防污闪工作。

8.4 重冰区

8.4.1 处于重冰区的线路要在冬季进行覆冰观测，研究冰层厚度和形成原因，制定反事故技术措施，加强巡视，采取手段降低导线覆冰对设备造成的损坏。

8.4.2 覆冰季节前应对线路做全面检查，消除设备缺陷，落实除冰、融冰和防止导线、地线跳跃、舞动的措施，检查各种观测、记录设施，并对防冰装置进行检查、试验，确保必要时能投入使用。

8.4.3 在覆冰季节中，加强巡视观测，做好覆冰和气象观测记录及分析，研究覆冰和舞动的规律，随时了解冰情，适时采取相应措施。

8.5 不良地质区

8.5.1 处于沉陷区、不良地质区的线路，应根据线路所处的环境及季节性灾害发生的规律和特点，因地制宜地采取相应的防范措施，避免发生倒塔、断线等事故。

8.5.2 对处于采矿塌陷区（采空区）的线路，应向矿主单位了解矿藏分布及采掘计划、规划，及时进行杆塔基础处理，或与其签订有关协议。

8.5.3 要定期对沉陷区杆塔的结构倾斜和基础沉降情况进行观测，以便及时发现问题采取相应措施。

8.5.4 对可能受到水土流失、山体滑坡、危石、泥石流冲击危害的杆塔与基础，应提前设防。

8.6 微气象区

8.6.1 深入了解±800kV线路经过地区的气象情况，做好现场微地形及微气象的调查工作，准确划分微气象区。

8.6.2 对于微气象区做好气象观测工作，收集气象数据进行分析，根据微气象区的气象特点因地制宜地制定防范措施。

9 线路走廊保护区管理

9.1 生产管理部门和运行单位应遵照国家法律法规、电力行业标准以及地方政府出台的有关保护电力设施文件的规定，做好特高压线路保护区内设备的保护工作，防止线路遭受外力破坏。

9.2 对保护区内使用吊车等大型施工机械，可能危及线路安全运行的作业，运行单位应及时予以制止或令其采取确保线路安全运行的措施，同时加强线路巡视和监护。

9.3 对保护区内发生的一般性外部隐患，巡视人员应向造成隐患的单位或个人进行《中华人民共和国电力法》和《中华人民共和国电力设施保护条例》的宣传，发放相关的宣传材料并令其整改，同时做好记录。

9.4 在防护区进行作业的施工单位，运行单位应主动向其宣讲《中华人民共和国电力法》和《中华人民共和国电力设施保护条例》的有关规定，与之签订保证线路安全运行责任书，同时加强线路巡视和监护。

9.5 在易发生外部隐患的线路杆塔上或线路附近，应悬挂禁止、警告类标志牌或竖立宣传告示。

9.6 在线路保护区内严禁种植超高或影响线路安全的植物，线路防护区外的超高树木也应及时处理。

9.7 在形成线路保护区后不能在防护区内建房，运行单位应对违章建筑及时制止并下发违章通知书。

9.8 电力线路对跨越或临近的房屋、电力线路、通信线路、公路、铁路等要满足规定的交叉限距，具体数据参考附录 A。

9.9 电力线路杆塔周围因挖坑、采矿等原因出现裂纹或下沉时，应及时制止。

10 技术管理

10.1 运行单位应积极采用生产管理信息系统，使技术管理工作规范化、标准化、网络化、现代化。

10.2 运行单位应做好运行人员的技术培训工作。

10.3 运行单位应建立线路单基杆塔、通道、运行状态的运行档案，档案每年修订一次，保证运行资料的准确性、完整性，提高运行管理水平。

10.4 运行单位必须保存有关资料，并保持完整、连续和准确。

10.5 运行单位应有下列标准、规程和规定：

    a) 中华人民共和国电力法；

    b) 中华人民共和国电力设施保护条例；

    c) 中华人民共和国电力设施保护条例实施细则；

    d) 电业安全工作规程（电力线路部分）；

    e) 电业生产事故调查规程；

    f) ±800kV 直流架空输电线路运行规程；

    g) ±800kV 直流架空输电线路检修规程；

    h) 架空输电线路带电作业规程；

    i) 电网调度管理规程。

10.6 运行单位应有下列图表：

    a) 电力系统线路地理平面图；

    b) 直流线路极性图；

    c) 特殊区段图；

    d) 污区分布图；

    e) 设备一览表；

    f) 设备评级图表。

10.7 运行单位应有下列生产技术资料：

    a) 线路设计、施工技术资料：

    1) 批准的设计文件和图纸；

    2) 路径批准文件和沿线征用土地协议；

    3) 与沿线有关单位订立的协议、合同（包括青苗、树木、竹林赔偿，交叉跨越，房屋拆迁等协议）。

    b) 施工单位移交的资料和施工记录：

    1) 符合实际的竣工图（包括杆塔明细表及施工图）；

    2) 设计变更通知单；

    3) 原材料和器材出厂质量的合格证明或检验记录；

    4) 代用材料清单；

    5) 工程试验报告或记录；

    6) 未按原设计施工的各项明细表及附图；

    7) 施工缺陷处理明细表及附图；

    8) 隐蔽工程检查验收记录；

    9) 杆塔偏移及挠度记录；

    10) 架线弧垂记录；

    11) 导线、避雷线的连接器和补修管位置及数量记录；

12）跳线弧垂及对杆塔各部分的电气间隙记录；

13）线路对跨越物的距离及对建筑物的接近距离记录；

14）接地电阻测量记录；

15）绝缘子参数及安装位置记录（每基杆塔对应的绝缘子型号等）。

c）设备运行记录台账：

1）杆塔基础沉降、杆塔结构倾斜测量记录；

2）瓷质绝缘子绝缘电阻值测量记录、复合绝缘子外观检查记录；

3）导线接头测试记录；

4）导线、地线振动测试及断股检查记录；

5）导线、地线弧垂、限距和交叉跨越测量记录；

6）钢绞线及地埋金属部件锈蚀检查记录；

7）杆塔接地电阻测量记录；

8）杆塔坐标定位记录；

9）雷电观测记录；

10）绝缘子污秽测量记录；

11）导线、地线覆冰、舞动观测记录；

12）绝缘、保安工具检测记录；

13）特殊区段检查记录；

14）设备缺陷记录；

15）设备检修记录；

16）线路跳闸、事故及异常分析记录；

17）事故备品备件清册；

18）对外联系记录及协议文件；

19）线路运行专题分析报告；

20）线路年度运行工作总结。

附　录　A

（资料性附录）

线路导线对地距离及交叉跨越

A.1　导线与地面、建筑物、树木、道路、河流、管道、索道及各种架空线路的距离，应根据最高气温情况或覆冰无风情况求得的最大弧垂和最大风速情况或覆冰情况求得的最大风偏进行计算。计算上述距离，应计算导线初伸长的影响和设计施工的误差，以及运行中某些因素引起的弧垂增大。大跨越的导线弧垂应按实际能够达到的最高温度计算。线路与铁路、高速公路、一级公路交叉时，最大弧垂应按导线温度为+70℃计算。

A.2　导线与地面的距离，在最大计算弧垂情况下，不应小于表 A.1 所列数值。

表 A.1　导线与地面的最小距离

线路经过地区	距离/m	备　　注
居民区	22	指工业企业地区、港口、码头、火车站、城镇、乡村等人口密集地区，以及已有上述设施规划的地区

表 A.1（续）

线路经过地区	距离/m	备 注
非居民区	19	非居民区是指上述居民区以外，虽然时常有人、车辆或农业机械到达，但未建房或房屋稀少的地区
交通困难地区	17	交通困难地区是指车辆、农业机械不能到达的地区

A.3 导线与山坡、峭壁、岩石之间的净空距离，在最大计算风偏情况下，不应小于表 A.2 所列数值。

表 A.2 导线与山坡、峭壁、岩石最小净空距离

线路经过地区	距离/m
步行可以到达的山坡	13
步行不能到达的山坡、峭壁和岩石	11

A.4 线路导线不应跨越屋顶为易燃材料做成的建筑物。对耐火屋顶的建筑物，亦应尽量不跨越，特殊情况需要跨越时，电力主管部门应采取一定的安全措施，并与有关部门达成协议或取得当地政府同意。±800kV 直流架空输电线路导线对有人居住或经常有人出入的耐火屋顶的建筑物不应跨越。导线与建筑物之间的垂直距离，在最大计算弧垂情况下，且地面电场强度不大于 15kV/m，不应小于表 A.3 所列数值。

表 A.3 导线与建筑物之间的最小垂直距离

垂直距离/m	17.5

A.5 线路边导线与建筑物之间的水平距离，在最大计算风偏情况下，不应小于表 A.4 所列数值。

表 A.4 边导线与建筑物之间的最小水平距离

城市多层建筑或规划建筑水平距离/m	17
不在规划范围城市建筑水平距离/m	7

A.6 线路通过林区时，应砍伐出通道，通道内不得再种植树木。通道宽度不应小于线路两边相导线间的距离和林区主要树种自然生长最终高度两倍之和。通道附近超过主要树种自然生长最终高度的个别树木，也应砍伐。线路通过林区如高跨设计，应保证导线对地距离满足树木自然生长高度加最小净空距离的跨越要求，如不满足必须砍伐。

A.7 对不影响线路安全运行，不妨碍对线路进行巡视、维修的树木或果林、经济作物林，可不砍伐，但树木所有者与电力主管部门应签定协议，确定双方责任，确保线路导线在最大弧垂或最大风偏后与树木之间的安全距离不小于表 A.5 和表 A.6 所列数值。

表 A.5 导线在最大弧垂、最大风偏时与树木之间的安全距离（林区或林带）

垂直距离/m	13.5

表 A.6 导线在最大弧垂、最大风偏时与果树、经济作物、行道树之间的安全距离

垂直距离/m	15

A.8 线路与弱电线路交叉时，对一、二级弱电线路的交叉角应分别大于45°、30°，对三级弱电线路不限制。

A.9 线路与铁路、公路、电车道以及道路、河流、弱电线路、管道、索道及各种电力线路交叉或接近的基本要求，应符合表A.7的要求。

A.10 ±800kV 直流架空输电线路与甲类火灾危险性的生产厂房、甲类物品库房、易燃、易爆材料堆场以及可燃或易燃、易爆液（气）体储罐的防火间距，不应小于杆塔全高加3m，还应满足其他的相关规定。跨越弱电线路或电力线路，应校验最高允许温度时的交叉距离，其数值不得小于操作过电压间隙，且不得小于10.5m。

表 A.7 交叉或接近的基本要求

项 目			垂直距离/m	水平距离/m		
铁路公路	至轨顶	标轨	21.5	杆塔外缘至轨道中心		交叉：40 平行：最高塔高加3，在受限地区边线风偏至接触线45，至非电气化铁路线建筑物15
		窄轨	21.5			
		电气轨	21.5			
	至承力索接触线（杆顶）		13（15）			
公路	至路面		21.5	杆塔外缘至路基边缘	开阔地区	交叉：15或按协议取值 平行：最高塔高
					路径受限制地区	12或按协议取值
城际轨道交通	至路面		21.5	杆塔外缘至路基边缘	开阔地区	交叉：15 平行：最高塔高
	至承力索或接触线		15		路径受限制地区	杆塔外缘30或边导线20，最大风偏15
通航河流	至五年一遇洪水位		15	边导线至斜坡上缘（线路与拉纤小路平行）		最高塔高
	至最高航行水位桅顶		10.5			
不通航河流	百年一遇洪水位		12.5			
	冬季至冰面		18.5			
弱电线	至被跨越物		17	与边导线间	开阔地区	交叉：杆塔外缘至弱电线15 平行：最高塔高
					路径受限制地区（最大风偏情况下）	13或按协议取值
电力线	至被跨越物（杆顶）		10.5（15）	与边导线间	开阔地区	交叉：杆塔外缘至电力线15 平行：最高塔高
					路径受限制地区（最大风偏情况下）	边导线间20，导线风偏至邻塔13
特殊管道索道	至管道任何部分 至索道顶部		管道17 索道12.5	边导线至管、索道任何部分	开阔地区	交叉：最高塔高 平行：天然气2倍塔高 石油50且不低于杆高 其他风偏时15
					路径受限制地区（最大风偏情况下）	风偏时15
					交叉或平行	接地体至埋地管道：25 线路中心线至天然气主管道排气阀：300

附 录 B
（资料性附录）
各种工况下的最小空气间隙

±800kV 直流架空输电线路绝缘子串及空气间隙在各种工况下不应小于表 B.1 所列数值。在进行绝缘配合时，考虑杆塔尺寸误差、横担变形和施工误差等不利因素，空气间隙应保留有一定裕度。

表 B.1　各种工况下的最小空气间隙

工　况	海拔高度/m	最小空气间隙/m
操作	1000	6.0
	2000	6.7
工作	1000	2.1
	2000	2.4
带电	500	6.8
	1000	7.3
	1500	7.7
雷电过电压	500	6.8
	1000	6.8
	1500	7.2

附 录 C
（规范性附录）
线路评级管理办法

架空输电线路评级工作是掌握和分析设备状况，加强设备管理，有计划地提高线路健康水平的一项有效措施。它不仅是线路技术管理的一项基础工作，而且又是企业管理重要的考核指标之一。通过线路评级，可及时发现线路存在的问题并及时进行处理，使之保持健康完好的状态，实现安全、经济、稳定运行的目的。

C.1　线路评级的原则

线路评级应根据设备实际运行状况，按线路评级标准的要求并结合运行经验进行。在具体评定一个设备单元的级别时，应综合衡量线路组件的运行状况，以线路单元总体的健康水平为准。

C.2　线路评级的分类和单元划分

C.2.1 线路评级，按其健康状况分为一、二、三级等三个级别，一、二级线路为完好线路，三级线路为不良线路。

C.2.2 线路评级以条为单位；同杆架设的双、多回线路，以每回线路为一个单元；共用一只出线开关的所有回路，按一个单元统计。

C.2.3 每个单元的构成包括：基础、杆塔、导地线、绝缘子、金具、防雷与接地装置（含线路避雷器、耦合地线、可控避雷针等）以及线路杆号牌、安全警示牌等设备。此外，还应包括金属构件表面防腐层的实效性。

线路投入运行后安装的防鸟设施以及各种监测装置，不在此限。

C.3 线路评级标准

C.3.1 一级线路

一级线路，指线路技术性能良好，能保证线路长期安全经济运行的线路。

C.3.1.1 杆塔及基础

杆塔结构完好，塔材仅有轻微锈蚀，杆塔主材无弯曲、断裂现象，塔材各部件连接牢固，螺栓齐全，塔身倾斜不超过 0.25％，高塔（全高 100m 及以上）塔身倾斜不超过 0.15％。杆塔基础牢固，防洪设施完好。

C.3.1.2 导地线

a) 导地线无金钩、松股、烧伤缺陷，断股处理符合规程要求，接头良好，有防振措施；

b) 导地线弛度符合设计及 DL/T 5235 要求，交叉跨越及各部分空气间隙符合有关规程要求，地线仅有轻微锈蚀。

C.3.1.3 绝缘子和金具

a) 瓷绝缘子表面无裂纹、击穿、烧伤痕迹；铁件完好无裂纹，锌层仅轻微脱落和锈蚀；绝缘子串连接可靠，整串偏移不超过规定值，污秽区绝缘配置满足污秽等级要求。

b) 线路各部分金具齐全、安装可靠、强度符合要求，防振锤安装可靠，销钉完好，无代用品。

C.3.1.4 防雷、接地装置

防雷设施安装符合设计要求。各部分空气间隙、绝缘配合、架空地线保护角、绝缘地线放电间隙均符合有关规程要求。接地装置完好，接地电阻值合格。

C.3.1.5 其他

线路防护区、巡线通道均符合有关法律、法规、规程要求，线路标志及各种安全标志牌齐全。巡视、测试、检修工作均能按周期进行，运行、检修、试验等资料和记录齐全，且与现场实际情况相符。

C.3.2 二级线路

二级线路，指技术性能基本良好，个别构件、零部件虽存在一般缺陷，但可以保证在一定期限内安全经济运行的线路。

C.3.2.1 杆塔及基础

杆塔结构完整，塔材略有锈蚀，杆塔主材无断裂、明显弯曲现象，螺栓齐全，个别螺栓可有松动现象。塔身倾斜不超过 0.25％，高塔塔身倾斜不超过 0.15％。杆塔基础牢固、完好，防洪设施完好。

C.3.2.2 导地线

a) 导地线无金钩、松股、烧伤等缺陷，断股已做好处理，接头无裂纹、鼓包、烧伤痕迹，有防振措施。

b) 导地线弛度基本符合设计及 DL/T 5235 要求，交叉跨越及各部分空气间隙基本符合有关规程要求，不影响线路安全运行，地线可有一般锈蚀。

C.3.2.3 绝缘子和金具

a) 瓷绝缘子表面无裂纹、击穿，铁件完好无裂纹，仅有轻微锈蚀，绝缘子串连接可靠，整串偏移不超过规定值，污秽区绝缘配合满足污秽级要求。

个别绝缘子有烧伤破损现象，但不影响安全运行，绝缘子虽有零值，但不超过有关规程规定。

　　b）线路各部分金具齐全，安装可靠，强度符合要求，防振锤安装可靠。

C.3.2.4　防雷、接地装置

　　防雷设施齐全，基本符合设计要求。各部分空气间隙、绝缘配合、架空地线保护角、绝缘地线放电间隙基本符合有关规程要求，接地装置基本完好，接地电阻值基本合格。

C.3.2.5　其他

　　线路防护区、巡线通道均符合规程要求，线路杆号牌、警示牌等标志基本齐全。巡视、测试、检修工作均能按周期进行，运行、检修、试验等主要资料齐全，且与现场实际相符。

C.3.3　三级线路

　　三级线路，指线路的技术性能不能达到一、二级线路标准要求，或主要设备有严重缺陷，已影响到安全经济运行的线路。

C.4　线路等级评级

　　根据线路评级的结果，综合衡量线路组件（设备）的状况，评定线路等级。有针对性地提出线路升级方案和确定下一年度大修、技术改进项目。

————————————

±500kV 直流输电线路带电作业技术导则

DL/T 881—2004

输配电和供用电卷

目　　次

前　　言

本标准是根据原国家经济贸易委员会《关于下达 2001 年度电力行业标准制、修订计划项目的通知》（电力〔2001〕44 号文）的任务而编制的。目前，我国已有多条 500kV 直流输电线路投入运行，为指导开展带电作业工作而编制本标准。

本标准由中国电力企业联合会提出。

本标准由全国带电作业标准化技术委员会归口并负责解释。

本标准主要起草单位：武汉高压研究所、湖北省超高压输变电局、南方电网公司超高压输变电公司。

本标准主要起草人：胡毅、王家礼、肖勇、夏庆辉、寻凯、吴维宁、易辉、张丽华。

±500kV 直流输电线路带电作业技术导则

1 范围

本标准规定了作业方式、最小安全作业距离和组合间隙、绝缘工具的最小有效绝缘长度，作业安全措施及工具的试验、保管等。

本标准适用于海拔 1000m 及以下±500kV 直流输电线路的带电检修和维护作业。

2 规范性引用文件

下列文件中的条款通过本标准的引用而成为本标准的条款。凡是注日期的引用文件，其随后所有的修改单（不包括勘误的内容）或修订版均不适用于本标准，然而，鼓励根据本标准达成协议的各方研究是否可使用这些文件的最新版本。凡是不注日期的引用文件，其最新版本适用于本标准。

GB/T 2900.55　电工术语　带电作业（eqv IEC 60050-651：1999）

GB/T 18037　带电作业工具基本技术要求与设计导则

DL 409　电业安全工作规程（电力线路部分）

3 术语和定义

除 GB/T 2900.55 中的术语和定义外，下列术语和定义适用于本标准：

3.1 直流线路带电作业　live working for DC transmission line

在直流输电线路上开展的带电检修、维护及更换部件等作业。

3.2 电场屏蔽用具　electric field shielding tool

用导电材料制成的屏蔽强电场的用品，包括屏蔽服装、导电鞋、导电手套等。

3.3 地电位作业　earth potential working

作业人员在接地构件上采用绝缘工具对带电体开展的作业，作业人员的人体电位为地电位。

3.4 中间电位作业　mid-potential working

作业人员对接地构件绝缘并与带电体保持一定的距离时开展的作业，作业人员的人体电位为悬浮的中间电位。

3.5 等电位作业　equal potential working；bare hand working

作业人员通过电气连接，使自己身体的电位上升至带电体的电位，且与周围不同电位适当隔离而直接对带电体进行作业。

4 一般要求

4.1 人员要求

4.1.1　带电作业人员应身体健康，无妨碍作业的生理和心理障碍。应具有电工原理和直流电力线路的基本知识，掌握带电作业的基本原理和操作方法，熟悉作业工具的适用范围和使用方法。熟悉 DL 409 和本技术导则。会紧急救护法、触电解救法和人工呼吸法。通过专门培训，考试合格并具有上岗证。

4.1.2 工作负责人（或安全监护人）应具有 3 年以上的带电作业实际工作经验，熟悉设备状况，具有一定组织能力和事故处理能力。

4.2 制度要求

应按 DL 409 的规定和有关制度执行。

4.3 气象条件要求

4.3.1 作业应在良好的天气下进行。如遇雷、雨、雪、大雾天气，不能进行带电作业。风力大于 10m/s 以上天气时，不宜进行作业。

4.3.2 在特殊或紧急条件下，若必须在恶劣天气下进行带电抢修时，工作负责人应针对现场天气情况和工作条件，组织全体作业人员充分讨论，制定可靠的安全措施，经本单位总工程师批准后方可进行。夜间抢修作业应有足够的照明设施。

4.4 其他要求

4.4.1 带电作业的新项目、新工具、新方法必须经过技术鉴定合格，通过在模拟设备上实际操作，确认切实可行，并制定出相应的操作程序和安全技术措施，经本单位总工程师批准后方能在设备上进行作业。

4.4.2 带电作业工作负责人在工作开始之前，应与调度联系，工作结束后应向调度汇报。并根据作业项目及 DL 409 的规定确定是否停用自动重合闸装置。

5 技术要求

5.1 地电位作业

5.1.1 塔上地电位作业人员与直流带电体的安全作业距离不得小于 3.4m。

5.1.2 带电作业绝缘操作工具的有效绝缘长度不得小于 3.7m。

5.2 等电位作业

5.2.1 等电位作业人员通过绝缘工具进入高电位时，作业人员与带电体和接地体之间的最小组合间隙不得小于 3.8m。

5.2.2 等电位作业人员与接地构架之间的安全作业距离不得小于 3.4m。

5.2.3 等电位作业人员与杆塔构架上作业人员传递物品应采用绝缘工具或绝缘绳索，绝缘传递工具的有效绝缘长度不得小于 3.7m。

5.2.4 等电位作业人员沿耐张绝缘子串进入高电位或更换串中劣质绝缘子时，串中良好绝缘子总片数不得少于 22 片（单片高度 170mm）。

5.2.5 等电位作业人员进行电位转移时，面部裸露部分与带电体的距离不得小于 0.4m。

5.3 中间电位作业

作业人员在中间电位作业位置时，其与带电体和各接地构架之间的各组合间隙均应不小于 3.8m。

6 作业工具

6.1 绝缘工具在使用前，应使用兆欧表（2500V～5000V）或其他专用仪表进行分段检测，每 2cm 测量电极间的绝缘电阻值不低于 700MΩ。

6.2 带电作业使用的金属丝杆、卡具及连接工具在作业前应经试组装确认各部件操作灵活、性能可靠，现场不得使用不合格和非专用工具进行带电作业。

6.3 带电更换绝缘子、线夹等作业时承力工具应固定可靠,并应有后备保护用具。

6.4 承力工具中的绝缘吊、拉、支杆及绝缘绳索的有效绝缘长度不得小于 3.4m。

6.5 屏蔽服装应无破损和孔洞,各部分应连接完好,全套屏蔽服装各最远端点之间的电阻值均不大于 20Ω。交流带电作业用屏蔽服装可直接用于直流带电作业。

6.6 500kV 交流带电作业用绝缘工具可直接用于±500kV 直流带电作业。

7 作业注意事项

7.1 塔上作业(包括地电位作业、中间电位作业、等电位作业)人员均需穿戴全套电场屏蔽用具,包括屏蔽服装、帽、导电手套、导电鞋等,且各部分应连接良好。

7.2 用绝缘绳索传递金属物品时,作业人员不可徒手触及以防电击。

7.3 使用绝缘工具时应戴清洁、干燥的手套,并应防止绝缘工具在使用中脏污和受潮。

7.4 绝缘操作杆的中间接头,在承受冲击、推拉或扭转等各种荷重时,不得脱离和松动,不允许将绝缘操作杆当承力工具使用。操作杆上金属件不得短接有效绝缘间隙。在杆塔上暂停作业时,操作杆应垂直吊挂或平放在水平塔材上,不得在塔材上拖动,以免损坏操作杆的外表。使用较长绝缘操作杆时,应在前端杆身适当位置加装绝缘吊绳,以防杆身过分弯曲,并减轻操作者劳动强度。

7.5 绝缘绳索不得在地面上或水中拖放,严防与杆塔摩擦。受潮的绝缘绳索严禁在带电作业中使用。

7.6 导线卡具的夹嘴直径应与导线外径相适应,严禁代用,防止压伤导线或出现导线滑移。闭式绝缘子卡具两半圆的弧度与绝缘子钢帽外形应基本吻合,以免在受力过程中出现较大的应力。所有双翼式卡具应与相应的连接金具规格一致,且应配有后备保护装置(如封闭螺栓或插销),以防脱落。横担卡具与塔材规格必须相适应,且组装应牢固,紧线器的规格应根据荷载大小和紧线方式正确选用。

7.7 绝缘拉杆、吊杆是更换耐张和悬垂绝缘子的承力和主绝缘工具,其电气绝缘性能应通过直流、操作冲击耐压试验和直流泄漏电流试验;机械性能应通过静负荷和动负荷试验。

7.8 带电检测绝缘子时,如发现零值和低值绝缘子,应复测 2~3 次。如已发现串中良好绝缘子数少于规定片数时,不得采用火花间隙检测装置继续检测。使用结构较复杂的检测装置如光纤语言报数式分布电压测试仪、自爬式零值绝缘子检测器等时,应注意在运输和使用中不得碰撞。

7.9 在电位转移中,严禁等电位电工用人体裸露部位接触或脱离带电体,否则将有幅值较大的暂态电流流经人体。

7.10 在更换直线绝缘子串或移动导线的作业中,当采用单吊杆装置时,应采取防止导线脱落的后备保护措施。当采用双吊杆装置时,每一吊杆均应能承受全部荷重,并具有足够的安全裕度。

7.11 在绝缘子串未脱离导线前,拆、装靠近横担的第一片绝缘子时,必须采用专用短接线后,方可直接进行操作。

7.12 在直流线路下放置汽车或体积较大的金属作业机具时,机具必须先行接地。

7.13 以上下循环交换方式传递较重的工器具时,均应系好控制绳,防止被传递物品相互碰撞及误碰处于工作状态的承力工器具。

8 工具的试验

8.1 发现绝缘工具受潮或表面损伤、脏污、变形、松动时,应及时处理并经试验合格后方可使用，不合格的带电作业工具应及时检修或报废，不得继续使用。

8.2 作业工具应定期进行电气试验及机械试验，试验周期为：

　　a）电气试验：预防性试验每年一次，检查性试验每年一次，两种试验间隔为半年；

　　b）机械试验：预防性试验两年一次，但每年均应进行外观检查。如发现损伤、松动、变形时，应及时进行处理和检验。

8.3 试验项目：

8.3.1 预防性电气试验

　　a）操作冲击耐压试验：试品长度为 3.2m，采用 $+250\mu s/2500\mu s$ 标准操作冲击波，施加电压 970kV 共 15 次，应无闪络、无击穿、无发热；

　　b）直流耐压试验：试品长度为 3.2m，施加直流电压 565kV，耐压时间 3min，应无闪络、无击穿、无发热；

　　c）交直流 500kV 通用带电作业工具在进行了 500kV 交流预防性试验后，不需再进行直流预防性试验。

8.3.2 检查性电气试验

　　将绝缘工具分成若干段进行工频耐压试验。每 300mm 耐压 75kV，时间为 1min，应无闪络、无击穿、无发热。

8.3.3 预防性机械试验

　　a）静负荷试验：1.2 倍额定工作负荷下持续 1min，工具应无变形或损伤；

　　b）动负荷试验：1 倍额定工作负荷下实际操作 3 次，工具灵活、无卡住现象为合格。

8.3.4 屏蔽服装检查性试验

　　屏蔽服装最远端点之间的电阻值均不得大于 20Ω。

9　工具的运输与保养

9.1 在运输过程中，绝缘工具应装在专用工具袋、工具箱或专用工具车内，以防受潮和损伤。

9.2 铝合金工具、表面硬度较低的卡具、夹具及不宜磕碰的金属机具（例如丝杆），运输时应有专用的木质或皮革工具箱，每箱容量以一套工具为限，零散的部件在箱内应予固定。

9.3 带电作业工具库房应按照 GB/T 18037 的规定配有通风、干燥、除湿设施。库房内应备有温度表、湿度表，库房最高气温不超过 40℃。烘烤装置与绝缘工具表面保持 50cm～100cm 距离。库房内的相对湿度不大于 60%。

9.4 绝缘杆件的存放设施应设计成垂直吊放的排列架，每个杆件相距 10cm～15cm，每排相距 50cm，绝缘硬梯、托瓶架的存放设施应设计成能水平摆放的多层式构架，每层间隔 25cm～30cm。最低层离开地面不小于 50cm。绝缘绳索及其滑车组的存放设施应设计成垂直吊挂的构架，每个挂钩放一组滑车组，挂钩间距为 20cm～25cm，绳索下端距地面不小于 50cm。

直流输电系统可靠性评价规程

DL/T 989—2013

代替 DL/T 989—2005

输配电和供用电卷

目　　次

前　言

本标准是对 DL/T 989—2005 的修订。

本标准与原标准相比较，除编辑性修改外主要有以下变化：

——对"1 范围"的内容进行了修改，见第 1 章；

——对"使用"、"降额运行"、"不可用"、"计划停运"、"强迫停运"重新进行了定义，见 2.1、2.1.1.1.2、2.1.2、2.1.2.1、2.1.2.2；

——增加了"停用"状态，见第 2.2 条；

——增加了"双极计划停运"、"单极计划停运"、"阀组计划停运"和"单元计划停运"状态定义以及相应状态的时间和频次术语定义，见 2.1.2.1、2.7.2.1.1～2.7.2.1.4、2.9.1.1～2.9.1.4；

——增加了"双极强迫停运"、"单极强迫停运"、"阀组强迫停运"和"单元强迫停运"定义以及相应状态的时间和频次术语定义，见 2.1.2.2、2.7.2.2.1～2.7.2.2.4、2.9.2.1～2.9.2.4；

——删除了原标准中"双极停运"状态定义；

——对"额定输送容量"、"停运容量"、"降额系数"重新进行了定义，见 2.3～2.5；

——对"统计期间小时"、"等效停运小时"重新进行了定义，见 2.7、2.7.3；

——增加了"等效计划停运小时"、"等效强迫停运小时"和"等效可用小时"定义，见 2.7.3.1、2.7.3.2、2.7.4；

——增加了"降额运行次数"、"不可用次数"、"计划停运次数"和"强迫停运次数"定义，见 2.8、2.9、2.9.1、2.9.2；

——对"能量可用率"、"能量不可用率"、"强迫能量不可用率"、"计划能量不可用率"、"能量利用率"重新进行了定义，删除了原标准中"系统运行率"和"系统双极运行率"评价指标，见第 3 章；

——对统计范围和事件原因分类进行了修改整理，并调整至"4 统计范围和事件原因填报规定"，见图 2；

——对注册、运行情况和指标统计表格进行了修改和补充，见表 1～表 10；

——中英文对照表中相应调整增减内容，见附录 A、附录 C、附录 D。

本标准由中国电力企业联合会提出。

本标准由电力行业可靠性管理标准化技术委员会归口。

本标准起草单位：中国电力企业联合会电力可靠性管理中心，中国南方电网有限责任公司超高压输电公司。

本标准的主要起草人：米建华、陈丽娟、赵建宁、李霞、程学庆、简洪宇、程江平、刘占威、蔡宁、雷兵、胡小正、贾立雄、杨泽明、肖遥、王鹏。

本标准实施后代替 DL/T 989—2005。

本标准在执行过程中的意见或建议反馈至中国电力企业联合会标准化管理中心（北京市白广路二条 1 号，100761）。

直流输电系统可靠性评价规程

1 范围

本标准规定了直流输电系统可靠性的统计办法和评价指标。

本标准适用于输电企业直流输电系统的可靠性评价。

2 术语和定义

下列术语和定义适用于本标准。

2.1 使用 active（ACT）

新（改、扩）建直流输电系统或系统的一部分自正式商业投运起，其可靠性统计对象即进入使用状态，开展可靠性统计工作。使用状态可分为可用状态和不可用状态。使用状态分类如图1所示。

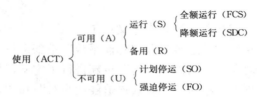

图1 直流输电系统使用状态分类

2.1.1 可用 avaliable（A）

统计对象处于可以输送电能的状态称为可用。可用又分为运行和备用。

2.1.1.1 运行 in service（S）

统计对象与电网相连接，并处于工作状态称为运行。运行又分为全额运行和降额运行。

2.1.1.1.1 全额运行 full capacity in service（FCS）

统计对象处于能按额定输送容量输送电能的运行状态。

2.1.1.1.2 降额运行 derated capacity in service（SDC）

统计对象不能按额定输送容量输送电能的运行状态，或人为错误导致的统计对象输送容量下降的运行状态。

2.1.1.2 备用 reserve shutdown（R）

统计对象可用，但没有投入运行的状态。

2.1.2 不可用 unavaliable（U）

统计对象不能输送电能的使用状态，或人为错误导致的停运状态。不可用可分为计划停运和强迫停运。

2.1.2.1 计划停运 scheduled outage（SO）

事先向调度申请并由调度许可的停运。

根据统计对象的类型以及停运的影响计划停运分为双极计划停运、单极计划停运、阀组计划停运和单元计划停运。

双极系统中，统计对象两个极在同一时间由同一原因引起的计划停运称为双极计划停运（BPSO）；双极系统其中一极的单独计划停运称为单极计划停运（MPSO）；单极在能量传输的一端由多个阀组构成时，阀组是系统运行方式中最小能量传输单位，阀组的单独计划停运称为阀组计划停运（CSO）。

背靠背换流站中，换流单元的计划停运称为单元计划停运（USO）。

2.1.2.2 强迫停运 forced outage（FO）

未经调度许可由不期望的设备问题或人为错误导致的停运。

根据统计对象的类型以及停运的影响强迫停运分为双极强迫停运、单极强迫停运、阀组强迫停运和单元强迫停运。

双极系统中，统计对象两个极在同一时间由同一原因引起的强迫停运称为双极强迫停运（BPFO）；双极系统其中一极的单独强迫停运称为单极强迫停运（MPFO）；单极运行有不同阀组组合方案的运行方式时，阀组是直流输电系统运行方式中最小的能量传输单位，阀组的单独强迫停运称为阀组强迫停运（CFO）。

背靠背换流站中，换流单元的强迫停运称为单元强迫停运（UFO）。

2.2 停用 inactive（IACT）

统计对象经规定部门批准停用或因改、扩建而停止使用的状态。统计对象处于停用状态不参加可靠性统计评价。

注：直流输电系统统计对象改、扩建指对直流输电系统原有设施、工艺条件进行大规模改造或扩充性建设。

2.3 额定输送容量 maximum continuous capacity, rated transmission capacity（P_m）

在统计期间内，统计对象持续运行在正常状态下能够输送的最大容量，又称最大持续输送容量。一般取统计对象的设计输送容量。

2.4 停运容量 outage capacity（P_o）

由于不可用或者降额运行导致统计对象较额定输送容量下降的那部分容量。

2.5 降额系数 outage derating factor（ODF）

统计对象停运容量与额定输送容量之比的百分数。

$$ODF = \frac{P_o}{P_m} \times 100\% \tag{1}$$

2.6 总输送电量 total transmission energy（TTE）

在统计期间内，统计对象交换电量的总和。

2.7 统计期间小时 period hours（PH）

根据需要选取的时间区间内，统计对象处于使用状态下的小时数。

2.7.1 可用小时 available hours（AH）

在统计期间内，统计对象处于可用状态下的小时数。可用小时分为运行小时和备用小时。

2.7.1.1 运行小时 sevice hours（SH）

在统计期间内，统计对象处于运行状态下的小时数（含降额运行小时）。

2.7.1.2 降额运行小时 derated capacity in service hours（DCSH）

在统计期间内，统计对象实际处于降额运行状态下的小时数。

2.7.1.3 备用小时 reserve hours（RH）

在统计期间内，统计对象处于备用状态下的小时数。

2.7.2 不可用小时 unavailable hours（UH）

在统计期间内，统计对象处于不可用状态下的小时数。不可用小时可根据不可用的原因分为计划停运小时（SOH）和强迫停运小时（FOH）。

2.7.2.1 计划停运小时 scheduled outage hours（SOH）

在统计期间内，统计对象处于计划停运状态下的小时数。

2.7.2.1.1 双极计划停运小时 bipolar scheduled outage hours（BPSOH）

在统计期间内，统计对象处于双极计划停运状态下的小时数。

2.7.2.1.2 单极计划停运小时 monopolar scheduled outage hours（MPSOH）

在统计期间内，统计对象处于单极计划停运状态下的小时数。

2.7.2.1.3 阀组计划停运小时 convertor scheduled outage hours（CSOH）

在统计期间内，统计对象处于阀组计划停运状态下的小时数。

2.7.2.1.4 单元计划停运小时 convertor unit scheduled outage hours（USOH）

在统计期间内，统计对象处于单元计划停运状态下的小时数。

2.7.2.2 强迫停运小时 forced outage hours（FOH）

在统计期间内，统计对象处于强迫停运状态下的小时数。

2.7.2.2.1 双极强迫停运小时 bipolar forced outage hours（BPFOH）

在统计期间内，统计对象处于双极强迫停运状态下的小时数。

2.7.2.2.2 单极强迫停运小时 monopolar forced outage hours（MPFOH）

在统计期间内，统计对象处于单极强迫停运状态下的小时数。

2.7.2.2.3 阀组强迫停运小时 convertor forced outage hours（CFOH）

在统计期间内，统计对象处于阀组强迫停运状态下的小时数。

2.7.2.2.4 单元强迫停运小时 convertor unit forced outage hours（UFOH）

在统计期间内，统计对象处于单元强迫停运状态下的小时数。

2.7.3 等效停运小时 equivalent outage hours（EOH）

在统计期间内，按照降额系数折合的统计对象等效不可用的小时数。等效停运小时分为等效计划停运小时（ESOH）和等效强迫停运小时（EFOH）。

2.7.3.1 等效计划停运小时 equivalent scheduled outage hours（ESOH）

在统计期间内，计划停运等效停运小时的总和。

$$ESOH = \sum_{i=1}^{n} ODF_i \times SOH_i \tag{2}$$

式中 i ——统计对象第 i 次处于计划停运的状态；

ODF_i ——统计对象第 i 次处于计划停运状态下的降额系数，%；

SOH_i——统计对象第 i 次处于计划停运状态下的计划停运小时，h。

2.7.3.2 等效强迫停运小时 equivalent forced outage hours（EFOH）

在统计期间内，降额运行和强迫停运的等效停运小时的总和。

$$EFOH = \sum_{i=1}^{m} ODF_i \times DCSH_i + \sum_{j=1}^{n} ODF_j \times FOH_j \qquad (3)$$

式中 i——统计对象第 i 次处于降额运行的状态；

ODF_i——统计对象第 i 次处于降额运行状态下的降额系数，%；

$DCSH_i$——统计对象第 i 次处于降额运行状态下的降额运行小时，h；

j——统计对象第 j 次处于强迫停运的状态；

ODF_j——统计对象第 j 次处于强迫停运状态下的降额系数，%；

FOH_j——统计对象第 j 次处于强迫停运状态下的强迫停运小时，h。

2.7.4 等效可用小时 equivalent available hours（EAH）

在统计期间内，按照降额系数折合的统计对象等效可用的小时数，其值为统计期间小时与等效停运小时之差。

2.8 降额运行次数 derated capacity in service times（DCST）

在统计期间内，统计对象发生降额运行的次数。

2.9 不可用次数 unavailable times（UT）

在统计期间内，统计对象处于不可用状态下的次数。

2.9.1 计划停运次数 scheduled outage times（SOT）

在统计期间内，统计对象发生计划停运的次数。

2.9.1.1 双极计划停运次数 bipolar scheduled outage times（BPSOT）

在统计期间内，统计对象发生双极计划停运的次数。

2.9.1.2 单极计划停运次数 monopolar scheduled outage times（MPSOT）

在统计期间内，统计对象发生单极计划停运的次数。

2.9.1.3 阀组计划停运次数 convertor scheduled outage times（CSOT）

在统计期间内，统计对象发生阀组计划停运的次数。

2.9.1.4 单元计划停运次数 convertor unit scheduled outage times（USOT）

在统计期间内，统计对象发生单元计划停运的次数。

2.9.2 强迫停运次数 forced outage times（FOT）

在统计期间内，统计对象发生强迫停运的次数。

2.9.2.1 双极强迫停运次数 bipolar forced outage times（BPFOT）

在统计期间内，统计对象发生双极强迫停运的次数。

2.9.2.2 单极强迫停运次数 monopolar forced outage times（MPFOT）

在统计期间内，统计对象发生单极强迫停运的次数。

2.9.2.3 阀组强迫停运次数 convertor forced outage times（CFOT）

在统计期间内，统计对象发生阀组强迫停运的次数。

2.9.2.4 单元强迫停运次数 convertor unit forced outage times（UFOT）

在统计期间内，统计对象发生单元强迫停运的次数。

注：以上所涉直流输电系统可靠性统计状态、容量与能量、统计时间及相关指标术语的中英文对照分别见附录 A～附录 D。

3 评价指标与计算公式

评价指标包括能量可用率、能量不可用率、强迫能量不可用率、计划能量不可用率、能量利用率、各类强迫停运次数、降额运行次数以及各类计划停运次数。直流输电系统可靠性指标中英文对照见附录 D。

3.1 能量可用率 energy availability（EA）

在统计期间内，统计对象等效可用小时与统计期间小时之比的百分数。

$$EA = \frac{EAH}{PH} \times 100\% \tag{4}$$

3.2 能量不可用率 energy unavailability（EU）

在统计期间内，统计对象等效停运小时与统计期间小时之比的百分数。

$$EU = 1 - EA = \frac{EOH}{PH} \times 100\% \tag{5}$$

3.2.1 强迫能量不可用率 forced energy unavailability（FEU）

在统计期间内，统计对象等效强迫停运小时与统计期间小时之比的百分数。

$$FEU = \frac{EFOH}{PH} \times 100\% \tag{6}$$

3.2.2 计划能量不可用率 scheduled energy unavailability（SEU）

在统计期间内，统计对象等效计划停运小时与统计期间小时之比的百分数。

$$SEU = \frac{ESOH}{PH} \times 100\% \tag{7}$$

3.3 能量利用率 energy utilization（U）

在统计期间内，统计对象总输送电量与额定输送容量和统计期间小时的乘积之比的百分数。

$$U = \frac{TTE}{P_{\mathrm{m}} \times PH} \times 100\% \tag{8}$$

4 统计范围和事件原因填报规定

4.1 直流输电系统可靠性的统计范围包括整流侧和逆变侧的交流及其辅助设备、阀设备、控制及其保护设备、直流一次设备以及直流输电线路等设施。

4.2 所有导致统计对象不可用或者降额运行的事件都应按照事件原因分类填写事件原因，事件原因分类如图 2 所示。其中，换流站其他原因仅包括换流站内人为错误和不明原因。

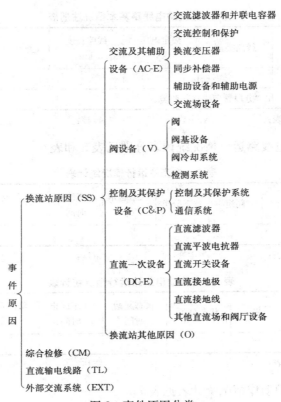

图 2　事件原因分类

5　统计报表

5.1　直流输电系统、换流站、阀组、直流输电线路基本情况注册表分别见表 1～表 4。

表 1　直流输电系统基本情况注册表

系统名称	极/单元	投运日期 年　月　日	额定电压 kV	额定输送容量 MW	线路长度 km	管理单位	备注

单位：　　　　制表：　　　　主管：　　　　审核：　　　　填报日期：　　年　月　日

表 2　换流站基本情况注册表

换流站名称	所属系统名称	额定电压 kV	额定输送容量 MW	管理单位

单位：　　　　制表：　　　　主管：　　　　审核：　　　　填报日期：　　年　月　日

表 3　阀组基本情况注册表

阀组名称	所属系统名称	所属换流站名称	所属极	额定电压 kV	额定输送容量 MW

单位：　　　　制表：　　　　主管：　　　　审核：　　　　填报日期：　　年　月　日

63

表 4　直流输电线路基本情况注册表

线路名称	所属系统	线路类型	额定电压 kV	线路长度 km	维护单位	备注

注：线路类型分为"总线路"和"分段管理线路"两类。

单位：　　　制表：　　　主管：　　　审核：　　　填报日期：　年　月　日

5.2　换流站、直流输电线路运行情况统计表分别见表5和表6。

表 5　换流站运行情况统计表

系统	换流站	极/单位	阀组	状态分类	状态起始时间	状态终止时间	降额系统 %	事件原因	备注

单位：　　　制表：　　　主管：　　　审核：　　　填报日期：　年　月　日

表 6　直流输电线路运行情况统计表

线路名称	所属系统	极	状态分类	状态起始时间	状态终止时间	降额系数 %	事件原因	备注

单位：　　　制表：　　　主管：　　　审核：　　　填报日期：　年　月　日

5.3　直流输电线路保护动作情况统计表见表7。

表 7　直流输电线路保护动作情况统计表

事件序号	系统名称	发生极	事件发生的起始时间	事件的终止时间	持续时间 h	极电压 kV	再启动后的极电压 kV	再启动次数	故障距离 km	备注

注：1. 发生极填写继电保护首先动作的极。
　　2. 事件发生的起始时间填写继电保护第一次动作的时间。
　　3. 继电保护动作后，如再启动成功不用填写事件的终止时间；如再启动不成功，事件的终止时间填写人工解锁的时间。
　　4. 极电压填写继电保护动作时整流器（逆变器）直流侧的稳态运行电压，正极填正数，负极填负数。
　　5. 再启动极电压填写极再启动的电压，正极填正数，负极填负数。
　　6. 再启动次数填写继电保护一次动作过程中，极再启动的次数。
　　7. 故障距离填写继电保护测量到的故障点与本站的距离。
　　8. 备注简要描述引起保护动作的情况，如故障所在的塔号等。

单位：　　　制表：　　　主管：　　　审核：　　　填报日期：　年　月　日

5.4　直流输电系统总输送电量统计表见表8。

表 8　直流输电系统总输送电量统计表

直流输电系统	换流站	极/单元	开始时间	结束时间	整流送电量 MWh	逆变受电量 MWh

注：电量数据在时间上应连续，不应出现时间间断。

单位：　　　制表：　　　主管：　　　审核：　　　填报日期：　年　月　日

5.5 直流输电系统可靠性指标汇总表见表9。

表 9　直流输电系统可靠性指标汇总表

统计期限：＿＿＿年＿月＿日至＿＿＿年＿月＿日

序号	统计对象	额定输送容量MW	能量可用率%	强迫能量不可用率%	计划能量不可用率%	强迫停运次数					降额运行次数次	计划停运次数					总输送电量MWh	能量利用率%
						双极次	单极次	阀组次	单元次	合计次数次		双极次	单极次	阀组次	单元次	合计次数次		

单位：　　　　制表：　　　　主管：　　　　审核：　　　　填报日期：　　年　月　日

5.6 统计对象事件原因分类表见表10。

表 10　统计对象事件原因分类表

统计期限：＿＿＿年＿月＿日至＿＿＿年＿月＿日　　统计对象：＿＿＿＿＿＿＿

事件原因	降额运行			强迫停运		等效强迫停运小时h	计划停运		总计等效停运小时h
	次数次	降额运行小时h	等效停运小时h	次数次	等效停运小时h		次数次	等效计划停运小时h	

单位：　　　　制表：　　　　主管：　　　　审核：　　　　填报日期：　　年　月　日

附　录　A
（资料性附录）
直流输电系统可靠性统计状态术语中英文对照表

中　　文	英文全称	英文缩写
使用	active	ACT
可用	available	A
运行	in service	S
备用	reserve shutdown	R
不可用	unavailable	U
全额运行	full capacity in service	FCS
降额运行	derated capacity in service	DCS
计划停运	scheduled outage	SO
强迫停运	forced outage	FO
停用	inactive	IACT
双极计划停运	bipolar scheduled outage	BPSO
双极强迫停运	bipolar forced outage	BPFO
单极计划停运	monopolar scheduled outage	MPSO
单极强迫停运	monopolar forced outage	MPFO
阀组计划停运	convertor scheduled outage	CSO
阀组强迫停运	convertor forced outage	CFO
单元计划停运	convertor unit scheduled outage	USO
单元强迫停运	convertor unit forced outage	UFO

附 录 B

（资料性附录）

直流输电系统可靠性容量与能量术语中英文对照表

中　文	英文全称	英文缩写
额定输送容量	maximum continuous capacity	P_m
停运容量	outage capacity	P_o
降额系数	outage derating factor	ODF
总输送电量	total transmission energy	TTE

附 录 C

（资料性附录）

直流输电系统可靠性统计时间术语中英文对照表

中　文	英文全称	英文缩写
统计期间小时	period hours	PH
可用小时	available hours	AH
运行小时	service hours	SH
备用小时	reserve hours	RH
不可用小时	unavailable hours	UH
等效停运小时	equivalent outage hours	EOH
等效计划停运小时	equivalent scheduled outage hours	ESOH
等效强迫停运小时	equivalent forced outage hours	EFOH
等效可用小时	equivalent available hours	EAH
降额运行小时	derated capacity in service hours	DCSH
计划停运小时	scheduled outage hours	SOH
强迫停运小时	forced outage hours	FOH
双极计划停运小时	bipolar scheduled outage hours	BPSOH
单极计划停运小时	monopolar scheduled outage hours	MPSOH
阀组计划停运小时	convertor scheduled outage hours	CSOH
单元计划停运小时	convertor unit scheduled outage hours	USOH
双极强迫停运小时	bipolar forced outage hours	BPFOH
单极强迫停运小时	monopolar forced outage hours	MPFOH
阀组强迫停运小时	convertor forced outage hours	CFOH
单元强迫停运小时	convertor unit forced outage hours	UFOH

附 录 D
（资料性附录）
直流输电系统可靠性指标术语中英文对照表

指标名称	英文全称	英文缩写
能量可用率	energy availability	EA
能量不可用率	energy unavailability	EU
强迫能量不可用率	forced energy unavailability	FEU
计划能量不可用率	scheduled energy unavailability	SEU
能量利用率	energy utilization	U
降额运行次数	derated capacity in service times	DCST
不可用次数	unavailable times	UT
计划停运次数	scheduled outage times	SOT
双极计划停运次数	bipolar scheduled outage times	BPSOT
单极计划停运次数	monopolar scheduled outage times	MPSOT
阀组计划停运次数	convertor scheduled outage times	CSOT
单元计划停运次数	convertor unit scheduled outage times	USOT
强迫停运次数	forced outage times	FOT
双极强迫停运次数	bipolar forced outage times	BPFOT
单极强迫停运次数	monopolar forced outage times	MPFOT
阀组强迫停运次数	convertor forced outage times	CFOT
单元强迫停运次数	convertor unit forced outage times	UFOT
换流站原因	substations	SS
交流及其辅助设备	AC and auxiliary equipment	AC-E
阀设备	valves	V
控制及其保护设备	control and protection equipment	C&P
直流一次设备	primary DC equipment	DC-E
换流站其他原因	other	O
综合检修	comprehensive maintenance	CM
直流输电线路	DC transmission line or cable	TL
外部交流系统	External AC System	EXT

配电线路带电作业技术导则

GB/T 18857—2008

代替 GB/T 18857—2002

目　　次

前　言

本标准代替 GB/T 18857—2002《配电线路带电作业导则》。

本标准与 GB/T 18857—2002 相比主要差异如下：

——增加了对相对湿度大于 80％又必须进行带电作业时的作业方式的规定；

——增加了绝缘承载工具的最小有效绝缘长度不得小于 0.4m；

——增加了绝缘工器具的试验、运输及保管；

——增加了对工作票签发人的要求。

本标准的附录 A、附录 B 为资料性附录。

本标准由中国电力企业联合会提出。

本标准由全国带电作业标准化技术委员会（SAC/TC 36）归口。

本标准主要起草单位：国网武汉高压研究院、福建省电力公司、厦门电业局、江苏省电力公司、无锡供电公司、北京电力公司、上海市电力公司。

本标准主要起草人：胡毅、刘松喜、李超英、刘伟平、翁旭、丁荣、战福利、易辉、张丽华、王之佩、张锦秀、郑传广、刘庭。

本标准于 2002 年首次发布，本次为第一次修订。

配电线路带电作业技术导则

1 范围

本标准规定了 10kV 电压等级配电线路带电作业的作业方式、技术要求、绝缘工器具、绝缘防护用具、绝缘遮蔽用具、操作要领及安全措施等。

本标准适用于 10kV 电压等级配电线路的带电检修和维护作业。

3kV、6kV 线路的带电作业可参考本标准。

鉴于各地电气设备型式多样，杆上设备布置差异较大，作业项目种类较多，因此本标准在作业项目及操作方法上只做原则指导。

2 规范性引用文件

下列文件中的条款通过本标准的引用而成为本标准的条款。凡是注日期的引用文件，其随后所有的修改单（不包括勘误的内容）或修订版均不适用于本标准，然而，鼓励根据本标准达成协议的各方研究是否可使用这些文件的最新版本。凡是不注日期的引用文件，其最新版本适用于本标准。

GB/T 12168　带电作业用遮蔽罩（GB/T 12168—2006，IEC 61299：2002，MOD）

GB/T 13035　带电作业用绝缘绳索

GB 13398　带电作业用空心绝缘管、泡沫填充绝缘管和实心绝缘棒（GB 13398—2008，IEC 60855：1985，MOD；IEC 61235：1993，MOD）

GB/T 14286　带电作业工具设备术语（GB/T 14286—2008，IEC 60743：2001，MOD）

GB/T 17622　带电作业用绝缘手套（GB/T 17622—2008，IEC 60903：2002，MOD）

DL 409　电业安全工作规程（电力线路部分）

DL/T 676　带电作业用绝缘鞋（靴）通用技术条件

DL/T 740　电容型验电器

DL/T 803　带电作业用绝缘毯

DL/T 853　带电作业用绝缘垫

DL/T 878　带电作业用绝缘工具试验导则

DL/T 880　带电作业用导线软质遮蔽罩

DL/T 974　带电作业用工具库房

3 术语和定义

GB/T 14286 确立的以及下列术语和定义适用于本标准。

3.1 绝缘防护用具　insulating shielding apparatus

由绝缘材料制成，在带电作业时对人体进行安全防护的用具，包括绝缘服、绝缘裤、绝缘手套、绝缘鞋（靴）、绝缘安全帽、绝缘袖套、绝缘披肩等。

3.2 绝缘遮蔽用具　insulating cover apparatus

由绝缘材料制成，用来遮蔽或隔离带电体和邻近的接地部件的硬质或软质用具。

3.3 绝缘操作工具 insulating hand tools

用绝缘材料制成的操作工具，包括以绝缘管、棒、板为主绝缘材料，端部装配金属工具的硬质绝缘工具和以绝缘绳为主绝缘材料制成的软质绝缘工具。

3.4 绝缘承载工具 insulating carrying tools

承载作业人员进入带电作业位置的固定式或移动式绝缘承载工具，包括绝缘斗臂车、绝缘梯、绝缘平台等。

4 一般要求

4.1 人员要求

4.1.1 配电带电作业人员应身体健康，无妨碍作业的生理和心理障碍。应具有电工原理和电力线路的基本知识，掌握配电带电作业的基本原理和操作方法，熟悉作业工器具的适用范围和使用方法。熟悉 DL 409 和本导则。应会紧急救护法，特别是触电解救。通过专责培训机构的理论、操作培训，考试合格并持有上岗证。

4.1.2 工作负责人（或安全监护人）应具有 3 年以上的配电带电作业实际工作经验，熟悉设备状况，具有一定组织能力和事故处理能力，经专门培训，考试合格并具有上岗证，经本单位总工程师或主管生产的领导批准后，负责现场的安全监护。

4.2 气象条件要求

4.2.1 作业应在良好的天气下进行。如遇雷、雨、雪、大雾时不应进行带电作业。风力大于 10 m/s（5 级）以上时，不宜进行作业。

4.2.2 相对湿度大于 80% 的天气，若需进行带电作业，应采用具有防潮性能的绝缘工具。

4.2.3 在特殊或紧急条件下，必须在恶劣气候下进行带电抢修时，应针对现场气候和工作条件，组织有关工程技术人员和全体作业人员充分讨论，制定可靠的安全措施，经本单位总工程师或主管生产的领导批准后方可进行。夜间抢修作业应有足够的照明设施。

4.2.4 带电作业过程中若遇天气突然变化，有可能危及人身或设备安全时，应立即停止工作；在保证人身安全的情况下，尽快恢复设备正常状况，或采取其他措施。

4.3 其他要求

4.3.1 对于比较复杂、难度较大的带电作业新项目和研制的新工具，应进行试验论证，确认安全可靠，制定操作工艺方案和安全措施，并经本单位总工程师或主管生产的领导批准后方可使用。

4.3.2 带电作业工作票签发人和工作负责人对带电作业现场情况不熟悉时，应组织有经验的人员到现场查勘。根据查勘结果做出能否进行带电作业的判断，并确定作业方法和所需工具以及应采取的措施。

4.3.3 带电作业工作负责人在工作开始之前应与调度联系。需要停用自动重合闸装置时，应履行许可手续。工作结束后应及时向调度汇报。严禁约时停用或恢复重合闸。

4.3.4 在带电作业过程中如设备突然停电，作业人员应视设备仍然带电。工作负责人应尽快与调度联系，调度未与工作负责人取得联系前不得强送电。

5 工作制度

5.1 工作票制度

5.1.1 配电带电作业应按 DL 409 中的规定，填写第二种工作票。工作票由工作负责人按票面要求逐项填写。字迹应正确清楚，不得任意涂改。

5.1.2 工作票的有效时间以批准检修期为限，已结束的工作票，应保存三个月。

5.1.3 工作票签发人应由熟悉人员技术水平、熟悉设备情况、熟悉本规程并具有带电作业工作经验的生产领导人、技术人员或经本单位主管生产的领导或总工担任。工作票签发人名单应书面公布。

5.1.4 工作票签发人不得同时兼任该项工作的工作负责人。

5.2 工作监护制度

5.2.1 配电带电作业必须设专人监护，工作负责人（监护人）必须始终在工作现场，对作业人员的安全认真监护，及时纠正违反安全的动作。

5.2.2 工作负责人（监护人）不得擅离岗位或兼任其他工作。

5.2.3 监护的范围不得超过一个作业点。复杂的或高杆塔上的作业应增设（塔上）监护人。

5.3 工作间断和终结制度

5.3.1 配电带电作业过程中，若因故需临时间断，在间断期间，工作现场的带电工具和器材应可靠固定，并保持安全隔离及派专人看守。

5.3.2 间断工作恢复以前，必须检查一切工具、器材和设备，经查明确定安全可靠后才能重新工作。

5.3.3 每项作业结束后，应仔细清理工作现场，工作负责人应严格检查设备上有无工具和材料遗留，设备是否恢复工作状态。全部工作结束后，应向调度部门汇报。

6 作业方式

6.1 绝缘杆作业法

6.1.1 绝缘杆作业法是指作业人员与带电体保持规定的安全距离，戴绝缘手套和穿绝缘靴，通过绝缘工具进行作业的方式。

6.1.2 在杆上作业人员伸展身体各部位有可能同时触及不同电位（带电体和接地体）的设备时，作业人员应对带电体进行绝缘遮蔽，并穿戴全套绝缘防护用具。

6.1.3 绝缘杆作业法既可在登杆作业中采用，也可在斗臂车的工作斗或其他绝缘平台上采用。

6.1.4 绝缘杆作业法中，绝缘杆为相地之间主绝缘，绝缘防护用具为辅助绝缘。

6.2 绝缘手套作业法

6.2.1 绝缘手套作业法是指作业人员使用绝缘承载工具（绝缘斗臂车、绝缘梯、绝缘平台等）与大地保持规定的安全距离，穿戴绝缘防护用具，与周围物体保持绝缘隔离，通过绝缘手套对带电体直接进行作业的方式。

6.2.2 采用绝缘手套作业法时无论作业人员与接地体和相邻带电体的空气间隙是否满足规定的安全距离，作业前均需对人体可能触及范围内的带电体和接地体进行绝缘遮蔽。

6.2.3 在作业范围窄小，电气设备布置密集处，为保证作业人员对相邻带电体或接地体的有效隔离，在适当位置还应装设绝缘隔板等限制作业人员的活动范围。

6.2.4 在配电线路带电作业中，严禁作业人员穿戴屏蔽服装和导电手套，采用等电位方式进行作业。绝缘手套作业法不是等电位作业法。

6.2.5 绝缘手套作业法中，绝缘承载工具为相地主绝缘，空气间隙为相间主绝缘，绝缘遮蔽用具、绝缘防护用具为辅助绝缘。

7 技术要求

7.1 最小安全距离

7.1.1 在配电线路上采用绝缘杆作业法时，人体与带电体的最小安全距离不得小于 0.4m（此距离不包括人体活动范围）。

7.1.2 斗臂车的臂上金属部分在仰起、回转运动中，与带电体间的安全距离不得小于 1m。

7.1.3 带电升起、下落、左右移动导线时，对与被跨物间的交叉、平行的最小距离不得小于 1m。

7.2 最小有效绝缘长度

7.2.1 绝缘操作杆最小有效绝缘长度不得小于 0.7m。

7.2.2 支、拉、吊杆及绝缘绳等承力工具的最小有效绝缘长度不得小于 0.4m。

7.2.3 绝缘承载工具的最小有效绝缘长度不得小于 0.4m。

7.2.4 绝缘操作、承力、承载工具在试验距离为 0.4m 时，在 100kV 工频试验电压（1min）下应无击穿、无闪络、无发热。

7.3 绝缘防护及遮蔽用具

7.3.1 绝缘防护用具在 20kV 工频试验电压（3min）下应无击穿、无闪络、无发热。

7.3.2 绝缘遮蔽用具在 20kV 工频试验电压（3min）下应无击穿、无闪络、无发热。

8 工器具的试验、运输及保管

8.1 10kV 配电线路带电作业应使用额定电压不小于 10kV 的工器具。每一种工器具均应通过型式试验，每件工器具应通过出厂试验并定期进行预防性试验，试验合格且在有效期内方可使用，试验按 DL/T 878 要求进行。

8.2 绝缘防护用具的出厂及预防性试验项目见表 1。

表 1　绝缘防护用具试验项目

工具类型	出厂试验		预防性试验		
	试验电压/kV	试验时间/min	试验电压/kV	试验时间/min	试验周期
绝缘防护用具	20	3	20	1	6 个月

注：试验中试品应无击穿、无闪络、无发热。

8.3 绝缘遮蔽工具的出厂及预防性试验项目见表 2。

表 2　绝缘遮蔽用具试验项目

工具类型	试验长度/m	出厂试验		预防性试验		
		试验电压/kV	试验时间/min	试验电压/kV	试验时间/min	试验周期
绝缘遮蔽用具	—	20	3	20	1	6 个月

注：试验中试品应无击穿、无闪络、无发热。

8.4 绝缘操作工具的出厂及预防性试验项目见表 3。

表3 绝缘操作工具试验项目

工具类型	试验长度/m	出厂试验		预防性试验		
		试验电压/kV	试验时间/min	试验电压/kV	试验时间/min	试验周期
绝缘操作工具	0.4	100	1	45	1	6个月

注：试验中试品应无击穿、无闪络、无发热。

8.5 绝缘承载工具的出厂及预防性试验项目见表4、表5、表6。

表4 绝缘承载工具试验项目

工具类型	试验长度/m	出厂试验		预防性试验		
		试验电压/kV	试验时间/min	试验电压/kV	试验时间/min	试验周期
绝缘平台、绝缘梯	0.4	100	1	45	1	6个月

表5 绝缘斗臂车工频耐压试验项目

绝缘斗臂车	试验长度/m	出厂试验		预防性试验		
		试验电压/kV	试验时间/min	试验电压/kV	试验时间/min	试验周期
绝缘臂	0.4	100	1	45	1	6个月
绝缘斗	0.4	100	1	45	1	6个月
	—	50	1	50	1	6个月
整车	1.0	100	1	45	1	6个月

注：试验中试品应无击穿、无闪络、无发热。

表6 绝缘斗臂车交流泄漏电流试验项目

绝缘斗臂车	试验长度/m	出厂试验		预防性试验		
		试验电压/kV	泄漏值/μA	试验电压/kV	泄漏值/μA	试验周期
绝缘臂	0.4	20	≤200	20	≤200	6个月
绝缘斗	0.4	20	≤200	20	≤200	6个月
整车	1.0	20	≤500	20	≤500	6个月

8.6 工具的运输及保管

8.6.1 在运输过程中，绝缘工具应装在专用工具袋、工具箱或专用工具车内，以防受潮和损伤。

8.6.2 绝缘工具在运输中应防止受潮、淋雨、曝晒等，内包装运输袋可采用塑料袋，外包装运输袋可采用帆布袋或专用皮（帆布）箱。

8.6.3 带电作业用工具应存放在专用库房里，带电作业工具库房应满足DL/T 974的规定。

9 作业注意事项

9.1 作业前工作负责人应根据作业项目确定操作人员，如作业当天出现某作业人员明显精神和体力不适的情况时，应及时更换人员，不得强行要求作业。

9.2 作业前应根据作业项目，作业场所的需要，按数配足绝缘防护用具、遮蔽用具、操作工具、承载工具等，并检查是否完好，工器具及防护用具应分别装入规定的工具袋中带往现场。在运输中应严防受潮和碰撞，在作业现场应选择不影响作业的干燥、阴凉位置，分类整理摆放在防潮布上。

9.3 绝缘斗臂车在使用前应认真检查其表面状况，若绝缘臂、斗表面存在明显脏污，可采用清洁毛巾或棉纱擦拭，清洁完毕后应在正常工作环境下置放 15min 以上，斗臂车在使用前应空斗试操作 1 次，确认液压传动、回转、升降、伸缩系统工作正常，操作灵活，制动装置可靠。

9.4 到达现场后，在作业前应检查确认在运输、装卸过程中工具有无螺帽松动，绝缘遮蔽用具、防护用具有无破损，并对绝缘操作工具进行检测。

9.5 每次作业前全体作业人员应在现场列队，由工作负责人布置工作任务，进行人员分工，交代安全技术措施，现场施工作业程序及配合等，并认真检查有关的工具、材料，备齐合格后方可开始工作。

9.6 作业人员在工作现场要仔细检查电杆及电杆拉线，以及上部的腐蚀状况，必要时要采取防止倒塌的措施。

9.7 作业人员应根据地形地貌，将斗臂车定位于最适于作业位置，斗臂车应良好接地，作业人员进入工作斗应系好安全带，要充分注意周边电信和高低压线路及其他障碍物，选定绝缘斗的升降回转路径，平稳地操作。

9.8 采用斗臂车作业前，应考虑工作负载及工具和作业人员的重量，严禁超载。

9.9 绝缘手套和绝缘靴在使用前要压入空气，检查有无针孔缺陷；绝缘袖套、披肩、绝缘服在使用前应检查有无刺孔、划破等缺陷，若存在以上缺陷应退出使用。

9.10 作业人员进入绝缘斗之前必须在地面上穿戴妥当绝缘安全帽、绝缘靴、绝缘服、绝缘手套及外层防刺穿手套等，并由现场安全监护人员进行检查，作业人员进入工作斗内或登杆到达工作位置时，首先应系好安全带。

9.11 在工作过程中，斗臂车的发动机不得熄火，工作负责人应通过泄漏电流监测警报仪实时监测泄漏电流是否小于规定值。凡具有上、下绝缘段而中间用金属连接的绝缘伸缩臂，作业人员在工作过程中不应接触金属件。工作斗的起升、下降速度不应大于 0.5m/s，斗臂车回转机构回转时，作业斗外缘的线速度不应大于 0.5m/s。

9.12 在接近带电体的过程中，要从下方依次验电，对人体可能触及范围内的低压线亦应验电，确认无漏电现象。验电器应满足 DL/T 740 的技术要求。

9.13 验电时人应处于与带电导体保持安全距离的位置。在低压带电导线或漏电的金属紧固件未采取绝缘遮蔽或隔离措施时，作业人员不得穿越或碰触。

9.14 对带电体设置绝缘遮蔽时，按照从近到远的原则，从离身体最近的带电体依次设置；对上下多回分布的带电导线设置遮蔽用具时，应按照从下到上的原则，从下层导线开始依次向上层设置；对导线、绝缘子、横担的设置次序是按照从带电体到接地体的原则，先放导线遮蔽罩，再放绝缘子遮蔽罩，然后对横担进行遮蔽，遮蔽用具之间的接合处应有大于 15cm 的重合部分。

9.15 如遮蔽罩有脱落的可能时，应采用绝缘夹或绝缘绳绑扎，以防脱落。作业位置周围如有接地拉线和低压线等设施，亦应使用绝缘挡板、绝缘毯、遮蔽罩等对周边物体进行绝缘隔离。另外，无论导线是裸导线还是绝缘导线，在作业中均应进行绝缘遮蔽。

9.16 拆除遮蔽用具应从带电体下方（绝缘杆作业法）或者侧方（绝缘手套作业法）拆除绝缘遮蔽用具，拆除顺序与设置遮蔽相反：按照从远到近的原则，从离作业人员最远的开始依次向近处拆除，如是拆除上下多回路的绝缘遮蔽用具，应按照从上到下的原则，从上层开始依次向下顺序拆除。对于导线、绝缘子、横担的遮蔽拆除，应按照先接地体后带电体的原则，先拆横担遮蔽用具（绝缘垫、绝缘毯、遮蔽罩），再拆绝缘子遮蔽罩，然后拆导线遮蔽罩。在拆除绝缘遮蔽用具时应注意不使被遮蔽体受到显著振动，要尽可能轻地拆除。

9.17 在从地面向杆上作业位置吊运工具和遮蔽用具时，工具和遮蔽用具应分别装入不同的吊装袋，应避免混装。采用绝缘斗臂车的绝缘小吊或绝缘滑轮吊放时，吊绳下端应不接触地面，要防止受潮及缠绕在其他设施上，吊放过程中应边观察边吊放。杆上作业人员之间传递工具或遮蔽用具时应一件一件地分别传递。

9.18 工作负责人应时刻掌握作业的进展情况，密切注视作业人员的动作，根据作业方案及作业步骤及时做出适当的指示，整个作业过程中不得放松危险部位的监护工作。工作负责人要时刻掌握作业人员的疲劳程度，保持适当的时间间隔，必要时可以两班交替作业。

10　作业项目及安全事项

10.1　更换针式绝缘子

对作业范围内的带电导线、绝缘子、横担等均应进行遮蔽。

可采用绝缘斗臂车小吊臂法、羊角抱杆法或吊、支杆法等进行更换，导线升起高度距绝缘子顶部应不小于0.4m。或通过导线遮蔽罩及横担遮蔽罩的双重绝缘将导线放置在横担上，严禁用绝缘斗臂车的工作斗支撑导线。拆除或绑扎绝缘子绑扎线时应边拆（绑）边卷，绑扎线的展放长度不得大于0.1m，绑扎完毕后应剪掉多余部分。

10.2　断、接引线

严禁带负荷断、接引线。接引流线前应查明负荷确已切除，所接分支线路或配电变压器绝缘良好无误，相位正确无误，相关线路上确无人工作。

在断接引线时，严禁作业人员一手握导线、一手握引线发生人体串接情况。

在所接线路有电缆、电容器等容性负载时，还需要使用消弧操作杆等消弧工具。

所接引流线应长度适当，与周围接地构件、不同相带电体应有足够的安全距离，连接应牢固可靠。断、接时可采用锁杆防止引线摆动。

10.3　更换跌落保险或避雷器

10.3.1 当配电变压器低压侧可以停电时，更换跌落保险器应在确认低压侧无负荷状况下进行。用绝缘拉闸杆断开三相跌落式保险后再行更换。

10.3.2 当配电变压器低压侧不能停电时，可采用专用的绝缘引流线旁路短接跌落保险以及两端引线，在带负荷的状况下更换跌落保险器。更换完并务必合上跌落保险器后，再拆除旁路引流线。

10.3.3 三相跌落式保险器或避雷器之间须放置绝缘隔离设施，三相引线、构架、横担处均应进行绝缘遮蔽。

10.3.4 一相检修或更换完毕后，应迅速对其恢复绝缘遮蔽，然后检修或更换另一相。

10.4　更换横担

根据线路状况确定作业方法，一般可采用临时绝缘横担法作业。大截面导线线路可采用带绝缘滑车组的吊杆法作业。

10.5　带负荷加装分段开关、加装负荷刀闸等

10.5.1 带负荷作业所用的绝缘引流线和两端线夹的载流容量应满足最大负荷电流的要求，其绝缘层需通过20kV/1 min的工频耐压试验，组装旁路引流线的导线处应清除氧化层，且

线夹接触应牢固可靠。

10.5.2 用旁路引流线带电短接载流设备前，应注意一定要核对相位，载流设备应处于正常通流或合闸位置。

10.5.3 在装好旁路引流线后，用钳形电流表检查确认通流正常。

10.5.4 加装分段开关，加装负荷刀闸时，在切断导线并做好终端头之前，应装设防导线松脱的保险绳，保险绳应具有良好的绝缘性能和足够的机械强度。

10.5.5 在装好分段开关或负荷刀闸后，务必合上并检查确认通流正常后再拆除旁路引流线。

附 录 A
（资料性附录）
操 作 导 则

由于各地配电线路杆上电气设备的规格和布置的差异以及作业工器具的不同，各地在使用本导则的过程中也可结合本地区的实际情况加以修改和补充，制定出适用于本单位的操作导则。

A.1 绝缘工具作业法（间接作业）

A.1.1 断引流线

A.1.1.1 人员组合

作业人员共4人：工作负责人（安全监护人）1人；杆上电工2人；地面电工1人。

A.1.1.2 作业步骤

A.1.1.2.1 全体作业人员列队宣读工作票。

A.1.1.2.2 拉开引流线后端线路开关或变压器高压侧的跌落保险器，使所断引流线无负荷。

A.1.1.2.3 登杆电工检查登杆工具和绝缘防护用具；穿上绝缘靴、绝缘手套、绝缘安全帽及其他绝缘防护用具。

A.1.1.2.4 登杆电工携带绝缘传递绳登杆至适当位置，并系好安全带。

A.1.1.2.5 地面电工使用绝缘传递绳将绝缘操作杆和绝缘遮蔽用具分别传至杆上。杆上电工应用绝缘操作杆由近及远对邻近的带电部件安装绝缘遮蔽罩。

A.1.1.2.6 地面电工使用绝缘传递绳将绝缘锁杆传给杆上电工。由第一电工用绝缘锁杆锁住靠近线路一端的引流线。

A.1.1.2.7 断开引流线可用以下多种方法：

a）缠绕法，地面电工将扎线剪及三齿扒传至杆上，由第二电工将引下线与线路主线连接的绑扎线拆开并剪断。

b）并沟线夹法，地面电工将并沟线夹装拆杆及绝缘套筒扳手传至杆上，由第二电工用并沟线夹装拆杆夹住并沟线夹。然后，交由第一电工稳住并沟线夹装拆杆，第二电工用绝缘套筒扳手拆卸并沟线夹。

c）引流线夹法，地面电工将引流线夹操作杆传至杆上，由第二电工用引流线夹操作杆拆卸引流线夹，使引流线夹脱离主导线。

A.1.1.2.8 第一电工用绝缘锁杆锁住引流线徐徐放下，第二电工将放下的引流线固定在横担或电杆上，防止其摆动或影响作业。

A.1.1.2.9 拆除引流线的另一端，并放下引流线至地面。

A.1.1.2.10 应用上述同样方法可拆除另两相的引流线。

A.1.1.2.11 由远到近地逐步拆除绝缘遮蔽装置，并一一放置地面。

A.1.1.2.12 检查完毕后，杆上电工返回地面。

A.1.1.3 安全注意事项

A.1.1.3.1 严禁带负荷断引流线。

A.1.1.3.2 作业时，作业人员对相邻带电体的间隙距离、作业工具的最小有效绝缘长度应满足 DL 409 和本标准的要求。

A.1.1.3.3 作业人员应通过绝缘操作杆对人体可能触及的区域的所有带电体进行绝缘遮蔽。

A.1.1.3.4 断引线应首先从边相开始，一相作业完成后，应迅速对其进行绝缘遮蔽，然后再对另一相开展作业。

A.1.1.3.5 作业时应穿戴齐备绝缘防护用具。

A.1.1.3.6 停用重合闸参照 DL 409 执行。

A.1.1.4 所需主要工器具

A.1.1.4.1 绝缘传递绳	1 根
A.1.1.4.2 绝缘锁杆	1 副
A.1.1.4.3 绝缘扎线剪	1 副
A.1.1.4.4 绝缘三齿扒	1 副
A.1.1.4.5 并沟线夹装拆杆	1 副
A.1.1.4.6 绝缘套筒扳手	1 副
A.1.1.4.7 引流线夹操作杆	1 副
A.1.1.4.8 拉闸操作杆	1 副
A.1.1.4.9 导线遮蔽罩、引线遮蔽罩及软质绝缘罩	若干
A.1.1.4.10 安装遮蔽罩操作杆	若干

A.1.2 接引流线

A.1.2.1 人员组合

作业人员共 4 人：工作负责人（安全监护人）1 人，杆上电工 2 人，地面电工 1 人。

A.1.2.2 作业步骤

A.1.2.2.1 全体作业人员列队宣读工作票。

A.1.2.2.2 拉开引流线后端线路开关或变压器高压侧的跌落保险器，使所接引流线无负荷。

A.1.2.2.3 登杆电工检查登杆工具和绝缘防护用具，穿上绝缘靴、绝缘手套、绝缘安全帽及其他绝缘防护用具。

A.1.2.2.4 登杆电工携带绝缘传递绳登杆至适当位置，并系好安全带。

A.1.2.2.5 地面电工使用绝缘传递绳将绝缘操作杆和绝缘遮蔽用具分别传至杆上，杆上电工利用绝缘操作杆由近及远对邻近的带电部件安装绝缘遮蔽罩。

A.1.2.2.6 杆上两电工相互配合利用绝缘杆（绳）测量所接引线的长度，并由地面电工按测量长度做好引流线。

A.1.2.2.7 地面电工将做好的引流线用绝缘传递绳传至杆上，再将绝缘锁杆传至杆上。

A. 1. 2. 2. 8 杆上电工可直接接好无电端的引流线（三相引流线可分别连接好，并固定在合适位置以避免摆动）。

A. 1. 2. 2. 9 带电端引流线的连接可采用以下多种方法：

a）在裸导线上接引流线

1）缠绕法

地面电工将绑扎线缠绕在绕线器上并注意保证扎线的长度，再传给杆上第二电工。杆上第一电工用绝缘锁杆锁住引流线的另一端，送到带电导线接引位置，杆上第二电工安装绕线器并进行缠绕，直到缠绕长度符合要求为止，地面电工将扎线剪传给杆上，由杆上电工剪掉多余的绑扎线，并放下绕线器。

2）引流线夹法

地面电工将引流线夹操作杆传至杆上，杆上第一电工用绝缘锁杆锁住引流线的另一端，送到带电导线接引位置，杆上第二电工用引流线夹操作杆将引流线夹的猴头挂在带电导线上，并拧紧螺栓，使引流线夹与导线紧密固定。

3）并沟线夹法

地面电工将并沟线夹及装拆杆传至杆上，杆上第一电工用绝缘锁杆锁住引流线的另一端，送到带电导线接引位置并固定好，杆上第二电工用并沟线夹装拆杆作业，将并沟线夹安装在线路导线及引流线上，并沟线夹的一槽卡住导线，一槽卡住引流线。地面电工将套筒扳手操作杆传至杆上，由杆上第一电工拧紧并沟线夹各螺栓。

b）在绝缘线上接引流线

1）缠绕法

杆上电工在需接引流线处确定位置和尺寸，用端部装有绝缘线削皮刀的操作杆沿绝缘线径向绕导线切割，切割时注意不要伤及导线。然后在两个径向切割处间（约 220mm～250mm）纵向削导线绝缘皮，注意不要伤及导线。待绝缘皮削去后，用绝缘杆将已缠绕好绑扎线的引流线的另一端（端头已削去绝缘皮），送到已削去绝缘皮的带电导线引流线位置，杆上第二电工安装绕线器并进行缠绕。应注意 70mm² 及以上的导线缠绕长度为 200mm，地面电工将防水胶带传给杆上电工，由杆上电工对裸露部分进行缠绕包扎，以防雨水进入绝缘线内。

2）绝缘线刺穿线夹法

地面电工将绝缘线刺穿线夹及装拆杆传至杆上电工，杆上第一电工用绝缘锁杆锁住引流线的另一端，送到带电绝缘导线接引位置并固定好；杆上第二电工用绝缘线刺穿线夹装拆杆作业，将绝缘线刺穿线夹安装在绝缘线路导线及引流线上。绝缘线刺穿线夹的一个槽卡住绝缘导线，另一槽卡住绝缘引流线。地面电工将绝缘扳手（或套筒扳手）操作杆传给杆上电工，由杆上第二电工拧紧刺穿线夹的上螺母联结处至断裂为止（注意：拧紧绝缘线刺穿线夹一定要拧上边的螺母，待上下螺母间的联结处断裂后，证明刺穿线夹已将绝缘皮刺穿并与导线接触良好。此时不应再拧紧螺母，以免刺伤导线）。

引流线夹法与并沟线夹法也可用在绝缘线上，绝缘线去外皮方式等与缠绕法中所述相同。

A. 1. 2. 2. 10 调整引流线，使之符合安全距离要求且外型美观。

A. 1. 2. 2. 11 应用上述同样方法可连接另两相的引流线。

A. 1. 2. 2. 12 由远到近地逐步拆除绝缘遮蔽装置，并一一放置地面。

A.1.2.2.13 检查完毕后，将作业工具带回地面，杆上电工返回地面。

A.1.2.3 安全注意事项

A.1.2.3.1 严禁带负荷接引流线，接引流线前应检查并确定所接分支线路或配电变压器绝缘良好无误，相位正确无误，线路上确无人工作。

A.1.2.3.2 作业时，作业人员对相邻带电体的间隙距离，作业工具的最小有效绝缘长度应满足 DL 409 的要求。

A.1.2.3.3 作业人员应通过绝缘操作杆对作业范围内的所有带电体进行绝缘遮蔽。

A.1.2.3.4 接引线应首先从边相开始，一相作业完成后，应迅速对其进行绝缘遮蔽，然后再对另一相开展作业。

A.1.2.3.5 作业时，杆上电工应穿绝缘鞋，戴绝缘手套、绝缘袖套、绝缘安全帽等绝缘防护用具。

A.1.2.3.6 停用重合闸参照 DL 409 执行。

A.1.2.3.7 接引流线时，如采用缠绕法，其扎线材质应与被接导线相同，直径应适宜。

A.1.2.4 所需主要工器具

A.1.2.4.1 绝缘传递绳	1 根
A.1.2.4.2 绝缘锁杆	1 副
A.1.2.4.3 绝缘扎线剪	1 副
A.1.2.4.4 并沟线夹装拆杆	1 副
A.1.2.4.5 绝缘套筒扳手	1 副
A.1.2.4.6 引流线夹操作杆	1 副
A.1.2.4.7 绝缘测距杆（绳）	1 副
A.1.2.4.8 绝缘绕线器	1 副
A.1.2.4.9 双猴头线夹	1 副
A.1.2.4.10 拉闸操作杆	1 副
A.1.2.4.11 导线遮蔽罩、引线遮蔽罩及软质绝缘罩	若干
A.1.2.4.12 安装遮蔽罩操作杆	若干

A.1.3 更换边相针式绝缘子

A.1.3.1 人员组合

作业人员共 5 人：工作负责人（安全监护人）1 人，杆上电工 2 人，地面电工 2 人。

A.1.3.2 作业步骤

A.1.3.2.1 全体作业人员列队宣读工作票。

A.1.3.2.2 登杆电工检查登杆工具和绝缘防护用具；穿上绝缘靴、绝缘手套、绝缘安全帽及其他绝缘防护用具。

A.1.3.2.3 登杆电工携带绝缘传递绳登杆至适当位置，并系好安全带。

A.1.3.2.4 地面电工使用绝缘传递绳将绝缘操作杆、横担遮蔽罩、导线遮蔽罩、针式绝缘子遮蔽罩逐次传给杆上电工。

A.1.3.2.5 杆上电工按照从近至远、从带电体到接地体的原则逐次对作业范围内的所有带电部件进行遮蔽，分别将导线遮蔽罩和针式绝缘子遮蔽罩安装到导线和绝缘子上。

A.1.3.2.6 地面电工将横担遮蔽罩传至杆上电工，杆上电工将横担遮蔽罩安装在作业相的横担上。

A.1.3.2.7 地面电工将多功能绝缘抱杆传至杆上电工，杆上电工在适当的位置将其安装在杆上。抱杆横担接触且支撑住导线。

A.1.3.2.8 地面电工将扎线剪及三齿扒传给杆上电工，杆上电工用三齿扒解开扎线，再用扎线剪剪断扎线。

A.1.3.2.9 杆上电工摇升多功能抱杆丝杠及抱杆横担辅助丝杠使导线距离针式绝缘子上端约0.4m。

A.1.3.2.10 杆上电工拆卸需更换的绝缘子。

A.1.3.2.11 地面电工在新绝缘子上绑好扎线，再传给杆上电工，杆上电工装上新绝缘子。

A.1.3.2.12 杆上电工摇降多功能抱杆丝杠，使导线徐徐降下至针瓶线槽内。

A.1.3.2.13 杆上电工用三齿扒在导线上绑好扎线，用扎线剪剪去多余扎线。

A.1.3.2.14 杆上电工拆除多功能抱杆，并用绝缘操作杆由远至近逐次拆除横担遮蔽罩、针式绝缘子遮蔽罩、导线遮蔽罩，并一一放置地面。

A.1.3.2.15 检查完毕后，将作业工具传回地面，杆上电工返回地面。

A.1.3.3 安全注意事项

A.1.3.3.1 作业时，作业人员对相邻带电体的间隙距离，作业工具的最小有效绝缘长度应满足DL 409的要求。

A.1.3.3.2 作业人员应通过绝缘操作杆对作业范围内的所有带电体进行绝缘遮蔽。

A.1.3.3.3 一相作业完成后，应迅速对其恢复和保持绝缘遮蔽，然后再对另一相开展作业。

A.1.3.3.4 作业时，杆上电工应穿绝缘鞋，戴绝缘手套、袖套、绝缘安全帽等绝缘防护用具。

A.1.3.3.5 停用重合闸参照DL 409执行。

A.1.3.3.6 拆开绑扎绝缘子与导线的扎线时，必须注意扎线线头不能太长，以免接触接地体。

A.1.3.3.7 导线的拉起及放下的速度应均匀而缓慢。

A.1.3.4 所需主要工器具

A.1.3.4.1 绝缘传递绳	1根
A.1.3.4.2 导线遮蔽罩、绝缘子遮蔽罩	若干
A.1.3.4.3 横担遮蔽罩	1个
A.1.3.4.4 遮蔽罩安装操作杆	1副
A.1.3.4.5 多功能绝缘抱杆及附件	1套
A.1.3.4.6 绝缘扎线剪操作杆	1副
A.1.3.4.7 绝缘三齿扒操作杆	1副
A.1.3.4.8 扎线	若干

A.1.4 更换中相针式绝缘子（三角排列）

A.1.4.1 人员组合

作业人员共5人：工作负责人（安全监护人）1人，杆上电工2人，地面电工2人。

A.1.4.2 作业步骤

A.1.4.2.1 全体作业人员列队宣读工作票。

A.1.4.2.2 登杆电工检查登杆工具和绝缘防护用具；穿上绝缘靴、绝缘手套、绝缘安全帽及其他绝缘防护用具。

A.1.4.2.3 登杆电工携带绝缘传递绳登杆至适当位置，并系好安全带。

A.1.4.2.4 地面电工使用绝缘传递绳将绝缘操作杆、横担遮蔽罩、导线遮蔽罩、针式绝缘子遮蔽罩逐次传给杆上电工。

A.1.4.2.5 杆上电工按照从近至远、从带电体到接地体的原则分别对作业范围内的所有带电部件进行遮蔽，先将导线遮蔽罩、再将针式绝缘子遮蔽罩安装到带电导线和绝缘子上。

A.1.4.2.6 地面电工将绝缘隔板传至杆上电工，杆上电工用绝缘隔板操作杆将绝缘隔板安装在中相针式绝缘子根部。

A.1.4.2.7 地面电工将多功能绝缘抱杆传至杆上电工，杆上电工在适当的位置将其安装在电杆上。抱杆横担接触且支撑住导线。

A.1.4.2.8 地面电工将扎线剪及三齿扒传给杆上电工，杆上电工用三齿扒解开扎线，再用扎线剪剪断扎线。

A.1.4.2.9 杆上电工摇升多功能抱杆丝杠及抱杆横担辅助丝杠使导线徐徐上升，距离针式绝缘子上端约 0.4 m。

A.1.4.2.10 杆上电工拆卸中相需更换的绝缘子。

A.1.4.2.11 地面电工在新绝缘子上绑好扎线，再传给杆上电工，杆上电工装上新绝缘子。

A.1.4.2.12 杆上电工摇降多功能抱杆丝杠，使导线徐徐降下至针瓶线槽内。

A.1.4.2.13 杆上电工用三齿扒在导线上绑好扎线，用扎线剪剪去多余扎线。

A.1.4.2.14 杆上电工拆除多功能抱杆，并用绝缘操作杆由远至近逐次拆除绝缘隔板、针式绝缘子遮蔽罩、导线遮蔽罩，并一一放置地面。

A.1.4.2.15 检查完毕后，将作业工具返回地面，杆上电工返回地面。

A.1.4.3 安全注意事项

A.1.4.3.1 作业时，作业人员对相邻带电体的间隙距离，作业工具的最小有效绝缘长度应满足 DL 409 的要求。

A.1.4.3.2 作业人员应通过绝缘操作杆对作业范围内的所有带电体进行绝缘遮蔽。

A.1.4.3.3 作业时，杆上电工应穿绝缘鞋，戴绝缘手套、绝缘袖套、绝缘安全帽等绝缘防护用具。

A.1.4.3.4 停用重合闸参照 DL 409 执行。

A.1.4.3.5 拆开绑扎绝缘子与导线的扎线时，必须注意扎线线头不能太长，以免接触接地体。

A.1.4.3.6 导线的拉起及放下的速度应均匀而缓慢。

A.1.4.4 所需主要工器具

A.1.4.4.1	绝缘传递绳	1根
A.1.4.4.2	导线遮蔽罩、绝缘子遮蔽罩	若干
A.1.4.4.3	绝缘隔板	1块
A.1.4.4.4	遮蔽罩安装操作杆	1副
A.1.4.4.5	绝缘隔板操作杆	1副
A.1.4.4.6	多功能绝缘抱杆及附件	1套
A.1.4.4.7	绝缘扎线剪操作杆	1副
A.1.4.4.8	绝缘三齿扒操作杆	1副

A.1.4.4.9　扎线　　　　　　　　　　　　　　　　　　　　　　　　　　若干

A.1.5　更换跌落式保险器（无负荷状态）

A.1.5.1　人员组合

作业人员共 4 人：工作负责人（监护人）1 人，杆上电工 1 人，梯上电工 1 人，地面电工 1 人。

A.1.5.2　作业步骤

A.1.5.2.1　全体作业人员列队宣读工作票，讲解作业方案，布置任务和分工。

A.1.5.2.2　地面电工用拉闸杆断开作业现场的三相跌落式保险，取下保险管。经验电确认变压器低压侧已经停电。

A.1.5.2.3　全体作业人员配合，在适当的位置竖立好人字绝缘梯，并验证稳定性能良好，若不采用绝缘梯，也可采用绝缘斗臂车作为作业平台。

A.1.5.2.4　杆上电工和梯上电工检查作业工具和绝缘防护用具，穿上绝缘靴、戴上绝缘手套、绝缘安全帽及其他绝缘防护用具。

A.1.5.2.5　登杆电工携带绝缘传递绳登杆至适当位置，并系好安全带。

A.1.5.2.6　梯上电工检查人字梯确认其稳定性后，方可携带绝缘传递绳登梯，并系好安全带。

A.1.5.2.7　地面电工使用绝缘传递绳将绝缘隔板传给杆上电工，并安装在横担上，以起到相间隔离的作用。

A.1.5.2.8　地面电工使用绝缘传递绳将绝缘操作杆和绝缘遮蔽用具分别传给杆上电工和梯上电工。杆上电工和梯上电工用绝缘操作杆按照从近至远的原则对作业范围内的所有带电部件安装遮蔽罩。

A.1.5.2.9　地面电工将绝缘锁杆传至杆上电工，杆上电工用其锁住跌落保险上桩头的高压引下线。

A.1.5.2.10　地面电工将棘轮扳手操作杆传至梯上电工，梯上电工用棘轮扳手操作杆拆除跌落保险上桩头接线螺栓。

A.1.5.2.11　杆上电工用绝缘锁杆将高压引线挑至离跌落保险器大于 0.7m 的位置，并扶持固定。若受杆上设备布置的限制而不能确保这一距离时，应对高压引线进行遮蔽和隔离。

A.1.5.2.12　经检查确认被更换跌落保险距周围带电体的安全距离满足 DL 409 的要求，且做好了与相邻相的各种绝缘隔离和遮蔽措施后，经工作负责人的监护和许可，梯上电工手戴绝缘手套，拆除跌落保险下桩头引流线及旧跌落保险器。然后，安装新跌落保险器及下桩头引流线。

A.1.5.2.13　杆上电工用绝缘锁杆将高压引线送至跌落保险器上桩头，梯上电工用棘轮扳手操作杆拧紧跌落保险上桩头螺母。

A.1.5.2.14　杆上电工拆除绝缘锁杆，并调整高压引线，使尺寸符合安全距离要求且美观。

A.1.5.2.15　杆上电工和梯上电工拆除绝缘隔板和各种遮蔽用具，并返回地面。

A.1.5.2.16　地面电工用拉闸杆装上跌落保险管，经工作负责人许可，确认设备正常后，合闸送电。

A.1.5.2.17　拆除绝缘梯，清理现场。

A.1.5.3　安全注意事项

A.1.5.3.1　检查并确认设备低压侧应无负荷。

A.1.5.3.2 在被作业的跌落保险器与其他带电体之间应安装隔离和遮蔽装置。

A.1.5.3.3 作业时，作业人员与相邻带电体的间隙距离，作业工具的最小有效绝缘长度均应满足 DL 409 的要求。

A.1.5.3.4 作业人员在拆除旧跌落保险器及安装新跌落保险器时，应始终戴绝缘手套，上桩头高压引线拆下后应在作业人员最大触及范围之外。

A.1.5.3.5 停用重合闸参照 DL 409 执行。

A.1.5.4 所需主要工器具

A.1.5.4.1 人字绝缘梯（或绝缘斗臂车）	1 架（1 台）	
A.1.5.4.2 绝缘传递绳	2 根	
A.1.5.4.3 绝缘隔板	2 块	
A.1.5.4.4 引线遮蔽罩	视现场情况决定	
A.1.5.4.5 绝缘拉闸杆	1 副	
A.1.5.4.6 绝缘锁杆	1 副	
A.1.5.4.7 棘轮扳手操作杆	1 副	
A.1.5.4.8 遮蔽罩安装操作杆	1 副	
A.1.5.4.9 绝缘隔板操作杆	1 副	

A.1.6 更换避雷器

A.1.6.1 人员组合

作业人员共 4 人：工作负责人（安全监护人）1 人；杆上电工 1 人；梯上电工 1 人；地面电工 1 人。

A.1.6.2 作业步骤

A.1.6.2.1 全体作业人员列队宣读工作票，讲解作业方案，布置任务和分工。

A.1.6.2.2 全体作业人员配合，在适当的位置竖立好人字绝缘梯，并验证稳定性能良好，若不采用绝缘梯，也可采用绝缘斗臂车作为作业平台。

A.1.6.2.3 杆上电工和梯上电工检查作业工具和绝缘防护用具；穿上绝缘靴、绝缘手套、绝缘安全帽及其他绝缘防护用具。

A.1.6.2.4 登杆电工携带绝缘传递绳登杆至适当位置，并系好安全带。

A.1.6.2.5 梯上电工检查人字梯确认其稳定性后，方可携带绝缘传递绳登梯，并系好安全带。

A.1.6.2.6 地面电工使用绝缘传递绳将绝缘隔板传给杆上电工，并安装在横担上，以起到相间隔离的作用。

A.1.6.2.7 地面电工使用绝缘传递绳将绝缘操作杆和绝缘遮蔽用具分别传给杆上电工和梯上电工。

杆上电工和梯上电工用绝缘操作杆按照从近至远的原则对作业范围内的所有带电部件安装遮蔽罩。

A.1.6.2.8 地面电工将绝缘锁杆传至杆上电工，杆上电工用其锁住避雷器上桩头的高压引下线。

A.1.6.2.9 地面电工将棘轮扳手操作杆传至梯上电工，梯上电工用棘轮扳手操作杆拆除避雷器上桩头接线螺栓。

A.1.6.2.10 杆上电工用绝缘锁杆将高压引线挑至离避雷器大于 0.7m 的位置，并扶持固定。若受杆上设备布置的限制而不能确保这一距离时，应对高压引线进行遮蔽和隔离。

A.1.6.2.11 经检查确认避雷器距周围带电体的安全距离满足 DL 409 的要求，且做好了与相邻相的各种绝缘隔离和遮蔽措施后，经工作专责人的监护和许可，梯上电工手戴绝缘手套，拆除避雷器下桩头接地线及旧避雷器。然后，安装新避雷器及下桩头接地线。

A.1.6.2.12 杆上电工用绝缘锁杆将高压引线送至避雷器上桩头，梯上电工用棘轮扳手操作杆拧紧避雷器上桩头螺母。

A.1.6.2.13 杆上电工拆除绝缘锁杆，并调整高压引线，使尺寸符合安全距离要求且美观。

A.1.6.2.14 杆上电工和梯上电工拆除绝缘隔板和各种遮蔽用具，并返回地面。

A.1.6.2.15 拆除绝缘梯，清理现场。

A.1.6.3 安全注意事项

A.1.6.3.1 在被作业的避雷器与其他带电体之间应安装隔离和遮蔽装置。

A.1.6.3.2 作业时，作业人员与相邻带电体的间隙距离，作业工具的最小有效绝缘长度均应满足 DL 409 的要求。

A.1.6.3.3 作业人员在拆除旧避雷器及安装新避雷器时，应始终戴绝缘手套，上桩头高压引线拆下后应在作业人员最大触及范围之外。

A.1.6.3.4 停用重合闸参照 DL 409 执行。

A.1.6.4 所需主要工器具

A.1.6.4.1	人字绝缘梯	1 架（1 台）
A.1.6.4.2	绝缘传递绳	2 根
A.1.6.4.3	绝缘隔板	2 块
A.1.6.4.4	引线遮蔽罩、导线遮蔽罩、软质遮蔽毯	视现场情况决定
A.1.6.4.5	绝缘拉闸杆	1 副
A.1.6.4.6	绝缘锁杆	1 副
A.1.6.4.7	棘轮扳手操作杆	1 副
A.1.6.4.8	遮蔽罩安装操作杆	1 副
A.1.6.4.9	绝缘隔板操作杆	1 副

A.2 绝缘手套作业法（直接作业法）

A.2.1 更换针式绝缘子

A.2.1.1 人员组合

作业人员共 4 人：工作负责人（安全监护人）1 人，斗内电工 2 人，地面电工 1 人。

A.2.1.2 作业步骤

A.2.1.2.1 全体作业人员列队宣读工作票、讲解作业方案、布置任务、进行分工。

A.2.1.2.2 根据杆上电气设备布置和作业项目，将绝缘斗臂车定位于最适于作业的位置，打好接地桩，连上接地线。

A.2.1.2.3 注意避开邻近的高低压线路及各类障碍物，选定绝缘斗臂车的升起方向和路径。

A.2.1.2.4 在绝缘斗臂车和工具摆放位置四周围上安全护栏和作业标志。

A.2.1.2.5 斗内电工检查绝缘防护用具，穿上绝缘靴、绝缘手套、绝缘安全帽、绝缘服（披肩）等全套绝缘防护用具。

A.2.1.2.6 斗内电工携带作业工具和遮蔽用具进入工作斗，工具和遮蔽用具应分类放置在斗中和工具袋中，并系好安全带。

A.2.1.2.7 在工作斗上升途中，对可能触及范围内的低压带电部件也需进行绝缘遮蔽。

A.2.1.2.8 工作斗定位于便于作业的位置后，首先对离身体最近的边相导线安装导线遮蔽罩，套入的遮蔽罩的开口要翻向下方，并拉到靠近绝缘子的边缘处，用绝缘夹夹紧以防脱落。

A.2.1.2.9 绝缘子两端边相导线遮蔽完成后，采用绝缘子遮蔽罩对边相绝缘子进行绝缘遮蔽，要注意导线遮蔽罩与绝缘子遮蔽罩有15cm的重叠部分，必要时用绝缘夹夹紧以防脱落。

A.2.1.2.10 按照从近至远、从带电体到接地体、从低到高的原则，采用以上同样遮蔽方式，分别对在作业范围内的所有带电部件进行遮蔽。若是更换中相绝缘子，则三相带电体均必须完全遮蔽。

A.2.1.2.11 采用横担遮蔽用具对横担进行遮蔽，若是更换三角排列的中相针式绝缘子，还应对电杆顶部进行绝缘遮蔽，若杆塔有拉线且在作业范围内，还应对拉线进行绝缘遮蔽。

A.2.1.2.12 遮蔽作业完成后可采用多种方式更换绝缘子。

a）小吊臂作业法

1）用斗臂车上小吊臂的吊带轻吊托起导线。

2）取下欲更换绝缘子的遮蔽罩。

3）解开绝缘子绑扎线。在解绑扎线的过程中要注意边解边卷。一要防止绑扎线展延过长接触其他物体，二要防止绑扎线端部扎破绝缘手套。

4）绑线解除后，将导线吊起离绝缘子顶部大于0.4m。

5）更换绝缘子。

6）绝缘小吊臂使导线缓缓下至绝缘子槽内。

7）绑上扎线（注意扎线应捆成圈，边扎边解），剪去多余扎线。

8）对已完成作业相恢复绝缘遮蔽。

b）遮蔽罩作业法

1）取下欲更换绝缘子的遮蔽罩。

2）解开绝缘子绑扎线，解开绑线时要注意保持导线在线槽内。

3）将两端导线遮蔽罩拉在一起，接缝处应重叠15cm以上。

4）将导线遮蔽罩开口朝上，并注意使接缝处避开横担。

5）通过导线遮蔽罩和横担遮蔽罩双层隔离，将导线放到横担上。

6）更换绝缘子。

7）抬起导线，挪开导线遮蔽罩，将导线放至绝缘子槽内，转动导线遮蔽罩使开口朝向下方。

8）绑上扎线（注意扎线应捆成圈，边扎边解），剪去多余扎线。

9）对已完成作业相恢复绝缘遮蔽。

A.2.1.2.13 重复应用以上方法更换其他相绝缘子。

A.2.1.2.14 全部作业完成后，由远至近依次拆除横担遮蔽罩、绝缘子遮蔽罩、导线遮蔽罩等，拆除时注意身体与带电部件保持安全距离。

A.2.1.2.15 检查完毕后，移动工作斗至低压带电导线附近，拆除低压带电部件上的遮蔽罩。

A.2.1.2.16 工作斗返回地面，清理工具和现场。

A.2.1.3 安全注意事项

A.2.1.3.1 斗中电工应穿绝缘鞋，戴绝缘手套、袖套、绝缘安全帽等绝缘防护用具。

A.2.1.3.2 一相作业完成后，应迅速对其恢复和保持绝缘遮蔽，然后再对另一相开展作业。

A.2.1.3.3 停用重合闸。

A.2.1.3.4 绝缘手套外应套防刺穿手套。

A.2.1.4 所需主要工器具

A.2.1.4.1 10kV 绝缘斗臂车（带绝缘小吊臂）　　　　　　　　　　1 辆

A.2.1.4.2 绝缘子遮蔽罩、导线遮蔽罩、横担遮蔽罩、绝缘毯等　视现场情况决定

A.2.1.4.3 扎线　　　　　　　　　　　　　　　　　　　　　　若干

A.2.2 更换横担

A.2.2.1 人员组合

作业人员共 4 人：工作负责人（安全监护人）1 人，杆上电工 2 人，地面电工 1 人。

A.2.2.2 作业步骤

A.2.2.2.1 全体作业人员列队宣读工作票，讲解作业方案、布置任务、进行分工。

A.2.2.2.2 根据杆上电气设备布置，将绝缘斗臂车定位于最适于作业的位置，打好接地桩，连上接地线。

A.2.2.2.3 注意避开邻近的高低压线路及各类障碍物，选定绝缘斗臂车的升起方向和路径。

A.2.2.2.4 在绝缘斗臂车和工具摆放位置四周围上安全护栏和作业标志。

A.2.2.2.5 斗内电工检查绝缘防护用具，穿上绝缘靴、绝缘手套、绝缘安全帽、绝缘服（披肩）等全套绝缘防护用具。

A.2.2.2.6 斗内电工携带作业工具和遮蔽用具进入工作斗，工具和遮蔽用具应分类放置在斗中和工具袋中，并系好安全带。

A.2.2.2.7 在工作斗上升途中，对可能触及范围内的低压带电部件也需进行绝缘遮蔽。

A.2.2.2.8 工作斗定位于便于作业的位置后，首先对离身体最近的边相导线安装导线遮蔽罩，套入的遮蔽罩的开口要翻向下方，并拉到靠近绝缘子的边缘处，用绝缘夹夹紧以防脱落。

A.2.2.2.9 绝缘子两端边相导线遮蔽完成后，采用绝缘子遮蔽罩对边相绝缘子进行绝缘遮蔽，要注意导线遮蔽罩与绝缘子遮蔽罩有 15cm 的重叠部分，必要时用绝缘夹夹紧以防脱落。

A.2.2.2.10 按从近至远，从带电体到接地体，从低到高的原则，采用以上同样遮蔽方式，分别对三相带电体进行绝缘遮蔽。

A.2.2.2.11 采用横担遮蔽用具对横担进行遮蔽，采用绝缘毯等用具对电杆顶部进行绝缘遮蔽。若杆塔有拉线且在作业范围内，还应对拉线进行绝缘遮蔽。

A.2.2.2.12 更换旧横担，可采用以下方式：

a）杆上安装临时绝缘横担

1）对齐安装方向，使临时横担与原横担平行。安装 U 形固定螺栓或其他装置，使横担固定无晃动。临时绝缘横担的导线托槽应略高于绝缘子顶端。

2）对 U 形螺栓或其他接地构件进行绝缘遮蔽，并用绝缘夹或绝缘绳扎紧使不脱落。

3）取下边相绝缘子遮蔽罩，拆除绑扎线。拆除绑扎线时要注意边拆边卷。

4）托起导线，使导线遮蔽罩开口向上并对接起来，使接缝处有 15cm 以上的重叠，将导线移至临时绝缘横担的托槽内。

5）采用以上同样方式将其他相导线移至绝缘横担上。

6）拆除旧横担，安装新横担。在新横担上应设置好绝缘遮蔽用具。

7）装上新横担且检查所有接地构件遮蔽完好后，将导线移至新横担上绝缘子线槽内。注意挪好导线后使导线遮蔽罩的开口朝下。

8）绑上绑扎线，注意扎线另一端应卷成团握于手中，边绑边展。

9）剪去多余扎线，安装绝缘子遮蔽罩。注意绝缘子遮蔽罩应与导线遮蔽罩接缝处重叠。

10）用以上方法，按顺序完成其他相导线的移动和绑扎。

11）卸下临时绝缘横担，拆除接地构件的绝缘遮蔽用具。

b）斗臂车上配带绝缘横担

1）作业人员工作范围内的三相导线进行遮蔽。

2）使导线对齐进入绝缘横担的线槽托架，操作斗臂车的液压装置适当托住导线。

3）取下绝缘子遮蔽罩，解开绑扎绳，使两端导线遮蔽罩对接起来，一相结束后用同样的方式进行下一相作业。

4）操作斗臂车的液压装置升起绝缘斗臂车上绝缘横担，使导线上升距原横担 0.4mm 以上。

5）拆除旧横担，安装新横担，对新横担安装绝缘遮蔽用具。

6）下降绝缘斗臂车上绝缘横担，将导线置入新装横担的绝缘子线槽内，并绑上扎线。

7）一相作业完成后，装上绝缘子遮蔽罩，逐次进行下一相作业。

A.2.2.2.13 按照从远至近、从带电体到接地体、从高到低的原则逐次拆除横担遮蔽用具、绝缘子遮蔽用具、导线遮蔽用具。拆除时注意身体与带电部件保持安全距离。

A.2.2.2.14 检查完毕后，移动工作斗至低压带电导线附近，拆除低压带电部件上的遮蔽罩。

A.2.2.2.15 工作斗返回地面，清理工具和现场。

A.2.2.3 安全注意事项

A.2.2.3.1 斗内电工应穿绝缘鞋，戴绝缘手套、绝缘袖套、绝缘安全帽等绝缘防护用具。

A.2.2.3.2 一相作业完成后，应迅速对其恢复和保持绝缘遮蔽，然后再对另一相开展作业。

A.2.2.3.3 停用重合闸参照 DL 409 执行。

A.2.2.3.4 绝缘手套外应套防刺穿手套。

A.2.2.4 所需主要工器具

A.2.2.4.1 10kV 绝缘斗臂车（带绝缘小吊臂）　　　　　　　　1 辆

A.2.2.4.2 绝缘子遮蔽罩、导线遮蔽罩、横担遮蔽罩、绝缘毯等　视现场情况决定

A.2.2.4.3 扎线及扎线剪　　　　　　　　　　　　　　　　若干

A.2.3 修补导线

A.2.3.1 人员组合

作业人员共 3 人：工作负责人（安全监护人）1 人，斗内电工 1 人，地面电工 1 人。

A.2.3.2 作业步骤

A.2.3.2.1 全体作业人员列队宣读工作票，讲解作业方案、布置任务、进行分工。

A.2.3.2.2 根据杆上电气设备布置，将绝缘斗臂车定位于最适于作业的位置，打好接地桩，连上接地线。

A.2.3.2.3 注意避开邻近的高低压线路及各类障碍物，选定绝缘斗臂车的升起方向和路径。

A.2.3.2.4 在绝缘斗臂车和工具摆放位置四周围上安全护栏和作业标志。

A.2.3.2.5 斗中电工检查绝缘防护用具，穿上绝缘靴、绝缘手套、绝缘安全帽、绝缘服（披肩）等全套绝缘防护用具。

A.2.3.2.6 斗内电工携带作业工具和遮蔽用具进入工作斗，工具和遮蔽用具应分类放置在斗中和工具袋中，并系好安全带。

A.2.3.2.7 在工作斗上升途中，对可能触及范围内的低压带电部件也需进行绝缘遮蔽。

A.2.3.2.8 工作斗定位于便于作业的位置后，首先对离身体最近的边相导线安装导线遮蔽罩，套入的遮蔽罩的开口要翻向下方，并拉到靠近绝缘子的边缘处，用绝缘夹夹紧以防脱落。

A.2.3.2.9 按照从近至远、从带电体到接地体、从低到高的原则，采用以上遮蔽方法，分别对作业范围内的带电体进行遮蔽。若是修补中相导线，则三相带电体全部遮蔽。若修补位置临近杆塔或构架，还必须对作业范围内的接地构件进行遮蔽。

A.2.3.2.10 移开欲修补位置的导线遮蔽罩，尽量小范围露出带电导线，检查损坏情况。

A.2.3.2.11 用扎线或预绞丝或钳压补修管等材料修补导线，注意绝缘手套外应套有防刺穿的防护手套。

A.2.3.2.12 一处修补完毕后，应迅速恢复绝缘遮蔽，然后进行另一处作业。

A.2.3.2.13 全部修补完毕后，由远至近拆除导线遮蔽罩和其他遮蔽装置。

A.2.3.2.14 检查完毕后，移动工作斗至低压带电导线附近，拆除低压带电部件上的遮蔽罩。

A.2.3.2.15 工作斗返回地面，清理工具和现场。

A.2.3.3 安全注意事项

A.2.3.3.1 斗内电工应穿绝缘鞋，戴绝缘手套、绝缘袖套、绝缘安全帽等绝缘防护用具。

A.2.3.3.2 一相作业完成后，应迅速对其恢复和保持绝缘遮蔽，然后再对另一相开展作业。

A.2.3.3.3 停用重合闸参照 DL 409 执行。

A.2.3.3.4 绝缘手套外应套防刺穿手套。

A.2.3.4 所需主要工器具

A.2.3.4.1 10kV 绝缘斗臂车　　　　　　　　1 辆

A.2.3.4.2 导线遮蔽罩及其他遮蔽装置　　　视现场作业情况决定

A.2.3.4.3 修补导线用材料　　　　　　　　若干

A.2.4 带电更换 10kV 线路直线杆

A.2.4.1 人员组合

工作人员共 8 人：工作负责人（安全监护人）1 人，斗内电工 1 人，杆上电工 1 人，地面电工 2 人，绝缘斗臂车操作员 1 人，起重吊车司机 2 人。

A.2.4.2　作业步骤

A.2.4.2.1　全体工作人员列队宣读工作票，工作负责人讲解作业方案、布置工作任务、进行具体分工。

A.2.4.2.2　工作负责人检查两侧导线。

A.2.4.2.3　绝缘斗臂车进入工作现场，定位于最佳工作位置并装好接地线，选定工作斗的升降方向，注意避开附近高低压线及障碍物。

A.2.4.2.4　布置工作现场，在绝缘斗臂车和工具摆放位置四周围上安全护栏和作业标志。

A.2.4.2.5　斗内电工及杆上电工检查绝缘防护用具，穿戴上绝缘靴、绝缘服（披肩）、绝缘安全帽和绝缘手套等全套绝缘防护用具，地面电工检查、摇测绝缘作业工具。

A.2.4.2.6　斗内电工携带绝缘作业工具和遮蔽用具进入工作斗，工具和遮蔽用具应分类放在斗中和工具袋中，并系好安全带。

A.2.4.2.7　在工作斗上升过程中，对可能触及范围内的高低压带电部件需进行绝缘遮蔽。

A.2.4.2.8　工作斗定位在合适的工作位置后，首先对离身体最近的边相导线安装导线遮蔽罩，套人的导线遮蔽罩的开口要向下方，并拉到靠近绝缘子的边缘处，用绝缘夹夹紧防止脱落。

A.2.4.2.9　按照由近至远、从带电体到接地体、从低到高的原则，采用以上同样遮蔽方式，分别对三相导线、横担、瓷瓶及连接构件进行遮蔽。

A.2.4.2.10　杆上电工登杆至工作位置，系好安全带。地面电工将绝缘操作平台用滑车吊至工作位置。

A.2.4.2.11　斗内电工和杆上电工相互配合，将绝缘操作平台固定好。杆上电工由杆上转移至绝缘操作平台上，并系好安全带。

A.2.4.2.12　地面电工将绝缘横担吊至工作位置，斗内电工和绝缘操作平台上电工相互配合，将绝缘横担固定在杆上原横担上方。

A.2.4.2.13　拆除边相导线瓷瓶绝缘毯，将边相导线绑线拆除，绝缘操作平台上电工小心地将边相导线移至绝缘横担上固定好，并对固定处用绝缘毯再次进行绝缘遮蔽。

A.2.4.2.14　依照以上方法，分别将另两相导线移至绝缘横担上，并迅速恢复绝缘遮蔽。

A.2.4.2.15　绝缘操作平台上电工装好绝缘横担的绝缘起吊绳，一台起重吊车进入工作现场，适度地吊住绝缘起吊绳，并保持与带电体足够的安全距离。同时，绝缘操作平台上电工拆除绝缘横担的固定装置，吊车慢慢地将绝缘横担和三相导线吊至 0.4m 以上的合适的高度。

A.2.4.2.16　斗内电工拆除线杆上的所有绝缘遮蔽用具，杆上电工回到地面。

A.2.4.2.17　地面电工一人登杆至合适位置，绑好直线杆的起吊绳。

A.2.4.2.18　另一台起重吊车进入工作位置，将线杆吊出，放倒至地面。同时，地面电工装好新的线杆上的横担、绝缘子等设备，并装好横担遮蔽罩和绝缘子遮蔽罩。

A.2.4.2.19　起重吊车将新的线杆吊至指定位置固定好。

A.2.4.2.20　起重吊车配合斗内电工，将三相导线落至线杆上合适位置。

A.2.4.2.21　斗内电工移开中相导线遮蔽罩，将中相导线固定在线杆中相瓷瓶上，导线固定好后，将瓷瓶和中相导线恢复绝缘遮蔽。

A.2.4.2.22　按照上述方法，分别将另两相导线固定在线杆上。

A.2.4.2.23　斗内电工由远及近依次拆除绝缘构件遮蔽罩、绝缘子遮蔽罩、导线遮蔽罩等所有绝缘遮蔽用具。

A.2.4.2.24 斗内电工和杆上电工返回地面，清理施工现场工作负责人全面检查工作完成情况。

A.2.4.3 安全注意事项

A.2.4.3.1 斗内电工应穿绝缘鞋，戴绝缘手套、袖套、绝缘安全帽等绝缘防护用具。

A.2.4.3.2 绝缘横担两端上应绑有绝缘绳，由地面电工控制，防止起吊和回落时，绝缘横担发生摆动。

A.2.4.3.3 一相作业完成后，应迅速对其恢复和保持绝缘遮蔽，然后再对另一相开展作业。

A.2.4.3.4 停用重合闸参照 DL 409 执行。

A.2.4.3.5 对不规则带电部件和接地构件可采用绝缘毯进行遮蔽，但要注意夹紧固定，两相邻绝缘毯间应有重叠部分。

A.2.4.3.6 拆除绝缘遮蔽用具时，应保持身体与被遮蔽物有足够的安全距离。

A.2.4.4 所需主要工器具

A.2.4.4.1 10kV 绝缘斗臂车	1 辆
A.2.4.4.2 起重吊车	2 辆
A.2.4.4.3 绝缘滑车、绝缘传递绳	各 1 副
A.2.4.4.4 绝缘子遮蔽罩、导线遮蔽罩、横担遮蔽罩、绝缘毯、绝缘保险绳等	视现场情况决定
A.2.4.4.5 扳手和其他用具	视现场情况决定

A.2.5 带电断接引线

A.2.5.1 人员组合

工作人员共 5 人：工作负责人（安全监护人）1 人，工作斗内电工 1 人，地面电工 2 人；绝缘斗臂车操作员 1 人。

A.2.5.2 作业步骤

A.2.5.2.1 断引流线

A.2.5.2.1.1 全体工作人员列队宣读工作票，工作负责人讲解作业方案、布置工作任务、进行具体分工。

A.2.5.2.1.2 拉开引流线后端线路开关或变压器高压侧的跌落保险，使所断引流线无负荷。

A.2.5.2.1.3 绝缘斗臂车进入工作现场，定位于最佳工作位置并装好接地线，选定工作斗的升降方向，注意避开附近高低压线及障碍物。

A.2.5.2.1.4 布置工作现场，在绝缘斗臂车和工具摆放位置四周围上安全护栏和作业标志。

A.2.5.2.1.5 斗内电工及杆上电工检查绝缘防护用具，穿戴上绝缘靴、绝缘服（披肩）、绝缘安全帽和绝缘手套等全套绝缘防护用具，同时，地面电工检查、摇测绝缘作业工具。

A.2.5.2.1.6 斗内电工携带作业工具和遮蔽用具进入工作斗，工具和遮蔽用具应分类放在斗中和工具袋中，并系好安全带。

A.2.5.2.1.7 在工作斗上升过程中，对可能触及范围内的高低压带电部件需进行绝缘遮蔽。

A.2.5.2.1.8 工作斗定位在合适的工作位置后，首先对离身体最近的边相导线安装导线遮蔽罩，套入的导线遮蔽罩的开口要向下方，并拉到靠近绝缘子的边缘处，用绝缘夹夹紧防止脱落。

A.2.5.2.1.9 按照由近至远、从带电体到接地体、从低到高的原则，采用以上同样遮蔽方式，分别对三相导线、三相引线、横担、瓷瓶及连接构件进行遮蔽。

A.2.5.2.1.10 斗内电工拆开边相引线的遮蔽用具，利用断线钳将边相引线钳断，并将断头固定好，然后迅速恢复被拆除的绝缘遮蔽。

A.2.5.2.1.11 采用上述方法，对中相引线和另一边相引线进行拆断，并恢复绝缘遮蔽。

A.2.5.2.1.12 全部工作完成后，按从远到近、从上到下的顺序逐次拆除绝缘遮蔽工具，并返回地面。

A.2.5.2.2 接引流线（加装跌落保险）

A.2.5.2.2.1 拉开引流线后端线路开关使所断引流线无负荷。

A.2.5.2.2.2 地面一电工登杆至工作位置，系好安全带。地面另一电工利用绝缘绳和绝缘滑车分别将跌落保险及其连接固定机构传递给斗内电工。

A.2.5.2.2.3 斗内电工和杆上电工相互配合，将跌落保险及其连接固定机构安装在规定位置，分别断开三相跌落保险，并接好跌落保险下桩头的三相引线，然后杆上电工回到地面。

A.2.5.2.2.4 斗内电工拆开边相导线上的遮蔽罩，安装边相跌落保险上桩头引线。安装完好后，恢复被拆除的遮蔽用具。

A.2.5.2.2.5 依照以上方法，分别安装好中相引线和另一边相引线，检查确认安装完好后，斗内电工按由远及近、由上到下的顺序依次拆除绝缘横担遮蔽罩、引线遮蔽罩、绝缘子遮蔽罩、导线遮蔽罩等所有绝缘遮蔽用具，并返回地面。

A.2.5.2.2.6 地面电工用拉闸杆装上跌落保险管，经工作负责人许可，确认设备正常后合闸送电。

A.2.5.2.2.7 清理施工现场。

A.2.5.3 安全注意事项

A.2.5.3.1 斗内电工应穿绝缘鞋，戴绝缘手套、袖套、绝缘安全帽等绝缘防护用具。

A.2.5.3.2 一相作业完成后，应迅速对其恢复和保持绝缘遮蔽，然后再对另一相开展作业。

A.2.5.3.3 停用重合闸参照 DL 409 执行。

A.2.5.3.4 对不规则带电部件和接地构件可采用绝缘毯进行遮蔽，但要注意夹紧固定，两相邻绝缘毯间应有重叠部分。

A.2.5.3.5 拆除绝缘遮蔽用具时，应保持身体与被遮蔽物有足够的安全距离。

A.2.5.4 所需主要工器具

A.2.5.4.1 10kV 绝缘斗臂车　　　　　　　　　　　　　1辆

A.2.5.4.2 绝缘滑车、绝缘传递绳　　　　　　　　　各1副

A.2.5.4.3 绝缘断线钳　　　　　　　　　　　　　　1把

A.2.5.4.4 绝缘子遮蔽罩、导线遮蔽罩、横担遮蔽罩、绝缘毯　视现场情况决定

A.2.5.4.5 扳手和其他用具　　　　　　　　　　　视现场情况决定

A.2.6 带负荷更换跌落保险

A.2.6.1 人员组合

作业人员共3人：工作负责人（安全监护人）1人，斗内电工2人，地面电工1人。

A. 2. 6. 2 作业步骤

A. 2. 6. 2. 1 全体作业人员列队宣读工作票，讲解作业方案、布置任务、进行分工。

A. 2. 6. 2. 2 根据杆上电气设备布置和作业项目，将绝缘斗臂车定位于最适于作业的位置，打好接地线。

A. 2. 6. 2. 3 注意避开邻近的高低压线路及各类障碍物，选定绝缘斗臂车的升起方向和路径。

A. 2. 6. 2. 4 在绝缘斗臂车和工具摆放位置四周围上安全护栏和作业标志。

A. 2. 6. 2. 5 斗内电工检查绝缘防护用具，穿上绝缘靴、绝缘手套、绝缘安全帽、绝缘服（披肩）等全套绝缘防护用具。

A. 2. 6. 2. 6 斗中电工携带作业工具和遮蔽用具进入工作斗，工具和遮蔽用具应分类放置在斗中和工具袋中，并系好安全带。

A. 2. 6. 2. 7 在工作斗上升途中，对可能触及范围内的低压带电部件也需进行绝缘遮蔽。

A. 2. 6. 2. 8 工作斗定位于便于作业的位置后，安装三相带电体之间的绝缘隔板。

A. 2. 6. 2. 9 首先对离身体最近的边相导线安装导线遮蔽罩，套入的遮蔽罩的开口要翻向下方，并拉到靠近带电部件的边缘处，用绝缘夹夹紧以防脱落。

A. 2. 6. 2. 10 对三相引线，跌落保险中，工作范围内的所有带电部件，接地构件等进行绝缘遮蔽。

A. 2. 6. 2. 11 采用横担遮蔽用具或绝缘毯对横担及其他接地构件进行绝缘遮蔽，并注意接缝处应有适当的重叠部分。

A. 2. 6. 2. 12 最小范围移开导线遮蔽罩，采用绝缘引流线短接跌落保险及两端引线；绝缘引流线和两端线夹的载流容量应满足1.2倍最大电流的要求。其绝缘层应通过工频30kV（1min）的耐压试验。组装旁路引流线的导线处应清除氧化层，且线夹接触应牢固可靠。

A. 2. 6. 2. 13 在绝缘引流线的一端连接完毕后，另一端应注意与其他相带电线和接地物件保持安全距离，在端部线夹处应进行绝缘遮蔽。

A. 2. 6. 2. 14 两端连接完毕且遮蔽完好后，应采用钳式电流表检查旁路引流线通流情况正常。

A. 2. 6. 2. 15 分别拆下跌落保险器的引线，再撤除旧跌落保险器。

A. 2. 6. 2. 16 装上新跌落保险器及两端引线，用钳式电流表检查引线通流情况正常后，恢复绝缘遮蔽。

A. 2. 6. 2. 17 拆除绝缘引流线。

A. 2. 6. 2. 18 检查设备正常工作后，由远至近依次撤除导线遮蔽罩，引线遮蔽罩，跌落保险遮蔽罩，接地物件遮蔽罩，绝缘隔板等，撤除时注意身体与带电部件保持安全距离。

A. 2. 6. 2. 19 工作后返回地面，清理工具和现场。

A. 2. 6. 3 安全注意事项

A. 2. 6. 3. 1 斗内电工应穿绝缘鞋、戴绝缘手套、袖套、绝缘安全帽等绝缘防护用具。

A. 2. 6. 3. 2 一相作业完成后，应迅速对其恢复和保持绝缘遮蔽，然后再对另一相开展作业。

A. 2. 6. 3. 3 停用重合闸参照DL 409执行。

A.2.6.3.4 绝缘手套外应套防刺穿手套。

A.2.6.3.5 对不规则带电部件和接地构件可采用绝缘毯进行遮蔽，但要注意夹紧固定。

A.2.6.4 所需主要工器具

A.2.6.4.1 10 kV绝缘斗臂车   1辆

A.2.6.4.2 绝缘子遮蔽罩、导线遮蔽罩、横担遮蔽罩、绝缘毯等   视现场情况决定

A.2.6.4.3 绝缘引流线   1～3根

A.2.6.4.4 钳式电流表   1块

A.2.7 更换避雷器

A.2.7.1 人员组合

作业人员共3人：工作负责人（安全监护人）1人，斗内电工1人，地面电工1人。

A.2.7.2 作业步骤

A.2.7.2.1 全体作业人员列队宣读工作票，讲解作业方案、布置任务、进行分工。

A.2.7.2.2 根据杆上电气设备布置和作业项目，将绝缘斗臂车定位于最适于作业的位置，打好接地桩，连上接地线。

A.2.7.2.3 注意避开邻近的高低压线路及各类障碍物，选定绝缘斗臂车的升起方向和路径。

A.2.7.2.4 在绝缘斗臂车和工具摆放位置四周围上安全护栏和作业标志。

A.2.7.2.5 斗内电工检查绝缘防护用具，穿上绝缘靴、绝缘手套、绝缘安全帽、绝缘服（披肩）等全套绝缘防护用具。

A.2.7.2.6 斗内电工携带作业工具和遮蔽用具进入工作斗，工具和遮蔽用具应分类放置在斗中和工具袋中，并系好安全带。

A.2.7.2.7 在工作斗上升途中，对可能触及范围内的低压带电部件也需进行绝缘遮蔽。

A.2.7.2.8 工作斗定位于便于作业的位置后，安装三相带电体之间的绝缘隔板。

A.2.7.2.9 首先对离身体最近的边相导线安装导线遮蔽罩，套入的遮蔽罩的开口要翻向下方，并拉到靠近带电部件的边缘处，用绝缘夹夹紧以防脱落。

A.2.7.2.10 按照从近至远、从带电体到接地体、从低到高的原则，采用以上同样遮蔽方式，分别对三相引线、避雷器及连接构件进行遮蔽。

A.2.7.2.11 采用横担遮蔽用具或绝缘毯对横担及其他接地构件进行绝缘遮蔽，并注意接缝处应有适当的重叠部分。

A.2.7.2.12 最小范围地掀开欲更换避雷器的绝缘遮蔽，用扳手拆开避雷器上桩头的高压引线。

A.2.7.2.13 将拆开的避雷器上桩头引线端头回折距避雷器0.4m以上，放入引线遮蔽罩内，并用绝缘夹把开缝处夹紧，使引线端头完全封闭在遮蔽罩内。

A.2.7.2.14 经检查确认被更换避雷器与周围带电体的安全距离满足规定，且做好了各种绝缘隔离和遮蔽措施后，斗中电工手戴绝缘手套拆除避雷器下桩头接地线及旧避雷器。然后，安装新避雷器及其下桩头接地线。并确认连接完好。

A.2.7.2.15 恢复对新安装避雷器接地构件的绝缘遮蔽。

A.2.7.2.16 打开遮蔽罩，将高压引线端头展开送至避雷器的上桩头。斗中电工手戴绝缘手套，用扳手拧紧避雷器上桩头螺母。并确认连接完好。

A.2.7.2.17 三相作业完成后，由远至近依次拆除引线遮蔽罩、避雷器遮蔽罩、接地构件

遮蔽罩、绝缘隔板等，拆除时注意身体与带电部件保持安全距离。

A.2.7.2.18 工作斗返回地面，清理工具和现场。

A.2.7.3 安全注意事项

A.2.7.3.1 斗内电工应穿绝缘鞋，戴绝缘手套、袖套、绝缘安全帽等绝缘防护用具。

A.2.7.3.2 一相作业完成后，应迅速对其恢复和保持绝缘遮蔽，然后再对另一相开展作业。

A.2.7.3.3 停用重合闸参照 DL 409 执行。

A.2.7.3.4 绝缘手套外应套防刺穿手套。

A.2.7.3.5 对不规则带电部件和接地构件可采用绝缘毯进行遮蔽，但要注意夹紧固定。

A.2.7.4 所需主要工器具

A.2.7.4.1 10kV 绝缘斗臂车　　　　　　　　　　　　　　　　　　　　　1辆

A.2.7.4.2 绝缘子遮蔽罩、导线遮蔽罩、横担遮蔽罩、绝缘毯等　　视现场情况决定

A.2.7.4.3 扳手或其他用具　　　　　　　　　　　　　　　　　　　　视现场情况决定

A.2.8 带负荷加装负荷刀闸

A.2.8.1 人员组合

工作人员共6人：工作负责人（安全监护人）1人，斗内电工1人，杆上电工1人，地面电工2人，绝缘斗臂车操作员1人。

A.2.8.2 作业步骤

A.2.8.2.1 全体工作人员列队宣读工作票，工作负责人讲解作业方案、布置工作任务、进行具体分工。

A.2.8.2.2 工作负责人检查两侧导线。

A.2.8.2.3 绝缘斗臂车进入工作现场，定位于最佳工作位置并装好接地线，选定工作斗的升降方向，注意避开附近高低压线及障碍物。

A.2.8.2.4 布置工作现场，在绝缘斗臂车和工具摆放位置四周围上安全护栏和作业标志。

A.2.8.2.5 斗内电工及杆上电工检查绝缘防护用具，穿戴上绝缘靴、绝缘服（披肩）、绝缘安全帽和绝缘手套等全套绝缘防护用具，地面电工检查、摇测绝缘作业工具。

A.2.8.2.6 斗内电工携带绝缘作业工具和遮蔽用具进入工作斗，工具和遮蔽用具应分类放在斗中和工具袋中，作业人员要系好安全带。

A.2.8.2.7 在工作斗上升过程中，对可能触及范围内的高低压带电部件需进行绝缘遮蔽。

A.2.8.2.8 工作斗定位在合适的工作位置后，首先对离身体最近的边相导线安装导线遮蔽罩，套入的导线遮蔽罩的开口要向下方，并拉到靠近绝缘子的边缘处，用绝缘夹夹紧防止脱落。

A.2.8.2.9 按照由近至远、从带电体到接地体、从低到高的原则，采用以上同样遮蔽方式，分别对三相导线、横担、瓷瓶及连接构件进行遮蔽。

A.2.8.2.10 杆上电工登杆至工作位置，系好安全带。地面电工将绝缘操作平台用滑车吊至工作位置。

A.2.8.2.11 斗内电工和杆上电工相互配合，将绝缘操作平台固定好。杆上电工由杆上转移至绝缘操作平台上，并系好安全带。

A.2.8.2.12 地面电工将绝缘横担吊至工作位置，斗内电工和绝缘操作平台上电工相互配合，将绝缘横担固定在杆上。

A.2.8.2.13 拆除边相导线瓷瓶绝缘毯，将边相导线绑线拆除，绝缘操作平台上电工小心地将边相导线移至绝缘横担上固定好，并对固定处用绝缘毯再次进行绝缘遮蔽。

A.2.8.2.14 依照以上方法，分别将另两相导线移至绝缘横担上，并迅速恢复绝缘遮蔽。

A.2.8.2.15 拆除原导线横担上的遮蔽罩和绝缘毯，并传回地面。

A.2.8.2.16 松开原导线横担的固定件，拆除原导线横担传至地面。

A.2.8.2.17 地面电工利用吊车将负荷刀闸吊至杆上，斗内电工和杆上电工相互配合，将负荷刀闸固定好，并确认各机构连接牢固。

A.2.8.2.18 地面电工一人登杆至合适位置，地面另一电工将刀闸操作机构吊至规定位置，由杆上电工将操作机构固定好。工作斗内电工配合杆上电工将刀闸操作机构连接好。

A.2.8.2.19 地面电工将中相耐张瓷瓶串吊至杆上，由工作斗内电工和绝缘操作平台上电工配合将瓷瓶串安装好，并用绝缘毯分别将两端耐张瓷瓶遮蔽好。

A.2.8.2.20 拆除中相导线上的遮蔽用具，松开绝缘横担上的中相导线固定夹，安装中相导线两侧的紧线器，并收紧中相导线，注意控制导线弧垂为规定水平。

A.2.8.2.21 装好导线保险绳和旁路引流线，检查确定引流线连接牢固。

A.2.8.2.22 用钳形电流表测量引流线内电流，确认通流正常。

A.2.8.2.23 斗内电工和绝缘操作平台上电工互相配合，利用导线断线钳将中相导线钳断。拆断导线时，应先在钳断处两端分别用绝缘绳固定好，以防止导线断头摆动。然后并分别将中相导线与耐张瓷瓶串连接好。

A.2.8.2.24 分别拆除中相紧线器和保险绳，并对中相导线进行绝缘遮蔽。

A.2.8.2.25 按照上述操作方法，分别对两边相导线进行以上作业，注意每次钳断导线前，都要用钳形电流表测量引流线内电流，确认通流正常。

A.2.8.2.26 斗内电工配合操作平台上电工将绝缘横担拆除传回地面。

A.2.8.2.27 斗内电工按照由近及远的顺序装好刀闸的绝缘隔板，将刀闸两侧的引线分别接至带电导线上。

A.2.8.2.28 地面电工合上刀闸操作机构，斗内电工检查并确认设备工作正常。

A.2.8.2.29 斗内电工分别拆除三相绝缘引流线，按照由远及近、由上至下的顺序，分别拆除刀闸处的绝缘隔板和绝缘毯。

A.2.8.2.30 操作平台上电工由操作平台上转移至杆上，系好安全带。

A.2.8.2.31 斗内电工和杆上电工配合拆除绝缘操作平台传回地面。

A.2.8.2.32 斗内电工由远及近依次拆除绝缘构件遮蔽罩、绝缘子遮蔽罩、导线遮蔽罩等所有绝缘遮蔽用具。

A.2.8.2.33 斗内电工和杆上电工返回地面，工作负责人全面检查工作完成情况。

A.2.8.3 安全注意事项

A.2.8.3.1 斗内电工应穿绝缘鞋，戴绝缘手套、袖套、绝缘安全帽等绝缘防护用具。

A.2.8.3.2 一相作业完成后，应迅速对其恢复和保持绝缘遮蔽，然后再对另一相开展作业。

A.2.8.3.3 停用重合闸参照 DL 409 执行。

A.2.8.3.4 绝缘手套外应套防刺穿手套。

A.2.8.3.5 对不规则带电部件和接地构件可采用绝缘毯进行遮蔽，但要注意夹紧固定，两相邻绝缘毯间应有重叠部分。

A.2.8.3.6 拆除绝缘遮蔽用具时，应保持身体与被遮蔽物有足够的安全距离。

A.2.8.3.7 在钳断导线之前，应安装好紧线器和保险绳。

A.2.8.4 所需主要工器具

A.2.8.4.1 10kV绝缘斗臂车	1辆
A.2.8.4.2 5t起重吊车	1辆
A.2.8.4.3 绝缘滑车、绝缘传递绳	各1副
A.2.8.4.4 钳形电流表	1块
A.2.8.4.5 绝缘引流线	3根
A.2.8.4.6 绝缘断线钳	1把
A.2.8.4.7 绝缘子遮蔽罩、导线遮蔽罩、横担遮蔽罩、绝缘毯等	视现场情况决定
A.2.8.4.8 扳手和其他用具	视现场情况决定

A.2.9 带负荷开断10kV线路直线杆加装分段开关

A.2.9.1 人员组合

工作人员共6人：工作负责人（安全监护人）1人，斗内电工1人，杆上电工1人，地面电工2人，绝缘斗臂车操作员1人。

A.2.9.2 作业步骤

A.2.9.2.1 开工前，预先装好分段开关和两侧刀闸。

A.2.9.2.2 全体工作人员到达工作现场，列队宣读工作票，工作负责人讲解作业方案、布置工作任务、进行具体分工。

A.2.9.2.3 工作负责人检查两侧导线。

A.2.9.2.4 绝缘斗臂车进入工作现场，定位于最佳工作位置并装好接地线，选定工作斗的升降方向，注意避开附近高低压线及障碍物。

A.2.9.2.5 布置工作现场，在绝缘斗臂车和工具摆放位置四周围上安全护栏和作业标志。

A.2.9.2.6 斗内电工及杆上电工检查绝缘防护用具，穿戴上绝缘靴、绝缘服（披肩）、绝缘安全帽和绝缘手套等全套绝缘防护用具，地面电工检查、摇测绝缘作业工具。

A.2.9.2.7 斗内电工携带绝缘作业工具和遮蔽用具进入工作斗，工具和遮蔽用具应分类放在斗中和工具袋中，作业人员要系好安全带。

A.2.9.2.8 在工作斗上升过程中，对可能触及范围内的高低压带电部件需进行绝缘遮蔽。

A.2.9.2.9 工作斗定位在合适的工作位置后，首先对离身体最近的边相导线安装导线遮蔽罩，套入的导线遮蔽罩的开口要向下方，并拉到靠近绝缘子的边缘处，用绝缘夹夹紧防止脱落。

A.2.9.2.10 按照由近至远、从带电体到接地体、从低到高的原则，采用以上同样遮蔽方式，分别对三相导线、横担、瓷瓶、杆顶支架及连接构件进行绝缘遮蔽。

A.2.9.2.11 杆上电工登杆至工作位置，系好安全带。地面电工将绝缘操作平台用滑车吊至工作位置。

A.2.9.2.12 斗内电工和杆上电工相互配合，将绝缘操作平台固定好。杆上电工由杆上转移至绝缘操作平台上，并系好安全带。

A.2.9.2.13 地面电工将绝缘横担吊至工作位置，斗内电工和绝缘操作平台上电工相互配合，将绝缘横担固定，并对绝缘横担固定构件进行绝缘遮蔽。

A.2.9.2.14 拆除边相导线瓷瓶绝缘毯，将边相导线绑线拆除，绝缘操作平台上电工小心地将边相导线移至绝缘横担上固定好，并对固定处用绝缘毯再次进行绝缘遮蔽。

A.2.9.2.15 依照以上方法，分别将另两相导线移至绝缘横担上，并迅速恢复绝缘遮蔽。

A.2.9.2.16 拆除原导线横担、瓷瓶、杆顶支架上的遮蔽罩和绝缘毯，拆除原导线横担、瓷瓶、杆顶支架传至地面。

A.2.9.2.17 地面电工将中相耐张瓷瓶串吊至杆顶，由斗内电工和绝缘操作平台上电工配合将中相耐张瓷瓶串安装好，并用绝缘毯分别将两端耐张瓷瓶遮蔽好。

A.2.9.2.18 拆除中相导线上的遮蔽用具，松开绝缘横担上的中相导线固定夹，安装中相导线两侧的紧线器，并收紧中相导线，注意控制导线弧垂为规定水平。

A.2.9.2.19 装好导线保险绳和旁路引流线，检查确定引流线连接牢固。

A.2.9.2.20 用钳形电流表测量引流线内电流，确认通流正常。

A.2.9.2.21 斗内电工和绝缘操作平台上电工互相配合，利用导线断线钳将中相导线钳断，并分别将中相导线与耐张瓷瓶串连接牢固。拆断导线时，应先在钳断处两端分别用绝缘绳固定好，防止导线断头摆动。

A.2.9.2.22 分别拆除中相导线紧线器和保险绳，并对中相导线进行绝缘遮蔽。

A.2.9.2.23 地面电工配合操作平台上电工将边相耐张横担吊至合适位置，斗内电工和绝缘操作平台上电工互相配合，将边相耐张横担固定在绝缘横担下方规定位置。

A.2.9.2.24 地面电工配合操作平台上电工将耐张绝缘子串吊至工作位置，斗内电工和绝缘操作平台上电工互相配合，分别将边相耐张绝缘子串安装好。

A.2.9.2.25 对边相耐张横担和边相耐张绝缘子串进行绝缘遮蔽，将橡胶绝缘垫安放在耐张横担上。

A.2.9.2.26 按照上述中相导线施工方法，分别对两边相导线进行拆断施工，注意每次钳断导线前，都要用钳形电流表测量引流线内电流，确认通流正常。并将导线分别与两边相耐张绝缘子连接好，拆去紧线器和保险绳，然后进行绝缘遮蔽。

A.2.9.2.27 操作平台上电工转移至杆上，系好安全带，斗内电工和杆上电工相互配合，拆除缘绝横担和绝缘操作平台，并传回地面。

A.2.9.2.28 杆上电工回到地面，地面另一电工登杆至分段开关位置，系好安全带。

A.2.9.2.29 斗内电工分别将开关的引线接至三相导线上。杆上电工合上刀闸。

A.2.9.2.30 斗内电工拆除三相临时引流线，按由远到近、由上到下的顺序拆除所有遮蔽罩、绝缘毯。

A.2.9.2.31 斗内电工返回地面，工作负责人全面检查、验收工作完成情况。

A.2.9.3 安全注意事项

A.2.9.3.1 斗内电工应穿绝缘鞋，戴绝缘手套、绝缘袖套、绝缘安全帽等绝缘防护用具。

A.2.9.3.2 一相作业完成后，应迅速对其恢复和保持绝缘遮蔽，然后再对另一相开展作业。

A.2.9.3.3 停用重合闸参照 DL 409 执行。

A.2.9.3.4 绝缘手套外应套防刺穿手套。

A.2.9.3.5 对不规则带电部件和接地构件可采用绝缘毯进行遮蔽，但要注意夹紧固定，两相邻绝缘毯间应有重叠部分。

A.2.9.3.6 拆除绝缘遮蔽用具时，应保持身体与被遮蔽物有足够的安全距离。

A.2.9.3.7 在钳断导线之前，应确定安装好紧线器和保险绳。

A.2.9.4　所需主要工器具

A.2.9.4.1　10kV 绝缘斗臂车	1 辆
A.2.9.4.2　绝缘滑车、绝缘传递绳	各 1 副
A.2.9.4.3　钳形电流表	1 块
A.2.9.4.4　绝缘引流线	3 根
A.2.9.4.5　绝缘断线钳	1 把
A.2.9.4.6　绝缘子遮蔽罩、导线遮蔽罩、横担遮蔽罩、绝缘毯等	视现场情况决定
A.2.9.4.7　扳手和其他用具	视现场情况决定

A.2.10　带负荷迁移 10kV 线路

A.2.10.1　人员组合

工作人员主要有：工作负责人（安全监护人）1 人，斗内电工 1 人，杆上电工若干人，地面电工若干人，绝缘斗臂车操作员 1 人。

A.2.10.2　作业步骤

A.2.10.2.1　开工前，进行现场实地勘测，制定详细的施工方案，并通过学习，使参加施工的人员明确具体的施工步骤、具体分工和安全注意事项。

A.2.10.2.2　全体工作人员到达工作现场，布置安全护栏和作业标志，绝缘斗臂车进入被迁移线路的一端，定位于最佳工作位置并装好接地线，选定工作斗的升降方向，注意避开附近高低压线及障碍物。

A.2.10.2.3　两台临时负荷开关由载重车分别运至被迁移线路两端现场。在被迁移整个线路的下方，每隔一定的距离安放一个绝缘滑轮支架，作为临时引流电缆的支架。

A.2.10.2.4　临时引流电缆运至施工现场，敷设在两台临时负荷开关之间。敷设电缆时，应注意防止临时引流电缆从支架上滑落而磨损电缆外绝缘。

A.2.10.2.5　将三相临时引流电缆两端分别接至两台临时负荷开关上。连接完好后，分别在两连接处安装绝缘遮蔽罩，并检查两台临时负荷开关均在断开位置。

A.2.10.2.6　斗中电工检查绝缘防护用具，穿戴上绝缘靴、绝缘服（披肩）、绝缘安全帽和绝缘手套等全套绝缘防护用具。

A.2.10.2.7　斗内电工携带绝缘作业工具和遮蔽用具进入工作斗，工具和遮蔽用具应分类放在斗中和工具袋中，并系好安全带。

A.2.10.2.8　在工作斗上升过程中，对可能触及范围内的高低压带电部件需进行绝缘遮蔽。

A.2.10.2.9　工作斗定位在合适的工作位置后，首先对离身体最近的边相导线安装导线遮蔽罩，套入的导线遮蔽罩的开口要向下方，并拉到靠近绝缘子的边缘处，用绝缘夹夹紧防止脱落。

A.2.10.2.10　按照由近至远、从带电体到接地体、从低到高的原则，采用以上同样遮蔽方式，分别对三相导线、横担、瓷瓶、杆顶支架及连接构件进行绝缘遮蔽。

A.2.10.2.11　地面电工利用绝缘绳和绝缘滑车分别将负荷开关三相引线传递给斗内电工，斗内电工按照由近及远的顺序安装好三相引线，三相引线分别安装在被迁移线路前段的配电线路三相导线上。应注意每安装好一相，就要对引线和导线的连接处恢复绝缘遮蔽。

A.2.10.2.12　按照上述方法，安装线路另一端的临时负荷开关的三相引线。

A.2.10.2.13　合上两台临时负荷开关，用钳形电流表测量三相引线上的电流，确认负荷已转移到临时引流电缆上。

A.2.10.2.14 斗内电工按照由远及近的顺序分别钳断被迁移线路的三相引线。钳断时，应采取措施防止引线断头搭接到别的带电部件或接地构件上。钳断后，对带电部分应迅速进行绝缘遮蔽。

A.2.10.2.15 照上述方法，断开被迁移线路另一端的引线。

A.2.10.2.16 地面电工进行迁移线路的施工（包括立线路直杆、安装横担、安装绝缘子、敷设三相导线等）。

A.2.10.2.17 绝缘斗臂车转移至已经迁移后的线路一端电杆处的合适位置固定好，斗内电工控制绝缘斗至合适位置，按照由近至远、从带电体到接地体、从低到高的原则，分别对三相导线、横担、瓷瓶、杆顶支架及连接构件进行绝缘遮蔽。

A.2.10.2.18 按照由近至远的顺序，分别连接好迁移线路与带电线路的三相引线。应注意每连接一相时，只拆除该相的绝缘遮蔽用具，确认连接完好后，迅速对该相的导线、引线、瓷瓶等恢复绝缘遮蔽。

A.2.10.2.19 三相引线连接完毕后，按照由远及近、由上到下的顺序，拆除这一端线杆上的所有绝缘遮蔽用具。

A.2.10.2.20 按照上述方法，完成已经迁移后的线路另一端的引线连接工作，检查确认连接完好、通流正常后，拆除该端线杆上的所有绝缘遮蔽用具。

A.2.10.2.21 地面电工分别断开两台临时负荷开关，解开临时负荷开关与临时引流电缆的连接，回收临时引流电缆。

A.2.10.2.22 绝缘斗臂车转移至带电线路与临时负荷开关的引线连接处，斗内电工转移绝缘斗至合适位置，按照由远至近的顺序分别拆除临时负荷开关的三相引线，同时，按照由远及近、由上到下的顺序，拆除这一端线杆上的所有绝缘遮蔽用具。

A.2.10.2.23 按照上述方法，绝缘斗臂车转移至带电线路另一端固定好，拆除该端的临时负荷开关的三相引线，同时拆除这一端线杆上的所有绝缘遮蔽用具。完工后斗内电工回到地面，收起绝缘斗臂车。

A.2.10.2.24 清理施工现场，工作负责人全面检查工作完成情况。

A.2.10.3 安全注意事项

A.2.10.3.1 施工前应做好充分的勘测和准备工作，明确被迁移线路的负荷大小，确认临时引流电缆和两台临时负荷开关的型号满足施工要求。

A.2.10.3.2 施工现场应作好安全隔离措施和设置施工标志，禁止无关人员进入施工现场，进入现场必须佩戴安全帽。

A.2.10.3.3 现场应有专人负责指挥施工，做好现场的组织、协调工作。两台临时负荷开关处也应分别有专人看护和操作，统一听从负责人指挥，防止误操作。

A.2.10.3.4 绝缘斗臂车每次转移至一个不同的工作位置，都要重新接好接地线，选定工作斗的升降方向，注意避开附近高低压带电体及障碍物。

A.2.10.3.5 斗内电工应穿绝缘鞋、戴绝缘手套、袖套、绝缘安全帽等绝缘防护用具，绝缘手套外应套防刺穿手套。所有电工高空作业时都要系好安全带。

A.2.10.3.6 在一相作业完成后，应迅速对其恢复和保持绝缘遮蔽，然后再对另一相开展作业。

A.2.10.3.7 停用重合闸参照 DL 409 执行。

A.2.10.3.8 对不规则带电部件和接地构件可采用绝缘毯进行遮蔽，但要注意夹紧固定，两相邻绝缘毯间应有重叠部分。

A.2.10.3.9 拆除绝缘遮蔽用具时，应保持身体与被遮蔽物有足够的安全距离。

A.2.10.4 所需主要工器具

A.2.10.4.1 10kV 绝缘斗臂车	1辆
A.2.10.4.2 载重车	视现场情况决定
A.2.10.4.3 临时负荷开关	两台
A.2.10.4.4 临时三相引流电缆	长度视现场情况决定
A.2.10.4.5 绝缘断线钳、钳形电流表	各1副
A.2.10.4.6 绝缘子遮蔽罩、导线遮蔽罩、横担遮蔽罩、绝缘毯、硅橡胶垫、绝缘滑轮支架、绝缘滑车、绝缘传递绳、安全带等	视现场情况决定
A.2.10.4.7 扳手和其他工具	视现场情况决定

附　录　B

（资料性附录）

作业工具及防护用具

B.1　绝缘操作工具

B.1.1　硬质绝缘工具

主要指以环氧树脂玻璃纤维增强型绝缘管、板、棒为主绝缘材料制成的配电作业工具，包括操作工具、运载工具、承力工具等，其电气和机械性能应满足 GB 13398 的要求。在配电作业中对端部装配不同金属工具的绝缘操作杆，其尺寸及电气性能应满足表 B.1 和表 B.2 的要求。

表 B.1　绝缘操作杆的尺寸

额定电压/kV	最小有效绝缘长度/m	端部金属接头长度不大于/m	手持部分长度不小于/m
6～10	0.70	0.10	0.60

表 B.2　绝缘操作杆的电气性能要求

额定电压/kV	试验电极间距离/m	工频闪络击穿电压不小于/kV	100 kV/1min 工频耐压
6～10	0.40	120	无闪络、无击穿、无发热

B.1.2　软质绝缘工具

主要指以绝缘绳为主绝缘材料制成的工具，包括吊运工具、承力工具等，绝缘绳的电气性能应满足表 B.3 的要求。

绝缘绳的机械性能应满足 GB/T 13035 的要求。

表 B.3　绝缘绳的电气性能要求

试验电极间距离/m	工频闪络击穿电压不小于/kV	90%高湿度下泄漏电流不大于/μA
0.5	170	300

B.2　绝缘承载工具

B.2.1　绝缘斗臂车

B.2.1.1 6kV～10kV绝缘斗臂车的绝缘臂应采用绝缘材料制作，绝缘材料的电气和机械性能应满足 GB 13398 的要求。

B.2.1.2 绝缘臂的电气性能应符合表 B.4 的规定。

表 B.4　绝缘臂的电气性能要求

额定电压/kV	试验距离/m	1min 工频耐压/kV		交流泄漏电流试验	
		型式试验	出厂试验	施加电压/kV	泄漏电流/μA
10	0.4	100	50	20	200

B.2.1.3 绝缘斗应采用绝缘材料制作，电气性能应符合表 B.5 的规定。

表 B.5　绝缘斗的电气性能要求

额定电压/kV	试验距离/m	1min 工频耐压/kV		交流泄漏电流试验	
		型式试验	出厂试验	施加电压/kV	泄漏电流/μA
10	0.4	100	50	20	≤200

B.2.1.4 对于带有自动平衡装置或上下两套操作系统的绝缘斗臂车，其电气性能要求应符合表 B.6 的规定。

表 B.6　带有自动平衡装置斗臂车的电气性能要求

额定电压/kV	试验距离/m	1min 工频耐压/kV		交流泄漏电流试验	
		型式试验	出厂试验	施加电压/kV	泄漏电流/μA
0	1.0	100	50	20	≤500

B.2.1.5 绝缘斗的层间工频耐压试验值为 50kV，耐压时间为 $1min\pm0.5s$，试验中应无击穿，无闪络，无发热。

B.2.1.6 绝缘斗臂车的机械性能及其他性能应满足 GB 13398 的要求。

B.2.2 绝缘平台

B.2.2.1 10kV绝缘平台应采用绝缘材料制作，绝缘材料的电气和机械性能应满足 GB 13398 的要求。

B.2.2.2 绝缘平台的电气性能应符合表 B.7 的规定。

表 B.7　绝缘平台的电气性能要求

额定电压/kV	试验距离/m	1min 工频耐压/kV		交流泄漏电流试验	
		型式试验	出厂试验	施加电压/kV	泄漏电流/μA
10	0.4	100	50	20	≤500

B.2.2.3 绝缘平台按工作状态布置，在 2000N/3min 的负荷作用下，应无明显变形。

B.3　绝缘遮蔽工具

B.3.1　绝缘遮蔽罩

绝缘遮蔽罩包括导线遮蔽罩，耐张装置（绝缘子、线头或拉板）遮蔽罩、针式绝缘子遮蔽罩、棒型绝缘子遮蔽罩，横担遮蔽罩、电杆遮蔽罩、特型遮蔽罩及柔形遮蔽罩，其电气和机械性能应满足 GB/T 12168 和 DL/T 880 的要求。绝缘遮蔽罩的电气性能应满足表 B.8 的规定。

表 B.8 绝缘遮蔽罩的电气性能要求

额定电压/kV	工频试验电压/kV	耐压时间/min	要　求
10	20	1	无闪络、无击穿、无发热

B.3.2　绝缘隔板及绝缘毯

绝缘隔板和绝缘毯的电气性能要求同表 B.8，其电气和机械性能应满足 DL/T 803 的要求。

B.3.3　遮蔽及隔离用具的机械性能应满足 GB/T 12168 的要求。

B.4　绝缘防护用具

B.4.1　绝缘手套

绝缘手套指在配电作业中起电气绝缘作用的手套，手套用合成橡胶或天然橡胶制成，其形状为分指式，其电气和机械性能应满足 GB/T 17622 的要求。

B.4.1.1　绝缘手套的电气性能应满足表 B.9 的要求。

B.4.1.2　绝缘手套的机械性能要求为：平均拉伸强度应不低于 14MPa，平均拉断伸长率不低于 600%，拉伸永久变形不应超过 15%，绝缘手套的抗机械刺穿强度不小于 18N/mm，手套还应具有耐老化、耐燃、耐低温性能。

B.4.1.3　绝缘手套表面必须平滑，内外面应无针孔、疵点、裂纹、砂眼、杂质、修剪损伤、夹紧痕迹等各种明显缺陷和明显的波纹及铸模痕迹，应避免阳光直射，挤压折叠，贮存环境温度宜为 10℃~20℃。

表 B.9 绝缘手套的电气性能要求

额定电压/kV	交　流　试　验				直流试验
	验证试验电压/kV	泄漏电流/μA			验证试验电压/kV
		手套长度/mm			
		360	410	460	
6	20	14	16	18	30
10	30	14	16	18	40

B.4.2　绝缘靴指在带电作业时起电气绝缘作用的靴，靴用合成橡胶或天然橡胶制成，其电气和机械性能应满足 DL/T 676 的要求。

B.4.2.1　绝缘靴的电气性能要求应满足表 B.10 中的规定。

表 B.10 绝缘靴的电气性能要求

额定电压/kV	工频试验电压/kV	耐压时间/min	要　求
6~10	20	2	无闪络、无击穿、无发热

B.4.2.2 绝缘靴的机械性能应满足表 B.11 的要求。

表 B.11 绝缘靴的机械性能要求

扯断强度应大于/MPa		扯断伸长率应大于/%		硬度（邵氏）/A		黏附强度应大于/（N/cm）
靴面	靴底	靴面	靴底	靴面	靴底	用手与靴面
13.72	11.76	450	360	55～65	55～70	6.36

B.4.3 绝缘服、披肩、袖套、胸套等指由橡胶或其他绝缘柔性材料制成的穿戴用具，是保护作业人员接触带电导体和电气设备时免遭电击的安全防护用品，其电气和机械性能参照 DL/T 803 和 DL/T 853 的要求。

B.4.3.1 绝缘服、袖套、披肩的电气性能应满足表 B.12 中的要求。

表 B.12 绝缘服、袖套、披肩的电气性能要求

额定电压/kV	工频试验电压/kV	耐压时间/min		要 求
		型式或抽样试验	出厂和预防性试验	
6	20	3	1	无闪络、无击穿、无发热
10	20	3	1	无闪络、无击穿、无发热

B.4.3.2 绝缘服、袖套、披肩的机械性能要求为：平均抗拉强度不小于 14MPa，抗机械刺穿强度应不小于 18N/mm。

城市电网供电安全标准

DL/T 256—2012

输配电和供用电卷

目　次

前　言

本标准按照 GB/T 1.1—2009《标准化工作导则　第 1 部分：标准的结构和编写》的规则编写。

本标准由中国电力企业联合会提出。

本标准由电力行业供用电标准化技术委员会归口。

本标准起草单位：中国电力科学研究院。

本标准主要起草人：范明天、苏剑、张祖平、姜宁、周莉梅、梁双、刘思革、崔艳妍、陈海。

本标准在执行过程中的意见或建议反馈至中国电力企业联合会标准化管理中心（北京市白广路二条 1 号，100761）。

引　言

本标准是根据英国的供电安全标准 ER P2/5（Engineering Recommendation——Security of Supply，1978）和我国城市电网的实际情况制定的，旨在指导电力系统规划。

ER P2/5 颁布于 1978 年，近 40 年来在英国配电网规划中起了相当重要的指导作用，也是英国电力市场化改革后电力监管机构要求配电网公司必须遵循的标准。本标准参照英国供电安全标准 ER P2/5 的应用方法报告，应用了大量的可靠性研究成果，采用故障统计和风险分析的方法，考虑了故障和风险两者与系统改造成本之间的关系，以及损耗的影响。

本标准是指导城市电网规划、建设与改造工作的行业标准。在制定过程中，本标准充分考虑了我国城市电网现状和经济社会发展需求，汲取了城市电网多年的建设经验，明确了最低的供电安全水平，对"$N-1$"和"$N-1-1$"停运情况下的恢复容量和恢复时间等都作了具体的规定。本标准所推荐的安全水平不完全适用于接连发生两次故障或同时发生双重故障的情况。但在许多情况下，可以借助于开关切换或调整负荷和发电计划来满足推荐的安全水平。

随着分布式电源的迅速发展，英国能源网络联合会（ENA，Energy Network Association）于 2006 年 7 月 1 日颁布了新的供电安全标准 ER P2/6。与 ER P2/5 相比，ER P2/6 对表 1 未做修改，主要对表 2 进行了修改，即在原来主要考虑蒸汽发电机组的基础上纳入了对现代分布式发电机组的考虑。由于分布式发电对配电网供电安全性的影响尚处在研究阶段，因此本标准的表 2 暂未考虑分布式发电的影响。

鉴于全国各地城市电网基础条件和发展水平不同，在执行本标准时，供电企业可从实际情况出发，结合地区特点，确定具体的实施方案。

城市电网供电安全标准

1 范围

本标准给出了供电企业应该满足的城市电网供电安全准则。

本标准适用于我国按行政建制的城市电网规划和改造工作。

2 规范性引用文件

下列文件对于本标准的应用是必不可少的。凡是注日期的引用文件，仅所注日期的版本适用于本标准。凡是不注日期的引用文件，其最新版本（包括所有的修改单）适用于本标准。

DL 755 电力系统安全稳定导则

3 术语和定义

下列术语和定义适用于本标准。

3.1 用户组 load group

指由单个或多个供电点构成的集合。

3.2 组负荷 group load

指用户组的最大负荷。

对于单个供电点，组负荷是在已确认的负荷预测结果中选定的适当的最大负荷值；如果没有已确认的负荷预测结果，由其供电企业给定。

对于多个供电点，组负荷是在已确认的负荷预测结果中选定的适当的最大负荷值之和（考虑同时率）；如果没有已确认的负荷预测结果，由其供电企业给定。

3.3 "N-1"停运 first circuit outage

指一个回路故障停运或计划停运。

3.4 "N-1-1"停运 second circuit outage

指计划停运的情况下又发生故障停运。

3.5 回路 circuit

指电力系统中2个或多个端点（断路器、开关和/或熔断器）之间的元件，包括变压器、电抗器、电缆和架空线，不包括母线。

3.6 回路容量 circuit capacity

回路中在正常运行条件下或预想事故条件下的额定容量。

3.7 转供容量 transfer capacity

在发生"N-1"和"N-1-1"停运后的规定时间内（见表1），由邻近用户组提供的回路容量。

3.8 转供能力 transfer capability

当系统受停运影响时，邻近用户组可利用的转供负荷或可提供的转供容量。

3.9 发电机组的负荷率 generation unit load factor

等于机组每年的总发电量除以机组额定净出力与8760的乘积，计算公式如下：

$$发电机组的负荷率 = \frac{机组每年的总发电量（MWh）}{8760 \times 机组额定净出力（MW）} \qquad (1)$$

3.10 额定净出力 declared net capability

等于额定总出力减去分摊到该机组的厂用电（用发出的有功功率来度量）。

4 电网供电能力评估方法

4.1 在评估电网的改造需求时，应考虑电网现有的以及可提供的转供能力。

4.2 对于"$N-1$"停运，回路的容量宜以其在夏季炎热天气条件下的额定容量为依据。但是，如果用户组的最大负荷不在夏季出现，则回路的容量应以适当环境条件下的额定容量为依据。对于"$N-1-1$"停运，回路容量宜以其在春/秋季节的额定容量为依据。

用户组的等级按有功功率（MW）划分，但由于需要考虑回路中发电机发出的有功功率（MW）和无功功率（Mvar），所以回路容量应采用视在功率（MVA）衡量。

4.3 电网发生"$N-1$"和"$N-1-1$"停运后的供电能力，应按以下方法评估：

a）最重要的供电点（或回路）停运后，其余向该用户组正常供电输配电回路在正常运行条件下的额定容量。

b）其他供电点能够提供的转供容量。

c）含有发电机组的用户组，发电机对电网所能提供的有效容量（见表2）。

4.4 为确保设备在正常运行条件下的负载水平不会影响设备使用寿命，可能需要适当降低以上评估得出的容量值。

4.5 用户组中包含的发电机组对电网安全性所提供的有效容量见表2（背景资料参见附录A）。所提供的有效容量取决于发电厂的运行方式。在本标准中，采用负荷率的预测值来表征每台机组可能的运行方式。发电方式按照负荷率的大小分为高、中、低三类，每类负荷率的范围见表2。

当容量最大的一个输电或配电回路停运时，对于含有高负荷率发电机组的用户组，其所有机组应仍能以额定出力运行。

4.6 表2规定的发电机组对电网提供的有效容量是基于以下假设条件：

a）输电或配电系统中，1条容量最大的回路在正常运行条件下的额定容量大于2台最大发电机组总输出容量的2/3。

b）输电或配电系统中，2条容量最大的回路在正常运行条件下的额定容量大于3台最大发电机组总输出容量的2/3。

c）用户组的负荷曲线与全国的负荷曲线相似。

对于不符合以上假设条件的情况，尤其是用户组中只包含1台或2台大型发电机组时，需要进行详细的风险和经济性研究。

5 推荐的供电安全水平

5.1 按组负荷大小划分的输电网和配电网在最大负荷情况下应达到的最低安全水平见表1，即停运后在规定时间内必须恢复的最低负荷。我国城市电网的典型结构图参见附录B的B1。

5.2 如果上级电网在近期将开展有利于提高系统安全性的改造工作，则可以推迟下级电网的改造。

5.3 对于任何偏离本标准规定的供电安全水平情况，均应进行详细的风险和经济性研究。对于E级用户组，假设在负荷低于组负荷的2/3时进行检修，如果负荷特性表明正常的检修方式也会导致用户停电，则允许其安全水平低于本标准的规定。但在这些情况下，应尽早进行电网改造，除非有比较经济的替代检修的办法。

表 1　配电网的供电安全水平

供电等级	组负荷范围（MW）	"$N-1$"停运	"$N-1-1$"停运	备　注
A	≤2	维修完成后：恢复组负荷	不要求	
B	2~12	a）3h 内：恢复负荷＝组负荷－2MW。 b）维修完成后：恢复组负荷	不要求	
C	12~180	a）15min 内：恢复负荷≥min（组负荷－12MW，2/3 组负荷）。 b）3h 内：恢复组负荷	不要求	用户组通常由两条（或两条以上）常闭回路供电，或者由一条常闭回路供电，但可以通过人工或自动的开关切换过其他回路
D	180~600	a）瞬时：恢复负荷≥［组负荷－60MW（自动断开）］。 b）15min 内：恢复组负荷	a）3h 内：对于组负荷大于 300MW 的负荷组，恢复负荷≥min（组负荷－300MW，1/3 组负荷）。 b）在计划停运所需时间内：恢复组负荷	60s 内恢复供电被视为瞬时恢复供电。 本标准基于以下假设： a）发生"$N-1-1$"停运后，可以通过安排和调整计划停运，尽量减小供电恢复时间； b）可以考虑使用轮停的方法来减小长时间停电对用户的影响
E	600~2000	瞬时：恢复组负荷	a）瞬时：恢复 2/3 组负荷。 b）在计划停运所需时间内：恢复组负荷	E 级用户组的规定适用于配电系统的供电点。 对于超高压电网，E 级用户组的规定不适用，应采用 F 级用户组的规定。 对于 E 级用户组发生"$N-1$"停运时，如果经济效益显著，允许 60s 内最多损失 60MW 负荷。 本标准不是为了限制检修。对于"$N-1-1$"停运，本标准假设在负荷低于组负荷的 67％时就可进行检修。如果检修时间受到限制，则按 5.3 考虑
F	＞2000	遵守 DL 755		

注：**1**. 对于 C~F 级用户组，计划停运不应导致用户停电。

　　2. 若中压配电电压为 20kV，则 A、B 供电等级的组负荷范围可提高至原来的 2 倍。

　　3. 若 D 级用户组考虑 220/20kV 变电站，那么"恢复组负荷"的时间可延迟到 3h 内。

5.4　发电机组对回路容量提供的有效出力见表 2（发电机接入用户组示意图参见附录 B 的 B.2）。

表 2　发电机组对回路容量提供的有效出力

发电类型	"N−1"停运后的出力 (适用于 A 级至 E 级用户组)	"N−1−1"停运后的出力 (适用于 D 级和 E 级用户组)	备　注
基荷发电机组	额定净出力的 67%	额定净出力的 67%	发电机组的负荷率大于30%（高负荷率）
腰荷、腰荷和峰荷发电机组	额定净出力的 67%或组负荷的 20%，二者取其小者，即 min（67%额定净出力，20%组负荷）	额定净出力的 67%或组负荷的 13%，二者取其小者（仅适用 E 级负荷组），即 min（67%额定净出力，13%组负荷）	发电机组的负荷率不小于10%且不大于30%（中负荷率）
峰荷发电机组	额定净出力的 67%或组负荷的 10%，二者取其小者，即 min（67%额定净出力，10%组负荷）	额定净出力的 67%或组负荷的 7%，二者取其小者，即 min（67%额定净出力，7%组负荷）	发电机组的负荷率小于10%（低负荷率）

附　录　A
（资料性附录）
发电机对电网安全性的贡献

A.1　发电与输电的等效性

与输电或配电回路类比，发电机可视为用于提高系统安全性的一条附加回路。但是对于因故障导致的不可用率，发电机远高于输电回路，因此这种类比方法易产生误解。对单台可用率（不包括计划停电）为 86%的发电机进行的概率研究表明，对于含有 2 台以上发电机的用户组，2 台发电机组停运、且同时失去 1/3 剩余发电容量的概率与 1 条输电回路停运的概率基本相当。类似的，3 台发电机组停运、且同时失去 1/3 剩余发电容量的概率与 2 条输电回路停运的概率基本相当。本标准表 2 中使用的系数 2/3 以及 5.5 条中的叙述均是基于这一考虑。（注意：系数取 2/3 并不是发电机可用率的估计值）

A.2　发电类型

发电厂可以使用序外发电以避免停电，因此，发电厂在经济性方面的作用不等同于它在安全性方面的作用。本标准根据发电机组的运行时间将发电类型划分为基荷运行、腰荷运行或峰荷运行。

尽管本标准限制序外发电产生的费用，但不排除使用序外发电的可能性。这些费用应在详细的风险和经济性研究中予以考虑。

A.3　腰荷和峰荷发电厂提供的容量

在表 2 中，基荷发电机组 24h 满发，平稳运行，不承担负荷调整的任务，因此在任何需要保障本地供电安全时随时可用。电力系统调度通常分配经济性能好（即发电成本低）的火电机组带基荷运行。

腰荷和峰荷蒸汽发电厂对电网提供的出力仅用于为一定比例的组负荷供电。腰荷发电机每天通常发电 14h（包括机组起停时间），一般安排在峰荷时段运行，但输电回路必须承担这些发电机运行时段以外其他时段内的最大负荷。这种出力的变化量取决于用户组的日负荷曲线形状。假设用户组的日负荷曲线与全国的典型日负荷曲线相似，那么输电回路可能要承担用户组最大负荷的 80%。因此，如果日负荷曲线形状的详细信息未知，腰荷机组的最大有效出力不应高于组负荷的 20%，输电回路与所有基荷机组应有足够能力承担其余 80% 的组负荷。

对于峰荷电厂，也有类似的观点。这些电厂每天一般发电 6h，来满足峰荷需求。这就需要在峰荷机组停运时，输电回路与所有基荷机组应有足够能力承担 90% 的组负荷。因此，建议所有峰荷机组的有效出力不高于组负荷的 10%。

对于负荷在 300MW 到 600MW 之间的 D 级用户组，表 1 要求在"$N-1-1$"停运后的 3h 内仅恢复 1/3 的组负荷。除了冬季晚上的少数时段外，实际负荷通常都超过这个水平（组负荷的 1/3）。因此，如果机组提供的出力欲用于满足组负荷的 1/3，机组必须以基荷方式运行。这对于腰荷或峰荷发电厂来说是不可能的。因此，在 D 级用户组发生"$N-1-1$"停运后，当评估系统容量能否承担 1/3 的组负荷时，应忽略此类发电厂的出力。

对于 E 级用户组，表 1 要求在"$N-1-1$"停运后瞬时恢复 2/3 的组负荷。因此，由腰荷发电厂和峰荷发电厂供电的负荷在组负荷中所占的比例同比减少，分别从 20% 和 10% 降到 13% 和 7%。

附　录　B
（资料性附录）
我国城市电网典型结构和发电机接入用户组示意图

B.1　我国城市电网的典型结构图

我国输配电网的典型网络结构见图 B.1，图中的注释文字描述了我国供电安全标准的具体应用，其中 SGT 是输电网变压器。

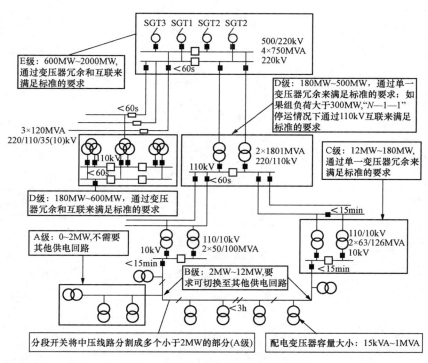

图 B.1　我国城市电网的典型结构图

115

B.2 发电机接入用户组示意图

2 台装机容量为 125MW 的发电机组接入 110kV 母线的示意图见图 B.2。

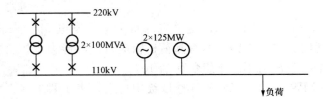

图 B.2　发电机接入用户组的示意图

供电系统用户供电可靠性评价规程

DL/T 836—2012

代替 DL/T 836—2003

输配电和供用电卷

目　　次

前　　言

本标准是对 DL/T 836—2003 进行修订。

本标准与 DL/T 836—2003《供电系统用户供电可靠性评价规程》相比，除编辑性修改外主要技术变化如下：

——修改了前言部分；

——"供电部门"、"电业部门"改为"供电企业"（见 2.2.3、2.4.1、3.1）；

——"供电系统及供电系统设施"修改为"供电系统及其设施"（见 2.2）；

——对"中压用户统计单位"的定义作了修改（见 2.4.2）；

——增加了"持续停电状态"和"短时停电状态"（见 2.7.2.1、2.7.2.2）；

——停电性质分类中的预安排停电分类增加了"调电"和"临时调电" （见 2.8、2.8.2.2.4）；

——供电网限电的定义中，删除了"或供电系统异常"（见 2.8.2.3.2）；

——对 3.1 进行了修改（见 3.1）；

——评价指标中增加了"用户平均短时停电次数"、"用户平均短时预安排停电次数"、"用户平均短时故障停电次数"（见 4.2.4、4.3.5、4.3.6）；

——将"用户平均预安排停电次数"、"用户平均故障停电次数"由主要指标调整为参考指标（见 4.3.3 和 4.3.4）；

——将"断路器（受继电保护控制者）故障停电率"改为"出线断路器故障停电率"，增加"其他开关故障停电率"指标（见 4.3.23 和 4.3.24）；

——增加了"出线断路器"及"其他开关"的解释（见 5.15 和 5.16）；

——在填报有关规定中，增加了用户地区特征分类的说明（见 5.1）；

——增加了对"双电源用户"的解释（见 5.3）；

——增加了对停电性质中"本企业"的界定（见 5.4）；

——表格中增加了"短时停电"、"出线断路器"、"其他开关"相关指标（见表 9 和表 14）；

——将表格中的"用户平均预安排停电次数"和"用户平均故障停电次数"调整到参考指标中（见表 13 和表 15）；

——表格中修改并增加"出线断路器"、"其他开关"及相应指标（见表 16）；

——中英文对照表中增加"调电"、"临时调电"、"短时停电"相关指标、"出线断路器"和"其他开关"（见附录 A 和附录 B）。

本标准由中国电力企业联合会提出。

本标准由电力行业可靠性管理标准化技术委员会（DL/TC 31）归口。

本标准起草单位：中国电力企业联合会电力可靠性管理中心。

本标准主要起草人：胡小正、蒋锦峰、王鹏、孙健、李霞、贾立雄。

本标准实施后代替 DL/T 836—2003。

本标准在执行过程中的意见或建议反馈至中国电力企业联合会标准化管理中心（北京市白广路二条 1 号，100761）。

供电系统用户供电可靠性评价规程

1 范围

本标准规定了供电系统用户供电可靠性的统计办法和评价指标。

本标准适用于电力供应企业（以下简称供电企业）对用户供电可靠性的评价。

2 术语和定义

下列术语和定义适用于本标准。

2.1 供电系统用户供电可靠性　reliability of utility's power supply system customer

供电系统对用户持续供电的能力。

2.2 供电系统及其设施

2.2.1 低压用户供电系统及其设施　power supply system and it's facility for customer of low voltage

由公用配电变压器二次侧出线套管外引线开始至低压用户的计量收费点为止范围内所构成的供电网络及其连接的中间设施。

2.2.2 中压用户供电系统及其设施　power supply system and it's facility for customer of middle voltage

由各变电站（发电厂）10（6、20）kV 出线母线侧隔离开关开始至公用配电变压器二次侧出线套管为止，以及 10（6、20）kV 用户的电气设备与供电企业的管界点为止范围内所构成的供电网络及其连接的中间设施。

2.2.3 高压用户供电系统及其设施　power supply system and it's facility for customer of high voltage

由各变电站（发电厂）35kV 及以上电压出线母线侧隔离开关开始至 35kV 及以上电压用户变电站与供电企业的管界点为止范围内所构成的供电网络及其连接的中间设施。

注：这里所指供电系统的定义及其高、中、低压的划分，只适用于用户供电可靠性统计评价。

2.3 用户

2.3.1 低压用户　customer of low voltage

以 380/220V 电压受电的用户。

2.3.2 中压用户　customer of middle voltage

以 10（20、6）kV 电压受电的用户。

2.3.3 高压用户　customer of high voltage

以 35kV 及以上电压受电的用户。

2.4 用户统计单位

2.4.1 低压用户统计单位　statistic unit of low voltage customer

一个接受供电企业计量收费的低压用电单位，作为一个低压用户统计单位。

2.4.2 中压用户统计单位　statistic unit of middle voltage customer

一个接受供电企业计量收费的中压用电单位，作为一个中压用户统计单位（在低压用户供电可靠性统计工作普及之前，以 10（6、20）kV 供电系统中的公用配电变压器作为用户统计单位，即一台公用配电变压器作为一个中压用户统计单位）。

2.4.3　高压用户统计单位　statistic unit of high voltage customer
　　一个用电单位的每一个受电降压变电站，作为一个高压用户统计单位。

2.5　用户容量　capability of customer
　　一个用户统计单位的装见容量，作为用户容量。

2.6　用户设施　facility of customer
　　固定资产属于用户，并由用户自行运行、维护、管理的受电设施。

2.7　供电系统的状态

2.7.1　供电状态　supply system in service
　　用户随时可从供电系统获得所需电能的状态。

2.7.2　停电状态　interruption
　　用户不能从供电系统获得所需电能的状态，包括与供电系统失去电的联系和未失去电的联系。

注：对用户的不拉闸限电，视为等效停电状态。自动重合闸重合成功或备用电源自动投入成功，不应视为对用户停电。

2.7.2.1　持续停电状态　duration interruption
　　停电持续时间大于 3min 的停电。

2.7.2.2　短时停电状态　temporary interruption
　　停电持续时间小于等于 3min 的停电。

2.8　停电性质分类
　　停电性质分类如图 1 所示（中英文对照参见附录 A）。

2.8.1　故障停电　failure interruption
　　供电系统无论何种原因未能按规定程序向调度提出申请并在 6h（或按供电合同要求的时间）前得到批准且通知用户的停电。

2.8.1.1　内部故障停电　internal failure interruption
　　凡属本企业管辖范围以内的电网或设施等故障引起的停电。

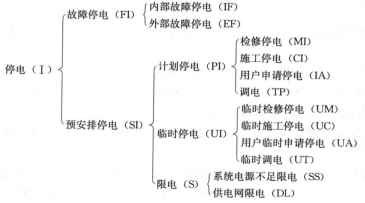

图 1　停电性质分类

2.8.1.2　外部故障停电　external failure interruption
　　凡属本企业管辖范围以外的电网或设施等故障引起的停电。

2.8.2　预安排停电　scheduled interruption

凡预先已作出安排，或在 6h 前得到调度批准（或按供电合同要求的时间）并通知用户的停电。

2.8.2.1　计划停电　planned interruption

有正式计划安排的停电。

2.8.2.1.1　检修停电　maintenance interruption

按检修计划要求安排的检修停电。

2.8.2.1.2　施工停电　constructing interruption

系统扩建、改造及迁移等施工引起的有计划安排的停电。

注：检修停电及施工停电，按管辖范围的界限，分别有内部和外部两种情况。

2.8.2.1.3　用户申请停电　customer application interruption

由于用户本身的要求得到批准，且影响其他用户的停电。

2.8.2.1.4　调电　transfer power

由于检修、施工作业、故障处理或负荷调整等而对运行方式改变，造成用户的停电。

2.8.2.2　临时停电　unplanned interruption

事先无正式计划安排，但在 6h（或按供电合同要求的时间）以前按规定程序经过批准并通知用户的停电。

2.8.2.2.1　临时检修停电　unplanned maintenance interruption

系统在运行中发现危及安全运行、必须处理的缺陷而临时安排的停电。

2.8.2.2.2　临时施工停电　unplanned constructing interruption

事先未安排计划而又必须尽早安排的施工停电。

注：临时检修停电及临时施工停电，按管辖范围的界限，分别有内部和外部两种情况。

2.8.2.2.3　用户临时申请停电　unplanned customer application interruption

事先未安排计划，由于用户本身的要求得到批准，且影响其他用户的停电。

2.8.2.2.4　临时调电　unplanned transfer power

事先未安排计划，由于检修、施工作业、故障处理或负荷调整等而对运行方式改变，造成用户的停电。

2.8.2.3　限电　shortage

在电力系统计划的运行方式下，根据电力的供求关系，对于求大于供的部分进行限量的供应。

2.8.2.3.1　系统电源不足限电　system shortage

由于电力系统电源容量不足，由调度命令对用户以拉闸或不拉闸的方式限电。

2.8.2.3.2　供电网限电　distribution limited

由于供电系统本身设备容量不足，不能完成预定的计划供电而对用户的拉闸限电，或不拉闸限电。

供电系统的不拉闸限电应列入可靠性的统计范围，每限电一次应计停电一次，停电用户数应为限电的实际户数。停电容量为减少的供电容量，停电时间按等效停电时间计算，单位：h，其计算公式如下：

$$等效停电时间 = 限电时间 \times \left(1 - \frac{限电后允许的供电容量}{限电前实际的供电容量}\right) \tag{1}$$

式中　限电时间——自开始对用户限电之时起至恢复正常供电时为止的时间段。

122

2.8.3 停电持续时间 outage duration

供电系统由停止对用户供电到恢复供电的时间段，单位：h。

2.8.4 停电容量 outage capacity

供电系统停电时，被停止供电的各用户的装见容量之和，单位：kVA。

2.8.5 停电缺供电量 energy due to outage

供电系统停电期间，对用户少供的电量，单位：kWh。

停电缺供电量按下列公式计算：

$$W = K S_1 T \tag{2}$$

式中　W——停电缺供电量，kWh；

S_1——停电容量，即被停止供电的各用户的装见容量之和，kVA；

T——停电持续时间，或等效停电时间，h；

K——载容比系数，该值应根据上一年度的具体情况于每年 1 月修正一次。

$$K = \frac{P}{S} \tag{3}$$

其中：

$$P = \frac{上年度售电量（kWh）}{8760h} \tag{4}$$

式中　P——供电系统（或某条线路、某用户）上年度的年平均负荷，kW；

S——供电系统（或某条线路、某用户）上年度的用户装见容量总和，kVA。

> 注：1. 闰年为 8784h。
>
> 　　2. P 及 S 是指同一电压等级的供电系统年平均负荷及其用户装见总容量。

2.9 供电系统设施的状态及停运时间

2.9.1 运行 in service

供电设施与电网相连接，并处于带电的状态。

2.9.2 停运 outage

供电设施由于故障、缺陷或检修、维修、试验等原因，与电网断开而不带电的状态。

2.9.2.1 强迫停运 forced outage

由于设施丧失了预定的功能而要求立即或必须在 6h 以内退出运行的停运，以及由于人为的误操作和其他原因未能按规定程序提前向调度提出申请并在 6h 前得到批准的停运。

2.9.2.2 预安排停运 scheduled outage

事先有计划安排，使设施退出运行的计划停运（如计划检修、施工、试验等），或按规定程序提前向调度提出申请并在 6h 前得到批准的临时性检修、施工、试验等的临时停运。

2.9.3 停运持续时间 outage duration

供电设施从停运开始到重新投入电网运行的时间段。停运持续时间分强迫停运时间和预安排停运时间。对计划检修的设备，超过预安排停电时间的部分，记作强迫停运时间。

3 基本要求

3.1 供电企业应对其全部供电范围内的供电系统用户供电可靠性进行统计、计算、分析和评价。

3.2 与本标准配套使用的信息管理系统软件及相关代码，由中国电力企业联合会电力可靠性管理中心组织编制，统一使用。

4 评价指标与计算公式

4.1 评价指标类别

供电系统用户供电可靠性统计评价指标，按不同电压等级分别计算，并分为主要指标和参考指标两大类（中英文对照表参见附录 B）。

统计期间时间是指处于统计时段内的日历小时数。

4.2 可靠性主要指标及计算公式

4.2.1 用户平均停电时间：用户在统计期间内的平均停电小时数，记作 AIHC-1（h/户）。

$$用户平均停电时间 = \frac{\sum 每户每次停电时间}{总用户数}$$

$$= \frac{\sum（每次停电持续时间 \times 每次停电用户数）}{总用户数} \tag{5}$$

若不计外部影响时，则记作 AIHC-2（h/户）。

$$用户平均停电时间（不计外部影响）= 用户平均停电时间 - 用户平均受外部影响停电时间 \tag{6}$$

$$用户平均受外部影响停电时间 = \frac{\sum（每次外部影响停电持续时间 \times 每次受其影响的停电户数）}{总用户数} \tag{7}$$

若不计系统电源不足限电时，则记作 AIHC-3（h/户）。

$$用户平均停电时间（不计系统电源不足限电）= 用户平均停电时间 - 用户平均限电停电时间 \tag{8}$$

$$用户平均限电停电时间 = \frac{\sum（每次限电停电持续时间 - 每次限电停电户数）}{总用户数} \tag{9}$$

4.2.2 供电可靠率：在统计期间内，对用户有效供电时间总小时数与统计期间小时数的比值，记作 RS-1。

$$供电可靠率 = \left(1 - \frac{用户平均停电时间}{统计期间时间}\right) \times 100\% \tag{10}$$

若不计外部影响时，则记作 RS-2。

$$\begin{matrix}供电可靠率\\（不计外部影响）\end{matrix} = \left(1 - \frac{用户平均停电时间 - 用户平均受外部影响停电时间}{统计期间时间}\right) \times 100\% \tag{11}$$

若不计系统电源不足限电时，则记作 RS-3。

$$\begin{matrix}供电可靠率\\（不计系统电源不足限电）\end{matrix} = \left(1 - \frac{用户平均停电时间 - 用户平均限电停电时间}{统计期间时间}\right) \times 100\% \tag{12}$$

4.2.3 用户平均停电次数：用户在统计期间内的平均停电次数，记作 AITC-1（次/户）。

$$用户平均停电次数 = \frac{\sum 每次停电用户数}{总用户数} \tag{13}$$

若不计外部影响时，则记作 AITC-2（次/户）。

$$\begin{matrix}用户平均停电次数\\（不计外部影响）\end{matrix} = \frac{\sum 每次停电用户数 - \sum 每次受外部影响的停电用户数}{总用户数} \tag{14}$$

若不计系统电源不足限电时，则记作 AITC-3（次/户）。

$$\begin{matrix}用户平均停电次数\\(不计系统电源不足限电)\end{matrix}=\frac{\sum 每次停电用户数-\sum 每次限电停电用户数}{总用户数} \qquad (15)$$

4.2.4 用户平均短时停电次数：用户在统计期间内的平均短时停电次数，记作 ATITC（次/户）。

$$用户平均短时停电次数=\frac{\sum 每次短时停电用户数}{总用户数} \qquad (16)$$

4.2.5 系统停电等效小时数：在统计期间内，因系统对用户停电的影响折（等效）成全系统（全部用户）停电的等效小时数，记作 SIEH（h）。

$$系统停电等效小时数=\frac{\sum (每次停电容量\times 每次停电时间)}{系统供电总容量} \qquad (17)$$

4.3 可靠性参考指标及计算公式

4.3.1 用户平均预安排停电时间：用户在统计期间内的平均预安排停电小时数，记作 AIHC-S（h/户）。

$$用户平均预安排停电时间=\frac{\sum (每次预安排停电时间\times 每次预安排停电用户数)}{总用户数} \qquad (18)$$

4.3.2 用户平均故障停电时间：用户在统计期间内的平均故障停电小时数，记作 AIHC-F（h/户）。

$$用户平均故障停电时间=\frac{\sum (每次故障停电时间\times 每次故障停电用户数)}{总用户数} \qquad (19)$$

4.3.3 用户平均预安排停电次数：用户在统计期间内的平均预安排停电次数，记作 ASTC（次/户）。

$$用户平均预安排停电次数=\frac{\sum 每次预安排停电用户数}{总用户数} \qquad (20)$$

若不计系统电源不足限电时，则记作 ASTC-3（次/户）。

$$\begin{matrix}用户平均预安排停电次数\\(不计系统电源不足限电)\end{matrix}=\frac{\sum 每次预安排停电用户数-\sum 每次限电停电用户数}{总用户数} \qquad (21)$$

4.3.4 用户平均故障停电次数：用户在统计期间内的平均故障停电次数，记作 AFTC（次/户）。

$$用户平均故障停电次数=\frac{\sum 每次故障停电用户数}{总用户数} \qquad (22)$$

4.3.5 用户平均短时预安排停电次数：用户在统计期间内的平均短时预安排停电次数，记作 ASTIC（次/户）。

$$用户平均短时预安排停电次数=\frac{\sum 每次短时预安排停电用户数}{总用户数} \qquad (23)$$

4.3.6 用户平均短时故障停电次数：用户在统计期间内的平均短时故障停电次数，记作 AFTIC（次/户）。

$$用户平均短时故障停电次数=\frac{\sum 每次短时故障停电用户数}{总用户数} \qquad (24)$$

4.3.7 预安排停电平均持续时间：在统计期间内，预安排停电的每次平均停电小时数，记作 MID-S（h/次）。

$$预安排停电平均持续时间=\frac{\sum 预安排停电时间}{预安排停电次数} \qquad (25)$$

4.3.8 故障停电平均持续时间：在统计期间内，故障停电的每次平均停电小时数，记作 MID-F（h/次）。

$$故障停电平均持续时间=\frac{\sum 故障停电时间}{故障停电次数} \tag{26}$$

4.3.9 平均停电用户数：在统计期间内，平均每次停电的用户数，记作 MIC（户/次）。

$$平均停电用户数=\frac{\sum 每次停电用户数}{停电次数} \tag{27}$$

4.3.10 预安排停电平均用户数：在统计期间内，平均每次预安排停电的用户数，记作 MIC-S（户/次）。

$$预安排停电平均用户数=\frac{\sum 每次预安排停电户数}{预安排停电次数} \tag{28}$$

4.3.11 故障停电平均用户数：在统计期间内，平均每次故障停电的用户数，记作 MIC-F（户/次）。

$$故障停电平均用户数=\frac{\sum 每次故障停电户数}{故障停电次数} \tag{29}$$

4.3.12 用户平均停电缺供电量：在统计期间内，平均每一用户因停电缺供的电量，记作 AENS（kWh/户）。

$$用户平均停电缺供电量=\frac{\sum 每次停电缺供电量}{总用户数} \tag{30}$$

4.3.13 预安排停电平均缺供电量：在统计期间内，平均每次预安排停电缺供的电量，记作 AENT-S（kWh/次）。

$$预安排停电平均缺供电量=\frac{\sum 每次预安排停电缺供电量}{预安排停电次数} \tag{31}$$

4.3.14 故障停电平均缺供电量：在统计期间内，平均每次故障停电缺供的电量，记作 AENT-F（kWh/次）。

$$故障停电平均缺供电量=\frac{\sum 每次故障停电缺供电量}{故障停电次数} \tag{32}$$

4.3.15 停电用户平均停电次数：在统计期间内，发生停电用户的平均停电次数，记作 AI-TCI（次/户）。

$$停电用户平均停电次数=\frac{\sum 每次停电用户数}{停电用户总数} \tag{33}$$

4.3.16 停电用户平均停电时间：在统计期间内，发生停电用户的平均停电时间，记作 AIHCI（h/户）。

$$停电用户平均停电时间=\frac{\sum 每户每次停电时间}{停电用户总数}$$
$$=\frac{\sum（每次停电持续时间\times 每次停电用户数）}{停电用户总数} \tag{34}$$

4.3.17 设施停运停电率：在统计期间内，某类设施平均每 100 台（或 100km）因停运而引起的停电次数，记作 REOI［次/（100 台·年）(或 100km·年)］。

$$设施停运停电率=\frac{设施停运引起对用户停电的总次数}{设施（100 台·年）(或线路 100km·年)} \tag{35}$$

注：设施停运包括强迫停运（故障停运）和预安排停运。

4.3.18 设施停电平均持续时间：在统计期间内，某类设施平均每次因停运而引起对用户停电的持续时间，记作 MDEOI（h/次）。

$$设施停电平均持续时间 = \frac{\sum(某类设施每次因停运而引起的停电时间)}{某类设施停运引起停电的总次数} \quad (36)$$

4.3.19 系统故障停电率：在统计期间内，供电系统每 100km 线路（包括架空线路及电缆线路）故障停电次数（高压系统不计算此项指标），记作 RSFI［次/（100km·年）］。

$$系统故障停电率 = \frac{系统总故障停电次数}{系统线路（100km·年）} \quad (37)$$

4.3.20 架空线路故障停电率：在统计期间内，每 100km 架空线路故障停电次数，记作 ROFI［次/（100km·年）］。

$$架空线路故障停电率 = \frac{架空线路故障停电次数}{架空线路（100km·年）} \quad (38)$$

4.3.21 电缆线路故障停电率：在统计期间内，每 100km 电缆线路故障停电次数，记作 RCFI［次/（100km·年）］。

$$电缆线路故障停电率 = \frac{电缆线路故障停电次数}{电缆线路（100km·年）} \quad (39)$$

4.3.22 变压器故障停电率：在统计期间内，每 100 台变压器故障停电次数，记作 RTFI［次/（100 台·年）］。

$$变压器故障停电率 = \frac{变压器故障停电次数}{变压器（100 台·年）} \quad (40)$$

4.3.23 出线断路器故障停电率：在统计期间内，每 100 台出线断路器故障停电次数，记作 RBFI［次/（100 台·年）］。

$$出线断路器故障停电率 = \frac{出线断路器故障停电次数}{出线断路器（100 台·年）} \quad (41)$$

4.3.24 其他开关故障停电率：在统计期间内，每 100 台其他开关故障停电次数，记作 RS-FI［次/（100 台·年）］。

$$其他开关故障停电率 = \frac{其他开关故障停电次数}{其他开关（100 台·年）} \quad (42)$$

式中：

$$统计百台（100km）年数 = 统计期间设施的百台（100km）数 \times \frac{统计期间小时数}{8760} \quad (43)$$

注：闰年为 8784h。

4.3.25 外部影响停电率：在统计期间内，每一用户因供电企业管辖范围以外的原因造成的平均停电时间与用户平均停电时间之比，记作 IRE。

$$外部影响停电率 = \frac{用户平均受外部影响的停电时间}{用户平均停电时间} \times 100\% \quad (44)$$

外部影响停电率（不计系统电源不足限电），记作 IRE-3。

$$\underset{(不计系统电源不足限电)}{外部影响停电率} = \frac{用户平均受外部影响停电时间 - 用户平均限电停电时间}{用户平均停电时间} \times 100\%$$

$$(45)$$

4.3.26 在需要作扩大统计范围的指标计算时（如季度综合成年度以至多年度指标，一个地区扩大成多个地区指标等），应遵从"全概率公式"的原则，即：设事件 A 的概率以事件 B_1，B_2，…，B_n 为条件，其中所有 B_i（$i=1$，2，…，n）均为互斥，且 $\sum_{i=1}^{n} P(B_i) = 1$，则

事件 A 的概率为

$$P(A) = \sum_{i=1}^{n} P(A/B_i)P(B_i) \tag{46}$$

注: 1. 计算不同时间段、不同地区的综合供电可靠率时以时户数加权平均。
   2. 计算相同时间段不同地区的综合用户平均停电小时和用户平均停电次数时以户数加权平均。

5 填报的有关规定

5.1 用户地区特征的分类:

市中心区:指市区内人口密集以及行政、经济、商业、交通集中的地区。

市区:城市的建成区及规划区,一般指地级市以"区"建制命名的地区。其中,直辖市和地级市的远郊区(即由县改区的)仅统计区政府所在地、经济开发区、工业园区范围。

城镇:县(包括县级市)的城区及工业、人口在本区域内相对集中的乡、镇地区。

农村:城市行政区内的其他地区,包括村庄、大片农田、山区、水域等。对于城市建成区和规划区内的村庄、大片农田、山区、水域等农业负荷,仍按"农村"范围统计。

5.2 在中压用户统计中,一个用电单位接在同一条或分别接在两条(多条)电力线路上的几台用户配电变压器及中压用电设备,应以一个电能计量点作为一个中压用户统计单位。

5.3 双电源用户是指用户能从供电系统获得两个(或两个以上)电源同时供电,或一回供电,其余作备用(指有备用电源自动投入装置,且任一电源的供电能力均能满足该用户的全部负荷)。

5.4 管辖范围内的供电系统是指本企业产权范围的全部以及产权属于用户而委托供电企业运行、维护、管理的电网及设施。

5.5 在停电性质中,内部停电与外部停电的划分是以本企业管辖范围为分界点。"本企业"指直辖市、地市级供电企业或独立的县级供电企业。

5.6 用户申请(包括计划和临时申请)停电检修等原因而影响其他用户停电,不属外部原因。在统计停电用户数时,除申请停电的用户不计外,对受其影响的其他用户必须按检修分类进行统计。

5.7 由用户自行运行、维护、管理的供电设施故障引起其他用户停电时,属内部故障停电。在统计停电用户数时,不计该故障用户。

5.8 由于电力系统中发、输、变电系统故障而造成的未能在 6h(或按供电合同要求的时间)以前通知用户的停电,不同于因装机容量不足造成的系统电源不足限电,其停电性质为故障停电。

5.9 凡在拉闸限电时间内,进行预安排检修或施工时,应按预安排检修或施工分类统计。当预安排检修或施工的时间小于拉闸限电时间,则检修或施工以外的时间作为拉闸限电统计。

5.10 采用各类电力负荷控制装置对用户实施不拉闸限电的统计按式(1)进行。

5.11 用户由两回及以上供电线路同时供电,当其中一回停运而不降低用户的供电容量(包括备用电源自动投入)时,不予统计。如一回线路停运而降低用户供电容量时,应计停电一次。停电用户数为受其影响的用户数,停电容量为减少的供电容量,停电时间按等效停电时间计算,其方法按式(1)不拉闸限电公式计算。

5.12 用户由一回 35kV 或以上高压线路供电,而用 10kV 线路作为备用时,当高压线路停运，由 10kV 线路供电并减少供电容量时，应进行统计，统计方法按式（1）不拉闸限电公式计算。对这种情况的用户，仍算作 35kV 或以上的高压用户。

5.13 对装有自备电厂且有能力向系统输送电力的高压用户，若该用户与供电系统连接的 35kV 或以上的高压线路停运，且减少（或中断）对系统输送电力而影响对 35kV 或以上的高压用户的正常供电时，应计停电一次。停电用户数应为受其影响而限电（或停电）的高压用户数之和，停电时间按等效停电时间计算，其方法同 5.10。

5.14 对单回路停电，分阶段处理逐步恢复送电时，作为一次事件，但停电持续时间按等效停电持续时间计算，单位：h，其公式如下：

$$等效停电持续时间 = \frac{\sum(各阶段停电持续时间 \times 停电用户数)}{受停电影响的总用户数}$$

$$= \frac{\sum 各阶段停电时户数}{受停电影响的总用户数} \tag{47}$$

注："受停电影响的总用户数"中的每一用户只能统计一次。

5.15 由一种原因引起扩大性故障停电时，应按故障设施分别统计停电次数及停电时户数。例如：因线路故障、开关（包括相应保护）拒动等原因，引起越级跳闸，则应统计线路故障一次。停电时户数为由该线路供电的时户数，另计开关或保护拒动故障一次，其停电时户数为除故障线路外的其他跳闸线路供电的时户数，以此类推。

5.16 出线断路器是指变电站出线间隔所对应的能够实现控制和保护双重作用的断路器。

5.17 其他开关是指除出线断路器以外的其他断路器和负荷开关。

6 统计报表

6.1 供电系统基本情况统计见表 1～表 4，其中高压用户见表 1，中压用户见表 2，中压用户供电系统用户信息基本情况统计表见表 3。低压用户供电系统基本情况统计表见表 4。

表 1、表 2 及表 3 须每月修正统计一次，作为可靠性计算的基础。每次统计的基本情况数据应与当时的电气接线图一致。

6.2 供电系统可靠性运行情况统计表（高、中、低压通用）见表 5。表 5 是供电系统停电事件的实际记录，对用户每停电一次，均记录为一次事件（包括故障停电和预安排停电）。

6.3 供电系统按停电原因、停电设备分类的统计表，分别见表 6、表 7。

6.4 供电可靠性指标统计表，见表 8 和表 9。

6.5 供电系统基本情况汇总表，见表 10 和表 11。

6.6 供电可靠性指标汇总表，见表 12～表 16。

注：高压用户供电系统各类统计报告，按电压等级分别进行。

表 1 高压用户供电系统基本情况统计表

系统名称：　　　　　　　　统计期限：　　　年　月　日至　　年　月　日

填报单位：　　　　　　　　电压等级：

线段编码	线段名称	断路器编号	断路器类型	线路 km		用户数、变压器台数及容量			其中双电源		断路器台数	备注
				架空	电缆	用户数	台数	总容量 kVA	用户数	容量 kVA		

主管：　　　　　　审核：　　　　　　制表：　　　　　　　　填报日期：　　年　月　日

129

表2 中压用户供电系统基本情况统计表

系统名称：　　　　　　　　　统计期限：　　　年　月　日至　　年　月　日

填报单位：　　　　　　　　　电压等级：

线段编码	线段名称	出线断路器编号	出线断路器类型	线路 km			用户数、变压器台数及容量						其中双电源		出线断路器台数	其他开关类设备总台数	电容器台数	开闭所（室）数	地区特征	线路性质	投运日期	退出日期	备注
				架空		电缆	公用			专用			用户数	容量 kVA									
				绝缘	裸导线		用户数	台数	容量 kVA	用户数	台数	容量 kVA											

注：线路性质分类：(1) 公用
　　　　　　　　　　(2) 专用

主管：　　　　　审核：　　　　　制表：　　　　　填报日期：　　年　月　日

表3 中压用户供电系统用户信息基本情况统计表

系统名称：　　　　　　　　　统计期限：　　　年　月　日至　　年　月　日

填报单位：　　　　　　　　　电压等级：

用户编码	用户名称	线段编码	线段名称	用户描述（公/专）	变压器		专用设备		投运日期	退出日期	用户设备总台数	用户总容量	是否双电源	载容比	低压用户总数	地区特征
					台数	总容量 kVA	台数	容量								

主管：　　　　　审核：　　　　　制表：　　　　　填报日期：　　年　月　日

表4 低压用户供电系统基本情况统计表

系统名称：　　　　　　　　　统计期限：　　　年　月　日至　　年　月　日

填报单位：　　　　　　　　　电压等级：

10kV公用配电变压器		配电变压器容量 kVA	低压供电线段名称及编号	线路长度 km						用户情况					
				电缆		架空		总长度		0.4kV用户		0.23kV用户		总计	
名称	编号			0.4 kV	0.23 kV	0.4 kV	0.23 kV	0.4 kV	0.23 kV	用户数	容量 kVA	用户数	容量 kVA	用户数	容量 kVA

主管：　　　　　审核：　　　　　制表：　　　　　填报日期：　　年　月　日

表5 供电系统可靠性运行情况统计表
（高、中、低压通用）

系统名称：　　　　　　　　　统计期限：　　　年　月　日至　　年　月　日

填报单位：　　　　　　　　　电压等级：

事件序号	停电事件部门	停电性质	同时停电部门个数	停电时间		持续时间	停电情况								停电事件编码	停电原因、设备状况详细说明
				起始	终止		线段编码	用户数	总容量 kVA	时户数	限前负荷 kW	限后负荷 kW	限电方式	缺供电量 kWh		
				月日时分	月日时分											

主管：　　　　　审核：　　　　　制表：　　　　　填报日期：　　年　月　日

表 6　供电系统按停电原因分类统计表

表 6　供电系统按停电原因分类统计表
（高、中、低压通用）

系统名称：　　　　　　　　　统计期限：　　　年　月　日至　　年　月　日
填报单位：　　　　　　　　　电压等级：

故障停电类														预安排停电类						
编码	停电原因	次数	户数	停电时间h	时户数	缺供电量kWh	编码	停电原因	次数	户数	停电时间h	时户数	缺供电量kWh	编码	停电原因	次数	户数	停电时间h	时户数	缺供电量kWh

主管：　　　　　审核：　　　　　制表：　　　　　填报日期：　　年　月　日

表 7　供电系统按停电设备分类统计表
（高、中、低压通用）

系统名称：　　　　　　　　　统计期限：　　　年　月　日至　　年　月　日
填报单位：　　　　　　　　　电压等级：

编码	设备名称	故障停电类						预安排停电类						系统停电类					
		次数	户数	停电时间h	时户数	缺供电量kWh	停电容量kVA	次数	户数	停电时间h	时户数	缺供电量kWh	停电容量kVA	次数	户数	停电时间h	时户数	缺供电量kWh	停电容量kVA

主管：　　　　　审核：　　　　　制表：　　　　　填报日期：　　年　月　日

系统名称：
填报单位：

统计期限：
电压等级：

年 月 日至 年 月 日

表8 高压用户供电可靠性指标统计表

可靠性指标

序号	指标名称	统计数	单位
1	供电可靠率 RS-1		%
2	供电可靠率 RS-2		%
3	供电可靠率 RS-3		%
4	用户平均停电时间 AIHC-1		h/户
5	用户平均停电时间 AIHC-2		h/户
6	用户平均停电时间 AIHC-3		h/户
7	用户平均停电次数 AITC-1		次/户
8	用户平均停电次数 AITC-2		次/户
9	用户平均停电次数 AITC-3		次/户
10	系统停电等效小时数 SIEH		h
11	用户平均故障停电时间 AIHC-F		h/户
12	用户平均预安排停电时间 AIHC-S		h/户
13	用户平均故障停电次数 AFTC		次/户
14	用户平均预安排停电次数 ASTC		次/户
15	用户平均预安排停电次数 ASTC-3		次/户
16	故障停电平均持续时间 MID-F		h/次
17	预安排停电平均持续时间 MID-S		h/次
18	平均停电用户数 MIC		户/次
19	故障停电用户数 MIC-F		户/次
20	预安排停电平均用户数 MIC-S		户/次
21	用户平均停电缺供电量 AENS		kWh/户
22	故障停电平均缺供电量 AENT-F		kWh/次
23	预安排停电平均缺供电量 AENT-S		kWh/次
24	外部影响停电率 IRE		%
25	外部影响停电率 IRE-3		%

系统基本数据

序号	数据名称	统计数	单位
1	线路累计长度		km
2	架空线路长度		km
3	电缆线路长度		km
4	实际总用户数		户
5	系统总容量		kVA
6	变压器台数		台
7	断路器台数		台

主管： 审核： 制表： 填报日期： 年 月 日

系统名称:
填报单位:

表9 中压用户供电可靠性指标统计表

统计期限： 年 月 日至 年 月 日
电压等级：

可靠性指标

序号	指标名称	统计数	单位	序号	指标名称	统计数	单位
1	供电可靠率 RS-1		%	16	用户平均故障停电次数 AFTC		次/户
2	供电可靠率 RS-2		%	17	用户平均预安排停电次数 ASTC		次/户
3	供电可靠率 RS-3		%	18	用户平均预安排停电次数 ASTC-3		次/户
4	用户平均停电时间 AIHC-1		h/户	19	用户平均短时故障停电次数 AFTIC		次/户
5	用户平均停电时间 AIHC-2		h/户	20	用户平均短时预安排停电次数 ASTIC		次/户
6	用户平均停电时间 AIHC-3		h/户	21	故障停电平均持续时间 MID-F		h/次
7	用户平均短时停电次数 AITC-1		次/户	22	预安排停电平均持续时间 MID-S		h/次
8	用户平均停电次数 AITC-2		次/户	23	平均停电用户数 MIC		户/次
9	用户平均停电次数 AITC-3		次/户	24	故障停电平均用户数 MIC-F		户/次
10	用户平均短时停电次数 AITTC		次/户	25	预安排停电平均用户数 MIC-S		户/次
11	系统停电等效小时数 SIEH		h	26	用户平均停电缺供电量 AENS		kWh/户
12	外部影响停电率 IRE		%	27	故障停电平均缺供电量 AENT-F		kWh/次
13	外部影响停电率 IRE-3		%	28	预安排停电平均缺供电量 AENT-S		kWh/户
14	用户平均故障停电时间 AIHC-F		h/户	29	架空线路故障停电率 ROFI		次/(100km·年)
15	用户平均预安排停电时间 AIHC-S		h/户	30	电缆线路故障停电率 RCFI		次/(100km·年)

系统基本数据名称

序号	数据名称	统计数	单位
1	线路累计长度		km
2	架空线路长度		km
3	电缆线路长度		km
4	实际总用户数		户
5	系统总容量		kVA
6	变压器台数		台
7	出线断路器台数		台
8	其他开关台数		台

133

表 9 (续)

序号	指标名称	统计数	单位		序号	指标名称	统计数	单位		序号	数据名称	统计数	单位
				可靠性指标					**系统基本数据名称**				
31	变压器故障停电率 RTFI		次/(100台·年)		38	出线断路器停运电率 RBOI		次/(100台·年)					
32	出线断路器故障停电率 RBFI		次/(100台·年)		39	其他开关停运电率 RSOI		次/(100台·年)					
33	其他开关故障停电率 RSFI		次/(100台·年)		40	架空线路电平均持续时间 MDOOI		h/次					
34	系统故障停电率 RSFI		次/(100km·年)		41	电缆线路电平均持续时间 MDCOI		h/次					
35	架空线路运行停电率 ROOI		次/(100km·年)		42	变压器电平均持续时间 MDTOI		h/次					
36	电缆线路运行停电率 RCOI		次/(100km·年)		43	出线断路器停电平均持续时间 MDBOI		h/次					
37	变压器运行停电率 RTOI		次/(100台·年)		44	其他开关停电平均持续时间 MDSOI		h/次					

主管：　　　　　审核：　　　　　制表：

系统名称：
填报单位：
填报日期：　年　月　日至　年　月　日

表 10　高压用户供电系统基本情况汇总表

统计期限：
电压等级：

单位编码	单位名称	线路长度 km			用户数、变压器台数及容量			其中双电源		断路器台数	备注
		架空线路长度	电缆长度	合计长度	用户数	台数	总容量 kVA	用户数	容量 kVA		

主管：　　　　　审核：　　　　　制表：

填报日期：　年　月　日

表 11 中压用户供电系统基本情况汇总表

系统名称：
填报单位：

统计期限： 年 月 日至 年 月 日
电压等级：

单位编码	单位名称	线路 km		合计长度	用户数、变压器台数及容量									出线断路器台数	其他开关总台数	开闭所（室）数	线路条数	备注
		架空线路长度	电缆长度		公用			专用			总用户数	总容量 kVA	其中双电源					
					用户数	台数	容量 kVA	用户数	台数	容量 kVA			用户数	容量 kVA					

主管： 审核： 制表： 填报日期： 年 月 日

表 12 高压用户供电可靠性主要指标汇总表

系统名称：
填报单位：

统计期限： 年 月 日至 年 月 日
电压等级：

序号	单位	供电可靠率 %				用户平均停电时间 h/户				用户平均停电次数 次/户				外部影响率 %		系统基本数据				
		计入外部影响 RS-1	不计入系统 RS-2	不计系统不足限电 RS-3		计入外部影响 AIHC-1	不计入系统 AIHC-2	不计系统不足限电 AIHC-3		计入外部影响 AITC-1	不计入系统 AITC-2	不计系统不足限电 AITC-3		计入系统 IRE-3	计入系统不足限电 IRE	架空线路长度 km	电缆线路长度 km	用户总数	系统容量 kVA	变压器台数	断路器台数

主管： 审核： 制表： 填报日期： 年 月 日

135

表 13 高压用户供电可靠性参考指标汇总表

系统名称：
填报单位：
统计期限：　　年　月　日至　　年　月　日
电压等级：

序号	单位	用户平均故障停电时间 AIHC-F h/户	用户平均预安排停电时间 AIHC-S h/户	用户平均故障停电次数 AFTC 次/户	用户平均预安排停电次数 次/户		故障停电平均持续时间 MID-F h/次	预安排停电平均持续时间 MID-S 户/次	平均停电户数 MIC 户/次	故障停电平均用户数 MIC-F 户/次	预安排停电平均用户数 MIC-S 户/次	用户平均供电缺电量 AENS kWh/次	故障停电				预安排停电			
					不计系统限电 ASTC-3	计入系统限电 ASTC							停电次数	停电户数	停电时间 h	缺电量 kWh	停电次数	停电户数	停电时间 h	缺电量 kWh

填报日期：　　年　月　日

制表：　　　　　审核：　　　　　主管：

表 14 中压用户供电可靠性主要指标汇总表

系统名称：
填报单位：
统计期限：　　年　月　日至　　年　月　日
电压等级：

序号	单位	供电可靠率 %			用户平均停电时间 h/户			用户平均停电次数 次/户			用户平均短时停电次数 次/户	外部影响率 %		系统基本数据						
		计入外部影响 RS-1	不计外部影响 RS-2	不计系统限电 RS-3	计入外部影响 AIHC-1	不计外部影响 AIHC-2	不计系统限电 AIHC-3	计入外部影响 AITC-1	不计外部影响 AITC-2	不计系统限电 AITC-3		不计系统限电 IRE-3	计入系统限电 IRE	架空线路长度 km	电缆线路长度 km	线路条数	用户总数	系统容量 kVA	变压器台数	出线断路器台数

填报日期：　　年　月　日

制表：　　　　　审核：　　　　　主管：

136

表 15 中压用户供电可靠性参考指标汇总表

系统名称：
填报单位：
统计期限：
电压等级：

　　　　　　　年　月　日至　年　月　日

序号	单位	用户平均故障停电时间 AIHC-F h/户	用户平均预安排停电时间 AIHC-S h/户	用户平均故障停电次数 AFTC 次/户	用户平均预安排停电次数 次/户		用户平均短时故障停电次数 AFTIC 次/户	用户平均短时预安排停电次数 ASTIC 次/户	故障停电平均持续时间 MID-F h/次	预安排停电平均持续时间 MID-S h/次	平均停电用户数 MIC 户/次	故障停电平均用户数 MIC-F 户/次	预安排停电平均用户数 MIC-S 户/次	用户平均停电缺供电量 AENS kWh/次
					不计系统限电 ASTC-3	计入系统限电 ASTC								

序号	单位	故障停电平均缺供电量 AENT-F kWh/次	预安排停电平均缺供电量 AENT-S kWh/次	故障停电				预安排停电				
				停电次数	停电户数	停电时间 h	缺供电量 kWh	停电次数	停电户数	停电时间 h	停电户数	缺供电量 kWh

主管：　　　　　　审核：　　　　　　制表：　　　　　　填报日期：　　年　月　日

137

表16 中压用户供电可靠性设备指标汇总表

系统名称：
填报单位：

统计期限： 年 月 日至 年 月 日
电压等级：

序号	单位	架空线路						电缆线路						变压器					
		故障停电率 ROFI 次/(100km·年)		停运停电率 ROOI 次/(100km·年)		停电平均持续时间 MDOOI h/次		故障停电率 RCFI 次/(100km·年)		停运停电率 RCOI 次/(100km·年)		停电平均持续时间 MDCOI h/次		故障停电率 RTFI 次/(100台·年)		停运停电率 RTOI 次/(100台·年)		停电平均持续时间 MDTOI h/次	
		故障次数		停电次数		故障次数		停电次数		故障次数		停电次数		故障次数		停电次数			

序号	单位	出线断路器						其他开关						系统故障停电率 RSFI 次/(100km·年)
		故障停电率 RBFI 次/(100台·年)		停运停电率 RBOI 次/(100台·年)		停电平均持续时间 MDBOI h/次		故障停电率 RSFI 次/(100台·年)		停运停电率 RSOI 次/(100台·年)		停电平均持续时间 MDSOI h/次	
		故障次数		停电次数		故障次数		停电次数		故障次数		停电次数	

主管： 审核： 制表： 填报日期： 年 月 日

附 录 A

（资料性附录）

停电性质分类中英文对照表

表 A.1 停电性质分类中英文对照表

中　文	状态输入字符	英　文
停电	I	interruption
故障停电	FI	failure interruption
预安排停电	SI	scheduled interruption
内部故障停电	IF	internal failure interruption
外部故障停电	EF	external failure interruption
计划停电	PI	planned interruption
临时停电	UI	unplanned interruption
限电	S	shortage
调电	TP	transfer power
检修停电	MI	maintenance interruption
施工停电	CI	constructlng interruption
用户申请停电	IA	customer application interruption
临时检修停电	UM	unplanned maintenance interruption
临时施工停电	UC	unplanned constructing interruption
用户临时申请停电	UA	unplanned customer application interruption
临时调电	UT	unplanned transfer power
系统电源不足限电	SS	system shortage
供电网限电	DL	distribution limited

附 录 B

（资料性附录）

供电系统供电可靠性指标中英文对照表

表 B.1 供电系统供电可靠性指标中英文对照表

指 标 名 称	英文缩写	英 文 全 称
供电可靠率	RS-1	reliability on service in total
供电可靠率（不计外部影响）	RS-2	reliability on service except external influence
供电可靠率（不计系统电源不足限电）	RS-3	reliability on service except limited power supply due to generation shortage of system
用户平均停电时间	AIHC-1	average interruption hours of customer
用户平均停电时间（不计外部影响）	AIHC-2	average interruption hours of customer except external influence
用户甲均停电时间（不计系统电源不足限电）	AIHC-3	average interruption hours of customer except limited power supply due to generation shortage of system

表 B.1（续）

指 标 名 称	英文缩写	英 文 全 称
用户平均停电次数	AITC-1	average interruption times of customer
用户平均停电次数（不计外部影响）	AITC-2	average interruption times of customer except external influence
用户平均停电次数（不计系统电源不足限电）	AITC-3	average interruption times of customer except limited power supply due to generation shortage of system
用户平均短时停电次数	ATITC	average temporary interruption times of customer
系统停电等效小时数	SIEH	system equivalent interruption hours
用户平均预安排停电时间	AIHC-S	average interruption hours of customer due to scheduled
用户平均故障停电时间	AIHC-F	average interruption hours of customer due to failure
用户平均预安排停电次数	ASTC	average scheduled interruption times of customer
用户平均预安排停电次数（不计系统电源不足限电）	ASTC-3	average scheduled interruption times of customer except limited power supply due to generation shortage of system
用户平均短时预安排停电次数	ASTIC	average scheduled temporary interruption times of customer
用户平均故障停电次数	AFTC	average failure interruption times of customer
用户平均短时故障停电次数	AFTIC	average failure temporary interruption times of customer
预安排停电平均持续时间	MID-S	mean interruption duration due to scheduled
故障停电平均持续时间	MID-F	mean interruption duration by failure
平均停电用户数	MIC	mean interruption customer
预安排停电平均用户数	MIC-S	mean interruption customer by scheduled
故障停电平均用户数	MIC-F	mean interruption customer by failure
用户平均停电缺供电量	AENS	average energy not supplied due to interruption
预安排停电平均缺供电量	AENT-S	average energy not supplied due to scheduled interruption
故障停电平均缺供电量	AENT-F	average energy not supplied due to failure interruption
停电用户平均停电次数	AITCI	average interruption times of customer interrupted
停电用户平均停电时间	AIHCI	average interruption hours of customer interrupted
设施停运停电率	REOI	rate of equipment outage with interruption
设施停电平均持续时间	MDEOI	mean duration of equipment outage with interruption
系统故障停电率	RSFI	rate of system failure with interruption
架空线路故障停电率	ROFI	rate of overhead line failure with interruption
电缆故障停电率	RCFI	rate of cable failure with interruption
变压器故障停电率	RTFI	rate of transformer failure with interruption
出线断路器故障停电率	RBFI	rate of circuit breaker failure with interruption
其他开关故障停电率	RSFI	rate of other switch failure with interruption
外部影响停电率	IRE	interruption rate by external influence
架空线路停运停电率	ROOI	rate of overhead outage with interruption
电缆停运停电率	RCOI	rate of cable outage with interruption

指 标 名 称	英文缩写	英 文 全 称
变压器停运停电率	RTOI	rate of transformer outage with interruption
出线断路器停运停电率	RBOI	rate of circuit breaker outage with interruption
其他开关停运停电率	RSOI	rate of other switch outage with interruption
架空线路停电平均持续时间	MDOOI	mean duration of overhead line outage with interruption
电缆停电平均持续时间	MDCOI	mean duration of cable outage with interruption
变压器停电平均持续时间	MDTOI	mean duration of transformer outage with interruption
出线断路器停电平均持续时间	MDBOI	mean duration of circuit breaker outage with interruption
其他开关停电平均持续时间	MDSOI	mean duration of circuit breaker outage with interruption

输变电设施可靠性评价规程

DL/T 837—2012

代替 DL/T 837—2003

目　次

前　言

本标准是对 DL/T 837—2003 的修订。

本标准与原标准相比较，主要有以下变化：

——对计划停运重新进行了定义，由原来"设施由于大修、小修、试验、清扫和改造施工的需要而有计划安排的停运状态"修改为"在年度、季度、月度检修计划上安排的停运状态，分为大修、小修、试验、清扫和改造施工"，见第 2.1.2.1 条；

——对第一类非计划停运，保留其中一部分内容，将"另：处于备用状态的设施，经调度批准进行检修工作时，若检修工作超过调度规定的时间，则超过规定时间的停运部分"删掉，见第 2.1.2.2.1 条；

——对第四类非计划停运重新进行了定义，将"并且检修工作时间在调度批准时间内的停运"删掉，见第 2.1.2.2.4 条；

——对组合电器的类型做了详细分类，并做了说明，见第 4.1 条；

——对统计单位"套"的定义做了修改，修改为"套，指一个变电（升压）站内通过壳体及盆式绝缘子封闭连接或者通过架空连接线（电缆）相连接的一个或多个间隔称为一套组合电器"，见第 4.2 条；

——增加了间隔的概念，并给出了组合电器间隔的功能分类，见第 4.2 条；

——组合电器指标除保留原来单元件指标、某套组合电器指标、多套组合电器指标计算以外，增加了按间隔计算的指标。见第 5.4.1.1.2 条、第 5.4.1.1.3 条、第 5.4.1.1.4 条、第 5.4.1.2.2 条、第 5.4.1.2.3 条、第 5.4.1.2.4 条、第 5.4.2 条、第 5.4.3 条。

本标准由中国电力企业联合会提出。

本标准由电力行业可靠性管理标准化技术委员会归口。

本标准起草单位：中国电力企业联合会电力可靠性管理中心。

本标准主要起草人：胡小正、蒋锦峰、陈丽娟、程学庆、李玉生。

本标准实施后代替 DL/T 837—2003。

本标准在执行过程中的意见或建议反馈至中国电力企业联合会标准化管理中心（北京市白广路二条 1 号，100761）。

输变电设施可靠性评价规程

1 范围

本标准规定了输变电设施可靠性统计办法和评价指标。

本标准适用于发、输、供电企业输变电设施功能的可靠性评价。

2 术语和定义

下列术语和定义适用于本标准。

2.1 使用 active

设施自投产之日起，即作为统计对象进入使用状态。使用状态分为可用状态和不可用状态。状态分类见图1，状态英文及缩写参见附录A。

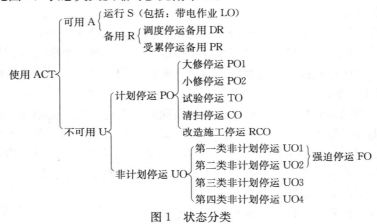

图1 状态分类

2.1.1 可用 available

设施处于能够完成预定功能的状态，分为运行状态和备用状态。

2.1.1.1 运行 in service

设施与电网相联，并处于带电的状态。

2.1.1.1.1 带电作业 live-line operation

在设施带电的情况下，对设备进行维护维修、更换部件和消除缺陷的作业。

2.1.1.2 备用 reserve shutdown

设施可用，但不在运行的状态，分为调度停运备用状态和受累停运备用状态。

2.1.1.2.1 调度停运备用 dispatching reserve shutdown

设施本身可用，但因系统运行方式的需要，由调度命令而备用者。

2.1.1.2.2 受累停运备用 passive reserve shutdown

设施本身可用，但因相关设施的停运而被迫退出运行状态者。

2.1.2 不可用 unavailable

设施不论何种原因引起不能完成预定功能的状态，分为计划停运状态和非计划停运状态。

2.1.2.1　计划停运　planned outage

在年度、季度、月度检修计划上安排的停运状态，分为大修、小修、试验、清扫和改造施工。

2.1.2.1.1　大修停运　planned outage 1

在年度检修计划上安排的检修时间较长的计划停运。

2.1.2.1.2　小修停运　planned outage 2

在年度、季度、月度检修计划上安排的检修时间相对较短的计划停运。

2.1.2.1.3　试验停运　test outage

事先经主管部门批准对各类设施进行试验的停运。

2.1.2.1.4　清扫停运　clean outage

为清除设施外绝缘污秽进行的季节性停运。

2.1.2.1.5　改造施工停运　reform construction outage

由于基础设施建设或电网新建、扩建引起的线路迁移或升高杆塔等施工改造，以及由于扩容、绝缘改造、变压器的无励磁调压改有载调压等改造施工引起的停运。

2.1.2.2　非计划停运　unplanned outage

设施处于不可用而又不是计划停运的状态，分为第一类非计划停运状态、第二类非计划停运状态、第三类非计划停运状态和第四类非计划停运状态。

2.1.2.2.1　第一类非计划停运　unplanned outage 1

设施立即从可用状态改变到不可用状态。

2.1.2.2.2　第二类非计划停运　unplanned outage 2

设施虽非立即停运，但不能延至 24h 以后停运者（从向调度申请开始计时）。

2.1.2.2.3　第三类非计划停运　unplanned outage 3

设施能延迟至 24h 以后停运。

2.1.2.2.4　第四类非计划停运　unplanned outage 4

对计划停运的各类设施，若不能如期恢复其可用状态，则超过预定计划时间的停运部分记为第四类非计划停运。计划停运时间为调度最初批准的停运时间。处于备用状态的设施，经调度批准进行检修工作的停运，也应记为第四类非计划停运。

2.1.2.2.5　强迫停运　forced outage

设施的第一类、第二类非计划停运均称为强迫停运。

2.2　可用小时　available hours

设施处于可用状态下的小时数。

2.2.1　运行小时　service hours

设施处于运行状态下的小时数。

2.2.2　备用小时　reserve shutdown hours

设施处于备用状态下的小时数。

2.2.2.1　调度停运备用小时　dispatching reserve shutdown hours

设施处于调度停运备用状态下的小时数。

2.2.2.2　受累停运备用小时　passive reserve shutdown hours

设施处于受累停运备用状态下的小时数。

2.3　不可用小时　unavailable hours

设施处于不可用状态下的小时数。

2.3.1 计划停运小时 plarnned outage hours

设施处于计划停运状态下的小时数。

2.3.1.1 大修停运小时 plarnned outage hours 1

设施处于大修停运状态下的小时数。

2.3.1.2 小修停运小时 plarnned outage hours 2

设施处于小修停运状态下的小时数。

2.3.1.3 试验停运小时 test outage hours

设施处于试验停运状态下的小时数。

2.3.1.4 清扫停运小时 clean outage hours

设施处于清扫停运状态下的小时数。

2.3.1.5 改造施工停运小时 reform construction outage hours

设施处于改造施工停运状态下的小时数。

2.3.2 非计划停运小时 unplanned outage hours

设施处于非计划停运状态下的小时数。

2.3.2.1 第一类非计划停运小时 unplanned outage hours 1

设施处于第一类非计划停运状态下的小时数。

2.3.2.2 第二类非计划停运小时 unplanned outage hours 2

设施处于第二类非计划停运状态下的小时数。

2.3.2.3 第三类非计划停运小时 unplanned outage hours 3

设施处于第三类非计划停运状态下的小时数。

2.3.2.4 第四类非计划停运小时 unplanned outage hours 4

设施处于第四类非计划停运状态下的小时数。

2.3.2.5 强迫停运小时 forced outage hours

设施处于强迫停运状态下的小时数。

2.4 统计期间小时 period hours

设施处于使用状态下，根据统计需要选取期间的小时数。

2.5 统计台[100km（km）、元件、段、条]·年 unit years

统计期间设施的台[100km（km）、元件、段、条]·年数。

若投运当年统计期间不满一年的则按实际投运时间折算。

其折算公式为：

$$\text{统计台[100km（km）、元件、段、条]·年} = \frac{\text{当年投运天数}}{365} \text{台[100km（km）、元件、段、条]·年} \tag{1}$$

2.6 计划停运次数 planned outage times

设施处于计划停运状态下的次数。

2.6.1 大修停运次数 planned outage times 1

设施处于大修停运状态下的次数。

2.6.2 小修停运次数 planned outage times 2

设施处于小修停运状态下的次数。

2.6.3 试验停运次数 test outage times

设施处于试验停运状态下的次数。

2.6.4　清扫停运次数　clean outage times

设施处于清扫停运状态下的次数。

2.6.5　改造施工停运次数　reform construction outage times

设施处于改造施工停运状态下的次数。

2.7　备用停运次数　reserve shutdown times

设施处于备用停运状态下的次数。

2.7.1　调度停运备用次数　dispatching reserve shutdown times

设施处于调度停运备用状态下的次数。

2.7.2　受累停运备用次数　passive reserve shutdown times

设施处于受累停运备用状态下的次数。

2.8　非计划停运次数　unplanned outage times

设施处于非计划停运状态下的次数。

对断路器而言，非计划停运次数还应包括其本身的拒分拒合、自分自合、慢分慢合及不同期分合的次数。

2.8.1　第一类非计划停运次数　unplanned outage times 1

设施处于第一类非计划停运状态下的次数。

2.8.2　第二类非计划停运次数　unplanned outage times 2

设施处于第二类非计划停运状态下的次数。

2.8.3　第三类非计划停运次数　unplanned outage times 3

设施处于第三类非计划停运状态下的次数。

2.8.4　第四类非计划停运次数　unplanned outage times 4

设施处于第四类非计划停运状态下的次数。

2.8.5　强迫停运次数　forced outage times

设施处于强迫停运状态下的次数。

3　基本要求

本标准中指标评价所要求的各种基础数据报告，必须尊重科学、实事求是、严肃认真、全面而客观地反映输变电设施的真实状况，做到准确、及时、完整。

4　统计设施的种类和统计单位

4.1　统计设施的种类

统计的输变电设施包括变压器、电抗器、断路器（仅包括柱式断路器和罐式断路器）、电流互感器（不含附设于变压器、断路器内不作独立设施注册的套管型电流互感器）、电压互感器（含电容式电压互感器）、隔离开关、避雷器、耦合电容器、阻波器、架空线路、电缆线路、组合电器、母线，其中组合电器包括三种类型：

a) 气体绝缘金属封闭组合电器。是指全部或部分采用 SF_6 气体而不采用大气压下的空气作为绝缘介质的金属封闭开关设备。它利用 SF_6 气体的高绝缘性能，将断路器、隔离开关、接地开关、电流互感器、电压互感器等多种设备以及主母线、分支母线组合封装在金属封闭的外壳内，除出线套管外，无外露带电体。

b) 复合式气体绝缘金属封闭组合电器。是以 SF₆ 断路器为核心，集隔离开关、接地开关、电流互感器为一体的 SF₆ 气体绝缘开关。它与气体绝缘金属封闭组合电器最大的区别在于不包括电压互感器、避雷器及主母线和分支母线，设备两侧通过出线套管与敞开式主母线相连。

c) 紧凑型组合电器。既可以由空气绝缘的开关设备的元件也可以由空气绝缘的开关设备和复合式气体绝缘的开关设备组合而成。包括：①通常是以瓷柱式断路器为核心，通过紧凑布置，充分利用各设备自身的结构组成部件，相互配合，将敞开式的隔离开关、接地开关、互感器等设备机械地连接组合在一起，各组成部分均为敞开式的独立功能设备。②通常是以罐式断路器为核心，将断路器、隔离开关、电压和电流互感器等多个功能元件封闭在标准模块内，模块在工厂预装。

4.2 统计单位

变压器——台，三相变压器为 1 台；单相变压器一相为 1 台（包括备用相）。

电抗器——台，三相电抗器为 1 台；单相电抗器一相为 1 台。

断路器——三相为 1 台。

隔离开关——三相为 1 台。

架空线路——100km（架空线路统计长度按每回线路的杆线长度计算）。

电缆线路——km。

母线——段，指变电（升压）站中的母线系统。

组合电器——套，指一个变电（升压）站内通过壳体及盆式绝缘子封闭连接或者通过架空连接线（电缆）相连接的一个或多个间隔称为一套组合电器。

其中，"间隔"通常是指一个具有完整功能的电气单元，一般包含断路器、隔离开关及接地开关、电流互感器、电压互感器、避雷器、套管、主母线或分支母线等元件的全部或一部分。按照间隔实现的功能可分为出线间隔、变压器间隔、母联（分段）开关间隔、3/2 接线中开关间隔、不完整间隔、桥开关间隔、母线间隔等。

其他设施一律按相统计并分别注册。

5 评价指标

评价指标中英文对照表参见附录 B。

5.1 变压器、电抗器、电压互感器、电流互感器、隔离开关、耦合电容器、阻波器、避雷器、母线

5.1.1 单台（段）指标

a) 可用系数：

$$AF = \frac{可用小时\ AH}{统计期间小时\ PH} \times 100\% \tag{2}$$

b) 运行系数：

$$SF = \frac{运行小时\ SH}{统计期间小时\ PH} \times 100\% \tag{3}$$

c) 计划停运系数：

$$POF = \frac{计划停运小时\ POH}{统计期间小时\ PH} \times 100\% \tag{4}$$

d) 非计划停运系数：

$$UOF = \frac{\text{非计划停运小时 } UOH}{\text{统计期间小时 } PH} \times 100\% \tag{5}$$

e) 强迫停运系数：

$$FOF = \frac{\text{强迫停运小时 } FOH}{\text{统计期间小时 } PH} \times 100\% \tag{6}$$

f) 计划停运率：

$$POR = \frac{\text{计划停运次数 } POT}{\text{统计台（段）年数 } UY} \text{［次/台（段）·年］} \tag{7}$$

g) 非计划停运率：

$$UOR = \frac{\text{非计划停运次数 } UOT}{\text{统计台（段）年数 } UY} \text{［次/台（段）·年］} \tag{8}$$

h) 强迫停运率：

$$FOR = \frac{\text{强迫停运次数 } FOT}{\text{统计台（段）年数 } UY} \text{［次/台（段）·年］} \tag{9}$$

i) 连续可用小时：

$$CSH = \frac{\text{可用小时 } AH}{\text{计划停运次数 } POT + \text{非计划停运次数 } UOT} \text{（小时/次）} \tag{10}$$

j) 暴露率：

$$EXR = \frac{\text{运行小时 } SH}{\text{可用小时 } AH} \times 100\% \tag{11}$$

5.1.2 同一电压等级同类设备多台（段）综合指标

a) 可用系数：

$$AF = \frac{\sum \text{可用小时 } AH}{\sum \text{统计期间小时 } PH} \times 100\%$$

$$= \frac{\sum [\text{某台设备可用系数 } AF \times \text{该设备统计台（段）·年数}]}{\sum \text{某台设备统计台（段）·年数}} \times 100\% \tag{12}$$

b) 运行系数：

$$SF = \frac{\sum \text{运行小时 } SH}{\sum \text{统计期间小时 } PH} \times 100\%$$

$$= \frac{\sum [\text{某台设备运行系数 } SF + \text{该设备统计台（段）·年数}]}{\sum \text{某台设备统计台（段）·年数}} \times 100\% \tag{13}$$

c) 计划停运系数：

$$POF = \frac{\sum \text{计划停运小时 } POH}{\sum \text{统计期间小时 } PH} \times 100\%$$

$$= \frac{\sum [\text{某台设备计划停运系数 } POF + \text{该设备统计台（段）·年数}]}{\sum \text{某台设备统计台（段）·年数}} \times 100\% \tag{14}$$

d) 非计划停运系数：

$$UOF = \frac{\sum \text{非计划停运小时 } UOH}{\sum \text{统计期间小时 } PH} \times 100\%$$

$$= \frac{\sum [\text{某台设备非计划停运系数 } UOF \times \text{该设备统计台（段）·年数}]}{\sum \text{某台设备统计台（段）·年数}} \times 100\% \tag{15}$$

e) 强迫停运系数：

$$FOF = \frac{\sum 强迫停运小时\ FOH}{\sum 统计期间小时\ PH} \times 100\%$$

$$= \frac{\sum [某台设备强迫停运系数\ FOF \times 该设备统计台（段）\cdot 年数]}{\sum 某台设备统计台（段）\cdot 年数} \times 100\%$$

$$(16)$$

f) 计划停运率：

$$POR = \frac{\sum 计划停运次数\ POT}{\sum 统计台（段）\cdot 年数}$$

$$= \frac{\sum [某台设备计划停运率\ POR \times 该设备统计台（段）\cdot 年数]}{\sum 某台设备统计台（段）\cdot 年数} \ [次/台（段）\cdot 年]$$

$$(17)$$

g) 非计划停运率：

$$UOR = \frac{\sum 非计划停运次数\ UOT}{\sum 统计台（段）\cdot 年数}$$

$$= \frac{[某台设备非计划停运率\ UOR - 该设备统计台（段）\cdot 年数]}{\sum 某台设备统计台（段）\cdot 年数} \ [次/台（段）\cdot 年]$$

$$(18)$$

h) 强迫停运率：

$$FOR = \frac{\sum 强迫停运次数\ FOT}{\sum 统计台（段）\cdot 年数}$$

$$= \frac{\sum [某台设备强迫停运率\ FOR \times 该设备统计台（段）\cdot 年数]}{\sum 某台设备统计台（段）\cdot 年数} \ [次/台（段）\cdot 年]$$

$$(19)$$

i) 连续可用小时：

$$CSH = \frac{\sum 可用小时\ AH}{\sum (计划停运次数\ POT + 非计划停运次数\ UOT)} \ (小时/次) \qquad (20)$$

j) 暴露率：

$$EXR = \frac{\sum 运行小时\ SH}{\sum 可用小时\ AH} \times 100\% \qquad (21)$$

5.1.3 不同电压等级多台（段）同类设备综合指标

a) 可用系数：

$$AF = \frac{\sum [某电压等级设备的可用系数\ AF \times 该电压等级设备统计百台（段）\cdot 年数]}{\sum 某电压等级设备统计百台（段）\cdot 年数} \times 100\%$$

$$(22)$$

b) 运行系数：

$$SF = \frac{\sum [某电压等级设备的运行系数\ SF \times 该电压等级设备统计百台（段）\cdot 年数]}{\sum 某电压等级设备统计百台（段）\cdot 年数} \times 100\%$$

$$(23)$$

c) 计划停运系数：

$$POF = \frac{\sum \left[\begin{array}{c}某电压等级设备 \\ 的计划停运系数\ POF\end{array} \times \begin{array}{c}该电压等级设备 \\ 统计百台（段）\cdot 年数\end{array}\right]}{某电压等级设备统计百台（段）\cdot 年数} \times 100\% \qquad (24)$$

d) 非计划停运系数：

$$UOF = \frac{\sum\left[\begin{array}{c}某电压等级设备的 \\ 非计划停运系数\,UOF\end{array} \times \begin{array}{c}该电压等级设备 \\ 统计百台（段）·年数\end{array}\right]}{\sum 某电压等级设备统计百台（段）·年数} \times 100\%\qquad(25)$$

e) 强迫停运系数：

$$FOF = \frac{\sum\left[\begin{array}{c}某电压等级设备的 \\ 强迫停运系数\,FOF\end{array} \times \begin{array}{c}该电压等级设备 \\ 统计百台（段）·年数\end{array}\right]}{\sum 某电压等级设备统计百台（段）·年数} \times 100\%\qquad(26)$$

f) 计划停运率：

$$POR = \frac{\sum\left[\begin{array}{c}某电压等级设备的 \\ 计划停运率\,POR\end{array} \times \begin{array}{c}该电压等级设备 \\ 统计百台（段）·年数\end{array}\right]}{\sum 某电压等级设备统计百台（段）·年数}\;[次/百台（段）·年]\qquad(27)$$

g) 非计划停运率：

$$UOR = \frac{\sum\left[\begin{array}{c}某电压等级设备的 \\ 非计划停运率\,UOR\end{array} \times \begin{array}{c}该电压等级设备 \\ 统计百台（段）·年数\end{array}\right]}{\sum 某电压等级设备统计百台（段）·年数}\;[次/百台（段）·年]\qquad(28)$$

h) 强迫停运率：

$$FOR = \frac{\sum\left[\begin{array}{c}某电压等级设备 \\ 的强迫停运率\,FOR\end{array} \times \begin{array}{c}该电压等级设备 \\ 统计百台（段）·年数\end{array}\right]}{\sum 某电压等级设备统计百台（段）·年数}\;[次/百台（段）·年]\qquad(29)$$

i) 连续可用小时：同公式（20）。

j) 暴露率：同公式（21）。

5.2 断路器

5.2.1 单台指标

a) 可用系数：同公式（2）。

b) 运行系数：同公式（3）。

c) 计划停运系数：同公式（4）。

d) 非计划停运系数：同公式（5）。

e) 强迫停运系数：同公式（6）。

f) 计划停运率：同公式（7）。

g) 非计划停运率：同公式（8）。

h) 强迫停运率：同公式（9）。

i) 暴露率：同公式（11）。

j) 平均无故障操作次数：

$$MTBF = \frac{操作次数}{非计划停运间隔数}\;（次/非计划停运间隔数）\qquad(30)$$

式中，非计划停运间隔数采用非计划停运次数；操作次数按断路器的分闸次数统计，分闸次数为正常操作分闸次数、切除故障分闸次数及调试分闸次数之和。

k) 正确动作率：

$$CMR = \left(1 - \frac{非正确运作次数}{切除故障分闸次数 + 正常操作分闸次数 + 非正确动作次数}\right) \times 100\%\qquad(31)$$

式中，非正确动作次数包括其本身的拒分拒合、慢分慢合及不同期分合的次数。

5.2.2 同一电压等级多台设备综合指标

a) 可用系数：同公式（12）。

b) 运行系数：同公式（13）。

c) 计划停运系数：同公式（14）。

d) 非计划停运系数：同公式（15）。

e) 强迫停运系数：同公式（16）。

f) 计划停运率：同公式（17）。

g) 非计划停运率：同公式（18）。

h) 强迫停运率：同公式（19）。

i) 暴露率：同公式（21）。

j) 平均无故障操作次数：

$$MTBF=\frac{\sum 操作次数}{\sum 非计划停运间隔数}（次/非计划停运间隔数）\qquad (32)$$

式中，非计划停运间隔数采用非计划停运次数；操作次数按断路器的分闸次数统计，分闸次数为正常操作分闸次数、切除故障分闸次数及调试分闸次数之和。

k) 正确动作率：

$$CMR=\left[1-\frac{\sum 非正确动作次数}{\sum（切除故障分闸次数＋正常操作分闸次数＋非正确动作次数）}\right]\times100\%\qquad(33)$$

式中，非正确动作次数包括其本身的拒分拒合、慢分慢合及不同期分合的次数。

5.2.3 不同电压等级多台设备综合指标

a) 可用系数：同公式（22）。

b) 运行系数：同公式（23）。

c) 计划停运系数：同公式（24）。

d) 非计划停运系数：同公式（25）。

e) 强迫停运系数：同公式（26）。

f) 计划停运率：同公式（27）。

g) 非计划停运率：同公式（28）。

h) 强迫停运率：同公式（29）。

i) 暴露率：同公式（21）。

j) 平均无故障操作次数：同公式（32）。

k) 正确动作率：同公式（33）。

5.3 架空线路、电缆线路

5.3.1 单条线路的指标

a) 可用系数：同公式（2）。

b) 运行系数：同公式（3）。

c) 计划停运系数：同公式（4）。

d) 非计划停运系数：同公式（5）。

e) 强迫停运系数：同公式（6）。

f) 计划停运率：

1) 按统计 100km（km）·年计算：

$$POR=\frac{计划停运次数\ POT}{统计\ 100km（km）·年数}\ [次/100km（km）·年]\qquad(34)$$

2）按统计条·年计算：

$$POR = \frac{计划停运次数\ POT}{统计条·年数}\ [次/（条·年）] \tag{35}$$

g）非计划停运率：

1）按统计 100km（km）·年计算：

$$UOR = \frac{非计划停运次数\ UOT}{统计\ 100km（km）·年数}\ [次/100km（km）·年] \tag{36}$$

2）按统计条·年计算：

$$UOR = \frac{非计划停运次数\ UOT}{统计条·年数}\ [次/（条·年）] \tag{37}$$

h）强迫停运率：

1）按统计 100km（km）·年计算：

$$FOR = \frac{强迫停运次数\ FOT}{统计\ 100km（km）·年数}\ [次/100km（km）·年] \tag{38}$$

2）按统计条·年计算：

$$FOR = \frac{强迫停运次数\ FOT}{统计条·年数}\ [次/（条·年）] \tag{39}$$

i）连续可用小时：同公式（10）。

j）暴露率：同公式（11）。

5.3.2 同一电压等级多条线路综合指标

a）可用系数：

1）按统计 100km（km）·年计算：

$$AF = \frac{\sum[某条线可用系数\ AF×该条线\ 100km（km）·年数]}{\sum 某条线100km（km）·年数}×100\% \tag{40}$$

2）按统计条·年计算：

$$AF = \frac{\sum(某条线可用系数\ AF×该条线条·年数)}{\sum 某条线条·年数}×100\% \tag{41}$$

b）运行系数：

1）按统计 100km（km）·年计算：

$$SF = \frac{\sum[某条线运行系数\ SF×该条线\ 100km（km）·年数]}{\sum 某条线\ 100km（km）·年数}×100\% \tag{42}$$

2）按统计条·年计算：

$$SF = \frac{\sum(某条线运行系数\ SF×该条线条·年数)}{\sum 某条线条·年数}×100\% \tag{43}$$

c）计划停运系数：

1）按统计 100km（km）·年计算：

$$POF = \frac{\sum[某条线计划停运系数\ POF×该条线\ 100km（km）·年数]}{\sum 某条线\ 100km（km）·年数}×100\% \tag{44}$$

2）按统计条·年计算：

$$POF = \frac{\sum(某条线计划停运系数\ POF×该条线条·年数)}{\sum 某条线条·年数}×100\% \tag{45}$$

d）非计划停运系数：

1）按统计 100km（km）·年计算：

$$UOF = \frac{\sum[\text{某条线非计划停运系数}\,UOF \times \text{该条线}\,100\text{km（km）·年数}]}{\sum\text{某条线}\,100\text{km（km）·年数}} \times 100\% \quad (46)$$

2）按统计条·年计算：

$$UOF = \frac{\sum(\text{某条线非计划停运系数}\,UOF \times \text{该条线条·年数})}{\sum\text{某条线条·年数}} \times 100\% \quad (47)$$

e）强迫停运系数：

1）按统计 100km（km）·年计算：

$$FOF = \frac{\sum[\text{某条线强迫停运系数}\,FOF \times \text{该条线}\,100\text{km（km）·年数}]}{\sum\text{某条线}\,100\text{km（km）·年数}} \times 100\% \quad (48)$$

2）按统计条·年计算：

$$FOF = \frac{\sum(\text{某条线强迫停运系数}\,FOF \times \text{该条线条·年数})}{\sum\text{某条线条·年数}} \times 100\% \quad (49)$$

f）计划停运率：

1）按统计 100km（km）·年计算：

$$POR = \frac{\sum\text{计划停运次数}\,POT}{\sum\text{统计}\,100\text{km（km）·年数}}$$

$$= \frac{\sum[\text{某条线计划停运率}\,POR \times \text{该条线}\,100\text{km（km）·年数}]}{\sum\text{某条线}\,100\text{km（km）·年数}} \quad [\text{次}/100\text{km(km)·年}]$$

$$(50)$$

2）按统计条·年计算：

$$POR = \frac{\sum\text{计划停运次数}\,POT}{\sum\text{统计条·年数}}$$

$$= \frac{\sum(\text{某条线计划停运率}\,POR \times \text{该条线条·年数})}{\sum\text{某条线条·年数}} \quad [\text{次}/(\text{条·年})]$$

$$(51)$$

g）非计划停运率：

1）按统计 100km（km）·年计算：

$$UOR = \frac{\sum\text{非计划停运次数}\,UOT}{\sum\text{统计}\,100\text{km（km）·年数}}$$

$$= \frac{\sum[\text{某条线非计划停运率}\,UOR \times \text{该条线}\,100\text{km（km）·年数}]}{\sum\text{某条线}\,100\text{km（km）·年数}} \quad [\text{次}/100\text{km(km)·年}]$$

$$(52)$$

2）按统计条·年计算：

$$UOR = \frac{\sum\text{非计划停运次数}\,UOT}{\sum\text{统计条·年数}}$$

$$= \frac{\sum(\text{某条线非计划停运率}\,UOR \times \text{该条线条·年数})}{\sum\text{某条线条·年数}} \quad [\text{次}/(\text{条·年})] \quad (53)$$

h）强迫停运率：

1）按统计 100km（km）·年计算：

$$FOR = \frac{\sum\text{强迫停运次数}\,FOT}{\sum\text{统计}\,100\text{km（km）·年数}}$$

$$= \frac{\sum[\text{某条线强迫停运率}\,FOR \times \text{该条线}\,100\text{km（km）·年数}]}{\sum\text{某条线}\,100\text{km（km）·年数}} \quad [\text{次}/100\text{km(km)·年}]$$

$$(54)$$

2) 按统计条·年计算：

$$FOR = \frac{\sum 强迫停运次数 FOT}{\sum 统计条 \cdot 年数}$$

$$= \frac{\sum(某条线强迫停运率 FOR \times 该条线条 \cdot 年数)}{\sum 某条线条 \cdot 年数} \left[次/(条 \cdot 年) \right] \qquad (55)$$

i）连续可用小时：同公式（20）。

j）暴露率：同公式（21）。

k）非计划停运条次比：

$$UORC = \frac{\sum 某条线路非计划停运次数}{线路总条数} \quad (次/条) \qquad (56)$$

5.3.3 不同电压等级多条线路综合指标

a）可用系数：

1）按统计 100km（km）·年计算：

$$AF = \frac{\sum \left[某电压等级线路的可用系数 AF \times 该电压等级线路统计 100km（km）\cdot 年数 \right]}{\sum 某电压等级线路的统计 100km（km）\cdot 年数} \times 100\%$$

$$(57)$$

2）按统计条·年计算：

$$AF = \frac{\sum(某电压等级线路的可用系数 AF \times 该电压等级线路统计条 \cdot 年数)}{\sum 某电压等级线路的统计条 \cdot 年数} \times 100\% \quad (58)$$

b）运行系数：

1）按统计 100km（km）·年计算：

$$SF = \frac{\sum \left[某电压等级线路的运行系数 SF \times 该电压等级线路统计 100km（km）\cdot 年数 \right]}{\sum 某电压等级线路的统计 100km（km）\cdot 年数} \times 100\%$$

$$(59)$$

2）按统计条·年计算：

$$SF = \frac{\sum(某电压等级线路的运行系数 SF \times 该电压等级线路统计条 \cdot 年数)}{\sum 某电压等级线路的统计条 \cdot 年数} \times 100\% \quad (60)$$

c）计划停运系数：

1）按统计 100km（km）·年计算：

$$POF = \frac{\sum \left[\begin{array}{c} 某电压等级线路 \\ 的计划停运系数 POF \end{array} \times \begin{array}{c} 该电压等级线路 \\ 统计 100km（km） \end{array} \cdot 年数 \right]}{\sum 某电压等级线路的统计 100km（km）\cdot 年数} \times 100\% \qquad (61)$$

2）按统计条·年计算：

$$POF = \frac{\sum(某电压等级线路的计划停运系数 POF \times 该电压等级线路统计条 \cdot 年数)}{\sum 某电压等级线路的统计条 \cdot 年数} \times 100\%$$

$$(62)$$

d）非计划停运系数：

1）按统计 100km（km）·年计算：

$$UOF = \frac{\sum \left[\begin{array}{c} 某电压等级线路 \\ 的非计划停运系数 UOF \end{array} \times \begin{array}{c} 该电压等级线路 \\ 统计 100km（km） \end{array} \cdot 年数 \right]}{\sum 某电压等级线路的统计 100km（km）\cdot 年数} \times 100\% \qquad (63)$$

2）按统计条·年计算：

$$UOF = \frac{\sum(\text{某电压等级线路的非计划停运系数} UOF \times \text{该电压等级线路统计条·年数})}{\sum\text{某电压等级线路的统计条·年数}} \times 100\%$$

$$(64)$$

e）强迫停运系数：

1）按统计 100km（km）·年计算：

$$FOF = \frac{\sum\left[\begin{matrix}\text{某电压等级线路的}\\\text{强迫停运系数} FOF\end{matrix} \times \begin{matrix}\text{该电压等级线路}\\\text{统计100km（km）}\end{matrix} \cdot \text{年数}\right]}{\sum\text{某电压等级线路的统计100km（km）·年数}} \times 100\%$$

$$(65)$$

2）按统计条·年计算：

$$FOF = \frac{\sum(\text{某电压等级线路的强迫停运系数} FOF \times \text{该电压等级线路统计条·年数})}{\sum\text{某电压等级线路的统计条·年数}} \times 100\%$$

$$(66)$$

f）计划停运率：

1）按统计 100km（km）·年计算：

$$POR = \frac{\sum\left[\begin{matrix}\text{某电压等级线路}\\\text{的计划停运率} POR\end{matrix} \times \begin{matrix}\text{该电压等级线路}\\\text{统计 100km（km）}\end{matrix} \cdot \text{年数}\right]}{\sum\text{某电压等级线路的统计100km（km）·年数}} \quad [\text{次}/100\text{km（km）·年}] \quad (67)$$

2）按统计条·年计算：

$$POR = \frac{\sum(\text{某电压等级线路的计划停运率} POR \times \text{该电压等级线路统计条·年数})}{\sum\text{某电压等级线路的统计条·年数}} [\text{次}/(\text{条·年})]$$

$$(68)$$

g）非计划停运率：

1）按统计 100km（km）·年计算：

$$UOR = \frac{\sum\left[\begin{matrix}\text{某电压等级线路的}\\\text{非计划停运率} UOR\end{matrix} \times \begin{matrix}\text{该电压等级线路}\\\text{统计 100km（km）}\end{matrix} \cdot \text{年数}\right]}{\sum\text{某电压等级线路的统计100km（km）·年数}} [\text{次}/100\text{km（km）·年}] (69)$$

2）按统计条·年计算：

$$UOR = \frac{\sum\left(\begin{matrix}\text{某电压等级线路}\\\text{的非计划停运率} UOR\end{matrix} \times \begin{matrix}\text{该电压等级}\\\text{线路统计条}\end{matrix} \cdot \text{年数}\right)}{\sum\text{某电压等级线路的统计条·年数}} [\text{次}/（\text{条·年})] \quad (70)$$

h）强迫停运率：

1）按统计 100km（km）·年计算：

$$FOR = \frac{\sum\left[\begin{matrix}\text{某电压等级线路}\\\text{的强迫停运率} FOR\end{matrix} \times \begin{matrix}\text{该电压等级线路}\\\text{统计 100km（km）}\end{matrix} \cdot \text{年数}\right]}{\sum\text{某电压等级线路的统计100km（km）·年数}} [\text{次}/100\text{km（km）·年}] (71)$$

2）按统计条·年计算：

$$FOR = \frac{\sum(\text{某电压等级线路的强迫停运率} FOR \times \text{该电压等级线路统计条·年数})}{\sum\text{某电压等级线路的统计条·年数}} [\text{次}/(\text{条·年})]$$

$$(72)$$

5.3.4 分段维护、管理的线路综合指标

5.3.4.1 管辖段线路指标

应视为单条线路，计算公式参照单条线路指标，其指标计算参数取管辖段线路的实

际值。

5.3.4.2 全线指标

应视为一条线路计算指标。先将第 j 次（$j=1$，2，3，…，k）各段的停运事件进行合并，即停运次数合并为 1 次，停运时间应为全线的实际停运时间，然后再按照单条线路的指标计算公式进行计算。

5.4 组合电器（以下简称 GIS）

包括元件指标、间隔指标和套指标。间隔指标按两种方式进行计算：①按间隔内元件停运事件加权方式计算；②按间隔内元件停运事件合并方式计算。合并方式是将间隔视为一个整体部件计算指标。先将间隔内第 j 次（$j=1$，2，3，…，k）各元件的停运事件进行合并，即：停运次数合并为 1 次，停运时间应为间隔的实际停运时间，然后再按照单台设备的指标计算公式进行计算。

5.4.1 GIS 内部元件指标

5.4.1.1 电压互感器、电流互感器、隔离开关、避雷器、母线的指标与计算公式

5.4.1.1.1 单元件指标

同 5.1.1。

5.4.1.1.2 单间隔 GIS 内部同类元件综合指标

同 5.1.2。

5.4.1.1.3 同一电压等级多间隔 GIS 内部同类元件综合指标

同 5.1.2。

5.4.1.1.4 不同电压等级多间隔 GIS 内部同类元件综合指标同 5.1.3。

5.4.1.2 断路器的指标与计算公式

5.4.1.2.1 单台指标

同 5.2.1。

5.4.1.2.2 单间隔 GIS 内部断路器综合指标

同 5.2.2。

5.4.1.2.3 同一电压等级多间隔 GIS 内部断路器综合指标

同 5.2.2。

5.4.1.2.4 不同电压等级多间隔 GIS 内部断路器综合指标

同 5.2.3。

5.4.2 某间隔 GIS 指标

5.4.2.1 按间隔内元件停运事件加权方式计算

a）可用系数：

$$AF=1-\frac{\sum_i\sum_j\left[统计期间内第\,j\,次（计停，非计停）的第\,i\,类元件\times第\,j\,次（计停，非计停）小时\right]}{\sum_i（该间隔\,GIS\,的第\,i\,类元件总数\times统计期间小时）}\times100\% \quad(73)$$

式中，计停为计划停运；非计停为非计划停运。

b）运行系数：

$$SF=\frac{\sum_i统计期间内第\,i\,类元件的运行小时}{\sum_i（该间隔\,GIS\,的第\,i\,类元件总数\times统计期间小时）}\times100\% \quad(74)$$

159

c) 计划停运系数：

$$POF = \frac{\sum_i \sum_j (\text{统计期间内第}\,j\,\text{次计划停运的第}\,i\,\text{类元件数} \times \text{第}\,j\,\text{次计划停运小时})}{\sum_i (\text{该间隔 GIS 的第}\,i\,\text{类元件总数} \times \text{统计期间小时})} \times 100\%$$

(75)

d) 非计划停运系数：

$$UOF = \frac{\sum_i \sum_j (\text{统计期间内第}\,j\,\text{次非计划停运的第}\,i\,\text{类元件数} \times \text{第}\,j\,\text{次非计划停运小时})}{\sum_i (\text{该间隔 GIS 的第}\,i\,\text{类元件总数} \times \text{统计期间小时})} \times 100\%$$

(76)

e) 强迫停运系数：

$$FOF = \frac{\sum_i \sum_j (\text{统计期间内第}\,j\,\text{次强迫停运的第}\,i\,\text{类元件数} \times \text{第}\,j\,\text{次强迫停运小时})}{\sum_i (\text{该间隔 GIS 的第}\,i\,\text{类元件总数} \times \text{统计期间小时})} \times 100\%$$

(77)

f) 计划停运率：

$$POR = \frac{\sum_i \sum_j (\text{统计期间内第}\,j\,\text{次计划停运的第}\,i\,\text{元件数})}{\sum_i (\text{该间隔 GIS 的第}\,i\,\text{类元件总数} \times \text{统计期间小时}/8760)} \left[\text{次/台（段）·年}\right]$$

(78)

g) 非计划停运率：

$$UOR = \frac{\sum_i \sum_j (\text{统计期间内第}\,j\,\text{次非计划停运的第}\,i\,\text{类元件数})}{\sum_i (\text{该间隔 GIS 的第}\,i\,\text{类元件总数} \times \text{统计期间小时}/8760)} \left[\text{次/台（段）·年}\right]$$

(79)

h) 强迫停运率：

$$FOR = \frac{\sum_i \sum_j (\text{统计期间内第}\,j\,\text{次强迫停运的第}\,i\,\text{类元件数})}{\sum_i (\text{该间隔 GIS 的第}\,i\,\text{类元件总数} \times \text{统计期间小时}/8760)} \left[\text{次/台（段）·年}\right]$$

(80)

i) 暴露率：

$$EXR = \frac{\sum_i \text{统计期间内第}\,i\,\text{类元件的运行小时}}{\sum_i \text{统计期间第}\,i\,\text{类元件的可用小时}} \times 100\%$$

(81)

5.4.2.2 按间隔内元件停运事件合并方式计算

同 5.1.1。

5.4.3 多间隔 GIS 的指标

5.4.3.1 按元件停运事件加权方式计算

a) 可用系数：

$$AF = \frac{\sum_k \left(\begin{array}{c}\text{第}\,k\,\text{间隔}\\ \text{GIS 可用系数}\end{array} \times \text{第}\,k\,\text{间隔 GIS 元件总数} \times \begin{array}{c}\text{第}\,k\,\text{间隔 GIS}\\ \text{统计期间小时}\end{array}\right)}{\sum_k (\text{第}\,k\,\text{间隔 GIS 总元件数} \times \text{第}\,k\,\text{间隔 GIS 统计期间小时})} \times 100\%$$

(82)

b) 运行系数：

$$SF=\frac{\sum\limits_{k}\left(\begin{array}{c}\text{第}\,k\,\text{间隔}\\\text{GIS 运行系数}\end{array}\times\text{第}\,k\,\text{间隔 GIS 元件总数}\times\begin{array}{c}\text{第}\,k\,\text{间隔 GIS}\\\text{统计期间小时}\end{array}\right)}{\sum\limits_{k}\left(\text{第}\,k\,\text{间隔 GIS 总元件数}\times\text{第}\,k\,\text{间隔 GIS 统计期间小时}\right)}\times100\%\qquad(83)$$

c) 计划停运系数：

$$POF=\frac{\sum\limits_{k}\left(\begin{array}{c}\text{第}\,k\,\text{间隔 GIS}\\\text{计划停运系数}\end{array}\times\text{第}\,k\,\text{间隔 GIS 元件总数}\times\begin{array}{c}\text{第}\,k\,\text{间隔 GIS}\\\text{统计期间小时}\end{array}\right)}{\sum\limits_{k}\left(\text{第}\,k\,\text{间隔 GIS 总元件数}\times\text{第}\,k\,\text{间隔 GIS 统计期间小时}\right)}\times100\%\qquad(84)$$

d) 非计划停运系数：

$$UOF=\frac{\sum\limits_{k}\left(\begin{array}{c}\text{第}\,k\,\text{间隔 GIS}\\\text{非计划停运系数}\end{array}\times\text{第}\,k\,\text{间隔 GIS 元件总数}\times\begin{array}{c}\text{第}\,k\,\text{间隔 GIS}\\\text{统计期间小时}\end{array}\right)}{\sum\limits_{k}\left(\text{第}\,k\,\text{间隔 GIS 总元件数}\times\text{第}\,k\,\text{间隔 GIS 统计期间小时}\right)}\times100\%\qquad(85)$$

e) 强迫停运系数：

$$FOF=\frac{\sum\limits_{k}\left(\begin{array}{c}\text{第}\,k\,\text{间隔 GIS}\\\text{强迫停运系数}\end{array}\times\text{第}\,k\,\text{间隔 GIS 元件总数}\times\begin{array}{c}\text{第}\,k\,\text{间隔 GIS}\\\text{统计期间小时}\end{array}\right)}{\sum\limits_{k}\left(\text{第}\,k\,\text{间隔 GIS 总元件数}\times\text{第}\,k\,\text{间隔 GIS 统计期间小时}\right)}\times100\%\qquad(86)$$

f) 计划停运率：

$$POR=\frac{\sum\limits_{k}\left(\begin{array}{c}\text{第}\,k\,\text{间隔 GIS}\\\text{计划停运率}\end{array}\times\text{第}\,k\,\text{间隔 GIS 元件总数}\times\begin{array}{c}\text{第}\,k\,\text{间隔 GIS}\\\text{统计期间小时}\end{array}\right)}{\sum\limits_{k}\left(\text{第}\,k\,\text{间隔 GIS 总元件数}\times\text{第}\,k\,\text{间隔 GIS 统计期间小时}\right)}\left[\text{次/台(段)·年}\right]$$

$$(87)$$

g) 非计划停运率：

$$UOR=\frac{\sum\limits_{k}\left(\begin{array}{c}\text{第}\,k\,\text{间隔 GIS}\\\text{非计划停运率}\end{array}\times\text{第}\,k\,\text{间隔 GIS 元件总数}\times\begin{array}{c}\text{第}\,k\,\text{间隔 GIS}\\\text{统计期间小时}\end{array}\right)}{\sum\limits_{k}\left(\text{第}\,k\,\text{间隔 GIS 总元件数}\times\text{第}\,k\,\text{间隔 GIS 统计期间小时}\right)}\left[\text{次/台(段)·年}\right]$$

$$(88)$$

h) 强迫停运率：

$$FOR=\frac{\sum\limits_{k}\left(\begin{array}{c}\text{第}\,k\,\text{间隔 GIS}\\\text{强迫停运率}\end{array}\times\text{第}\,k\,\text{间隔 GIS 元件总数}\times\begin{array}{c}\text{第}\,k\,\text{间隔 GIS}\\\text{统计期间小时}\end{array}\right)}{\sum\limits_{k}\left(\text{第}\,k\,\text{间隔 GIS 总元件数}\times\text{第}\,k\,\text{间隔 GIS 统计期间小时}\right)}\left[\text{次/台(段)·年}\right]$$

$$(89)$$

i) 暴露率：

$$EXR=\frac{\sum\limits_{k}\text{统计期间第}\,k\,\text{间隔 GIS 运行小时}}{\sum\limits_{k}\text{统计期间第}\,k\,\text{间隔 GIS 可用小时}}\times100\%\qquad(90)$$

5.4.3.2 按元件停运事件合并方式计算

a) 可用系数：

$$AF=\frac{\sum\limits_{k}\left(\text{第}\,k\,\text{间隔 GIS 可用系数}\times\text{第}\,k\,\text{间隔 GIS 统计期间小时}\right)}{\sum\limits_{k}\text{第}\,k\,\text{间隔 GIS 统计期间小时}}\times100\%\qquad(91)$$

b) 运行系数：

$$SF=\frac{\sum\limits_{k}（第~k~间隔~GIS~运行系数×第~k~间隔~GIS~统计期间小时）}{\sum\limits_{k}第~k~间隔~GIS~统计期间小时}×100\%\qquad(92)$$

c) 计划停运系数：

$$POF=\frac{\sum\limits_{k}（第~k~间隔~GIS~计划停运系数×第~k~间隔~GIS~统计期间小时）}{\sum\limits_{k}第~k~间隔~GIS~统计期间小时}×100\%\qquad(93)$$

d) 非计划停运系数：

$$UOF=\frac{\sum\limits_{k}（第~k~间隔~GIS~非计划停运系数×第~k~间隔~GIS~统计期间小时）}{\sum\limits_{k}第~k~间隔~GIS~统计期间小时}×100\%\quad(94)$$

e) 强迫停运系数：

$$FOF=\frac{\sum\limits_{k}（第~k~间隔~GIS~强迫停运系数×第~k~间隔~GIS~统计期间小时）}{\sum\limits_{k}第~k~间隔~GIS~统计期间小时}×100\%\quad(95)$$

f) 计划停运率：

$$POR=\frac{\sum\limits_{k}（第~k~间隔~GIS~计划停运率×第~k~间隔~GIS~统计期间小时）}{\sum\limits_{k}第~k~间隔~GIS~统计期间小时}\quad［次/台（段）·年］$$

$$(96)$$

g) 非计划停运率：

$$UOR=\frac{\sum\limits_{k}（第~k~间隔~GIS~非计划停运率×第~k~间隔~GIS~统计期间小时）}{\sum\limits_{k}第~k~间隔~GIS~统计期间小时}\quad［次/台（段）·年］$$

$$(97)$$

h) 强迫停运率：

$$FOR=\frac{\sum\limits_{k}（第~k~间隔~GIS~强迫停运率×第~k~间隔~GIS~统计期间小时）}{\sum\limits_{k}第~k~间隔~GIS~统计期间小时}\quad［次/台（段）·年］$$

$$(98)$$

i) 暴露率：

$$EXR=\frac{\sum\limits_{k}统计期间第~k~间隔~GIS~运行小时}{\sum\limits_{k}统计期间第~k~间隔~GIS~可用小时}×100\%\qquad(99)$$

5.4.4 单套组合电器的指标

5.4.4.1 按元件停运事件加权方式计算

同 5.4.3.1。

5.4.4.2 按元件停运事件合并方式计算

同 5.4.3.2。

5.4.5 多套组合电器的指标

5.4.5.1 按元件停运事件加权方式计算

同 5.4.4.1。

5.4.5.2 按元件停运事件合并方式计算

a) 可用系数：

$$AF=\frac{\sum\limits_{k}(\text{第}\,k\,\text{套 GIS 可用系数}\times\text{第}\,k\,\text{套 GIS 间隔总数}\times\text{第}\,k\,\text{套 GIS 统计期间小时})}{\sum\limits_{k}\text{第}\,k\,\text{套 GIS 统计期间小时}}\times100\%$$

(100)

b) 运行系数：

$$SF=\frac{\sum\limits_{k}(\text{第}\,k\,\text{套 GIS 运行系数}\times\text{第}\,k\,\text{套 GIS 间隔总数}\times\text{第}\,k\,\text{套 GIS 统计期间小时})}{\sum\limits_{k}(\text{第}\,k\,\text{套 GIS 总间隔数}\times\text{第}\,k\,\text{套 GIS 统计期间小时})}100\%$$

(101)

c) 计划停运系数：

$$POF=\frac{\sum\limits_{k}(\text{第}\,k\,\text{套 GIS 计划停运系数}\times\text{第}\,k\,\text{套 GIS 间隔总数}\times\text{第}\,k\,\text{套 GIS 统计期间小时})}{\sum\limits_{k}(\text{第}\,k\,\text{套 GIS 总间隔数}\times\text{第}\,k\,\text{套 GIS 统计期间小时})}\times100\%$$ (102)

d) 非计划停运系数：

$$UOF=\frac{\sum\limits_{k}(\text{第}\,k\,\text{套 GIS 非计划停运系数}\times\text{第}\,k\,\text{套 GIS 间隔总数}\times\text{第}\,k\,\text{套 GIS 统计期间小时})}{\sum\limits_{k}(\text{第}\,k\,\text{套 GIS 总间隔数}\times\text{第}\,k\,\text{套 GIS 统计期间小时})}\times100\%$$ (103)

e) 强迫停运系数：

$$FOF=\frac{\sum\limits_{k}(\text{第}\,k\,\text{套 GIS 强迫停运系数}\times\text{第}\,k\,\text{套 GIS 间隔总数}\times\text{第}\,k\,\text{套 GIS 统计期间小时})}{\sum\limits_{k}(\text{第}\,k\,\text{套 GIS 总间隔数}\times\text{第}\,k\,\text{套 GIS 统计期间小时})}\times100\%$$ (104)

f) 计划停运率：

$$POF=\frac{\sum\limits_{k}(\text{第}\,k\,\text{套 GIS 计划停运率}\times\text{第}\,k\,\text{套 GIS 间隔总数}\times\text{第}\,k\,\text{套 GIS 统计期间小时})}{\sum\limits_{k}(\text{第}\,k\,\text{套 GIS 总间隔数}\times\text{第}\,k\,\text{套 GIS 统计期间小时})}\,[\text{次/(间隔·年)}]$$

(105)

g) 非计划停运率：

$$UOR=\frac{\sum\limits_{k}(\text{第}\,k\,\text{套 GIS 非计划停运率}\times\text{第}\,k\,\text{套 GIS 间隔总数}\times\text{第}\,k\,\text{套 GIS 统计期间小时})}{\sum\limits_{k}(\text{第}\,k\,\text{套 GIS 总间隔数}\times\text{第}\,k\,\text{套 GIS 统计期间小时})}\,[\text{次/(间隔·年)}]$$

(106)

h) 强迫停运率：

$$FOR=\frac{\sum\limits_{k}(\text{第}\,k\,\text{套 GIS 强迫停运率}\times\text{第}\,k\,\text{套 GIS 间隔总数}\times\text{第}\,k\,\text{套 GIS 统计期间小时})}{\sum\limits_{k}(\text{第}\,k\,\text{套 GIS 总间隔数}\times\text{第}\,k\,\text{套 GIS 统计期间小时})}\,[\text{次/(间隔·年)}]$$

(107)

i) 暴露率：

$$EXR=\frac{\sum\limits_{k}\text{统计期间第}\,k\,\text{套 GIS 运行小时}}{\sum\limits_{k}\text{统计期间第}\,k\,\text{套 GIS 可用小时}}\times100\%$$ (108)

6 统计评价报告

6.1 凡电压等级为 220kV 及以上的输变电设施，均应按本标准进行可靠性统计、评价，并按照电力行业可靠性管理归口部门规定的报送时间和审核程序逐级上报输变电设施可靠性基础数据。对 220kV 以下电压的输变电设施实行分级管理。

6.2 报告若需修改，应以文件的形式逐级上报，详细说明更改内容和变更原因；各级主管部门对上报的报告应认真核实后进行转报；修改已报出的基础数据须在下次报告时一并完成。

6.3 各类设施注册表的格式及说明见表 1～表 9。

6.3.1 架空线路长度、铁塔或水泥杆基数按其管辖段数进行注册。由不同部门管理的同一条输电线路的编码必须一致，编码由上级部门统一制定。

6.3.2 一条线路由架空线路和电缆线路连接而成时，按架空线路与电缆线路分别注册，并取用同一个线路编号。

6.3.3 一条线路由几种规格的导线连接而成时，应将各截面导线的长度加以说明。

6.3.4 GIS 除以套为单位注册外，还应注册间隔并将间隔中包含的母线、断路器、电流互感器、电压互感器、隔离开关及避雷器等分别注册。

6.4 各类设施运行情况统计表的格式见表 10、表 11。

6.4.1 各类设施的运行情况应根据现场的工作票和操作票随时进行记录，不得遗漏。对带电作业、计划停运及非计划停运状态，要求填写事件编码（对大修状态，要求填写检修中主要处理的前三个事件编码）。造成停运的主事件及并存事件按主次排列，编码应填写完整，不得遗漏。

6.4.2 输变电设施带电体上的带电作业属于运行状态，应列入统计范畴，此时设施停运次数及其停运时间均为零；但要记录其带电作业起、止时间和事件编码。

6.4.3 GIS 的运行事件，应按照引起停运的部件，在组合电器运行情况统计表（表 11）中填报。组合电器的断路器也应按要求填报操作次数及切除短路电流的统计表。

6.4.4 输电线路发生跳闸事件，如果自动重合闸成功，应计为第一类非计划停运一次，停运时间计为零；如果自动重合闸失败后停运，无论手动强送是否成功，均按第一类非计划停运统计。

6.4.5 统计期间计划停运次数与非计划停运次数之和为零时，其连续可用小时记为：连续可用小时大于统计期间小时。

6.4.6 断路器分闸次数情况统计表见表 12，应每月综合填报一次，分相重合闸次数应说明。

6.4.7 断路器开断短路电流情况统计表见表 13，每季度填报一次。

6.5 为跟踪设施变动，每季须将设施变动（含退役）的情况填报一次。设施变动情况表的格式见表 14。

变动包括退役和退出两种情况。其中，退役指设施报废；退出指设施由于某种原因离开安装位置，并且在该安装位置上又有同类设施投运，则离开安装位置的设施记作退出，由于改造工作等原因引起线路相关参数变化应记作退出。

6.6 各类设施可靠性指标汇总表见表 15。

表 1 变 压 器 注 册 表

单位代码及名称	变电站代码及名称	安装位置代码及名称	电压等级 kV	型号	型式	容量 MVA	制造厂代码及名称	出厂日期 y/m/d	投运日期 y/m/d	备注

表 2 变 压 器 型 式 注 册 表

第一位	第二位	第三位	第四位	第五位	第六位	第七位	第八位
S: 三相 D: 单相	S: 三绕组 E: 双绕组	O: 自耦 F: 非自耦	Z: 有载调压 W: 无励磁调压	O: 油绝缘 G: SF$_6$ 绝缘	内部冷却方式 N: 自然循环 F: 强迫循环 D: 强迫导向循环	外部冷却方式 A: 空气 W: 水	N: 自然循环 F: 强迫循环

表 3 断 路 器 注 册 表

单位代码及名称	变电站代码及名称	安装位置代码及名称	电压等级 kV	型式[a]	型号	断口数量	额定电流 A	额定开断电流 kA	操动机构型式[b]	操动机构型号	制造厂代码及名称	出厂日期 y/m/d	投运日期 y/m/d	备注

注: 对于超高压断路器 (330kV, 500kV), 如果有合闸电阻, 应填写电阻阻值。
a 断路器型式按灭弧介质分为: ①Z表示多油断路器; ②D表示真空断路器; ③S表示少油断路器; ④K 表示空气断路器; ⑤L表示 SF$_6$ 断路器。
b 操动机构型式分为: ①D表示电磁操动机构; ②T表示弹簧操动机构; ③Y表示液动操动机构; ④Q表示气动操动机构; ⑤L表示其他操动机构。

表 4 电 流 互 感 器、电 压 互 感 器、避 雷 器 注 册 表

单位代码及名称	变电站代码及名称	安装位置代码及名称	电压等级[a] kV	型式[b]	型号	制造厂代码及名称	出厂日期 y/m/d	投运日期 y/m/d	备注

a 避雷器的电压等级按所行运系统的额定电压注册, 不按灭弧电压注册。
b 型式的填写: ①电流互感器: S表示 SF$_6$ 绝缘; Y表示油绝缘。②电压互感器: C表示电容式; R表示电磁式。③避雷器: C表示电容器; P表示普阀型; C表示磁吹阀型; Y表示氧化锌型; G表示管型。

表 5 电抗器、耦合电容器、阻波器、隔离开关注册表

单位代码及名称	变电站代码及名称	安装位置代码及名称	电压等级 kV	型号	制造厂代码及名称	出厂日期 y/m/d	投运日期 y/m/d	备注

表 6 组合电器注册表

单位代码及名称	变电站代码及名称	安装位置代码及名称	电压等级 kV	主接线方式ᵃ	型式ᵇ	热稳定电流 A	制造厂代码及名称	出厂日期 y/m/d	投运日期 y/m/d	同隔数量	同间安装位置代码及名称	母线段数	断路器数	TA 数	TV 数	隔离开关数	避雷器数	电缆室数ᶜ	连接件数ᵈ	主控柜数ᵉ	备注

a 主接线方式：指本套组合电器的主接线方式。线路变压器组代码为 XBZ；内桥型（含扩大内桥接线）代码为 NQ；外桥型（含扩大外桥接线）代码为 WQ；单母线代码为 D；单母线分段代码为 DF；单母线分段带旁路代码为 DFP；单母线带旁路代码为 SP；双母线带分段旁路代码为 SFP；双母线分段带旁路代码为 SF；双母线代码为 S；双母线分段代码为 Q。3/2 或 4/3 开关代码为 J；角型代码为 K；其他代码为 Q。

b 型式的填写：GIS 全分相式代码为 D；GIS 三相共箱式代码为 S；GIS 主母线三相共箱式代码为 M；C-GIS（又称充气柜、多为 66kV 以下）代码为 C；H-GIS 代码为 H；紧凑型组合电器代码为 Q。

c 电缆室：连接电缆的气室以及一切由 GIS 厂家提供安装电缆的元件。

d 连接件：指隔室内除导体本身外无任何对外连接用的独立气室，如三通、连接架空线路的 SF₆ 封闭导线及套管（只统计 GIS 厂家提供的封闭导线及套管）。

e 主控柜：就地控制断路器及隔离开关的装置，通常一台断路器一个。

表 7 架空线路注册表

单位代码及名称	线路代码及名称	电压等级 kV	交、直流类型	杆塔类型及基数		导线型号	线路长度 100km		设计单位代码及名称	施工单位代码及名称	投运日期 y/m/d	备注
				铁塔	水泥		全长	管辖段长				

表 8 电缆线路注册表

单位代码及名称	线路代码及名称	电压等级 kV	交、直流类型	电缆型号	管辖线段线路长度 km	设计单位代码及名称	制造单位代码及名称	施工单位代码及名称	投运日期 y/m/d	备注

表9 母线注册表

单位代码及名称	变电站代码及名称	安装位置代码及名称	电压等级 kV	接线方式a	母线型式b	交、直流类型	母线长度 km	绝缘材料基(串)数	导体制造单位代码及名称	绝缘材料制造厂代码及名称	设计单位代码及名称	施工单位代码及名称	导体出厂日期 y/m/d	绝缘材料出厂日期 y/m/d	投运日期 y/m/d	备注

a 接线方式按表6主接线方式。

b 母线型式中，R表示软母线，Y表示硬母线。

表10 输变电设施运行情况统计表

单位代码及名称	变电站(线路)代码及名称	电压等级 kV	状态起始时间 y.m.d.h.min	状态终止时间 y.m.d.h.min	状态分类	停运原因分类			修理费用 万元
						停运部件代码及名称	技术原因代码及名称	责任原因代码及名称	

表11 组合电器运行情况统计表

单位代码及名称	变电站代码及名称	电压等级 kV	间隔安装位置代码及名称	停运事件的元件		状态起始时间 y.m.d.h.min	状态终止时间 y.m.d.h.min	状态分类a	停运原因分类			修理费用 万元
				名称	安装位置代码及名称				停运部件代码及名称	技术原因代码及名称	责任原因代码及名称	

注：当一个事件停运多个元件时，应以元件单独统计。

a 事件状态的划分与常规设备相同。

表12 断路器分闸次数情况统计表

单位代码及名称	变电站代码及名称	安装位置代码及名称	电压等级 kV	统计起始时间 y.m.d.h.min	统计终止时间 y.m.d.h.min	断路器分闸次数				备注
						切除故障次数	正常操作次数	调试操作次数	总操作次数	

表 13 断路器开断短路电流情况统计表

单位代码及名称	变电站代码及名称	电压等级 kV	安装位置代码及名称	开断短路电流时间 y. m. d. h. min	短路点距离 km	开断短路电流有效值 kA	短路原因编码	备注

注: 1. 单相开断需在备注中说明。

    2. 短路原因编码填写应按照事件原因编码的规定填写，停运部件代码应填写引起短路的设施的部件代码。

表 14 输变电设施变动情况统计表

设施类型	单位代码及名称	电压等级 kV	安装位置代码/线路代码及名称	变电站代码及名称	退出日期 y/m/d	修复日期 y/m/d	变动号	备注

注: 1. 设施变动（退役或退出）均应填入此表。

    2. 设施退役还需在备注中说明。

表 15 输变电设施可靠性指标汇总表

单位代码及名称	设施类型	电压等级 kV	设施总数[a]	统计百台（段、元件、km）年数	强迫停运率[b]	可用系数 %	连续可用小时 h/次	非计划停运次数 次	非计划停运时间 h	计划停运次数 次	计划停运时间 h

a 架空线路单位为100km；电缆线路的单位为km；母线的单位为km；其他设备的单位为台。

b 架空线路单位为次/(100km·年)；电缆的单位为次/(km·年)；其他设备单位为次/[百台（段、元件、年]。

填报人: 主管: 单位盖章:

填报单位: 统计期限:

附 录 A

（资料性附录）

输变电设施可靠性统计状态英文及缩写

表 A.1 输变电设施可靠性统计状态英文及缩写

中 文	英 文	缩 写
使用	active	ACT
可用	available	A
运行	in service	S
带电作业	live-line operation	LO
备用	reserve shutdown	R
调度停运备用	dispatching reserve shutdown	DR
受累停运备用	passive reserve shutdown	PR
不可用	unavailable	U
计划停运	planned outage	PO
大修停运	planned outage 1 （overhaul）	PO1
小修停运	planned outage 2 （maintenace outage）	PO2
试验停运	test outage	TO
清扫停运	clean outage	CO
改造施工停运	reform construction outage	RCO
非计划停运	unplanned outage	UO
第一类非计划停运	unplanned outage 1 （immediate）	UO1
第二类非计划停运	unplanned outage 2 （delayed）	UO2
第三类非计划停运	unplanned outage 3 （postponed）	UO3
第四类非计划停运	unplanned outage 4 （deferred）	UO4
强迫停运	forced outage	FO

附 录 B

（资料性附录）

输变电设施可靠性指标中英文对照表

表 B.1 输变电设施可靠性指标中英文对照表

指 标 名 称	英 文 全 称	英 文 缩 写
可用系数	available factor	AF
运行系数	service factor	SF
计划停运系数	planned outage factor	POF
非计划停运系数	unplanned outage factor	UOF
强迫停运系数	forced outage factor	FOF
计划停运率	planned outage rate	POR
非计划停运率	unplanned outage rate	UOR

指 标 名 称	英 文 全 称	英 文 缩 写
强迫停运率	forced outage rate	FOR
连续可用小时	continuously service hours	CSH
暴露率	exposure rate	EXR
平均无故障操作次数	mean times between failure	MTBF
正确动作率	correctly motion rate	CMR
非计划停运条次比	unplanned outage ratio of circuits	UORC
统计台·年数	unit years	UY
计划停运小时	planned outage hours	POH
非计划停运小时	unplanned outage hours	UOH
强迫停运小时	forced outage hours	FOH
可用小时	available hours	AH
运行小时	service hours	SH
备用小时	reserve shutdown hours	RH
统计期间小时	period hours	PH
计划停运次数	planned outage times	POT
非计划停运次数	unplanned outage times	UOT
强迫停运次数	forced outage times	FOT

输变电设备状态检修
试验规程

DL/T 393—2010

目　　次

前　言

本标准是根据《国家发展改革委办公厅关于印发 2007 年行业标准修订、制定计划的通知》（发改办工业〔2007〕1415 号）的安排制定的。

本标准立足于电网设备的安全运行，而不单一强调试验；周期依据设备状态有增也有减，而不是简单延长；试验项目分为例行和诊断两大类，突出了可操作性。此外，本标准逐一重新审定试验数据的分析判据，提出了新的试验数据分析方法，增加了设备状态的简明认定方法。

考虑到发电机通常随电厂动力设备一起检修，其周期和项目一般不限制于发电机本身，故在本标准中未列入。本标准内容涵盖交流、直流电网的所有高压电气设备，直流部分与交流设备重叠的内容，采取了引用交流设备相关章节的方式。

本标准的附录 A、附录 B 为规范性附录，附录 C 为资料性附录。

本标准由中国电力企业联合会提出。

本标准由全国电力设备状态维修与在线监测标准化技术委员会归口。

本标准主要起草单位：中国电力科学研究院。

本标准参加起草单位：山东电力公司、河北电力公司、华东电网有限公司、江苏电力公司、浙江电力公司、福建电力公司。

本标准主要起草人：刘有为、李鹏、王献丽、高克利、李光范、宋杲、李金忠、于坤山、王晓宁、王承玉、王瑞珍、黄华、曹诗玉、佘振球、寻凯、朱玉林、李安伟、杜勇、徐玲铃。

本标准在执行过程中的意见或建议反馈至中国电力企业联合会标准化中心（北京市白广路二条 1 号，100761）。

输变电设备状态检修试验规程

1 范围

本标准规定了交流、直流电网中各类高压电气设备巡检、检查和试验的项目、周期和技术要求。

本标准适用于电压等级为 66kV～750kV 的交流和直流输变电设备。对于 35kV 及以下设备可借鉴本标准或参考其他相关标准。

2 规范性引用文件

下列文件中的条款通过本标准的引用而成为本标准的条款。凡是注日期的引用文件，其随后所有的修改单（不包括勘误的内容）或修订版均不适用于本标准，然而，鼓励根据本标准达成协议的各方研究是否可使用这些文件的最新版本。凡是不注日期的引用文件，其最新版本适用于本标准。

GB/T 264 石油产品酸值测定法（GB/T 264—1983，ASTM D974，NEQ）

GB/T 507 绝缘油击穿电压测定法（GB/T 507—2002，IEC 60156：1995，EQV）

GB/T 511 石油产品和添加剂机械杂质测定法（重量法）（GB/T 511—1988，ΓOCT 6370：1959，NEQ）

GB 1094.3 电力变压器 第 3 部分：绝缘水平、绝缘试验和外绝缘空气间隙（GB 1094.3—2003，IEC 60076-3：2000，MOD）

GB/T 1094.10 电力变压器 第 10 部分：声级测定（GB/T 1094.10—2003，IEC 60076-10：2001，MOD）

GB 1207 电磁式电压互感器（GB 1207—2006，IEC 60044-2：2003，MOD）

GB 1208 电流互感器（GB 1208—2006，IEC 60044-1：2003，MOD）

GB/T 4109 交流电压高于 1000V 的绝缘套管（GB/T 4109—2008，IEC 60137，MOD）

GB/T 4703 电容式电压互感器（GB/T 4703—2007，IEC 60044-5：2004，MOD）

GB/T 5654 液体绝缘材料 相对电容率、介质损耗因数和直流电阻率的测量（GB/T 5654—2007，IEC 60247：2004，IDT）

GB/T 6541 石油产品油对水界面张力测定法（圆环法）（GB/T 6541—1986，ISO 6295：1983，EQV）

GB/T 7252 变压器油中溶解气体分析和判断导则（GB/T 7252—2001，IEC 60599：1999，NEQ）

GB/T 7600 运行中变压器油水分含量测定法（库仑法）

GB/T 7601 运行中变压器油、汽轮机油水分测定法（气相色谱法）

GB/T 7602.1 变压器油、汽轮机油中 T501 抗氧化剂含量测定法 第 1 部分：分光光度法

GB/T 10229 电抗器（GB/T 10229—1988，IEC 60289：1987，EQV）

GB/T 11023 高压开关设备六氟化硫气体密封试验方法（GB/T 11023—1989，IEC

174

60056：1987；60298：1990；60517：1990，MOD）

    GB 11032 交流无间隙金属氧化物避雷器（GB 11032—2000，IEC 60099-4：1991，EQV）

    GB/T 14542 运行变压器油维护管理导则

    GB/T 19519 标称电压高于1000V的交流架空线路用复合绝缘子——定义、试验方法及验收准则（GB/T 19519—2004，IEC 61109：1992，MOD）

    GB 50150 电气装置安装工程 电气设备交接试验标准

    GB 50233 110～500kV架空送电线路施工及验收规范

    DL/T 417 电力设备局部放电现场测量导则

    DL/T 421 电力用油体积电阻率测定法

    DL/T 423 绝缘油中含气量测定方法 真空压差法

    DL/T 429.1 电力系统油质试验方法——透明度测定法

    DL/T 429.2 电力系统油质试验方法——颜色测定法

    DL/T 450 绝缘油中含气量的测试方法——二氧化碳洗脱法

    DL/T 474.1 现场绝缘试验实施导则 第1部分：绝缘电阻、吸收比和极化指数试验

    DL/T 474.3 现场绝缘试验实施导则 第3部分：介电损耗因数 $\tan\delta$ 试验

    DL/T 475 接地装置特性参数测量导则

    DL/T 506 六氟化硫电气设备中绝缘气体湿度测量方法

    DL/T 593 高压开关设备和控制设备标准的共用技术要求（DL/T 593—2006，IEC 60694：2002，MOD）

    DL/T 664 带电设备红外诊断应用规范

    DL/T 703 绝缘油中含气量的气相色谱测定法

    DL/T 864 标称电压高于1000V交流架空线路用复合绝缘子使用导则

    DL/T 887 杆塔工频接地电阻测量

    DL/T 911 电力变压器绕组变形的频率响应分析法

    DL/T 914 六氟化硫气体湿度测定法（重量法）

    DL/T 915 六氟化硫气体湿度测定法（电解法）

    DL/T 916 六氟化硫气体酸度测定法

    DL/T 917 六氟化硫气体密度测定法

    DL/T 918 六氟化硫气体中可水解氟化物含量测定法

    DL/T 919 六氟化硫气体中矿物油含量测定法（红外光谱分析法）

    DL/T 920 六氟化硫气体中空气、四氟化碳的气相色谱测定法

    DL/T 921 六氟化硫气体毒性生物试验方法

    DL/T 984 油浸式变压器绝缘老化判断导则

3 术语、定义和符号

    下列术语、定义和符号适用于本标准。

3.1 术语和定义

3.1.1 状态检修 condition-based maintenance

    基于设备状态，综合考虑安全、可靠性、环境、成本等要素，合理安排检修的一种检修策略。

3.1.2 设备状态量 equipment condition indicators

直接或间接表征设备状态的各类信息，如数据、声音、图像、现象等。

3.1.3 例行检查 routine maintenance

定期在现场对设备进行的状态检查，含各种简单保养和维修，如污秽清扫、螺丝紧固、防腐处理、自备表计校验、易损件更换、功能确认等。

3.1.4 巡检 routine inspection

为掌握设备状态对设备进行的巡视和检查。

3.1.5 例行试验 routine test

为获取设备状态量，评估设备状态，及时发现事故隐患，定期进行的各种带电检测和停电试验。需要设备退出运行才能进行的例行试验称为停电例行试验。

3.1.6 诊断性试验 diagnostic test

巡检、在线监测、例行试验等发现设备状态不良，或经受了不良工况，或受家族缺陷警示，或连续运行了较长时间，为进一步评估设备状态进行的试验。

3.1.7 带电检测 energized test

在运行状态下对设备状态量进行的现场检测。

3.1.8 初值 initial value

指能够代表状态量原始值的试验值。初值可以是出厂值、交接试验值、早期试验值、设备核心部件或主体进行解体性检修之后的首次试验值等。初值差定义为：（当前测量值－初值)/初值×100％。

3.1.9 注意值 attention value

状态量达到该数值时，设备可能存在或可能发展为缺陷。

3.1.10 警示值 warning value

状态量达到该数值时，设备已存在缺陷并有可能发展为故障。

3.1.11 家族缺陷 family defect

经确认由设计、和/或材质、和/或工艺共性因素导致的设备缺陷称为家族缺陷。如出现这类缺陷，具有同一设计、和/或材质、和/或工艺的其他设备，不论其当前是否可检出同类缺陷，在这种缺陷隐患被消除之前，都称为有家族缺陷设备。

3.1.12 不良工况 undesirable service condition

设备在运行中经受的、可能对设备状态造成不良影响的各种特别工况。

3.1.13 基准周期 benchmark interval

本标准规定的巡检周期和例行试验周期。

3.1.14 轮试 in turn testing

对于数量较多的同厂同型设备，若例行试验项目的周期为2年及以上，宜在周期内逐年分批进行，这一方式称为轮试。

3.2 符号

U_0：电缆设计用的导体与金属屏蔽或金属套之间的额定电压有效值。

U_m：设备最高工作电压有效值。

4 总则

4.1 设备巡检

在设备运行期间，应按规定的巡检内容和巡检周期对各类设备进行巡检。巡检内容还应包括设备技术文件特别提示的其他巡检要求。巡检情况应有书面或电子文档记录。

在雷雨季节前，大风、降雨（雪、冰雹）、沙尘暴及有明显震感（烈度 4 度及以上）的地震之后，应对相关设备加强巡检；新投运的设备、对核心部件或主体进行解体性检修后重新投运的设备，宜加强巡检；日最高气温 35℃ 以上或大负荷期间，宜加强红外测温。

4.2 试验分类和说明

4.2.1 试验分类

本标准将试验分为例行试验和诊断性试验。例行试验通常按周期进行，诊断性试验只在诊断设备状态时根据情况有选择地进行。

4.2.2 试验说明

若存在设备技术文件要求但本标准未涵盖的检查和试验项目，按设备技术文件要求进行。若设备技术文件要求与本标准要求不一致，按严格要求执行。

新设备投运满 1 年（220kV 及以上）或满 1～2 年（110kV/66kV），以及停运 6 个月以上重新投运前的设备，应进行例行试验。对核心部件或主体进行解体性检修后重新投运的设备，可参照新设备要求执行。

现场备用设备应视同运行设备进行例行试验；备用设备投运前应对其进行例行试验；若更换的是新设备，投运前应按交接试验要求进行试验。

除特别说明，所有电容和介质损耗因数一并测量的试验，试验电压均为 10kV。

在进行与环境温度、湿度有关的试验时，除专门规定的情形之外，环境相对湿度不宜大于 80%，环境温度不宜低于 5℃，绝缘表面应清洁、干燥。若前述环境条件无法满足时，可采用 4.3.5 进行分析。

4.3 设备状态量的评价和处置原则

4.3.1 设备状态评价原则

设备状态的评价应基于巡检及例行试验、诊断性试验、在线监测、带电检测、家族缺陷、不良工况等状态信息，包括其现象强度、量值大小以及发展趋势，结合与同类设备的比较，做出综合判断。

4.3.2 注意值处置原则

有注意值要求的状态量，若当前试验值超过注意值或接近注意值的趋势明显，对于正在运行的设备，应加强跟踪监测；对于停电设备，如怀疑属于严重缺陷，则不宜投入运行。

4.3.3 警示值处置原则

有警示值要求的状态量，若当前试验值超过警示值或接近警示值的趋势明显，对于运行设备应尽快安排停电试验；对于停电设备，消除此隐患之前一般不应投入运行。

4.3.4 状态量的显著性差异分析

在相近的运行和检测条件下，同一家族设备的同一状态量不应有明显差异，否则应进行显著性差异分析，分析方法见附录 A。

4.3.5 易受环境影响状态量的纵横比分析

设 A、B、C 3 台设备的上次试验值和当前试验值分别为 a_1、b_1、c_1、a_2、b_2、c_2，在分析设备 A 当前试验值 a_2 是否正常时，根据 $a_2/(b_2+c_2)$ 与 $a_1/(b_1+c_1)$ 相比有无明显差异进行判断，一般不超过 $\pm 30\%$ 可作为判断正常与否的参考。

4.4 基于设备状态的周期调整

4.4.1 周期的调整

本标准给出的基准周期适用于一般情况。对于停电例行试验，各单位可依据自身设备状态、地域环境、电网结构等，酌情延长或缩短基准周期，调整后的基准周期一般不小于 1 年，也不大于本标准所列基准周期的 1.5 倍。

4.4.2 可延迟试验的条件

符合以下各项条件的设备，需停电进行的例行试验可以在 4.4.1 周期调整后的基础上延迟 1 个年度：

a) 巡检中未见可能危及该设备安全运行的任何异常。

b) 带电检测（如有）显示设备状态良好。

c) 上次例行试验与其前次例行（或交接）试验结果相比无明显差异。

d) 没有任何可能危及设备安全运行的家族缺陷。

e) 上次例行试验以来，没有经受严重的不良工况。

4.4.3 需提前试验的情形

有下列情形之一的设备，需提前或尽快安排例行或/和诊断性试验：

a) 巡检中发现有异常，此异常可能是重大质量隐患所致。

b) 带电检测（如有）显示设备状态不良。

c) 之前的例行试验数据有朝着注意值或警示值方向发展的明显趋势，或者接近注意值或警示值。

d) 存在重大家族缺陷。

e) 经受了较为严重不良工况。

如初步判定设备继续运行有风险，则不论是否到期，都应列入最近的年度试验计划，其间应根据具体情况加强巡检或跟踪监测。情况严重时，应尽快退出运行，进行试验。

4.5 解体性检修的适用原则

存在下列情形之一的设备，需要对设备核心部件或主体进行解体性检修，不适宜解体性检修的，应予以更换：

a) 例行或诊断性试验表明存在重大缺陷的设备。

b) 受重大家族缺陷警示，需要解体消除隐患的设备。

c) 依据设备技术文件之推荐或运行经验，达到解体性检修条件的设备。

5 交流设备

5.1 油浸式电力变压器和电抗器

5.1.1 油浸式电力变压器、电抗器巡检及例行试验（见表 1、表 2）

表 1 油浸式电力变压器和电抗器巡检项目

巡检项目	基准周期	要　　求	说明条款
外观	330kV 及以上：2 周 220kV：1 月 110kV/66kV：3 月	无异常	见 5.1.1.1a)
油温和绕组温度		符合设备技术文件之要求	见 5.1.1.1b)
呼吸器干燥剂（硅胶）		1/3 以上处于干燥状态	见 5.1.1.1c)
冷却系统		无异常	见 5.1.1.1d)
声响及振动		无异常	见 5.1.1.1e)

表 2　油浸式电力变压器和电抗器例行试验和检查项目

例行试验和检查项目	基准周期	要　求	说明条款
红外热像检测	330kV 及以上：1月 220kV：3月 110kV/66kV：半年	无异常	见 5.1.1.2
油中溶解气体分析	330kV 及以上：3月 220kV：半年 110kV/66kV：1年	1. 溶解气体： 乙炔≤1μL/L（330kV 及以上） ≤5μL/L（其他）（注意值） 氢气≤150μL/L（注意值） 总烃≤150μL/L（注意值） 2. 绝对产气速率： ≤12mL/d（隔膜式）（注意值） 或≤6mL/d（开放式）（注意值） 3. 相对产气速率： ≤10%/月（注意值）	见 5.1.1.3
绕组电阻	3 年	1. 相间互差不大于 2%（警示值） 2. 同相初值差不超过 ±2%（警示值）	见 5.1.1.4
绝缘油例行试验	330kV 及以上：1年 220kV 及以下：3年	见 7.1	见 7.1
套管试验	3 年	见 5.6	见 5.6
铁芯绝缘电阻	3 年	≥100MΩ（新投运 1000MΩ）（注意值）	见 5.1.1.5
绕组绝缘电阻	3 年	1. 绝缘电阻无显著下降 2. 吸收比≥1.3 或极化指数≥1.5 或绝缘电阻≥10 000MΩ（注意值）	见 5.1.1.6
绕组绝缘介质损耗因数（20℃）	3 年	330kV 及以上：≤0.005（注意值） 220kV 及以下：≤0.008（注意值）	见 5.1.1.7
有载分接开关检查（变压器）	见 5.1.1.8	见 5.1.1.8	见 5.1.1.8
测温装置检查	3 年	无异常	见 5.1.1.9
气体继电器检查		无异常	见 5.1.1.10
冷却装置检查		无异常	见 5.1.1.11
压力释放装置检查	解体性检修时	无异常	见 5.1.1.12

5.1.1.1　巡检说明

a）外观无异常，油位正常，无油渗漏。

b）记录油温、绕组温度、环境温度、负荷和冷却器开启组数。

c）呼吸器呼吸正常；当 2/3 干燥剂受潮时应予更换；若干燥剂受潮速度异常，应检查密封，并取油样分析油中水分（仅对开放式）。

d）冷却系统的风扇运行正常，出风口和散热器无异物附着或严重积污；潜油泵无异常声响、振动，油流指示器指示正确。

e）变压器声响和振动无异常，必要时按 GB/T 1094.10 测量变压器声级；如振动异常，可定量测量。

5.1.1.2　红外热像检测

检测变压器箱体、储油柜、套管、引线接头及电缆等，红外热像图显示应无异常温升、温差和/或相对温差。检测和分析方法参考 DL/T 664。

5.1.1.3　油中溶解气体分析

除例行试验外，新投运、对核心部件或主体进行解体性检修后重新投运的变压器，在投运后的第 1、4、10、30 天各进行一次本项试验。若有增长趋势，即使小于注意值，也应缩短试验周期。烃类气体含量较高时，应计算总烃的产气速率。取样及测量程序参考 GB/T 7252，同时注意设备技术文件的特别提示（如有）。

当怀疑有内部缺陷（如听到异常声响）、气体继电器有信号、经历了过励磁、过负荷运行以及发生了出口或近区短路故障时，应进行额外的取样分析。

5.1.1.4　绕组电阻

有中性点引出线时，应测量各相绕组的电阻；若无中性点引出线，可测量各线间电阻，然后换算到相绕组，换算方法见附录 B。测量时铁芯的磁化极性应保持一致。要求在扣除原始差异之后，同一温度下各相绕组电阻的相互差异应在 2% 之内。此外，还要求同一温度下，各相电阻的初值差不超过 ±2%。电阻温度修正按下式：

$$R_2 = R_1 \left(\frac{T_k + t_2}{T_k + t_1} \right) \tag{1}$$

式中　R_1、R_2——分别表示温度为 t_1、t_2 时的电阻；

T_k——常数，铜绕组 T_k 为 235，铝绕组 T_k 为 225。

无励磁调压变压器改变分接位置后、有载调压变压器分接开关检修后及更换套管后，也应测量一次。

电抗器参照执行。

5.1.1.5　铁芯绝缘电阻

绝缘电阻测量采用 2500V（老旧变压器 1000V）绝缘电阻表。除注意绝缘电阻的大小外，要特别注意绝缘电阻的变化趋势。夹件引出接地的，应分别测量铁芯对夹件及夹件对地绝缘电阻。

除例行试验之外，当油中溶解气体分析异常，在诊断时也应进行本项目。

5.1.1.6　绕组绝缘电阻

测量时，铁芯、外壳及非测量绕组应接地，测量绕组应短路，套管表面应清洁、干燥。采用 5000V 绝缘电阻表测量。测量宜在顶层油温低于 50℃ 时进行，并记录顶层油温。绝缘电阻受温度的影响可按式（2）进行近似修正。绝缘电阻下降显著时，应结合介质损耗因数及油质试验进行综合判断。测试方法参考 DL/T 474.1

$$R_2 = R_1 \times 1.5^{(t_1 - t_2)/10} \tag{2}$$

式中　R_1、R_2——分别表示温度为 t_1、t_2 时的绝缘电阻。

除例行试验之外，当绝缘油例行试验中水分偏高，或者怀疑箱体密封被破坏，也应进行本项试验。

5.1.1.7　绕组绝缘介质损耗因数

测量宜在顶层油温低于 50℃ 且高于 0℃ 时进行，测量时记录顶层油温和空气相对湿度，非测量绕组及外壳接地。必要时分别测量被测绕组对地、被测绕组对其他绕组的绝缘介质损耗因数。测量方法可参考 DL/T 474.3。

测量绕组绝缘介质损耗因数时，应同时测量电容值，若此电容值发生明显变化，应予以注意。

分析时应注意温度对介质损耗因数的影响。

5.1.1.8 有载分接开关检查

以下步骤可能会因制造商或型号的不同有所差异，必要时参考设备技术文件。

每年检查一次的项目包括：

a) 储油柜、呼吸器和油位指示器，应按其技术文件要求检查。

b) 在线滤油器，应按其技术文件要求检查滤芯。

c) 打开电动机构箱，检查是否有任何松动、生锈；检查加热器是否正常。

d) 记录动作次数。

e) 如有可能，通过操作 1 步再返回的方法，检查电机和计数器的功能。

每 3 年检查一次的项目：

a) 在手摇操作正常的情况下，就地电动和远方各进行一个循环的操作，无异常。

b) 检查紧急停止功能以及限位装置。

c) 在绕组电阻测试之前检查动作特性，测量切换时间；有条件时测量过渡电阻，电阻值的初值差不超过 ±10%。

d) 油质试验：要求油耐受电压 ≥30kV；如果装备有在线滤油器，要求油耐受电压 ≥40kV。不满足要求时，需要对油进行过滤处理，或者换新油。

5.1.1.9 测温装置检查

每 3 年检查一次，要求外观良好，运行中温度数据合理，相互比对无异常。

每 6 年校验一次，可与标准温度计比对，或按制造商推荐方法进行，结果应符合设备技术文件要求。同时采用 1000V 绝缘电阻表测量二次回路的绝缘电阻，一般不低于 1MΩ。

5.1.1.10 气体继电器检查

每 3 年检查一次气体继电器整定值，应符合运行规程和设备技术文件要求，动作正确。

每 6 年测量一次气体继电器二次回路的绝缘电阻，应不低于 1MΩ，采用 1000V 绝缘电阻表测量。

5.1.1.11 冷却装置检查

运行中，流向、温升和声响正常，无渗漏。强油水冷装置的检查和试验，按设备技术文件要求进行。

5.1.1.12 压力释放装置检查

按设备技术文件要求进行检查，应符合要求。一般要求开启压力与出厂值的标准偏差在 ±10% 之内或符合设备技术文件要求。

5.1.2 油浸式电力变压器和电抗器诊断性试验（见表 3）

表 3 油浸式变压器、电抗器诊断性试验项目

诊断性试验项目	要求	说明条款
空载电流和空载损耗	见 5.1.2.1	见 5.1.2.1
短路阻抗	初值差不超过 ±3%（注意值）	见 5.1.2.2
感应耐压和局部放电	1. 感应耐压：出厂试验值的 80% 2. 局部放电：下：≤300pC（注意值）	见 5.1.2.3

诊断性试验项目	要　　求	说明条款
绕组频率响应分析	见 5.1.2.4	见 5.1.2.4
绕组各分接位置电压比	初值差不超过±0.5%（额定分接位置）；±1.0%（其他）（警示值）	见 5.1.2.5
直流偏磁水平检测（变压器）	见 5.1.2.6	见 5.1.2.6
电抗器电抗值	初值差不超过±5%（注意值）	见 5.1.2.7
纸绝缘聚合度	聚合度≥250（注意值）	见 5.1.2.8
绝缘油诊断性试验	见 7.2	见 7.2
整体密封性能检查	无油渗漏	见 5.1.2.9
铁芯接地电流	≤100mA（注意值）	见 5.1.2.10
声级及振动	符合设备技术文件要求	见 5.1.2.11
绕组直流泄漏电流	见 5.1.2.12	见 5.1.2.12
外施耐压试验	出厂试验值的 80%	见 5.1.2.13

5.1.2.1　空载电流和空载损耗

诊断铁芯结构缺陷、匝间绝缘损坏等可进行本项目。试验电压尽可能接近额定值。试验电压值和接线应与上次试验保持一致。测量结果与上次相比不应有明显差异。对单相变压器相间或三相变压器两个边相，空载电流差异不应超过 10%。分析时一并注意空载损耗的变化。

5.1.2.2　短路阻抗

诊断绕组是否发生变形时进行本项目。应在最大分接位置和相同电流下测量。试验电流可用额定电流，亦可低于额定值，但不应小于 5A。

5.1.2.3　感应耐压和局部放电

验证绝缘强度或诊断是否存在局部放电缺陷时进行本项目。感应电压的频率应在 100Hz～400Hz。电压为出厂试验值的 80%，时间按式（3）确定，但应在 15s～60s 之间。试验方法参考 GB/T 1094.3。

$$t(s) = \frac{120 \times 额定频率}{试验频率} \tag{3}$$

在进行感应耐压试验之前，应先进行低电压下的相关试验以评估感应耐压试验的风险。

5.1.2.4　绕组频率响应分析

诊断是否发生绕组变形时进行本项目。当绕组扫频响应曲线与原始记录基本一致时，即绕组频响曲线的各个波峰、波谷点所对应的幅值及频率基本一致时，可以判定被测绕组没有变形。测量和分析方法参考 DL/T 911。

5.1.2.5　绕组各分接位置电压比

对核心部件或主体进行解体性检修之后或怀疑绕组存在缺陷时进行本项目。结果应与铭牌标识一致。

5.1.2.6　直流偏磁水平检测

当变压器声响、振动异常时进行本项目。

5.1.2.7 电抗器电抗值

怀疑线圈或铁芯（如有）存在缺陷时进行本项目。测量方法参考 GB 10229。

5.1.2.8 纸绝缘聚合度

诊断绝缘老化程度时进行本项目。测量方法参考 DL/T 984。

5.1.2.9 整体密封性能检查

对核心部件或主体进行解体性检修之后或重新进行密封处理之后进行本项目。采用储油柜油面加压法，在 0.03MPa 压力下持续 24h，应无油渗漏。检查前应采取措施防止压力释放装置动作。

5.1.2.10 铁芯接地电流

在运行条件下测量流经接地线的电流，大于 100mA 时应予注意。

5.1.2.11 声级及振动

当噪声异常时可定量测量变压器声级，具体要求参考 GB/T 1094.10。如果振动异常，可定量测量振动水平，振动波主波峰的高度应不超过规定值，且与同型设备无明显差异。

5.1.2.12 绕组直流泄漏电流

怀疑绝缘存在受潮等缺陷时进行本项目，测量绕组短路加压，其他绕组短路接地，施加直流电压值为 40kV（330kV 及以下绕组）、60kV（500kV 及以上绕组），加压 60s 时的泄漏电流与初值比应没有明显增加，与同型设备比没有明显差异。

5.1.2.13 外施耐压试验

仅对中性点和低压绕组进行，耐受电压为出厂试验值的 80%，时间为 60s。

5.1.3 干式电抗器

巡检项目包括表 1 所列外观、声响及振动；例行试验包括表 2 所列红外热像检测、绕组电阻、绕组绝缘电阻；诊断性试验包括表 3 中电抗器电抗值测量、声级及振动、空载电流和空载损耗测量。

5.2 SF₆ 气体绝缘电力变压器

5.2.1 SF₆ 气体绝缘电力变压器巡检及例行试验（见表 4、表 5）

表 4 SF₆ 气体绝缘电力变压器巡检项目

巡检项目	基准周期	要　　求	说明条款
外观及气体压力	220kV 及以上：1 月 110kV/66kV：3 月	无异常	见 5.2.1.1a)
气体和绕组温度		符合设备技术文件之要求	见 5.2.1.1b)
声响及振动		无异常	见 5.2.1.1c)

表 5 SF₆ 气体绝缘电力变压器例行试验和检查项目

例行试验和检查项目	基准周期	要　　求	说明条款
红外热像检测	半年	无异常	见 5.2.1.2
绕组电阻	3 年	1. 相间互差不大于 2%（警示值） 2. 同相初值差不超过 ±2%（警示值）	见 5.1.1.4
铁芯（有外引接地线）绝缘电阻	3 年	≥100MΩ（新投运 1000MΩ）（注意值）	见 5.1.1.5

183

例行试验和检查项目	基准周期	要　　求	说明条款
绕组绝缘电阻	3 年	1. 绝缘电阻无显著下降 2. 吸收比≥1.3 或极化指数≥1.5 或绝缘电阻≥10 000MΩ（注意值）	见 5.1.1.6
绕组绝缘介质损耗因数（20℃）	3 年	<0.008（注意值）	见 5.1.1.7
SF₆ 气体湿度	1 年	见 8.1	见 8.1
有载分接开关检测	220kV：1 年 110kV/66kV：3 年	见 5.1.1.8	见 5.1.1.8
测温装置检查		无异常	见 5.1.1.9
压力释放装置检查	解体性检修时	无异常	见 5.1.1.12

5.2.1.1　巡检说明

a）外观无异常，气体压力指示值正常。

b）记录气体、绕组温度、环境温度、负荷和冷却器开启组数，冷却器工作状态正常。

c）变压器声响无异常；如果振动异常，可定量测量。

5.2.1.2　红外热像检测

检测变压器箱体、套管、引线接头及电缆等，红外热像图显示应无异常温升、温差和/或相对温差。检测及分析方法参考 DL/T 664。

5.2.2　SF₆ 气体绝缘电力变压器诊断性试验（见表 6）

表 6　SF₆ 气体绝缘电力变压器诊断性试验项目

诊断性试验项目	要　　求	说明条款
空载电流	见 5.1.2.1	见 5.1.2.1
短路阻抗	初值差不超过±3%（注意值）	见 5.1.2.2
感应耐压和局部放电	1. 感应耐压：出厂试验值的 80% 2. 局部放电：下：≤300pC（注意值）或符合制造商要求	见 5.1.2.3
绕组频率响应分析	见 5.1.2.4	见 5.1.2.4
绕组各分接位置电压比	初值差不超过±0.5%（额定分接位置） ±1.0%（其他）（警示值）	见 5.1.2.5
气体密度表（继电器）校验	符合设备技术条件要求	见 5.2.2.1
SF₆ 气体成分分析	见 8.2	见 8.2
SF₆ 气体密封性检测	≤0.1%/年或符合设备技术文件要求（注意值）	见 5.2.2.2

5.2.2.1　气体密度表（继电器）校验

数据显示异常或达到制造商推荐的校验周期时进行本项目。校验按设备技术文件要求进行。

5.2.2.2　SF₆ 气体密封性检测

当气体密度（压力）显示有所降低或定性检测发现气体泄漏时进行本项目。检测方法可参考 GB/T 11023。

5.3　电流互感器

5.3.1　电流互感器巡检及例行试验（见表 7、表 8）

表 7　电流互感器巡检项目

巡检项目	基准周期	要　求	说明条款
外观检查	330kV 及以上：2 周 220kV：1 月 110kV/66kV：3 月	外观无异常	见 5.3.1.1
二次电流检查		二次电流无异常	

表 8　电流互感器例行试验项目

例行试验项目	基准周期	要　求	说明条款
红外热像检测	330kV 及以上：1 月 220kV：3 月 110kV/66kV：半年	无异常	见 5.3.1.2
油中溶解气体分析 （油纸绝缘）	正立式≤3 年 倒置式≤6 年	乙炔≤2μL/L（110kV/66kV） ≤1μL/L（220kV 及以上）（注意值） 氢气≤150μL/L（注意值） 总烃≤100μL/L（注意值）	见 5.3.1.3
绝缘电阻	3 年	1. 绕组：初值差不超过－50%（注意值） 2. 末屏对地（电容型）：>1000MΩ（注意值）	见 5.3.1.4
电容量 和介质损耗因数 （固体或油纸绝缘）	3 年	1. 电容量初值差不超过±5%（警示值） 2. 介质损耗因数满足下表要求（注意值） U_m(kV) ⎮ 126/72.5 ⎮ 252/363 ⎮ ≥550 $\tan\delta$ ⎮ ≤0.008 ⎮ ≤0.007 ⎮ ≤0.006 聚四氟乙烯缠绕绝缘：≤0.005 超过注意值时，参考 5.3.1.5 判断	见 5.3.1.5
SF$_6$ 气体湿度（SF$_6$ 绝缘）	3 年	≤500μL/L（注意值）	见 8.1

5.3.1.1　巡检说明

a) 高压引线、接地线等连接正常；本体无异常声响或放电声；瓷套无裂纹；复合绝缘外套无电蚀痕迹或破损；无影响设备运行的异物。

b) 充油的电流互感器：无油渗漏，油位正常，膨胀器无异常升高；充气的电流互感器：气体密度值正常，气体密度表（继电器）无异常。

c) 二次电流无异常。

5.3.1.2　红外热像检测

检测高压引线连接处、电流互感器本体等，红外热像图显示应无异常温升、温差和/或相对温差。检测和分析方法参考 DL/T 664。

5.3.1.3　油中溶解气体分析

取样时，需注意设备技术文件的特别提示（如有），并检查油位应符合设备技术文件之要求。制造商明确禁止取油样时，宜作为诊断性试验。

5.3.1.4　绝缘电阻

采用 2500V 绝缘电阻表测量。当有两个一次绕组时，还应测量一次绕组间的绝缘电阻。

绕组的绝缘电阻应大于 3000MΩ，或与上次测量值相比无显著变化。有末屏端子的，测量末屏对地绝缘电阻，一般不低于 1000MΩ，或与上次测量值相比无显著变化。

5.3.1.5 电容量和介质损耗因数

测量前应确认外绝缘表面清洁、干燥。如果测量值异常（测量值偏大或增量偏大），可测量介质损耗因数与测量电压之间的关系曲线，测量电压从 10kV 到 $U_m/\sqrt{3}$，介质损耗因数的变化量应在 ±0.0015 之内，且介质损耗因数不超过 0.007（$U_m \geqslant 550kV$）、0.008（U_m 为 363kV/252kV）、0.01（U_m 为 126kV/72.5kV）。

当末屏绝缘电阻不能满足要求时，可通过测量末屏介质损耗因数作进一步判断，测量电压为 2kV，通常要求小于 0.015。

5.3.2 电流互感器诊断性试验（见表 9）

表 9 电流互感器诊断性试验项目

诊断性试验项目	要　　求	说明条款
绝缘油试验（油纸绝缘）	见 7.1	见 7.1
交流耐压试验	1. 一次绕组：试验电压为出厂试验值的 80% 2. 二次绕组之间及末屏对地：2kV	见 5.3.2.1
局部放电	1.2U_m 下： ≤20pC（气体） ≤20pC（油纸绝缘及聚四氟乙烯缠绕绝缘） ≤50pC（固体）（注意值）	见 5.3.2.2
电流比校核	符合设备技术文件要求	见 5.3.2.3
绕组电阻	与初值比较，应无明显差别	见 5.3.2.4
气体密封性检测（SF₆ 绝缘）	≤1%/年或符合设备技术文件要求（注意值）	见 5.3.2.5
气体密度表（继电器）校验	见 5.3.2.6	见 5.3.2.6

5.3.2.1 交流耐压试验

需要确认设备绝缘介质强度时进行本项目。一次绕组的试验电压为出厂试验值的 80%、二次绕组之间及末屏对地的试验电压为 2kV，时间为 60s。

如 SF₆ 电流互感器压力下降到 0.2MPa 以下，补气后应做老练和交流耐压试验。试验方法参考 GB 1208。

5.3.2.2 局部放电

检验是否存在严重局部放电时进行本项目。测量方法参考 GB 1208。

5.3.2.3 电流比校核

对核心部件或主体进行解体性检修之后或需要确认电流比时进行本项目。在 5%～100% 额定电流范围内，从一次侧注入任一电流值，测量二次侧电流，校核电流比。

5.3.2.4 绕组电阻

红外检测温升异常，或怀疑一次绕组存在接触不良时，应测量一次绕组电阻。要求测量结果与初值比没有明显增加，并符合设备技术文件要求。

二次电流异常，或有二次绕组方面的家族缺陷时，应测量二次绕组电阻。要求测量结果与初值比没有明显增加，并符合设备技术文件要求。

分析时应考虑测量时绕组温度不同带来的影响。

5.3.2.5 气体密封性检测

当气体密度表显示密度下降或定性检测发现气体泄漏时进行本项试验。方法可参考 GB/T 11023。

5.3.2.6 气体密度表（继电器）校验

数据显示异常或达到制造商推荐的校验周期时进行本项目。校验按设备技术文件要求进行。

5.4 电磁式电压互感器

5.4.1 电磁式电压互感器巡检及例行试验（见表 10、表 11）

表 10 电磁式电压互感器巡检项目

巡检项目	基准周期	要求	说明条款
外观检查	330kV 及以上：2 周 220kV：1 月 110kV/66kV：3 月	外观无异常	见 5.4.1.1
二次电压检查		二次电压无异常	

表 11 电磁式电压互感器例行试验项目

例行试验项目	基准周期	要求	说明条款
红外热像检测	330kV 及以上：1 月 220kV：3 月 110kV/66kV：半年	无异常	见 5.4.1.2
绕组绝缘电阻	3 年	初值差不超过 −50%（注意值）	见 5.4.1.3
绕组绝缘介质损耗因数	3 年	≤0.02（串式）（注意值） ≤0.005（非串级式）（注意值）	见 5.4.1.4
油中溶解气体分析 （油纸绝缘）	3 年	乙炔≤2μL/L（注意值） 氢气≤150μL/L（注意值） 总烃≤100μL/L（注意值）	见 5.4.1.5
SF_6 气体湿度（SF_6 绝缘）	3 年	≤500μL/L（注意值）	见 8.1

5.4.1.1 巡检说明

a）高压引线、接地线等连接正常；无异常声响或放电声；瓷套无裂纹；复合绝缘外套无电蚀痕迹或破损；无影响设备运行的异物。

b）油位正常（油纸绝缘），气体密度值正常（SF_6 绝缘）。

c）二次电压无异常，必要时带电测量二次电压。

5.4.1.2 红外热像检测

红外热像检测高压引线连接处、本体等，红外热像图显示应无异常温升、温差和/或相对温差。测量和分析方法参考 DL/T 664。

5.4.1.3 绕组绝缘电阻

一次绕组用 2500V 绝缘电阻表，二次绕组采用 1000V 绝缘电阻表。测量时非被测绕组应接地。同等或相近测量条件下，绝缘电阻应无显著降低。

5.4.1.4 绕组绝缘介质损耗因数

测量一次绕组的介质损耗因数，一并测量电容量，作为综合分析的参考。测量方法参考 DL/T 474.3。

5.4.1.5 油中溶解气体分析

取样时，需注意设备技术文件的特别提示（如有），并确认油位符合设备技术文件之要求。制造商明确禁止取油样时，宜作为诊断性试验。

5.4.2 电磁式电压互感器诊断性试验（见表12）

表12 电磁式电压互感器诊断性试验项目

诊断性试验项目	要 求	说明条款
交流耐压试验	1. 一次绕组耐受80％出厂试验电压； 2. 二次绕组之间及对地2kV	见5.4.2.1
局部放电	$1.2U_m/\sqrt{3}$下（注意值）： ≤20pC（气体）； ≤20pC（液体浸渍）； ≤50pC（固体）	见5.4.2.
绝缘油试验（油纸绝缘）	见7.1	见7.1
SF$_6$气体成分分析（SF$_6$绝缘）	见8.2	见8.2
支架介质损耗因数	≤0.05	—
电压比校核	符合设备技术文件要求	见5.4.2.3
励磁特性	见5.4.2.4	见5.4.2.4
绕组电阻	与初值比较，应无明显差别	见5.3.2.4
气体密封性检测（SF$_6$绝缘）	≤1％/年或符合设备技术文件要求（注意值）	见5.3.2.5
气体密度表（继电器）校验（SF$_6$绝缘）	符合设备技术文件要求	见5.3.2.6

5.4.2.1 交流耐压试验

需要确认设备绝缘介质强度时进行本项目。试验电压为出厂试验值的80％，时间为60s。一次绕组采用感应耐压，二次绕组采用外施耐压。对于感应耐压试验，当频率在100Hz～400Hz时，持续时间应按式（3）确定，但不少于15s。进行感应耐压试验时应考虑容升现象。试验方法参考GB 1207。

5.4.2.2 局部放电

检验是否存在严重局部放电时进行本项目。在电压幅值为$1.2U_m/\sqrt{3}$下测量，测量结果符合技术要求。测量方法参考GB 1207。

5.4.2.3 电压比校核

对核心部件或主体进行解体性检修之后或需要确认电压比时进行本项目。在80％～100％的额定电压范围内，在一次侧施加任一电压值，测量二次侧电压，验证电压比。简单检查可取更低电压。

5.4.2.4 励磁特性

对核心部件或主体进行解体性检修之后或计量要求时进行本项目。试验时电压施加在二次端子上，电压波形为标准正弦波。测量点至少包括额定电压的0.2、0.5、0.8、1.0、1.2倍，测量出对应的励磁电流，与出厂值相比应无显著改变；与同一批次、同一型号的其他电磁式电压互感器相比，彼此差异不应大于30％。

5.4.2.5 绕组电阻

怀疑绕组存在缺陷或排查相关缺陷原因时可进行绕组电阻测量。要求测量结果与初值比没有明显变化，并符合设备技术文件要求。分析时应考虑绕组温度的影响。

5.5 电容式电压互感器

5.5.1 电容式电压互感器巡检及例行试验（见表13、表14）

表13 电容式电压互感器巡检项目

巡检项目	基准周期	要　求	说明条款
外观检查	330kV及以上：2周 220kV：1月 110kV/66kV：3月	外观无异常	见5.5.1.1
二次电压检查		二次电压无异常	

表14 电容式电压互感器例行试验项目

例行试验项目	基准周期	要　求	说明条款
红外热像检测	330kV及以上：1月 220kV：3月 110kV/66kV：半年	无异常	见5.5.1.2
分压电容器试验	3年	1. 极间绝缘电阻≥5000MΩ（注意值） 2. 电容量初值差不超过±2%（警示值） 3. 介质损耗因数： ≤0.005（油纸绝缘）（注意值） ≤0.0025（膜纸复合）（注意值）	见5.5.1.3
二次绕组绝缘电阻	3年	初值差不超过－50%（注意值）	见5.5.1.4

5.5.1.1 巡检说明

a）高压引线、接地线等连接正常；无异常声响或放电声；瓷套无裂纹；无影响设备运行的异物。

b）油位正常。

c）二次电压无异常，必要时带电测量二次电压。

5.5.1.2 红外热像检测

红外热像检测高压引线连接处、本体等，红外热像图显示应无异常温升、温差和/或相对温差。检测和分析方法参考DL/T 664。

5.5.1.3 分压电容器试验

在测量电容量时宜同时测量介质损耗因数，多节串联的应分节独立测量。试验时应按设备技术文件要求并参考DL/T 474进行。

除例行试验外，当二次电压异常时也应进行本项目。

5.5.1.4 二次绕组绝缘电阻

二次绕组绝缘电阻可用1000V绝缘电阻表测量。在相近测量条件下，要求绝缘电阻不应有显著降低或符合设备技术文件要求。

5.5.2 电容式电压互感器诊断性试验（见表15）

表15 电容式电压互感器诊断性试验项目

诊断性试验项目	要　求	说明条款
局部放电	$1.2U_m/\sqrt{3}$下：≤10pC	见5.5.2.1

诊断性试验项目	要　　求	说明条款
电磁单元感应耐压试验	试验电压为出厂试验值的80% 或按设备技术文件要求	见5.5.2.2
电磁单元绝缘油击穿电压和水分	见7.1	见5.5.2.3
阻尼装置检查	符合设备技术文件要求	—

5.5.2.1　局部放电

诊断是否存在严重局部放电缺陷时进行本项目。试验在完整的电容式电压互感器上进行。在电压值为 $1.2U_m/\sqrt{3}$ 下测量，测量结果应符合技术要求。试验电压不能满足要求时，可将分压电容按单节进行。

5.5.2.2　电磁单元感应耐压试验

试验前把电磁单元与电容分压器分开，若因产品结构在现场无法拆开的可不进行耐压试验。试验电压为出厂试验值的80%或按设备技术文件要求进行，时间为60s。进行感应耐压试验时，耐压时间按式（3）进行折算，但应在15s~60s之间。试验方法参考GB/T 4703。

5.5.2.3　电磁单元绝缘油击穿电压和水分

当二次绕组绝缘电阻不能满足要求或存在密封缺陷时进行本项目。

5.6　高压套管

本节所述套管包括各类设备套管和穿墙套管，"充油"包括纯油绝缘套管、油浸纸绝缘套管和油气混合绝缘套管；"充气"包括 SF_6 绝缘套管和油气混合绝缘套管；"电容型"包括所有采用电容屏均压的套管。

5.6.1　高压套管巡检及例行试验（见表16、表17）

表16　高压套管巡检项目

巡检项目	基准周期	要　　求	说明条款
外观检查	330kV 及以上：2周 220kV：1月 110kV/66kV：3月	无异常	见5.6.1.1
油位及渗漏油检查（充油）		无异常	
气体密度值检查（充气）		符合设备技术文件要求	

表17　高压套管例行试验项目

例行试验项目	基准周期	要　　求	说明条款
红外热像检测	330kV 及以上：1月 220kV：3月 110kV/66kV：半年	无异常	见5.6.1.2
绝缘电阻	3年	1. 主绝缘：≥10 000MΩ（注意值） 2. 末屏对地：≥1000MΩ（注意值）	见5.6.1.3
电容量和介质损耗因数 （20℃）（电容型）	3年	1. 电容量初值差不超过±5%（警示值） 2. 介质损耗因数符合下表要求： 500kV 及以上≤0.006（注意值） 其他（注意值）： 油浸纸：≤0.007	见5.6.1.4

例行试验项目	基准周期	要　　求	说明条款
电容量和介质损耗因数 （20℃）（电容型）	3 年	聚四氟乙烯缠绕绝缘：≤0.005 树脂浸纸：≤0.007 树脂黏纸（胶纸绝缘）：≤0.015	见 5.6.1.4
SF₆ 气体湿度（充气）	3 年	符合设备技术文件要求	见 8.1

5.6.1.1　巡检说明

a）高压引线、末屏接地线等连接正常；无异常声响或放电声；瓷套无裂纹；复合绝缘外套无电蚀痕迹或破损；无影响设备运行的异物。

b）充油套管油位正常、无油渗漏；充气套管气体密度值正常。

5.6.1.2　红外热像检测

检测套管本体、引线接头等，红外热像图显示应无异常温升、温差和/或相对温差。检测和分析方法参考 DL/T 664。

5.6.1.3　绝缘电阻

包括套管主绝缘和末屏对地绝缘的绝缘电阻。采用 2500V 绝缘电阻表测量。

5.6.1.4　电容量和介质损耗因数

对于变压器套管，被测套管所属绕组短路加压，其他绕组短路接地。如果试验电压加在套管末屏的试验端子，则必须严格控制在设备技术文件许可值以下（通常为 2000V），否则可能导致套管损坏。

测量前应确认外绝缘表面清洁、干燥。如果测量值异常（测量值偏大或增量偏大），可测量介质损耗因数与测量电压之间的关系曲线，测量电压从 10kV 到 $U_m/\sqrt{3}$，介质损耗因数的变化量应在 ±0.001 5 之内，且介质损耗因数不超过 0.007（$U_m \geqslant 550kV$）、0.008（U_m 为 363kV/252kV）、0.01（U_m 为 126kV/72.5kV）。分析时应考虑测量温度影响。

不便断开高压引线且测量仪器负载能力不足时，试验电压可加在套管末屏的试验端子，套管高压引线接地，把高压接地电流接入测量系统。此时试验电压必须严格控制在设备技术文件许可值以下（通常为 2000V）。要求与上次同一方法的测量结果相比无明显变化。出现异常时，需采用常规测量方法验证。

5.6.2　高压套管诊断性试验（见表 18）

表 18　高压套管诊断性试验项目

诊断性试验项目	要　　求	说明条款
油中溶解气体分析（充油）	乙炔≤1μL/L（220kV 及以上）； ≤2μL/L（其他）（注意值） 氢气≤500μL/L（注意值） 甲烷≤100μL/L（注意值）	见 5.6.2.1
末屏（如有）介质损耗因数	≤0.015（注意值）	见 5.6.2.2
交流耐压和局部放电	1. 交流耐压：出厂试验值的 80% 2. 局部放电（$1.05U_m\sqrt{3}$）： 油浸纸、复合绝缘、树脂浸渍、充气≤10pC； 树脂粘纸（胶纸绝缘）≤100pC（注意值）	见 5.6.2.3
气体密封性检测（充气）	≤1%／年或符合设备技术文件要求（注意值）	见 5.3.2.5

表 18（续）

诊断性试验项目	要　　求	说明条款
气体密度表（继电器）校验（充气）	符合设备技术文件要求	见 5.3.2.6
SF_6 气体成分分析（充气）	见 8.2	见 8.2

5.6.2.1　油中溶解气体分析

在怀疑绝缘受潮、劣化或者怀疑内部可能存在过热、局部放电等缺陷时进行本项目。取样时，务必注意设备技术文件的特别提示（如有），并检查油位，油位应符合设备技术文件的要求。

5.6.2.2　末屏介质损耗因数

当套管末屏绝缘电阻不能满足要求时，可通过测量末屏介质损耗因数作进一步判断。试验电压应控制在设备技术文件许可值以下（通常为 2000V）。

5.6.2.3　交流耐压和局部放电

需要验证绝缘强度或诊断是否存在局部放电缺陷时进行本项目。如有条件应同时测量局部放电。交流耐压为出厂试验值的 80%，时间为 60s。

对于变压器（电抗器）套管，应拆下并安装在专门的油箱中单独进行。试验方法参考 GB/T 4109。

5.7　SF_6 断路器

5.7.1　SF_6 断路器巡检及例行试验（见表 19、表 20）

表 19　SF_6 断路器巡检项目

巡检项目	基准周期	要　　求	说明条款
外观检查	500kV 及以上：2 周 220kV/330kV：1 月 110kV/66kV：3 月	外观无异常	见 5.7.1.1
气体密度值检查		密度符合设备技术文件要求	
操动机构状态检查		操动机构状态无异常	

表 20　SF_6 断路器例行试验项目

例行试验项目	基准周期	要　　求	说明条款
红外热像检测	500kV 及以上：1 月 330kV/220kV：3 月 110kV/66kV：半年	无异常	见 5.7.1.2
主回路电阻	3 年	≤制造商规定值（注意值）	见 5.7.1.3
断口间并联电容器电容量和介质损耗因数	3 年	1. 电容量初值差不超过±5%（警示值） 2. 介质损耗因数： 油浸纸≤0.005 膜纸复合≤0.002 5（注意值）	见 5.7.1.4
合闸电阻阻值及合闸电阻预接入时间	3 年	1. 初值差不超过±5%（注意值） 2. 预接入时间符合设备技术文件要求	见 5.7.1.5
例行检查和测试	3 年	见 5.7.1.6	见 5.7.1.6
SF_6 气体湿度	3 年	见 8.1	见 8.1

5.7.1.1 巡检说明

a）外观无异常；无异常声响；高压引线、接地线连接正常；瓷件无破损、无异物附着；并联电容器无渗漏。

b）气体密度值正常。

c）加热器功能正常（每半年检查1次）。

d）操动机构状态正常（液压机构油压正常；气动机构气压正常；弹簧机构弹簧位置正确）。

e）记录开断短路电流值及发生日期，记录开关设备的操作次数。

5.7.1.2 红外热像检测

检测断口及断口并联元件、引线接头、绝缘子等，红外热像图显示应无异常温升、温差和/或相对温差。判断时应该考虑测量时及前3h负荷电流的变化情况。测量和分析方法可参考DL/T 664。

5.7.1.3 主回路电阻

在合闸状态下，测量进、出线之间的主回路电阻。测量电流可取100A到额定电流之间的任一值。测量方法和要求参考DL/T 593。

当红外热像显示断口温度异常、相间温差异常，或自上次试验之后又有100次以上分、合闸操作，也应进行本项目。

5.7.1.4 断口间并联电容器电容量和介质损耗因数

在分闸状态下测量。对于瓷柱式断路器，与断口一起测量；对于罐式断路器（包括GIS中的断路器），按设备技术文件规定进行。测试结果不符合要求时，应对电容器独立进行测量。

5.7.1.5 合闸电阻阻值及合闸电阻预接入时间

同等测量条件下，合闸电阻的初值差应满足要求。合闸电阻的预接入时间按设备技术文件规定校核。对于不解体无法测量的情况，只在解体性检修时进行。

5.7.1.6 例行检查和测试

a）轴、销、锁扣和机械传动部件检查，如有变形或损坏应予更换。

b）瓷绝缘件清洁和裂纹检查。

c）操动机构外观检查，如按力矩要求抽查螺栓、螺母是否有松动，检查是否有渗漏等。

d）检查操动机构内、外积污情况，必要时需进行清洁。

e）检查是否存在锈迹，如有需要应进行防腐处理。

f）按设备技术文件要求对操动机构机械轴承等活动部件进行润滑。

g）分、合闸线圈电阻检测，检测结果应符合设备技术文件要求，没有明确要求时，以线圈电阻初值差不超过±5%作为判据。

h）储能电动机工作电流及储能时间检测，检测结果应符合设备技术文件要求。储能电动机应能在85%～110%的额定电压下可靠工作。

i）检查辅助回路和控制回路电缆、接地线是否完好；用1000V绝缘电阻表测量电缆的绝缘电阻，应无显著下降。

j）缓冲器检查，按设备技术文件要求进行。

k）防跳跃装置检查，按设备技术文件要求进行。

l）联锁和闭锁装置检查，按设备技术文件要求进行。

m）在合闸装置额定电源电压的85%～110%范围内，并联合闸脱扣器应可靠动作；在分闸装置额定电源电压的65%～110%（直流）或85%～110%（交流）范围内，并联分闸脱扣器应可靠动作；当电源电压低于额定电压的30%时，脱扣器不应脱扣。

n）在额定操作电压下测试时间特性，要求：合、分指示正确；辅助开关动作正确；合、分闸时间，合、分闸不同期，合—分时间均满足技术文件要求且没有明显变化；必要时，测量行程特性曲线做进一步分析。除有特别要求的之外，相间合闸不同期不大于5ms，相间分闸不同期不大于3ms；同相各断口合闸不同期不大于3ms，同相分闸不同期不大于2ms。

对于液（气）压操动机构，还应进行下列各项检查或试验，结果均应符合设备技术文件要求：

a）机构压力表、机构操作压力（气压、液压）整定值和机械安全阀校验。

b）分闸、合闸及重合闸操作时的压力（气压、液压）下降值。

c）在分闸和合闸位置分别进行液（气）压操动机构的泄漏试验。

d）液压机构及气动机构，进行防失压慢分试验和非全相合闸试验。

5.7.2 SF$_6$断路器诊断性试验（见表21）

表21　SF$_6$断路器诊断性试验项目

诊断性试验项目	要　求	说明条款
气体密封性检测	≤1%/年或符合设备技术文件要求（注意值）	见5.3.2.5
气体密度表（继电器）校验	符合设备技术文件要求	见5.3.2.6
交流耐压试验	见5.7.2	见5.7.2
SF$_6$气体成分分析	见8.2	见8.2

交流耐压试验，对核心部件或主体进行解体性检修之后或必要时进行本项试验。包括相对地（合闸状态）和断口间（罐式、瓷柱式定开距断路器，分闸状态）两种方式。试验在额定充气压力下进行，试验电压为出厂试验值的80%，频率不超过300Hz，耐压时间为60s。试验方法参考DL/T 593。

5.8　气体绝缘金属封闭开关设备（GIS）

5.8.1 GIS巡检及例行试验（见表22、表23）

表22　GIS巡检项目

巡检项目	基准周期	要　求	说明条款
外观检查	500kV及以上：2周 220kV/330kV：1月 110kV/66kV：3月	外观无异常	见5.8.1.1
气体密度值检查		密度符合设备技术文件要求	
操动机构状态检查		操动机构状态无异常	

表23　GIS例行试验项目

例行试验项目	基准周期	要　求	说明条款
红外热像检测	500kV及以上：1月 330kV/220kV：3月 110kV/66kV：半年	无异常	见5.8.1.2

表 23 (续)

例行试验项目	基准周期	要 求	说明条款
主回路电阻	按制造商规定或自定	≤制造商规定值 (注意值)	见5.8.1.3
元件试验	见5.8.1.4	见5.8.1.4	见5.8.1.4
SF$_6$气体湿度	3年	见8.1	见8.1

5.8.1.1 巡检说明

a) 外观无异常;声音无异常;高压引线、接地线连接正常;瓷件无破损、无异物附着。

b) 气体密度值正常。

c) 操动机构状态正常(液压机构油压正常;气动机构气压正常;弹簧机构弹簧位置正确)。

d) 记录开断短路电流值及发生日期;记录开关设备的操作次数。

5.8.1.2 红外热像检测

检测各单元及进、出线电气连接处,红外热像图显示应无异常温升、温差和/或相对温差。分析时,应该考虑测量时及前3h负荷电流的变化情况。测量和分析方法可参考DL/T 664。

5.8.1.3 主回路电阻

在合闸状态下测量。当接地开关导电杆与外壳绝缘时,可临时解开接地连接线,利用回路上两组接地开关的导电杆直接测量主回路电阻;若接地开关导电杆与外壳的电气连接不能分开,可先测量导体和外壳的并联电阻R_0和外壳电阻R_1,然后按式(4)进行计算主回路电阻R。若GIS母线较长、间隔较多,宜分段测量。

$$R = \frac{R_0 R_1}{R_1 - R_0} \tag{4}$$

测量电流可取100A到额定电流之间的任一值。测量方法可参考DL/T 593。

自上次试验之后又有100次以上分、合闸操作,也应进行本项目。

5.8.1.4 元件试验

各元件试验项目和周期按设备技术文件规定或根据状态评价结果确定。试验项目的要求参考设备技术文件或本标准有关章节。

5.8.2 GIS诊断性试验(见表24)

表24 GIS 诊 断 性 试 验 项 目

诊断性试验项目	要 求	说明条款
主回路绝缘电阻	初值差不超过−50% 或符合设备技术文件要求 (注意值)	见5.8.2.1
主回路交流耐压试验	试验电压为出厂试验值的80%	见5.8.2.2
局部放电	可带电测量或结合耐压试验同时进行	
气体密封性检测	≤1%/年或符合设备技术文件要求 (注意值)	见5.3.2.5
气体密度表(继电器)校验	符合设备技术文件要求	见5.3.2.6
SF$_6$气体成分分析	见8.2	见8.2

5.8.2.1 主回路绝缘电阻

交流耐压试验前进行本项目。用 2500V 绝缘电阻表测量。相同测量条件下，绝缘电阻不应有明显下降。

5.8.2.2 主回路交流耐压试验

对核心部件或主体进行解体性检修之后或检验主回路绝缘时进行本项试验。试验电压为出厂试验值的 80%，时间为 60s。有条件时可同时测量局部放电量。试验时，电磁式电压互感器和金属氧化物避雷器应与主回路断开。耐压结束后恢复连接，并应进行电压为 U_m、时间为 5min 的试验。

5.9 少油断路器

5.9.1 少油断路器的巡检及例行试验（见表 25、表 26）

表 25 少油断路器巡检项目

巡检项目	基准周期	要　求	说明条款
外观检查	220kV：1 月	外观无异常	见 5.9.1.1
操动机构状态检查	110kV/66kV：3 月	操动机构状态无异常	

表 26 少油断路器例行试验项目

例行试验项目	基准周期	要　求	说明条款
红外热像检测	220kV：3 月 110kV/66kV：半年	无异常	见 5.7.1.2
绝缘电阻	3 年	≥3000MΩ	见 5.9.1.2
主回路电阻	3 年	≤制造商规定值（注意值）	见 5.7.1.3
直流泄漏电流	3 年	≤10μA（66kV～220kV）（注意值）	见 5.9.1.3
断口间并联电容器的电容量和介质损耗因数	3 年	1. 电容量初值差不超过 ±5%（警示值） 2. 介质损耗因数： 膜纸复合绝缘≤0.002 5 油纸绝缘≤0.005（注意值）	见 5.9.1.4
例行检查和测试	3 年	见 5.7.1.6	见 5.7.1.6

5.9.1.1 巡检说明

a）外观无异常；声音无异常；高压引线、接地线连接正常；瓷件无破损、无异物附着；无渗漏油。

b）操动机构状态正常（液压机构油压正常；气压机构气压正常；弹簧机构弹簧位置正确）。

c）记录开断短路电流值及发生日期（如有）；记录开关设备的操作次数。

5.9.1.2 绝缘电阻

采用 2500V 绝缘电阻表测量，分别在分、合闸状态下进行。要求绝缘电阻大于 3000MΩ，且与之前测量结果相比没有显著下降。测量时，注意外绝缘表面泄漏的影响。

5.9.1.3 直流泄漏电流

每一元件的试验电压均为 40kV。试验时应避免高压引线及连接处电晕的干扰，并注意外绝缘表面泄漏的影响。

5.9.1.4 断口间并联电容器的电容量和介质损耗因数

在分闸状态下测量。测量结果不符合要求时，可以对电容器独立进行测量。

5.9.2 少油断路器诊断性试验项目（见表27）

表 27　少油断路器诊断性试验项目

诊断性试验项目	要　求	说明条款
交流耐压试验	见 5.9.2	见 5.9.2

交流耐压试验，对核心部件或主体进行解体性检修之后或必要时进行本项试验。包括相对地（合闸状态）和断口间（分闸状态）两种方式。试验电压为出厂试验值的80%，频率不超过400Hz，耐压时间为60s。试验方法参考 DL/T 593。

5.10　真空断路器

5.10.1 真空断路器的巡检及例行试验（见表28、表29）

表 28　真空断路器巡检项目

巡检项目	基准周期	要　求	说明条款
外观检查	3 月	外观无异常	见 5.10.1.1
操动机构状态检查		操动机构状态无异常	

表 29　真空断路器例行试验项目

例行试验项目	基准周期	要　求	说明条款
红外热像检测	半年	无异常	见 5.7.1.2
绝缘电阻	3 年	≥3000MΩ	见 5.9.1.2
主回路电阻	3 年	初值差＜30%	见 5.7.1.3
例行检查和测试	3 年	见 5.10.1.2	见 5.10.1.2

5.10.1.1 巡检说明

a）外观无异常；高压引线、接地线连接正常；瓷件无破损、无异物附着。

b）操动机构状态检查正常（液压机构油压正常、气压机构气压正常、弹簧机构弹簧位置正确）。

c）记录开断短路电流值及发生日期；记录开关设备的操作次数。

5.10.1.2 例行检查和测试

检查动触头上的软连接夹片，应无松动；其他项目参见 5.7.1.6。

5.10.2 真空断路器的诊断性试验（见表30）

表 30　真空断路器的诊断性试验项目

诊断性试验项目	要　求	说明条款
灭弧室真空度	符合设备技术文件要求	见 5.10.2.1
交流耐压试验	试验电压为出厂试验值的100%	见 5.10.2.2

5.10.2.1 灭弧室真空度

按设备技术文件要求或受家族缺陷警示进行真空灭弧室真空度的测量，测量结果应符合设备技术文件要求。

5.10.2.2 交流耐压试验

对核心部件或主体进行解体性检修之后或必要时进行本项试验。包括相对地（合闸状态）、断口间（分闸状态）和相邻相间 3 种方式。试验电压为出厂试验值的 100%，频率不超过 400Hz，耐压时间为 60s。试验方法参考 DL/T 593。

5.11 隔离开关和接地开关

5.11.1 隔离开关和接地开关巡检及例行试验（见表 31、表 32）

表 31　隔离开关和接地开关巡检项目

巡检项目	基准周期	要　　求	说明条款
外观检查	500kV 及以上：2 周 220kV/330kV：1 月 110kV/66kV：3 月	外观无异常	见 5.11.1.1

表 32　隔离开关和接地开关例行试验项目

例行试验项目	基准周期	要　　求	说明条款
红外热像检测	500kV 及以上：1 月 220kV/330kV：3 月 110kV/66kV：半年	无异常	见 5.11.1.2
例行检查	3 年	见 5.11.1.3	见 5.11.1.3

5.11.1.1 巡检说明

检查是否有影响设备安全运行的异物；检查支柱绝缘子是否有破损、裂纹；检查传动部件、触头、高压引线、接地线等外观是否有异常。检查分、合闸位置及指示是否正确。

5.11.1.2 红外热像检测

用红外热像仪检测开关触头等电气连接部位，红外热像图显示应无异常温升、温差和/或相对温差。判断时应考虑检测前 3h 内的负荷电流及其变化情况。测量和分析方法可参考 DL/T 664。

5.11.1.3 例行检查

a）就地和远方各进行 2 次操作，检查传动部件是否灵活。

b）接地开关的接地连接良好。

c）检查操动机构内、外积污情况，必要时需进行清洁。

d）抽查螺栓、螺母是否有松动，是否有部件磨损或腐蚀。

e）检查支柱绝缘子表面和胶合面是否有破损、裂纹。

f）检查动、静触头的损伤、烧损和脏污情况，情况严重时应予更换。

g）检查触指弹簧压紧力是否符合技术要求，不符合要求的应予更换。

h）检查联锁装置功能是否正常。

i）检查辅助回路和控制回路电缆、接地线是否完好；用 1000V 绝缘电阻表测量电缆的绝缘电阻，应无显著下降。

j）检查加热器功能是否正常。

k）按设备技术文件要求对轴承等活动部件进行润滑。

5.11.2 隔离开关和接地开关诊断性试验（见表 33）

表 33　隔离开关和接地开关诊断性试验项目

诊断性试验项目	要　　求	说明条款
主回路电阻	≤制造商规定值（注意值）	见 5.11.2.1
支柱绝缘子探伤	无缺陷	见 5.11.2.2

5.11.2.1　主回路电阻

下列情形之一，测量主回路电阻：

a）红外热像检测发现异常。

b）上一次测量结果偏大或呈明显增长趋势，且又有 2 年未进行测量。

c）自上次测量之后又进行了 100 次以上分、合闸操作。

d）对核心部件或主体进行解体性检修之后。

测量电流可取 100A 到额定电流之间的任一值。测量方法参考 DL/T 593。

5.11.2.2　支柱绝缘子探伤

下列情形之一，对支柱绝缘子进行超声探伤抽检：

a）有此类家族缺陷，隐患尚未消除。

b）经历了有明显震感（烈度 4 级及以上）的地震。

c）出现基础沉降。

5.12　耦合电容器

5.12.1　耦合电容器巡检及例行试验（见表 34、表 35）

表 34　耦合电容器巡检项目

巡检项目	基准周期	要　　求	说明条款
外观检查	330kV 及以上：2 周 220kV：1 月 110kV/66kV：3 月	外观无异常	见 5.12.1.1

表 35　耦合电容器的例行试验

例行试验项目	基准周期	要　　求	说明条款
红外热像检测	330kV 及以上：1 月 220kV：3 月 110kV/66kV：半年	无异常	见 5.12.1.2
极间绝缘电阻	3 年	≥5000MΩ	见 5.12.1.3
低压端对地绝缘电阻	3 年	≥100MΩ	
电容量和介质损耗因数	3 年	1. 电容量初值差不超过 ±5%（警示值） 2. 介质损耗因数：膜纸复合≤0.0025 油浸纸≤0.005（注意值）	见 5.12.1.4

5.12.1.1　巡检说明

电容器无油渗漏；瓷件无裂纹；无异物附着；高压引线、接地线连接正常。

5.12.1.2　红外热像检测

检测电容器及其所有电气连接部位，红外热像图显示应无异常温升、温差和/或相对温差。检测和分析方法参考 DL/T 664。

5.12.1.3　绝缘电阻

极间绝缘电阻采用 2500V 绝缘电阻表测量，低压端对地绝缘电阻采用 1000V 绝缘电阻表测量。

5.12.1.4　电容量和介质损耗因数

多节串联的应分节测量。测量前应确认外绝缘表面清洁、干燥，分析时应注意温度影响。

5.12.2　耦合电容器诊断性试验（见表 36）

表 36　耦合电容器诊断性试验项目

诊断性试验项目	要　　求	说明条款
交流耐压试验	试验电压为出厂试验值的 80%，时间为 60s	见 5.12.2.1
局部放电	在 $1.1U_m/\sqrt{3}$ 下：$\leqslant$10pC	见 5.12.2.2

5.12.2.1　交流耐压试验

需要验证绝缘强度时进行本项目。试验电压为出厂试验值的 80%，耐受时间为 60s。

5.12.2.2　局部放电

诊断是否存在严重局部放电缺陷时进行本项目。测量方法参见 DL/T 417。

5.13　高压并联电容器和集合式电容器

5.13.1　高压并联电容器和集合式电容器巡检及例行试验项目（见表 37、表 38）

表 37　高压并联电容器和集合式电容器巡检项目

巡检项目	基准周期	要　　求	说明条款
外观检查	1 年或自定	外观无异常，无渗油现象	见 5.13.2

表 38　高压并联电容器和集合式电容器例行试验项目

例行试验项目	基准周期	要　　求	说明条款
红外热像检测	1 年或自定	无异常	见 5.13.3
绝缘电阻	自定（$\leqslant$6 年） 新投运 1 年内	$\geqslant$2000MΩ	见 5.13.4
电容量	自定（$\leqslant$6 年） 新投运 1 年内	见 5.13.5	见 5.13.5

5.13.2　巡检说明

电容器无油渗漏、无鼓起；高压引线、接地线连接正常。

5.13.3　红外热像检测

检测电容器及其所有电气连接部位，红外热像图显示应无异常温升、温差和/或相对温差。测量和分析方法参考 DL/T 664。

5.13.4　绝缘电阻

绝缘电阻的例行试验采用 2500V 绝缘电阻表测量，应符合下列要求：

a）高压并联电容器极对壳绝缘电阻。

b）集合式电容器极对壳绝缘电阻；有 6 支套管的三相集合式电容器，应同时测量其相间绝缘电阻。

采用 2500V 绝缘电阻表测量。

5.13.5 电容量

电容器组的电容量与额定值的标准偏差应符合下列要求：

a）3Mvar 以下电容器组：−5%～+10%。

b）从 3Mvar 到 30Mvar 电容器组：0%～10%。

c）30Mvar 以上电容器组：0%～5%。

且任意两线端的最大电容量与最小电容量之比值应不超过 1.05。

当测量结果不满足上述要求时，应逐台测量。单台电容器电容量与额定值的标准偏差应在−5%～10%之间，且初值差小于±5%。

5.14 金属氧化物避雷器

5.14.1 金属氧化物避雷器巡检及例行试验（见表 39、表 40）

表 39 金属氧化物避雷器巡检项目

巡检项目	基准周期	要　求	说明条款
外观检查	500kV 及以上：2 周 220kV/330kV：1 月 110kV/66kV：3 月	外观无异常	见 5.14.1.1
持续电流值		电流值无异常	
计数器		记录计数器指示数	

表 40 金属氧化物避雷器例行试验项目

例行试验项目	基准周期	要　求	说明条款
红外热像检测	500kV 及以上：1 月 220kV/330kV：3 月 110kV/66kV：半年	无异常	见 5.14.1.2
运行中持续电流	1 年	见 5.14.1.3	见 5.14.1.3
直流 1mA 电压（U_{1mA}）及 0.75 U_{1mA} 下的漏电流	3 年 （无持续电流检测） 6 年 （有持续电流检测）	1. U_{1mA} 初值差不超过±5%且不低于 GB 11032 规定值（注意值） 2. 0.75U_{1mA} 下漏电流初值差≤30% 或≤50μA（注意值）	见 5.14.1.4
底座绝缘电阻		≥100MΩ	见 5.14.1.5
放电计数器功能检查	见 5.14.1.6	功能正常	见 5.14.1.6

5.14.1.1 巡检说明

a）瓷套无裂纹；复合外套无电蚀痕迹；无异物附着；均压环无错位；高压引线、接地线连接正常。

b）若计数器装有电流表，应记录当前持续电流值，并与同等运行条件下其他避雷器的持续电流值进行比较，要求无明显差异。

c）记录计数器的指示数。

5.14.1.2 红外热像检测

用红外热像仪检测避雷器本体及电气连接部位，红外热像图显示应无异常温升、温差和/或相对温差。测量和分析方法参考 DL/T 664。

5.14.1.3　运行中持续电流

具备带电检测条件时，宜在每年雷雨季节前进行本项目。

通过与同组间其他金属氧化物避雷器的测量结果相比较做出判断，彼此应无显著差异。

5.14.1.4　直流 1mA 电压（U_{1mA}）及 0.75U_{1mA} 下的漏电流

对于单相多节串联结构，应逐节进行。U_{1mA} 偏低或 0.75U_{1mA} 下的漏电流偏大时，应先排除电晕和外绝缘表面漏电流的影响。除例行试验之外，有下列情形之一的金属氧化物避雷器也应进行本项目：

　　a）红外热像检测时，温度同比异常。

　　b）运行电压下持续电流偏大。

　　c）有电阻片老化或者内部受潮的家族缺陷，隐患尚未消除。

5.14.1.5　底座绝缘电阻

用 2500V 的绝缘电阻表测量。

5.14.1.6　放电计数器功能检查

如果已有 3 年以上未检查，有停电机会时进行本项目。检查完毕应记录当前基数。若装有电流表，应同时校验电流表，校验结果应符合设备技术文件要求。

5.14.2　金属氧化物避雷器诊断性试验（见表 41）

表 41　金属氧化物避雷器诊断性试验

诊断性试验项目	要　　求	说明条款
工频参考电流下的工频参考电压	应符合 GB 11032 或制造商规定	见 5.14.2.1
均压电容的电容量	电容量初值差不超过±5%或满足制造商的技术要求	见 5.14.2.2

5.14.2.1　工频参考电流下的工频参考电压

诊断内部电阻片是否存在老化、检查均压电容缺陷时进行本项目。对于单相多节串联结构应逐节进行。方法和要求参考 GB 11032。

5.14.2.2　均压电容的电容量

如果金属氧化物避雷器装备有均压电容，为诊断其缺陷可进行本项目。对于单相多节串联结构应逐节进行。

5.15　电力电缆

5.15.1　电力电缆巡检及例行试验（见表 42、表 43 和表 44）

表 42　电力电缆巡检项目

巡检项目	基准周期	要　　求	说明条款
外观检查	330kV 及以上：2 周 220kV：1 月 110kV/66kV：3 月	电缆终端及可见部分外观无异常	见 5.15.1.1
橡塑绝缘电力电缆带电测试外护层接地电流（适用时）		1. 电流值符合设计要求 2. 三相不平衡度不应有明显变化	

表 43 橡塑绝缘电缆例行试验项目

例行试验项目	基准周期	要　求	说明条款
红外热像检测	330kV 及以上：1 月 220kV：3 月 110kV/66kV：半年	电缆终端及接头无异常（若可测）	见 5.15.1.2
运行检查	220kV 及以上：1 年 110kV/66kV：3 年	见 5.15.1.3	见 5.15.1.3
主绝缘绝缘电阻	3 年	无显著变化（注意值）	见 5.15.1.4
外护套及内衬层绝缘电阻	3 年	见 5.15.1.5	见 5.15.1.5
交叉互联系统	3 年	应符合相关技术要求	见 5.15.1.6
电缆主绝缘交流耐压试验	220kV 及以上：3 年 110kV/66kV：6 年	220kV 及以上： 电压为 $1.36U_0$，时间为 5min 110kV/66kV： 电压为 $1.6U_0$，时间为 5min	见 5.15.1.7

表 44 充油电缆例行试验项目

例行试验项目	基准周期	要　求	说明条款
红外热像检测	220kV/330kV：3 月 110kV/66kV：半年	电缆终端及其接头无异常（若可测）	见 5.15.1.2
运行检查	220kV/330kV：1 年 110kV/66kV：3 年	见 5.15.1.3	见 5.15.1.3
交叉互联系统	3 年	见 5.15.1.6	见 5.15.1.6
油压示警系统	3 年	见 5.15.1.8	见 5.15.1.8
压力箱	3 年	见 5.15.1.9	见 5.15.1.9

5.15.1.1　巡检说明

a）检查电缆终端外绝缘是否有破损和异物，是否有明显的放电痕迹；是否有异味和异常声响。

b）充油电缆油压正常，油压表完好。

c）引入室内的电缆入口应该封堵完好，电缆支架牢固，接地良好。

d）橡塑绝缘电力电缆带电测试外护层接地电流（适用时），测量结果应符合设计要求，且与前次测量结果相比应无明显改变。

5.15.1.2　红外热像检测

红外热像检测电缆终端、中间接头、电缆分支处及接地线（如可测），红外热像图显示应无异常温升、温差和/或相对温差。测量和分析方法参考 DL/T 664。

5.15.1.3　运行检查

通过人孔或者类似入口，检查电缆是否存在过度弯曲、过度拉伸、外部损伤、敷设路径塌陷、雨水浸泡、接地连接不良、终端（含中间接头）电气连接松动、金属附件腐蚀等危及电缆安全运行的现象，特别注意电缆各支撑点绝缘是否出现磨损。

5.15.1.4　主绝缘绝缘电阻

用 5000V 绝缘电阻表测量。绝缘电阻与上次相比不应有显著下降，否则应做进一步分析，必要时进行诊断性试验。

5.15.1.5 外护套及内衬层绝缘电阻

采用 1000V 绝缘电阻表测量。当外护套或内衬层的绝缘电阻（MΩ）与被测电缆长度（km）的乘积值小于 0.5 时，应判断其是否已破损进水。用万用表测量绝缘电阻，然后调换表笔重复测量，如果调换前后的绝缘电阻差异明显，可初步判断已破损进水。对于 110kV 及以上电缆，测量外护套绝缘电阻。

5.15.1.6 交叉互联系统

a）电缆外护套、绝缘接头外护套、绝缘夹板对地直流耐压试验。试验时应将护层过电压保护器断开，在互联箱中将另一侧的所有电缆金属套都接地，然后每段电缆金属屏蔽或金属护套与地之间加 5kV 直流电压，加压时间为 60s，不应击穿。

b）护层过电压保护器检测。护层过电压保护器的直流参考电压应符合设备技术要求；护层过电压保护器及其引线对地的绝缘电阻用 1000V 绝缘电阻表测量，应大于 10MΩ。

c）检查互联箱闸刀（或连接片）连接位置，应正确无误；在密封互联箱之前测量闸刀（或连接片）的接触电阻，要求不大于 20μΩ，或符合设备技术文件要求。

除例行试验外，如在互联系统大段内发生故障，应对该大段进行试验；如互联系统内直接接地的接头发生故障，与该接头连接的相邻两个大段都应进行试验。试验方法参考 GB 50150。

5.15.1.7 电缆主绝缘交流耐压试验

采用谐振电路，谐振频率应在 300Hz 以下。220kV 及以上，试验电压为 $1.36U_0$；110kV/66kV，试验电压为 $1.6U_0$，时间 5min。如试验条件许可，宜同时测量介质损耗因数和局部放电。

新做终端、接头或受其他试验项目警示，需要检验主绝缘强度时也应进行本项目。

5.15.1.8 油压示警系统

每半年检查一次油压示警系统信号装置。合上试验开关时，应能正确发出相应的示警信号。每 3 年测量一次控制电缆线芯对地绝缘电阻。采用 250V 绝缘电阻表测量，要求所测绝缘电阻（MΩ）与被测电缆长度（km）的乘积值不小于 1。

5.15.1.9 压力箱

a）供油特性：压力箱的供油量不应小于供油特性曲线所代表的标称供油量的 90%。

b）电缆油击穿电压：≥50kV，测量方法参考 GB/T 507。

c）电缆油介质损耗因数：<0.005，在油温（100±1）℃和场强 1MV/m 的测试条件下测量，测量方法参考 GB/T 5654。

5.15.2 电力电缆诊断性试验（见表 45、表 46）

表 45 橡塑绝缘电缆诊断性试验项目

诊断性试验项目	要 求	说明条款
铜屏蔽层电阻和导体电阻比	见 5.15.2.1	见 5.15.2.1
介质损耗因数	见 5.15.2.2	见 5.15.2.2

表 46 自容式充油电缆诊断性试验项目

诊断性试验项目	要 求	说明条款
电缆及附件内的电缆油	见 5.15.2.3	见 5.15.2.3

诊断性试验项目	要　　求	说明条款
主绝缘直流耐压试验	直流试验电压 电缆 U_0（kV）／雷电冲击耐受电压（kV）／直流试验电压（kV）： 48：325／165，350／175 64：450／225，550／275 127：850／425，950／475，1050／510 190：1050／525，1175／585，1300／650	见 5.15.2.4

直流试验电压

电缆 U_0（kV）	雷电冲击耐受电压（kV）	直流试验电压（kV）
48	325	165
48	350	175
64	450	225
64	550	275
127	850	425
127	950	475
127	1050	510
190	1050	525
190	1175	585
190	1300	650

5.15.2.1　铜屏蔽层电阻和导体电阻比

需要判断屏蔽层是否出现腐蚀时或者重做终端或接头后进行本项目。在相同温度下测量铜屏蔽层和导体的电阻，屏蔽层电阻和导体电阻之比应无明显改变。比值增大，可能是屏蔽层出现腐蚀；比值减少，可能是附件中的导体连接点的电阻增大。

5.15.2.2　介质损耗因数

未老化的交联聚乙烯电缆（XLPE），其介质损耗因数通常不大于 0.001。介质损耗因数可以在工频电压下测量，也可以在 0.1Hz 低频电压下测量，测量电压为 U_0。同等测量条件下，如介质损耗因数较初值有明显增加，或者大于 0.002 时（XLPE），需进一步试验。

5.15.2.3　电缆及附件内的电缆油

a）击穿电压：$\geqslant$45kV。

b）介质损耗因数：在油温（100$\pm$1）℃和场强 1MV/m 的测试条件下，对于 $U_0=$ 190kV 的电缆，应不大于 0.01，对于 $U_0\leqslant$127kV 的电缆，应不大于 0.03。

c）油中溶解气体分析，各气体含量满足下列注意值要求（μL/L）：可燃气体总量<1500；H_2<500；C_2H_2 痕量；CO<100；CO_2<1000；CH_4<200；C2H_4<200；C_2H_6<200。试验方法按 GB 7252。

5.15.2.4　主绝缘直流耐压试验

失去油压导致受潮、进气修复后或新做终端、接头后进行本项目。直流试验电压值根据电缆电压并结合其雷电冲击耐受电压值选取，耐压时间为 5min。

5.16　接地装置

5.16.1　接地装置巡检及例行试验（见表 47、表 48）

表 47　接 地 装 置 巡 检 项 目

巡检项目	基准周期	要　　求	说明条款
接地引下线检查	1 月	无异常	见 5.16.1.1

表 48　接地装置例行试验项目

例行试验项目	基准周期	要　求	说明条款
设备接地引下线导通检查	220kV 及以上：1 年 110kV/66kV：3 年	1. 变压器、避雷器、避雷针等： ≤200mΩ 且导通电阻初值差≤50% （注意值） 2. 一般设备：导通情况良好	见 5.16.1.2
接地网接地阻抗	6 年	符合运行要求，且不大于初值的 1.3 倍	见 5.16.1.3

5.16.1.1　巡检说明

变电站设备接地引下线连接正常，无松脱、位移、断裂及严重腐蚀等情况。

5.16.1.2　接地引下线导通检查

检查设备接地线之间的导通情况，要求导通良好；变压器及避雷器、避雷针等设备应测量接地引下线导通电阻。测量条件应与上次相同。测量方法参考 DL/T 475。

5.16.1.3　变电站接地网接地阻抗

按 DL/T 475 推荐方法测量，测量结果应符合设计要求。

当接地网结构发生改变时也应进行本项目。

5.16.2　接地装置诊断性试验（见表 49）

表 49　接地装置诊断性试验项目

诊断性试验项目	要　求	说明条款
接触电压、跨步电压	符合设计要求	见 5.16.2.1
开挖检查	—	见 5.16.2.2

5.16.2.1　接触电压和跨步电压

接地阻抗明显增加或者接地网开挖检查或/和修复之后进行本项目。测量方法参见 DL/T 475。

5.16.2.2　开挖检查

若接地网接地阻抗或接触电压和跨步电压测量不符合设计要求，怀疑接地网被严重腐蚀时，应进行开挖检查。修复或恢复之后，应进行接地阻抗、接触电压和跨步电压测量，测量结果应符合设计要求。

5.17　串联补偿装置

5.17.1　串联补偿装置巡检及例行试验（见表 50、表 51）

表 50　串联补偿装置巡检项目

巡检项目	基准周期	要　求	说明条款
外观检查	330kV 及以上：2 周 220kV：1 月	外观无异常	见 5.17.2

表 51　串联补偿装置例行试验项目

例行试验项目	基准周期	要　求	说明条款
红外热像检测	330kV 及以上：1 月 220kV：3 月	无异常	见 5.17.3

例行试验项目	基准周期	要　　求	说明条款
例行检查	3 年	见 5.17.4	见 5.17.4
金属氧化物限压器	见 5.14	见 5.14	见 5.14
串联电容器	3 年	见 5.17.5	见 5.17.5
阻尼电抗器	3 年	见 5.17.6	见 5.17.6
分压器分压比校核及参数	3 年	初值差不超过±2%	见 5.17.7
旁路断路器	见 5.7	见 5.7	见 5.7
测量及控制系统	3 年	符合设备技术文件要求	—

5.17.2　巡检说明

串联补偿装置巡检应符合：

a）串联补偿装置无异常声响；各电气设备绝缘表面无异物附着；瓷件无裂纹；复合绝缘外套无电蚀和破损。

b）阻尼电抗器线圈表面无电蚀和放电痕迹。

c）各电气连接处、高压引线、均压罩等无残损、错位、松动和异常放电。

d）测量电缆、控制电缆、光纤外观及位置无异常。

e）自备监测系统运行正常。

5.17.3　红外热像检测

检测平台上各设备（可视部分）、电气连接处等，红外热像图显示应无异常温升、温差和/或相对温差。测量和分析方法参考 DL/T 664。

5.17.4　例行检查

a）按力矩要求抽检平台的部分螺丝，如有两个以上出现松动，按力矩要求紧固所有螺丝；检查平台上各设备的电气连接是否牢固，必要时进行紧固处理。

b）检查平台支柱绝缘子是否存在裂纹，必要时可以采用超声探伤仪检测。

c）检查电容器是否发生渗漏和铁壳鼓起，发生渗漏或鼓起的电容器应予更换。

d）检查平台各金属部件是否有锈蚀，若有应进行防腐处理。

e）检查火花间隙护网是否完整，如有破损应进行修复；检查火花间隙表面是否有严重积尘或者飞虫，如有应清理；检查火花间隙的间距是否符合设备技术文件要求，必要时进行调整；火花间隙触发功能检查正常。

f）检查各测量、控制电缆、光纤，是否连接良好，外观正常。

g）测控系统按设备技术文件要求进行功能检查。

5.17.5　串联电容器

要求逐台进行测量，极对壳绝缘电阻不低于 2500MΩ。电容量与出厂值的差异不超过±5%，否则应予更换。更换的新电容器的电容量以及更换后整组的电容量应符合设计要求。

5.17.6　阻尼电抗器

在相同测量条件下，线圈电阻的初值差不超过±3%；在额定频率下，电感量的初值差不超过±3%。电感量测量方法参考 6.2.2.1。

除例行试验外，出现下列情形也应进行本项目：

a）经历了短路电流冲击。

b) 红外热像检测异常。

c) 电抗器表面存在异常放电。

d) 电抗器线圈的内、外表面存在碳化、电弧痕迹等异常现象。

5.17.7 分压器分压比校核及参数

校核分压器的分压比（参考 5.4.2.3）。测量高压臂、低压臂参数。结果应符合设备技术文件要求。

5.18 变电站设备外绝缘及绝缘子

5.18.1 变电站设备外绝缘及绝缘子巡检及例行试验（见表 52、表 53）

表 52 变电站设备外绝缘及绝缘子巡检项目

巡检项目	基准周期	要　　求	说明条款
外观检查	330kV 及以上：2 周 220kV：1 月 110kV/66kV：3 月	外观无异常	见 5.18.1.1

表 53 变电站设备外绝缘及绝缘子例行试验项目

例行试验项目	基准周期	要　　求	说明条款
红外热像检测	330kV 及以上：1 月 220kV：3 月 110kV/66kV：半年	无异常	见 5.18.1.2
例行检查	3 年	见 5.18.1.3	见 5.18.1.3
现场污秽度评估	3 年	见 5.18.1.4	见 5.18.1.4
站内盘形瓷绝缘子零值检测	3 年	更换零值绝缘子	见 5.19.1.2

5.18.1.1 巡检说明

a) 支柱绝缘子、悬式绝缘子、合成绝缘子及设备瓷套或复合绝缘护套无裂纹、破损和电蚀；无异物附着。

b) 在雾、雨等潮湿天气下，设备外绝缘及绝缘子表面无异常放电。

5.18.1.2 红外热像检测

检查设备外绝缘、支柱绝缘子、悬式绝缘子等可见部分，红外热像图显示应无异常温升、温差和/或相对温差。测量和分析方法参考 DL/T 664。

5.18.1.3 例行检查

a) 清扫变电站设备外绝缘及绝缘子（复合绝缘除外）。

b) 仔细检查支柱绝缘子及瓷护套的外表面及法兰封装处，若有裂纹应及时处理或更换；必要时进行超声探伤检查。

c) 检查法兰及固定螺栓等金属件是否出现锈蚀，必要时进行防腐处理或更换；抽查固定螺栓，必要时按力矩要求进行紧固。

d) 检查室温硫化硅橡胶涂层是否存在剥离、破损，必要时进行复涂或补涂；抽查复合绝缘和室温硫化硅橡胶涂层的憎水性，应符合技术要求。

e) 检查增爬伞裙，应无塌陷变形，表面无击穿，粘接界面牢固。

f) 检查复合绝缘的蚀损情况。

5.18.1.4 现场污秽度评估

每 3 年或有下列情形之一进行一次现场污秽度评估：

a) 附近 10km 范围内发生了污闪事故。

b) 附近 10km 范围内增加了新的污染源（同时也需要关注远方大、中城市的工业污染）。

c) 降雨量显著减少的年份。

d) 出现大气污染与恶劣天气相互作用所带来的湿沉降（城市和工业区及周边地区尤其要注意）。

如果现场污秽度等级接近变电站内设备外绝缘及绝缘子（串）的最大许可现场污秽度，应采取增加爬电距离或采用复合绝缘等技术措施。

5.18.2 变电站设备外绝缘及绝缘子诊断性试验

5.18.2.1 变电站外绝缘及绝缘子诊断性试验项目见表 54

表 54 变电站外绝缘及绝缘子诊断性试验项目

诊断性试验项目	要　求	说明条款
超声探伤检查	无裂纹和材质缺陷	见 5.18.2.2
复合绝缘子和室温硫化硅橡胶涂层的状态评估	符合相关技术标准	见 5.19.2.1

5.18.2.2 超声探伤检查

有下列情形之一，对瓷质支柱绝缘子及瓷护套进行超声探伤检查：

a) 若有断裂、材质或机械强度方面的家族缺陷，对该家族瓷件进行一次超声探伤抽查。

b) 经历了有明显震感（烈度 4 级及以上）的地震后要对所有瓷件进行超声探伤。

5.19 输电线路

5.19.1 输电线路巡检及例行试验（见表 55、表 56）

表 55 输 电 线 路 巡 检 项 目

巡检项目	基准周期	要　求	说明条款
导线与架空地线			见 5.19.1.1.1
金具			见 5.19.1.1.2
绝缘子串			见 5.19.1.1.3
杆塔与接地、拉线与基础	1 月	无异常	见 5.19.1.1.4
通道和防护区			见 5.19.1.1.5
辅助设施			见 5.19.1.1.6
线路避雷器			见 5.19.1.1.7

表 56 输电线路例行试验项目

例行试验项目	基准周期	要　求	说明条款
盘形瓷绝缘子零值检测	330kV 及以上：6 年 220kV 及以下：10 年	见 5.19.1.2	见 5.19.1.2
导线接点温度	330kV 及以上：1 年 220kV 及以下：3 年	见 5.19.1.3	见 5.19.1.3
杆塔接地阻抗	见 5.19.1.4	符合设计要求	见 5.19.1.4
线路避雷器检查及试验	见 5.19.1.5	见 5.19.1.5	见 5.19.1.5
现场污秽度评估	3 年	见 5.18.1.4	见 5.18.1.4

5.19.1.1 巡检说明

5.19.1.1.1 导线与架空地线（含 OPGW 光纤复合地线）

a）导线和地线无腐蚀、抛股、断股、损伤和闪络烧伤。

b）导线和地线无异常振动、舞动、覆冰，分裂导线无鞭击和扭绞。

c）压接管耐张引流板无过热；压接管无严重变形、裂纹和受拔位移。

d）导线和地线在线夹内无滑移。

e）导线和地线各种电气距离无异常。

f）导线上无异物悬挂。

g）OPGW 引下线金具、线盘及接线盒无松动、变形、损坏和丢失。

h）OPGW 接地引流线无松动、损坏。

5.19.1.1.2 金具

均压环、屏蔽环、联板、间隔棒、阻尼装置、重锤等设备无缺件、松动、错位、烧坏、锈蚀和损坏等现象。

5.19.1.1.3 绝缘子串

a）绝缘子串无异物附着。

b）绝缘子钢帽、钢脚无腐蚀；锁紧销无锈蚀、脱位或脱落。

c）绝缘子串无移位或非正常偏斜。

d）绝缘子无破损。

e）绝缘子串无严重局部放电现象、无明显闪络或电蚀痕迹。

f）室温硫化硅橡胶涂层无龟裂、粉化、脱落。

g）复合绝缘子无撕裂、鸟啄、变形；端部金具无裂纹和滑移；护套完整。

5.19.1.1.4 杆塔与接地、拉线与基础

a）杆塔结构无倾斜，横担无弯扭。

b）杆塔部件无松动、锈蚀、损坏和缺件。

c）拉线及金具无松弛、断股和缺件；张力分配应均匀。

d）杆塔和拉线基础无下沉及上拔，基础无裂纹损伤，防洪设施无坍塌和损坏，接地良好。

e）塔上无危及安全运行的鸟巢和异物。

5.19.1.1.5 通道和防护区

a）无可燃易爆物和腐蚀性气体。

b）树木与输电线路间绝缘距离的观测。

c）无土方挖掘、地下采矿、施工爆破。

d）无架设或敷设影响输电线路安全运行的电力线路、通信线路、架空索道、各种管道等。

e）未修建鱼塘、采石场及射击场等。

f）无高大机械及可移动式的设备。

g）无其他不正常情况，如山洪暴发、森林起火等。

5.19.1.1.6 辅助设施

a）各种在线监测装置无移位、损坏或丢失。

b）线路杆号牌及路标、警示标志、防护桩等无损坏或丢失。

c）线路的其他辅助设施无损坏或丢失。

5.19.1.1.7 线路避雷器

a）线路避雷器本体及间隙无异物附着。

b）法兰、均压环、连接金具无腐蚀；锁紧销无锈蚀、脱位或脱落。

c）线路避雷器本体及间隙无移位或非正常偏斜。

d）线路避雷器本体及支撑绝缘子的外绝缘无破损和明显电蚀痕迹。

e）线路避雷器本体及支撑绝缘子无弯曲变形。

5.19.1.2 盘形瓷绝缘子零值检测

采用轮试的方法，即每年检测一部分，一个周期内完成全部普测。如某批次的盘形瓷绝缘子零值检出率明显高于运行经验值，则对于该批次绝缘子应酌情缩短零值检测周期。

应用绝缘电阻检测零值时，宜用 5000V 绝缘电表。绝缘电阻应不低于 500MΩ，达不到 500MΩ 时，在绝缘子表面加屏蔽环并接绝缘电阻表屏蔽端子后重新测量，若仍小于 500MΩ 时，可判定为零值绝缘子。

自上次检测以来又发生了新的闪络或有新的闪络痕迹的，也应列入最近的检测计划。

5.19.1.3 导线接点温度

500kV 及以上直线连接管、耐张引流夹 1 年测量一次，其他 3 年测量一次。接点温度可略高于导线温度，但不应超过 10℃，且不高于导线允许运行温度。在分析时，要综合考虑当时及前 1h 的负荷变化以及大气环境条件。

5.19.1.4 杆塔接地阻抗

检测周期见表 57。除 2km 进线保护段和大跨越外，一般采用每隔 3 基（500kV 及以上）或每隔 7 基（其他）检测 1 基的轮试方式。对于地形复杂、难以到达的区段，轮式方式可酌情自行掌握。如某基杆塔的测量值超过设计值时，补测与此相邻的 2 基杆塔。如果连续 2 次检测的结果低于设计值（或要求值）的 50%，则轮式周期可延长 50%～100%。检测宜在雷暴季节之前进行。方法参考 DL/T 887。

表 57　杆塔接地阻抗检测周期

位　　置	基　准　周　期
2km 进线保护段	1. 500kV 及以上：1 年；
大跨越	2. 其他：2 年
其他	1. 首次：投运后 3 年； 2. 500kV 及以上：4 年； 3. 其他：8 年

5.19.1.5 线路避雷器检查及试验

检测及试验的周期和要求见表 58。其中，红外热像检测包括线路避雷器本体、支撑绝缘子、电气连接处及金具等，要求无异常温升、温差和/或相对温差。测量和分析方法参考 DL/T 664。

表 58　线路避雷器检查及试验项目

线路避雷器检查及试验项目	要　　求	基准周期
红外热像检测	无异常	1 年
纯空气间隙距离复核及连接金具检查	符合设计要求	3 年
线路避雷器本体及支撑绝缘子绝缘电阻	＞1000MΩ（5000V 绝缘电阻表）（注意值）	停电时且 3 年未测

5.19.2 输电线路诊断性试验（见表59）

表59 输电线路诊断性试验项目

诊断性试验项目	要 求	说明条款
复合绝缘子和室温硫化硅橡胶涂层的状态评估	符合相关技术标准	见 5.19.2.1
导地线（含大跨越）振动	符合相关技术标准	见 5.19.2.2
地线机械强度试验	符合相关技术标准	见 5.19.2.3
导线弧垂	符合相关技术标准	见 5.19.2.4
杆塔接地开挖检查	接地导体截面不小于设计值的 80%	见 5.19.2.5
线路避雷器本体试验	见 5.14	见 5.19.2.6

5.19.2.1 复合绝缘子和室温硫化硅橡胶涂层的状态评估

评估周期见表60，重点对复合绝缘子的机械破坏负荷、界面以及复合绝缘子和室温硫化硅橡胶涂层的憎水性进行评估。

表60 复合绝缘子和室温硫化硅橡胶涂层的状态评估周期

状态评估项目	首次评估基准周期	后续评估基准周期
复合绝缘子	6 年	根据历次评估结果自定（≤4 年）
室温硫化硅橡胶涂层	3 年	根据历次评估结果自定（≤2 年）

按家族（制造商、型号和投运年数），从输电线路上随机抽取 6～9 只，依次进行下列 3 项试验，试验结果应符合要求。此外，用户还应根据多次评估试验结果的稳定性，调整评估周期。

a) 憎水性、憎水性迁移特性、憎水性丧失特性和憎水性恢复时间测定。检测方法和判据可参见 DL/T 864。

b) 界面试验。包括水煮试验和陡波前冲击电压试验两项。试验程序和判据 GB/T 19519。

c) 机械破坏负荷试验。要求 $M_{av} - 2.05 S_n$ 应大于 $0.5 SML$，且 $M_{av} \geq 0.65 SML$。其中，SML 为额定机械负荷，M_{av} 为破坏负荷的平均值，S_n 为破坏负荷的标准偏差。试验方法可参考 GB/T 19519。

按涂敷材料、涂敷时间和涂敷地点，抽样检查涂层的附着性能，要求无龟裂、粉化、脱落和剥离等现象。抽样检查憎水性，检测方法和判据可参见 DL/T 864，不符合要求时应进行复涂。

5.19.2.2 导地线（含大跨越）振动

怀疑导地线存在异常振动时进行本项目。测量结果应符合设计要求。

5.19.2.3 地线机械强度试验

需要检验地线的机械强度，或存在此类家族缺陷时进行本项目。取样进行机械拉力试验，要求不低于额定机械强度的 80%。

5.19.2.4 导线弧垂

根据线路巡检结果，实时安排导线弧垂测量。方法和要求见 GB 50233。

5.19.2.5 杆塔接地开挖检查

杆塔接地阻抗显著增加或者显著超过规定值，怀疑严重腐蚀时进行本项目。开挖检查并修复之后，应进行杆塔接地阻抗测量。

5.19.2.6 线路避雷器本体试验

当巡检、绝缘电阻测量或红外热像检测显示线路避雷器本体异常时进行本项目；当巡检、绝缘电阻测量或红外热像检测显示支撑绝缘子异常时，应予更换。

6 直流设备

6.1 换流变压器

6.1.1 换流变压器巡检及例行检查和试验（见表61、表62）

表61 换流变压器巡检项目

巡检项目	基准周期	要　　求	说明条款
外观		无异常	见 5.1.1.1a)
油温和绕组温度		符合设备技术文件要求	见 5.1.1.1b)
呼吸器干燥剂（硅胶）	2 周	1/3 以上处于干燥状态	见 5.1.1.1c)
冷却系统		无异常	见 5.1.1.1d)
声响及振动		无异常	见 5.1.1.1e)

表62 换流变压器例行检查和试验项目

例行检查和试验项目	基准周期	要　　求	说明条款
红外热像检测	1 月	无异常	见 5.1.1.2
本体油中溶解气体分析	3 月	1. 溶解气体： 乙炔≤1μL/L（注意值） 氢气≤150μL/L（注意值） 总烃≤150μL/L（注意值） 2. 绝对产气速率： ≤12mL/d（隔膜式）（注意值） 或≤6mL/d（开放式）（注意值） 3. 相对产气速率： ≤10%/月（注意值）	见 5.1.1.3
网侧绕组电阻	3 年	1. 相间互差不大于 2%（警示值） 2. 同相初值差不超过±2%（警示值）	见 5.1.1.4
绝缘油例行试验	见 7.1	见 7.1	见 7.1
套管试验	3 年	见 5.6	见 5.6
铁芯绝缘电阻	3 年	≥100MΩ（新投运 1000MΩ）（注意值）	见 5.1.1.5
有载分接开关检查	见 5.1.1.8	见 5.1.1.8	见 5.1.1.8
测温装置检查		无异常	见 5.1.1.9
气体继电器检查	3 年	无异常	见 5.1.1.10
冷却装置检查		无异常	见 5.1.1.11
压力释放阀检查	解体性检修时	无异常	见 5.1.1.12

6.1.2 换流变压器诊断性试验（见表63）

表63 换流变压器诊断性试验项目

诊断性试验项目	要求	说明条款
阀侧绕组电阻	1. 相间互差不大于2%（警示值） 2. 同相初值差不超过±2%（警示值）	见6.1.2.1
绕组绝缘电阻	1. 绝缘电阻无显著下降 2. 吸收比≥1.3或极化指数≥1.5 或绝缘电阻≥10 000MΩ（注意值）	见5.1.1.6
绕组绝缘介质损耗因数（20℃）	≤0.005（注意值）	见5.1.1.7
短路阻抗	初值差不超过±3%（注意值）	见5.1.2.2
感应耐压和局部放电	见6.1.2.2	见6.1.2.2
绕组频率响应分析	见5.1.2.4	见5.1.2.4
绕组各分接位置电压比	初值差不超过±0.5%（额定档）； ±1%（其他）（警示值）	见5.1.2.5
纸绝缘聚合度	聚合度≥250（注意值）	见5.1.2.8
绝缘油诊断性试验	见7.2	见7.2
声级和振动测定	符合设备技术文件要求	见5.1.2.11

6.1.2.1 阀侧绕组电阻

当油中溶解气体分析异常或者怀疑存在绕组方面的缺陷时进行本项目。要求见5.1.1.4。

6.1.2.2 感应耐压和局部放电

验证主绝缘强度或诊断是否存在局部放电缺陷时进行本项目。感应电压的频率应在100Hz～400Hz。电压为出厂试验值的80%，时间按式（3）确定，但应在15s～60s之间。耐压幅值应依据变压器状态审慎确定。如同时测量局部放电，应控制各种外部电晕和放电干扰，使整个试验回路的背景干扰低于许可的局部放电水平。具体试验程序参考下列方法。

a) 国家标准或行业标准推荐的试验方法。

b) IEC等国际标准推荐的试验方法。

c) 设备技术文件推荐的试验方法或出厂试验方法。

d) 适宜于现场条件的其他等效试验方法。

首次使用非标准试验方法时，应咨询制造商的意见，或由设备管理者组织专家做出决定。

6.2 平波电抗器

6.2.1 油浸式平波电抗器巡检及例行检查和试验（见表64、表65）

表64 油浸式平波电抗器巡检项目

巡检项目	基准周期	要求	说明条款
外观		无异常	见5.1.1.1a)
油温和绕组温度		符合设备技术文件要求	见5.1.1.1b)
呼吸器干燥剂（硅胶）	2周	1/3以上处于干燥状态	见5.1.1.1c)
冷却系统		无异常	见5.1.1.1d)
声响及振动		无异常	见5.1.1.1e)

表 65　油浸式平波电抗器例行试验和检查项目

例行试验和检查项目	基准周期	技术要求	说明条款
红外热像检测	1 月	无异常	见 5.1.1.2
油中溶解气体分析	3 月	乙炔≤1μL/L（注意值） 氢气≤150μL/L（注意值） 总烃≤150μL/L（注意值）	见 5.1.1.3
绝缘油例行试验	见 7.1	见 7.1	见 7.1
套管试验	3 年	见 5.6	见 5.6
铁芯绝缘电阻	3 年	≥100MΩ（新投运 1000MΩ）（注意值）	见 5.1.1.5
测温装置检查	3 年	无异常	见 5.1.1.9
气体继电器检查	3 年	无异常	见 5.1.1.10
压力释放装置检查	3 年	无异常	见 5.1.1.12

6.2.2　油浸式平波电抗器诊断性试验（见表 66）

表 66　油浸式平波电抗器诊断性试验项目

诊断性试验项目	要　求	说明条款
绕组电阻	初值差不超过±2%（警示值）	见 5.1.1.4
绕组绝缘电阻	1. 绝缘电阻无显著下降 2. 吸收比≥1.3 或极化指数≥1.5 或绝缘电阻≥10 000MΩ（注意值）	见 5.1.1.6
绕组绝缘介质损耗因数（20℃）	≤0.005（注意值）	见 5.1.1.7
电感量	初值差不超过±3%（注意值）	见 6.2.2.1
纸绝缘聚合度	聚合度≥250（注意值）	见 5.1.2.8
绝缘油诊断性试验	见 7.2	见 7.2
声级	同等测量条件下声级没有明显变化	见 6.2.2.2
振动	≤200μm（注意值）	见 6.2.2.3

6.2.2.1　电感量

可采用施加工频电压、测量工频电流来计算电感量的方法。可在额定电流之下取任意电流进行测量，但测量电流不宜太小，以提高信噪比。历次测量宜在相同电流下进行，以便比较。测量时，通过调压器将工频电压施加到电抗器的引线端子上，用电压表和电流表监视电压和电流，逐步升高电压 U，直至电流 I 达到测量要求的预期值（如 1A），读取电压值 U，电感量 $L=U/(314.6I)$，其中 I、U 均为有效值，单位分别为 A、V；电感单位为 H。测量仪表的不确定度应小于 0.5%。

6.2.2.2　声级

在运行中出现声响异常，可视情况进行声级测量。测量干式电抗器声级时，必须保证与绕组有足够的安全距离。测量方法参考 GB 10229。

6.2.2.3　振动

在运行中出现异常振动，可视情况进行振动测量。如果之前进行过振动测量，宜在同等条件下进行，以便比较。测量方法参考 GB 10229。

6.2.3 干式平波电抗器

巡检包括表 64 所列外观、声响及振动；例行检查和试验包括表 65 所列红外热像检查；诊断性试验包括表 66 所列绕组电阻值、电感量测量。

6.3 油浸式电力变压器和电抗器

同 5.1。

6.4 SF$_6$ 气体绝缘电力变压器

同 5.2。

6.5 电流互感器

同 5.3。

6.6 电磁式电压互感器

同 5.4。

6.7 电容式电压互感器

同 5.5。

6.8 直流电流互感器（零磁通型）

6.8.1 直流电流互感器巡检及例行试验（见表 67、表 68）

表 67 直流电流互感器巡检项目

巡检项目	基准周期	要　求	说明条款
外观检查	2 周	无异常	见 6.8.1.1
二次电流检查		二次电流无异常	

表 68 直流电流互感器例行试验项目

例行试验项目	基准周期	要　求	说明条款
红外热像检测	1 月	无异常温升	见 6.8.1.2
一次绕组绝缘电阻	3 年	初值差不超过 −50%（注意值）	见 5.3.1.4
电容量及介质损耗因数	3 年	1. 电容量初值差不超过 ±5%（警示值） 2. 介质损耗因数≤0.006（注意值）	见 5.3.1.5

6.8.1.1 巡检说明

a）高压引线、接地线等连接正常；本体无异常声响或放电声；瓷套无裂纹；复合绝缘外套无电蚀痕迹或破损；无影响设备运行的异物附着。

b）充油的电流互感器，无油渗漏，油位正常，膨胀器无异常升高；充气的电流互感器，气体密度值正常，气体密度表（继电器）无异常。

c）二次电流无异常。

6.8.1.2 红外热像检测

检测高压引线连接处、电流互感器本体等，红外热像图显示应无异常温升、温差和/或相对温差。检测和分析方法参考 DL/T 664。

6.8.2 直流电流互感器诊断性试验（见表 69）

表 69　直流电流互感器诊断性试验项目

诊断性试验项目	要　求	说明条款
绝缘油试验	见第 7 章	见第 7 章
交流耐压试验	1. 一次绕组：试验电压为出厂试验值的 80% 2. 二次绕组之间及末屏对地：2kV	见 5.3.2.1
局部放电	$1.2U_\mathrm{m}/\sqrt{3}$ 下： ≤20pC（气体）； ≤20pC（油纸绝缘及聚四氟乙烯缠绕绝缘）； ≤50pC（固体）（注意值）	见 5.3.2.2
电流比校核	符合设备技术文件要求	见 5.3.2.3
绕组电阻	与初值比较，应无明显差别	见 5.3.2.4

6.9　光电式电流互感器

6.9.1　光电式电流互感器巡检及例行试验（见表 70、表 71）

表 70　光电式电流互感器巡检项目

巡检项目	基准周期	要　求	说明条款
外观检查	500kV：2 周 220kV：1 月 110kV：3 月	无异常	见 6.9.1.1
二次电流检查		二次电流无异常	

表 71　光电式电流互感器例行试验项目

例行试验项目	基准周期	要　求	说明条款
红外热像检测	500kV：1 月 220kV：3 月 110kV：半年	无异常温升	见 6.9.1.2
火花间隙检查（如有）	1 年	符合设备技术文件要求	见 6.9.1.3

6.9.1.1　巡检说明

a）高压引线、接地线等连接正常；本体无异常声响或放电声；瓷套无裂纹；复合绝缘外套无电蚀痕迹或破损；无影响设备运行的异物附着。

b）每月对传输通道的光电流、功率、奇偶校验值等参数进行监视，应无异常。

c）二次电流无异常。

6.9.1.2　红外热像检测

检测高压引线连接处、电流互感器本体等，红外热像图显示应无异常温升、温差和/或相对温差。检测和分析方法参考 DL/T 664。

6.9.1.3　火花间隙检查（如有）

若电流传感器装备了火花间隙，应清洁间隙表面积尘，并确认间隙距离符合设备技术文件要求。

6.9.2　光电式电流互感器诊断性试验（见表 72）

表 72　光电式电流互感器诊断性试验项目

诊断性试验项目	要　求	说明条款
电流比校核	符合设备技术文件要求	见 5.3.2.3
激光功率	符合设备技术文件要求	见 6.9.2

激光功率，在线监测系统显示光功率不正常时，进行本项目。用光通量计测量到达受端的激光功率，并与要求值和上次对应位置的测量值进行比较，偏差不大于±5％或符合设备技术文件要求。必要时可测量光纤系统的衰减值，测量结果应符合设备技术文件要求。

6.10　直流分压器

6.10.1　直流分压器巡检及例行试验（见表 73、表 74）

表 73　直流分压器巡检项目

巡检项目	基准周期	要　求	说明条款
外观检查	2 周	无异常	见 6.10.1.1
二次电压检查		二次电压无异常	

表 74　直流分压器例行试验项目

例行试验项目	基准周期	要　求	说明条款
红外热像检测	1 月	无异常温升	见 6.10.1.2
电压限制装置功能验证	3 年	符合设备技术文件要求	见 6.10.1.3
分压电阻、电容值	3 年	见 6.10.1.4	见 6.10.1.4
SF_6 气体湿度（SF_6 绝缘）	3 年	≤500μL/L（警示值）	见 8.1

6.10.1.1　巡检说明

a）高压引线、接地线等连接正常；本体无异常声响或放电声；瓷套无裂纹；复合绝缘外套无电蚀痕迹或破损；无影响设备运行的异物。

b）油位（充油）、气体密度（充气）符合设备技术条件要求；气体密度表（继电器）无异常。

c）二次电压无异常。

6.10.1.2　红外热像检测

检测高压引线连接处、分压器本体等，红外热像图显示应无异常温升、温差和/或相对温差。检测和分析方法参考 DL/T 664。

6.10.1.3　电压限制装置功能验证

每 3 年或有短路事故时，进行本项目。试验方法和要求参见设备技术文件。一般是用不超过 1000V 绝缘电阻表施加于电压限制装置的两个端子上，应能识别出电压限制装置内部放电。

6.10.1.4　分压电阻、电容值

定期或二次侧电压值异常时测量高压臂和低压臂电阻阻值，同等测量条件下，初值差不应超过±2％；如属阻容式分压器，应同时测量高压臂和低压臂的等值电阻和电容值，同等测量条件下，初值差不超过±3％，或符合设备技术文件要求。

6.10.2　直流分压器诊断性试验（见表 75）

表 75 直流分压器诊断性试验项目

诊断性试验项目	要　　求	说明条款
分压比校核	符合设备技术文件要求	见 6.10.2.1
油中溶解气体分析（油纸绝缘）	乙炔≤2μL/L（注意值） 氢气≤150μL/L（注意值） 总烃≤150μL/L（注意值）	见 6.10.2.2
绝缘油试验（油纸绝缘）	—	
SF_6 气体成分分析（SF_6 绝缘）	见 8.2	见 8.2

6.10.2.1　分压比校核

低压侧电压值异常时进行此项目。在 80%～100% 的额定电压范围内，在高压侧加任一电压值，测量低压侧电压，校核分压比。简单检查可取更低电压。分压比应与铭牌相符。当计量要求时，应测量电压误差，测量结果符合设备计量准确级要求。具体要求参考设备技术文件的规定。

6.10.2.2　绝缘油试验

怀疑油质受潮、劣化或者怀疑内部可能存在局部放电缺陷时进行本项试验。取样时，务必注意设备技术文件的特别提示（如果有的话），并检查油位。全密封或设备技术文件明确禁止取油样时，不宜进行此项试验。

6.11　高压套管

同 5.6。

6.12　SF_6 断路器

同 5.7。

6.13　气体绝缘金属封闭开关设备

同 5.8。

6.14　直流断路器

6.14.1　直流断路器巡检及例行试验（见表 76、表 77）

表 76　直流断路器巡检项目

巡检项目	基准周期	要　　求	说明条款
外观检查		外观无异常	见 6.14.1.1a)
气体密度值检查（SF_6 型）	1 月	密度符合设备技术文件要求	见 6.14.1.1b)
操动机构状态检查		操动机构状态无异常	见 6.14.1.1c)

表 77　直流断路器例行试验项目

例行试验项目	基准周期	要　　求	说明条款
红外热像检测	1 月	无异常温升	见 6.14.1.2
主回路电阻测量	3 年	初值差≤50% 或≤制造商规定值（注意值）	见 5.7.1.3
SF_6 气体湿度检测	3 年	见 8.1	见 8.1
例行检查和测试	3 年	无异常	见 6.14.1.3

例行试验项目	基准周期	要　　求	说明条款
非线性（放电）电阻	6 年	1. U_{1mA} 初值差不超过 ±5%（注意值） 2. $0.75U_{1mA}$ 下的漏电流： 初值差 ≤30% 或 ≤50μA（注意值）	见 6.14.1.4
空气断路器直流泄漏	3 年	≤10μA（注意值）	见 6.14.1.5
振荡回路电容、电感及电阻值	6 年	1. 电容、电感的初值差不超过 ±5%（注意值） 2. 电阻的初值差不超过 ±3%（注意值）	见 6.14.1.6

6.14.1.1　巡检说明

a) 外观无异常，高压引线、二次控制电缆、接地线连接正常；瓷套、支柱绝缘子无残损、无异物挂接；加热单元功能无异常；分合闸位置及指示正确。

b) SF_6 绝缘断路器，气体密度（压力）正常。

c) 操动机构状态检查正常（液压机构油压正常、气压机构气压正常、弹簧机构弹簧位置正确）。

6.14.1.2　红外热像检测

检测断口及断口并联元件、引线接头、绝缘子等，红外热像图显示应无异常温升、温差和/或相对温差。检测和分析方法参考 DL/T 664。判断时应该考虑测量时及前 3h 负荷电流的变化情况。

6.14.1.3　例行检查和测试

a) 轴、销、锁扣和机械传动部件检查，如有变形或损坏应予更换。

b) 瓷绝缘件清洁和裂纹检查。

c) 操动机构外观检查，如按力矩要求抽查螺栓、螺母是否有松动，检查是否有渗漏等。

d) 检查操动机构内、外积污情况，必要时需进行清洁。

e) 检查是否存在锈迹，如有需要应进行防腐处理。

f) 按设备技术文件要求对操动机构机械轴承等活动部件进行润滑。

g) 检查辅助回路和控制回路电缆、接地线是否完好。

h) 检查振荡回路各元件是否存在电蚀、碳化或机械松动等。

i) 在额定操作电压下分、合操作两次，要求操作应灵活，合、分指示及切换开关转换正确。

6.14.1.4　非线性（放电）电阻

测试其绝缘电阻和直流 1mA 电压（U_{1mA}）及 $0.75U_{1mA}$ 下泄漏电流。试验方法及要求参见 5.14.1.4。

6.14.1.5　空气断路器直流泄漏

试验电压为直流 40kV。泄漏电流大于 10μA 时，应引起注意。注意排除瓷护套的影响。

6.14.1.6　振荡回路电容、电感及电阻值

每 6 年或巡检、红外检测有异常时进行本项目。要求在同等测量条件下，各元件的初值差不超过设备技术文件要求之规定。其中电容的测量可以采用电桥或数字式电容表，电感量的测量方法可参考 6.2.2.1，电阻的测量可以采用电桥或数字式欧姆表。

6.14.2 直流断路器诊断性试验（见表78）

表 78 直流断路器诊断性试验项目

诊断性试验项目	要 求	说明条款
操动机构检查和测试	符合设备技术文件要求	见 6.14.2.1
气体密封试验（SF$_6$型）	≤1%/年，或符合设备技术文件要求（注意值）	见 5.3.2.5
气体密度监视器校验（SF$_6$型）	符合设备技术文件要求	见 5.3.2.6
交流耐压试验	见 6.14.2.2	见 6.14.2.2
SF$_6$气体成分分析	见 8.2	见 8.2

6.14.2.1 操动机构检查和测试

投运 9 年或达到机械寿命的 50%，之后每 6 年，进行一次如下各项检查或测试：

a) 机械操作试验，符合设备技术文件要求。

b) 分、合闸线圈电阻值和动作电压检查，符合设备技术文件要求。

c) 操动机构储能过程检查及压力触点检查，符合设备技术文件要求。

d) 二次控制电缆的绝缘检查。

e) 阻尼器功能检查，符合设备技术文件要求。

f) 联锁装置功能检查，符合设备技术文件要求。

6.14.2.2 交流耐压试验

对核心部件或主体进行解体性检修之后或必要时进行本项试验。包括高压对地（合闸状态）和断口间（分闸状态）两种方式。试验在额定充气压力下进行，试验电压为出厂试验值的 80%，频率不超过 300Hz，耐压时间为 60s。试验方法参考 DL/T 593。

6.15 隔离开关和接地开关

同 5.11。

6.16 耦合电容器

同 5.12。

6.17 交、直流滤波器及并联电容器组、中性线母线电容器

6.17.1 交、直流滤波器及并联电容器组、中性线母线电容器巡检及例行试验（见表79、表80）

表 79 交、直流滤波器及并联电容器组、中性线母线电容器巡检项目

巡检项目	基准周期	要 求	说明条款
外观检查	2 周	外观无异常	见 6.17.1.1

表 80 交、直流滤波器及并联电容器组、中性线母线电容器例行试验项目

例行试验项目	基准周期	要 求	说明条款
红外热像检测	1 月	无异常温升	见 6.17.1.2
例行检查	1 年	见 6.17.1.3	见 6.17.1.3
并联电容器组电容量	1 年	初值差不超过±2%	见 6.17.1.4

6.17.1.1 外观检查

检查电容器是否有渗漏油、鼓起，若有要及时更换（可临时退出运行的）；注意电抗器线圈可视部位是否存在裂纹、碳化、电弧痕迹或颜色改变，线圈顶部是否有鸟巢等异物；注意电阻器的空气进、出口是否被堵塞；注意电流互感器油位是否正常。注意高压引线、接地线连接是否完好。

6.17.1.2 红外热像检测

检测（如有）电容器、电抗器、电阻器、电流互感器和金属氧化物避雷器等各部件及其所有电气连接部位等，红外热像图显示应无异常温升、温差和/或相对温差。检测和分析方法参考 DL/T 664。

6.17.1.3 例行检查

6.17.1.3.1 电容器例行检查

发生渗漏的电容器应予更换，但若渗漏轻微，可根据制造商指导予以修复。出现鼓肚、外壳变色，或者运行中红外热像检测显示有温度异常升高的电容器应予更换。

6.17.1.3.2 电阻器例行检查

a）检查并清洁内部绝缘子、套管，发现有破损的绝缘子或套管应予更换。

b）清洁空气进、出口。

c）检查电气连接的焊点和螺栓，松动的螺栓要按设备技术文件之力矩要求予以紧固。

d）检查所有户外瓷绝缘子与连接金具的固定螺栓，并按设备技术文件之力矩要求予以紧固。

6.17.1.3.3 电抗器例行检查

a）全面检查线圈顶部、底部以及电抗器线圈的内、外表面是否存在碳化、电弧痕迹等异常，发现异常时，重新投运之前应查明原因（必要时咨询制造商）、排除隐患。

b）检查线圈顶部等是否有异物，如有，予以清除。

c）随机抽查若干支撑构架螺栓的紧固力矩，如果有一个以上松动，按设备技术文件之提供的力矩要求紧固所有螺栓。

d）检查接地引下线，若存在松动、腐蚀等应予修复。

e）保护漆局部不完整或漆剥落应予修复。

6.17.1.4 并联电容器组电容量

电容器组电容量的初值差应不超过±2%。如超过±2%，或者退出运行前不平衡电流超过运行保护值的 50%，应逐一测量每只电容器的电容量，方法和要求参见 6.17.2.1。

6.17.2 交、直流滤波器及并联电容器组诊断性试验（见表 81）

表 81 交、直流滤波器及并联电容器组、中性线母线电容器诊断性试验项目

诊断性试验项目	要　求	说明条款
单台电容器电容量	与额定值的差异在−5%～+10%之间（注意值）	见 6.17.2.1
电阻器电阻值	初值差不超过±3%（注意值）	见 6.17.2.2
电抗器电感量及线圈电阻值	电感量初值差不超过±3%（注意值） 线圈电阻值初值差不超过±3%（注意值）	见 6.17.2.3
金属氧化物避雷器	见 6.18	见 6.18
电流互感器	见 5.3	见 5.3

6.17.2.1 单台电容器电容量

出现下列情形之一，应测量单台电容器的电容量：

a) 电容器组（臂）的电容量测试结果不能满足表80的要求。

b) 有维修试验机会，且退出运行前不平衡电流超过了50%的运行保护值。

c) 运行中不平衡电流超过设定值，保护跳闸使滤波器退出运行。

单台电容器电容量的初值差应不超过10%，否则应予更换。新的电容器与被更换的电容器的电容量差别应在1‰之内（参考铭牌值或例行试验值）。更换电容器之后，不平衡电流应小于20%的运行保护值。

6.17.2.2 电阻器电阻值

外观检查、红外热像检测等发现异常，应测量电阻器的电阻值。测量需待电阻器恢复到常温后进行。同等温度下，初值差不超过±3%。温度差异较大时，应修正到同一温度下进行比较。

6.17.2.3 电抗器电感量及线圈电阻值

下列情形需要测量电抗器电感量及线圈电阻值：

a) 经历了严重的短路电流。

b) 红外热像检测时同比温度异常。

c) 外观检查或紫外巡检时电抗器表面存在异常放电。

d) 电抗器线圈的内、外表面存在碳化、电弧痕迹等异常。

电感量测量方法可参考6.2.2.1。

6.18 金属氧化物避雷器

6.18.1 金属氧化物避雷器巡检及例行试验（见表82、表83）

表82 金属氧化物避雷器巡检项目

巡检项目	基准周期	要　求	说明条款
外观检查	500kV及以上：2周 220kV：1月 110kV：3月	外观无异常	见6.18.1.1
持续电流值		电流值无异常	
计数器		记录计数器指示数	

表83 金属氧化物避雷器例行试验项目

例行试验项目	基准周期	要　求	说明条款
红外热像检测	500kV及以上：1月 220kV：3月 110kV：半年	无异常	见6.18.1.2
运行中持续电流检测	1年	见5.14.1.3	见5.14.1.3
直流1mA电压（U_{1mA}）及0.75U_{1mA}下漏电流测量	3年（无持续电流检测） 6年（有持续电流检测） 9年（安装于阀厅内的）	1. U_{1mA}初值差不超过±5%且不低于GB 11032规定值（注意值） 2. 0.75U_{1mA}下的漏电流初值差≤30%或≤50μA（注意值）	
底座绝缘电阻		≥100MΩ	
放电计数器功能检查	见5.14.1.6	功能正常	见5.14.1.6

6.18.1.1 巡检说明

阀厅内的金属氧化物避雷器巡检结合阀检查进行。其他参照5.14.1.1。

6.18.1.2 红外热像检测

用红外热像仪检测避雷器本体及电气连接部位，红外热像图显示应无异常温升、温差和/或相对温差。测量和分析方法参考 DL/T 664。阀厅内的金属氧化物避雷器有条件时进行。

6.18.2 金属氧化物避雷器诊断性试验（见表 84）

表 84 金属氧化物避雷器诊断性试验

诊断性试验项目	要　求	说明条款
工频参考电流下的工频参考电压	应符合 GB 11032 或制造商规定	见 5.14.2.1
均压电容的电容量	电容量初值差不超过±5%或满足制造商的技术要求	见 5.14.2.2

6.19 电力电缆

同 5.15。

6.20 直流接地极及线路

6.20.1 接地极及线路巡检及例行试验（见表 85、表 86）

表 85 接地极及线路巡检项目

巡检项目	基准周期	要　求	说明条款
接地极及线路巡检	1 月	无异常	见 6.20.1.1

表 86 接地极及线路例行试验项目

例行试验项目	基准周期	技术要求	说明条款
测量井水位、水温	3 月	符合设计要求	见 6.20.1.2
接地极接地电阻	6 年	符合设计要求	见 6.20.1.3
接地极电流分布	3 年	符合设计要求	见 6.20.1.4
极址电感、电容量	3 年	符合设计要求	见 6.20.1.5

6.20.1.1 巡检说明

a）杆塔结构完好无盗损、无严重锈蚀，杆号牌、警示牌等附属设施齐全完好。

b）导地线无断股、烧伤，无异物挂接，接头连接完好；与树木等跨越物净空距离满足要求。

c）绝缘子串外观结构完好，无残伞，间隔棒、防振锤、招弧角等状态完好，无松动错位；连接金具完好、无松动变形和严重锈蚀。

d）杆塔接地装置、极址接地引下线连接良好，无盗损。

e）检查检测装置和渗水孔防止淤泥堵塞。

f）杆塔基础及极址周围无冲刷、塌陷。

6.20.1.2 测量井水位、水温

定期检测井水位和水温，结果应符合设备技术文件要求。

6.20.1.3 接地极接地电阻

可采用电压—电流长线法测量接地电阻，即向接地极注入直流电流 I，测量电流注入点对零电位参考点的电位 U_g，接地电阻 $R_g = U_g/I$。测量时，要求直流电源的另一接地点（可以是换流站接地网）以及零电位参考点与接地极之间的最小距离大于接地极任意两点间最大距离的 5 倍。直流电流 I 可以是系统停运时由独立试验用直流电源产生（推荐 50A），也可

以是系统运行中流经接地极的不平衡电流或是单极大地回路运行时的入地电流。

6.20.1.4 接地极电流分布

运行中接地极线路和元件馈电电缆的电流分布应定期检查，采用大口径直流钳形电流表测量。设馈电电缆的电流为 I_i，N 为馈电电缆根数，则分流系数为

$$\eta_i = I_i / \sum_{j=1}^{N} I_j \tag{5}$$

与初值比，η_i 不应有明显变化，或符合设计要求。

6.20.1.5 极址电感、电容量

电感量的测量方法参考 6.2.2.1；电容采用数值式电容表测量。测量结果应符合设备技术文件要求。

6.20.2 接地极及线路诊断性试验（见表 87）

表 87 接地极及线路诊断性试验项目

诊断性试验项目	要 求	说明条款
接触电势和电压	符合设计要求	见 6.20.2.1
跨步电势和电压	符合设计要求	
开挖检查	—	见 6.20.2.2

6.20.2.1 接触电压和跨步电压

6.20.2.1.1 下列情形进行本项试验

a）电流分布发生明显变化或者接地电阻明显增加。

b）接地极寿命（通常以安时数计算）损失达到 60％、80％和 90％时。

c）开挖检查之后。

6.20.2.1.2 接触电动势和电压

向接地极注入直流电流，测量极址内和附近各金属物件如终端塔、中心塔和分支塔等的接触电势。测量时，在与金属物件相距 1m 的地面布置电极，测量金属物件上离地面 1.8m 高的点与电极之间的电位差。在测量接触电动势时，直接利用电压表测量；在测量接触电压时，电压表要并联 1000Ω 模拟人体电阻。直流电流 I 可以是系统停运时由独立试验用直流电源产生（推荐 50A），也可以是系统运行中流经接地极的不平衡电流或是单极大地回路运行时的入地电流。测量应采用无极化电极，测量结果应折算到高压直流接地极运行时的最大电流。

6.20.2.1.3 跨步电势和电压

向接地极注入直流电流，根据接地极设计、施工图和接地极馈电电缆分流情况或历史测量结果，选择测量区域，通常在极环附近，特别是电流入地和极环曲率半径较小的位置。方法是在测量点放置一电极，在半径为 1m 的圆弧上用另一电极探测，找出电位差较大的几点，再以这几点为圆心，重复上述做法，直到找到局部最大跨步电动势和电压。在测量跨步电动势时，直接利用电压表测量；在测量跨步电压时，电压表要并联 1000Ω 模拟人体电阻。直流电流 I 可以是系统停运时由独立试验用直流电源产生（推荐 50A），也可以是系统运行中流经接地极的不平衡电流或是单极大地回路运行时的入地电流。测量应采用无极化电极，测量结果应折算到高压直流接地极运行时的最大工作电流。

6.20.2.2 开挖检查

若接地极极址的接地电阻或馈电电缆的电流分布不符合设计要求，或怀疑接地极地网被严重腐蚀时（如跨步电势和电压测量结果异常），应开挖检查。修复或恢复之后要进行接地电阻、接触电压和跨步电压测量，测量结果应符合设计要求。

6.21 接地装置

同 5.16。

6.22 晶闸管换流阀

6.22.1 晶闸管换流阀巡检及例行试验（见表88、表89）

表88 晶闸管换流阀巡检项目

巡检项目	基准周期	要　求	说明条款
巡检	≤1 周	无异常（包括一次关灯检查）	见 6.22.1.2

表89 晶闸管换流阀例行检查和试验项目

例行试验项目	基准周期	要　求	说明条款
红外热像检测	≤2 周	无异常	见 6.22.1.3
清揩	≤3 年	清洁	见 6.22.1.4
阀检查	3 年	符合设备技术文件要求	见 6.22.1.5
冷却回路检查	≤6 年	符合设备技术文件要求	见 6.22.1.6
组件电容、均压电容的电容量	6 年	初值差不超过±5%（警示值）	见 6.22.1.7
均压电容的电容量		初值差不超过±5%（警示值）	
均压电阻的电阻值		初值差不超过±3%（警示值）	见 6.22.1.8
晶闸管阀试验	3 年	符合设备技术文件要求	见 6.22.1.9
漏水报警和跳闸试验	1 年	符合设备技术文件要求	见 6.22.1.10

6.22.1.1 维护说明

晶闸管换流阀厅内的相对湿度在 60% 以下。如果维修期间相对湿度超过 60% 应采取相应措施，保证维修期间相对湿度应控制在 60% 以下。

6.22.1.2 巡检

a）要求阀监控设备工作正常，无缺陷报告。

b）阀体各部位无烟雾、异味、异常声响和振动。

c）无明显漏水现象。

d）检查冷却系统的压力、流量、温度、电导率等仪表，指示应正常。

e）进行阀厅关灯检查，无异常。

f）检查阀厅的温度、湿度、通风是否正常。

6.22.1.3 红外热像检测

条件许可时，用红外热像仪对换流阀可视部分进行检测，红外热像图显示应无异常温升、温差和/或相对温差。检测和分析方法参考 DL/T 664。

6.22.1.4 清揩

对阀厅的内壁、阀结构表面屏蔽罩、绝缘子、阳极电抗器等元器件进行清揩、清扫。清揩时应选择合适的工具和方法。

6.22.1.5　阀检查

a）承担绝缘的部件表面无损伤、电蚀和污秽。

b）所有电气连接完好，无松动。

c）检查阀电抗器，其表面颜色无异常；检查连接水管、水接头，要求无漏水、渗水现象；检查各电气元件的支撑横担，要求无积尘、积水等现象。

d）检查晶闸管控制单元（TE、TVM 或 TCU）以及反向恢复器保护板（RPU），要求外观无异常，插紧到位和插座端子连接完好。

e）检查组件电容和均压电容，要求外观无鼓起和渗漏油、金属部分无锈蚀、连接部位牢固。

f）检查各晶闸管堆，蝶弹压紧螺栓，使晶闸管堆压装紧固螺钉与压力板在同一平面上，并用检查蝶弹弹性形变的专用工具校核（只在新安装和更换之后才进行）。

g）利用超声波抽检长棒式绝缘子，要求无裂纹。

h）等电位电极按不同层、不同部位抽查无异常。

i）用力矩扳手检查半层阀间连接母线、电抗器连接母线无异常。

j）阀避雷器及其动作的电子回路检查无异常。

k）检查光缆联接和排列情况，要求光缆接头插入、锁扣到位，光缆排列整齐。

6.22.1.6　冷却回路检查

对水冷系统施加 110%～120% 额定静态压力 15min（如制造商有明确要求，按制造商要求），对冷却系统进行如下检查：

a）检查每个阀塔主水路的密封性，要求无渗漏。

b）检查冷却水管路、水接头和各个通水元件，要求无渗漏。

c）检查漏水检测功能，要求其动作正确。

d）检查水系统的压力、流量、温度、电导率等仪表，要求外观无异常，读数合理；同时，要进行总表与分表之间的流量校核，若发现不一致，则视情况进行及时检查。

e）检查滤网的过滤性能，符合厂家的技术文件要求。

注：1. 只有在漏水情况下才紧固相应的连接头，要求无泄漏，不宜过紧。通风正常，泄漏指示器正常；每个塔中冷却水流量相等。

2. 加有乙二醇的冷却水，按厂家技术文件执行。

6.22.1.7　组件电容、均压电容的电容量

测量组件电容和均压电容的电容量，采用专用测量仪，不必断开接线。要求初值差不超过 ±5%。

6.22.1.8　均压电阻的电阻值

测量均压电阻的电阻值，采用专用测量仪，不必断开接线。要求初值差不超过 ±3%。

6.22.1.9　晶闸管阀试验

a）如果监测系统显示在同一单阀内损坏的晶闸管数为冗余数−1 时为注意值，当损坏的晶闸管数等于冗余数时为警示值。

b）如果监测系统显示在同一单阀内晶闸管正向保护触发（BOD 触发）的晶闸管数为冗余数−1 时为注意值，当晶闸管正向保护触发的晶闸管数等于冗余数时为警示值。

c）晶闸管元件的触发开通试验。采用专用试验装置，按厂家的技术文件执行。

d）检查晶闸管阀控制单元或阀基电子设备（VCU 或 VBE）和晶闸管阀监测装置

（THM 或 TM），功能正常。

  e）如果更换缺陷的晶闸管，需同时检查控制单元和均压回路。

6.22.1.10 漏水报警和跳闸试验

  对漏水检测装置进行检查，并做记录，结果应符合设备技术文件要求。

6.22.2 晶闸管换流阀诊断性试验（见表90）

表90 晶闸管换流阀诊断性试验项目及说明

诊断性试验项目	要　　求	说明条款
光缆传输功率	初值差不超过±5%	见6.22.2.1
冷却水管内等电位电极检查	见6.22.2.2	见6.22.2.2
阀电抗器参数	符合设备技术文件要求	见6.22.2.3
阀回路电阻值	符合设备技术文件要求	见6.22.2.4
内冷水电导率	≤0.5μS/cm	见6.22.2.5

6.22.2.1 光缆传输功率

  确认光缆传输功率是否正常时进行。用光通量计测量到达各 TCU 或 TE 或 TVM 的光功率，要求初值差不超过±5%，或者符合设备技术文件要求。

6.22.2.2 冷却水管内等电位电极检查

  拆下冷却水管内的等电位电极，清除电极上的沉积物，检查其有效体积减小的程度，当水中部分体积减小超过 20% 时，需更换之，并同时更换 O 型密封圈。

6.22.2.3 阀电抗器参数

  采用施加工频电流、测量电抗器两端工频电压的方法进行电抗值测量，其中施加的工频电流应不小于 5A。要求电抗值的初值差不大于±5%。采用电阻电桥进行阀电抗器电阻值测量，要求电阻值的初值差不超过±3%。

6.22.2.4 阀回路电阻值

  采用电阻电桥进行阀回路电阻值测量，互相比对，无明显差异。

6.22.2.5 冷却水电导率

  监测冷却水的电导率，要求 20℃ 时的电导率不大于 0.5μS/cm，或符合设备技术文件要求。

7 绝缘油试验

7.1 绝缘油例行试验

  油样提取应遵循设备技术文件之规定，特别是少油设备。例行试验项目如表91所示。

表91 绝缘油例行试验项目

例行试验项目	要　　求	说明条款
视觉检查	透明，无杂质和悬浮物	见7.1.1
击穿电压	≥50kV（警示值），500kV 及以上 ≥45kV（警示值），330kV ≥40kV（警示值），220kV ≥35kV（警示值），110kV/66kV	见7.1.2

例行试验项目	要　　求	说明条款
水分	≤15mg/L（注意值），330kV 及以上 ≤25mg/L（注意值），220kV 及以下	见 7.1.3
介质损耗因数（90℃）	≤0.02（注意值），500kV 及以上 ≤0.04（注意值），330kV 及以下	见 7.1.4
酸值	≤0.1mg（KOH）/g（注意值）	见 7.1.5
油中含气量（v/v）	330kV 及以上变压器、电抗器：≤3%	见 7.1.6

7.1.1　视觉检查

凭视觉检测油的颜色，粗略判断油的状态。评估方法见表 92。可参考 DL/T 429.1 和 DL/T 429.2。

表 92　油质视觉检查及油质初步评估

视觉检测	淡黄色	黄色	深黄色	棕褐色
油质评估	好油	较好油	轻度老化的油	老化的油

7.1.2　击穿电压

击穿电压值达不到规定要求时，应进行处理或更换新油。测量方法参考 GB/T 507。

7.1.3　水分

测量时应注意油温，并尽量在顶层油温高于 60℃时取样。测量方法参考 GB/T 7600 或 GB/T 7601。怀疑受潮时，应随时测量油中水分。

7.1.4　介质损耗因数

介质损耗因数测量方法参考 GB/T 5654。

7.1.5　酸值

酸值大于注意值时（参见表 93），应进行再生处理或更换新油。油的酸值按 GB/T 264 测定。

表 93　酸 值 及 油 质 评 估

酸值，mg（KOH）/g	0.03	0.1	0.2	0.5
油质评估	新油	可继续运行	下次维修时需进行再生处理	油质较差

7.1.6　油中含气量

油中含气量测量方法参考 DL/T 703、DL/T 450 或 DL/T 423。

7.2　绝缘油诊断性试验

新油或例行试验后怀疑油质有问题时应进行诊断试验，试验结果应符合要求，试验项目见表 94。

表 94　绝缘油诊断性试验项目

试验项目	要　　求	说明条款
界面张力（25℃）	≥19（新投运 35）mN/m（注意值）	见 7.2.1
抗氧化剂含量检测	≥0.1%（注意值）	见 7.2.2
体积电阻率（90℃）	≥1×10¹⁰（新投运 6×10¹⁰）Ωm（注意值），500kV 及以上 ≥5×10⁹（新投运 6×10¹⁰）Ωm（注意值），330kV 及以下	见 7.2.3

试验项目	要　求	说明条款
油泥与沉淀物（m/m）	≤0.02%（注意值）	见 7.2.4
颗粒数（个/10mL）	≤1500（330kV 及以上）	见 7.2.5
油的相容性试验	见 7.2.6	见 7.2.6

7.2.1　界面张力

油对水的界面张力测量方法参考 GB/T 6541，低于注意值时宜换新油。

7.2.2　抗氧化剂含量

对于添加了抗氧化剂的油，当油变色或酸值偏高时应测量抗氧化剂含量。抗氧化剂含量减少，应按规定添加新的抗氧化剂；采取上述措施前，应咨询制造商的意见。测量方法参考 GB/T 7602.1。

7.2.3　体积电阻率

体积电阻率测量方法参考 GB/T 5654 或 DL/T 421。

7.2.4　油泥与沉淀物

当界面张力小于 25mN/m 时，进行本项目。测量方法参考 GB/T 511。

7.2.5　颗粒数

本项试验可以用来表征油的纯净度。每 10mL 油中大于 $3\mu m \sim 150\mu m$ 的颗粒数一般不大于 1500 个，大于 1500 个应予注意，大于 5000 个说明油受到了污染。对于变压器，过量的金属颗粒是潜油泵磨损的一个信号，必要时应进行金属成分及含量分析。

7.2.6　油的相容性试验

一般不宜将不同牌号的油混合使用。如混合使用，应进行本项目。测量方法和要求参考 GB/T 14542。

8　SF$_6$ 气体湿度和成分检测

8.1　SF$_6$ 气体湿度

a）新投运测一次，若接近注意值，半年之后应再测一次。

b）新充（补）气 48h 之后至 2 周之内应测量一次。

c）气体压力明显下降时应定期跟踪测量气体湿度。

SF$_6$ 气体可从密度监视器处取样。测量方法可参考 DL/T 506、DL/T 914 和 DL/T 915。测量完成之后，按要求恢复密度监视器，注意按力矩要求紧固。测量结果应满足表 95 要求。

表 95　SF$_6$ 气体湿度检测说明

试验项目	要　求		
	气室类别	新充气后	运行中
湿度（H$_2$O） （20℃，0.101 3MPa）	有电弧分解物隔室（GIS 开关设备）	≤150μL/L	≤300μL/L（注意值）
	无电弧分解物隔室（GIS 开关设备、电流互感器、电磁式电压互感器）	≤250μL/L	≤500μL/L（注意值）
	箱体及开关（SF$_6$ 绝缘变压器）	≤125μL/L	≤220μL/L（注意值）
	电缆箱及其他（SF$_6$ 绝缘变压器）	≤220μL/L	≤375μL/L（注意值）

8.2 SF₆气体成分分析

怀疑 SF_6 气体质量存在问题或者配合缺陷、事故分析时，可选择性地进行 SF_6 气体成分分析，项目和要求见表96。测量方法参考 DL/T 916、DL/T 917、DL/T 918、DL/T 919、DL/T 920 和 DL/T 921。

对于运行中的 SF_6 设备，当检出 SO_2、SOF_2 等杂质组分并持续增加时，通常说明相关气室内存在着活动的局部放电故障。

表96 SF₆气体成分分析项目及要求

试 验 项 目	要 求
CF_4	增量≤0.1%（新投运≤0.05%）（注意值）
空气（O_2+N_2）	≤0.2%（新投运 0.05%）（注意值）
可水解氟化物	≤1.0μg/g（注意值）
矿物油	≤10μg/g（注意值）
毒性（生物试验）	无毒（注意值）
密度（20℃，0.101 3MPa）	6.17g/L
SF_6 气体纯度	≥99.8%（质量分数）
酸度	≤0.3μg/g（注意值）
杂质组分（CO、CO_2、HF、SO_2、SF_4、SOF_2、SO_2F_2）	（监督增长情况，μg/g）

附 录 A
（规范性附录）
状态量显著性差异分析法

在相近的运行和检测条件下，相同设计、材质和工艺的一批设备，其状态量不应有显著差异，若某台设备某个状态量与其他设备有显著性差异，即使满足注意值或警示值要求，也应引起注意。对于没有注意值或警示值要求的状态量，也可以应用显著性差异分析，作为本标准对部分状态量要求"没有明显变化"或类似要求的判断依据。

状态量显著性差异分析方法如下：设 n（$n≥5$）台同一家族设备（如同制造商同批次设备），某个状态量 X 的当前试验值的平均值为 $\bar{X}$，样本偏差为 S（不含被诊断设备）；被诊断设备的当前试验值为 x，则有显著性差异的条件为：

劣化表现为状态量值减少时（如绝缘油击穿电压）：$x < \bar{X} - kS$。

劣化表现为状态量值增加时（如介质损耗因数）：$x > \bar{X} + kS$。

劣化表现为偏离初值时（如绕组电阻）：$x \notin (\bar{X} - kS, \bar{X} + kS)$。

上列各式中 k 值根据 n 的大小按表 A.1 选取。

表 A.1 k 值与 n 的关系

n	5	6	7	8	9	10	11	13	15	20	25	35	≥45
k	2.57	2.45	2.36	2.31	2.26	2.23	2.20	2.16	2.13	2.09	2.06	2.03	2.01

易受环境影响的状态量，本方法仅供参考；设备台数 $n<5$ 时不适宜应用本方法。若不受试验条件影响，显著性差异分析法也适用于同一设备同一状态量历年试验结果的分析。该

方法应用于绝缘电阻时应取绝缘电阻的对数值进行判断。

附 录 B

（规范性附录）

变压器线间电阻到相绕组电阻的换算方法

对于星形联结，应测量各相绕组电阻，无中性点引出线的星形联结，可测量各线间电阻，按式（B.1）计算各相绕组电阻；对于三角形联结，可测量各线间的电阻，然后按式（B.2）计算各相绕组电阻：

$$\left.\begin{aligned} R_A &= \frac{R_{AB} + R_{CA} - R_{BC}}{2} \\ R_B &= \frac{R_{BC} + R_{AB} - R_{CA}}{2} \\ R_C &= \frac{R_{BC} + R_{CA} - R_{AB}}{2} \end{aligned}\right\} \tag{B.1}$$

$$\left.\begin{aligned} R_A &= \frac{R_{AB}^2 + R_{BC}^2 + R_{CA}^2 - (R_{AB} - R_{BC})^2 - (R_{BC} - R_{CA})^2 - (R_{CA} - R_{AB})^2}{2(R_{BC} + R_{CA} - R_{AB})} \\ R_B &= \frac{R_{AB}^2 + R_{BC}^2 + R_{CA}^2 - (R_{AB} - R_{BC})^2 - (R_{BC} - R_{CA})^2 - (R_{CA} - R_{AB})^2}{2(R_{AB} + R_{CA} - R_{BC})} \\ R_C &= \frac{R_{AB}^2 + R_{BC}^2 + R_{CA}^2 - (R_{AB} - R_{BC})^2 - (R_{BC} - R_{CA})^2 - (R_{CA} - R_{AB})^2}{2(R_{BC} + R_{AB} - R_{CA})} \end{aligned}\right\} \tag{B.2}$$

式中　R_{AB}、R_{BC}、R_{CA}——线间电阻；

　　　R_A、R_B、R_C——相绕组电阻。

具体应用时，注意实际接线方式，与图 B.1 不一致时，式（B.1）、式（B.2）中各电阻要按实际接线方式进行替换。

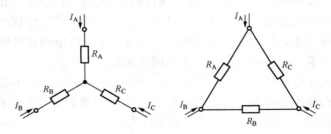

图 B.1　Y—△电阻示意图

附 录 C

（资料性附录）

设备状态量化评价法

C.1 适用范围

本方法适用于对不存在明显缺陷的设备进行状态评估。该方法根据设备状态量及其发展趋势、经历的不良工况以及家族缺陷等信息，对设备状态进行量化分级。本方法是初步的，仅以此作为调整检修和试验周期的参考。

C.2 术语和定义

C.2.1

设备状态评分（简称状态评分）

以百分制对设备状态进行表述的一种方法。100分表示最佳设备状态，0分则表示需要尽快维修的设备。其他情形的状态评分介于0分～100分之间。

C.2.2

正劣化

状态量劣化表现为状态量值的增加，如介质损耗因数等。

C.2.3

负劣化

状态量劣化表现为状态量值的减少，如绝缘电阻等。

C.2.4

偏差性劣化

状态量劣化表现为状态量与初始值之间的不一致，如变压器绕组电阻等。

C.2.5

设备岗位权重（简称岗位权重）

根据电压等级、传输容量、用户性质以及网络冗余等因素，对设备重要性的一种划分方法。分1～10级，10级对应重要性最高设备，1级对应重要性最低设备，其他介于10级～1级之间。

C.2.6

基础评分

交接试验合格，具备投运条件的新设备，或检修之后验收试验合格可重新投运的设备，对其状态进行一次评分，作为之后评分的基础。这一评分称为基础评分。

C.3 设备状态评分法

C.3.1 设备状态评分法

设备状态评分G为

$$G = BTEF \tag{C.1}$$

式中 B——基础评分；

$\quad\quad T$——试验评分；

$\quad\quad E$——不良工况评分；

$\quad\quad F$——家族缺陷评分。

C.3.2 基础评分（B）

基础评分可参考表C.1按式（C.2）进行：

表 C.1 设备基础评分参考

项　　目	依　据　及　评　分
制造和工厂试验	a) 制造商质量信誉良好（$B_1 \leqslant 5$分） b) 关键工序无返工（$B_2 \leqslant 5$分） c) 全部工厂试验顺利，且符合相关标准要求（$B_3 \leqslant 5$分） d) 反映设备状态的试验值远没有接近注意值（$B_4 \leqslant 5$分）

表 C.1（续）

项　　目	依　据　及　评　分
运输、安装和交接试验	e) 运输、安装顺利，且完全符合制造商要求（$B_5 \leqslant 4$ 分） f) 交接试验全部合格、且不受环境因素影响的交接试验与出厂试验基本一致（$B_6 \leqslant 6$ 分）
家族设备安全运行记录	g) 已运行同型设备的可靠性记录良好（$B_7 \leqslant 10$ 分）
运行时间	h) $B_8 = -$运行年数

$$B = 60 + \sum_{i=1}^{n} B_i \qquad (C.2)$$

C.3.3　试验评分法（T）

试验评分是单个试验项目评分的加权几何平均值。单个项目的评分介于 $100\% \sim 0\%$ 之间，100% 对应于项目中各状态量远低于注意值或警示值，且没有明显劣化趋势。设一个设备进行了 m 个单项试验，第 i 项试验的评分为 G_i，权重为 W_i（没有给出时取 1），则试验评分 T 为：

$$T = \sum_{i=1}^{m} w_i \sqrt{\prod_{i=1}^{m} G_i^{W_i}} \qquad (C.3)$$

对核心部件或主体进行了解体性检修的设备，试验评分从检查或/和修复之后重新开始。式（C.3）中仅考虑与设备主体直接相关的那部分项目。

C.3.3.1　单项试验项目评分法（1）

本方法适用于有注意值或警示值要求的正劣化及负劣化状态量的分析。

设注意值为 x_z，警示值为 x_j，最近 3 次试验值分别为 x、x_1、x_2，其中为当前试验值，x_1 为 t_1 年前（相对于 x）的试验值，x_2 为 t_2 年前（相对于 x）的试验值，且 $t_2 > t_1$。下列各式中，若状态量给出警示值，则 $x' = x_j$；若状态量给出注意值，则 $x' = 1.3x_z$（正劣化）或 $x' = x_z/1.3$（负劣化）。单项试验评分法见式（C.4）～式（C.10），式中 x_f 为该状态量在同类新设备中的平均值，若没有此值，以该设备出厂或交接试验值代之。

a) 仅有一次试验记录时（即 x_1、x_2 不存在）

$$G = G_1(x) = \frac{x' - x}{x' - x_f} \times 100\% \qquad (C.4)$$

式中，当 $G < 0$，令 $G = 0$；当 $G > 100$，令 $G = 100$。

b) 有两次试验记录（即 x_2 不存在）

正劣化

$$G = G_1[x + \max(0, x - x_1)] \qquad (C.5)$$

负劣化

$$G = G_1[x + \min(0, x - x_1)] \qquad (C.6)$$

c) 有 3 次或 3 次以上试验，选最近三次试验值

正劣化

$$G = G_1\left[x + \max\left(0, \frac{3x - 2x_1 - x_2}{2t_1 + t_2}\right)\right] \qquad (C.7)$$

负劣化

$$G = G_1\left[x + \min\left(0, \frac{3x - 2x_1 - x_2}{2t_1 + t_2}\right)\right] \qquad (C.8)$$

C.3.3.2 单项试验项目评分法（2）

本方法适用于有＋/－偏差要求的状态量的分析。

设某个状态量的当前试验值为 x，零偏差值（通常为初值或额定值）为 x_0，则偏差（E）为：

$$E = \frac{x - x_0}{x_0} \times 100\% \tag{C.9}$$

设允许的正偏差为 k_+，允许的负偏差为 k_-，评分方法为：

$$G = \min\left(\frac{k_- - E}{k_-}, \frac{k_+ - E}{k_+}\right) \times 100\% \tag{C.10}$$

当 $G \leqslant 0$ 时，令 $G = 0$。

C.3.4 不良工况评分（E）

不良工况评分在 $100\% \sim 0\%$ 之间，其中 0% 对应于对设备状态影响最严重的不良工况（包括其累积效应）。对于断路器，主要是开断短路电流；对于变压器主要是侵入波、近区（出口）短路等。其他设备的不良工况由用户自行定义、处理。

对于断路器暂考虑开断短路电流一种不良工况：

$$E = \left(1 - \sum_{j=1}^{n} I_j^{1.8} / L\right) \times 100\% \tag{C.11}$$

式中　I_j——第 j 次开断大电流的峰值，kA；

　　　L——设备技术文件给出的累积开断寿命的 80%。

累积开断寿命则可根据该型断路器在型式试验中所成功承受的开断电流及次数，按 $\sum I^{1.8}$ 计算，如成功开断 60kA 3 次，则累积开断寿命不小于 $60^{1.8} + 60^{1.8} + 60^{1.8} = 4762$。累积开断寿命也可依据运行经验自定。$E$ 小于 0 时按 0 计。

对于变压器近区或出口短路，可按下式估算：

$$E_d = \frac{I^2 - i^2}{0.65 I^2} \times 100\% \tag{C.12}$$

式中　I——表示允许的最大短路电流的幅值，kA；

　　　i——表示实际短路电流幅值，kA，只有 i 达到 I 的 60% 以上才考虑作为不良工况。

E_d 小于 0 时按 0 计。多于 1 次，取最大 i 值的对应的计算结果。

保护变压器的避雷器每动作 1 次，算 1 次不良工况，取 $E_{Lj} = 98.5\%$，暂不计侵入波陡度和幅值。经历 n 次时按下式计算：

$$E_L = E_{Lj}^{\sqrt{n}} \times 100\% \tag{C.13}$$

变压器每经历 1 次短时急救负荷（设计允许的），算 1 次不良工况，取 $E_{oj} = 99.0\%$，暂不计过负荷的大小和持续时间。经历 n 次时按下式计算：

$$E_0 = E_{oj}^{\sqrt{n}} \times 100\% \tag{C.14}$$

变压器总的不良工况评分为

$$E = E_d E_L E_o \times 100\% \tag{C.15}$$

C.3.5 家族缺陷评分（F）

有家族缺陷时，那些尚未发生或检出家族缺陷的设备，在隐患消除之前，其状态评分应通过下式评估家族缺陷的影响。计算家族缺陷评分时，f 是依据缺陷发生的部位和性质（参考表 C.2）确定的：

$$F = 1 - \frac{1-f}{\sqrt[n]{N}} \qquad \text{(C.16)}$$

式中　N——家族设备总台数；

n——发生该家族缺陷的设备台数（$N > n \geqslant 1$）。

如果涉及家族缺陷的隐患已消除，就不再考虑其影响。

表 C.2　f 取 值 原 则

缺陷	对设备安全运行无大的影响，突发恶化风险很小	暂不危及设备安全运行，突发恶化风险不大	对设备安全运行有一定威胁，可监控	对设备安全运行有一定威胁，不易连续监控	对设备安全运行有现实威胁
评分	86%～100%	61%～85%	31%～60%	16%～30%	0%～15%

C.4　状态评分处理原则

80 分及以上等效符合 4.4.2 所列条件，30 分及以下等效符合 4.4.3 所列条件。

电力变压器运行规程

DL/T 572—2010

代替 DL/T 572—1995

目　　次

前　言

本标准根据《国家发展改革委办公厅关于印发 2007 年行业标准修订、制定计划的通知》（发改办工业〔2007〕1415 号）的安排，对 DL/T 572—1995 进行修订。

本次修订与原标准相比，主要变化如下：

——编写格式按 DL/T 600—2001《电力行业标准编写基本规定》的规定进行了修改；

——本标准增加了 750kV 级变压器运行相关的规定，删除了 35kV 以下电压等级配电变压器的相关内容；修订后的适用电压等级范围调整为 35kV～750kV；

——调整了冷却装置运行要求及运行管理要求；

——对变压器日常巡视检查、特殊巡视检查、定期检查等维护周期及内容进行了调整；

——对变压器投运和停运的要求进行了调整和增补；

——将原规程中"瓦斯保护装置的运行"调整为"保护装置的运行及维护"，并增加了"气体继电器"、"突变压力继电器"、"压力释放阀"、"温度计"、"油位计"、"冷却器"、"油流继电器"等非电量保护器件的运行维护要求；

——增加了"冷却装置故障时的运行方式和处理要求"，对油浸（自然循环）风冷和干式风冷变压器、强油循环风冷和强油循环水冷变压器的冷却装置全停及部分故障的要求进行了说明；

——增加了防止变压器承受短路冲击的运行管理措施和变压器承受短路冲击后的记录和试验要求等。

本标准实施后代替 DL/T 572—1995。

本标准由中国电力企业联合会提出。

本标准由电力行业电力变压器标准化技术委员会归口。

本标准主要起草单位：中国电力科学研究院。

本标准参加起草单位：国网武汉高压研究院、华北电网公司、广东电网电力科学研究院、江西省电力公司、东北电网公司、北方电力联合有限公司、中国南方电网超高压公司、徐州供电公司、唐山供电公司、烟台供电公司、中国大唐集团公司等。

本标准主要起草人：程焕超、凌愍、李鹏、李博。

本标准参加起草人：张淑珍、陈江波、刘连睿、欧阳旭东、席小健、王伟斌、郭锡玖、阳少军、吴浩然、王恒、王如伟、孙维本。

本标准代替的 DL/T 572—1995 于 1995 年 6 月 29 日首次发布，本次为第一次修订。

本标准在执行过程中的意见或建议反馈至中国电力企业联合会标准化管理中心（北京市白广路二条 1 号，100761）。

电力变压器运行规程

1 范围

本标准规定了电力变压器（下称变压器）运行的基本要求、运行条件、运行维护、不正常运行和处理，以及安装、检修、试验、验收的要求。

本标准适用于电压为 35kV～750kV 的电力变压器。换流变压器、电抗器、发电厂厂用变压器等同类设备可参照执行。进口电力变压器，一般按本规程执行，必要时可参照制造厂的有关规定。

2 规范性引用文件

下列文件中的条款通过本标准的引用而成为本标准的条款。凡是注日期的引用文件，其随后所有的修改单（不包括勘误的内容）或修订版均不适用于本标准，然而，鼓励根据本标准达成协议的各方研究是否可使用这些文件的最新版本。凡是不注日期的引用文件，其最新版本适用于本标准。

GB 1094.5—2008 电力变压器 第 5 部分：承受短路的能力（IEC 60076-5：2006，MOD）

GB/T 1094.7 电力变压器 第 7 部分：油浸式电力变压器负载导则（GB/T 1094.7—2008，IEC 60076-7：2005，MOD）

GB 1094.11 电力变压器 第 11 部分：干式变压器（GB 1094.11—2007，IEC 60076-11：2004，MOD）

GB/T 6451—2008 油浸式电力变压器技术参数和要求

GB 10228 干式电力变压器技术参数和要求

GB/T 17211 干式电力变压器负载导则（GB/T 17211—1998，IEC 60905：1987，EQV）

GBJ 148 电气装置安装工程电力变压器、油浸电抗器、互感器施工及验收规范

DL/T 573 电力变压器检修导则

DL/T 574 变压器分接开关运行维修导则

DL/T 596 电力设备预防性试验规程

3 基本要求

3.1 保护、测量、冷却装置

3.1.1 变压器应按 GB 6451 等有关标准的规定装设保护和测量装置。

3.1.2 油浸式变压器本体的安全保护装置、冷却装置、油保护装置、温度测量装置和油箱及附件等应符合 GB/T 6451 的要求。干式变压器有关装置应符合 GB 10228 相应的技术要求。

3.1.3 装有气体继电器的油浸式变压器，无升高坡度者，安装时应使顶盖沿气体继电器油流方向有 1%～1.5% 的升高坡度（制造厂家不要求的除外）。

3.1.4 变压器的冷却装置应符合以下要求：

a) 按制造厂的规定安装全部冷却装置。

b) 强油循环的冷却系统必须有两个独立的工作电源并能自动和手动切换。当工作电源发生故障时，应发出音响、灯光等报警信号。

c) 强油循环变压器，当切除故障冷却器时应发出音响、灯光等报警信号，并自动（水冷的可手动）投入备用冷却器；对有两组或多组冷却系统的变压器，应具备自动分组延时启停功能。

d) 散热器应经蝶阀固定在变压器油箱上或采用独立落地支撑，以便在安装或拆卸时变压器油箱不必放油。

e) 风扇、水泵及油泵的附属电动机应有过负荷、短路及断相保护；应有监视油流方向的装置。

f) 水冷却器的油泵应装在冷却器的进油侧，并保证在任何情况下冷却器中的油压大于水压约 0.05MPa（双层管除外）。冷却器出水侧应有放水旋塞。

g) 强油循环水冷却的变压器，各冷却器的潜油泵出口应装逆止阀（双层管除外）。

h) 强油循环冷却的变压器，应能按温度和（或）负载控制冷却器的投切。

i) 潜油泵应采用 E 级或 D 级轴承，油泵应选用较低转速油泵（小于 1500rpm）。

j) 发电厂变压器发电机出口开关的合、断应与发电机主变压器冷却器作联锁，即当发电机并网其出口开关合入后，并网机组主变压器冷却器应自动投入，当发电机解列其出口开关断开后，冷却器应自动停止。

3.1.5 变压器应按下列规定装设温度测量装置：

a) 应有测量顶层油温的温度计。

b) 1000kVA 及以上的油浸式变压器、800kVA 及以上的油浸式和 630kVA 及以上的干式厂用变压器，应将信号温度计接远方信号。

c) 8000kVA 及以上的变压器应装有远方测温装置。

d) 强油循环水冷却的变压器应在冷却器进出口分别装设测温装置。

e) 测温时，温度计管座内应充有变压器油。

f) 干式变压器应按制造厂的规定，装设温度测量装置。

3.1.6 无人值班变电站内 20000kVA 及以上的变压器，应装设远方监视运行电流和顶层油温的装置。

无人值班变电站内安装的强油循环冷却的变压器，应有保证在冷却系统失去电源时，变压器温度不超过规定值的可靠措施，并列入现场规程。

3.2 有关变压器运行的其他要求

3.2.1 释压装置的安装应保证事故喷油畅通，并且不致喷入电缆沟、母线及其他设备上，必要时应予遮挡。事故放油阀应安装在变压器下部，且放油口朝下。

3.2.2 变压器应有铭牌，并标明运行编号和相位标志。

3.2.3 变压器在运行情况下，应能安全地查看储油柜和套管油位、顶层油温、气体继电器，以及能安全取气样等，必要时应装设固定梯子。

3.2.4 室（洞）内安装的变压器应有足够的通风，避免变压器温度过高。

3.2.5 装有机械通风装置的变压器室，在机械通风停止时，应能发出远方信号。变压器的通风系统一般不应与其他通风系统连通。

3.2.6 变压器室的门应采用阻燃或不燃材料，开门方向应向外侧，门上应标明变压器的名称和运行编号，门外应挂"止步，高压危险"标志牌，并应上锁。

3.2.7 油浸式变压器的场所应按有关设计规程规定设置消防设施和事故储油设施，并保持完好状态。

3.2.8 安装在地震基本烈度为七度及以上地区的变压器，应考虑下列防震措施：

a) 变压器套管与软导线连接时，应适当放松；与硬导线连接时应将过渡软连接适当加长。

b) 冷却器与变压器分开布置时，变压器应经阀门、柔性接头、连接管道与冷却器相连接。

c) 变压器应装用防震型气体继电器。

3.2.9 当变压器所在系统的实际短路表观容量大于 GB 1094.5—2008 中表 2 规定值时，应在订货时向制造厂提出要求；对运行中变压器应采取限制短路电流的措施。变压器保护动作的时间应小于承受短路耐热能力的持续时间。

3.2.10 如在变压器上安装反映绝缘情况的在线监测装置，其电气信号应经传感器采集，并保持可靠接地。采集油中溶解气样的装置，应具有良好的密封性能。

3.2.11 变压器铁芯接地点必须引至变压器底部，变压器中性点应有两根与主地网不同地点连接的接地引下线，且每根接地线应符合热稳定要求。

3.2.12 在室外变压器围栏入口处，应安装"止步，高压危险"，在变压器爬梯处安装"禁止攀登"等安全标志牌。

3.3 技术文件

3.3.1 变压器投入运行前，施工单位需向运行单位移交下列技术文件和图纸。

3.3.2 新设备安装竣工后需交：

a) 变压器订货技术合同（或技术条件）、变更设计的技术文件等。

b) 制造厂提供的安装使用说明书、合格证，图纸及出厂试验报告。

c) 本体、冷却装置及各附件（套管、互感器、分接开关、气体继电器、压力释放阀及仪表等）在安装时的交接试验报告。

d) 器身吊检时的检查及处理记录、整体密封试验报告等安装报告。

e) 安装全过程（按 GBJ 148 和制造厂的有关规定）记录。

f) 变压器冷却系统，有载调压装置的控制及保护回路的安装竣工图。

g) 油质化验及色谱分析记录。

h) 备品配件及专用工器具清单。

i) 设备监造报告。

3.3.3 检修竣工后需交：

a) 变压器及附属设备的检修原因及器身检查、整体密封性试验、干燥记录等检修全过程记录。

b) 变压器及附属设备检修前后试验记录。

3.3.4 每台变压器应有下述内容的技术档案：

a) 变压器履历卡片。

b) 安装竣工后所移交的全部文件。

c) 检修后移交的文件。

d) 预防性试验记录。

e) 变压器保护和测量装置的校验记录。

f) 油处理及加油记录。

g) 其他试验记录及检查记录。

h) 变压器事故及异常运行（如超温、气体继电器动作、出口短路、严重过电流等）记录。

3.3.5 变压器移交外单位时，必须将变压器的技术档案一并移交。

4 变压器运行条件

4.1 一般运行条件

4.1.1 变压器的运行电压一般不应高于该运行分接电压的 105%，且不得超过系统最高运行电压。对于特殊的使用情况（例如变压器的有功功率可以在任何方向流通），允许在不超过 110% 的额定电压下运行，对电流与电压的相互关系如无特殊要求，当负载电流为额定电流的 K（$K \leqslant 1$）倍时，按以下公式对电压 U 加以限制

$$U(\%) = 110 - 5K^2 \tag{1}$$

并联电抗器、消弧线圈、调压器等设备允许过电压运行的倍数和时间，按制造厂的规定。

4.1.2 无励磁调压变压器在额定电压 ±5% 范围内改换分接位置运行时，其额定容量不变。如为 −7.5% 和 −10% 分接时，其容量按制造厂的规定；如无制造厂规定，则容量应相应降低 2.5% 和 5%。

有载调压变压器各分接位置的容量，按制造厂的规定。

4.1.3 油浸式变压器顶层油温一般不应超过表 1 的规定（制造厂有规定的按制造厂规定）。当冷却介质温度较低时，顶层油温也相应降低。自然循环冷却变压器的顶层油温一般不宜经常超过 85℃。

表 1 油浸式变压器顶层油温在额定电压下的一般限值

冷却方式	冷却介质最高温度 ℃	最高顶层油温 ℃
自然循环自冷、风冷	40	95
强迫油循环风冷	40	85
强迫油循环水冷	30	70

经改进结构或改变冷却方式的变压器，必要时应通过温升试验确定其负载能力。

4.1.4 干式变压器的温度限值应按 GB 1094.11—2007 表 2 中的规定。

4.1.5 变压器三相负载不平衡时，应监视最大一相的电流。

接线为 YN，yn0 的大、中型变压器允许的中性线电流，按制造厂及有关规定。

4.2 变压器在不同负载状态下的运行方式

4.2.1 油浸式变压器在不同负载状态下运行时，一般应满足下列规定。

4.2.1.1 按 GB/T 1094.7，变压器分为三类：

a) 配电变压器。三相最大额定容量为 2500kVA，单相最大容量为 833kVA 的电力变压器。

b) 中型变压器。三相额定容量不超过 100MVA，单相最大容量为 33.3MVA 的电力变压器。

c) 大型变压器。超过 4.2.1.1b) 规定容量限值的电力变压器。

4.2.1.2 负载状态可分为以下三类：

a) 正常周期性负载：在周期性负载中，某段时间环境温度较高，或超过额定电流，但可以由其他时间内环境温度较低，或低于额定电流所补偿。从热老化的观点出发，它与设计采用的环境温度下施加额定负载是等效的。

b) 长期急救周期性负载：要求变压器长时间在环境温度较高，或超过额定电流下运行。这种运行方式可能持续几星期或几个月，将导致变压器的老化加速，但不直接危及绝缘的安全。

c) 短期急救负载：要求变压器短时间大幅度超额定电流运行。这种负载可能导致绕组热点温度达到危险的程度，使绝缘强度暂时下降。

4.2.1.3 负载系数的取值按照以下规定：

a) 双绕组变压器：取任一绕组的负载电流标幺值。

b) 三绕组变压器：取负载电流标幺值最大的绕组的标幺值。

c) 自耦变压器：取各侧绕组和公共绕组中，负载电流标幺值最大的绕组的标幺值。

4.2.1.4 负载电流和温度的最大限值。

各类负载状态下的负载电流和温度的最大限值如表 2 所示。当制造厂有关超额定电流运行的明确规定时，应遵守制造厂的规定。

表 2 变压器负载电流和温度最大限值

负 载 类 型		中型电力变压器	大型电力变压器
正常周期性负载	电流（标幺值）	1.5	1.3
	热点温度及与绝缘材料接触的金属部件的温度 ℃	140	120
	顶层油温 ℃	105	105
长期急救周期性负载	电流（标幺值）	1.5	1.3
	热点温度及与绝缘材料接触的金属部件的温度 ℃	140	130
	顶层油温 ℃	115	115
短期急救负载	电流（标幺值）	1.8	1.5
	热点温度及与绝缘材料接触的金属部件的温度 ℃	160	160
	顶层油温 ℃	115	115

4.2.1.5 附件和回路元件的限制

变压器的载流附件和外部回路元件应能满足超额定电流运行的要求，当任一附件和回路元件不能满足要求时，应按负载能力最小的附件和元件限制负载。

变压器的结构件不能满足超额定电流运行的要求时，应根据具体情况确定是否限制负载和限制的程度。

4.2.2 正常周期性负载的运行

4.2.2.1 变压器在额定使用条件下，全年可按额定电流运行。

4.2.2.2 变压器允许在平均相对老化率小于或等于 1 的情况下，周期性地超额定电流运行。

4.2.2.3 当变压器有较严重的缺陷（如冷却系统不正常、严重漏油、有局部过热现象、油中溶解气体分析结果异常等）或绝缘有弱点时，不宜超额定电流运行。

4.2.2.4 正常周期性负载运行方式下，超额定电流运行时，允许的负载系数 K_2 和时间，可按 GB/T 1094.7 的计算方法，根据具体变压器的热特性数据和实际负载图计算。

4.2.3 长期急救周期性负载的运行

4.2.3.1 长期急救周期性负载下运行时，将在不同程度上缩短变压器的寿命，应尽量减少出现这种运行方式的机会；必须采用时，应尽量缩短超额定电流运行的时间，降低超额定电流的倍数，有条件时按制造厂规定投入备用冷却器。

4.2.3.2 当变压器有较严重的缺陷（如冷却系统不正常、严重漏油、有局部过热现象、油中溶解气体分析结果异常等）或绝缘有弱点时，不宜超额定电流运行。

4.2.3.3 长期急救周期性负载运行时，平均相对老化率可大于1甚至远大于1。超额定电流负载系数 K_2 和时间，可按 GB/T 1094.7 的计算方法，根据具体变压器的热特性数据和实际负载图计算。

4.2.3.4 在长期急救周期性负载下运行期间，应有负载电流记录，并计算该运行期间的平均相对老化率。

4.2.4 短期急救负载的运行

4.2.4.1 短期急救负载下运行，相对老化率远大于1，绕组热点温度可能达到危险程度。在出现这种情况时，应投入包括备用在内的全部冷却器（制造厂另有规定的除外），并尽量压缩负载、减少时间，一般不超过 0.5h。当变压器有严重缺陷或绝缘有弱点时，不宜超额定电流运行。

4.2.4.2 0.5h 短期急救负载允许的负载系数 K_2 见表3，大型变压器采用 ONAN/ONAF 或其他冷却方式的变压器短期急救负载允许的负载系数参考制造厂规定。

表3 0.5h 短期急救负载的负载系数 K_2 表

变压器类型	急救负载前的负载系数 K_1	环境温度 ℃							
		40	30	20	10	0	−10	−20	−25
中型变压器（冷却方式 ONAN 或 ONAF）	0.7	1.80	1.80	1.80	1.80	1.80	1.80	1.80	1.80
	0.8	1.76	1.80	1.80	1.80	1.80	1.80	1.80	1.80
	0.9	1.72	1.80	1.80	1.80	1.80	1.80	1.80	1.80
	1.0	1.64	1.75	1.80	1.80	1.80	1.80	1.80	1.80
	1.1	1.54	1.66	1.78	1.80	1.80	1.80	1.80	1.80
	1.2	1.42	1.56	1.70	1.80	1.80	1.80	1.80	1.80
中型变压器（冷却方式 OFAF 或 OFWF）	0.7	1.50	1.62	1.70	1.78	1.80	1.80	1.80	1.80
	0.8	1.50	1.58	1.68	1.72	1.80	1.80	1.80	1.80
	0.9	1.48	1.55	1.62	1.70	1.80	1.80	1.80	1.80
	1.0	1.42	1.50	1.60	1.68	1.78	1.80	1.80	1.80
	1.1	1.38	1.48	1.58	1.66	1.72	1.80	1.80	1.80
	1.2	1.34	1.44	1.50	1.62	1.70	1.76	1.80	1.80
中型变压器（冷却方式 ODAF 或 ODWF）	0.7	1.45	1.50	1.58	1.62	1.68	1.72	1.80	1.80
	0.8	1.42	1.48	1.55	1.60	1.66	1.70	1.78	1.80
	0.9	1.38	1.45	1.50	1.58	1.64	1.68	1.70	1.70
	1.0	1.34	1.42	1.48	1.54	1.60	1.65	1.70	1.70
	1.1	1.30	1.38	1.42	1.50	1.56	1.62	1.65	1.70
	1.2	1.26	1.32	1.38	1.45	1.50	1.58	1.60	1.70

变压器类型	急救负载前的负载系数 K_1	环境温度　℃							
		40	30	20	10	0	−10	−20	−25
大型变压器（冷却方式 OFAF 或 OFWF）	0.7	1.50	1.50	1.50	1.50	1.50	1.50	1.50	1.50
	0.8	1.50	1.50	1.50	1.50	1.50	1.50	1.50	1.50
	0.9	1.48	1.50	1.50	1.50	1.50	1.50	1.50	1.50
	1.0	1.42	1.50	1.50	1.50	1.50	1.50	1.50	1.50
	1.1	1.38	1.48	1.50	1.50	1.50	1.50	1.50	1.50
	1.2	1.34	1.44	1.50	1.50	1.50	1.50	1.50	1.50
大型变压器（冷却方式 ODAF 或 ODWF）	0.7	1.45	1.50	1.50	1.50	1.50	1.50	1.50	1.50
	0.8	1.42	1.48	1.50	1.50	1.50	1.50	1.50	1.50
	0.9	1.38	1.45	1.50	1.50	1.50	1.50	1.50	1.50
	1.0	1.34	1.42	1.48	1.50	1.50	1.50	1.50	1.50
	1.1	1.30	1.38	1.42	1.50	1.50	1.50	1.50	1.50
	1.2	1.26	1.32	1.38	1.45	1.50	1.50	1.50	1.50

4.2.4.3 在短期急救负载运行期间，应有详细的负载电流记录。并计算该运行期间的相对老化率。

4.2.5 干式变压器的正常周期性负载、长期急救周期性负载和短期急救负载的运行要求，按 GB/T 17211 的要求。

4.2.6 无人值班变电站内变压器超额定电流的运行方式，可视具体情况在现场规程中规定。

4.3　其他设备的运行条件

串联电抗器、接地变压器等设备超额定电流运行的限值和负载图表，按制造厂的规定。接地变压器在系统单相接地时的运行时间和顶层油温不应超过制造厂的规定。

4.4　强迫冷却变压器的运行条件

强油循环冷却变压器运行时，必须投入冷却器。空载和轻载时不应投入过多的冷却器（空载状态下允许短时不投）。各种负载下投入冷却器的相应台数，应按制造厂的规定。按温度和（或）负载投切冷却器的自动装置应保持正常。

4.5　变压器的并列运行

4.5.1 变压器并列运行的基本条件：

　　a) 联结组标号相同；

　　b) 电压比应相同，差值不得超过±0.5%；

　　c) 阻抗电压值偏差小于 10%。

阻抗电压不等或电压比不等的变压器，任何一台变压器除满足 GB/T 1094.7 和制造厂规定外，其每台变压器并列运行绕组的环流应满足制造厂的要求。阻抗电压不同的变压器，可适当提高阻抗电压高的变压器的二次电压，使并列运行变压器的容量均能充分利用。

4.5.2 新装或变动过内外连接线的变压器，并列运行前必须核定相位。

4.5.3 发电厂升压变压器高压侧跳闸时，应防止厂用变压器严重超过额定电流运行。厂用电倒换操作时应防止非同期。

4.6　变压器的经济运行

4.6.1 变压器的投运台数应按照负载情况，从安全、经济原则出发，合理安排。

4.6.2 可以相互调配负载的变压器，应考虑合理分配负载，使总损耗最小。

5 变压器的运行维护

5.1 变压器的运行监视

5.1.1 安装在发电厂和变电站内的变压器，以及无人值班变电站内有远方监测装置的变压器，应经常监视仪表的指示，及时掌握变压器运行情况。监视仪表的抄表次数由现场规程规定，并定期对现场仪表和远方仪表进行校对。当变压器超过额定电流运行时，应做好记录。

无人值班变电站的变压器应在每次定期检查时记录其电压、电流和顶层油温，以及曾达到的最高顶层油温等。

设视频监视系统的无人值班变电站，宜能监视变压器储油柜的油位、套管油位及其他重要部位。

5.1.2 变压器的日常巡视检查，应根据实际情况确定巡视周期，也可参照下列规定：

a) 发电厂和有人值班变电站内的变压器，一般每天一次，每周进行一次夜间巡视；

b) 无人值班变电站内一般每 10 天一次。

5.1.3 在下列情况下应对变压器进行特殊巡视检查，增加巡视检查次数：

a) 新设备或经过检修、改造的变压器在投运 72h 内；

b) 有严重缺陷时；

c) 气象突变（如大风、大雾、大雪、冰雹、寒潮等）时；

d) 雷雨季节特别是雷雨后；

e) 高温季节、高峰负载期间；

f) 变压器急救负载运行时。

5.1.4 变压器日常巡视检查一般包括以下内容：

a) 变压器的油温和温度计应正常，储油柜的油位应与温度相对应，各部位无渗油、漏油；

b) 套管油位应正常，套管外部无破损裂纹、无严重油污、无放电痕迹及其他异常现象；套管渗漏油时，应及时处理，防止内部受潮损坏：

c) 变压器声响均匀、正常；

d) 各冷却器手感温度应相近，风扇、油泵、水泵运转正常，油流继电器工作正常，特别注意变压器冷却器潜油泵负压区出现的渗漏油；

e) 水冷却器的油压应大于水压（制造厂另有规定者除外）；

f) 吸湿器完好，吸附剂干燥；

g) 引线接头、电缆、母线应无发热迹象；

h) 压力释放器、安全气道及防爆膜应完好无损；

i) 有载分接开关的分接位置及电源指示应正常；

j) 有载分接开关的在线滤油装置工作位置及电源指示应正常；

k) 气体继电器内应无气体（一般情况）；

l) 各控制箱和二次端子箱、机构箱应关严，无受潮，温控装置工作正常；

m) 干式变压器的外部表面应无积污；

n) 变压器室的门、窗、照明应完好，房屋不漏水，温度正常；

o) 现场规程中根据变压器的结构特点补充检查的其他项目。

5.1.5 应对变压器作定期检查（检查周期由现场规程规定），并增加以下检查内容：

　　a）各部位的接地应完好；并定期测量铁芯和夹件的接地电流；

　　b）强油循环冷却的变压器应作冷却装置的自动切换试验；

　　c）外壳及箱沿应无异常发热；

　　d）水冷却器从旋塞放水检查应无油迹；

　　e）有载调压装置的动作情况应正常；

　　f）各种标志应齐全明显；

　　g）各种保护装置应齐全、良好；

　　h）各种温度计应在检定周期内，超温信号应正确可靠；

　　i）消防设施应齐全完好；

　　j）室（洞）内变压器通风设备应完好；

　　k）储油池和排油设施应保持良好状态；

　　l）检查变压器及散热装置无任何渗漏油；

　　m）电容式套管末屏有无异常声响或其他接地不良现象；

　　n）变压器红外测温。

5.1.6 下述维护项目的周期，可根据具体情况在现场规程中规定：

　　a）清除储油柜集污器内的积水和污物；

　　b）对冷却装置进行水冲洗或用压缩空气吹扫，至少应在夏季到来之前开展一次；

　　c）更换吸湿器和净油器内的吸附剂；

　　d）变压器的外部（包括套管）清扫；

　　e）各种控制箱和二次回路的检查和清扫。

5.2　变压器的投运和停运

5.2.1　在投运变压器之前，值班人员应仔细检查，确认变压器及其保护装置在良好状态，具备带电运行条件。并注意外部有无异物，临时接地线是否已拆除，分接开关位置是否正确，各阀门开闭是否正确。变压器在低温投运时，应防止呼吸器因结冰被堵。

5.2.2　运用中的备用变压器应随时可以投入运行。长期停运者应定期充电，同时投入冷却装置。如系强油循环变压器，充电后不带负载或带较轻负载运行时，应轮流投入部分冷却器，其数量不超过制造厂规定空载时的运行台数。

5.2.3　变压器投运和停运的操作程序应在现场规程中规定，并须遵守下列各项规定：

　　a）强油循环变压器投运时应逐台投入冷却器，并按负载情况控制投入冷却器的台数；水冷却器应先启动油泵，再开启水系统；停电操作先停水后停油泵；冬季停运时将冷却器中的水放尽。

　　b）变压器的充电应在有保护装置的电源侧用断路器操作，停运时应先停负载侧，后停电源侧。

　　c）在无断路器时，可用隔离开关投切 110kV 及以下且电流不超过 2A 的空载变压器；用于切断 20kV 及以上变压器的隔离开关，必须三相联动且装有消弧角；装在室内的隔离开关必须在各相之间安装耐弧的绝缘隔板。若不能满足上述规定，又必须用隔离开关操作时，须经本单位总工程师批准。

5.2.4　新投运的变压器应按 GBJ 148—1990 中 2.10.1 条和 2.10.3 条规定试运行。更换绕组后的变压器参照执行，其冲击合闸次数为 3 次。

5.2.5 新安装和大修后的变压器应严格按照有关标准或厂家规定真空注油和热油循环，真空度、抽真空时间、注油速度及热油循环时间、温度均应达到要求。对有载分接开关的油箱应同时按照相同要求抽真空。装有密封胶囊或隔膜的大容量变压器，必须严格按照制造厂说明书规定的工艺要求进行注油，防止空气进入，并结合大修或停电对胶囊和隔膜的完好性进行检查。

5.2.6 新装、大修、事故检修或换油后的变压器，在施加电压前静止时间不应少于以下规定：

    a) 110kV   24h

    b) 220kV   48h

    c) 500（330）kV   72h

    d) 750kV   96h

装有储油柜的变压器，带电前应排尽套管升高座、散热器及净油器等上部的残留空气。对强油循环变压器，应开启油泵，使油循环一定时间后将气排尽。开泵时变压器各侧绕组均应接地，防止油流静电危及操作人员的安全。

5.2.7 在110kV及以上中性点有效接地系统中，投运或停运变压器的操作，中性点必须先接地。投入后可按系统需要决定中性点是否断开。110kV及以上中性点接小电抗的系统，投运时可以带小电抗投入。

5.2.8 干式变压器在停运和保管期间，应防止受潮。

5.3 保护装置的运行维护

5.3.1 气体继电器

    a) 变压器运行时气体继电器应有两副接点，彼此间完全电气隔离。一套用于轻瓦斯报警，另一套用于重瓦斯跳闸。有载分接开关的瓦斯保护应接跳闸。当用一台断路器控制两台变压器时，当其中一台转入备用，则应将备用变压器重瓦斯改接信号。

    b) 变压器在运行中滤油、补油、换潜油泵或更换净油器的吸附剂时，应将其重瓦斯改接信号，此时其他保护装置仍应接跳闸。

    c) 已运行的气体继电器应每2~3年开盖一次，进行内部结构和动作可靠性检查。对保护大容量、超高压变压器的气体继电器，更应加强其二次回路维护工作。

    d) 当油位计的油面异常升高或呼吸系统有异常现象，需要打开放气或放油阀门时，应先将重瓦斯改接信号。

    e) 在地震预报期间，应根据变压器的具体情况和气体继电器的抗震性能，确定重瓦斯保护的运行方式。地震引起重瓦斯动作停运的变压器，在投运前应对变压器及瓦斯保护进行检查试验，确认无异常后方可投入。

5.3.2 突变压力继电器

    a) 当变压器内部发生故障，油室内压力突然上升，压力达到动作值时，油室内隔离波纹管受压变形，气室内的压力升高，波纹管位移，微动开关动作，可发出信号并切断电源使变压器退出运行。突变压力继电器动作压力值一般25（1±20%）kPa。

    b) 突变压力继电器通过一蝶阀安装在变压器油箱侧壁上，与储油柜中油面的距离为1m~3m。装有强油循环的变压器，继电器不应装在靠近出油管的区域，以免在启动和停止油泵时，继电器出现误动作。

    c) 突变压力继电器必须垂直安装，放气塞在上端。继电器正确安装后，将放气塞打开，直到少量油流出，然后将放气塞拧紧。

  d）突变压力继电器宜投信号。

5.3.3 压力释放阀

  a）变压器的压力释放阀接点宜作用于信号。

  b）定期检查压力释放阀的阀芯、阀盖是否有渗漏油等异常现象。

  c）定期检查释放阀微动开关的电气性能是否良好，连接是否可靠，避免误发信。

  d）采取有效措施防潮防积水。

  e）结合变压器大修应做好压力释放阀的校验工作。

  f）释放阀的导向装置安装和朝向应正确，确保油的释放通道畅通。

  g）运行中的压力释放阀动作后，应将释放阀的机械电气信号手动复位。

5.3.4 变压器本体应设置油面过高和过低信号，有载调压开关宜设置油面过高和过低信号。

5.3.5 温度计

  a）变压器应装设温度保护，当变压器运行温度过高时，应通过上层油温和绕组温度并联的方式分两级（即低值和高值）动作于信号，且两级信号的设计应能让变电站值班员能够清晰辨别。

  b）变压器投入运行后现场温度计指示的温度、控制室温度显示装置、监控系统的温度三者基本保持一致，误差一般不超过5℃。

  c）绕组温度计变送器的电流值必须与变压器用来测量绕组温度的套管型电流互感器电流相匹配。由于绕组温度计是间接的测量，在运行中仅作参考。

  d）应结合停电，定期校验温度计。

5.3.6 冷却器

  a）有人值班变电所，强油风冷变压器的冷却装置全停，宜投信号；无人值班变电站，条件具备时宜投跳闸。

  b）当冷却系统部分故障时应发信号。

  c）对强迫油循环风冷变压器，应装设冷却器全停保护。当冷却系统全停时，按要求整定出口跳闸。

  d）定期检查是否存在过热、振动、杂音及严重漏油等异常现象。如负压区渗漏油，必须及时处理防止空气和水分进入变压器。

  e）不允许在带有负荷的情况下将强油冷却器（非片扇）全停，以免产生过大的铜油温差，使线圈绝缘受损伤。冷却装置故障时的运行方式见6.3条。

5.3.7 油流继电器宜投信号。

5.3.8 对无人值班站，调度端和集控端应有非电量保护信号的遥信量。

5.3.9 变压器非电量保护的元件、接点和回路应定期进行检查和试验。

5.4 变压器分接开关的运行维护

5.4.1 无励磁调压变压器在变换分接时，应作多次转动，以便消除触头上的氧化膜和油污。在确认变换分接正确并锁紧后，测量绕组的直流电阻。分接变换情况应作记录。

5.4.2 变压器有载分接开关的操作，应遵守如下规定：

  a）应逐级调压，同时监视分接位置及电压、电流的变化。

  b）单相变压器组和三相变压器分相安装的有载分接开关，其调压操作宜同步或轮流逐级进行。

c）有载调压变压器并联运行时，其调压操作应轮流逐级或同步进行。

d）有载调压变压器与无励磁调压变压器并联运行时，其分接电压应尽量靠近无励磁调压变压器的分接位置。

e）应核对系统电压与分接额定电压间的差值，使其符合 4.1.1 的规定。

5.4.3　变压器有载分接开关的维护，应按制造厂的规定进行，无制造厂规定者可参照以下规定：

a）运行 6～12 个月或切换 2000～4000 次后，应取切换开关箱中的油样做试验。

b）新投入的分接开关，在投运后 1～2 年或切换 5000 次后，应将切换开关吊出检查，此后可按实际情况确定检查周期。

c）运行中的有载分接开关切换 5000～10000 次后或绝缘油的击穿电压低于 25kV 时，应更换切换开关箱的绝缘油。

d）操动机构应经常保持良好状态。

e）长期不调和有长期不用的分接位置的有载分接开关，应在有停电机会时，在最高和最低分接间操作几个循环。

5.4.4　为防止分接开关在严重过负载或系统短路时进行切换，宜在有载分接开关自动控制回路中加装电流闭锁装置，其整定值不超过变压器额定电流的 1.5 倍。

5.5　发电厂厂用变压器，应加强清扫，防止污闪、封堵孔洞，防止小动物引起短路事故；应记录近区短路发生的详细情况。

5.6　防止变压器短路损坏

5.6.1　容性电流超标的 35（66）kV 不接地系统，宜装设有自动跟踪补偿功能的消弧线圈或其他设备，防止单相接地发展成相间短路。

5.6.2　采取分裂运行及适当提高变压器短路阻抗、加装限流电抗器等措施，降低变压器短路电流。

5.6.3　电缆出线故障多为永久性，不宜采用重合闸。例如：对 6kV～10kV 电缆或短架空出线多，且发生短路事故次数多的变电站，宜停用线路自动重合闸，防止变压器连续遭受短路冲击。

5.6.4　加强防污工作，防止相关变电设备外绝缘污闪。对 110kV 及以上电压等级变电站电瓷设备的外绝缘，可以采用调整爬距、加装硅橡胶辅助伞裙套，涂防污闪涂料，提高外绝缘清扫质量等措施，避免发生污闪、雨闪和冰闪。特别是变压器的低压侧出线套管，应有足够的爬距和外绝缘空气间隙，防止变压器套管端头间闪络造成出口短路。

5.6.5　加强对低压母线及其所联接设备的维护管理，如母线采用绝缘护套包封等；防止小动物进入造成短路和其他意外短路；加强防雷措施；防止误操作；坚持变压器低压侧母线的定期清扫和耐压试验工作。

5.6.6　加强开关柜管理，防止配电室火灾蔓延。当变压器发生出口或近区短路时，应确保断路器正确动作切除故障，防止越级跳闸。

5.6.7　对 10kV 的线路，变电站出口 2km 内可考虑采用绝缘导线。

5.6.8　随着电网系统容量的增大，有条件时可开展对早期变压器产品抗短路能力的校核工作，根据设备的实际情况有选择性地采取措施，包括对变压器进行改造。

5.6.9　对运行年久、温升过高或长期过载的变压器可进行油中糠醛含量测定，以确定绝缘老化的程度，必要时可取纸样做聚合度测量，进行绝缘老化鉴定。

5.6.10 对早期的薄绝缘、铝线圈变压器，应加强跟踪，变压器本体不宜进行涉及器身的大修。若发现严重缺陷，如绕组严重变形、绝缘严重受损等，应安排更换。

6 变压器的不正常运行和处理

6.1 运行中的不正常现象和处理

6.1.1 值班人员在变压器运行中发现不正常现象时，应报告上级和做好记录，并设法尽快消除。

6.1.2 变压器有下列情况之一者应立即停运，若有运用中的备用变压器，应尽可能先将其投入运行：

a）变压器声响明显增大，很不正常，内部有爆裂声；

b）严重漏油或喷油，使油面下降到低于油位计的指示限度；

c）套管有严重的破损和放电现象；

d）变压器冒烟着火；

e）干式变压器温度突升至120℃。

6.1.3 当发生危及变压器安全的故障，而变压器的有关保护装置拒动时，值班人员应立即将变压器停运。

6.1.4 当变压器附近的设备着火、爆炸或发生其他情况，对变压器构成严重威胁时，值班人员应立即将变压器停运。

6.1.5 变压器油温指示异常时，值班人员应按以下步骤检查处理：

a）检查变压器的负载和冷却介质的温度，并与在同一负载和冷却介质温度下正常的温度核对。

b）核对温度测量装置。

c）检查变压器冷却装置或变压器室的通风情况。

d）若温度升高的原因是由于冷却系统的故障，且在运行中无法修理者，应将变压器停运修理；若不能立即停运修理，则值班人员应按现场规程的规定调整变压器的负载至允许运行温度下的相应容量。

e）在正常负载和冷却条件下，变压器温度不正常并不断上升，应查明原因，必要时应立即将变压器停运。

f）变压器在各种超额定电流方式下运行，若顶层油温超过105℃时，应立即降低负载。

6.1.6 变压器中的油因低温凝滞时，应不投冷却器空载运行，同时监视顶层油温，逐步增加负载，直至投入相应数量冷却器，转入正常运行。

6.1.7 当发现变压器的油面较当时油温所应有的油位显著降低时，应查明原因。补油时应遵守5.3条的规定，禁止从变压器下部补油。

6.1.8 变压器油位因温度上升有可能高出油位指示极限，经查明不是假油位所致时，则应放油，使油位降至与当时油温相对应的高度，以免溢油。

6.1.9 铁芯多点接地而接地电流较大时，应安排检修处理。在缺陷消除前，可采取措施将电流限制在300mA左右，并加强监视。

6.1.10 系统发生单相接地时，应监视消弧线圈和接有消弧线圈的变压器的运行情况。

6.2 气体继电器动作的处理

6.2.1 瓦斯保护信号动作时，应立即对变压器进行检查，查明动作的原因，是否因积聚空气、油位降低、二次回路故障或是变压器内部故障造成的。如气体继电器内有气体，则应记录气量，观察气体的颜色及试验是否可燃，并取气样及油样做色谱分析，可根据有关规程和导则判断变压器的故障性质。

若气体继电器内的气体为无色、无臭且不可燃，色谱分析判断为空气，则变压器可继续运行，并及时消除进气缺陷。

若气体是可燃的或油中溶解气体分析结果异常，应综合判断确定变压器是否停运。

6.2.2 瓦斯保护动作跳闸时，在查明原因消除故障前不得将变压器投入运行。为查明原因应重点考虑以下因素，作出综合判断：

　　a) 是否呼吸不畅或排气未尽；

　　b) 保护及直流等二次回路是否正常；

　　c) 变压器外观有无明显反映故障性质的异常现象；

　　d) 气体继电器中积集气体量，是否可燃；

　　e) 气体继电器中的气体和油中溶解气体的色谱分析结果；

　　f) 必要的电气试验结果；

　　g) 变压器其他继电保护装置动作情况。

6.2.3 变压器承受短路冲击后，应记录并上报短路电流峰值、短路电流持续时间，必要时应开展绕组变形测试、直流电阻测量、油色谱分析等试验。

6.3　冷却装置故障时的运行方式和处理要求

6.3.1 油浸（自然循环）风冷和干式风冷变压器，风扇停止工作时，允许的负载和运行时间，应按制造厂的规定。油浸风冷变压器当冷却系统部分故障停风扇后，顶层油温不超过65℃时，允许带额定负载运行。

6.3.2 强油循环风冷和强油循环水冷变压器，在运行中，当冷却系统发生故障切除全部冷却器时，变压器在额定负载下允许运行时间不小于20min。当油面温度尚未达到75℃时，允许上升到75℃，但冷却器全停的最长运行时间不得超过1h。对于同时具有多种冷却方式（如ONAN、ONAF或OFAF），变压器应按制造厂规定执行。冷却装置部分故障时，变压器的允许负载和运行时间应参考制造厂规定。

6.4　变压器跳闸和灭火

6.4.1 变压器跳闸后，应立即查明原因。如综合判断证明变压器跳闸不是由于内部故障所引起，可重新投入运行。

若变压器有内部故障的征象时，应做进一步检查。

6.4.2 装有潜油泵的变压器跳闸后，应立即停油泵。

6.4.3 变压器着火时，应立即断开电源，停运冷却器，并迅速采取灭火措施，防止火势蔓延。

7　变压器的安装、检修、试验和验收

7.1 变压器的安装项目和要求，应按 GBJ 148—1990 中第 1 章和第 2 章的要求，以及制造厂的特殊要求。

7.2 运行中的变压器是否需要检修和检修项目及要求，应在综合分析下列因素的基础上确定：

　　a) DL/T 573 推荐的检修周期和项目；

b）结构特点和制造情况；

c）运行中存在的缺陷及其严重程度；

d）负载状况和绝缘老化情况；

e）历次电气试验和绝缘油分析结果；

f）与变压器有关的故障和事故情况；

g）变压器的重要性。

7.3 变压器有载分接开关是否需要检修和检修项目及要求，应在综合分析下列因素的基础上确定：

a）DL/T 574 推荐的检修周期和项目；

b）制造厂有关的规定；

c）动作次数；

d）运行中存在的缺陷及其严重程度；

e）历次电气试验和绝缘油分析结果；

f）变压器的重要性。

7.4 变压器的试验周期、项目和要求，按 DL/T 596 和设备运行状态综合确定。

7.5 新安装变压器的验收应按 GBJ 148—1990 中 2.10 的规定和制造厂的要求。

7.6 变压器检修后的验收按 DL/T 573 和 DL/T 596 的规定。

————————————

电力变压器检修导则

DL/T 573—2010

代替 DL/T 573—1995

输配电和供用电卷

目　　次

前　　言

本标准根据《国家发展改革委办公厅关于印发 2007 年行业标准修订、制定计划的通知》（发改办工业〔2007〕1415 号）的安排，对 DL/T 573—1995 进行修订。

本次修订与原标准相比，主要在以下方面有所变化：

——将标准适用范围扩大到 500kV 电力变压器，并增加了相关内容；

——对"试验项目"进行了补充，增加了"状态预知性试验项目"、"诊断性试验项目"，形成了"检修试验项目与要求"一章；

——本标准侧重于状态检修，弱化了大修周期，只列出大修项目。大修时可按照实际情况，有选择性地进行；

——修改了原附录 A，删除了原标准其他附录，增加了附录 B、附录 C、附录 D。

——编写格式按 GB/T 1.1 和 DL/T 600 的规定进行了修改。

本标准实施后代替 DL/T 573—1995。

本标准的附录 A 为资料性附录，附录 B、附录 C、附录 D 为规范性附录。

本标准由中国电力企业联合会提出。

本标准由电力行业电力变压器标准化技术委员会归口。

本标准主要起草单位：东北电网有限公司、辽宁省电力有限公司、国网电力科学研究院、华东电网有限公司。

本标准参加起草单位：东北电力科学研究院、广东电网电力科学研究院、长春超高压局、苏州供电公司、无锡供电公司、徐州供电公司、葫芦岛电力设备厂、上海电力变压器修试厂。

本标准主要起草人：王延峰、王世阁、付锡年、张淑珍、韩洪刚、姜益民。

本标准参加起草人：刘富家、欧阳旭东、徐润光、周志强、徐建刚、赵幼扬、吴浩然、李洪友、周晓凡。

本标准所代替的 DL/T 573—1995 于 1995 年 6 月 29 日首次发布，本次为第一次修订。

本标准在执行过程中的意见或建议反馈至中国电力企业联合会标准化中心（北京市白广路二条 1 号，100761）。

电力变压器检修导则

1 范围

本标准规定了变压器大修、小修项目，以及常见缺陷处理、例行检查与维护方法等。

本标准适用于电压在 35kV～500kV 等级的油浸式电力变压器。气体绝缘变压器、油浸式电抗器等可参照本标准并结合制造厂的规定执行。

除针对单一部件有专业检修标准（例如：DL/T 574《变压器分接开关运行维修导则》）外，其他部件检修均按本标准要求执行。

2 规范性引用文件

下列文件中的条款通过本标准的引用而成为本标准的条款。凡是注日期的引用文件，其随后所有的修改单（不包括勘误的内容）或修订版均不适用于本标准，然而，鼓励根据本标准达成协议的各方研究是否可使用这些文件的最新版本。凡是不注日期的引用文件，其最新版本适用于本标准。

GB 311.1 高压输变电设备的绝缘配合（GB 311.1—1997，IEC 60071－1：1993，NEQ）

GB 1094.3 电力变压器 第 3 部分：绝缘水平、绝缘试验和外绝缘空气间隙（GB 1094.3—2003，IEC 60076－3：2000，MOD）

GB 50150—2006 电气装置安装工程电气设备交接试验标准

GB/T 1094.4 电力变压器 第 4 部分：电力变压器和电抗器的雷电冲击和操作冲击试验导则（GB/T 1094.4—2005，IEC 60076－4：2002，MOD）

GB/T 261 闪点的测定 宾斯基—马丁闭口杯法（GB/T 261—2008，ISO 2719：2002，MOD）

GB/T 507 绝缘油 击穿电压测定法（GB/T 507—2002，IEC 60156：1995，EQV）

GB/T 5654 液体绝缘材料 相对电容率、介质损耗因数和直流电阻率的测量（GB/T 5654—2007，IEC 60247：2004，IDT）

GB/T 7595 运行中变压器油质量

GB/T 7598 运行中变压器油水溶性酸测定法

GB/T 7599 运行中变压器油、汽轮机油酸值测定法（BTB 法）

GB/T 7600 运行中变压器油水分含量测定法（库仑法）

GB/T 7601 运行中变压器油水分含量测定法（气相色谱法）

DL/T 421 电力用油体积电阻率测定法

DL/T 423 绝缘油中含气量测定方法 真空压差法

DL/T 429.9 电力系统油质试验方法 绝缘油介电强度测定法

DL/T 432 电力用油中颗粒污染度测量方法

DL/T 450 绝缘油中含气量测定方法（二氧化碳洗脱法）

DL/T 572 电力变压器运行规程

DL/T 574 变压器分接开关运行维修导则

DL/T 596　电力设备预防性试验规程

DL/T 722　变压器油中溶解气体分析和判断导则

DL/T 1095　变压器油带电度现场测试导则

DL/T 1096　变压器油中颗粒度限值

3　术语和定义

下列术语和定义适用于本标准。

3.1　变压器大修　overhaul of transformer

指在停电状态下对变压器本体排油、吊罩（吊芯）或进入油箱内部进行检修及对主要组、部件进行解体检修的工作。

3.2　变压器小修　minor repair of transformer

指在停电状态下对变压器箱体及组、部件进行的检修。

3.3　变压器的缺陷处理　treatment of transformer defect

指对变压器本体或组、部件进行的有针对性的局部检修。

3.4　变压器例行检查与维护　routine inspection and maintenance of transformer

指对变压器本体及组、部件进行的周期性污秽清扫，螺栓紧固，防腐处理，易损件更换等。

3.5　诊断性试验　diagnostic test

为进一步评估设备状态，针对出现缺陷的设备而进行的试验。

3.6　状态预知性试验　condition predictive test

为获得直接或间接表征设备状态的各类信息而进行的试验。

4　总则

4.1　变压器及同类设备要贯彻预防为主，计划检修和状态检修相结合的方针，做到应修必修、修必修好、讲究实效。

4.2　本标准所列检修项目是指导性的，要建立在变压器本体及主要组、部件进行综合评估的基础上，依据变压器检测、监测数据及试验结果，并结合运行状态，综合判断是否进行检修。

4.3　变压器本体及组、部件的检修，应遵循本标准并结合出厂技术文件要求进行。

5　例行检查与维护

5.1　不停电检查周期、项目及要求

不停电检查周期、项目及要求见表1。

表1　不停电检查周期、项目及要求

序号	检查部位	检查周期	检查项目	要　求
1	变压器本体	必要时	温度	a）顶层油温度计、绕组温度计的外观完整，表盘密封良好，温度指示正常 b）测量油箱表面温度，无异常现象
			油位	a）油位计外观完整，密封良好 b）对照油温与油位的标准曲线检查油位指示正常

表 1（续）

序号	检查部位	检查周期	检查项目	要　　求
1	变压器本体	必要时	渗漏油	a）法兰、阀门、冷却装置、油箱、油管路等密封连接处，应密封良好，无渗漏痕迹 b）油箱、升高座等焊接部位质量良好，无渗漏油现象
			异声和振动	运行中的振动和噪声应无明显变化，无外部连接松动及内部结构松动引起的振动和噪声；无放电声响
			铁芯接地	铁芯、夹件外引接地应良好，接地电流宜在 100mA 以下
2	冷却装置	必要时	运行状况	a）风冷却器风扇和油泵的运行情况正常，无异常声音和振动；水冷却器压差继电器和压力表的指示正常 b）油流指示正确，无抖动现象
			渗漏油	冷却装置及阀门、油泵、管路等无渗漏
			散热情况	散热情况良好，无堵塞、气流不畅等情况
3	套管	必要时	瓷套情况	a）瓷套表面应无裂纹、破损、脏污及电晕放电等现象 b）采用红外测温装置等手段对套管，特别是装硅橡胶增爬裙或涂防污涂料的套管，重点检查有无异常
			渗漏油	a）各部密封处应无渗漏 b）电容式套管应注意电容屏末端接地套管的密封情况
			过热	a）用红外测温装置检测套管内部或顶部接头连接部位温度情况 b）接地套管及套管电流互感器接线端子是否过热
			油位	油位指示正常
4	吸湿器	必要时	干燥度	a）干燥剂颜色正常 b）油盒的油位正常
			呼吸	a）呼吸正常，并随着油温的变化油盒中有气泡产生 b）如发现呼吸不正常，应防止压力突然释放
5	无励磁分接开关	必要时	位置	a）挡位指示器清晰、指示正确 b）机械操作装置应无锈蚀
			渗漏油	密封良好，无渗油
6	有载分接开关	必要时	电源	a）电压应在规定的偏差范围之内 b）指示灯显示正常
			油位	储油柜油位正常
			渗漏油	开关密封部位无渗漏油现象
			操作机构	a）操作齿轮机构无渗漏油现象 b）分接开关连接、齿轮箱、开关操作箱内部等无异常
			油流控制继电器（气体继电器）	a）应密封良好 b）无集聚气体
7	开关在线滤油装置	必要时	运行情况	a）在滤油时，检查压力、噪声和振动等无异常情况 b）连接部分紧固
			渗漏油	滤油机及管路无渗漏油现象
8	压力释放阀	必要时	渗漏油	应密封良好，无喷油现象
			防雨罩	安装牢固
			导向装置	固定良好，方向正确，导向喷口方向正确

序号	检查部位	检查周期	检查项目	要　　求
9	气体继电器	必要时	渗漏油	应密封良好
			气体	无集聚气体
			防雨罩	安装牢固
10	端子箱和控制箱	必要时	密封性	密封良好，无雨水进入、潮气凝露
			接触	接线端子应无松动和锈蚀、接触良好无发热痕迹
			完整性	a) 电气元件完整 b) 接地良好
11	在线监测装置	必要时	运行状况	a) 无渗漏油 b) 工作正常

5.2 停电检查周期、项目及要求

停电检查周期、项目及要求见表 2。

表 2　停电检查周期、项目及要求

序号	检查部位	检查周期	检查项目	要　　求
1	冷却装置	1年～3年或必要时	振动	开启冷却装置，检查是否有不正常的振动和异音
			清洁	a) 检查冷却器管和支架的脏污、锈蚀情况，如散热效果不良，应每年至少进行 1 次冷却器管束的冲洗 b) 必要时对支架、外壳等进行防腐（漆化）处理
			绝缘电阻	采用 500V 或 1000V 绝缘电阻表测量电气部件的绝缘电阻，其值应不低于 1MΩ
			阀门	检查阀门是否正确开启
			负压检查	逐台关闭冷却器电源一定时间（30min 左右）后，检查冷却器负压区应无渗漏现象。若存在渗漏现象应及时处理，并消除负压现象
2	水冷却器	1年～3年或必要时	运行状况	a) 压差继电器和压力表的指示是否正常 b) 冷却水中应无油花 c) 运行压力应符合制造厂的规定
3	电容型套管	1年～3年或必要时	瓷件	a) 瓷件应无放电、裂纹、破损、脏污等现象，法兰无锈蚀 b) 必要时校核套管外绝缘爬距，应满足污秽等级的要求
			密封及油位	套管本体及与箱体连接密封应良好，油位正常
			导电连接部位	a) 应无松动 b) 接线端子等连接部位表面应无氧化或过热现象
			末屏接地	末屏应无放电、过热痕迹，接地良好
4	充油套管	1年～3年或必要时	瓷件	a) 瓷件应无放电、裂纹、破损、脏污等现象，法兰无锈蚀 b) 必要时校核套管外绝缘爬距，应满足污秽等级的要求
			密封及油位	套管本体及与箱体连接密封应良好，油位正常
			导电连接部位	a) 应无松动 b) 接线端子等连接部位表面应无氧化或过热现象
5	无励磁分接开关	1年～3年或必要时	操作机构	a) 限位及操作正常 b) 转动灵活，无卡涩现象 c) 密封良好 d) 螺栓紧固 e) 分接位置显示应正确一致

序号	检查部位	检查周期	检查项目	要　　求
6	有载分接开关	1 年～3 年或必要时	操作机构	a）两个循环操作各部件的全部动作顺序及限位动作，应符合技术要求 b）各分接位置显示应正确一致
			绝缘测试	采用 500V 或 1000V 绝缘电阻表测量辅助回路绝缘电阻应大于 1MΩ
7	其他	1 年～3 年或必要时	气体继电器	a）密封良好，无渗漏现象 b）轻、重瓦斯动作可靠，回路传动正确无误 c）观察窗清洁，刻度清晰
			压力释放阀	a）无喷油、渗漏油现象 b）回路传动正确 c）动作指示杆应保持灵活
			压力式温度计、热电阻温度计	a）温度计内应无潮气凝露，并与顶层油温基本相同 b）比较压力式温度计和热电阻温度计的指示，差值应在 5℃ 之内 c）检查温度计接点整定值是否正确，二次回路传动正确
			绕组温度计	a）温度计内应无潮气凝露 b）检查温度计接点整定值是否正确
			油位计	a）表内应无潮气凝露 b）浮球和指针的动作是否同步 c）应无假油位现象
			油流继电器	a）表内应无潮气凝露 b）指针位置是否正确，油泵启动后指针应达到绿区，无抖动现象
			二次回路	a）采用 500V 或 1000V 绝缘电阻表测量继电器、油温指示器、油位计、压力释放阀二次回路的绝缘电阻应大于 1MΩ b）接线盒、控制箱等防雨、防尘是否良好，接线端子有无松动和锈蚀现象
8	油流带电的泄漏电流	必要时	中性点（330kV 及以上变压器）	开启所有油泵，稳定后测量中性点泄漏电流，应小于 3.5μA

6　常见异常情况检查与处理措施

6.1　常见本体声音异常情况的检查与处理措施

常见本体声音异常情况的检查与处理措施见表 3。

表 3　变压器本体声音异常情况的检查方法与处理措施

序号	异常现象	可能的异常原因	检查方法或部位	判断与处理措施
1	连续的高频率尖锐声	过励磁	运行电压	运行电压高于分接位置所在的分接电压
		谐波电流	谐波分析	存在超过标准允许的谐波电流
		直流电流	直流偏磁	中性点电流明显增大，存在直流分量
		系统异常	中性点电流	电网发生单相接地或电磁共振，中性点电流明显增大
2	异常增大且有明显的杂音	铁芯结构件松动	听声音来源	夹件或铁芯的压紧装置松动、硅钢片振动增大，或个别紧固件松动
		连接部位的机械振动	听声音来源	连接部位松动或不匹配
		直流电流	直流偏磁	中性点电流明显增大，存在直流分量

序号	异常现象	可能的异常原因	检查方法或部位	判断与处理措施
3	"吱吱"或"噼啪"声	接触不良及引起的放电	套管连接部位	套管与母线连接部位及压环部位接触不良
			油箱法兰连接螺栓	油箱上的螺栓松动或金属件接触不良
4	"嘶嘶"声	套管表面或导体棱角电晕放电	红外测温、紫外测光	a）套管表面脏污、釉质脱落或有裂纹 b）受浓雾等恶劣天气影响
5	"哺咯"的沸腾声	局部过热或充氮灭火装置氮气充入本体	温度和油位	油位、油温或局部油箱壁温度异常升高，表明变压器内部存在局部过热现象
			气体继电器内气体	分析气体组分以区分故障原因
			听声音的来源	倾听声音的来源，或用红外检测局部过热的部位，根据变压器的结构，判定具体部位
6	"哇哇"声	过载	负载电流	过载或冲击负载产生的间歇性杂声
			中性点电流	三相不均匀过载，中性点电流异常增大

6.2 冷却器声音异常情况的检查方法与处理措施

冷却器声音异常情况的检查方法与处理措施见表 4。

表 4 冷却器声音异常情况的检查方法与处理措施

序号	异常现象	可能的异常原因	检查方法或部位	处理措施
1	油泵均匀的周期性"咯咯"金属摩擦声	电动机定子与转子间的摩擦或有杂质	a）听其声音 b）测量振动	更换油泵
		叶片与外壳间的摩擦		
2	油泵的无规则非周期性金属摩擦声	轴承破裂	a）听其声音 b）测量振动	更换轴承或油泵
3	油路管道内的"哄哄"声音	进油处的阀门未开启或开启不足	a）听其声音 b）测量振动	开启阀门
		存在负压	检查负压	消除负压

6.3 绝缘受潮异常情况检查与处理措施

由于进水受潮，出现了油中含水量超出注意值、绝缘电阻下降、泄漏电流增大、变压器本体介质损耗因数增大、油耐压下降等现象，检查方法与处理措施见表 5。

表 5 绝缘受潮异常情况的检查方法与处理措施

序号	检查方法或部位	判断与处理措施
1	含水量测定、油中溶解气体分析	a）油中含水量超标 b）H_2 持续增长较快
2	冷却器检查	a）逐台停运冷却器（阀门开启），观察冷却器负压区是否存在渗漏 b）在冷却器的进油放气塞处测量油泵运行时的压力是否存在负压
3	气样分析	若气体继电器内有连续不断的气泡，应取样分析，如无故障气体成分，则表明变压器可能在负压区有渗漏现象
4	油中含气量分析	油中含气量有增长趋势，可能存在渗漏现象
5	各连接部位的渗漏检查	有渗漏时应处理
6	吸湿器	检查吸湿器的密封情况，变色硅胶颜色和油杯油量是否正常
7	储油柜	检查储油柜与胶囊之间的接口密封情况，胶囊是否完全撑开，与储油柜之间应无气体

序号	检查方法或部位	判断与处理措施
8	胶囊或隔膜	胶囊或隔膜是否有水迹和破损及老化龟裂现象，如有应及时处理或更换
9	整体密封性检查	在保证压力释放阀或防爆膜不动作的情况下，在储油柜的最高油位上施加 0.035MPa 的压力 12h，观察变压器所有接口是否渗漏
10	套管检查	通过正压或负压法检查套管密封情况，如有渗漏现象应及时更换套管顶部连接部位的密封胶垫
11	内部检查	a）检查油箱底部是否有水迹。若有，应查明原因并予以消除 b）检查绝缘件表面是否有起泡现象。如有表明绝缘已进水受潮，可进一步取绝缘纸样进行含水量测试，或进行燃烧试验，若燃烧时有轻微"噼噼叭"的声音，即表明绝缘受潮，则应干燥处理 c）检查放电痕迹。若绝缘件因进水受潮引起的放电，则放电痕迹有明显水流迹象，且局部受损严重，油中会产生 H_2、CH_4 和 C_2H_2 主要气体。在器身干燥处理前，应对受损的绝缘部件予以更换

6.4 过热性异常情况检查与处理措施

当出现总烃超出注意值，并持续增长；油中溶解气体分析提示过热；温升超标等过热异常情况时，检查方法与处理措施见表 6。

表 6 过热性异常情况的检查方法与处理措施

序号	故障原因	检查方法或部位		判断与处理措施
1	铁芯、夹件多点接地	运行中测量铁芯接地电流		运行中若大于 300mA 时，应加装限流电阻进行限流，将接地电流控制在 100mA 以下，并适时安排停电处理
		油中溶解气体分析		通常热点温度较高，C_2H_6、C_2H_4 增长较快
		兆欧表及万用表测绝缘电阻		a）若具有绝缘电阻较低（如几十千欧）的非金属短接特征，可在变压器带油状态下采用电容放电方法进行处理，放电电压应控制在 6kV～10kV 之间 b）若具有绝缘电阻接近为零（如万用表测量几千欧内）的金属性直接短接特征，必要时应吊罩（芯）检查处理，并注意区别铁芯对夹件或铁芯对油箱的绝缘降低问题
		接地点定位	万用表定位法	用 3 只～4 只万用表串起来，其连接点分别在高低压侧夹件上左右上下移动，如某二连接点间的电阻在不断变小，表明测量点在接近接地点
			敲打法	用手锤敲打夹件，观察接地电阻的变化情况，如在敲打过程中有较大的变化，则接地点就在附近
			放电法	用试验变压器在接地极上施加不高于 6kV 的电压，如有放电声音，查找放电位置
			红外定位法	用直流电焊机在接地回路中注入一定的直流电流，然后用红外热成像仪查找过热点
2	铁芯局部短路	油中溶解气体分析		通常热点温度较高，H_2、C_2H_6、C_2H_4 增长较快。严重时会产生 C_2H_2
		过励磁试验（1.1 倍）		1.1 倍的过励磁会加剧它的过热，油色谱中特征气体组分会有明显的增长，则表明铁芯内部存在多点接地或短路缺陷现象，应进一步吊罩（芯）或进油箱检查
		低电压励磁试验		严重的局部短路可通过低于额定电压的励磁试验，以确定其危害性或位置

序号	故障原因	检查方法或部位	判断与处理措施
2	铁芯局部短路	用绝缘电阻表及万用表检测短接性质及位置	a）目测铁芯表面有无过热变色、片间短路现象，或用万用表逐级检查，重点检查级间和片间有无短路现象。若有片间短路，可松开夹件，每二三片之间用干燥绝缘纸进行隔离 b）对于分级短接的铁芯，如存在级间短路，应尽量将其断开。若短路点无法消除，可在短路级间四角均匀短接（如在短路的两级间均匀打入长 60mm～80mm 的不锈钢螺杆或钉）或串电阻
3	导电回路接触不良	油中溶解气体分析	a）观察 C_2H_6、C_2H_4 和 CH_4 增长速度，若增长速度较快，则表明接触不良已严重，应及时检修 b）结合油色谱 CO_2 和 CO 的增量和比值进行区分是在油中还是在固体绝缘内部或附近过热，若近邻绝缘附近过热，则 CO、CO_2 增长较快
		红外测温	检查套管连接部位是否有高温过热现象
		改变分接开关位置	可改变分接开关位置，通过油色谱的跟踪，判断分接开关是否接触不良
		油中糠醛测试	可确定是否存在固体绝缘部位局部过热。若测定的值有明显变化，则表明固体绝缘存在局部过热，加速了绝缘老化
		直流电阻测量	若直流电阻值有明显的变化，则表明导电回路存在接触不良或缺陷
		吊罩（芯）或进油箱检查	a）分接开关连接引线、触头接触面有无过热性变色和烧损情况 b）引线的连接和焊接部位的接触面有无过热性变色和烧损情况 c）检查引线是否存在断股和分流现象，防止分流产生过热 d）套管内接头的连接应无过热性变色和松动情况
4	导线股间短路	油中溶解气体分析	该故障特征是低温过热，油中特征气体增长较快
		过电流试验（1.1倍）	1.1 倍的过电流会加剧它的过热，油色谱会有明显的增长
		解体检查	打开围屏，检查绕组和引线表面绝缘有无变色、过热现象
		分相低电压下的短路试验	在接近额定电流下比较短路损耗，区别故障相
5	油道堵塞	油中溶解气体分析	该故障特征是低温过热逐渐向中温至高温过热演变，且油中 CO、CO_2 含量增长较快
		油中糠醛测试	可确定是否存在固体绝缘部位局部过热。若测定的值有明显变化，则表明固体绝缘存在局部过热，加速了绝缘老化
		过电流试验（1.1倍）	1.1 倍的过电流会加剧它的过热，油色谱会有明显的增长，应进一步进油箱或吊罩（芯）检查
5	油道堵塞	净油器检查	检查净油器的滤网有无破损，硅胶有无进入器身。硅胶进入绕组内会引起油道堵塞，导致过热，如发生应及时清理
		目测	解开围屏，检查绕组和引线表面有无变色、过热现象并进行处理
		油面温度	油面温度过高，而且可能出现变压器两侧油温差较大
6	悬浮电位、接触不良	油中溶解气体分析	该故障特征是伴有少量 H_2、C_2H_2 产生和总烃稳步增长趋势
		目测	逐一检查连接端子接触是否良好，有无变色过热现象，重点检查无励磁分接开关的操作杆 U 型拨叉、磁屏蔽、电屏蔽、钢压钉等有无变色和过热现象
7	结构件或电、磁屏蔽等形成短路环	油中溶解气体分析	该故障具有高温过热特征，总烃增长较快
		绝缘电阻测试	绝缘电阻不稳定，并有较大的偏差，表明铁芯柱内的结构件或电、磁屏蔽等形成了短路环
		励磁试验	在较低的电压下，励磁电流也较大

序号	故障原因	检查方法或部位	判断与处理措施
7	结构件或电、磁屏蔽等形成短路环	目测	a) 逐一检查结构件或电、磁屏蔽等有无短路、变色过热现象 b) 逐一检查结构件或电、磁屏蔽等接地是否良好
8	油泵轴承磨损或线圈损坏	油泵运行检查	a) 声音、振动是否正常 b) 工作电流是否平衡、正常 c) 温度有无明显变化 d) 逐台停运油泵，观察油色谱的变化
		绕组直流电阻测试	三相直流电阻是否平衡
		绕组绝缘电阻测试	采用 500V 或 1000V 绝缘电阻表测量对地绝缘电阻应大于 $1M\Omega$
9	漏磁回路的异物和用错金属材料	过电流试验（1.1 倍）	若绕组内部或漏磁回路附件存在金属性异物或用错金属材料，1.1 倍的过电流会加剧它的过热，油色谱会有明显的增长，需进一步检查
		目测	a) 检查可见部位是否有异物 b) 检查包括磁屏蔽等金属结构件是否存在移位和固定不牢靠现象 c) 检查金属结构件表面有无过热性的变色现象。在较强漏磁区域内，如绕组端部部位若使用了有磁材料，会引起过热，也可用磁性材料做鉴别检查
10	有载分接开关绝缘筒渗漏	油中溶解气体分析	属高温过热，并具有高能量放电特征
		油位变化	有载分接开关储油柜中的油位异常变化，有载分接开关绝缘筒可能存在渗漏现象
		压力试验	在本体储油柜吸湿器上施加 0.035MPa 的压力，观察分接开关储油柜的油位变化情况，如发生变化，则表明已渗漏

6.5 放电性异常情况检查与处理措施

油中出现放电性异常 H_2 或 C_2H_2 含量升高的检查方法与处理措施见表 7。

表 7 放电性异常情况的检查方法与处理措施

序号	故障原因	检查方法或部位	判断与处理措施
1	油泵内部放电	油中溶解气体分析	a) 属高能量局部放电，这时产生主要气体是 H_2 和 C_2H_2 b) 若伴有局部过热特征，则是磨擦引起的高温
		油泵运行检查	油泵内部存在局部放电，可能是定子绕组的绝缘不良引起放电
		绕组绝缘电阻测试	采用 500V 或 1000V 绝缘电阻表测量对地绝缘电阻应大于 $1M\Omega$
		解体检查	a) 定子绕组绝缘状态，在铁芯、绕组表面上有无放电痕迹 b) 轴承磨损情况，或转子和定子之间是否有金属异物引起的高温磨擦
2	悬浮杂质放电	油中含气量测试	属低能量局部放电，时有时无，这时产生主要气体是 H_2 和 CH_4
		油颗粒度测试	油颗粒度较大或较多，并含有金属成分
3	悬浮电位放电	油中溶解气体分析	具有低能量放电特征
		目测	a) 所有等电位的连接是否良好 b) 逐一检查结构件或电、磁屏蔽等有无短路、变色、过热现象
		局部放电量测试	可结合局放定位进行局部放电量测试，以查明放电部位及可能产生的原因
4	油流带电	油中溶解气体分析	油色谱特征气体增长
		油中带电度测试	测量油中带电度，如超出规定值，内部可能存在油流带电、放电现象

序号	故障原因	检查方法或部位	判断与处理措施
4	油流带电	泄漏电流或静电感应电压测量	开启油泵，测量中性点的静电感应电压或泄漏电流，如长时间不稳定或稳定值超出规定值，则表明可能发生了油流带电现象
5	有载分接开关绝缘筒渗漏	油中溶解气体分析	油中溶解气体分析属高能量放电，并有局部过热特征
6	导电回路接触不良及其分流	油中金属微量测试	测试结果若金属铜含量较大，表明电导回路存在放电现象
		油中溶解气体分析	油中溶解气体分析属低能量火花放电，并有局部过热特征，这时伴随少量 C_2H_2 产生
7	不稳定的铁芯多点接地	油中溶解气体分析	属低能量火花放电，并有局部过热特征，这时伴随少量 H_2 和 C_2H_2 产生
		运行中测量铁芯接地电流	接地电流时大时小，可采取加限流电阻办法限制，或适时按上述办法停电处理
8	金属尖端放电	油中溶解气体分析	油色谱中特征气体增长
		油中金属微量测试	a) 若铁含量较高，表明铁芯或结构件放电 b) 若铜含量较高，表明绕组或引线放电
		局部放电量测试	可结合局放定位进行局部放电量测试，以查明放电部位及可能产生的原因
		目测	重点检查铁芯和金属尖角有无放电痕迹
9	气泡放电	油中溶解气体分析	具有低能量局部放电，产生主要气体是 H_2 和 CH_4
		目测和气样分析	检查气体继电器内的气体，取气样分析，如主要是氧和氮，表明是气泡放电
9	气泡放电	油中含气量测试	a) 如油中含气量过大，并有增长的趋势，应重点检查胶囊、油箱、油泵和在线油色谱装置等是否有渗漏 b) 油中含气量接近饱和值时，环境温度或负荷变化较大后，会在油中产生气泡
		残气检查	a) 检查各放气塞是否有剩余气体放出 b) 在储油柜上进行抽微真空，检查其气体继电器内是否有气泡通过
10	绕组或引线绝缘击穿	油中溶解气体分析	a) 具有高能量电弧放电特征，主要气体是 H_2 和 C_2H_2 b) 涉及固体绝缘材料，会产生 CO 和 CO_2 气体
		绝缘电阻测试	如内部存在对地树枝状的放电，绝缘电阻会有下降的可能，故检测绝缘电阻，可判断放电的程度
		局部放电量测试	可结合局放定位进行局部放电量测试，以查明放电部位及可能产生的原因
		油中金属微量测试	测试结果若存在金属铜含量较大，表明绕组已烧损
		目测	a) 观测气体继电器内的气体，并取气样进行色谱分析，这时主要气体是 H_2 和 C_2H_2 b) 结合吊罩（芯）或进油箱内部，重点检查绝缘件表面和分接开关触头间有无放电痕迹，如有应查明原因，并予以更换处理
11	油箱磁屏蔽接地不良	油中溶解气体分析	以 C_2H_2 为主，且通常伴有 C_2H_4、CH_4 等
		目测	磁屏蔽松动或有放电形成的游离碳
		测量绝缘电阻	打开所有磁屏蔽接地点，对磁屏蔽进行绝缘电阻测量

6.6 绕组变形异常情况检查与处理措施

当绕组出现变形异常情况，如：电抗或阻抗变化明显、频响特性异常、绕组之间或对地电容量变化明显等情况时，其故障原因主要有如下两点：

——运输中受到冲击；

——短路电流冲击。

检查方法与处理措施见表8。

表8　绕组变形异常情况的检查方法与处理措施

序号	检查方法或部位	判断与处理措施
1	低电压阻抗测试	测试结果与历史值、出厂值或铭牌值作比较，如有较大幅度的变化，表明绕组有变形的迹象
2	频响特性试验	测试结果与历史作比较，若有明显的变化，则说明绕组有变形的迹象
3	各绕组介质损耗因数和电容量测试	测试结果与历史作比较，若有明显的变化，则说明绕组有变形的迹象
4	短路损耗测试	如测试结果的杂散损耗比出厂值有明显的增长，表明绕组有变形的迹象
5	油中溶解气体色谱分析	测试结果异常，表明绕组已有烧损现象
6	绕组检查	a）外观检查（包括内绕组）。检查垫块是否整齐，有无移位、跌落现象；检查压板是否有移位、开裂、损坏现象；检查绝缘纸筒是否有窜动、移位的痕迹，如有表明绕组有松动或变形的现象，必须予以重新紧固处理并进行有关试验 b）用手锤敲打压板检查相应位置的垫块，听其声音判断垫块的紧实度 c）检查绝缘油及各部位有无炭粒、炭化的绝缘材料碎片和金属粒子，若有表明变压器已烧毁，应更换处理 d）在适当的位置可以用内窥镜对内绕组进行检查

6.7 分接开关的检查按 DL/T 574 的有关规定执行。

7 检修策略和项目

7.1 检修策略

7.1.1 推荐采用计划检修和状态检修相结合的检修策略，变压器检修项目应根据运行情况和状态评价的结果动态调整。

7.1.1.1 运行中的变压器承受出口短路后，经综合诊断分析，可考虑大修。

7.1.1.2 箱沿焊接的变压器或制造厂另有规定者，若经过试验与检查并结合运行情况，判定有内部故障或本体严重渗漏油时，可进行大修。

7.1.1.3 运行中的变压器，当发现异常状况或经试验判明有内部故障时，应进行大修。

7.1.1.4 设计或制造中存在共性缺陷的变压器可进行有针对性大修。

7.1.1.5 变压器大修周期一般应在 10 年以上。

7.2 检修项目

7.2.1 大修项目：

a）绕组、引线装置的检修；

b）铁芯、铁芯紧固件（穿心螺杆、夹件、拉带、绑带等）、压钉、压板及接地片的检修；

c）油箱、磁（电）屏蔽及升高座的解体检修；套管检修；

d）冷却系统的解体检修，包括冷却器、油泵、油流继电器、水泵、压差继电器、风扇、阀门及管道等；

　　e）安全保护装置的检修及校验，包括压力释放装置、气体继电器、速动油压继电器、控流阀等；

　　f）油保护装置的解体检修，包括储油柜、吸湿器、净油器等；

　　g）测温装置的校验，包括压力式温度计、电阻温度计（绕组温度计）、棒形温度计等；

　　h）操作控制箱的检修和试验；

　　i）无励磁分接开关或有载分接开关的检修；

　　j）全部阀门和放气塞的检修；

　　k）全部密封胶垫的更换；

　　l）必要时对器身绝缘进行干燥处理；

　　m）变压器油的处理；

　　n）清扫油箱并进行喷涂油漆；

　　o）检查接地系统；

　　p）大修的试验和试运行。

7.2.2 小修项目：

　　a）处理已发现的缺陷；

　　b）放出储油柜积污器中的污油；

　　c）检修油位计，包括调整油位；

　　d）检修冷却油泵、风扇，必要时清洗冷却器管束；

　　e）检修安全保护装置；

　　f）检修油保护装置（净油器、吸湿器）；

　　g）检修测温装置；

　　h）检修调压装置、测量装置及控制箱，并进行调试；

　　i）检修全部阀门和放气塞，检查全部密封状态，处理渗漏油；

　　j）清扫套管和检查导电接头（包括套管将军帽）；

　　k）检查接地系统；

　　l）清扫油箱和附件，必要时进行补漆；

　　m）按有关规程规定进行测量和试验。

8　检修前的准备工作

8.1　确定检修内容

　　检查渗、漏油部位并做出标记；进行大修前的试验，确定是否调整检修项目。

8.2　查阅资料

　　查阅档案和变压器的状态评价资料如下：

　　a）运行中所发现的缺陷、异常情况、事故情况及出口短路次数及具体情况；

　　b）负载、温度和主要组、部件的运行情况；

　　c）历次缺陷处理记录；

　　d）上次小修、大修总结报告和技术档案；

　　e）历次试验记录（包括油的化验和色谱分析），了解绝缘状况；

　　f）大负荷下的红外测温试验情况。

8.3 编制作业指导书（施工方案）

编制作业指导书（施工方案），主要内容如下：

a) 检修项目及进度表；

b) 人员组织及分工；

c) 特殊检修项目的施工方案；

d) 确保施工安全、质量的技术措施和现场防火措施；

e) 主要施工工具、设备明细表，主要材料明细表；

f) 绘制必要的施工图。

8.4 施工场地要求

8.4.1 变压器的解体检修工作，如条件允许，应尽量安排在发电厂或变电站的检修间内进行。

8.4.2 施工现场无检修间时，亦可在现场进行变压器的检修工作，但需做好防雨、防潮、防尘和消防措施，同时应注意与带电设备保持安全距离，准备充足的施工电源及照明，安排好储油容器、大型机具、拆卸附件的放置地点和消防器材的合理布置等。

9 变压器解体及组装的注意事项

9.1 解体

9.1.1 必须停电，并办理工作票，做好施工安全措施，拆除变压器的外部电气连接引线和二次接线，进行检修前的检查和试验。

9.1.2 拆卸时，首先拆小型仪表和套管，后拆大型组件，组装时顺序相反。

9.1.3 拆卸组、部件的具体要求见第10章相应内容。为了减少器身暴露时间，可以在部分排油后拆卸组、部件。

9.1.4 冷却器、压力释放装置、净油器及储油柜等部件拆下后，接口应用盖板密封，对带有电流互感器的升高座应注入合格的变压器油（或采取其他防潮密封措施）。

9.1.5 排出全部绝缘油并对其进行处理。

9.1.6 检查器身，具体要求见第11章相应内容。

9.2 组装

9.2.1 装回钟罩（或器身）紧固螺栓后安装套管，并装好内部引线，进行检修中试验，合格后按规定注油。

9.2.2 安装组、部件见第10章相应内容。

9.2.3 冷却器，储油柜等组、部件装好后再进行二次注油，并调整油位。

9.2.4 组装后要检查冷却器、净油器和气体继电器等所有阀门，按照规定开启或关闭。

9.2.5 对套管升高座、上部管道孔盖、冷却器和净油器等上部的放气孔应进行多次排气，直至排尽为止，并重新密封好、擦净油迹。

9.2.6 整体密封试验。

9.2.7 组装后的变压器各组、部件应完整无损。

9.2.8 进行大修后电气和油的试验。

9.2.9 做好现场施工记录。

9.3 检修中的起重和搬运

9.3.1 起重工作的注意事项：

a) 起重工作应分工明确，专人指挥，并有统一信号；

b) 根据变压器钟罩（或器身）的重量选择起重工具，包括起重机、钢丝绳、吊环、U型挂环、千斤顶、枕木等；

c) 起重前应先拆除影响起重工作的各种连接；

d) 如起吊器身，应先拆除与起吊器身有关的螺栓；

e) 起吊变压器整体或钟罩（器身）时，钢丝绳应分别挂在专用起吊装置上，遇棱角处应放置衬垫；起吊 100mm 左右时，应停留检查悬挂及捆绑情况，确认可靠后再继续起吊；

f) 起吊时钢丝绳的夹角不应大于 60°，否则应采用专用吊具或调整钢丝绳套；

g) 起吊或落回钟罩（器身）时，四角应系缆绳，由专人扶持，使其保持平稳；

h) 起吊或降落速度应均匀，掌握好重心，防止倾斜；

i) 起吊或落回钟罩（器身）时，应使高、低压侧引线，分接开关支架与箱壁间保持一定的间隙，防止碰伤器身；

j) 当钟罩（器身）因受条件限制，起吊后不能移动而需在空中停留时，应采取支撑等防止坠落的有效安全措施；

k) 吊装套管时，其斜度应与套管升高座的斜度基本一致，并用缆绳绑扎好，防止倾倒损坏瓷件；

l) 采用汽车吊起重时，应检查支撑稳定性，注意起重臂伸张的角度、对应的最大吊重回转范围与临近带电设备的安全距离，并设专人监护。

9.3.2 搬运工作的注意事项：

a) 了解道路及沿途路基、桥梁、涵洞、地道等的结构及承重载荷情况，必要时予以加固，通过重要的铁路道口，应事先与当地铁路部门取得联系。

b) 了解沿途架空电力线路、通信线路和其他障碍物的高度，排除空中障碍，确保安全通过。

c) 变压器在厂（所）内搬运或较长距离搬运时：

1) 均应绑扎固定牢固，防止冲击振动、倾斜及碰坏零件；

2) 搬运倾斜角在长轴方向上不大于 15°，在短轴方向上不大于 10°；

3) 如用专用托板（木排）牵引搬运时，牵引速度不大于 100m/h；

4) 如用变压器主体滚轮搬运时，牵引速度不大于 200m/h（或按制造厂说明书的规定）。

d) 利用千斤顶升（降）变压器时，应顶在油箱指定部位，以防变形；千斤顶应垂直放置；在千斤顶的顶部与油箱接触处应垫以木板防止滑倒。

e) 在使用千斤顶升（降）变压器时，应随升（降）随垫木方和木板，防止千斤顶失灵突然降落倾倒；如在变压器两侧使用千斤顶时，不能两侧同时升（降），应分别轮流工作，注意变压器两侧高度差不能太大，以防止变压器倾斜；荷重下的千斤顶不得长期负重，并应自始至终有专人照料。

f) 变压器利用滚杠搬运时，牵引的着力点应放在变压器的重心以下，变压器底部应放置专用托板。为增加搬运时的稳固性，专用托板的长度应超过变压器的长度，两端应制成楔形，以便于放置滚杠；搬运大型变压器时，专用托板的下部应加设钢带保护，以增强其坚固性。

g) 采用专用托板、滚杠搬运、装卸变压器时，通道要填平，枕木要交错放置；为便于滚杠的滚动，枕木的搭接处应沿变压器的前进方向，由一个接头稍高的枕木过渡到稍低的枕木上，变压器拐弯时，要利用滚杠调整角度，防止滚杠弹出伤人。

　　h）为保持枕木的平整，枕木的底部可适当加垫厚薄不同的木板。

　　i）采用滑轮组牵引变压器时，工作人员必须站在适当位置，防止钢丝绳松扣或拉断伤人。

　　j）变压器在搬运和装卸前，应核对高、低压侧方向，避免安装就位时调换方向。

　　k）变压器搬运移动前应安装三维振动记录仪，并调试好；搬运移动中应保持连续记录，就位后检查并记录震动数据，不应超过制造厂的相关规定。

　　l）充干燥气体搬运的变压器，应装有压力监视表计和补气瓶，确保变压器在搬运途中始终保持正压，气体压力应保持 $0.01MPa\sim0.03MPa$，露点应在 $-35℃$ 以下，并派专人监护押运。

10　组、部件检修的工艺质量要求

10.1　套管及升高座

10.1.1　纯瓷充油套管的检修要求见表9。

表9　纯瓷充油套管的检修要求

序号	部　位	检修内容	工艺质量要求
1	瓷套本体	拆卸	套管拆卸前应先将其外部和内部的端子连接排（线）全部脱开，依次对角松动安装法兰螺栓，轻轻摇动套管，防止法兰受力不均损坏瓷套，待密封垫脱开后整体取下套管
2	外表面	完整性、清洁度	应清洁，无放电痕迹、无裂纹、无破损、渗漏现象
3	导电杆和连接件	完整性、过热	a）应完整无损，无放电、油垢、过热、烧损痕迹，紧固螺栓或螺母有防止松动的措施 b）拆导电杆和法兰螺栓时，应防止导电杆摇晃损坏瓷套，拆下的螺栓应进行清洗，丝扣损坏的应进行更换或修整，螺栓和垫圈不可丢失
4	绝缘筒或带绝缘覆盖层的导电杆	放电痕迹、干燥状态	取出绝缘筒（包括带绝缘覆盖层的导电杆），擦除油垢，检查应完整，无放电、污垢和损坏，并处于干燥状态。绝缘筒及在导电杆表面的覆盖层应妥善保管，防止受潮和损坏（必要时应干燥）
5	瓷套和导电杆	组装	a）瓷套内外部应清洁，无油垢，用白布擦拭；在套管外侧根部根据情况均匀喷涂半导体漆 b）有条件时，应将拆下的瓷套和绝缘件送入干燥室进行轻度干燥，干燥温度 70℃～80℃，时间不少于 4h，升温速度不超过 10℃/h，防止瓷套发生裂纹 c）重新组装时更换新胶垫，位置要放正，胶垫压缩均匀，密封良好。注意绝缘筒与导电杆相互之间的位置，中间应有固定圈防止窜动，导电杆应处于瓷套的中心位置
6	放气塞	放气功能、密封性能	放气通道畅通、无阻塞，更换放气塞密封圈并确保密封圈入槽
7	密封面	平面平整度	a）瓷密封面平整无裂痕或损伤，清洁无涂料 b）有金属安装法兰的密封面平整无裂痕或损伤，金属法兰和瓷套结合部的填料或胶合剂无开裂、脱落、渗漏油现象

序号	部 位	检修内容	工艺质量要求
8	套管整体	复装	a) 复装前应确认套管未受潮，如受潮应干燥处理，更换密封垫 b) 穿缆式套管应先用斜纹布带缚住导电杆，将斜纹布带穿过套管作为引导，将套管徐徐放入安装位置的同时拉紧斜纹布带将导电杆拉出套管顶端，再依次对角拧紧安装法兰螺栓，使密封垫均匀压缩 1/3（胶棒压缩 1/2）。确认导电杆到位后在拧紧固定密封垫圈螺母的同时应注意套管顶端密封垫的压缩量，防止渗漏油或损坏瓷套 c) 导杆式套管先找准其内部软连接的对应安装角度，再按照本条 b）款拧紧。再调整套管外端子的方向，以适应和外接线排的连接，最后将套管外端子紧固

10.1.2 油纸电容型套管的检修要求见表 10。

表 10　油纸电容型套管的检修要求

序号	部 位	检修内容	工艺质量要求
1	套管本体	拆卸	a) 穿缆式 1) 应先拆除套管顶部端子和外部连线的连接。再拆开套管顶部将军帽，脱开内引线头，用专用带环螺栓拧在引线头上，并拴好合适的吊绳 2) 套管拆卸时，应依次对角松动安装法兰螺栓，在全部松开法兰螺栓之前，应用吊车和可以调整套管倾斜角度的吊索具吊住套管（不受力），调整吊车和吊索保持套管的安装角度并微微受力以后方可松开法兰螺栓 3) 拆除法兰螺栓，先轻轻晃动，使法兰与密封胶垫间产生缝隙后再调整起吊角度与套管安装角度一致后方可吊起套管。同时使用牵引绳徐徐落下引线头，继续沿着套管的安装轴线方向吊出套管并防止碰撞损坏 4) 拆下的套管应垂直放置于专用的作业架上，中部法兰与作业架用螺栓固定 3 或 4 点，使之连成整体避免倾倒 b) 导杆式套管应先拆除下部与引线的连接，再进行吊装
2	外表面	完整性、清洁度	应清洁，无放电、裂纹、破损、渗漏现象
3	连接端子	完整性、放电痕迹	连接端子应完整无损，无放电、过热、烧损痕迹。如有损伤或放电痕迹应清理，有明显损坏应更换
4	油位	是否正常	油位应正常。若需补油，应实施真空注油，避免混入空气使套管绝缘性能降低。添加油应采用原标号的合格油
5	末屏端子	连接可靠性、放电痕迹、渗漏油	a) 接地应可靠，绝缘应良好，无放电、损坏、渗漏现象 b) 通过外引接地的结构应避免松开末屏引出端子的紧固螺母打开接地片，防止端部转动造成损坏 c) 弹簧式结构应注意检查内部弹簧是否复位灵活，防止接地不良 d) 通过压盖弹片式结构应注意检查弹片弹力，避免弹力不足 e) 压盖式结构应避免螺杆转动，造成末屏内部连接松动损坏
6	下尾端均压罩	固定情况	位置应准确，固定可靠，应用合适的工具测试拧紧程度
7	油色谱	判断是否存在内部缺陷	在必要时进行，要求密封取油样，如采用注射器取油样等
8	套管整体	复装	a) 先检查密封面应平整无划痕、无漆膜、无锈蚀，更换密封垫 b) 先将穿缆引线的引导绳及专用带环螺栓穿入套管的引线导管内 c) 安装有倾斜度的套管必须使用可以调整套管倾斜角度的吊索具，起吊套管后应调整套管倾斜度和安装角度一致，并保证油位计的朝向正确 d) 起吊高度到位以后将引导绳的专用螺栓拧紧在引线头上并穿入套管的导管，收紧引导绳拉直引线（确认引线外包绝缘完好），然后逐渐放松

序号	部位	检修内容	工艺质量要求
8	套管整体	复装	并调整吊钩使套管沿安装轴线徐徐落下的同时应防止套管碰撞损坏，并拉紧引导绳防止引线打绕，套管落到安装位置时引线头必须同时拉出到安装位置，否则应重新吊装（应打开人孔，确认应力锥进入均压罩） e）依次按照表9第8条b）款要求拧紧螺栓 f）在安装套管顶部内引线头时应使用足够力矩的扳手锁紧将军帽，更换将军帽的密封垫 g）如更换新套管，运输和安装过程中套管上端都应该避免低于套管的其他部位，以防止气体侵入电容芯棒 h）电容套管试验见有关规定

注：本标准不推荐油纸电容型套管现场解件检修。

10.1.3 升高座（套管型电流互感器）的检修要求见表11。

表 11 升高座（套管型电流互感器）的检修要求

序号	部位	检修内容	工艺质量要求
1	升高座	拆卸	a）应先将外部的二次连接线全部脱开，采用和油纸电容型套管同样的拆卸方法和工具（拆除安装有倾斜度的升高座，必须使用可以调整升高座倾斜角度的吊具，调整起吊角度与升高座安装角度一致后方可吊起） b）拆下后应注油或充干燥气体密封保存
2	引出线	标志正确	引出线的标志应与铭牌相符
3	线圈	检查	线圈固定无松动，表面无损伤
4	连接端子	完整性、放电痕迹	连接端子上的螺栓止动帽和垫圈应齐全；无放电烧损痕迹。补齐或更换损坏的连接端子
5	密封	渗漏	更换引出线接线端子和端子板的密封胶垫，胶垫更换后不应有渗漏，试漏标准：0.06MPa～0.075MPa、30min 应无渗漏
6	试验	绝缘电阻	500V 或 1000V 绝缘电阻表测量绝缘电阻应大于 1MΩ
		变比、极性和伏安特性试验（必要时）	用互感器特性测试仪测量的结果应与铭牌（出厂值）相符
		直流电阻	用电桥测量的结果应与出厂值相符
7	升高座	复装	a）先检查密封面应平整无划痕，无漆膜，无锈蚀，更换密封垫 b）采用拆卸的工具和拆卸的逆顺序进行安装。对安装有倾斜的及有导气连管，应先将其全部连接到位以后统一紧固，防止连接法兰偏斜或密封垫偏移和压缩不均匀。紧固固定螺栓应依次按表9第8条b）款要求拧紧螺栓 c）连接二次接线时检查原连接电缆应完好，否则进行更换 d）调试应在二次端子箱内进行。不用的互感器二次绕组应可靠短接后接地

10.2 储油柜及油保护装置

10.2.1 胶囊式储油柜的检修要求见表12。

表 12 胶囊式储油柜的检修要求

序号	部位	检修内容	工艺质量要求
1	储油柜整体	拆卸	a）应先打开油位计接线盒将信号连接线脱开，放尽剩油后拆卸所有连接管道，保留并关闭连通气体继电器的碟阀，关闭的碟阀用封头板密封 b）用吊车和吊具吊住储油柜，拆除储油柜固定螺栓，吊下储油柜

序号	部 位	检修内容	工艺质量要求
2	外部	清洁度、锈蚀	a）外表面应清洁、无锈蚀 b）清洗油污，清除锈蚀后重新漆化处理
3	内部	清洁度、水、锈蚀	a）放出储油柜内的存油，打开储油柜的端盖，取出胶囊，清扫储油柜。储油柜内部应清洁，无锈蚀和水分 b）气体继电器联管应伸入储油柜。一般伸入部分高出底面 20mm～50mm c）排除集污盒内污油
4	管式油位计	显示是否准确	a）排净小胶囊内的空气，检查玻璃管、小胶囊、红色浮标是否完好。温度油位示示线指示清晰并符合图1规定 图 1　储油柜油位指示线示意图 b）在储油柜注油和调整油位过程中用透明连通管比对，确保无假油位现象
5	管道	清洁、畅通	a）管道表面应清洁，管道内应畅通、无杂质、锈蚀和水分 b）更换接口密封垫，保证接口密封和呼吸畅通 c）若变压器有安全气道则应和储油柜间互相连通
6	胶囊	密封性能	a）胶囊应无老化开裂现象，密封性能良好。可进行气压试验，压力为 0.02MPa～0.03MPa，检查应无渗漏 b）用白布擦净胶囊，从端部将胶囊放入储油柜，将胶囊挂在挂钩上，连接好引出口，应保证胶囊悬挂在储油柜内。胶囊内外洁净，防止胶囊堵塞各联管口，气体继电器联管口应加焊挡罩
7	整体密封	渗漏	a）更换所有密封胶垫，复装端盖、管道 b）清理和检查积污盒、塞子等零部件。整体密封良好无渗漏，应耐受油压 0.05MPa、6h 无渗漏
8	储油柜整体	复装	应更换所有连接管道的法兰密封垫，保持连接法兰的平行和同心，密封垫压缩量为 1/3（胶棒压缩 1/2），确保接口密封和畅通，储油柜本体和各管道固定牢固
		调试	a）管式油位计复装时应先在玻璃管内先放入红球浮标，连接好小胶囊和玻璃管，将玻璃管连通小胶囊注满合格的绝缘油，观察无渗漏后将油放出，注入三到四倍玻璃管容积的合格绝缘油，排尽小胶囊中的气体即可 b）指针式油位计见本标准 10.5.1"指针式油位计的检修" c）胶囊密封式储油柜注时没有将储油柜抽真空的，必须打开顶部放气塞，直至冒油立即拧紧放气塞，再调整油位。如放气塞不能冒油则必须将储油柜重新抽真空（储油柜抽真空必须是胶囊内外同时抽，最终胶囊内破真空而胶囊外不能破真空），以防止出现假油位

注：对于有载分接开关的储油柜，其检修工艺和质量标准可参照执行。

10.2.2　隔膜式储油柜的检修要求见表 13。

表 13 隔膜式储油柜的检修要求

序号	部　位	检修内容	工艺质量要求
1	储油柜整体	拆卸	a）应先打开油位计接线盒将信号连接线脱开，放尽剩油后拆卸所有连接管道，保留并关闭连通气体继电器的碟阀，关闭的碟阀用封头板密封 b）用吊车和吊具吊住储油柜，拆除储油柜固定螺栓，吊下储油柜
2	外部	清洁度、锈蚀	a）外表面应清洁、无锈蚀 b）清洗油污，清除锈蚀后应重新防腐处理
3	内部	清洁度、水、锈蚀	a）放出储油柜内的存油，拆下指针式油位计连杆，卸下指针式油位计。指针式油位计检修见本标准10.5.1"指针式油位计的检修" b）分解中节法兰螺栓，卸下储油柜上节油箱，取出隔膜 c）清扫上下节油箱内部。检查内壁应清洁，无毛刺、锈蚀和水分。内壁绝缘漆涂层完好，如有损坏和锈蚀应清理和防腐处理
4	管道	清洁、畅通	a）表面应清洁，管道内应畅通、无杂质、锈蚀和水分。更换接口密封垫，保证接口密封和呼吸畅通 b）若变压器有安全气道，则应和储油柜间互相连通
5	隔膜组装	完整性	a）隔膜无老化开裂、损坏现象，清洁、双重密封性能良好 b）重新组装时按解体相反顺序进行组装，更换所有密封胶垫，防止进入杂质。在无油时验证指针式油位计的指示应准确
6	组装	完整性、密封性能	重新组装时按解体相反顺序进行组装，更换所有密封胶垫，防止进入杂质。在无油时验证指针式油位计的指示应准确
		密封	密封良好无渗漏。充油（气）进行密封试验，压力 0.023MPa～0.03MPa，时间 12h
7	储油柜整体	复装	应更换所有连接管道的法兰密封垫，保持连接法兰的平行和同心，密封垫压缩量按照表12第8条复装要求，确保接口密封和畅通，储油柜本体和各管道固定牢固
		调试	a）隔膜式储油柜注油后应先用手提起放气塞，然后将塞拔出，缓慢将放气塞放下，必要时可以反复缓慢提起放下，待排尽气体后塞紧放气塞 b）指针式油位计见本标准10.5.1"指针式油位计的检修"

10.2.3 金属波纹式储油柜的检修要求见表14。

表 14 金属波纹式储油柜的检修要求

序号	部　位	检修内容	工艺质量要求
1	储油柜整体	拆卸	a）放尽剩油后拆卸所有连接管道，保留并关闭连通气体继电器的碟阀，关闭的碟阀用封头板密封 b）用吊车和吊具吊住储油柜，拆除储油柜固定螺栓，吊下储油柜
2	外罩表面	清洁度、锈蚀	除锈，清扫，刷漆。检查应清洁、无锈蚀
3	油位	指示是否准确	通过观察金属隔膜膨胀情况，调整油位指示与之对应，确保指示清晰正确，无假油位现象
4	管道	清洁、畅通	应清洁，管道内应畅通、无杂质、锈蚀和水分。更换接口密封垫，保证接口密封和呼吸畅通
5	滑槽	检查灵活性	清理滑槽，使其伸缩移动灵活，无卡涩现象
6	金属波纹节（管）	完整性、密封性能	金属波纹节（管）应为不锈钢，无裂缝、损坏现象，清洁、密封性能良好。在限定体积时耐受油压 0.02MPa～0.03MPa，时间 12h 应无渗漏

序号	部位	检修内容	工艺质量要求
7	储油柜整体	复装	应更换所有连接管道的法兰密封垫，保持连接法兰的平行和同心，密封垫压缩量按照表12第8条复装要求，确保接口密封和畅通，储油柜本体和各管道固定牢固
		调试	a）打开放气塞，待排尽气体后关闭放气塞 b）对照油位指示和温度调整油量

10.2.4 吸湿器的检修要求见表15。

表 15 吸湿器的检修要求

序号	部位	检修内容	工艺质量要求
1	吸湿器	拆卸	将吸湿器从变压器上卸下，保持吸湿器完好，倒出内部吸附剂
2	各部件	玻璃罩	清扫并检查玻璃罩应清洁完好
		吸附剂	a）吸附剂宜采用变色硅胶，应经干燥，颗粒大于3mm，颜色变化明显即表示失效，可置入烘箱干燥，干燥温度从120℃升至160℃，时间5h；还原颜色后可再用 b）吸附剂不应碎裂、粉化。把干燥的吸附剂经筛选后装入吸湿器内，并在顶盖下面留出1/5～1/6高度的空隙
		油杯	清扫并检查玻璃油杯应清洁完好，油位标志鲜明
		密封	更换视筒或视窗的密封胶垫，应无渗漏
3	吸湿器	复装	a）更换密封垫，密封垫压缩量按照表12第8条复装要求，吸湿器应安装牢固，不因变压器的运行振动而抖动或摇晃 b）将油杯清洗干净，注入干净变压器油，加油至正常油位线，并将油杯拧紧（新装吸湿器，应将内口密封垫拆除），必须观察到油杯冒气泡 c）为便于观察到呼吸气泡，建议采用透明的玻璃油杯

10.2.5 净油器的检修。变压器油的介损、酸价和pH值测试结果合格可以不进行检修。净油器的检修要求见表16。

表 16 净油器的检修要求

序号	部位	检修内容	工艺质量要求
1	净油器	拆卸	a）关闭净油器进、出口的碟阀，应严密不漏油 b）准备适当容器，防止变压器油溅出，打开净油器底部的放油阀（同时可打开上部的放气塞，控制排油速度），放尽变压器油再拆下净油器 c）关闭的碟阀用封头板密封
2	吸附剂	干燥、清理	a）拆下净油器的上盖板和下底板，倒出原有吸附剂，用合格的变压器油将净油器内部和联管清洗干净 b）更换的新吸附剂应预先干燥并筛去粉末，检修时间不宜超过1h c）吸附剂的重量占变压器总油量的1%左右或装至距离净油器顶面50mm左右
3	滤网	堵塞、损坏	a）清洗和检查滤网，应无堵塞和损坏现象。进油口的滤网应装在挡板的外侧，出油口的滤网应装在挡板内侧，以防滤网破损和吸附剂进入油箱 b）更换密封垫，装复下底板和上盖板
4	净油器	复装	a）应先检查碟阀和密封面应平整无划痕，无漆膜，无锈蚀，更换密封垫。按照原位装好净油器，密封垫压缩量应满足表12第8条复装要求 b）先打开净油器下部阀门，使油徐徐进入净油器，同时打开上部放气

表 16 （续）

序号	部 位	检修内容	工艺质量要求
4	净油器	复装	塞排气，必须至冒油再拧紧放气塞。要充分浸油、多次排气 c）然后打开净油器上部阀门，确认上、下阀门均在"开"位置。运行中观察应无渗漏油

注：全密封变压器如油质合格稳定可将净油器拆除。

10.3 分接开关的检修按 DL/T 574 的有关规定执行。

10.4 冷却装置

10.4.1 散热器的检修要求见表 17。

表 17 散 热 器 的 检 修 要 求

序号	部 位	检修内容	工艺质量要求
1	散热器	拆卸	a）先将碟阀关闭，打开排油塞和放气塞排尽剩油 b）用吊车吊住散热器，再松开碟阀靠散热器侧螺母，收紧吊钩将散热器平移并卸下 c）将散热器翻转平放于专门存放区域进行检修。如不立即检修，应注油或充干燥气体密封存放
2	内外表面	焊缝质量	a）应采用气焊或电焊，无渗漏点，片式散热器边缘不允许有开裂 b）对渗漏点进行补焊处理时要求焊点准确，焊接牢固，严禁将焊渣掉入散热器内
		清洁度	a）对带法兰盖板的上、下油室应打开法兰盖板，清除油室内的杂质、油垢。检查上、下油室内表面应洁净，无锈蚀，漆膜完整 b）清扫外表面，应无锈蚀，无油垢，漆膜完整或镀锌层完好。油垢严重时可用金属洗净剂（去污剂）清洗，然后用清水冲净晾干，清洗时管接头应可靠密封，防止进水 c）应使用合格的变压器油对散热器内部进行循环冲洗，散热器进油端略高于出油端，出油端的吸油管插到底
3	放气塞、排油塞	透气性、密封性、密封圈	塞子透气性和密封性应良好，更换密封圈时应使密封圈入槽
4	密封试验	渗漏	用盖板将接头法兰密封，充油（气）进行试漏，试漏标准 a）片式散热器，正压 0.05MPa、时间 2h b）管状散热器，正压 0.1MPa、时间 2h 对可抽真空的散热器，可结合变压器本体进行真空密封试验
5	散热器	复装（含风机）	a）先检查密封面应平整无划痕，无漆膜，无锈蚀，更换密封垫 b）检查碟阀应完好，安装方向、操作杆位置应统一，开闭指示标志应清晰、正确 c）安装应用吊车进行，吊装时确保密封面平行和同心，密封胶垫放置位置准确，密封垫压缩量应满足表 12 第 8 条复装要求 d）安装好散热器的拉紧钢带（螺杆） e）调试时先打开下碟阀和旋松顶部排气塞，待顶部排气塞冒油后旋紧，再打开上碟阀，最终确认上、下碟阀均处于开启位置 f）风机的调试在安装就位固定后进行，拨动叶轮转动灵活，通入 380V 交流电源，运行 5min 以上。转动方向正确，运转应平稳、灵活，无转子扫膛、叶轮碰壳等异声，三相电流基本平衡，和其他相同风机的工作电流基本相同 g）有总控制箱的应进行温度控制、负荷电流控制等功能检查，符合要求，并参照 10.6.1 二次端子箱的检修进行操作

10.4.2 油冷却器的检修要求见表18。

表18 油冷却器的检修要求

序号	部 位	检修内容	工艺质量要求
1	冷却器	拆卸	a) 应先将碟阀关闭，打开排油塞和放气塞排尽剩油 b) 用吊车吊住冷却器，再松开碟阀靠冷却器侧螺母，收紧吊钩将冷却器平移并卸下 c) 将冷却器翻转平放于专门存放区域进行检修。如不立即检修应注油或充干燥气体密封存放
2	表面	清洁度、锈蚀	a) 整体表面漆膜完好、无锈蚀，冷却器管束间、散热片之间应洁净，无堆积灰尘、昆虫、草屑等杂物，无锈蚀，无大面积变形 b) 清扫可用0.1MPa的压缩空气（或水）吹净管束间堵塞的灰尘、昆虫、草屑等杂物，若油垢和污垢严重，可用散热翅片专用的洗净剂喷淋冲洗干净
3	冷却管道	密封、畅通	打开上、下油室端盖，检查油室内部应清洁，进行冷却器的试漏和内部冲洗。冷却管应无堵塞现象，更换密封胶垫
4	放油塞	透气性、密封性	放油塞透气性、密封性应良好，更换密封圈并入槽，不渗漏
5	密封试验	渗漏	a) 充油（气）进行试漏，试漏标准：正压0.25 MPa～0.275MPa、时间30min，应无渗漏 b) 管路有渗漏时，可将渗漏管的两端堵塞，但所堵塞的管子数量每回路不得超过2根，否则冷却器应降容使用 对可抽真空的油冷却器可结合变压器本体进行真空密封试验
6	冷却器	复装	a) 应先将潜油泵安装在冷却器的下方原位，以保持冷却器吊装时两连接法兰面为同一平面，便于安装和控制密封垫的压缩量 b) 检查碟阀和连管的法兰密封面应平整无划痕，无锈蚀，无漆膜，更换密封垫 c) 连接法兰的密封面应平行和同心，密封垫位置准确，压缩量应满足表12第8条复装要求 d) 检查原连接电缆应完好，否则进行更换 e) 先打开下碟阀和旋松顶部排气塞，待顶部排气塞冒油后旋紧，再打开上碟阀，最终确认上、下碟阀均处于开启位置
7	冷却装置	潜油泵和冷却装置联动试验（含负压测试）	a) 进行冷却器整组调试，潜油泵和风机应接通电源线，并试运转。检查转动方向正确，运转平稳，无异声，各部密封良好，不渗油，无负压，油泵之间和风机之间相互比较，负载电流无明显差异，小于铭牌额定电流 b) 油流继电器的指针偏转到位稳定，微动开关信号切换正确稳定。冷却器全部投入时所有油流继电器的指针都不能抖（晃）动，否则应处理或更换 c) 负压检查：在冷却管路系统的进油放气塞处，安装真空压力表后，开启所有运行油泵，不应出现负压 d) 进行冷却装置联动试验，在冷却装置控制箱进行操作 e) 主供、备供电源应互为备用，手动切除任何一路工作电源，另一路工作电源应自动投入 f) 在冷却器故障状态下备用冷却器应能正确启动 g) 检查各信号灯指示和动作试验正确对应 h) 测量绝缘值 i) 运行保护功能性检查和处理 1) 保护误动检查：开启所有运行油泵后，不应出现气体继电器和压力释放阀的误动 2) 保护误动检修处理：适当调大气体继电器的流速整定值，或压力释放阀的开启压力值。若多台油泵同时启动时才出现保护误动现象，则可采用加设延时继电器逐台启动方式

10.4.3 油/水热交换装置的检修要求见表19。

表 19　油/水热交换装置的检修要求

序号	部　位	检修内容	工艺质量要求
1	差压继电器	调试	拆下并检查差压继电器，消除缺陷，调试合格，必要时更换
2	油/水热交换器	拆卸	a) 关闭进出水阀，放出存水，再关闭进出油阀，放出本体油。排尽残油、残水 b) 拆除水、油连管，拆上盖，松开本体和水室间的连接螺栓，卸下油/水热交换器
2	油/水热交换器	冷却管道	a) 内部应洁净，无水垢、油垢和锈蚀，无堵塞现象，漆膜完好 b) 管道应无渗漏，发现渗漏应进行更换或堵塞，但每回路堵塞不得超过2根，否则应降容使用
2	油/水热交换器	密封	充油（气）进行试漏，试漏标准：正压0.4MPa、时间30min，无渗漏
2	油/水热交换器	密封	油管密封良好，无渗漏现象，在本体直立位置下进行检漏（油泵未装）；由冷却器顶部注满合格的变压器油并加压；在水室入口处注入清洁水，由出水口缓缓流出，应无油花，油样试验合格
2	油/水热交换器	复装	按照拆卸逆顺序安装，更换密封垫，无渗漏

10.4.4 潜油泵的检修要求见表20。

表 20　潜 油 泵 的 检 修 要 求

序号	部　位	检修内容	工艺质量要求
1	潜油泵	拆卸	可以连同冷却器一起拆卸，也可以单独分开拆卸，拆卸前应打开接线盒将电源连接线脱开
2	叶轮	转动平稳、灵活	转动应平稳、灵活
3	试验	绝缘电阻	500V或1000V绝缘电阻表测量电机定子绕组绝缘电阻应大于1MΩ
3	试验	直流电阻	测量线圈直流电阻三相互差不超过2%
3	试验	运转试验	将泵内注入少量合格的变压器油，接通电源试运转。运转应平稳、灵活，无转子扫膛、叶轮碰壳等异声，三相空载电流平衡
4	潜油泵	复装	a) 推荐先将潜油泵安装到冷却器上，使冷却器吊装时的接口在同一平面 b) 检查法兰密封面应平整无划痕，无锈蚀，无漆膜，更换密封垫 c) 调整连接法兰的密封面，使各对接法兰正确对接，密封垫位置准确，压缩量按照表12第8条复装要求

　　累计运行未满10年的潜油泵，经以上检查合格即可复装到冷却器上，如发现缺陷或运行10年以上的可更换或进行检修，检修按照表21的程序和方法进行。

表 21　有缺陷或运行10年以上的潜油泵检修要求

序号	部　位	检修内容	工艺质量要求
1	拆卸蜗壳	检查完整性	将油泵垂直放置，拆下蜗壳，检查内、外部应干净，无扫膛、整体无损坏，密封法兰面平整无锈蚀和损伤，并进行清洗，清除密封法兰上的密封胶
2	拆卸叶轮	检查完整性	a) 叶轮应安装牢固，转动灵活、平稳，无变形及磨损 b) 打开止动垫圈，卸下圆头螺母，用三角爪取下叶轮，同时取出平键，检查叶轮应无变形和磨损，妥善放置好叶轮和平键 c) 有变形锈蚀及磨损时应更换

序号	部　位	检修内容	工艺质量要求
3	拆卸前端盖和转子	将前端盖、转子和轴承与定子和后端盖分离	a）用专用工具（两爪扳手）从前端盖上拆下带螺纹的轴承挡圈 b）卸下前端盖与定子连接的螺栓，用顶丝将前端盖、转子及后轴承顶出 c）前端盖、定子及轴承应无损坏
		分离前端盖和转子	a）用三角爪将前端盖从转子上卸下 b）转子、轴承挡圈、轴承应无损坏
4	轴承	完整性	用手边转动边检查。轴承挡圈及滚珠应无损坏
		灵活性	用手拨动同时观察。轴承转动应灵活，无卡滞
		磨损情况	轴承累计运行时间满 10 年应予以更换。更换轴承应使用专用拉具和压床，禁止敲打
		拆、装轴承	a）备用轴承应使用专用轴承 b）更换轴承应使用专用拉具和压床，正确拆、装轴承，不得损伤轴和轴承。禁止用手锤敲打轴承外环拆、装轴承 c）将转子放在平台上，用三角爪卸下前后轴承 d）将新轴承放入油中加温至 120℃～150℃时取出，套在转子轴上，用特殊的套筒，顶在轴承的内环上，用压具将轴承压到轴台处 e）再用特制的两爪扳手将轴承挡圈嵌入。用手拨动轴承转动应灵活
5	转子和轴	放电和过热痕迹	转子短路条及短路环应无断裂、放电，铁芯应无损坏、磨损及过热现象。有损坏应更换
		磨损情况	前后轴应无损坏，测量转子前后轴颈尺寸，直径允许公差为±0.0065mm，超过允许公差或严重损坏时应更换
6	端盖	检查前端盖完整性和清洁度	前端盖应清洁无损坏，测量前轴承室内径允许公差比前轴承外径大 0.025mm。检查轴承室的磨损情况，磨损严重或有损坏时应更换
		拆卸后端盖	正确拆卸后端盖。卸下后端盖与定子外壳连接的螺栓，用顶丝将后端盖顶出
		后端盖完整性和清洁度	清理后端盖，清除轴承室的润滑脂，检查后端盖应干净无损坏，用内径千分尺测量轴承室尺寸，轴承室内径允许公差比后轴承外径大 0.025mm。检查后端轴承室的磨损情况，严重磨损时应更换后端盖或电机
7	滤网和视窗	完整性、清洁度	a）拆下视窗法兰、压盖，取出视窗玻璃及滤网，检查法兰、压盖、视窗玻璃及过滤网应洁净，无损坏、无堵塞，材质符合要求 b）将视窗玻璃擦净，清除滤网（或烧结网）上的污垢；清洗时用压板夹紧，用汽油从内往外冲洗，安装时先放入过滤网及两侧胶垫，再放入 O 型胶圈，安装盖板，再放入视窗玻璃及两侧胶垫，安装法兰
8	定子	放电、过热、扫膛痕迹	清扫和检查定子和外壳应清洁无锈蚀。定子线圈表面应清洁、外观良好、无匝间、层间短路、无过热及放电痕迹。各引线接头无脱焊及断股，连接牢固。定子铁芯无过热、扫膛损坏。有损坏应更换
		绝缘电阻	500V 或 1000V 绝缘电阻表测量定子线圈绝缘电阻值应大于 1MΩ
		直流电组	测量定子线圈的直流电阻三相互差不超过 2%
9	接线盒	完整性、清洁度	a）打开接线盒，检查接线端子是否存在渗漏油 b）清洗接线盒内部，检查绝缘板及接线柱尾部应焊接牢固，无脱焊及断股，更换接线盒及接线柱的密封胶垫 c）测量绝缘电阻大于 1MΩ
10	油路	畅通	清洗分油路内的污垢，检查分油路应清洁，畅通

序号	部 位	检修内容	工艺质量要求
11	复装电机	转子装入后端盖	将转子后轴承对准后端盖轴承室，在前轴头上垫木方，用手锤轻轻敲击木方后轴承即可进入轴承室，转子在后端盖上应转动灵活
		转子穿入定子	定子内外整洁，与前、后端盖结合处密封胶涂抹均匀。将定子放在工作台上，转子穿入定子腔内，此时后端盖上的分油路孔要对准定子上的分油路孔，再对角均匀地拧紧后端盖与定子连接的螺栓
		装前端盖	将定子放在工作台上，定子止口处涂密封胶，对准分油路，把前端盖放入定子止口处，对角均匀地拧紧前端盖与定子连接的螺栓。电机装配后，用手拨动转子，应转动灵活，无扫膛现象
12	安装叶轮	平衡和间隙	a）将圆头平键装入转轴的键槽内，再将叶轮嵌入轴上。带上止动垫圈，拧紧圆头螺母，将止动垫圈撬起锁紧圆头螺母。拨动叶轮应转动灵活，无碰壳。叶轮密封环与蜗壳的配合间隙不大于 0.2mm b）用磁力千分表测量叶轮跳动及转子轴向窜动间隙。2 级泵不大于 0.07mm，4 级泵不大于 0.1mm，转子轴向窜动不大于 0.15mm
13	密封	渗漏	应更换所有密封处的胶垫和密封环，包括前后端盖、过滤网、压盖、法兰、各部油塞的密封胶垫及密封环，密封胶垫的压缩量按照表12第8条复装要求
14	试验	绝缘电阻	500V 或 1000V 绝缘电阻表测量电机定子绕组绝缘电阻应大于 1MΩ
		直流电阻	测量线圈直流电阻三相互差不超过 2%
		运转试验	将泵内注入少量合格的变压器油，接通电源试运转。运转应平稳、灵活、声音和谐，无转子扫膛、叶轮碰壳等异声，三相空载电流基本平衡
		密封性能	打油压 0.4MPa（或打气压 0.25MPa）保持 30min，各密封处涂白土（或涂肥皂液）观察
15	放气塞、排油塞	密封垫圈透气和密封性能	更换密封垫圈并确保密封垫圈入槽。检查各部油塞，包括放气塞、测压塞螺纹无损坏，透气性和密封性都良好

10.4.5 油流继电器的检修要求见表 22。

表 22 油流继电器的检修要求

序号	部 位	检修内容	工艺质量要求
1	油流继电器	拆卸	应先打开接线盒将信号连接线脱开，拆卸过程中应注意防止挡板变形和损坏
2	挡板	灵活性	从冷却联管上拆下继电器，挡板轴孔、轴承应完好，无明显磨损痕迹。挡板转动应灵活，转动方向与油流方向一致
3	挡板铆接	可靠	挡板应铆接牢固，无松动、开裂
4	弹簧	弹性	返回弹簧应安装牢固，弹力充足
5	指针	与挡板同步性	a）指针及表盘应清洁，无灰尘，无锈蚀，转动灵活无卡滞；转动挡板，主动磁铁与从动磁铁应同步转动，观察指针应同步转动，无卡滞现象 b）如有异常卸下端盖、表盘玻璃及塑料圈、固定指针的滚花螺母，取下指针、平垫及表盘，清扫内部。再转动挡板，观察主动磁铁与从动磁铁是否同步转动，有无卡滞。如仍有异常应更换

序号	部 位	检修内容	工艺质量要求
6	试验	绝缘电阻	500V 或 1000V 绝缘电阻表测量各端子对地绝缘电阻值应大于 1MΩ
		微动开关动作特性	检查微动开关，用手转动挡板，在原位转动 85°时，用万用表测量接线端子，微动开关应动作正确
7	油流继电器	复装	a）先检查法兰密封面应平整无划痕、无锈蚀，无漆膜，更换密封垫 b）密封面应平行和同心。并使密封垫位置准确，压缩量按照表 12 第 8 条复装要求 c）检查挡板转动无阻碍，连接的二次电缆应完好，否则进行更换 d）调试和冷却器同时进行

10.4.6 风机的检修要求见表 23。

表 23 风 机 的 检 修 要 求

序号	部 位	检修内容	工艺质量要求
1	风机	拆卸	先打开接线盒将电源连接线脱开，拆卸过程中注意防止叶轮碰撞变形
2	叶片	角度、转动	叶片与托板的铆接应牢固，三只叶片角度应一致，叶片装配应牢固，动垫圈锁紧，转动平稳灵活
3	试验	线圈绝缘	500V 或 1000V 绝缘电阻表测量定子线圈绝缘电阻值应大于 1MΩ
		线圈电阻	测量定子线圈的直流电阻三相互差不超过 2%
		运转试验	a）拨动叶轮转动灵活后，通入 380V 交流电源，运行 5min 以上 b）转动方向正确，运转应平稳、灵活，无转子扫膛，叶轮碰壳等异声，三相电流基本平衡，和其他相同风机的工作电流基本相同
4	风机	复装	按照原位置安装，接好电源线，试运转风机转动平稳无碰撞，转向正确，否则调换相序

累计运行未满 10 年的风机，经以上检查合格即可复装；如发现缺陷或运行 10 年以上的可更换或检修，检修按照表 24 程序和方法进行。

表 24 有缺陷或运行 10 年以上的风机检修要求

序号	部 位	检修内容	工艺质量要求
1	拆卸叶轮	完整性、角度	a）拆卸时防止叶轮损伤变形。将止动垫圈打开，旋下盖形螺母，退出止动垫圈，把专用工具（三角爪）放正，勾在轮壳上，用力均匀缓慢拉出，将叶轮从轴上卸下，锈蚀时可向键槽内、轴端滴入螺栓松动剂，同时将键、锥套取下保管好 b）检查叶片与托板的铆接情况，松动时用铁锤铆紧。将叶轮放在平台上，检查三只叶片角度应一致，否则应更换。清洗叶片表面和防锈处理
2	拆卸电机前后端盖	拆卸后端盖	首先拆下电机罩，然后卸下后端盖固定螺栓，从丝孔用顶丝将后端盖均匀顶出，拆卸时严禁用螺丝刀或扁铲撬开，后端盖如有损坏应更换
		后端盖完整性和清洁度	清理后端盖，检查后端盖有无破损，清除轴承室的润滑脂，用内径千分尺测量轴承室尺寸，检查轴承室的磨损情况，后轴承室内径允许公差比后轴承外径大 0.025mm。严重磨损时应更换后端盖或电机
		拆卸前端盖和转子	卸下前端盖固定螺栓，从顶丝孔用顶丝将前端盖均匀顶出，连同转子从定子中抽出。前端盖和转子如有损坏应更换
		分离前端盖和转子	用三角爪将前端盖从转子上卸下。前端盖退出时，不得损伤前轴头

序号	部 位	检修内容	工艺质量要求
2	拆卸电机前后端盖	前端盖完整性和清洁度	清理前端盖，卸下轴承挡圈，取出轴承，检查前端盖有无损伤，清除轴承室润滑脂并清洗干净，测量轴承尺寸，前轴承室内径允许公差比前轴承外径大 0.025mm。严重磨损时应更换前端盖或电机
3	轴承	完整性	用手边转动边检查，轴承挡圈及滚珠应无损坏
		灵活性	用手拨动轴承转动应灵活，无卡滞
		磨损情况	轴承累计运行时间满 10 年应予以更换。更换轴承应使用专用拉具和压床，禁止敲打
		拆、装轴承	正确拆、装轴承，不得损伤轴和轴承。将转子放在平台上，用三角爪卸下前后轴承；将新轴承（和原轴承型号规格相同）放入油中加温至 120℃～150℃时取出，套在转子轴上，用特殊的套筒，顶在轴承的内环上，用压具将轴承压到轴台处。不准用手锤敲打轴承外环拆、装轴承
4	转子和轴	放电和过热痕迹	转子短路条及短路环应无断裂、放电，铁芯应无损坏及磨损，无放电痕迹，无过热现象。有损坏应更换
		轴磨损情况	前后轴应无损坏，测量转子前后轴直径，直径允许公差为 ±0.0065mm。超过允许公差或严重损坏时应更换
5	定子	放电、过热、扫膛痕迹	清扫和检查外壳、定子线圈和引线。铁芯应清洁无锈蚀，外观良好、无匝间、层间短路、无过热现象及放电痕迹，各引线接头连接牢固，定子铁芯无扫膛。有损坏应更换
		绝缘电阻	500V 或 1000V 绝缘电阻表测量定子线圈绝缘电阻值应大于 1MΩ
		直流电阻	测量定子线圈的直流电阻三相互差不超过 2%
6	接线盒	完整性、可靠性、清洁度	a) 打开接线盒，检查密封情况，检查引线、绝缘板与接线柱尾部应焊接牢固，无脱焊及断线，接线盒内部清洁无油垢及灰尘，线圈引线接头牢固，护套牢固接在接线柱上，接线盒密封良好 b) 更换密封垫
7	复装电机	装前端盖	将转子轴伸端垂直穿入前端盖内，在后轴头上垫木方，用手锤轻敲，将前轴承轻轻嵌入轴承室中，再从前端盖穿入圆头螺栓，将轴承挡圈紧固，圆头螺栓处涂以润滑脂，转动灵活
		转子穿入定子	将定子放在工作台上，定子止口处涂密封胶，保持定子内外整洁，将前端盖和转子对准止口进定子内，要对角均匀地拧紧前端盖与定子连接的螺栓
		装后端盖	a) 将后端盖放入波形弹簧片，对准止口，用手锤轻轻敲打后端盖，使后轴承进入轴承室，要对角均匀地拧紧后端盖与定子连接的圆头螺栓 b) 最后将电动机后罩装上（如果有后罩） c) 用油枪向前、后轴承室注入润滑脂，约占轴承室 2/3 d) 总装配后，用手拨动转子，应转动灵活无扫膛现象
8	复装叶轮	装配	将垫圈、锥套、平键、叶轮安装在电动机轴伸端，叶轮与锥套间用密封胶堵塞，拧紧圆螺母和盖型螺母，将止动垫圈锁紧撬起。叶片装配应牢固，转动平稳灵活
9	试验	线圈绝缘	500V 或 1000V 绝缘电阻表测量定子线圈绝缘电阻值应大于 1MΩ
		线圈电阻	测量定子线圈的直流电阻三相互差不超过 2%
		运转试验	拨动叶轮转动灵活后，通入 380V 交流电源，运行 5min 以上。转动方向正确，运行应平稳、灵活，无转子扫膛、叶轮碰壳等异声，三相电流基本平衡，和其他相同风机的工作电流基本相同

序号	部 位	检修内容	工艺质量要求
10	风机整体	喷漆	将风扇电机各部擦拭干净，在铭牌上涂黄油，进行喷漆后擦净铭牌上的黄油，保持漆膜均匀，无漆瘤、漆泡，铭牌清晰

10.4.7 冷却装置控制箱的检修要求见表 25。

表 25 冷却装置控制箱的检修要求

序号	部 位	检修内容	工艺质量要求
1	箱体	油漆和清洁度	清扫控制箱内、外部灰尘及杂物，有锈蚀应除锈并进行防腐处理
2	电器元件	检查电源开关，接触器和热继电器	逐个检查电源开关，接触器和热继电器外观和触点应良好无烧损或接触不良，接线牢固可靠，测试动作电压和返回电压符合要求。必要时进行更换
		检查熔断器	逐个检查熔断器外观完好，接触、连接牢固可靠，用万用表测量，应导通良好，熔丝规格符合要求。必要时进行更换
		切换开关	外观检查完好，接线牢固可靠，手动切换，同时用万用表检查切换开关动作和接触情况，切换到位，指示位置正确
		信号灯	逐个检查信号灯标志名称正确清晰，灯完好。如有损坏应更换
3	端子	端子板和连接螺栓	各部端子板和连接螺栓应无松动或缺失，如有损坏和缺失应补齐
4	密封	门和封堵	控制箱的门密封衬垫应完好，必要时更换门密封衬垫，检查电缆入口，封堵应完好
5	试验	绝缘电阻	500V 或 1000V 绝缘电阻表测量绝缘电阻应大于 1MΩ

10.5 非电量保护装置

10.5.1 指针式油位计的检修要求见表 26。

表 26 指针式油位计的检修要求

序号	部 位	检修内容	工艺质量要求
1	表计	拆卸	拆卸表计时应先将油面降至表计以下，再将接线盒内信号连接线脱开，松开表计的固定螺栓，松动表计将其与内部连接的连杆脱开，取出连杆和浮筒，防止损坏。连杆应伸缩灵活，无变形折裂，浮筒完好无变形和漏气
2	传动机构	完整性、灵活性	齿轮传动机构应无损坏，转动灵活，无卡滞、滑齿现象
3	磁铁	主动、从动磁铁耦合同步	转动主动磁铁、从动磁铁应同步转动正确
		指针指示范围是否与表盘刻度相符	摆动连杆，摆动 45°时指针应从"0"位置到"10"位置或与表盘刻度相符，否则应调节限位块，调整后将紧固螺栓锁紧，以防松脱。连杆和指针应传动灵活、准确
4	报警装置	动作是否正确	当指针在"0"最低油位和"10"最高油位时，限位报警信号动作应正确，否则应调节凸轮或开关位置
		绝缘试验	2500 绝缘电阻表测量信号端子绝缘电阻应大于 1MΩ，或用工频耐压试验 AC 2000V 1min 不击穿
5	密封	密封性能	更换密封胶垫，进行复装以后密封应良好无渗漏
6	表计	复装	a) 复装时应根据伸缩连杆的实际安装结点用手动模拟连杆的摆动观察指针的指示位置应正确，然后固定安装结点。否则应重新调整油位计的连杆摆动角度和指示范围 b) 连接二次信号线检查原电缆应完好，否则要更换

10.5.2 气体继电器的检修要求见表 27。

表 27 气体继电器的检修要求

序号	部 位	检修内容	工艺质量要求
1	继电器	拆卸	切断变压器二次电源，断开气体继电器二次连接线，关闭两侧碟阀，在气体继电器下方放置盛油的开口油桶放出剩油，拆开两端法兰的连接螺栓，将其拆下
2	各部件	完整性、清洁度、方向指示、接线端子	a）各部件（容器、玻璃窗、放气阀门、放油塞、接线端子盒、小套管）应完整清洁，密封无渗漏 b）盖板上箭头及接线端子标示应清晰正确
		探针、浮筒、挡板和指针	检查探针动作应灵活，检查浮筒、挡板和指针的机械转动部分应灵活，正确。检查指针动作后应能有效复位
3	试验	密封	将气体继电器密封，充满变压器油，在常温下加压 0.15MPa，持续 30min 无渗漏，再用合格的变压器油冲洗继电器芯体
		接线端子绝缘	2500V 绝缘电阻表测量绝缘电阻应大于 1MΩ，或用工频耐压试验 AC 2000V 1min 应不击穿
		动作校验	检验应由专业人员进行 对于轻瓦斯信号，注入 200ml～250ml 气体时应正确动作 除制造厂有特殊要求外，对于重瓦斯信号，油流速达到 a）自冷式变压器 0.8m/s～1.0m/s b）强油循环变压器 1.0m/s～1.2m/s c）120MVA 以上变压器 1.2m/s～1.3m/s 时应动作 同时，指针停留在动作后的倾斜状态，并发出重瓦斯动作标志（掉牌）
4	继电器	复装（含连动试验）	a）检查联结管径应与继电器标称口径相同，其弯曲部分应大于 90°，联管法兰密封胶垫的内径应大于管道的内径。应使继电器盒盖上的箭头朝向储油柜 b）复装时更换联结管法兰和两侧碟阀的密封垫，先装两侧联管与碟阀，如无不锈钢波纹联管，联管与油箱顶盖、储油柜之间的联结螺栓暂不完全拧紧，此时将气体继电器安装于其间，用水平尺找准位置并使出、入口联管和气体继电器三者处于同一中心位置，后再将法兰螺栓拧紧，确保气体继电器不受机械应力 c）气体继电器应保持基本水平位置；联管朝向储油柜方向应有 1‰～1.5‰ 的升高坡度。继电器的接线盒应有防雨罩或有效的防雨措施，放气小阀应低于储油柜最低油面 50mm。检查原连接电缆完好，否则进行更换 d）气体继电器两侧均应装碟阀，一侧宜采用不锈钢波纹联管，口径均相同，便于气体继电器的抽芯检查和更换 e）调试应在注满油并连通油路的情况下进行，打开气体继电器的放气小阀排净气体，用手按压探针时重瓦斯信号应该发出，松开时应该恢复。从放气小阀压入气体 200ml～250ml 左右，轻瓦斯信号应该发出，将气排出后应该恢复。否则应处理或更换

10.5.3 压力式（信号）温度计的检修要求见表 28。

表 28 压力式（信号）温度计的检修要求

序号	部 位	检修内容	工艺质量要求
1	温度计含温包	拆卸	应先将二次连接线全部脱开，松开安装螺栓，保持外观完好，金属细管不得扭曲、损伤和变形。拧下密封螺母连同温包一并取出，然后将温度表从油箱上拆下，并将金属细管盘好，其弯曲半径应大于 75mm

序号	部　位	检修内容	工艺质量要求
2	温包及金属细管	损伤	逐处查看温包及金属细管应无扭曲、挤压、损伤、变形，无泄漏、堵塞现象
3	温度面板	指示清晰	应清洁完整无锈蚀现象，指示应正确清晰
4	温度刻度	校验	应由专业人员进行校验，与标准温度计对比 a）1.5 级：全刻度±1.5℃ b）2.5 级：全刻度±2.5℃ 并进行警报信号的整定
5	绝缘试验	端子绝缘	2500V 绝缘电阻表测量绝缘电阻应大于 1MΩ，或用工频耐压试验 AC 2000V 1min 应不击穿
6	温度计含温包	复装	a）将经校验合格的温度计固定在油箱座板上，检查发信温度设置准确，连接二次电缆完好，否则进行更换。将玻璃外罩密封好，其出气孔不得堵塞，防止雨水侵入 b）变压器箱盖上的测温座中预先注入适量变压器油，再将测温包安装在其中，擦净多余的油，将测温座防雨盖拧紧，不渗油 c）金属细管按照弯曲半径大于 75mm 盘好妥善固定

10.5.4 电阻温度计（含绕组温度计）的检修要求见表 29。

表 29　电阻温度计（含绕组温度计）的检修要求

序号	部　位	检修内容	工艺质量要求
1	热电耦	拆卸	先将二次连接线全部脱开，松开安装螺栓，拧下密封螺母连同温包一并取出
2	温度计	完好性	用刷子和软布清扫仪器，检查应清洁完整无锈蚀现象；指示应正确清晰
3	埋入元件	完好性	铂电阻应完好无损伤，电阻值符合标准
4	二次回路	连接	接线应连接可靠正确
		绝缘试验	2500V 绝缘电阻表测量绝缘电阻应大于 1MΩ
5	温度刻度	校验	应由专业人员进行校验，与标准温度计对比 全刻度±1.0℃
6	调试	指示准确	应由专业人员进行调试，可采用温度计附带的匹配元件
7	热电耦	复装	a）变压器箱盖上的测温座中预先注入适量变压器油，再将测温热电偶安装在其中，擦净多余的油将测温座防雨盖拧紧，不渗油 b）连接二次电缆检查原连接电缆应完好，否则进行更换

10.5.5 压力释放装置的检修要求见表 30。

表 30　压力释放装置的检修要求

序号	部　位	检修内容	工艺质量要求
1	压力释放阀	拆卸	先将二次连接线全部脱开，依次对角松动安装法兰螺栓，轻轻摇动，待密封垫脱开后拆下
2	护罩和导流罩	清洁	清扫护罩和导流罩，应清洁，无锈蚀
3	连接螺栓及压力弹簧	检查各部连接螺栓及压力弹簧	各部连接螺栓及压力弹簧应完好，无锈蚀，无松动

序号	部 位	检修内容	工艺质量要求
4	微动开关	检查微动开关动作和防雨	a）微动开关触点接触良好，进行动作试验，微动开关动作应正确 b）无雨水进入和受潮现象
5	密封	密封性能	更换密封胶垫后密封良好不渗油
6	升高座	升高座的放气塞	放气塞良好，升高座如无放气塞应增设，能够防止积聚气体因温度变化而发生误动
7	动作试验	动作正确性	进行加压和减压测定开启和关闭压力值，开启和关闭压力应符合规定
8	电缆	检查信号电缆	信号电缆应采用耐油电缆，无损坏和中间接头
9	绝缘试验	信号接点绝缘	2500V 绝缘电阻表测量绝缘电阻应大于 1MΩ，或用工频耐压试验 AC 2000V 1min 应不击穿
10	压力释放阀	复装	a）先检查密封面应平整无划痕，无漆膜，无锈蚀。更换密封垫 b）按照原位安装，依次对角拧紧安装法兰螺栓，使密封垫按照表 12 第 8 条复装要求均匀压缩 c）打开放气塞排气，至冒油再拧紧放气塞 d）连接二次电缆应完好，否则进行更换

10.5.6 突发压力继电器的检修要求见表 31。

表 31　突发压力继电器的检修要求

序号	部 位	检修内容	工艺质量要求
1	继电器本体	拆卸	先将二次连接线全部脱开，依次对角松动安装法兰螺栓，轻轻摇动，待密封垫脱开后拆下
		完整性	应清洁完整，无锈蚀、无渗漏油现象
2	继电器油腔	防止堵塞和卡滞	用合格油冲洗，检查应无损伤、无油污
3	微动开关和接线盒	防潮	更换吸湿剂，更换密封垫，检查微动开关、端子盒、端子、接线无受潮现象
		连接	二次接线连接可靠正确
4	试验	动作信号传动	2500V 绝缘电阻表连接好信号回路进行手动试验，手动试验时微动开关的动作和返回信号传动正确。更换帽盖的密封垫
		信号端子绝缘	分别测量信号端子之间和对地的绝缘电阻值大于 1MΩ
5	继电器本体	复装	a）先检查密封面应平整无划痕，无漆膜，无锈蚀。更换密封垫 b）按照原位安装，依次对角拧紧安装法兰螺栓，使密封垫按照表 12 第 8 条复装要求均匀压缩 c）打开放气塞排气，至冒油再拧紧放气塞 d）连接二次电缆应完好，否则进行更换

10.5.7 安全气道的检修要求见表 32。

表 32　安全气道的检修要求

序号	部 位	检修内容	工艺质量要求
1	气道筒	完好性	放油后将安全气道拆下进行清扫，去掉内部的锈蚀和油垢，检查内壁应干净无锈蚀，内壁绝缘漆均匀有光泽
2	隔板	完好性	内壁应装有隔板，其下部装有小型放水阀门，隔板焊接良好，无渗漏现象

序号	部 位	检修内容	工艺质量要求
3	防爆膜	安装正确	a）膜片安装应正确，受力均匀，无裂缝 b）膜片应采用玻璃片，禁止使用薄金属片，厚度可按以下要求选用 1）管径（mm）ϕ150，2.5mm 2）管径（mm）ϕ200，3mm 3）管径（mm）ϕ250，4mm c）安装时对称均匀地拧紧法兰螺栓，防止膜片破损
4	管道	清洁度	用铁丝缠绕白布穿入管道来回抽擦清扫。检查管道应清洁，无锈蚀
		联管是否畅通	安全气道与储油柜间应有联管（应畅通，无堵塞现象，接头密封良好）或加装吸湿器，以防止由于温度变化引起防爆膜片破裂，对胶囊密封式储油柜，防止由吸湿器向外冒油
5	密封	检查渗漏	应更换密封胶垫并进行密封试验：注满合格的变压器油，并倒立静置 4h 不渗漏

注：本标准不推荐使用安全气道，应结合检修改造为压力释放阀。

10.6 其他

10.6.1 二次端子箱的检修要求见表 33。

表 33 二次端子箱的检修要求

序号	部 位	检修内容	工艺质量要求
1	表面	油漆、清洁度	清扫外壳，除锈并进行防腐处理；先切断防潮加热器和继电保护的电源，再清扫内部和清理杂物
2	端子	完好性	a）各部触点及端子板应完好无缺损，连接螺栓应无松动或丢失，交、直流信号端子应分开设置，不用的套管型电流互感器接线端子应短接后接地 b）如有损坏和缺损应更换和补齐
3	密封	防雨、封堵	箱门的密封衬垫完好有效，电缆入口封堵完好
4	试验	绝缘电阻	测量各回路绝缘电阻大于 1MΩ
		防凝露加热器	加热功能完好

10.6.2 阀门及塞子的检修要求见表 34。

表 34 阀门及塞子的检修要求

序号	部 位	检修内容	工艺质量要求
1	阀门各部件	完整性和密封性	应拆下阀门，检查转轴、挡板等部件应完整，挡板关闭严密、轴杆密封良好，开闭方向限位正确有效，经 0.05MPa 油压试验无渗漏，指示开、闭位置的标志清晰、正确。发现有损坏时应更换
		清洁度	清洗后检查应清洁无锈蚀，如影响使用应更换
2	密封	渗漏	检查后应做 0.15MPa 压力试验不渗漏。复装时更换所有密封垫，阀体和操作轴头安装方向一致。各密封面平整无渗漏
3	塞子	通透性和密封性	更换密封圈，松动时可控制放气（油）量，旋紧时密封圈入槽，密封好、无渗漏油

11 器身检修工艺质量要求

11.1 器身检修的基本要求

11.1.1 器身检修必要性的判定。

11.1.1.1 经过检查与试验并结合运行情况，判定存在内部故障或本体严重渗漏油时，应进行本体大修。运行 10 年以上的变压器，结合变压器的运行情况，在设备评估的基础上，可考虑进行因地制宜的本体大修。

11.1.1.2 对由于制造质量原因造成故障频发的同类型变压器，可进行有针对性大修。

11.1.2 器身检修的一般工艺要求：

a) 检修工作应选在无尘土飞扬及其他污染的晴天时进行，不应在空气相对湿度超过 75％的气候条件下进行。如相对湿度大于 75％时，应采取必要措施；

b) 大修时器身暴露在空气中的时间应不超过如下规定：

1) 空气相对湿度≤65％，为 16h；

2) 空气相对湿度≤75％，为 12h。

c) 器身暴露时间是从变压器放油时起至开始抽真空或注油时为止。如器身暴露时间需超过上述规定或天气存在不确定因素时，宜充干燥空气（无需进入检查时可用高纯氮气代替）进行放油施工，如超出规定时间不大于 4h，则可相应延长真空时间来弥补；

d) 器身温度应不低于周围环境温度，否则应采取对器身加热措施，如采用真空滤油机循环加热，使器身温度高于周围空气温度 5℃以上；

e) 检查器身时，应由专人进行，穿着无纽扣、无金属挂件的专用检修工作服和鞋，并戴清洁手套，寒冷天气还应戴口罩，照明应采用安全电压的灯具或手电筒；

f) 进行检查所使用的工具应由专人保管并应编号登记，以防止将工具遗忘在油箱内或器身上；

g) 进入变压器油箱内检修时，需考虑通风，防止工作人员窒息；

h) 在大修过程中应尽量使用力矩扳手和液压设备进行定量控制；

i) 在大修过程中不应随意改变变压器内部结构及绝缘状况。

11.2 绕组的检修要求

绕组的检修要求见表 35。

表 35 绕 组 的 检 修 要 求

序号	检查内容	检查方法	工艺质量要求
1	检查相间隔板和围屏有无破损、变色、变形、放电痕迹	目测	a) 围屏应清洁，无破损、无变形、无发热和树枝状放电痕迹，绑扎紧固完整，分接引线出口处封闭良好 b) 围屏的起头应在绕组的垫块上，接头处应错开搭接，并防止油道堵塞 c) 相间隔板应完整并固定牢固 d) 静电屏应清洁完整，无破损、无变形、无发热和树枝状放电痕迹，绝缘良好，连接可靠
2	检查绕组表面是否清洁，匝绝缘有无破损，油道是否畅通	解开围屏目测、内窥镜检查	a) 绕组应清洁，无油垢、无变形、无过热变色和放电痕迹 b) 整个绕组无倾斜、位移，导线辐向无明显弹出现象 c) 油道应保持畅通，无油垢及其他杂物积存 d) 外观整齐清洁，绝缘及导线无破损

序号	检查内容	检查方法	工艺质量要求
3	检查绕组各部垫块有无位移和松动情况	目测、内窥镜检查	a）垫块应无位移和松动情况 b）各部垫块应排列整齐，辐向间距相等，轴向成一垂直线，支撑牢固，有适当压紧力
4	检查绝缘状态	用指压、聚合度测试	绝缘状态分如下四级 a）良好绝缘状态，又称一级绝缘：绝缘有弹性，用手指按压后无残留变形，或聚合度在750mm以上 b）合格绝缘状态，又称二级绝缘：绝缘稍有弹性，用手指按压后无裂纹、脆化，或聚合度在750mm～500mm之间 c）可用绝缘状态，又称三级绝缘：绝缘轻度脆化，呈深褐色，用手指按压时有少量裂纹和变形，或聚合度在500mm～250mm之间 d）不合格绝缘状态，又称四级绝缘：绝缘已严重脆化，呈黑褐色，用手指按压时即酥脆、变形、脱落，或聚合度在250mm以下
5	检查绕组轴向预紧力是否合适	采用液压装置	a）绕组垫块的压强应大于20kg/cm² b）绝缘状态在三级及以下，不宜进行预压

11.3 引线及绝缘支架的检修要求

引线及绝缘支架的检修要求见表36。

表 36 引线及绝缘支架的检修要求

序号	检查内容	检查方法	工艺质量要求
1	检查引线及引线锥的绝缘包扎有无变形、变脆、破损，引线有无断股，引线与引线接头处焊接情况是否良好，有无过热现象	目测	a）引线绝缘包扎应完好，无变形、起皱、变脆、破损、断股、变色现象 b）对穿缆套管的穿缆引线应用白纱带半叠包一层 c）引线绝缘的厚度及间距应符合有关要求
2	检查引线	目测	a）引线应无断股损伤现象 b）接头表面应平整、光滑，无毛刺、过热性变色现象 c）接头面积应大于其引线截面的3倍以上 d）引线长短应适宜，不应有扭曲和应力集中现象
3	检查绝缘支架	目测	a）绝缘支架应无破损、裂纹、弯曲变形及烧伤现象 b）绝缘支架与铁夹件的固定可用钢螺栓，绝缘件与绝缘支架的固定应用绝缘螺栓；固定螺栓均需有防松措施 c）绝缘固定应可靠，无松动和窜动现象 d）绝缘夹件固定引线处应加垫附加绝缘，以防卡伤引线绝缘 e）引线固定用绝缘夹件的间距，应符合要求
4	检查引线与各部位之间的绝缘距离	测量	a）引线与各部位之间的绝缘距离应符合要求 b）对大电流引线（铜排或铝排）与箱壁间距，一般应大于100mm，并在铜（铝）排表面可包扎一层绝缘
5	紧固所有螺栓	力矩扳手	均处在合适紧固状态

11.4 铁芯的检修要求

铁芯的检修要求见表37。

表37 铁芯的检修要求

序号	检查内容	检查方法	工艺质量要求
1	检查铁芯表面	目测	a）铁芯应平整、清洁，无片间短路或变色、放电烧伤痕迹 b）铁芯应无卷边、翘角、缺角等现象 c）油道应畅通，无垫块脱落和堵塞，且应排列整齐
2	检查铁芯结构紧固情况	目测、力矩扳手	a）铁芯与上下夹件、方铁、压板、底脚板间均应保持良好绝缘 b）钢压板与铁芯间要有明显的均匀间隙，绝缘压板应保持完整、无破损、变形、开裂和裂纹现象 c）钢压板不得构成闭合回路，并有一点可靠接地 d）金属结构件应无悬空现象，并有一点可靠接地 e）紧固件应拧紧或锁牢
3	检查铁芯绝缘	目测、绝缘电阻表	a）铁芯绝缘应完整、清洁，无放电烧伤和过热痕迹 b）铁芯组间、夹件、穿心螺栓、钢拉带绝缘良好，其绝缘电阻应无较大变化，并有一点可靠接地 c）铁芯接地片插入深度应足够牢靠，其外露部分应包扎绝缘，防止铁芯短路 d）采用500V或1000V绝缘电阻表测量铁芯级间绝缘电阻宜大于1MΩ e）采用2500V绝缘电阻表测量铁芯对夹件及地绝缘电阻宜大于1MΩ
4	检查电屏蔽或磁屏蔽	目测、500V或1000V绝缘电阻表	a）绝缘电阻应大于1MΩ以上，接地应可靠 b）固定应牢靠 c）表面应清洁，无变色、变形、过热、放电痕迹

11.5 油箱的检修要求

油箱的检修要求见表38。

表38 油箱的检修要求

序号	部位	检查内容	检查方法	质量要求
1	外部	检查焊缝	目测	应无渗漏点
		清洁度		油箱外表面应洁净，无锈蚀，漆膜完整
2	内部	内表面	目测	油箱内部应洁净，无锈蚀、放电现象，漆膜完整
		磁（电）屏蔽		磁（电）屏蔽装置固定牢固，无放电痕迹，接地可靠
		器身定位钉		定位装置不应造成铁芯多点接地
		结构件		应无松动放电现象，固定应牢固
3	管道	管道内部	目测	管道内部应清洁、无锈蚀、堵塞现象
		导油管		固定于下夹件上的导向绝缘管，连接应牢靠，无泄漏现象
4	密封	法兰		法兰结合面应无漆膜，保证光滑、平整、清洁
		密封胶垫		a）胶垫接头粘合应牢固，并放置在油箱法兰直线部位的两螺栓的中间，搭接面应平放，搭接面长度不少于胶垫宽度的2倍 b）胶垫压缩量为其厚度的1/3左右（胶棒压缩量为1/2左右） c）不得重复使用已用过的密封件
		密封试验	油压	在储油柜内施加0.035MPa压力，保持12h不应渗漏

11.6 器身的干燥

11.6.1 为保证器身的绝缘性能，对绝缘受潮后的器身应进行干燥处理。在现场，一般采用真空热油循环冲洗处理，或真空热油喷淋处理，然后检测器身绝缘性能。

11.6.2 干燥中的温度控制：

a) 当利用油箱加热不带油干燥时，箱壁温度不宜超过110℃，箱底温度不宜超过100℃，绕组温度不得超过95℃；带油干燥时，上层油温不得超过85℃；热风干燥时，进风温度不得超过100℃，进风口应设有空气过滤预热器；

b) 干燥过程中尚应注意加温均匀，升温速度以10℃/h～15℃/h为宜，防止产生局部过热，特别是绕组部分，不应超过其绝缘耐热等级的最高允许温度。

11.6.3 抽真空的要求：变压器采用真空加热干燥时，应先进行预热，并根据制造厂规定的真空值抽真空；按变压器容量大小以10℃/h～15℃/h的速度升温到指定温度，再以6.7kPa/h的速度递减抽真空。

11.6.4 干燥过程中的控制与记录。干燥过程中应每2h检查与记录下列内容：

a) 测量绕组的绝缘电阻；

b) 测量绕组、铁芯和油箱等各部温度；

c) 测量真空度。

11.6.5 干燥终结的判断。

a) 在保持温度不变的条件下，绕组绝缘电阻：110kV及以下的变压器持续6h不变，220kV及以上变压器持续12h以上不变，且无凝结水析出，即认为干燥终结。

b) 干燥完成后，变压器即可以10℃/h～15℃/h的速度降温（真空仍保持不变）。当器身温度下降至55℃左右，将预先准备好的合格变压器油加温，且与器身温度基本接近（油温可略低，但温差不超过5℃～10℃）时，在真空状态下将油注入油箱内，直至器身完全浸没于油中为止，并继续抽真空4h以上。

11.6.6 变压器干燥完毕后进行器身压紧和检查工作时，应防止再次受潮。

11.7 整体组装工艺及质量标准

11.7.1 装配前应确认所有组、部件均符合技术要求，彻底清理，使外观清洁，无油污和杂物，并用合格的变压器油冲洗与油直接接触的组、部件。

11.7.2 结合本体检修更换所有密封件。

11.7.3 装配时，应按图纸装配，确保各种电气距离符合要求，各组、部件装配到位，固定牢靠。同时应保持油箱内部的清洁，禁止有杂物掉入油箱内。

11.7.4 套管与母线连接后，套管不应受过大的横向力，如用母排连接时，应有伸缩节，以防套管过度受力引起渗漏。

11.7.5 变压器内部的引线、分接开关连线等不能过紧，以免运行中由于振动或热胀冷缩拉损。

11.7.6 金属定位装置，运行前必须拆除或绝缘处理可靠，无用的定位装置可拆除，以免产生多点接地。

11.7.7 所有连接或紧固处均应用锁母或备帽紧固。

11.7.8 装配后，应及时清理工作现场，清洁油箱及各组、部件。

11.8 排油和注油

11.8.1 排油和注油的一般规定。

11.8.1.1 检查滤油机、真空泵等设备完好，清扫油罐、油桶、管路等辅助设备并保持清洁干燥，无灰尘杂质和水分，合理安排油罐、油桶、管路、滤油机、油泵等工器具放置位置并与带电设备保持足够的安全距离。

11.8.1.2 排油时，必须将变压器进气阀和油罐的放气孔打开，必要时进气阀和放气孔都要接入干燥空气装置，以防潮气侵入，110kV（66kV）及以上电压等级的变压器为缩短本体暴露时间，宜采用充干燥空气（对吊罩的变压器也可用氮气代替）排油法。

11.8.1.3 储油柜内油不需放出时，可将储油柜下面的阀门关闭。再将油箱内的变压器油全部放出。

11.8.1.4 有载调压变压器的有载分接开关油室内的油应另备滤油机、油桶，抽出后分开存放。

11.8.1.5 强油水冷变压器，在注油前应将水冷却器上的差压继电器和净油器管路上的放气塞关闭。

11.8.1.6 可利用本体上部导气管阀门或气体继电器联管处阀门安装抽空管，有载分接开关与本体应安装连通管，以便与本体等压，同时抽空注油，注油后应予拆除恢复正常。

11.8.2 真空注油。110（66）kV 及以上变压器必须进行真空注油，其他变压器有条件时也应采用真空注油。真空度按照相应标准执行，制造厂对真空度有具体规定的需参照其规定执行。操作方法及注意事项：

　　a）以均匀的速度抽真空，在抽真空过程中应检查油箱的强度，一般局部弹性变形不应超过箱壁厚度的 2 倍，并检查变压器各法兰接口及真空系统的密封性。达到指定真空度并保持大于 2h（不同电压等级的变压器保持时间要求有所不同，一般抽空时间为 1/3～1/2 暴露空气时间）后，开始向变压器油箱内注油，注油时油温宜略高于器身温度；

　　b）以 3t/h～5t/h 的速度将油注入变压器距箱顶约 200mm～300mm 时停止注油，并继续抽真空保持 4h 以上；

　　c）变压器的储油柜是全真空设计的，可将储油柜和变压器油箱一起进行抽真空注油（对胶囊式储油柜需打开胶囊和储油柜的连通阀，真空注油结束后关闭）；

　　d）变压器的储油柜不是全真空设计的，在抽真空和真空注油时，必须将通往储油柜的真空阀门关闭（或拆除气体继电器安装抽真空阀门）。

11.8.3 变压器补油（二次注油）。变压器经真空注油后进行补油时，需经储油柜注油管注入，严禁从下部油箱阀门注入，注油时应使油流缓慢注入变压器至规定的油面为止（直接通过储油柜联管同步对储油柜、胶囊抽真空结构并一次加油到位的变压器除外）。

11.8.3.1 胶囊式储油柜的补油。

　　a）打开储油柜上部排气孔，由注油管将油注满储油柜，直至排气孔出油，再关闭注油管和排气孔。

　　b）从储油柜排油管排油，此时空气经吸湿器自然进入储油柜胶囊内部，至油位计指示正常油位为止。

11.8.3.2 隔膜式储油柜的补油。

　　a）注油前应首先将油位计调整至零位，然后打开隔膜上的放气塞，将隔膜上部的气体排除，再关闭放气塞。

　　b）由注油管向隔膜下部注油达到比指定油位稍高，再次打开放气塞充分排除隔膜上部的气体，直到向外溢油为止，调整达到指定油位。

　　发现储油柜下部集气盒油标指示有空气时，应用排气阀进行排气。

11.8.3.3 内油式波纹储油柜。打开排气管下部阀门和储油柜下部主连管阀门，从注油管补油。注油过程中，时刻注意油位指针的位置，边注油边排气。当排气管内有稳定的油流出时，关闭排气口阀门，将油注到油位指示值与变压器实测平均油温值相对应的位置。

11.8.3.4 外油式波纹储油柜。保持呼吸口阀门关闭，排气口阀门打开的状态，从注油口注入变压器油，直至排气口排净空气并稳定出油后，关闭排气口阀门，同时停止注油。打开呼吸口阀门，检查油位指示，通常此时的油位高于预定油位，可以从注油口排油使之达到预定油位。

11.8.4 整体密封试验。变压器安装完毕后，应进行整体密封性能的检查，通常采用加压法：储油柜注油结束后，拆除呼吸器，通过呼吸器连管，对储油柜胶囊内部加气压0.035MPa、时间12h，应无渗漏和异常。

11.8.5 变压器油处理。

11.8.5.1 一般要求。

　　a）大修后注入变压器及套管内的变压器油，其质量应符合 GB/T 7595 的规定；

　　b）注油后，变压器本体及充油套管都应按规定进行油样分析与色谱分析等；

　　c）变压器补油时应使用牌号相同的变压器油，如需补充不同牌号的变压器油时，应先做混油试验，合格后方可使用。

11.8.5.2 压力滤油。

　　a）滤油机使用前应先检查电源情况，滤油机及滤网是否清洁，极板内滤油纸是否干燥，转动方向是否正确，外壳有无接地，压力表指示是否正确等；

　　b）启动滤油机应先打开出油阀门，后打开进油阀门，停止时操作顺序相反。当装有加热器时，应先启动滤油机，当油流通过后，再投入加热器，停止时操作顺序相反；

　　c）滤油机压力一般为 0.25 MPa～0.4MPa，最大不超过 0.5MPa。如压力过大，可检查滤油机管路、滤网是否有堵塞。

11.8.5.3 真空滤油。

　　a）滤油前根据真空滤油机容量检查电源容量能否符合要求，滤油机外壳有无接地，并准备足够容积的油罐、干燥空气等辅助工器具及材料；

　　b）采用真空滤油机进行油处理时，如果油中有水分或杂质可通过压力式滤油机进行处理，然后再通过真空滤油机进行油处理；

　　c）为保证滤油机的脱气效果，有条件时应根据油质情况、环境温度，打开加热器，适当提高油温，油温不宜超过 60℃。

12　变压器的防腐处理

12.1　油箱外部涂漆

12.1.1 变压器油箱、冷却器及其附件的裸露表面均应涂漆，涂漆的工艺应适用于产品的使用条件。

12.1.2 大修时应重新喷漆。

12.1.3 喷漆前应先用金属洗净剂清除外部油垢及污秽。

12.1.4 对裸露的金属部分必须除锈后补涂底漆。

12.1.5 对于铸件的凸凹不平处，可先用腻子填齐整平，然后再涂底漆。

12.1.6 为使漆膜均匀，宜采用喷漆方法，喷涂时，气压可保持在 0.2 MPa～0.5MPa。

12.1.7 第一道底漆漆膜厚为 0.05mm 左右，要求光滑无流痕、垂珠现象，待底漆干透后（约24h），再喷涂第二道面漆；喷涂后若发现有斑痕、垂珠，可用竹片或小刀轻轻刮除并用砂纸磨光，再补喷一次。

12.1.8 如油箱和附件的原有漆膜较好，仅有个别部分不完整，可进行局部处理，然后再普遍喷涂一次。

12.2 油箱外部漆膜的质量要求

12.2.1 黏着力检查。用刀在漆膜表面划十字形裂口，顺裂口用刀剥，若很容易剥开，则认为黏着力不佳。

12.2.2 弹性检查。用刀刮下一块漆膜，若刮下的漆屑不碎裂不粘在一起而有弹性的卷曲，则认为弹性良好。

12.2.3 坚固性检查。用指甲在漆膜上划一下，若不留痕迹，即认为漆膜坚硬。

12.2.4 干燥性检查。用手指按在涂漆表面片刻，若不粘手也不留痕迹，则认为漆膜干燥良好。

12.3 油箱内部涂漆（必要时）

12.3.1 油箱内壁（包括金属附件）均应涂绝缘漆，漆膜厚度一般在 0.02mm～0.05mm 为宜，涂刷一遍即可。

12.3.2 检修后的变压器由于已浸过油，涂漆前应将油迹彻底处理干净，以保证有足够的附着力。涂漆后要求漆膜光滑。

12.4 油箱内部绝缘漆的质量要求

12.4.1 耐高温、耐变压器油，即漆膜长期浸泡在 105℃ 的变压器油中不脱落，不熔解。

12.4.2 固化后的漆膜，不影响变压器油的绝缘和物理、化学性能；

12.4.3 对金属件有良好的附着力，具有防锈、防腐蚀作用。

12.5 变压器常用油漆技术指标

变压器常用油漆技术指标见附录 C。

13 检修试验项目与要求

检修试验可分为状态预知性试验、诊断性试验和大修试验。以停电试验为主，带电检测试验和在线监测试验可做参考。部分试验项目的试验方法和标准见附录 B。

13.1 状态预知性试验项目

a) 变压器温度监测（在线监测或带电检测）；

b) 变压器铁芯、夹件、中性点对地电流（在线监测或带电检测）；

c) 本体和套管中绝缘油试验，包括油简化试验、高温介损或电阻率测定、油中溶解气体色谱分析、油中含水量测定（在线监测或其他）；

d) 变压器局部放电试验（在线监测、带电检测或其他）；

e) 红外测温试验（带电检测）；

f) 测量绕组连同套管的直流电阻（停电）；

g) 测量绕组连同套管的绝缘电阻、吸收比或极化指数（停电）；

h) 测量绕组连同套管的介质损耗因数与电容量（停电）；

i) 测量绕组连同套管的直流泄漏电流（停电）；

j) 铁芯、夹件对地及相互之间绝缘电阻测量（停电）；

k) 电容套管试验，介质损耗因数与电容量、末屏绝缘电阻测试（停电）；

l) 低电压短路阻抗试验与绕组频率响应特性试验（停电）；

m) 有载调压开关切换装置的检查和试验（停电）；

n）电源（动力）回路的绝缘试验（停电）；

o）继电保护信号回路的绝缘试验（停电）。

13.2 诊断性试验项目

可以有针对性地选择以下试验：

a）本体和套管的绝缘油试验。包括燃点试验、介质损耗因数试验、耐压试验、杂质外观检查、电阻率测定、油中溶解气体色谱分析、油中含水量测定；

b）测量绕组连同套管的直流电阻；

c）测量绕组连同套管的绝缘电阻、吸收比或极化指数；

d）测量绕组连同套管的介质损耗因数与电容量；

e）测量绕组连同套管的直流泄漏电流；

f）测定各绕组的变压比和接线组别；

g）铁芯、夹件对地及相互之间绝缘电阻测量；

h）电容型套管试验，介质损耗因数与电容量、末屏绝缘电阻测试；

i）低电压短路阻抗试验或频响法绕组变形试验；

j）单相空载损耗测量；

k）单相负载损耗和短路阻抗测量；

l）交流耐压试验；

m）感应耐压试验带局部放电量测量；

n）操作波感应耐压试验；

o）有载调压切换装置的检查和试验。

13.3 大修试验项目

大修试验项目包括大修前、大修中、大修后三个阶段进行的各种试验。

13.3.1 大修前的试验项目：

a）本体和套管的绝缘油试验；

b）测量绕组的绝缘电阻和吸收比或极化指数；

c）测量绕组连同套管一起的直流泄漏电流；

d）测量绕组连同套管的介质损耗因数与电容量；

e）测量绕组连同套管一起的直流电阻（所有分接头位置）；

f）电容套管试验，介质损耗因数与电容量、末屏绝缘电阻测试；

g）铁芯、夹件对地及相互之间绝缘电阻测量；

h）有载调压切换装置的检查和试验；

i）必要时可增加其他试验项目（如变比试验、损耗测量、短路阻抗测量、局部放电试验等）。

13.3.2 大修中的试验项目：

a）测量变压器铁芯对夹件、穿心螺栓（或拉带），钢压板及铁芯电场屏蔽对铁芯，铁芯下夹件对下油箱的绝缘电阻，磁屏蔽对油箱的绝缘电阻；

b）必要时测量无励磁分接开关的接触电阻及其传动杆的绝缘电阻；

c）必要时做套管电流互感器的特性试验；

d）组、部件的特性试验；

e）有载分接开关的测量与试验；

f) 必要时可增加其他试验项目（如铁芯分布电压测量，单独对套管进行额定电压下的介质损耗因数与电容量测量、局部放电和耐压试验等）；

g) 非电量保护装置的校验。

13.3.3 大修后的试验项目：

a) 测量绕组的绝缘电阻和吸收比或极化指数；

b) 测量绕组连同套管的直流泄漏电流；

c) 测量绕组连同套管的介质损耗因数与电容量；

d) 电容套管试验，介质损耗因数与电容量、末屏绝缘电阻测试；

e) 冷却装置的检查和试验；

f) 本体、有载分接开关和套管中的绝缘油试验，包括燃点试验、介质损耗因数试验、耐压试验、杂质外观检查、电阻率测定、油中溶解气体色谱分析、油中含水量测定；

g) 测量绕组连同套管一起的直流电阻（所有分接位置上），对多支路引出的低压绕组应测量各支路的直流电阻及联接后的直流电阻；

h) 检查有载调压装置的动作情况及顺序；

i) 测量铁芯（夹件）外引对地绝缘电阻；

j) 总装后对变压器油箱和冷却器作整体密封油压试验；

k) 绕组连同套管一起的交流耐压试验（有条件时）；

l) 测量绕组所有分接头的变压比及连接组别；

m) 电源（动力）回路的绝缘试验；

n) 继电保护信号回路的绝缘试验；

o) 检查相位；

p) 必要时进行变压器的空载损耗试验；

q) 必要时进行变压器的短路阻抗试验；

r) 必要时进行感应耐压试验带局部放电量测量；

s) 额定电压下的冲击合闸；

t) 空载试运行前后变压器油的色谱分析。

14 大修后的验收

变压器在大修竣工后应及时清理现场，整理记录、资料、图纸，提交竣工、验收报告，并按照验收规定组织现场验收。

14.1 向运行部门移交的资料

a) 变压器大修总结报告（参见附录 A）；

b) 现场干燥、检修记录；

c) 全部试验报告。

14.2 试运行前检查与验收项目

a) 变压器本体及组、部件均安装良好，固定可靠，完整无缺，无渗油；

b) 变压器油箱、铁芯和夹件接地可靠；

c) 变压器顶盖上无遗留杂物；

d) 储油柜、冷却装置、净油器等油系统上的阀门均在"开"的位置，储油柜油温标示线清晰可见；

e）高压套管的末屏接地小套管应接地可靠，套管顶部将军帽应密封良好，与外部引线的连接接触良好；

f）变压器的储油柜和充油套管的油位正常，隔膜式储油柜的集气盒内应无气体；

g）有载分接开关的油位需略低于变压器储油柜的油位；

h）进行各升高座的放气，使其完全充满变压器油，气体继电器内应无残余气体；

i）吸湿器内的吸附剂数量充足、无变色受潮现象，油封位置合格清晰，能看到正常呼吸作用；

j）无励磁分接开关的位置应符合运行要求，有载分接开关动作灵活、正确，闭锁装置动作正确，控制盘、操作机构箱和顶盖上三者分接位置的指示应一致；

k）温度计指示正确，整定值符合要求；

l）冷却装置试运行正常，水冷装置的油压应大于水压，强油冷却的变压器应启动全部油泵，并测量油泵的负载电流，进行较长时间（一般不少于60min）的循环后，多次排除残余气体；

m）进行冷却装置电源的自动投切和冷却装置的故障停运试验；

n）非电量保护装置应经调试整定，动作正确。

15 大修后试运行

变压器大修后试运行应按 DL/T 572 规定执行，并进行如下检查：

a）中性点直接接地系统的变压器在进行冲击合闸时，中性点必须接地；

b）气体继电器的重瓦斯必须投跳闸位置；

c）额定电压下的冲击合闸应无异常，励磁涌流不致引起保护装置的误动作；

d）受电后变压器应无异常情况；

e）检查变压器及冷却装置所有焊缝和接合面，不应有渗油现象，变压器无异常振动或放电声；

f）跟踪分析比较试运行前后变压器油的色谱数据，应无明显变化；

g）试运行时间，一般不少于24h。

16 大修报告

16.1 基本要求

大修报告应由检修单位编写，其格式统一、填写齐全、记录真实、结论明确，并由有关人员签字后存档。

16.2 主要内容

a）设备基本信息和主要性能参数。如变电站名称、设备运行编号、产品型号、制造厂、出厂时间、投运时间、联结组别、空载损耗、负载损耗、阻抗电压、绝缘水平等。

b）检修信息和主要工艺。如本次检修地点、检修原因、主要内容、检修时段、增补内容及遗留内容，检修后的设备及质量评价，以及对今后运行所作的限制或应注意事项等。

c）编写、审核、批准和验收信息。如验收时间及验收意见、报告的编写、审核、批准和验收人员等。

16.3 其他内容

变压器检修过程中的检测、试验和施工信息，如施工的组织、技术、安全措施、检修记录表以及修前、修后各类检测报告及组、部件检测报告、合格证等也视为大修报告的一部分一同存档。参考格式见附录 A。

变压器大修总结报告

_____变电站

_____变压器

编写：_____

审核：_____

批准：_____

年　　月　　日

A.1 大修报告的基本信息

大修报告的基本信息见表 A.1。

表 A.1 基 本 信 息

变电站				变压器编号				
型号			电压 kV		联结组别			
制造厂			出厂编号			出厂日期		年 月 日
变压器初始投入运行日期			年 月 日		变压器上次检修日期			年 月 日
主要性能参数	空载损耗 kW				空载电流%			
	负载损耗 kW	高—中			高—低		中—低	
	阻抗电压%	高—中			高—低		中—低	
高压套管	制造厂					型号		
高压中性点套管	制造厂					型号		
中压套管	制造厂					型号		
中压中性点套管	制造厂					型号		
低压套管	制造厂					型号		
稳定绕组套管	制造厂					型号		
冷却装置	制造厂					型号		
无励磁分接开关	制造厂					型号		
有载分接开关	制造厂					型号		
绝缘油	制造厂					标号		
电动操作机构	制造厂				型号		累计操作次数	
本次检修原因								
检修地点			吊检天气		环境温度 ℃		相对湿度	%
吊芯或进油箱内部检查	月 日 时 分 至 月 日 时 分							
参加检修人员								
检修工期	年 月 日 至 年 月 日							
完成计划检修外增加的项目及理由								
检修中已处理的主要缺陷								
检修后遗留的问题								
投运后应注意的问题								
限制运行的条件								
检修结论						负责人： 年 月 日		

A.2 大修的检查（处理）记录

大修的检查（处理）记录见表 A.2～表 A.7。

表 A.2 套管及升高座检修记录

序号	工作内容	检查项目	检查处理情况	操作人	检查人
1	纯瓷充油套管	瓷套整体和表面			
		导电杆和连接件			
		绝缘筒覆盖层			
		放气塞			
		密封面			
2	油纸电容型套管	套管整体和表面			
		连接端子			
		油位			
		末屏端子			
		下尾端均压罩			
		油简化和色谱			
		介损和电容量			
		穿缆引线绝缘			
3	升高座（套管型电流互感器）	引出线端子			
		引出线标志			
		线圈和定位			
		引线连接			
		密封			
		性能试验			
4	增补项目				

表 A.3 器身检修记录

序号	工作内容	检查项目	检查处理情况	操作人	检查人
1	吊罩（芯）环境	天气情况	晴 多云 阴		
		环境气温	℃～ ℃		
		油（器身）温度	℃		
		相对湿度	%～ %		
		开始排油时间	日 时 分		
		开始注油时间	日 时 分		
		防潮措施			
2	绕组及其绝缘	相间隔板和围屏			
		绕组和油道			

序号	工作内容	检查项目	检查处理情况	操作人	检查人
2	绕组及其绝缘	匝绝缘和静电屏			
		绕组各部垫块			
		绕组轴向预紧力			
		判定绝缘状态	级		
3	引线及其固定	引线及引线锥			
		绝缘支架			
		引线的紧固			
		引线的搭接面积			
		引线与各部位之间的绝缘距离			
4	铁芯及其屏蔽	铁芯表面和接缝			
		夹件结构和紧固			
		铁芯绝缘			
		铁芯接地片			
		铁芯屏蔽			
5	油箱及其屏蔽	油箱焊缝			
		器身定位装置			
		磁或电屏蔽			
		管道和导油管			
		密封垫和密封			
		油漆和防腐			
6	分接开关	操作机构			
		开关触头			
		开关绝缘件			
		接触电阻			
		操作调整			
7	增补项目				

表 A. 4 冷却系统检修记录

序号	工作内容	检查项目	检查处理情况	操作人	检查人
1	散热器	碟阀			
		完整性和变形			
		内外表面涂层			
		放气塞和排油塞			
		清洗和密封试验			
2	冷却器	碟阀			
		内外表面涂层			

序号	工作内容	检查项目	检查处理情况	操作人	检查人
2	冷却器	冷却管束及翅片			
		放气塞和排油塞			
		清洗和密封试验			
3	油/水热交换装置	油阀和水阀			
		差压继电器			
		冷却管道			
		放气塞和排油塞			
		清洗和密封试验			
4	油泵（普通检查）	叶轮			
		线圈绝缘			
		线圈直流电阻			
		运转试验			
		密封试验			
5	油流继电器	挡板和指针同步			
		弹簧扭力			
		密封情况			
		接点绝缘和动作			
6	风机（普通检查）	叶片角度和转动			
		线圈绝缘			
		线圈直流电阻			
		运转试验			
7	控制箱	箱体			
		开关和接触器			
		热继电器			
		熔断器			
		信号灯			
		端子和连接螺栓			
		门和封堵			
		回路绝缘			
8	联动试验	单组冷却器调试			
		全部冷却器联动			
		备用冷却器投入			
		所有冷却器投入			
		各信号灯指示			
		回路绝缘值			
		主供、备供电源			
		逐台启动方式			

序号	工作内容	检查项目	检查处理情况	操作人	检查人
9	增补项目				

表 A.5 非电量保护装置检修记录

序号	工作内容	检查项目	检查处理情况	操作人	检查人
1	指针式油位计	传动机构			
		指示范围			
		信号指示和绝缘			
		密封			
2	气体继电器	浮筒和挡板			
		接线端子绝缘			
		动作校验			
		密封			
		传动试验			
3	压力式（信号）温度计	温包及金属细管			
		温度面板			
		温度刻度校验			
		报警温度整定			
		信号端子绝缘			
4	电阻温度计（含绕组温度计）	热电耦			
		温包及金属细管			
		埋入元件			
		二次回路			
		温度刻度校验			
		报警温度整定			
		信号端子绝缘			
		调试			
5	压力释放阀	护罩和导流罩			
		密封			
		微动开关绝缘			
		动作试验			
		升高座放气			
		连接电缆			
6	突发压力继电器	继电器油腔			
		微动开关信号			
		接线盒绝缘			

表 A.5（续）

序号	工 作 内 容	检 查 项 目	检查处理情况	操作人	检查人
6	突发压力继电器	动作信号传动			
7	增补项目				

表 A.6 储油柜及油保护装置检修记录

序号	工 作 内 容	检 查 项 目	检查处理情况	操作人	检查人
1	储油柜	外部			
		内部			
		管道			
		胶囊袋或隔膜			
		油位计			
		整体密封			
		油位调整			
2	金属波纹密封式储油柜	外罩表面			
		管道			
		金属隔膜			
		滑槽			
		密封性			
		油位计			
		油位调整			
3	吸湿器	玻璃罩			
		吸附剂			
		油杯			
		密封			
		呼吸作用			
4	净油器	吸附剂			
		滤网			
		放气塞			
		碟阀			
5	增补项目				

306

表 A.7 油务处理记录

序号	工作内容	检查项目	检查处理情况	操作人	检查人
1	添加油及处理	牌号			
		制造厂或供应商			
		处理前主要指标			
		处理后主要指标			
		混油试验			
		待用存放形式			
2	放油及处理	牌号			
		来源			
		放油前主要指标			
		处理方法			
		处理后主要指标			
		待用存放形式			
3	注油	天气和温度			
		本体真空度			
		预抽真空时间			
		注油温度和速度			
		后维持真空时间			
		注油后主要指标			
4	增补项目				

附 录 B
（规范性附录）
部分试验项目的试验方法和标准

B.1 绝缘油试验

绝缘油试验标准与要求见表 B.1。

表 B.1 绝缘油试验标准与要求

序号	项目	标准	说明
1	油中溶解气体色谱分析	注意值 a) 总烃含量大于 150×10^{-6} b) H_2 含量大于 150×10^{-6} c) C_2H_2 含量大于 5×10^{-6}（500kV 变压器为 1×10^{-6}） d) 总烃月相对产气速率大于 10% e) 总烃绝对产气速率大于 6ml/d（开放式）和 12ml/d（密封式）	1）应注意计算 CO_2/CO 2）利用 DL/T 722 中三比值法分析时，应注意基数的影响

307

序号	项目	标　　准	说　　明
1	油中溶解气体色谱分析	f) C_2H_2 绝对产气速率大于 0.1ml/d（开放式）和 0.2ml/d（密封式） g) H_2 绝对产气速率大于 5ml/d（开放式）和 10ml/d（密封式） h) CO 绝对产气速率大于 50ml/d（开放式）和 100ml/d（密封式） i) CO_2 绝对产气速率大于 100ml/d（开放式）和 200ml/d（密封式）	1）应注意计算 CO_2/CO 2）利用 DL/T 722 中三比值法分析时，应注意基数的影响
2	击穿电压	a) 500kV，≥50kV b) 330kV，≥45kV c) 66kV～220kV，≥35kV d) 35kV 及以下，≥30kV	1）按 GB/T 507 或 DL/T 429.9 的有关要求进行试验 2）本指标为平板电极测定值。其他电极可以按照 GB/T 507 及 GB/T 7595 的有关要求进行 3）应注意击穿电压值的纵向变化
3	水分 mg/l	a) 330kV～500kV，≤15 b) 220kV，≤25 c) 110kV 及以下，≤35	1）按 GB/T 7600 或 GB/T 7601 的有关要求进行 2）应注意水分含量的纵向变化
4	介质损耗因数 $\tan\delta\%$	90℃时 a) 500kV，≤0.7 b) 330kV 及以下，≤1.0	按 GB/T 5654 的有关要求进行
5	体积电阻率 (90℃)$\Omega \cdot m$	a) 500kV，≥1×10^{10} b) 330kV 及以下，≥3×10^{9}	1）GB/T 5654 或 DL/T 421 的有关要求进行 2）必要时测定
6	颗粒度含量		1）按 DL/T 1096 和 DL/T 432 的有关要求进行 2）必要时测定
7	闪点（闭口）℃	不低于：135（DB-10、DB-25） 　　　　130（DB-45）	1）应注意闪点的纵向变化。比上次测定值不应低于 5℃ 2）按 GB/T 261 的有关要求进行 3）必要时测定
8	水溶性酸（pH 值）	＞4.2	1）按 GB/T 7598 的有关要求进行 2）必要时测定
9	酸值 mgKOH/g	≤0.1	1）按 GB/T 7599 的有关要求进行 2）必要时测定
10	油中含气（体积分数）%	330kV～500kV，≤3	1）按 DL/T 423 或 DL/T 450 2）只对 330kV～500kV 进行，其他电压等级必要时测定 3）应注意油中含气量的纵向变化
11	绝缘油中腐蚀性硫的测量		必要时测定
12	带电度 ρ （$\rho=I/v$）		220kV 及以上电压等级强迫油循环变压器按照 DL/T 1095 进行

B.2 测量绕组连同套管的直流电阻

B.2.1 测量应在各分接头的所有位置上进行。

B.2.2 1600kVA 及以下三相变压器，各相测得值的相互差值应小于平均值的 4%，线间测得值的相互差值应小于平均值的 2%；1600kVA 以上三相变压器，各相测得值的相互差值应小于平均值的 2%；线间测得值的相互差值应小于平均值的 1%。

B.2.3 变压器的直流电阻，与同温下产品出厂实测数值比较，相应变化不应大于 2%。

不同温度下电阻值换算：

$$R_2 = R_1 \frac{T+t_2}{T+t_1} \tag{B.1}$$

式中 R_1、R_2——分别为温度在 t_1、t_2 时的电阻值；

T——为计算用常数，铜导线取 235，铝导线取 225。

B.2.4 由于变压器结构等原因，差值超过 B.2.2 的数值时，可只按 B.2.3 进行比较。但应说明原因。

B.2.5 应注意直流电阻试验后剩磁对其他试验项目的影响。

B.3 铁芯（有外引接地线的）对地绝缘电阻及夹件（有外引接地线的）对地绝缘电阻

B.3.1 同时应测量铁芯与夹件之间的绝缘电阻。

B.3.2 采用 2500V 绝缘电阻表测量，持续时间为 1min，应无闪络及击穿现象。

B.3.3 66kV 及以上电压等级绝缘电阻值不宜小于 100MΩ；35kV 及以下电压等级绝缘电阻值不宜小于 10MΩ。

B.3.4 应注意同等测量条件下绝缘电阻值的纵向变化。

B.4 测量绕组连同套管的绝缘电阻、吸收比或极化指数

B.4.1 绝缘电阻值宜换算到同一温度（建议为 20℃）时的数值进行比较；吸收比和极化指数不进行温度换算。油浸式电力变压器绝缘电阻的温度换算系数见表 B.2。

表 B.2 油浸式电力变压器绝缘电阻的温度换算系数

温度差 K	5	10	15	20	25	30	35	40	45	50	55	60
换算系数 A	1.2	1.5	1.8	2.3	2.8	3.4	4.1	5.1	6.2	7.5	9.2	11.2

注：1. 表中 K 为实测温度减去 20℃的绝对值。

2. 测量温度以上层油温为准。

当测量绝缘电阻的温度差不是表中所列数值时，其换算系数 A 可用线性插入法确定，也可按下述公式计算：

$$A = 1.5^{K/10} \tag{B.2}$$

校正到 20℃时的绝缘电阻值可用下述公式计算。

当实测温度为 20℃以上时：

$$R20 = AR_t \tag{B.3}$$

当实测温度为 20℃以下时：

$$R_{20} = R_t/A \tag{B.4}$$

式中 R_{20}——校正到 20℃时的绝缘电阻值，MΩ；

R_t——在测量温度下的绝缘电阻值，MΩ。

B.4.2 测量时铁芯、夹件及非测量绕组应接地，测量绕组应短路，套管表面应清洁、干燥。变压器电压等级为 66kV 及以上时，宜应用 5000V 绝缘电阻表；其他电压等级可应用 2500V、1000V 或 500V 绝缘电阻表。绝缘电阻对温度很敏感，尽可能在上层油温低于 50℃ 时测量。

B.4.3 变压器电压等级为 35kV 及以上应测量吸收比。吸收比与产品出厂值相比应无明显差别，在常温下不应小于 1.3；当 R_{60s} 大于等于 3000MΩ 时，吸收比可不作要求。

B.4.4 变压器电压等级为 220kV 及以上时，宜测量极化指数，极化指数不应小于 1.3。测得值与产品出厂值相比，应无明显差别；当 R_{60s} 大于等于 10000MΩ 时，极化指数可不作要求。

B.4.5 绝缘电阻值应满足用户要求且纵向比较应无明显差别。当无出厂试验报告或其他参考数据时，油浸电力变压器绕组绝缘电阻的最低允许值可参照表 B.3。

表 B.3　油浸电力变压器绕组绝缘电阻的最低允许值　　　　　MΩ

序号	高压绕组电压等级 kV	温度℃								
		5	10	20	30	40	50	60	70	80
1	3～10	675	450	300	200	130	90	60	40	25
2	20～35	900	600	400	270	180	120	80	50	35
3	66～330	1800	1200	800	540	360	240	160	100	70
4	500	4500	3000	2000	1350	900	600	400	270	180

B.5　套管试验

若没有特殊说明，以下项目均指套管联接绕组时的非单独试验。

B.5.1 采用 2500V 绝缘电阻表测量套管主绝缘的绝缘电阻，绝缘电阻值不应低于 10000MΩ，并注意吸收比值的变化。

B.5.2 66kV 及以上的电容型套管，应测量"抽压小套管"对法兰或"测量小套管"对法兰的绝缘电阻。采用 2500V 绝缘电阻表测量，绝缘电阻值不应低于 1000MΩ。

B.5.3 介质损耗因数与电容量测量。

B.5.3.1 20kV 及以上非纯瓷套管的介质损耗角正切值 tanδ 和电容值，应符合表 B.4 规定：

表 B.4　套管介质损耗角正切值 tanδ（%）的标准

序号	套管型式	绝缘介质	额定电压 kV		
			20～35	66～110	220～500
1	电容式	油浸纸	1.0	1.0	0.8
		胶浸纸（包括充胶型和胶纸电容型）	3.5	2.0	1.0
		浇注树脂	2.5	2.5	2.0
		气体	2.5	2.5	2.0
		复合绝缘	2.5	2.5	2.0
2	非电容式	浇注树脂	2.5	2.5	2.0

B.5.3.2 电容型套管的实测电容量值与产品铭牌数值或出厂试验值相比，其差值应在±5% 范围内。

B.5.3.3 当电容型套管末屏对地绝缘电阻小于1000MΩ时，应测量末屏对地 tanδ，其值不大于2%（注：施加末屏对地的电压值不得大于2000V）。

B.5.3.4 当怀疑套管有缺陷时，可单独对套管测量高电压下的 tanδ，施加电压通常为0.5倍～1.0倍最大工作相电压，其间的增长量不大于表B.5所列数据。

表 B.5 套管 tanδ 随施加电压变化的允许增量 %

套管类型	油浸纸	复合绝缘	胶浸纸（包括充胶型和胶纸电容型）	气体	浇注树脂
允许增量	0.1	0.1	0.1	0.1	0.2

注：施加电压通常为0.5倍到1.0倍最大工作相电压。

B.5.4 不便断开高压引线时，试验电压可施加在末屏上（注：施加末屏对地的电压值不得大于2000V），套管高压引线接地。纵向与横向比较采用此类试验接线方式所测数据。当怀疑存在故障时应断开高压引线重新按常规方法进行校验。

B.5.5 套管绝缘油试验。当套管允许取油样时，宜进行油中溶解气体的色谱分析。当油中溶解气体组分含量（μl/l）超过下列数值时，应引起注意。

    a）H_2：500；

    b）C_2H_2：1（220kV～500kV），2（110kV及以下）；

    c）CH_4：100。

B.5.6 套管交流耐压及局部放电试验。当怀疑套管有较严重缺陷时，可单独对套管进行交流耐压试验，同时进行局部放电测量。施加的交流电压值为出厂试验值的80%。局部放电量不宜大于下表所列数值。当大于表B.6数值时应注意与出厂值比较，综合分析判断。

表 B.6 套管视在局部放电量标准

套管类型	油浸纸	复合绝缘	胶浸纸（包括充胶型和胶纸电容型）	气体	浇铸树脂
局部放电量 pC	20	20	250	20	250

注：施加电压通常为1.05倍最大工作相电压；对于投运时间不大于3年的，施加电压宜为1.5倍最大工作相电压，局部放电量要求不变。

B.6 有载调压切换装置的检查和试验

B.6.1 变压器宜进行有载调压切换过程试验。综合分析切换装置所有分接位置的过渡电阻值、切换时间值、三相同步偏差、正反向切换时间偏差。

    测量过渡电阻的阻值和切换时间，宜满足以下要求：

    a）整个过渡过程及桥接时间与出厂值相比不宜超过1倍；

    b）三相开始动作时间差值和最后接通时间差值不宜大于正常桥接时间；

    c）过滤电阻值三相差值不应超过20%。

B.6.2 在变压器无电压下手动、电动各操作5个循环。其中电动操作时电源电压为额定电压的85%及以上。操作无卡涩、连动程序，电气和机械限位正常；循环操作后宜进行绕组连同套管在所有分接位置的直流电阻和电压比测量。

B.6.3 切换开关油箱内绝缘油的击穿电压大于30kV，如果装有在线滤油装置，则要求击穿电压宜大于40kV。油色谱及微水试验宜同时进行以作参考。

B.7 测量绕组连同套管的直流泄漏电流

B.7.1 当变压器电压等级为66kV及以上，宜测量直流泄漏电流，参考值见表B.7。

序号	绕组额定电压 kV	直流试验电压 kV	绕组泄漏电流值 μA							
			10℃	20℃	30℃	40℃	50℃	60℃	70℃	80℃
1	2～3	5	11	17	25	39	55	83	125	178
2	6～15	10	22	33	50	77	112	166	250	356
3	20～35	20	33	50	74	111	167	250	400	570
4	63～330	40	33	50	74	111	167	250	400	570
5	500	60	20	30	45	67	100	150	235	330

注：绕组额定电压为 13.8kV 及 15.75kV 时，按 10kV 级标准；18kV 时，按 20kV 级标准；分级绝缘变压器仍按被试绕组电压等级的标准。

B.7.2 施加试验值见表 B.8。读取电压达 1min 时的泄漏电流。试验结果与前次比宜无明显变化，并注意与绝缘电阻值比较。

表 B.8 油浸式电力变压器直流泄漏试验电压标准　　　　　　　kV

绕组额定电压	6～10	20～35	63～330	500
直流试验电压	10	20	40	60

B.8 绕组连同套管的交流耐压试验

B.8.1 对于 66kV 及以下电压等级的变压器，宜在所有接线端子上进行交流耐压试验。施加的交流电压值为出厂试验电压值的 80%（见表 B.9）。当采用外施交流电压耐压方法时，应根据绕组的系统标称电压确定耐受电压值；当采用感应耐压方法时，低压侧可不再单独进行耐压试验，但当对低压侧绝缘有怀疑时，应单独对低压侧进行耐压试验（采用外施交流电压耐压方法）。

表 B.9 油浸式电力变压器交流耐压试验电压标准　　　　　　　kV

序号	系统标称电压	设备最高电压	交流耐受电压
1	3	3.6	14
2	6	7.2	20
3	10	12	28
4	15	17.5	36
5	20	24	44
6	35	40.5	68
7	66	72.5	112
8	110	126	160

注：1. 表 B.9 中变压器试验电压是根据 GB 311.1 制定的。

2. 绕组额定电压为 13.8kV 时，按 10kV 级标准；15.75kV 时，按 15kV 级标准；18kV 时，按 20kV 级标准。

3. 当表 B.9 交流耐受电压值与出厂值的 80% 有冲突时宜采用出厂值的 80%。

B.8.2 对于 110kV 及以上电压等级的绝缘变压器，中性点应进行交流耐压试验，试验耐受电压为出厂试验电压值的 80%（见表 B.10），其他接线端子可不进行交流耐压试验。但当低压侧绕组的系统标称电压为 35kV 及以下时，或者对低压侧绝缘有怀疑时宜单独对低压侧进行交流耐压试验（采用外施交流电压耐压方法）。

表 B.10 110kV 及以上的电力变压器中性点交流耐压试验电压标准 kV

序号	系统标称电压	设备最高电压	中性点接地方式	出厂交流耐受电压	交接交流耐受电压
1	110	126	不直接接地	95	76
2	220	252	直接接地	85	68
			不直接接地	200	160
3	330	363	直接接地	85	68
			不直接接地	230	184
4	500	550	直接接地	85	68
			经小阻抗接地	140	112

B.8.3 交流耐压试验可以采用外施交流电压耐压试验的方法，也可以采用感应耐压试验的方法。试验电压波形尽可能接近正弦，试验电压值为测量电压的峰值除以 $\sqrt{2}$。当施加的交流电压频率等于或小于 2 倍额定频率时，全电压下试验时间为 60s；当试验电压频率大于 2 倍额定频率时，全电压下试验时间为：$120 \times \dfrac{\text{额定频率}}{\text{试验频率}}$（s），但不少于 15s。

B.9 绕组连同套管的局部放电试验

B.9.1 电压等级 220kV 及以上变压器大修后宜进行局部放电试验。局部放电试验方法及判断方法，均参考 GB 1094.3 中的有关规定进行，但试验电压和判断标准如下：

a) 不再进行 $U_1 = 1.7 U_m/\sqrt{3}$ 电压下的局放激发（更换变压器绕组的除外或根据用户要求）；

b) 对于 220kV 及以上电压等级变压器，$U_2 = 1.5 U_m/\sqrt{3}$（连续视在局部放电量不大于 500pC）或 $1.3 U_m/\sqrt{3}$（连续视在局部放电量不大于 300pC，激发电压为 1.5 倍），视试验条件而定。对运行超过 15 年的变压器，宜在 $1.3 U_m/\sqrt{3}$（连续视在局部放电量不大于 300pC）或 $1.1 U_m/\sqrt{3}$（连续视在局部放电量不大于 300pC，激发电压为 1.3 倍）电压下试验。

B.9.2 对于三绕组变压器（包括自耦变压器），当在某一绕组施加电压时，其他绕组线端对地电压值不得大于出厂交流耐压值的 80%，当大于该值时宜降低试验电压直至不大于该值，此时测量的连续视在局部放电量最多不大于 500pC。

B.9.2.1 试验宜在运行分接位置进行。

B.9.2.2 发电机变压器进行局部放电测量时宜同时测量低压侧绕组局部放电量。

B.9.2.3 在电压上升 U_2 到及由 U_2 下降的过程中，应记录可能出现的局部放电起始电压和熄灭电压。应记录 $1.0 U_m/\sqrt{3}$ 及 $1.1 U_m/\sqrt{3}$ 下视在局部放电量。

B.9.2.4 当视在局部放电量大于上述标准时应进行综合分析判断。

B.10 操作波感应耐压试验

B.10.1 当怀疑绕组存在匝间绝缘缺陷时可进行操作波感应耐压试验。在变压器低压侧施加电压，高压侧测量。

B.10.2 如果进行了操作波感应耐压试验则可以不要求外施交流耐压和感应耐压试验。

B.10.3 具体试验方法可参考 GB 1094.3 中"操作冲击试验"和 GB/T 1094.4。

B.11 低电压短路阻抗试验与绕组特征图谱试验

当变压器线端曾遭受突发短路（包括单相对地、两相对地、相间以及三相之间）或者发现运行温度偏高及异常的，或者以前尚未进行过低电压短路阻抗试验与绕组特征图谱试验的应进行该试验。

对于 35kV 及以下电压等级变压器，宜采用低电压短路阻抗法；对于 66kV 及以上电压等级变压器，宜采用频率响应法测量绕组特征图谱。

B.12 额定电压下的冲击合闸试验

全部更换绕组或部分更换绕组后宜进行 3 次额定电压下的冲击合闸试验，每次间隔时间宜为 5min，无异常现象；冲击合闸宜在变压器高压侧进行；对中性点接地的电力系统，试验时变压器中性点必须接地；发电机变压器组中间连接无操作断开点的变压器，可不进行冲击合闸试验。不涉及更换绕组的大修，大修后不进行冲击合闸试验。

B.13 混油试验

不同型号的变压器油宜进行混油试验，具体要求见 DL/T 596。

附 录 C

（规范性附录）

变压器常用油漆技术指标

C.1 聚氨酯磁漆

各色聚氨酯磁漆的技术指标见表 C.1。

表 C.1 各色聚氨酯磁漆的技术指标

序号	指 标 名 称		单位	指 标
1	漆膜颜色及外观			符合标准样板及色差范围，漆膜平整光滑，无机械杂质
2	原漆在容器中的状态	组分一		易搅拌，无明显硬块
		组分二		浅黄至棕色透明液体，无机械杂质
3	不挥发物含量 ≥		%	55
4	黏度（S/25℃ 涂 4）		s	80～120
5	干燥时间 ≤	表干（25±1）℃ 相对湿度（65±5）%	h	3
		实干（25±1）℃ 相对湿度（65±5）%	h	24
		烘干	h	
		浅色（105±2）℃	h	1
		深色（120±2）℃	h	1
6	细度		μm	≤20
7	光泽 60℃		%	≥90
8	附着力		级	≤2
9	硬度（双摆）			≥0.65
10	柔韧性		mm	1
11	冲击强度		kg·cm	50
12	耐水性（72h）			不起泡、不起皱、不脱落、允许轻微变化能于 3h 恢复
13	遮盖力	黑	g/m²	≤40
		白	g/m²	≤120
		红、黄	g/m²	≤160

序号	指 标 名 称	单位	指 标
14	耐酸性（浸入体积比 5%的硫酸溶液中）		12h 不起泡、不起皱、不脱落
15	耐醇性（浸入体积比 5%的乙醇溶液中）		4h 不起泡、不起皱、不脱落
16	闪点	℃	26

C.2 双组分环氧防腐底漆

双组分环氧防腐底漆的技术指标见表 C.2。

表 C.2 双组分环氧防腐底漆的技术指标

序号	指 标 名 称		单位	指 标
1	漆膜颜色及外观			符合标准样板及色差范围，漆膜平整光滑，无机械杂质
2	原漆在容器中的状态	组分一		易搅拌，无明显硬块
		组分二		浅黄色透明液体，无机械杂质
3	黏度（S/25℃ 涂 4）		s	80～120
4	干燥时间（25℃）	表干	h	≤1
		实干	h	≤24
		烘干 120℃	h	≤1
5	细度 ≤		μm	40
6	附着力		级	1
7	硬度（双摆）≥			0.5
8	柔韧性		mm	1
9	冲击强度		kg·cm	50
10	耐盐水（48h）			不起泡、不脱落

附 录 D
（规范性附录）
变压器器身轴向压紧的工艺要求

D.1 适用范围

本工艺适用于油浸式电力变压器轴向压紧。

D.2 设备及工具

液压泵、油缸、扳手等。

D.3 操作要点

D.3.1 压紧力的确定

D.3.1.1 所需压紧力 F(kN) 按下式估算：

$$F = kABn \times 10^{-1}$$

式中 A——压板所覆盖线圈的辐向尺寸，cm；

B——被覆盖线圈的垫块宽度，cm；

n——线圈撑条根数；

k——线圈允许承受的压力（2.5MPa～3.5MPa），一般取 3MPa。

说明：a）对于分体压板直接应用上式直接计算单个线圈的压力；

b）对于整体压板应考虑高压、中压、低压、调压等线圈的数据，计算合力。

D. 3. 1. 2 压力表读数 P（MPa）为：

$$P = \frac{10F}{mS}$$

式中 F——线圈所需压紧力，kN；

S——单个油缸活塞面积，cm^2；

m——同时加压油缸个数。

D. 3. 2 加压

D. 3. 2. 1 在压板和夹件之间均匀放置油缸，调整油缸高度，确保行程一致。

D. 3. 2. 2 控制液压泵，使压力表读数达到规定值。

D. 3. 2. 3 紧固窗口内垫块、支板下的绝缘垫块，均匀紧固压钉，备好锁紧螺母。

D. 3. 2. 4 卸载油缸。

D. 4 **注意事项**

D. 4. 1 油缸放置要均匀、垂直。

D. 4. 2 在操作过程中，时刻注意监视压力表的变化和泵站的运行情况。

D. 4. 3 在加压过程中，注意观察器身受力及变形情况，如有异常及时停止加压。

D. 4. 4 压紧力要视线圈绝缘状况而确定。当绝缘状况较差时不易压紧或降低压紧力。

串联补偿系统可靠性统计评价规程

DL/T 1090—2008

输配电和供用电卷

目　　次

前　　言

　　本标准是根据发改办工业〔2006〕1093号《国家发展改革委办公厅关于印发2006年行业标准项目计划的通知》制定的。

　　串联补偿系统可靠性评价是电力可靠性管理的一项重要内容。串联补偿系统可靠性的统计指标是深入掌握串联补偿系统运行状况的主要手段，是规划、设计、制造、安装、调试、生产运行、检修维护和生产管理各个环节综合水平的度量，是衡量串联补偿系统技术状况的主要依据，为制定电力系统的技术政策提供依据。

　　本标准的附录A、附录B为资料性附录。

　　本标准由中国电力企业联合会提出。

　　本标准由电力行业可靠性管理标准化技术委员会归口并负责解释。

　　本标准主要起草单位：中国电力企业联合会电力可靠性管理中心、中国南方电网有限责任公司超高压输电公司。

　　本标准主要起草人：胡小正、林志波、肖遥、贾立雄、王鹏、牛保红、陆岩、潘勇斌、朱永虎。

　　本标准在执行过程中的意见或建议反馈至中国电力企业联合会标准化中心（北京市白广路二条1号，100761）。

串联补偿系统可靠性统计评价规程

1 范围

本标准规定了输电网中串联补偿系统可靠性的统计办法和评价指标。

本标准适用于我国境内的所有输电企业对新建、扩建串联补偿系统的可靠性进行统计、分析和评价。统计的范围为各种类型的串联补偿装置。本标准统计对象包括各种串联补偿装置的各主要设备元件，以及相关的控制和保护设备（不包括交流线路）。一个串联补偿系统如果包含固定串联电容补偿装置和可控串联补偿装置两部分，则固定串联电容补偿装置与可控串联补偿装置一般应分别进行统计。

2 规范性引用文件

IEC 60143-1 Series Capacitors for Power System Part 1（电力系统用串联电容器 第一部分）

3 术语和定义

下列术语和定义适用于本标准。

3.1 状态分类术语

串联补偿装置自投运之日起，作为可靠性的统计对象，即进入使用状态。使用状态可分为可用状态和不可用状态。状态划分如下，串联补偿装置中英文对照参见附录 A。

$$
使用
\begin{cases}
可用（A）
\begin{cases}
运行（S）\\
备用（R）
\begin{cases}
调度停运备用（DR）\\
受累停运备用（PR）
\end{cases}
\end{cases}\\
不可用（U）
\begin{cases}
计划停运（SO）\\
强迫停运（FO）
\begin{cases}
强迫人工旁路（FMB）\\
强迫自动旁路（FAB）
\end{cases}
\end{cases}
\end{cases}
$$

3.1.1 可用 Available（A）

统计对象处于能够执行预定功能的状态。可用又分为运行和备用。

3.1.1.1 运行 In Service（S）

统计对象与电网相连接，并处于工作状态。

3.1.1.2 备用 Reserve Shutdown（R）

统计对象可用，但不在运行的状态。

3.1.1.2.1 调度停运备用 Dispatching Reserve Shutdown（DR）

统计对象本身可用，但因系统运行方式的需要，由调度命令退出运行，处于备用状态。

3.1.1.2.2 受累停运备用 Passive Reserve Shutdown（PR）

统计对象本身可用，但因相关交流系统的停运而被迫退出运行状态。

3.1.2 不可用 Unavailable（U）

由于统计对象本身的异常或缺陷，导致其不能正常行使功能的状态。不可用可分为计划停运和强迫停运。

3.1.2.1 计划停运 Scheduled Outage（SO）

统计对象由于检修、试验和维护等需要而事先有计划安排，事前向调度中心运行方式部门申请并得到调度中心运行方式部门许可的停运。

3.1.2.2 强迫停运 Forced Outage（FO）

统计对象处于不可用而又不是计划停运的状态。强迫停运分为强迫人工旁路和强迫自动旁路两种状态。

3.1.2.2.1 强迫人工旁路 Forced Man-made Bypass（FMB）

统计对象由于出现紧急缺陷，必须立即停止运行进行处理等而造成的停运。强迫人工旁路是运行人员干预退出运行的状态。这种人工干预事先没有经过运行方式部门的批准。

3.1.2.2.2 强迫自动旁路 Forced Auto-bypass（FAB）

统计对象由于本身设备故障，保护装置动作，使串联补偿装置自动由运行状态退出到备用或检修状态。

3.2 额定补偿容量 **Rated Compensated Capacity**（Q_N）

统计对象的设计补偿容量。

3.3 时间术语

3.3.1 统计期间小时数 Period Hours（PH）

统计对象处于使用状态下，根据需要选取统计期间的小时数。

3.3.2 可用小时数 Available Hours（AH）

在统计期间，统计对象处于可用状态下的小时数。可用小时数又分为运行小时数和备用小时数。

3.3.2.1 运行小时数 Service Hours（SH）

在统计期间，统计对象处于运行状态下的小时数。

3.3.2.2 备用小时数 Standby Hours（SBH）

在统计期间，统计对象处于备用状态下的小时数。备用小时数又分为调度停运备用小时数和受累停运备用小时数。

3.3.2.2.1 调度停运备用小时数 Dispatching Reserve Shutdown Hours（DRSH）

在统计期间，统计对象处于调度停运备用状态下的小时数。

3.3.2.2.2 受累停运备用小时数 Passive Reserve Shutdown Hours（PRSH）

在统计期间，统计对象处于受累停运备用状态下的小时数。

3.3.3 不可用小时数 Unavailable Hours（UH）

在统计期间，统计对象处于不可用状态下的小时数。不可用小时数根据不可用的原因分为计划停运小时数和强迫停运小时数。

3.3.3.1 计划停运小时数 Scheduled Outage Hours（SOH）

在统计期间，统计对象处于计划停运状态下的小时数。

3.3.3.2 强迫停运小时数 Forced Outage Hours（FOH）

在统计期间，统计对象处于强迫停运状态下的小时数。

3.3.3.2.1 强迫人工旁路小时数 Forced Man-made Bypass Hours（FMBH）

在统计期间，统计对象处于强迫人工旁路状态下的小时数。

3.3.3.2.2 强迫自动旁路小时数 Forced Auto-bypass Hours（FABH）

在统计期间，统计对象处于强迫自动旁路状态下的小时数。

3.4 调度停运备用次数 Dispatching Reserve Shutdown Times（DRST）

在统计期间，统计对象处于调度停运备用状态的次数。

3.5 受累停运备用次数 Passive Reserve Shutdown Times（PRST）

在统计期间，串联补偿装置处于受累停运备用状态的次数。

3.6 计划停运次数 Scheduled Outage Times（SOT）

在统计期间，串联补偿装置发生计划停运的次数。

3.7 强迫人工旁路次数 Forced Man-made Bypass Times（FMBT）

在统计期间，串联补偿装置发生强迫人工旁路的次数。

3.8 强迫自动旁路次数 Forced Auto-bypass Times（FABT）

在统计期间，串联补偿装置因本身缺陷，自动转入旁路的次数。

4 评价指标与计算公式

4.1 每套串联补偿装置按下列主要指标及计算公式进行统计。

4.1.1 计划停运系数（SOF）

$$\text{SOF} = \frac{\text{串联补偿装置的计划停运小时数}}{\text{串联补偿装置的统计期间小时数}} \times 100\% = \frac{\text{SOH}}{\text{PH}} \times 100\% \tag{1}$$

4.1.2 强迫停运系数（FOF）

$$\text{FOF} = \frac{\text{串联补偿装置的强迫停运小时数}}{\text{串联补偿装置的统计期间小时数}} \times 100\% = \frac{\text{FOH}}{\text{PH}} \times 100\% \tag{2}$$

4.1.3 可用系数（AF）

$$\text{AF} = \frac{\text{串联补偿装置的可用小时数}}{\text{串联补偿装置的统计期间小时数}} \times 100\% = \frac{\text{AH}}{\text{PH}} \times 100\% \tag{3}$$

4.1.4 运行系数（SF）

$$\text{SF} = \frac{\text{串联补偿装置的可用小时数}}{\text{串联补偿装置的统计期间小时数}} \times 100\% = \frac{\text{SH}}{\text{PH}} \times 100\% \tag{4}$$

4.1.5 平均无故障可用小时数（MTBF）

$$\text{MTBF} = \frac{\text{串联补偿装置的可用小时数}}{\text{串联补偿装置的强迫停运次数}} \times 100\% = \frac{\text{SH}}{\text{PH}} \times 100\% \tag{5}$$

4.1.6 不可用系数（UF）

$$\text{UF} = 1 - \text{AF} = \frac{\text{串联补偿装置的不可用小时数}}{\text{串联补偿装置的统计期间小时数}} \times 100\% = \frac{\text{UH}}{\text{PH}} \times 100\% \tag{6}$$

4.2 对由两个及以上串联补偿装置组成的串联补偿系统，串联补偿系统的评价指标为串联等效可用系数（Series Equivalent Available Factor，SEAF），其计算公式按式（7）进行统计。

$$\text{SEAF} = \frac{\sum（\text{各串联补偿装置的额定补偿容量} \times \text{该串联补偿装置的可用时间}）}{\text{该串联补偿系统的额定补偿容量} \times \text{统计时间}}$$

$$= \frac{\sum（Q_N \times \text{AH}）}{Q_N \times \text{PH}} \times 100\% \tag{7}$$

5 填表要求

5.1 串联补偿装置基本情况表见表1。

5.2 串联补偿装置基础事件表见表2。

5.3 串联补偿装置可靠性指标汇总表见表3。

5.4 串联补偿装置停运部件原因分类表见表4，其中串联补偿装置部件分类参见附录B。

表 1　串联补偿装置基本情况表

填报日期：___年___月___日　　　　　　　　　　填报单位：_____

串联补偿装置工程简况	系统名称	
	串联补偿装置的类型	
	投运日期	年　　　月　　　日
	系统电压　kV	
	设备供货商	
串联补偿装置主要技术指标	补偿度　%	
	额定容量 Q_N　Mvar/三相	
	额定容抗　Ω/单相	
	额定电流　kA	
	固定串联电容补偿装置的最大摇摆电流 I_y　kA，10s	
	电容器组最大保护电压水平	
	可承受的最大短路电流水平　kA	
	电容器组过负荷能力	
	金属氧化物变阻器的额定容量值 MJ/相	
串联补偿装置所接入的交流系统的状况	线路长度及导线型号　km	
	最大工频过电压水平　p.u.	
	最大潜供电流水平　A	
	各种故障动作时间要求故障周期	
	线路正常故障切除时间　s	
	开关失灵保护切除时间不大于　s	
	线路断路器自动重合闸时限	单相接地重合无电流时间间隔时间　s，重合闸动作为　　次，最大允许故障电流时间　s
	最大允许故障电流时间　s	

主管：　　　　　　　　　　　审核：　　　　　　　　　　　制表：

表 2　串联补偿装置基础事件表

统计期限：___年___月___日至___年___月___日　　　填报单位：_____

系统名称：_____　　　　　　　　　　填报日期：___年___月___日

事件序号	起始（旁路）时间				终止（运行）时间				工作票终结时间				持续时间 s	事件原因	故障部件	备注（事件原因说明等）
	月	日	时	分	月	日	时	分	月	日	时	分				
	月	日	时	分	月	日	时	分	月	日	时	分				
	月	日	时	分	月	日	时	分	月	日	时	分				
	月	日	时	分	月	日	时	分	月	日	时	分				

主管：　　　　　　　　　　　审核：　　　　　　　　　　　制表：

表 3 串联补偿装置可靠性指标汇总表

统计期限：＿＿年＿＿月＿＿日至＿＿年＿＿月＿＿日　　　　　填报单位：＿＿＿＿＿＿＿＿＿＿

系统名称：＿＿＿＿＿＿＿＿　　　　　　　　　　　　　　　　填报日期：＿＿＿年＿＿月＿＿日

序号	指 标 名 称	指 标 值
1	可用系数 AF ％	
2	不可用系数 UF ％	
3	计划停运系数 SOF ％	
4	强迫停运系数 FOF ％	
5	运行系数 SF ％	
6	平均无故障可用小时数 MTBF h/次	
7	计划停运次数 SOT 次	
8	计划停运小时数 SOH h	
9	强迫人工旁路次数 FMBT 次	
10	强迫人工旁路小时数 FMBH h	
11	强迫自动旁路次数 FABT 次	
12	强迫自动旁路小时数 FABH h	
13	调度停运备用次数 DRST 次	
14	调度停运备用小时数 DRSH h	
15	受累停运备用次数 PRST 次	
16	受累停运备用小时数 PRSH h	

主管：　　　　　　　　　　　　审核：　　　　　　　　　　　　制表：

表 4 串联补偿装置停运部件原因分类表

统计期限：___年___月___日至___年___月___日　　　　　填报单位：_____

系统名称：_____　　　　　　　　　　　　　　填报日期：___年___月___日

事件原因		计划停运			强迫停运			总计	
		次数	累计停运小时数 h	不可用率 %	次数	累计停运小时数 h	不可用率 %	次数	累计停运小时数 h
阀设备和水冷系统	阀								
	冷却系统								
控制及其保护系统	控制与保护								
	通信系统								
	系统调控功能								
一次设备	电容器								
	可控电抗器								
	隔离开关								
	旁路断路器								
	金属氧化物限压器								
	火花间隙								
	阻尼回路								
	电流互感器								
	电压互感器								
	串联补偿平台								
	小结								
综合检修									
外部原因									
调度令									
其他									

主管：　　　　　　　　　　审核：　　　　　　　　　　制表：

附　录　A
（资料性附录）
串联补偿装置中英文对照

A.1 串联补偿装置可靠性统计状态中英文对照表见表 A.1。

表 A.1 串联补偿装置可靠性统计状态中英文对照表

中　文	英文全称	英文缩写
使用	Active	ACT
可用	Available	A
运行	In Service	S
备用	Reserve/Standby	R
不可用	Unavailable	U

中　文	英文全称	英文缩写
调度停运备用	Dispatching Reserve Shutdown	DR
受累停运备用	Passive Reserve Shutdown	PR
计划停运	Scheduled Outage	SO
强迫停运	Forced Outage	FO
强迫人工旁路	Forced Man-made Bypass	FMB
强迫自动旁路	Forced Auto-bypass	FAB

A.2 串联补偿装置可靠性容量术语中英文对照表见表 A.2。

表 A.2　串联补偿装置可靠性容量术语中英文对照表

中文	英文全称	英文缩写
额定补偿容量	Rated Compensation Capacity	Q_N

A.3 串联补偿装置可靠性统计时间术语中英文对照表见表 A.3。

表 A.3　串联补偿装置可靠性统计时间术语中英文对照表

中　文	英文全称	英文缩写
统计期间小时数	Period Hours	PH
可用小时数	Available Hours	AH
运行小时数	Service Hours	SH
备用小时数	Reserve Hours	RH
不可用小时数	Unavailable Hours	UH
调度停运备用小时数	Dispatching Reserve Shutdown Hours	DRH
受累停运备用小时数	Passive Reserve Shutdown Hours	PRH
计划停运小时数	Scheduled Outage Hours	SOH
强迫停运小时数	Forced Outage Hours	FOH
强迫人工旁路小时数	Forced Man-made Bypass Hours	FMBH
强迫自动旁路小时数	Forced Auto-bypass Hours	FABH

A.4 串联补偿装置可靠性指标术语中英文对照表见表 A.4。

表 A.4　串联补偿装置可靠性指标术语中英文对照表

指标名称	英文全称	英文缩写
可用系数	Available Factor	AF
不可用系数	Unavailable Factor	UF
计划停运系数	Scheduled Outage Factor	SOF
强迫停运系数	Forced Outage Factor	FOF
运行系数	Service Factor	SF
平均无故障可用小时	Mean Time Between Failures	MTBF
计划停运次数	Scheduled Outage Times	SOT

指标名称	英文全称	英文缩写
强迫人工旁路次数	Forced Man-made Bypass Times	FMBT
强迫自动旁路次数	Forced Auto-bypass Times	FABT
调度停运备用次数	Dispatching Reserve Shutdown Times	DRST
受累停运备用次数	Passive Reserve Shutdown Times	PRST

附 录 B

（资料性附录）

串联补偿装置简要介绍

B.1 串联补偿装置的分类

B.1.1 固定串联电容补偿装置（简称串补，Fixed Series Compensation，FSC）

固定串联电容补偿装置一般用于纯粹提高已建或规划建设的线路输送容量和稳定水平。常规串联补偿装置是用机械开关作为旁路断路器。

固定串联电容补偿装置通常由串联电容器组、金属氧化物变阻器（Metal Oxide Varistor，MOV）、火花放电间隙、阻尼回路、互感器、旁路断路器、旁路隔离开关、平台隔离开关等主要元件构成，其接线如图 B.1 所示。

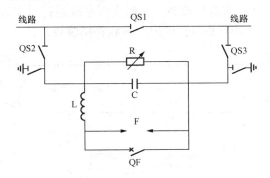

图 B.1 FSC 简易接线图

C—串联电容器组；L—电感；R—金属氧化物变阻器；F—火花放电间隙；

QF—旁路断路器；QS1、QS2、QS3—隔离开关

B.1.2 晶闸管控制的可控串联补偿装置（Thyristor Controllabled Series Compensation，TCSC）

晶闸管控制的可控串联补偿装置通常由串联电容器组、晶闸管阀、电抗器、金属氧化物变阻器、阻尼回路、互感器、旁路断路器、旁路隔离开关、平台隔离开关等主要元件构成，其接线如图 B.2 所示。晶闸管控制的可控串联补偿装置除具有 FSC 的功能外，通过调节晶闸管阀导通角度来改变电抗器参数，实现串联补偿装置的容抗值和串联补偿度的可控调节，从而达到解决系统潮流可控，快速抑制系统次同步谐振和阻尼系统在弱联接情况下产生的低频震荡等各种系统问题的目的，使电力系统的输送容量较之采用常规的固定串联电容补偿装置有较大的提高。

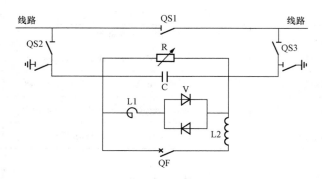

图 B.2　TCSC 简易接线图

C—串联电容器组；V—晶闸管阀；L1—电抗器；L2—电感；R—金属氧化物变阻器；

QF—旁路断路器；QS1、QS2、QS3—隔离开关

B.1.3　晶闸管保护的串联补偿装置（Thyristor Protected Series Compensation，TPSC）

　　晶闸管保护的串联补偿装置通常由串联电容器组、晶闸管阀、电感、互感器、旁路断路器、旁路隔离开关、平台隔离开关等主要元件构成，其接线如图 B.3 所示。晶闸管保护的串联补偿装置具有 FSC 的功能，它的主要特点是通过晶闸管阀装置替代常规的金属氧化物变阻器和火花放电间隙实现对串联电容器组的保护，它能在短时间内能承受多次故障冲击，自恢复能力较强，外部故障排除后可立即投入运行。而 FSC 由于受金属氧化物变阻器的自恢复能力的限制，在承受故障电流后产生内部热积累，需要长时间冷却后才能投运。晶闸管阀的制造工艺较复杂，TPSC 的造价较高，在确实因系统运行对电容器组投切时间要求较高时，经技术经济论证后，可采用晶闸管保护的串联补偿装置。

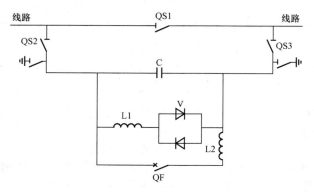

图 B.3　TPSC 简易接线图

C—串联电容器组；V—晶闸管阀；L1、L2—电感；QF—旁路断路器；

QS1、QS2、QS3—隔离开关

B.1.4　晶闸管投切的串联补偿装置（Thyristor Switched Series Compensation，TSSC）

　　晶闸管投切的串联补偿除具有 FSC 的功能外，TSSC 主要是利用晶闸管对电容器进行快速投切，并在系统故障期间保护电容器。

B.1.5　机械开关的串联补偿装置（Mechanically Switched Series Compensation，MSSC）

　　机械开关的串联补偿装置主要用机械开关控制串联电容的投切。

　　以上串联补偿装置应用较多的是 FSC 和 TCSC，本标准主要是针对这两种类型编制的，其他类型可参照执行。

为了满足系统输送容量和稳定水平的要求，以及解决电力系统的一些特殊问题，一个串联补偿系统可以是固定串联电容补偿装置和晶闸管控制的可控串联补偿装置的组合。当所要求的串联补偿装置容量过大时，为了适应设备制造能力或运行灵活方便，一个串联补偿系统可以被分为若干段。一个串联补偿系统是否需要分段及分段的形式是由系统功能特性参数、运行工况要求、补偿度以及产品性能等多方面的因素决定的。固定串联电容补偿装置和晶闸管控制的可控串联补偿装置分段的典型接线分别如图 B.4 和图 B.5 所示，即固定串联电容补偿装置与固定串联电容补偿装置配合或固定串联电容补偿装置与晶闸管控制的可控串联补偿装置配合。

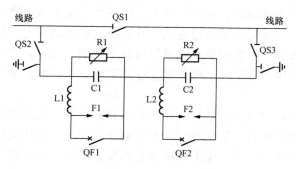

图 B.4　固定串联电容补偿装置与固定串联电容补偿装置配合的分段简易接线图

C1、C2—串联电容器组；R1、R2—金属氧化物变阻器；L1、L2—电感；F1、F2—火花放电间隙；

QF1、QF2—旁路断路器；QS1、QS2、QS3—隔离开关

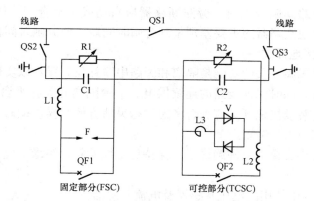

图 B.5　固定串联电容补偿装置与晶闸管控制的可控串联补偿装置配合的分段简易接线图

C1、C2—串联电容器组；V—晶闸管阀；L1、L2—电感；L3—电抗器；R1、R2—金属氧化物变阻器；

F—火花放电间隙；QF1、QF2—旁路断路器；QS1、QS2、QS3—隔离开关

B.2　串联补偿装置的主要设备

B.2.1　电容器组

它是由一定数量的电容器单元串、并联后组成。在正常工况下，串联电容器的负荷电流通常是变化的，而且在系统故障期间及故障之后还会出现摇摆电流和故障电流。因此，电容器组的额定电流应根据对电流—时间分布的分析结果来选择。串联电容器组的总容量由补偿容抗、最大负荷电流及短路时过载能力确定。

B.2.2　阻尼回路

它主要由一个空芯电抗器组成，有时在电抗器两端并联一个电阻器。阻尼回路的作用是

限制电容器放电电流的幅值和频率。另外，放电阻尼回路能在电容器组充电至保护水平时将电容器的幅值放电电流限制在旁路断路器或强迫动作间隙的容量之下，阻尼保护间隙及旁路断路器动作时产生的振荡电流。电抗器/电阻器应能耐受线路故障时的动态电流及其后的串联补偿装置中的放电电流。阻尼电路应适于在串联补偿装置旁路时永久接入线路中，其持续电流额定值至少等于电容器组的持续电流额定值。

B.2.3 金属氧化物变阻器

它用于对设备、尤其是主电容器组进行保护。变阻器应为金属氧化物型，封闭在瓷套外壳内（或合成材料外壳）。为了不引起瓷套爆裂，变阻器要求配备压力释放装置，以释放由于变阻器故障而产生的内部压力。它由具有非线性特性的金属氧化物阀体串并联组成，主要用于限制故障和操作时电容器两端的过电压。其主要的指标是过电压保护水平和金属氧化物变阻器的热容量。金属氧化物变阻器的热容量由故障类型，故障时流过电容器组短路电流大小、持续时间，过电压保护水平，系统正常及故障运行方式等因素决定。

B.2.4 火花间隙

它用以保护金属氧化物变阻器的发热量不超过其限值，当故障电流达到金属氧化物变阻器门槛时，串联补偿保护装置会发出触发信号导通火花间隙。火花间隙电流负荷应与最大故障电流水平、故障清除时间以及变阻器保护水平匹配，其电压额定值应与电容器组额定电压相匹配。

B.2.5 旁路断路器

它与电容器组和过电压保护装置并联，用于投入与退出串联电容器，当串联电容补偿装置出现内部故障或旁路间隙放电时，旁路断路器应自动或手动合闸，使串联电容器退出运行。旁路断路器和其他断路器的主要差别是其合闸时间短，但分闸时间较长。

B.2.6 隔离开关和接地开关

隔离开关和旁路隔离开关的功能是隔离和旁路串联补偿装置，以实现串联补偿装置在检修和故障时退出运行，同时保证线路的连续供电。平台隔离开关在平台侧应装设接地开关。旁路隔离开关是否需装设接地开关应综合考虑运行灵活方便和操作检修安全的要求。

B.2.7 串联补偿装置中的绝缘子

它包括为平台提供支撑的支柱绝缘子、保持稳定性的斜拉绝缘子以及为安装在平台上的设备配备的绝缘子。

B.2.8 串联补偿装置中使用的电压互感器及电流互感器

B.3 串联补偿的基本参数及定义

B.3.1 补偿度 （Degree of Compensation）

补偿度是将串联电容器容抗表示为线路总感抗的百分数，用 K 表示：

$$K = （X_C/X_L） \times 100\% \qquad\qquad (B.1)$$

式中 X_C——串联电容器容抗；

X_L——被补偿输电线路的总正序感抗。

[IEC 60143-1，Terms and definitions 3.8]

B.3.2 电容器额定容量 Q_N（补偿容量，Rated Capacity）

电容器额定电抗在额定电流时的无功功率，用 Q_N 表示：

$$Q_N = 3 \times I_N^2 \times X_N \qquad\qquad (B.2)$$

式中 Q_N——三相无功功率容量，Mvar；

I_N——额定电流，kA；

X_N——额定电抗，Ω。

［IEC 60143-1，Terms and definitions 3.25］

B.3.3 电容器损耗（Capacitor Losses）

电容器所消耗的有功功率。它应包括各种部件产生的所有损耗，即对电容器单元，包括介质、放电装置、内熔丝（如采用）、内部连接件等的损耗；对电容器组，包括由各电容器单元、外部熔断器、母线、放电和阻尼电抗器等的损耗。

［IEC 60143-1，Terms and definitions 3.6］

B.3.4 保护水平（Up Protective Level）

它用系统故障期间过电压保护器两端的最大工频电压峰值表示。

［IEC 60143-1，Terms and definitions 3.21］

B.3.5 过电压保护装置 Overvoltage Protector（of series capacitor）

一种能将电容器上的瞬时过电压限制到允许值的快速动作装置。否则由于回路故障或其他异常系统工况将使这种过电压超过允许值。

［IEC 60143-1，Terms and definitions 3.19］

B.3.6 放电装置（Discharge Device of Capacitor）

它是连接在电容器端子之间的或设置在电容器单元之中的，能在电容器从电源断开后使电容器上的剩余电压有效地降到零的一种装置。

［IEC 60143-1，Terms and definitions 3.9］

B.3.7 外熔丝（电容器的，External Fused Capacitor）

外熔丝为与电容器单元或电容器单元的并联组相串联连接的熔断器。

［IEC 60143-1，Terms and definitions 3.10］

B.3.8 内熔丝（电容器内的，Internal Fused Capacitor Bank）

内熔丝为在电容器单元的内部与单个元件或元件组相串联连接的熔丝。

［IEC 60143-1，Terms and definitions 3.15］

B.3.9 无熔丝电容器组（Fuseless Capacitor Bank）

无熔丝电容器组由串、并连接的电容器单元组成，既无内熔丝也无外熔丝。

［IEC 60143-1，Terms and definitions 3.11］

微机型防止电气误操作系统通用技术条件

DL/T 687—2010

代替 DL/T 687—1999

代替 DL/T 687—1999

目　　次

前　　言

DL/T 687—1999《微机型防止电气误操作装置通用技术条件》是为满足使用和制造双方共同需求而制定的电力行业标准，国内外无相应技术标准参照。随着计算机技术、测控技术和通信技术等高新技术的发展及电力用户对防误操作要求的提高，该标准已不能完全适应，有必要进行修订。

本标准与 DL/T 687—1999 版比较有以下主要变化：

a）标准名称。随着产品功能的新扩展和变电站无人值守运行模式的实施，主站和厂站，厂站和厂站，厂站的站控层、间隔层、设备层的防误操作装置组成系统，适应不同类型设备及多种运行方式的防止电气误操作要求。本标准名称中将"装置"改为"系统"。

b）章节。本标准增加"微机型防止电气误操作系统选用导则"、"查询、投标和订货时应提供的资料"、"安全"、"产品对环境的影响"等章节内容，删除 DL/T 687—1999"基本分类和额定参数"中"基本分类"内容。

c）范围。本标准将 DL/T 687—1999 适用于"高压开关设备"修改为"高压电气设备及其附属装置"。

d）正常和特殊使用条件。本标准引用 DL/T 593—2006《高压开关设备和控制设备标准的共用技术要求》第 2 章。

e）术语和定义。本标准根据新技术发展对微机型防止电气误操作系统、防误主机、模拟终端等术语和定义进行了修改，并增加了接地锁、强制闭锁、遥控闭锁装置等术语和定义。

f）额定值。本标准对防误主机、电脑钥匙、机械编码锁、电气编码锁、接地锁的额定值进行了修改。

g）设计和结构。本标准根据新技术发展对微机型防止电气误操作系统、防误主机、电脑钥匙、编码锁的设计和结构要求进行了修改。

h）型式试验。

1）功能试验的试品增加通信装置和遥控闭锁装置。

2）开、闭锁试验增加遥控闭锁装置相关试验内容。

3）绝缘试验增加通信装置和遥控闭锁装置，删除电脑钥匙。

4）电源适应能力试验增加通信装置的试验要求。

5）将机械编码锁锁具分为固定锁和挂锁，分别提出锁具牢固性试验要求。

6）电磁兼容试验的试品增加通信装置和遥控闭锁装置。试验项目、内容及要求依据 GB/T 17626《电磁兼容　试验和测量技术》。试验项目按引用标准修改为静电放电抗扰度试验、电快速瞬变脉冲群抗扰度试验、浪涌（冲击）抗扰度试验、工频磁场抗扰度试验、振荡波抗扰度试验。

7）本标准将淋雨试验用防护等级检验代替，试验方法按 GB 4208《外壳防护等级（IP 代码）》规定，外壳防护等级为 IPX4。

i）选用导则。本标准增加此章节并提出微机型防止电气误操作系统额定值、设计和结构的选用导则。

　　j）查询、投标和订货时应提供的资料。本标准增加此章节内容。

　　k）安全。本标准增加此章节并提出相关的安全要求。

　　l）产品对环境的影响。本标准增加此章节并提出制造厂应提供产品对环境影响的资料等。

　　本标准实施后代替 DL/T 687—1999。

　　本标准由中国电力企业联合会提出。

　　本标准由电力行业高压开关设备标准化技术委员会归口。

　　本标准负责起草单位：中国电力科学研究院。

　　本标准参加起草单位：国家电网公司、北京市电力公司、天津市电力公司、上海市电力公司、江苏省电力公司、福建省电力公司、湖北省电力公司、中国电力工程顾问集团公司、广东电网公司电力科学研究院、西安高压电器研究院、珠海优特电力科技股份有限公司、珠海共创电力安全技术股份有限公司、南阳川光电力科技有限公司、湖北旭达电力科技有限公司、南京胜太迪玛斯电力系统有限公司、天水长城开关有限公司。

　　本标准主要起草人：袁大陆、陈竞成、杨塈。

　　本标准参加起草人：陆懋德、吴竞、田恩文、靖晓平、李淑芳、肖永立、吴东、王胜、朱根良、田伟云、谢小渭、马炳烈、王瑜、曹源、毛耀红、陆天健。

　　本标准首次发布时间为 2000 年 2 月 24 日，本次为第一次修订。

　　本标准在执行过程中的意见或建议反馈至中国电力企业联合会标准化管理中心（北京市白广路二条 1 号，100761）。

微机型防止电气误操作系统通用技术条件

1 范围

本标准规定了微机型防止电气误操作系统的使用条件、额定值、设计和结构、试验及选用导则等内容。

本标准适用于电力系统高压电气设备及其附属装置用微机型防止电气误操作系统。

2 规范性引用文件

下列文件对于本文件的应用是必不可少的。凡是注日期的引用文件，仅注日期的版本适用于本文件。凡是不注日期的引用文件，其最新版本（包括所有的修改单）适用于本文件。

GB 4208　外壳防护等级（IP 代码）

GB/T 2423.1　电工电子产品环境试验　第 2 部分：试验方法　试验 A：低温

GB/T 2423.2　电工电子产品环境试验　第 2 部分：试验方法　试验 B：高温

GB/T 2423.4　电工电子产品环境试验　第 2 部分：试验方法　试验 Db：交变湿热（12h＋12h 循环）

GB/T 2423.16　电工电子产品环境试验　第 2 部分：试验方法　试验 J 及导则：长霉

GB/T 2423.17　电工电子产品环境试验　第 2 部分：试验方法　试验 Ka：盐雾

GB/T 2423.37　电工电子产品环境试验　第 2 部分：试验方法　试验 L：沙尘试验

GB/T 5465.2　电气设备用图形符号　第 2 部分：图形符号

GB/T 9813　微型计算机通用规范

GB/T 17626.2　电磁兼容　试验和测量技术　静电放电抗扰度试验

GB/T 17626.4　电磁兼容　试验和测量技术　电快速瞬变脉冲群抗扰度试验

GB/T 17626.5　电磁兼容　试验和测量技术　浪涌（冲击）抗扰度试验

GB/T 17626.8　电磁兼容　试验和测量技术　工频磁场抗扰度试验

GB/T 17626.12　电磁兼容　试验和测量技术　振荡波抗扰度试验

DL/T 593—2006　高压开关设备和控制设备标准的共用技术要求

DL/T 860　变电站通信网络和系统

DL/T 879　带电作业用便携式接地和接地短路装置

3 正常和特殊使用条件

DL/T 593—2006 的第 2 章适用。

4 术语和定义

下列术语和定义适用于本标准。

4.1 微机型防止电气误操作系统 preventing electric mal-operation system with computer

一种采用计算机、测控及通信等技术，用于高压电气设备及其附属装置防止电气误操作的系统，主要由防误主机、模拟终端、电脑钥匙、通信装置、机械编码锁、电气编码锁、接地锁和遥控闭锁装置等部件组成。

注：“防止电气误操作”以下简称“防误”。

4.2 防误主机 preventing mal-operation host

微机型防误系统的主控单元，由计算机和防误软件组成。可预先编入并存储防误规则，接收模拟终端的操作程序，将符合规则的程序向电脑钥匙传输或顺序控制遥控闭锁装置开锁，接收电脑钥匙操作过程回传信息。

4.3 模拟终端 simulation terminal

具有一次设备主接线图，可显示一次设备状态，进行模拟操作，将操作程序向防误主机传输并显示操作结果的部件。如模拟屏、计算机显示器等。

4.4 电脑钥匙 smart-key

接收防误主机的操作程序，识别、控制编码锁正确开锁并向防误主机回传操作顺序的部件。

4.5 编码锁 encoded lock

采用数字编码结构，实现闭锁并按电脑钥匙或防误主机的操作指令开锁的锁具。

编码锁从方式上分为机械编码锁和电气编码锁，从结构上分为固定锁和挂锁。编码锁包括接地锁和遥控闭锁装置。

4.6 机械编码锁 mechanical encoded lock

采用机械方式对高压电气设备及其附属装置进行开、闭锁的编码锁。

4.7 电气编码锁 electric encoded lock

采用电气方式对高压电气设备及其附属装置电气操作回路进行开、闭锁的编码锁。

4.8 接地锁 earthing lock

具有数字编码结构，用于接地防误操作，满足防止带电挂（合）接地线（接地开关），带接地线（接地开关）合断路器、隔离开关要求的机械锁具。由可拆卸的接地头和接地桩组成。

4.9 遥控闭锁装置 remote control lock-out device

由防误主机控制的用于对遥控操作实现强制闭锁功能的部件。由闭锁继电器和电气编码锁组成。

4.10 解锁钥匙 releasing key

用于解锁的器件。

4.11 防误程序 preventing mal-operation procedure

按防误操作规则设定的操作顺序。

4.12 闭锁 lock-out

非防误程序，不能被操作。

4.13 开锁 unlocking

依照防误程序，按电脑钥匙或防误主机的操作指令打开编码锁。

4.14 解锁 releasing

不受防误程序限制，用解锁钥匙对编码锁解除闭锁。

4.15 强制闭锁 forced lock-out

在设备的电动操作控制回路中串联由防误主机控制的接点或锁具，在设备的手动操作部件上加装受防误主机控制的锁具，非防误程序，不能被操作。

4.16 空程序 null procedure

在防误程序执行中，编码锁开锁后，编码锁控制的对象未从原有位置改变到规定位置，可执行下一步操作程序。

4.17 跳项操作 skipping operation

当操作至任意项时，进行当前操作项以外的操作。

5 额定值

5.1 防误主机

a) 额定电压。

1) 交流：220V，允许偏差 85%～110%，频率 50Hz；

2) 直流：110×(1±10%) V 或 220×(1±10%) V。

b) 开关信息量：2^n（$n \geqslant 12$，n 为整数）。

5.2 模拟终端

用于模拟屏的动作元件寿命：≥50 000 次。

5.3 电脑钥匙

a) 额定电压：$U_{DC} \leqslant 24V$。

b) 一次接收操作票项数：≥1000。

c) 内存容量：≥1024KB。

d) 识别编码锁个数：2^n（$n \geqslant 12$，n 为整数）。

e) 不充电连续操作次数：≥256。

f) 电池连续工作时间：≥8h。

g) 寿命：≥50 000 次。

5.4 通信装置

a) 额定电压。

1) 交流：220V，允许偏差 85%～110%，频率 50Hz；

2) 直流：110×(1±10%) V 或 220×(1±10%) V。

b) 通信端口数量：以太网接口≥2 个。

5.5 机械编码锁

a) 编码值：2^n（$n \geqslant 12$，n 为整数）。

b) 寿命：10 000 次。

5.6 电气编码锁

a) 编码值：2^n（$n \geqslant 12$，n 为整数）。

b) 额定电压。

1) 交流：220V，允许偏差 85%～110%，频率 50Hz；

2) 直流：110×(1±10%) V 或 220×(1±10%) V。

c) 额定电流：1、2.5、5A。

d) 寿命：10 000 次。

5.7 接地锁

a) 额定短时耐受电流（有效值）：8kA。

b) 额定峰值耐受电流（峰值）：20kA。

c) 额定短路持续时间：3、4s。

d) 铜导体截面：$\geqslant 120 mm^2$。

e) 编码值：2^n（$n \geqslant 12$，n 为整数）。

5.8 遥控闭锁装置

a) 额定电压。

1) 交流：220V，允许偏差 85%～110%，频率 50Hz；

2) 直流：$110 \times (1 \pm 10\%)$ V 或 $220 \times (1 \pm 10\%)$ V。

b) 闭锁点数：2^n（$n \geqslant 12$，n 为整数）。

c) 闭锁接点寿命：10 000 次。

5.9 解锁钥匙

寿命：$\geqslant 10 000$ 次。

6 设计和结构

6.1 微机型防止电气误操作系统

6.1.1 总体要求

微机型防止电气误操作系统应实现主站和厂站，厂站和厂站，厂站的站控层、间隔层、设备层强制闭锁功能，适用不同类型设备及各种运行方式的防误要求。微机型防止电气误操作系统的设计应不影响相关电气设备正常操作和运行，在允许的正常操作力、使用条件或振动下不影响其保证的机械、电气和信息处理性能。微机型防止电气误操作系统应使用单独的电源回路。在其他电气设备或系统故障时，仍可实现防误闭锁功能。微机型防止电气误操作系统的防误规则及数据应单独编制，并可打印校验。

6.1.2 功能

a) 具有防止误分、误合断路器，防止带负荷分、合隔离开关，防止带电挂（合）接地线（接地开关），防止带接地线（接地开关）合断路器、隔离开关，防止误入带电间隔等防误功能。

b) 可正确模拟、生成、传递、执行和管理操作票。

c) 可正确采集、处理和传递信息。

d) 符合防误程序的正常操作应顺利开锁且无空程序，误操作应闭锁并有光、声音或语音报警。声音或语音报警在距音响源 50cm 处应不小于 45dB，光报警应明显可见。

e) 具有电磁兼容性。

f) 内存应满足全部操作任务的要求。

g) 具有就地操作及远方遥控操作的强制闭锁功能。

h) 具有检修状态下的防止误入带电间隔功能。

i) 具有与高压带电显示装置的接口。

j) 具有对时和自检功能。

6.1.3 结构

a) 产品的零部件应装配牢固，焊点无虚焊，运动部件应灵活、可靠。

b) 额定参数及结构相同的部件应具有互换性。

c) 除本标准另有规定，微机型防止电气误操作系统的各元件应遵循其各自的标准。

d) 材料应满足长期工作和使用条件的要求。

6.1.4 绝缘水平

接线端子对地应耐受工频电压 2000V、1min，无闪络击穿。

注：由于使用了电子元件，这部分的耐压试验可按制造厂和用户间的协议，采用不同的试验程序和数值。

6.1.5 外观

产品表面不应损伤、变形和污染，表面涂镀层应均匀，不应起泡、龟裂、脱落和磨损。金属零部件不应锈蚀和损伤。人体可能接触的部位不应有毛刺或尖角。

6.2 防误主机

6.2.1 总体要求

产品技术要求应符合 GB/T 9813 的规定。

6.2.2 功能

a）预编、存储防误程序。

b）具有多任务操作功能。

c）与模拟终端、电脑钥匙、遥控闭锁装置进行双向信息交换。信息交换正确、无遗漏，逻辑判断准确无误。

d）失电后，预先编入的防误程序和其他全部信息不应改变和丢失。

e）具有实时采集信息能力的防误主机应能同步接收远动装置和高压电气设备及其附属装置的信息。信息接收正确，无遗漏。

f）具有模拟预演、"五防"逻辑判断和操作票生成功能。

g）图形符号应符合 GB/T 5465.2 的规定。

6.2.3 编码

由同一防误主机控制的编码不允许出现重复。

6.2.4 电源

为防止干扰，防误主机电源回路应与变电站的保护、控制回路分开。

6.3 模拟终端

6.3.1 功能

a）模拟操作。模拟操作时，模拟动作元件（或图形显示）应分、合到位，动作元件的触点应接触可靠。

b）传输。经模拟操作，正确的操作程序向防误主机传输，误操作有光、声音或语音报警。

c）位置显示。应能正确显示高压电气设备及其附属装置的分（开）、合（闭）位置。电脑钥匙完成操作或操作至任意项，经返校，屏面位置显示应与电脑钥匙操作步骤一致。

6.3.2 屏面

具有或显示一次设备主接线图。

6.4 电脑钥匙

6.4.1 功能

a）正确接收防误主机的操作程序。

b）正确识别编码锁，进行正常操作应顺利开锁，灵活、无卡涩。误操作应闭锁并有光、声音或语音报警。

c）具有通过识别编码锁将高压电气设备及其附属装置分（开）、合（闭）位置传至防误主机的返校功能。

d）失电或更换新电池后，存储的操作程序和其他全部信息不应改变和丢失。

e）故障或失电时应闭锁，并有故障提示。

f）具有操作过程信息记录功能。

6.4.2 示屏

a）应在明显位置设置示屏，显示当前操作序号及内容。字迹应清晰，便于观看。如用户要求，应显示检查项。

b）应有背景光，在强光或黑暗处字迹显示清晰。

c）应有电池容量显示。

6.4.3 结构

a）体积和质量应便于携带，方便操作。

b）为适用户外操作，应具有一定的防雨性能及满足户外使用条件。

c）外壳及内部结构应耐受可能的跌落。

d）应考虑减轻磕碰的防护措施。

6.4.4 编码

a）结构和原理应保证编码识别的正确和可靠。

b）不允许出现重复编码，操作时不得出现误码、失码。

6.4.5 开锁机构

闭锁时不应使编码锁动作，开锁时应使编码锁可靠动作，灵活、无卡涩。

6.4.6 电池

应满足产品技术条件规定的不充电连续操作次数和连续工作时间的要求，操作中应保证电脑钥匙开锁机构动作、示屏显示、报警和背景光等各项功能正常。

6.5 通信装置

通信装置应具有与其他系统通信的能力，且符合 DL/T 860 的规定。

6.6 编码锁

6.6.1 功能

a）机械编码锁在闭锁状态时应能将锁栓保持在锁定位置。

b）电气编码锁应在操作回路中采用接点串联方式对高压电气设备进行强制闭锁。

c）进行正常操作时应顺利开锁，灵活、无卡涩。误操作应闭锁。

6.6.2 结构

a）简单、可靠，操作灵活，无卡涩，维护方便，防止异物开启。

b）防潮、防尘、防腐蚀，户外编码锁应具备良好的密封性能，用于特殊使用条件应满足相关标准的规定。

c）机械编码锁应符合锁具制造要求，锁栓应能承受高压开关设备正常操作力的机械强度要求。

d）电气编码锁应满足通流及绝缘强度要求。

6.6.3 编码

同 6.4.4。

6.7 接地锁

6.7.1 功能

除应满足 6.6.1 a）、c）外，还应具备：

a）电气设备安全接地和额定电流短路时的短时电流耐受和峰值电流耐受能力。

b）防止带电挂（合）接地线、带接地线合断路器、隔离开关的闭锁功能。

6.7.2 结构

除应满足 6.6.2 a)、b)、c) 外，还应具备：

a）结构设计应适合与带电作业用便携式接地和接地短路装置（按 DL/T 879）连接配合，连接和拆卸应方便、可靠。

b）应保证接地头与接地桩配合接触良好，接触面积应不小于 $120mm^2$，接地桩与变电站的接地体焊接牢固。

6.7.3 编码

同 6.4.4。

6.8 遥控闭锁装置

6.8.1 功能

除应满足 6.6.1 b)、c) 规定外，还应具备：

a）远方遥控开锁功能。

b）就地电脑钥匙开锁功能。

6.8.2 结构

除应满足 6.6.2 a)、b)、d) 规定外，还应具备：

a）闭锁继电器接点接触良好，动作可靠，配用的继电器应符合相关标准规定。

b）闭锁继电器与电气编码锁连接配合良好，整体结构牢固。

6.8.3 编码

同 6.4.4。

6.9 解锁钥匙

微机型防止电气误操作系统应配有解锁钥匙，解锁时灵活、无卡涩。

6.10 铭牌

微机型防止电气误操作系统及其功能部件应装设清晰和耐久的铭牌，户外铭牌应耐受气候影响和防腐蚀。

铭牌应包含下列内容：

a）制造厂名称或商标。

b）产品型号。

c）制造年月。

d）出厂编号。

e）额定参数。

7 型式试验

7.1 一般规定

型式试验的目的是验证微机型防止电气误操作系统是否达到定型生产的要求。

型式试验应包括微机型防止电气误操作系统的全部功能元件，其全部功能元件应与该型号产品的制造图纸相符。

型式试验项目包括：

a）外观及结构检查（见 7.2）。

b）模拟操作试验（见 7.3）。

c) 功能验证试验（见 7.4）。

d) 开、闭锁试验（见 7.5）。

e) 绝缘试验（见 7.6）。

f) 电源适应能力试验（见 7.7）。

g) 锁具牢固性试验（见 7.8）。

h) 连续操作试验（见 7.9）。

i) 电磁兼容性试验（见 7.10）。

j) 环境试验（见 7.11）。

k) 防护等级检验（见 7.12）。

l) 跌落试验（见 7.13）。

m) 短时和峰值耐受电流试验（见 7.14）。

n) 长霉试验（见 7.15）。

o) 盐雾试验（见 7.16）。

p) 沙尘试验（见 7.17）。

下列产品应进行型式试验：

——新产品；

——转厂试制的产品；

——当产品在设计、工艺或使用材料有重要改变时应做相应的型式试验；

——经常生产的产品，每隔 5 年进行一次试验项目 a) ～h) 的型式试验。

7.2 外观及结构检查

7.2.1 试品

试品为微机型防止电气误操作系统。

7.2.2 完整性检查

微机型防止电气误操作系统的完整性应符合产品技术条件和图样的要求。

7.2.3 外观检查

用目测法进行，外观应符合 6.1.5 的规定，铭牌应符合 6.10 的规定。

7.2.4 结构检查

目测及卡尺测量，结构除应符合 6.1.3 的规定外，防误主机应符合 6.2.4、模拟终端应符合 6.3.2、电脑钥匙应符合 6.4.3、编码锁应符合 6.6.2、接地锁应符合 6.7.2 的规定。

7.3 模拟操作试验

试品为防误主机和模拟终端。

试验时，在模拟终端上按正常操作和五种误操作模拟操作各 3 次，应符合 6.1.2 a)、b)，6.2.2 a)、b)、f) 和 6.3.1 a) 的规定。

7.4 功能验证试验

7.4.1 信息传递

试品为防误主机、模拟终端、电脑钥匙、通信装置和遥控闭锁装置。

将电脑钥匙插入接口，实现防误主机、模拟终端和电脑钥匙互联，按模拟终端—防误主机—电脑钥匙和/或遥控闭锁装置，电脑钥匙和/或遥控闭锁装置—防误主机—模拟终端两个方向，传递含有完整操作程序的信息各 3 次，应符合 6.1.2 c)、f)，6.2.2 c)，6.3.1 b) 和 6.4.1 a) 的规定。

具有实时采集信息功能的装置应对实时接收远动装置和高压电气设备及其附属装置信息的功能进行验证,信息接收 3 次,应符合 6.2.2 e)的规定。

通信装置进行信息传递测试,应符合 6.5 的规定。

7.4.2 高压电气设备及其附属装置位置显示

试品为防误主机、模拟终端、电脑钥匙和编码锁。

电脑钥匙按正常操作程序对编码锁操作任意项 3 次(包括 1 次完成全部操作)。每次操作后将已操作步骤回传防误主机和模拟终端,结果应符合 6.3.1 c)和 6.4.1 c)的规定。

7.4.3 报警

试品为防误主机、模拟终端、电脑钥匙和编码锁。

试验时,采用模拟终端模拟和电脑钥匙试开编码锁两种试验方式,试验五种误操作和跳项操作,模拟终端和电脑钥匙的报警应符合 6.1.2 d)、6.3.1 b)和 6.4.1 b)的规定。

7.4.4 失电记忆

试品为防误主机和电脑钥匙。

电脑钥匙从防误主机接收操作程序,在操作过程中,防误主机断开电源,电脑钥匙取出电池,1h 后恢复,试验 3 次,应符合 6.2.2 d)、6.4.1 d)的规定。

7.4.5 电脑钥匙显示和背景光

开启电脑钥匙的电源开关,检查示屏显示。将背景光功能键开启,在黑暗和阳光处观察,应符合 6.4.2 的规定。

7.4.6 解锁

用解锁钥匙对各种编码锁解锁,每种编码锁试验 3 次,应符合 6.9 的规定。

7.5 开、闭锁试验

7.5.1 试品

试品为防误主机、模拟终端、电脑钥匙、机械编码锁、电气编码锁、接地锁和遥控闭锁装置。

7.5.2 机械编码锁、电气编码锁和接地锁开、闭锁试验

7.5.2.1 电脑钥匙试验准备。用电脑钥匙从防误主机接收满足被试编码锁操作的足够程序。

7.5.2.2 开锁。按电脑钥匙示屏显示的当前操作项,核实编码锁的编号,用电脑钥匙逐一开启,顺序操作 3 次。

7.5.2.3 闭锁。

a)试验五种误操作,各操作 3 次。

b)试验跳项操作,模拟任意 3 种情况,各操作 1 次。

c)试验电脑钥匙失电(断开电源或取出电池),任选 3 个编码锁,各操作 1 次。

7.5.2.4 试验判据。若试验结果满足 6.1.2 a),6.4.1 b)、e),6.4.4,6.4.5,6.6.1 的规定,则认为试验通过。

7.5.3 遥控闭锁装置开、闭锁试验

7.5.3.1 防误主机试验准备。模拟预演操作后防误主机生成满足被试遥控闭锁装置操作的足够程序。

7.5.3.2 开锁。按防误主机显示的当前操作项,核实遥控闭锁装置的编号,用防误主机逐一开启,顺序操作 3 次。

7.5.3.3 闭锁。

a) 试验误操作 3 次。

b) 试验跳项操作 3 次。

c) 试验电源失电（断开电源），操作 3 次。

7.5.3.4 试验判据。若试验结果满足 6.1.2 a）中防止误分、误合断路器，防止带负荷分、合隔离开关，6.4.1 b）、e），6.4.4，6.4.5 和 6.6.1 的规定，则认为试验通过。

7.6 绝缘试验

7.6.1 一般要求

试品为自制防误主机、通信装置、电气编码锁和遥控闭锁装置。

试验部位为交流额定电压 220V 和/或直流额定电压 110、220V 接线端子对地。

7.6.2 绝缘电阻测量

用输出电压 1000V 的绝缘电阻表测量。

a) 正常条件下：≥100MΩ。

b) 交变湿热试验后：≥10MΩ。

7.6.3 工频耐压试验

1min 工频电压值：

a) 正常条件下：2000V。

b) 交变湿热试验后：1600V。

试验过程中，试品应无闪络击穿现象。

注：由于使用了电子元件，这部分的耐压试验可按制造厂和用户间的协议采用不同的试验程序和数值。

7.6.4 泄漏电流测量

工频电压值：

a) 正常条件下：2000V。

b) 交变湿热试验后：1600V。

泄漏电流：≤1mA。

7.7 电源适应能力试验

对自制防误主机和通信装置按表 1 进行试验，用交流和/或直流电压各试验 3 次，应符合 6.2.2 和 6.5 的规定。

表 1 电 源 适 应 能 力   V

电源类型	额定值	电压范围
交流	220	187～242
直流	220	198～242
	110	99～121

7.8 锁具牢固性试验

试品为各种机械编码锁。将编码锁按实际情况安装。

a) 固定锁：

1) 在锁体上垂直施加 500N 的力，固定螺栓和锁体不应变形、松动和损坏；

2) 在锁栓伸出全行程后，在锁栓端部垂直施加 500N 的力，锁栓不应变形、松动和损坏；

3) 在锁栓锁定状态，用正常操作力拔锁栓，锁栓应保持在锁定位置。

b）挂锁：

1）在锁栓锁定状态，垂直施加 500N 的力，锁栓不应变形、松动和损坏；

2）在锁栓锁定状态，用正常操作力拔锁栓，锁栓应保持在锁定位置。

7.9 连续操作试验

7.9.1 机械锁连续操作试验

用电脑钥匙对各种机械编码锁和接地锁分别进行试验，每种锁具各抽试 1 个，试验次数不少于 10 000 次。

注：锁栓完成 1 次往复为 1 次。

试验中，锁具应正常动作，允许对锁具润滑，电脑钥匙可以更换电池或充电，但不允许修理、更换零件。试验后，试品所有零部件不应变形、松动和损坏，并应符合 6.6.1 a）、c）的规定。

7.9.2 电气锁连续操作试验

用电脑钥匙对各种电气编码锁和遥控闭锁装置分别进行试验，每种锁具各抽试 1 个，试验次数不少于 10 000 次。

注：电气接点完成 1 次合分为 1 次。

电气回路电压和电流值按产品技术条件。

试验中，锁具应正常动作。电脑钥匙可以更换电池或充电，但不允许修理、更换零件。试验后，试品所有零部件不应过度发热、松动和损坏，并应符合 6.6.1 b）、c）的规定。

7.9.3 电脑钥匙连续操作试验

用电脑钥匙对各种编码锁分别进行试验。电脑钥匙试验次数不少于 50 000 次。

试验中，电脑钥匙开锁机构应正常动作。允许对开锁机构润滑，电脑钥匙可以更换电池或充电，但不允许修理、更换零件。试验后，试品所有零部件不应变形、松动和损坏，电脑钥匙开锁机构应符合 6.4.5 的规定。

注：本试验可与 7.9.1、7.9.2 合并进行。

7.9.4 电脑钥匙不充电连续工作时间和连续操作试验

用电脑钥匙对各种编码锁分别进行试验。

电脑钥匙接收不少于 256 步（或按产品技术条件）操作程序，对编码锁进行操作。每步操作显示屏均应有操作显示。先连续进行 250 次操作，然后在开机状态达到技术条件规定的电池连续工作时间（≥8h）后，再完成余下次数的操作。试验后，电脑钥匙的电池应符合 6.4.6 的规定。

注：本试验可与 7.9.1、7.9.2 合并进行。

7.9.5 模拟终端动作元件连续操作试验

对模拟终端动作元件连续操作不少于 50 000 次。试验后应符合 6.3.1 a）的规定。

7.9.6 解锁钥匙连续操作试验

用解锁钥匙对各种编码锁分别进行试验。解锁钥匙试验次数不少于 10 000 次。试验后应符合 6.9 的规定。

7.10 电磁兼容性试验

7.10.1 一般要求

试品为防误主机、模拟终端、电脑钥匙、通信装置、各种编码锁和遥控闭锁装置。

试验要求为在电磁兼容试验中按 7.4.1 和 7.5 检查，其中 7.4.1 信息传递各 1 次，7.5

对各种编码锁操作 1 次。应工作正常。

7.10.2 静电放电抗扰度试验

试验方法按 GB/T 17626.2 进行，试验等级为 3 级：接触放电±6kV，空气放电±8kV。

7.10.3 电快速瞬变脉冲群抗扰度试验

试验方法按 GB/T 17626.4 进行，试验等级为 3 级：信号端口±1kV，电源端口±2kV。

7.10.4 浪涌（冲击）抗扰度试验

试验方法按 GB/T 17626.5 进行，试验等级为 3 级：开路试验电压±2kV。

7.10.5 工频磁场抗扰度试验

试验方法按 GB/T 17626.8 进行，试验等级为 3 级：磁场强度 10A/m。

7.10.6 振荡波抗扰度试验

试验方法按 GB/T 17626.12 进行，试验等级为 3 级：差模电压 1.0kV，共模电压 2.5kV，振荡频率 1MHz。

7.11 环境试验

7.11.1 一般要求

试品为防误主机、模拟终端、电脑钥匙、通信装置、各种编码锁、接地锁和遥控闭锁装置。试验时按试品实际安装在户内或户外不同情况分别进行。

试验时，按 7.2.3、7.4.1 和 7.5 的规定进行初始和最终检测，最终检测前，恢复时间为 2h，其中 7.4.1 信息传递各 1 次，7.5 对各种编码锁操作 1 次。防误系统应工作正常，锁具应开、闭锁可靠。

特殊使用条件按 DL/T 593—2006 中 2.2 的规定。

7.11.2 低温试验

将试品置于低温试验箱中，试验方法按 GB/T 2423.1 进行，试验要求见表 2。

表 2 低温试验要求

项目	温度 ℃			工作状态	保温时间 h	中间检测[a] 要求
	户 内	户 外	电脑钥匙			
工作	−5，−15，−25	−10，−25，−30，−40	−15，−25，−35	通电	2	防误系统应工作正常，锁具应开、闭锁可靠
储运	−50			不通电	16	

[a] 中间检测在试验结束前按 7.4.1 和 7.5 进行。其中 7.4.1 信息传递各 1 次，7.5 对各种编码锁操作 1 次。

7.11.3 高温试验

将试品置于高温试验箱中，试验方法按 GB/T 2423.2 进行，试验要求见表 3。

表 3 高温试验要求

项目	温度 ℃	工作状态	保温时间 h	中间检测[a] 要求
工作	55	通电	2	防误系统应工作正常，锁具应开、闭锁可靠
储运	70	不通电	16	

[a] 中间检测在试验结束前按 7.4.1 和 7.5 进行。其中 7.4.1 信息传递各 1 次，7.5 对各种编码锁操作 1 次。

7.11.4 交变湿热试验

将试品置于交变湿热箱中，试验方法按 GB/T 2423.4 进行。试验要求见图 1，严酷度为

2 天。在交变湿热的第二个高温高湿期，试品通电 2h 进行交变湿热工作试验，在此期间的中间检测按 7.4.1 和 7.5 进行。其中 7.4.1 信息传递各 1 次，7.5 对各种编码锁操作 1 次。防误系统应工作正常，锁具应开、闭锁可靠。交变湿热试验结束后还应通过 7.6 规定的绝缘试验。

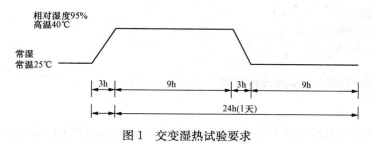

图 1　交变湿热试验要求

7.12　防护等级检验

试品为在户外工作的编码锁、接地锁和兼具户内、外使用的电脑钥匙。

试验按 GB 4208 进行，外壳防护等级为 IPX4。试验后，锁具和电脑钥匙内部不应有积水，电脑钥匙显示屏应正常显示。按 7.5 对编码锁和接地锁各操作 1 次，应工作正常。

7.13　跌落试验

试品为电脑钥匙。

将试品除去运输包装，可保留正常使用的防护措施（如皮套），放置高度为 1.2m，按试品 X、Y、Z 三个互相垂直的方向，选择装有示屏、按钮、开锁机构等的最不利面朝下，自由跌落至水泥地面。每个方向试验一次。试验后试品不应有表面开裂、元件损伤现象，按 7.5 任选三个编码锁对每个编码锁操作 1 次，应工作正常。

7.14　短时和峰值耐受电流试验

试品为接地锁。

将试品接入试验回路中，试验方法按 DL/T 593 的规定进行。

试验值如下。

a）额定短时耐受电流（有效值）：8kA。

b）额定峰值耐受电流（峰值）：20kA。

c）额定短路持续时间：3、4s。

试品在试验后，接地头不得弹出，并能正常操作。

7.15　长霉试验

试验方法按 GB/T 2423.16 的规定，用户与制造厂协议进行。

7.16　盐雾试验

试验方法按 GB/T 2423.17 的规定，用户与制造厂协议进行。

7.17　沙尘试验

试验方法按 GB/T 2423.37 的规定，用户与制造厂协议进行。

8　出厂试验

出厂试验的目的是为了检出材料和制造上的缺陷，不应损伤试品的性能和可靠性。出厂试验应在制造厂任一合适的场所对每套成品进行。根据协议，任一项出厂试验均可在现场进行。

出厂试验项目包括：

a) 外观及结构检查（见7.2）。

b) 模拟操作试验（见7.3）。

c) 功能验证试验（见7.4）。

d) 开、闭锁试验（见7.5）。

e) 工频耐压试验（见7.6.3）。

f) 电源适应能力试验（见7.7）。

9 微机型防止电气误操作系统选用导则

9.1 一般规定

选择微机型防误系统的要点是确定运行条件对产品的功能要求以及最符合这些要求的产品结构型式和组成。

这些要求应考虑到适用的法规和用户的安全规程。

9.2 额定值的选择

对于给定的运行方式，选用微机型防误系统时，其各元件的额定值应满足正常条件及电气设备或系统故障条件下的要求。

额定值的选择应符合本标准规定，并应考虑到当前运行方式的特点及未来发展。微机型防误系统各元件的额定值在本标准第5章中给出。

9.3 设计和结构的选择

选择微机型防误系统时，原则上凡高压电气设备及其附属装置所有可能造成误操作的部位，操作方式无论远方或就地，均应实现机械或电气的强制闭锁功能。

微机型防误系统应可靠、简单，操作和维护方便，尽可能不增加正常操作和事故处理的复杂性。

对于断路器或电动操作的隔离开关和接地开关，电气闭锁回路中不应使用重动继电器，应直接使用断路器或隔离开关和接地开关的辅助接点。

作为微机型防误系统的补充，宜采取加装高压带电显示闭锁装置等技术措施，辅助实现强制闭锁功能。

10 查询、订货和投标时应提供的资料

10.1 查询和订货时应提供的资料

在查询或订购微机型防误系统时，查询或订购方应提供下列资料：

a) 系统的特征。系统概况，系统运行、管理模式，如主站、厂站规模，电压等级，一次系统接线图，有人值守或无人值守。

b) 不同于本标准规定的使用条件（见本标准第3章）。最高和最低周围空气温度，所有超过正常值的运行条件或影响设备良好运行的条件，如异常地暴露于蒸汽、潮气、烟雾、易爆气体、过量的灰尘或烟雾中，热辐射（如日照）等。

c) 高压电气设备及其附属装置的特性。

1) 需闭锁的高压电气设备及其附属装置的型号和名称；

2) 操动机构类型及其操作方式。

d) 防误闭锁系统配置要求。

1）模拟终端的类型；

2）防误主机的类型，如嵌入式防误主机、计算机（工作站）和服务器等；

3）闭锁要求与锁具类型，如采用固定锁和/或挂锁，锁具类型为机械编码锁、电气编码锁、接地锁、遥控闭锁装置或其中某几类；

4）主站与厂站的通信设备；

5）与其他系统通信接口要求；

6）其他配置要求；

7）系统设备配置清单。

除以上项目外，查询方应列出可能影响到投标和订货的各种情况，如特殊的装配和安装条件。如果要求进行特殊的型式试验，应提供有关资料。

10.2 投标时应提供的资料

投标时，制造厂应采用文字叙述和图形的方式给出下列资料：

a）型式试验报告。如用户要求，提供鉴定报告及资料。

b）微机型防误系统的配置。

c）微机型防误系统的特性与功能。如：

1）结构及功能说明；

2）各部件技术性能说明；

3）闭锁方案；

4）最大外形尺寸与安装方式；

5）最重运输单元的质量；

6）运输和安装的工具；

7）安装规程；

8）运行和维护说明书。

d）用户订购的设备及应订购的备件清单。

11 运输、储存、安装、运行和维护规则

11.1 一般规定

制造厂应提供微机型防误系统运输、储存、安装、运行和维护的说明书。运输、储存、安装、运行和维护均应按制造厂说明书的规定进行。

运输和储存说明书应在交货前的适当时间提供，安装和维护说明书最迟应在交货时提供。

本标准不可能详尽地列出各种不同型式微机型防误系统的全部规则，但制造厂提供的说明书应给出 11.2～11.5 所列资料。

11.2 运输、储存和安装时的条件

如果在运输、储存和安装时不能保证订货合同中规定的使用条件（如温度和湿度），制造厂同用户应订立专门的协议。

为了在运输、储存和安装中及通电前保护绝缘，防止其由于雨、雪或凝露等而吸潮，应采取专门的预防措施。运输中的震动也应予以考虑。对此应给出合适的规定。

11.3 安装

对各种型式的微机型防误系统，制造厂所提供的说明至少应包括下列内容。

11.3.1　总装图

若微机型防误系统是拆装发运的，所有的运输单元都要清楚地加以标记，应随同微机型防误系统一起提供总装图和安装在高压电气设备及其附属装置上的位置示意图。

11.3.2　安装

微机型防误系统安装说明书应包括定位、基础及相关要求的说明，以便能完成现场准备工作。

单件质量超过100kg时（如立式模拟终端）应做出说明，并给出所需专用起吊设备和起吊位置的资料。

11.3.3　连接

应有防止因连接在高压电气设备及其附属装置和控制设备上而产生过热和不必要应力的说明并提供所需适当电气间隙的建议。

连接（如有）包括：

a）电缆的连接。

b）编码锁的连接。

c）接地锁的连接。

d）遥控闭锁装置的连接。

11.3.4　安装竣工检验

微机型防误系统安装完毕且所有连接完成后，应进行检查和试验，制造厂应提供检查和试验的说明。这些说明应包括：

a）为了能够正确地运行，建议进行现场试验项目的清单。

b）为了达到正确地运行，可能需要进行调整的程序。

c）为了帮助将来做出维护的决定，建议进行并记录的有关测量项目。

d）关于最后检查和投运的说明。

11.4　运行

制造厂给出的说明应包括下列资料：

a）通用说明，特别是微机型防误系统特性和运行的技术说明，应使用户能够充分了解所涉及的原理。

b）安全性能以及电脑钥匙和锁具的操作说明。

c）与运行有关的，为了对微机型防误系统进行操作、隔离、接地、维护和试验等工作的说明。

11.5　维护

11.5.1　一般规定

制造厂应提供计划维修时间的评估及应遵循的维护说明，常见故障及处理方法，设备不检修的操作次数、时间或其他合适的判据，以及在达到操作次数、时间后，应对微机型防误系统的哪些部件进行检修。制造厂应提供维护检修的项目、方法及需要更新的建议。

制造厂提供的说明还应包括11.5.2～11.5.5所列内容。

11.5.2　润滑

润滑油和润滑脂的质量要求，润滑周期要求。

11.5.3　防污染和腐蚀

各功能元件清洁和防腐蚀方法的有关说明。

11.5.4 备件和材料

制造厂应给出备件和材料清单，用户可按所列备件和材料进行储备。

11.5.5 专用工具

如有拆装和检修专用工具，制造厂应提供专用工具清单。

12 安全

仅当微机型防误系统符合本标准规定及适用法规和用户安全规程，按有关要求运输、储存和安装，并按制造厂的说明书使用和维护时，它才能够安全地工作。

通常只有指派的人员才可以接近高压电气设备及其附属装置，进行微机型防误系统的操作。

13 产品对环境的影响

制造厂应提供有关微机型防误系统对环境影响所需的资料。

制造厂应对产品中有关部件不同材料的使用寿命和拆除程序给予必要的指导，对再循环使用的可能性给予必要的说明。

用 电 安 全 导 则

GB/T 13869—2008

代替 GB/T 13869—1992

输配电和供用电卷

目　次

前　言

本标准代替 GB/T 13869—1992《用电安全导则》。

本标准与 GB/T 13869—1992 相比，修订的主要内容如下：

——增加了"目次"；

——增加了"前言"；

——增加了"引言"；

——增加了第 2 章：规范性引用文件；

——增加了第 3 章：术语和定义；

——将"电气装置"均修改为"电气设备和电气装置"；

——删除了 GB/T 13869—1992 中的附录 A；

——修改、补充和增加了部分新的要求，按照用电产品的寿命周期过程归纳，形成以下篇章：第 4 章：用电安全的基本原则；第 5 章：用电产品的设计制造与选择；第 6 章：用电产品的安装与使用；第 7 章：用电产品的维修；第 8 章：特殊场所用电安全的一般原则；第 9 章：用电的电磁兼容性；第 10 章：用电安全的管理。

本标准由中华人民共和国安全生产监督管理局提出。

本标准由全国电气安全标准化技术委员会（SAC/TC 25）归口并负责解释。

本标准由上海市劳动保护科学研究所负责起草、杭州临安乾龙电器有限公司等参加起草。

本标准主要起草人：陆勤、王剑明、缪正荣、陈征、朱叶锋。

本标准所代替标准的历次版本发布情况为：

——GB/T 13869—1992。

引　言

　　本标准是安全用电的基础性、管理性和指导性标准。本标准规定的用电安全的基本原则、基本要求和管理要求，以及用电产品的设计制造与选用、安装与使用、维修等，其目的是规范安全用电的行为和为人身及财产提供安全保障。各类电气设备、电气装置及用电场所的安全要求和措施，应依据本标准作出具体规定。

　　本标准针对在用电过程中常见的电气事故的特征及原因，在相关条文中对用电安全要求作了相应的规定，从而防止或减少电击伤亡、电气火灾、电气设备和电气装置损坏等事故的发生。

　　鉴于各个行业的用电特征不尽相同，本标准的部分条文针对电气产品的正常使用和管理提出了原则性的安全要求，在实际操作中，应依据这些要求并结合相关行业的用电安全规程（或规范）执行。

用 电 安 全 导 则

1 范围

本标准规定了用电安全的基本原则、基本要求和管理要求。针对用电产品提出的设计制造与选用、安装与使用、维修等要求也是为了安全用电的原因。

本标准适用于额定电压为交流 1000V 及以下、直流 1500V 及以下的各类电气设备和电气装置在设计、使用、维修和安全管理过程中与之相关的人员及职能部门。

2 规范性引用文件

下列文件中的条款通过本标准的引用而成为本标准的条款。凡是注日期的引用文件，其随后所有的修改单（不包括勘误的内容）或修订版均不适用于本标准，然而，鼓励根据本标准达成协议的各方研究是否可使用这些文件的最新版本。凡是不注日期的引用文件，其最新版本适用于本标准。

GB/T 4776—2008　电气安全术语

GB 4343.1　电磁兼容　家用电器、电动工具和类似器具的要求　第 1 部分：发射（GB 4343.1—2003，CISPR 14-1：2000，IDT）

GB 4343.2　电磁兼容　家用电器、电动工具和类似器具的要求　第 2 部分：抗扰度产品类标准（GB 4343.2—1999，idt CISPR 14-2：1997）

GB 4824　工业、科学和医疗（ISM）射频设备电磁骚扰特性　限值和测量方法（GB 4824—2004，CISPR 11：2003，IDT）

GB 16895.21—2004　建筑物电气装置　第 4-41 部分：安全防护　电击防护（IEC 60364-4-41：2001，IDT）

GB 16895.24—2005　建筑物电气装置　第 7-710 部分：特殊装置或场所的要求　医疗场所（IEC 60364-7-710：2002，IDT）

GB 19517—2004　国家电气设备安全技术规范

3 术语和定义

GB/T 4776—2008、GB 16895.21—2004、GB 19517—2004 中确立的术语和定义适用于本标准。

3.1 电气设备　electrical equipment

凡按功能和结构适用于电能应用的产品或部件。例如发电、输电、配电、贮存、测量、控制、调节、转换、监督、保护和消费电能的产品，还包括通信技术领域中的及由它们组合成的电气设备、电气装置和电气器具。

［GB 19517—2004，定义 B.1］

3.2 电气装置　electrical installation

为实现特定目的且具有互相协调特性的电气设备的组合。

［IEC 60050-826：2004，定义 826-10-01］

3.3 电击（触电）　electric shock

电流通过人体或动物体而引起的病理生理效应。

［GB/T 4776—2008，定义 3.1.3］

3.4 直接接触 direct contact

人或动物与带电部分的接触。

［GB/T 4776—2008，定义 3.1.13］

3.5 间接接触 indirect contact

人或动物与故障情况下变为带电的外露导电部分的接触。

［GB/T 4776—2008，定义 3.1.14］

3.6 保护接地 protective earthing

把在故障情况下可能出现危险的对地电压的导电部分同大地紧密地连接起来的接地。

［GB/T 4776—2008，定义 3.3.2.3］

3.7 Ⅰ类设备 class Ⅰ equipment

不仅依靠基本绝缘进行电击保护，而且还包括一个附加的安全措施，即把易电击的导电部分连接到设备固定布线中的保护（接地）导体上，使易触及导电部分在基本绝缘失效时，也不会成为带电部分的设备。

［GB/T 4776—2008，定义 3.3.3.2］

4 用电安全的基本原则

4.1 在预期的环境条件下，不会因外界的非机械的影响而危及人、家畜和财产。

4.2 在满足预期的机械性能要求下，不应危及人、家畜和财产。

4.3 在可预见的过载情况下，不应危及人、家畜和财产。

4.4 在正常使用条件下，对人和家畜的直接触电或间接触电所引起的身体伤害，及其他危害应采取足够的防护。

4.5 用电产品的绝缘应符合相关标准规定。

4.6 对危及人和财产的其他危险，应采取足够的防护。

5 用电产品的设计制造与选择

5.1 用电产品的设计制造应符合规定，如需要强制性认证的，应取得认证证书或标志。非强制认证的产品应具备有效的检验报告。

5.2 用电产品应具有符合规定的铭牌或标志，以满足安装、使用和维护的要求。

5.3 用电产品应按产品标准要求提供给用户相关的信息资料。

5.4 用电产品设计应按照直接安全技术措施、间接安全技术措施和提示性安全技术措施顺序实现，相关用电产品的产品标准应规定必要的措施和实现措施的规定。

5.5 正确选用用电产品的规格型式、容量和保护方式（如过载保护等），不得擅自更改用电产品的结构、原有配置的电气线路以及保护装置的整定值和保护元件的规格等。

5.6 选择用电产品，应确认其符合产品使用说明书规定的环境要求和使用条件，并根据产品使用说明书的描述，了解使用时可能出现的危险及需采取的预防措施。

6 用电产品的安装与使用

6.1 用电产品的安装应符合相应产品标准的规定。

6.2 用电产品应该按照制造商提供的使用环境条件进行安装，如果不能满足制造商的环境要求，应该采取附加的安装措施，例如，为用电产品提供防止外来机械应力、电应力，以及热效应的防护。

6.3 用电产品应该在规定的使用寿命期内使用，超过使用寿命期限的应及时报废或更换，必要时按照相关规定延长使用寿命。

6.4 任何用电产品在运行过程中，应有必要的监控或监视措施；用电产品不允许超负荷运行。

6.5 一般环境下，用电产品以及电气线路的周围应留有足够的安全通道和工作空间，且不应堆放易燃、易爆和腐蚀性物品。

6.6 正常运行时会产生飞溅火花或外壳表面温度较高的用电产品，使用时应远离可燃物质或采取相应的密闭、隔离等措施，用完后及时切断电源。

6.7 用电产品的电气线路须具有足够的绝缘强度、机械强度和导电能力并应定期检查。

6.8 移动使用的用电产品，应采用完整的铜芯橡皮套软电缆或护套软线作电源线；移动时，应防止电源线拉断或损坏。

6.9 固定使用的用电产品，应在断电状态移动，并防止任何降低其安全性能的损坏。

6.10 建筑物内应实施总等电位联结，以及辅助强度等电位联结或局部等电位联结。

6.11 当系统接地的形式采用 TT 系统时，应在各级电路采用剩余电流保护器进行保护，并且各级保护应具有选择性。

6.12 禁止利用大地作为工作中性线。

6.13 保护接地线应采用焊接、压接、螺栓连接或其他可靠方法连接，严禁缠绕或钩挂。电缆（线）中的绿/黄双色线在任何情况下只能用作保护接地线。

6.14 保护接地的措施和接地电阻应符合相关产品标准。

6.15 插拔插头时，应保证电气设备和电气装置处于非工作状态，同时人体不得触及插头的导电极，并避免对电源线施加外力。

6.16 插头与插座应按规定正确接线，插座的保护接地极在任何情况下都应单独与保护接地线可靠连接，不得在插头（座）内将保护接地极与工作中性线连接在一起。

6.17 使用固定安装的灯座时，灯座的螺纹口应接至电源的工作中性线，控制开关应串接在电源的相线中。

6.18 通信线路与电力线路使用不同电线或电缆时，应与该电力线路保持足够的安全距离，并采取相应的防护措施；如需共用原有的电力线路，应征得用电管理部门认可。

6.19 0 类设备只能在非导电场所中使用，在其他场所不应使用 0 类设备。

6.20 Ⅰ类设备使用时，应先确认其金属外壳或构架已可靠接地，或已与插头插座内接地效果良好的保护接地极可靠连接，同时应根据环境条件加装合适的电击保护装置。

6.21 用电产品因停电或故障等情况而停止运行时，均应及时切断电源。在查明原因、排除故障，并确认已恢复正常后才能重新接通电源。

6.22 自备发电装置应有措施保证与供电电网隔离，并满足用电产品的正常使用要求；不得擅自并入电网。

6.23 露天（户外）使用的用电产品应采取适用标准的防雨、防雾和防尘等措施。

7 用电产品的维修

7.1 用电产品在使用期间的检修、测试及维修应由专业的人员进行，非专业人员不得从事电气设备和电气装置的维修，但属于正常更换易损件情况除外；涉及公众安全的用电产品，其相应活动应由具有相应资格的人员按规定进行。

7.2 用电产品的维修应按照制造商提供的维修规定或定期维修要求进行。维修后需要检验的要按规定进行检验方能投入使用。

7.3 用电产品拆除时，应对原来的电源端作妥善处理，不应使任何可能带电的导电部分外露。

7.4 用电产品的测试及维修应根据情况采取全部停电、部分停电和不停电三种方式，并设置安全警示标志及采取相应的安全措施。

8 特殊场所用电安全的一般原则

8.1 在儿童活动场所，应考虑将插座安装在一定的高度，否则应采取必要的防护措施。

8.2 在浴场（室）、蒸汽房、游泳池等潮湿的公共场所，应有特殊的用电安全措施，保证在任何情况下人体不触及用电产品的带电部分，并当用电产品发生漏电、过载、短路或人员触电时能自动切断电源。

8.3 医疗场所的电气装置应符合 GB 16895.24—2005 的规定。

8.4 在可燃、助燃、易燃（爆）物体的储存、生产、使用等场所或区域内使用的用电产品，其阻燃或防爆等级要求应符合特殊场所的标准规定。

9 用电的电磁兼容性（EMC）

9.1 在用电的整个区域内，无线电干扰特性允许值应在同一频率的基础上确定，使干扰抑制保持在经济合理的水平，而且在整个频段仍能达到足够的对无线电保护。

9.2 电力系统电压的变化、谐波的抗扰性限值应符合产品标准的规定。

9.3 用电系统在运行时的辐射骚扰应符合产品标准的规定。

9.4 各种用电产品的抗扰性试验和发射试验应按照 GB 4824、GB 4343 或产品标准规定的适用方法进行试验。

10 用电安全的管理

10.1 用电单位除应遵守本标准的规定外，还应根据具体情况建立、完善并严格执行相应的用电安全规程及岗位责任制。

10.2 电气作业人员应无妨碍其正常工作的生理缺陷及疾病，并应具备与其作业活动相适应的用电安全、电击救援等专业技术知识及实践经验。

10.3 电气作业人员在进行电气作业前应熟悉作业环境，并根据作业的类型和性质采取相应的防护措施；进行电气作业时，所使用的电工个体防护用品应保证合格并与作业活动相适应。

10.4 从事电气作业中的特种作业人员应经专门的安全作业培训，在取得相应特种作业操作资格证书后，方可上岗。

10.5 当非电气作业人员有需要从事接近带电用电产品的辅助性工作时，应先主动了解或由电气作业人员介绍现场相关电气安全知识、注意事项或要求，由具有相应资格的人员带领和指导下参与工作，并对其安全负责。

10.6 临时用电应经有关主管部门审查批准，并有专人负责管理，限期拆除。

10.7 用电产品应有专人负责管理，并定期进行检修、测试和维护，检修、测试和维护的频度应取决于用电产品的规定的要求和使用情况。

10.8 经检修后的电气设备和电气装置，应证明其安全性能符合正常使用要求，并在重新使用前再次确认其符合本标准5.6的要求。安全性能不合格的用电产品不得投入使用。

10.9 用电产品如不能修复或修复后达不到规定的安全性能时应及时予以报废，并在明显位置予以标识。

10.10 长期放置不用的用电产品在重新使用前，应经过必要的检修和安全性能测试。

10.11 修缮建筑物或其他类似情况时，对原有电气装置应采取适当的防护措施，必要时应将其拆除，并符合本标准7.3的规定，修缮完毕后方可重新安装使用。

交流 1000V 和直流 1500V 以下低压配电系统电气安全 防护措施的试验、测量或监控设备

第1部分：通用要求

GB/T 18216.1—2012/IEC 61557-1：2007

代替 GB/T 18216.1—2000

输配电和供用电卷

目　　次

前　言

GB/T 18216《交流 1000V 和直流 1500V 以下低压配电系统电气安全　防护措施的试验、测量或监控设备》目前拟分为 13 个部分：
——第 1 部分：通用要求（IEC 61557-1）；
——第 2 部分：绝缘电阻（IEC 61557-2）；
——第 3 部分：环路阻抗（IEC 61557-3）；
——第 4 部分：接地电阻和等电位接地电阻（IEC 61557-4）；
——第 5 部分：对地电阻（IEC 61557-5）；
——第 6 部分：在 TT 和 TN 系统中残余电流防护装置（RCD）（IEC 61557-6）；
——第 7 部分：相序（IEC 61557-7）；
——第 8 部分：IT 系统绝缘监测装置（IEC 61557-8）；
——第 9 部分：IT 系统绝缘故障点测定装置（IEC 61557-9）；
——第 10 部分：防护措施的综合检测或监测装置（IEC 61557-10）；
——第 11 部分：在 TT、TN、IT 系统中 A 类和 B 类残余电流监测的有效性（IEC 61557-11）；
——第 12 部分：性能测量和监控装置（PMD）（IEC 61557-12）；
——第 13 部分：用于电力配电系统漏电流测量的手持式电流钳和传感器（IEC 61557-13）。

注：上述部分的名称会随 IEC 标准名称的变化而变化。

本部分为 GB/T 18216 的第 1 部分。

本部分按照 GB/T 1.1—2009 给出的规则起草。

本部分是对 GB/T 18216.1—2000 的修订。

本部分与 GB/T 18216.1—2000 相比主要技术变化如下：
——重新界定了术语，使用了"不确定度"（见 3.19、3.20、3.21 和 3.22）；
——"工作误差（B），百分工作误差（B [%]）"修改为"工作不确定度（B），百分工作不确定度（B [%]）"；同时修改了"公式（1）"并增加了影响量 E_9 和 E_{10}（见 4.1）；
——增加了"测量等级"（见 4.8）；
——增加了电磁兼容性（EMC）要求的内容（见 4.9）；
——使用说明中增加了新的要求，提供了"不确定度和 $E_1 \sim E_{10}$ 改变量"的要求（见 5.2）。

本部分使用翻译法等同采用 IEC 61557-1：2007《交流 1000V 和直流 1500V 以下低压配电系统电气安全　防护措施的试验、测量或监控设备　第 1 部分：通用要求》（英文版）。

请注意本文件的某些内容可能涉及专利。本文件的发布机构不承担识别这些专利的责任。

本部分由中国机械工业联合会提出。

本部分由全国电工仪器仪表标准化技术委员会（SAC/TC 104）归口。

本部分起草单位：上海英孚特电子技术有限公司、哈尔滨电工仪表研究所、河南省电力公司计量中心、天津市电力公司、山西省电力公司、重庆市电力公司、宁波三星电气股份有限公司。

本部分主要起草人：薛德晋、罗玉荣、赵玉富、王慧武、满玉岩、董力群、吴华、夏亚莉。

本部分所代替标准的历次版本发布情况为：

——GB/T 18216.1—2000。

引　言

IEC 60364-6:2006 规定了在 TN、TT 或 IT（IEC 60364）系统中电力安装设备的首次试验、连续监控以及这些设备调整后试验的标准化条件。除了规定施行这些试验的通用标准外，IEC 60364-6 还包括了必须通过测量来验证的要求。只有在少数几种情况下，例如在测量绝缘电阻时，该标准包括了所使用的测量装置的特性细节。在 IEC 60364-6 中作为例子给出并在正文中加以引用的电路图，一般不适用于实际使用。

当电气安装出现危险电压以及设备的使用不当或有缺陷时，在电力安装中施行试验很容易引起意外。因此，技术人员除了简化测量以外，还必须依赖于保证测量方法安全的测量装置。

应用电工和电子测量装置的通用安全规则（GB 4793.1）进行防护措施试验本身是不充分的。在电力安装中进行测量不仅对技术人员，还可能由于测量方法不同对第三方造成危害。

同样，为了获得一个关于设备的客观评判，例如设备移交以后进行周期性试验、连续绝缘监控或者对设备实行担保时，一个重要的前提是采用不同厂家的测量装置获得可靠的和可比的测量结果。

制定本系列标准的目的在于规定与上述特性相符合的统一原则，这些原则适用于标称电压交流 1000V 和直流 1500V 以下系统中的电气安全试验和性能测试用的测量和监控设备。

由于这个原因，在 GB/T 18216 的第 1 部分和其他各部分已经规定了以下公共规范：

——对外部电压的防护；

——防护等级Ⅱ级（绝缘监控装置除外）；

——测量装置中危险接触电压的规范和安全防护；

——被试设备中涉及接线错误的接线方式的评判规定；

——特殊机械要求；

——测量方法；

——被测量；

——最大工作不确定度的规定；

——影响量试验和工作不确定度计算的规定；

——在各个部分中规定的测量装置不确定度的阈值；

——型式和常规试验种类的规定以及试验所需的条件。

交流 1000V 和直流 1500V 以下低压配电系统电气安全防护措施的试验、测量或监控设备第 1 部分 通用要求

1 范围

GB/T 18216 的本部分规定了标称电压交流 1000V 和直流 1500V 以下低压配电系统中用于电气安全性测量和监控试验设备的通用要求。

当测量设备或测量装置涉及由本标准所覆盖的各种测量设备的测量任务时，那么本标准的各有关部分适用于每个有关的测量任务。

注：术语"测量设备"在下文中指"试验、测量和监控设备"。

2 规范性引用文件

下列文件对于本文件的应用是必不可少的。凡是注日期的引用文件，仅注日期的版本适用于本文件。凡是不注日期的引用文件，其最新版本（包括所有的修改单）适用于本文件。

GB 4208—2008 外壳防护等级（IP 代码）（IEC 60529：2001，IDT）

GB 4793.1—2007 测量、控制和实验室用电气设备的安全要求 第 1 部分：通用要求（IEC 61010-1：2001，IDT）

GB/T 16935.1 低压系统内设备的绝缘配合 第 1 部分：原理、要求和试验（GB/T 16935.1—2008，IEC 60664-1：2007，IDT）

IEC 60038：1983[1] IEC 标准电压（修正案 1：1994，修正案 2：1997）（IEC standard voltages）

IEC 60364-6：2006 建筑电气安装 第 6 部分：检验（Electrical installations of buildings—Part 6：Verification）

IEC 61010-2-030 测量、控制和实验室用电气设备的安全要求 第 2-30 部分：试验和测量电路的特殊要求（Safety requirements for electrical equipment for measurement, control, and laboratory use-Part 2-030：Special requirements for testing and measuring circuits）

IEC 61326-2-2：2005 测量、控制和实验室用电气设备 电磁兼容性（EMC）的要求 第 2-2 部分：特殊要求 用于低压配电系统的便携式试验、测量和监测设备的试验配置、操作条件和性能标准（Electrical equipment for measurement, control and laboratory use—EMC requirements—Part 2-2：Particular requirements—Test configurations, operational conditions and performance criteria for portable test, measuring and monitoring equipment used in low voltage distribution systems）

IEC 61326-2-4：2006 测量、控制和实验室用电气设备 电磁兼容性（EMC）的要求

---

1) 在"综合版"（6.2）中，"综合版"包括 IEC 60038：1983 和它的修正案 1（1994）和 2（1997）。

第2-4部分：特殊要求　符合 IEC 61557-8 的绝缘监测装置和符合 IEC 61557-9 的绝缘故障定位设备的试验配置、操作条件和性能标准（Electrical equipment for measurement，control and laboratory use—EMC requirements—Part 2：Particular requirements—Test configurations，operational conditions and performance criteria for insulation monitoring devices according to IEC 61557-8 and for equipment for insulation fault location according to IEC 61557-9)

IEC 61557-2　交流 1000V 和直流 1500V 以下低压配电系统电气安全　防护措施的试验、测量或监控设备　第 2 部分：绝缘电阻（Electrical safety in low voltage distribution systems up to 1000V a. c. and 1500V d. c. —Equipment for testing，measuring or monitoring of protective measures—Part 2：Insulation resistance)

IEC 61557-3　交流 1000V 和直流 1500V 以下低压配电系统电气安全　防护措施的试验、测量或监控设备　第 3 部分：环路阻抗（Electrical safety in low voltage distribution systems up tp 1000V a. c. and 1500V d. c. —Equipment for testing，measuring or monitoring of protective measures—Part 3：Loop impedance)

IEC 61557-4　交流 1000V 和直流 1500V 以下低压配电系统电气安全　防护措施的试验、测量或监控设备　第 4 部分：接地电阻和等电位接地电阻（Electrical safety in low voltage distribution systems up tp 1000V a. c. and 1500V d. c. —Equipment for testing，measuring or monitoring of protective measures—Part 4：Resistance of earth connection and equipotential bonding)

IEC 61557-5　交流 1000V 和直流 1500V 以下低压电配电系统电气安全　防护措施的试验、测量或监控设备　第 5 部分：对地电阻（Electrical safety in low voltage distribution systems up to 1000V a. c. and 1500V d. c. —Equipment for testing，measuring or monitoring of protective measures—Part 5：Resistance to earth)

IEC 61557-6　交流 1000V 和直流 1500V 以下低压配电系统电气安全　防护措施的试验、测量或监控设备　第 6 部分：在 TT 和 TN 系统中残留电流装置（RCD）（Electrical safety in low voltage distribution systems up to 1000V a. c. and 1500V d. c. —Equipment for testing，measuring or monitoring of protective measures—Part 6：Residual current devices (RCD) in TT and TN systems)

IEC 61557-7　交流 1000V 和直流 1500V 以下低压配电系统电气安全　防护措施的试验、测量或监控设备　第 7 部分：相序（Electrical safety in low voltage distribution systems up to 1000V a. c. and 1500V d. c. —Equipment for testing，measuring or monitoring of protective measures—Part 7：Phase sequence)

IEC 61557-8　交流 1000V 和直流 1500V 以下低压配电系统电气安全　防护措施的试验、测量或监控设备　第 8 部分：IT 系统绝缘监控装置（Electrical safety in low voltage distribution systems up to 1000V a. c. and 1500V d. c. —Equipment for testing，measuring or monitoring of protective measures—Part 8：Insulation monitoring devices for IT systems)

IEC 61557-9　交流 1000V 和直流 1500V 以下低压配电系统电气安全　防护措施的试验、测量或监控设备　第 9 部分：IT 系统绝缘故障点测定装置（Electrical safety in low voltage distribution systems up to 1000V a. c. and 1500V d. c. —Equipment for testing，measuring or monitoring of protective measures—Part 9：Equipment for insulation fault location in IT systems)

IEC 61557-10 交流 1000V 和直流 1500V 以下低压配电系统电气安全 防护措施的试验、测量或监控设备 第 10 部分：防护措施的综合检测或监测装置（Electrical safety in low voltage distribution systems up to 1000V a. c. and 1500V d. c. —Equipment for testing, measuring or monitoring of protective measures—Part 10：Combined measuring equipment for testing，measuring or monitoring of protective measures）

3 术语和定义

下列术语和定义适用于本文件。

3.1 配电系统的标称电压 nominal voltage of the distribution system

U_n

用于标明配电系统或设备的电压，某些工作特性与这个电压有关。

[IEV 60601-01-22，经修订]

3.2 系统中的工作电压 operating voltage in a system

正常条件下，系统在指定时刻和指定点上的电压值。

[IEV 60601-01-22，经修订]

3.3 对地电压 voltage against earth

U_0

a）在中性点接地的配电系统中，相线与接地中性点之间的电压；

b）在所有其他配电系统中，其中一相对地短路时其余各相导体与地之间的电压。

3.4 故障电压 fault voltage

U_f

在故障状态下，出现在暴露的导电部件（和/或外部导电部件）与地之间的电压。

3.5 （实际的）接触电压 (effective) touch voltage

U_t

当两个导电部件被人或动物同时接触时，导电部件之间的电压。

[IEV 826-11-05]

3.6 常规的接触电压限值 conventional touch voltage limit

U_L

在规定的外部影响条件下允许维持的不确定的接触电压的最大值，通常等于 50V 交流方均根值或 120V 无纹波的直流值。

[IEV 826-02-04，经修订]

3.7 额定电压范围 rated range of voltages

设计的测量和监控设备预期使用的电压范围。

3.8 额定供电电压 rated supply voltage

U_s

使测量设备工作的电压或作为电源测量设备能吸收电能的电压。

3.9 输出电压 output voltage

U_a

测量设备工作时或能输出电能时其端子之间的电压。

3.10 开路电压 open-circuit voltage

U_q

测量设备空载端子间的电压。

3.11 测量设备的额定电压 rated voltage of measuring equipment

U_{ME}

标志在设备上的，测量设备预期被使用的电压。

3.12 外部电压 extraneous voltage

由外部影响所产生的，测量设备可承受的电压。不是测量设备工作所需要的但却可能影响其工作的电压。

3.13 额定电流 rated current

I_N

在额定工作条件下测量设备的电流。

3.14 短路电流 short-circuit current

I_k

流过测量设备短路端子之间的电流。

3.15 额定频率 rated frequency

f_N

设计的预期使用测量设备的频率值。

3.16 地 earth

接地的导电体，其上任何点的电位约定等于零。

[IEV 826-04-01]

3.17 地电极 earth electrode

与地紧密接触并提供电气连接的单个导电部件或部件组。

[IEV 826-04-02]

3.18 总接地电阻 total earthing resistance

R_A

主接地端和地之间的电阻。

[IEV 826-04-03]

3.19 百分基准不确定度 percentage fiducial uncertainty

以基准值（见 3.26）的百分数表示的测量设备的（绝对）不确定度。

3.20 基本不确定度 intrinsic uncertainty

在参比条件下使用的测量仪器或替代仪表的不确定度。

[IEC 60359，定义 3.2.10]

注：由摩擦引起的不确定度是基本不确定度的一部分。

3.21 仪表的工作不确定度 operating instrumental uncertainty

额定工作条件下仪表的不确定度。

[IEC 60359，定义 3.2.11]

注：在工作范围内其影响量的某个组合下，工作不确定度将有一极大值（不考虑符号）。

3.22 百分工作不确定度 percentage operating uncertainty

以基准值百分数表示的测量设备的工作不确定度。

3.23 性能特性　performance characteristic

为对设备规定其性能而指定的某个量（用值、允差、范围来表示）。

注：视其应用而定，同一个量在本标准中可称为"性能特性"和"被测量或供给量"，也可作为"影响量"。此外，术语"性能特性"包括一些量的商，诸如单位长度的电压等。

3.24 影响量　influence quantity

不是测量的对象，但是其变化影响测量结果和示值之间的关系。

［IEC 60359，定义 3.1.14］

注：影响量对于设备来说可以是外部的也可以是内部的。当影响量之一的值在其测量范围内改变时，它可能由于其他的原因而影响不确定度。被测量或其参数自身也可作为影响量。例如，对于一个电压表，被测电压值由于非线性或其频率也可能导致附加的不确定度。

3.25 改变量（由影响量引起的）　variation（due to an influence quantity）

当一个影响量相继取两个不同的值时，指示仪表的同一被测量的校准示值之间的差，或者是实物量具的两个值的差。

［IEC 60359，定义 3.3.5］

3.26 基准值　fiducial value

为了定义基准不确定度而明确规定的作为参考的值。

注：例如，这个值可以是测量范围上限、标尺长度或任何其他明确说明的值。

［IEV 311-01-16，经修订］

3.27 参比条件　reference conditions

影响量的规定值和/或规定的值的范围的适当的集合，在此条件下规定测量仪表的最小允许不确定度。

［IEC 60359，定义 3.3.10］

3.28 规定的工作范围　specified operating range

构成额定工作条件（见 3.31）一部分的某单一影响量的量值范围。

3.29 供电电压的影响　effect of the supply voltage

由于供电电压而影响测量设备运行，并从而影响其产生的被测值的效应。

3.30 配电系统电压的影响　effects of the distribution system voltage

由于配电系统电压而影响设备工作，并从而影响其产生的被测值的效应。

3.31 额定工作条件　rated operating conditions

在测量期间为使校准图有效而应满足的一组条件。

［IEC 60359，定义 3.3.13］

3.32 额定测量电压 rated measuring voltage

U_M

在测量期间测量端子上存在的电压。

4 要求

当测量设备用于规定用途时不应危及人、畜或财产安全。此外，测量设备附加有不适用于本标准各部分的附加功能时，也不应危及人、畜或财产安全。

如果此后没有不同的规定，测量设备应符合 GB 4793.1—2007 的规定。

如果测量设备标明了其测量端子上的电压条件，它也必须指出是否存在系统电压以及带电导体是否可以和防护导体互换。

4.1 工作不确定度 (B)，百分工作不确定度 (B [%])

工作不确定度按下列公式计算：

$$B = \pm \left(|A| + 1.15 \sqrt{\sum_{i=1}^{N} E_i^2} \right) \qquad (1)$$

式中　A——基本不确定度；

　　　E_i——改变量；

　　　i——改变量的顺序号；

　　　N——影响因素的数量。

百分工作不确定度应按下列公式计算：

$$B(\%) = \pm \frac{B}{基准值} \times 100\% \qquad (2)$$

用来计算对工作不确定度有影响的改变量的标识如下：

——位置变化引起的改变量　　　　　　　　　E_1

——供电电压变化引起的改变量　　　　　　　E_2

——温度变化引起的改变量　　　　　　　　　E_3

——干扰电压引起的改变量　　　　　　　　　E_4

——地电极电阻引起的改变量　　　　　　　　E_5

——测试电路阻抗相角改变引起的改变量　　　E_6

——系统频率变化引起的改变量　　　　　　　E_7

——系统电压变化引起的改变量　　　　　　　E_8

——系统谐波引起的改变量　　　　　　　　　E_9

——系统直流分量引起的改变量　　　　　　　E_{10}

允许的百分工作不确定度在本标准中其他各部分中规定。

注：在计算工作不确定度时，仅单个影响量改变而其余影响量保持在参考条件下。将改变量各个值（正、负）中较大的一个代入公式计算工作不确定度。并非所有的影响量都与本标准中第 2 到第 8 部分所覆盖的测量设备有关。型式试验中测得的改变量在特定条件下可以用来计算常规试验中的工作不确定度。本系列标准中相关部分对此进行了详细阐述。

4.2 额定工作条件

应在下列额定工作条件下确定工作不确定度：

——温度范围 0℃～35℃；

——对可携式测量设备从参比位置到±90°位置；

——对于由配电系统供电（如果适用）的测量设备，适用于标称供电电压的 85%～110%（对于由配电系统供电的电压应使用 IEC 60038 中的值）；

——对于由电池组/蓄电池组供电的测量设备，电池或电池组/蓄电池组的充电状态应符合 4.3 的规定；

——手摇发电机供电的测量设备由制造厂规定每分钟转数的范围；

——供电电压频率（如适用）的 ±1%。

注：其他的额定工作条件由本标准中的其他部分规定。

4.3 电池检查装置

由电池或充电电池供电的测量设备应按规定的要求检查这些电池的充电状态是否允许测量。这可作为测量周期的一部分自动进行或作为一种独立的功能进行。电池所充电荷量至少和测量期间所需的一样。

4.4　端子

端子应设计成探头组与测量设备能可靠地连接，并且任何带电部件不能被意外地触及。在这种情况下，除了适用于本标准第8部分的测量装置外，防护导体应视为导电部件。

4.5　防护等级

除了适用于本标准第8部分和第9部分的测量装置外，测量装置应按双重绝缘或加强绝缘设计（Ⅱ级防护）。

4.6　污染等级

测量设备应至少按GB 4793.1—2007规定的污染等级2级设计。

4.7　过电压等级

适用于本标准第8部分和第9部分的测量设备应至少按GB/T 16935.1规定的过电压等级Ⅲ级设计。

4.8　测量等级

为了符合IEC 61010-2-030的规定，适用于本标准第3部分、第5部分、第6部分、第7部分和第10部分的测量设备应至少按测量等级Ⅲ级设计。适用于本标准第2部分、第4部分和第5部分（电池供电的）的测量设备应至少按测量等级Ⅱ级设计。

4.9　电磁兼容性（EMC）

4.9.1　适用于本标准第2部分、第3部分、第4部分、第5部分、第6部分、第7部分和第10部分的测量设备应按IEC 61326-2-2的规定设计。

4.9.2　适用于本标准第8部分和第9部分的测量设备应按IEC 61326-2-4的规定设计。

4.10　振动试验

除了按GB 4793.1进行耐机械力试验外，测量设备应成功地通过下列条件的振动试验（型式试验）：

——方向：三个互相垂直的轴向；

——振幅：1mm；

——频率：25Hz；

——持续时间：20min。

5　标志和使用说明书

除非本标准其他部分另有规定，标志和使用说明书应符合GB 4793.1—2007的规定。

5.1　标志

测量设备应具有以下标志，这些标志应清晰可识别并不易擦除。

a) 设备类型；

b) 被测量的单位；

c) 测量范围；

d) 可换熔丝的熔丝型号和额定电流；

e) 在电池盒内标志电池/蓄电池的型号和连接极性；

f) 由配电系统供电的测量设备标志配电系统标称电压和GB 4793.1—2007规定的双重绝缘的符号；

g) 制造厂名或注册商标；

h) 型号、名称或其他识别设备的方法（在内部或外部）；

i) 参见使用说明书，按 GB 4793.1 的规定使用符号 ⚠ 。

5.2 使用说明书

使用说明书中应提供工作不确定度、基本不确定度和改变量 $E_1 \sim E_{10}$（IEC 61557 第 8 部分和第 9 部分覆盖的测量设备除外）。

使用说明书应包括以下细节：

a）接线图；

b）测量方法；

c）测量原理的简述；

d）由制造厂以图或表格说明最大允许指示值，这些最大允许值应考虑到由制造商规定的允差（如果有必要）；

e）电池/可充电电池的类型；

f）关于可充电电池的充电电流、充电电压和充电时间的信息；

g）电池/可充电电池的工作寿命/运行时间或可测量的次数；

h）IP 防护类型（GB 4208—2008）；

i）必要的特殊指导性说明。

6　试验

除非下列条款或本标准的其他部分另有规定，测量设备应依照 IEC 61010-2-30 和 IEC 61326-2-2 的要求进行试验。

除非另有规定，所有试验都应在参比条件下进行。该参比条件在本标准的各部分中作了规定。

6.1　位置影响

如果适用，按 4.2 的规定，由于位置改变引起的改变量 E_1 应由制造厂规定的参比位置改变到＋90°或－90°位置进行确定（常规试验）。

6.2　温度影响

按 4.2 的规定，由于温度改变而引起的改变量 E_3 应在以下额定工作条件下确定：

——在 0℃ 和 35℃ 下达到平衡状态以后进行（型式试验）。

6.3　供电电压影响

由供电电压改变引起的改变量 E_2 应在以下额定工作条件下确定（常规试验）：

——由配电系统供电的测量设备按 4.2 确定的限值；

——由电池/蓄电池供电的测量设备按 4.3 和 6.4 确定的限值；

——由手摇发电机供电的测量设备按 4.2 确定的限值。

6.4　电池检查装置

应按 4.3 电池检查装置的规定设置电池电压的下限和上限，使用外部电压源来确定。应将在进行 6.3 规定的试验中的这些值视为由供电电压变化引起的改变量的限值 E_2 使用。

6.5　防护等级

除了适用于本标准第 8 部分和第 9 部分的设备外，应按 4.5 的规定检查其双重绝缘或加强绝缘（Ⅱ级防护）的符合性（型式试验）。

6.6　端子

应按 4.4 的规定检查端子对与带电部件偶然接触的防护（型式试验）。

6.7 机械要求

本试验应按 4.10 的规定进行（型式试验）。

当没有零件松动或弯曲，并且连接导线没有被损坏，就认为成功地通过了这些试验。试验以后测量设备应符合 4.1 有关工作不确定度的要求（型式试验）。

6.8 标志和使用说明书

按本标准第 1 部分到第 10 部分的第 5 章相关要求对标志和使用说明书进行目视检查（型式试验，标志作为常规试验）。

参 考 文 献

[1]　IEC 60050-300：2001　International electrotechnical vocabulary—Electrical and electronic measurements and measuring instruments—Part 311：General terms relating to measurements

[2]　IEC 60050-601：1985　International electrotechnical vocabulary—Chapter 601：Generation，transmission and distribution of electricity—General

[3]　IEC 60050-826：1982　Amendment 1：1998 International electrotechnical vocabulary—Part 826：Electrical installations of buildings

[4]　IEC 60359：2001　Expression of the performance of electrical and electronic measuring equipment

[5]　IEC 60364-1：2001　Electrical installations of buildings—Part 1：Fundamental principles，assessment of general characteristics，definitions

[6]　IEC 60364-6：2006　Low electrical installations—Part 6：Verification

[7]　IEC 61326-1：2005　Electrical equipment for measurement，control and laboratory use—EMC requirements—Part 1：General requirements

交流 1000V 和直流 1500V 以下低压配电系统电气安全 防护措施的试验、测量或监控设备

第 2 部分：绝缘电阻

GB/T 18216. 2—2012/IEC 61557-2：2007

代替 GB/T 18216. 2—2002

目　次

前　言

GB/T 18216《交流 1000V 和直流 1500V 以下低压配电系统电气安全　防护措施的试验、测量或监控设备》目前拟分为 13 个部分：

——第 1 部分：通用要求（IEC 61557-1）；

——第 2 部分：绝缘电阻（IEC 61557-2）；

——第 3 部分：环路阻抗（IEC 61557-3）；

——第 4 部分：接地电阻和等电位接地电阻（IEC 61557-4）；

——第 5 部分：对地电阻（IEC 61557-5）；

——第 6 部分：在 TT 和 TN 系统中残余电流防护装置（RCD）（IEC 61557-6）；

——第 7 部分：相序（IEC 61557-7）；

——第 8 部分：IT 系统绝缘监测装置（IEC 61557-8）；

——第 9 部分：IT 系统绝缘故障点测定装置（IEC 61557-9）；

——第 10 部分：防护措施的综合检测或监测装置（IEC 61557-10）；

——第 11 部分：在 TT、TN、IT 系统中 A 类和 B 类残余电流监测的有效性（IEC 61557-11）；

——第 12 部分：性能测量和监控装置（PMD）（IEC 61557-12）；

——第 13 部分：用于电力配电系统漏电流测量的手持式电流钳和传感器（IEC 61557-13）。

注：上述部分的名称会随 IEC 标准名称的变化而变化。

本部分为 GB/T 18216 的第 2 部分。

本部分按照 GB/T 1.1—2009 给出的规则起草。

本部分是对 GB/T 18216.2—2002 的修订。

本部分与 GB/T 18216.2—2002 相比主要技术变化如下：

——补充了术语"额定输出电压"（见 3.1）；

——修订了开路电压范围（见 4.2）；"工作误差"的要求修改为相应的"工作不确定度"要求（见 4.5）；

——增加了警告图示（见 4.6）；

——对过载试验条款的修订（见 6.6）。

本部分使用翻译法等同采用 IEC 61557-2：2007《交流 1000V 和直流 1500V 以下低压配电系统电气安全　防护措施的试验、测量或监控设备　第 2 部分：绝缘电阻》（英文版）。

请注意本文件的某些内容可能涉及专利。本文件的发布机构不承担识别这些专利的责任。

本部分由中国机械工业联合会提出。

本部分由全国电工仪器仪表标准化技术委员会（SAC/TC 104）归口。

本部分起草单位：上海英孚特电子技术有限公司、哈尔滨电工仪表研究所、河南省电力公司计量中心、湖北省电力公司、湖南省电力公司、重庆市电力公司、宁波三星电气股份有限公司。

本部分主要起草人：薛德晋、罗玉荣、赵玉富、王慧武、申莉、刘红、吴华、夏亚莉。

本部分所代替标准的历次版本发布情况为：

——GB/T 18216.2—2002。

交流 1000V 和直流 1500V 以下
低压配电系统电气安全
防护措施的试验、测量或监控设备
第 2 部分：绝缘电阻

1 范围

GB/T 18216 的本部分规定了测量绝缘电阻设备的要求，这些设备适用于测量在非激励状态下的设备和电气安装的绝缘电阻。

2 规范性引用文件

下列文件对于本文件的应用是必不可少的。凡是注日期的引用文件，仅注日期的版本适用于本文件。凡是不注日期的引用文件，其最新版本（包括所有的修改单）适用于本文件。

GB 4793.1—2007 测量、控制和实验室用电气设备的安全要求 第 1 部分：通用要求（IEC 61010-1：2001，IDT）

GB/T 18216.1—2012 交流 1000V 和直流 1500V 以下低压配电系统电气安全 防护措施的试验、测量或监控设备 第 1 部分：通用要求（IEC 61557-1：2007，IDT）

3 术语和定义

GB/T 18216.1 界定的以及下列术语和定义适用于本文件。

3.1 额定输出电压 rated output voltage

U_N

当测量设备以额定电流加载时，测量设备端子之间输出的电压。

4 要求

下列要求以及 GB/T 18216.1 确立的要求适用于本文件。

4.1 输出电压应为直流电压；当一个被测绝缘电阻与一个 2 μF 电容并联时，输出电压可能出现交流电压分量，在一个量值为 $U_N \times (1000\Omega/V)$ 的电阻两端的额定输出电压的指示值与相应的标示值之差应不大于 10％。

4.2 开路电压不应超过额定输出电压的 1.25 倍。

4.3 额定输出电流至少应为 1mA。

4.4 测量电流不应超过峰值 15mA，出现的任何交流分量不应超过峰值 1.5mA。

4.5 在标志或规定的测量范围内，按表 1 确定的以测量值作为基准值的最大百分工作不确定度不应超过 ±30％。

工作不确定度应适用于 GB/T 18216.1 规定的额定工作条件。

表 1 工作不确定度的计算

基本不确定度或影响量	参比条件或规定工作范围	符号	GB/T 18216 系列标准相关部分的要求或试验	试验类型
基本不确定度	参比条件	A	本部分的 6.1	R
位置	参比位置±90°	E_1	GB/T 18216.1—2012 的 4.2	R
供电电压	由制造厂商规定的极限	E_2	GB/T 18216.1—2012 的 4.2、4.3	R
温度	0℃和35℃	E_3	GB/T 18216.1—2012 的 4.2	T
工作不确定度	$B=\pm(\mid A\mid+1.15\sqrt{E_1^2+E_2^2+E_3^2})$		本部分的 4.5	R

$A=$ 基本不确定度
$E_n=$ 改变量
$R=$ 常规试验
$T=$ 型式试验 $\qquad B[\%]=\pm\dfrac{B}{\text{基准值}}\times100\%$

4.6 当测量设备的测量端子上偶然施加一个量值达到最高额定输出电压的 120% 且持续时间为 10s 的外部直流或交流电压时，使用者不应受到危险。

4.6.1 当测量设备上具有下列标志之一时，施加的外部交流过电压可以减小到 1.1 倍线电压：

　a)

不能用于电压高于…V 的配电系统中

注：1. 标志应用中文书写。
　　2. 标志上所示的电压值应是最大线电压的 1.1 倍。

或者

b) 在交流 500V 系统中如图 1 所示：

图 1

注：1. 图与外框应和背景颜色形成反差。
　　2. 标志上所示的电压值应是最大线电压的 1.1 倍。

施加降低了的交流过电压以后，设备还应符合规范。

5 标志和使用说明书

5.1 标志

除 GB/T 18216.1—2012 规定的标志外，测量设备上还应有以下信息：

a) 额定输出电压；

b) 额定电流；

c) 按 4.5 规定的测量范围。

5.2 使用说明书

除 GB/T 18216.1—2012 规定的操作说明外，使用说明书还应包括以下信息：

a) 一个警告性说明，应指出只能对非激励状态下的设备或对一个电气安装上的非激励的部分进行测量；

b) 当由手摇发电机供电时，应有正确的操作说明；

c) 以电池组或蓄电池组供电的测量设备应按 6.7 的规定，说明可能的测量次数。

6 试验

除了 GB/T 18216.1—2012 给出的试验外，还应进行下列试验。

6.1 确定工作不确定度的参比条件

工作不确定度应按表 1 的规定来确定，在此过程中基本不确定度应在下列参比条件下确定：

——供电电压的标称值；

——由手摇发电机供电时，发电机标称的每分钟转数；

——参比温度：23℃±2℃；

——按制造厂商规定的参比位置。

这样评定的工作不确定度不应超过 4.5 规定的限值。

6.2 开路电压

应按 4.2 的规定检验开路电压（常规试验）。

6.3 额定电流

应通过一个阻值为 $U_N \times$（1000Ω/V）的试验电阻来测试额定电流，应检验 4.3 要求的符合性（常规试验）。

6.4 测量电流

应测试测量电流，并应检查 4.4 的要求的符合性（常规试验）。

注：当在直流电压上叠加了一个交流电压时，必须使用测量电流峰值的测量设备。

6.5 设备加载试验

应这样进行试验，通过一个纯电阻（无电容和电感）加载测量设备，产生一个额定输出电压和额定电流，当并联一个 2（1±10%）μF 的电容时，指示值应稳定并且变化不大于10%（型式试验）。

6.6 过载试验

6.6.1 交流电压过载试验

根据 4.6 或 4.6.1 的规定应进行允许的过载试验。因此，用 4.6 或 4.6.1 规定的交流电压，以接通和断开设备的方法，施加到设备上持续 10s 的时间。

交流试验源应具有激活保护装置并且显示电路薄弱环节的能力。如果保护装置被激活或有零部件损坏，应用具有 GB/T 4793.1—2007 中 16.2 规定能力的试验源重新进行试验。

按 4.6 进行交流过载试验后，如果有任何缺陷，应明确地指出，指示值和显示值不应导致不安全的判读。

按 4.6.1 进行交流过载试验后，设备仍应符合规范。

这包括用户在没有任何维修的情况下重新激活保护装置。

注：更换用户所能触及的保险丝应被认为是重新激活保护装置。

6.6.2　直流电压过载试验

此外，以接通和断开设备的方式施加两个极性的直流电压试验，此直流电压是最高额定输出电压的 1.2 倍，贮存在 $2\mu F$ 的电容里。

经此试验后，测量设备仍应符合其规范，不应激活保护装置。

6.7　测量次数试验

应确定可能进行的测量次数，此测量次数是由电池检测装置确定的达到电压范围极限值前的数值。

在此过程中，应通过一个 $U_N \times$（$1000\Omega/V$）的试验电阻对设备加载，以加载 5s，间断约 25s 的周期交替进行（型式试验）。

6.8　记录

本章中的试验符合性应进行记录。

交流 1000V 和直流 1500V 以下低压配电系统电气安全　防护措施的试验、测量或监控设备

第 3 部分：环路阻抗

GB/T 18216.3—2012/IEC 61557-3：2007

代替 GB/T 18216.3—2007

输配电和供用电卷

目　　次

前　　言

GB/T 18216《交流 1000V 和直流 1500V 以下低压配电系统电气安全　防护措施的试验、测量或监控设备》目前拟分为 13 个部分：
——第 1 部分：通用要求（IEC 61557-1）；
——第 2 部分：绝缘电阻（IEC 61557-2）；
——第 3 部分：环路阻抗（IEC 61557-3）；
——第 4 部分：接地电阻和等电位接地电阻（IEC 61557-4）；
——第 5 部分：对地电阻（IEC 61557-5）；
——第 6 部分：在 TT 和 TN 系统中残余电流防护装置（RCD）（IEC 61557-6）；
——第 7 部分：相序（IEC 61557-7）；
——第 8 部分：IT 系统绝缘监测装置（IEC 61557-8）；
——第 9 部分：IT 系统绝缘故障点测定装置（IEC 61557-9）；
——第 10 部分：防护措施的综合检测或监测装置（IEC 61557-10）；
——第 11 部分：在 TT、TN、IT 系统中 A 类和 B 类残余电流监测的有效性（IEC 61557-11）；
——第 12 部分：性能测量和监控装置（PMD）（IEC 61557-12）；
——第 13 部分：用于电力配电系统漏电流测量的手持式电流钳和传感器（IEC 61557-13）。

注：上述部分的名称会随 IEC 标准名称的变化而变化。

本部分为 GB/T 18216 的第 3 部分。

本部分按照 GB/T 1.1—2009 给出的规则起草。

本部分是对 GB/T 18216.3—2007 的修订。

本部分与 GB/T 18216.3—2007 的主要变化如下：
——补充了术语"系统相位角"（3.4）、"环路阻抗"（3.5）；
——关于"工作误差"的要求修改为相应的"工作不确定度"要求（见 4.1）；
——增加使用说明的信息（见 5.2）；
——增加新影响量 E_9 和 E_{10}。

本部分使用翻译法等同采用 IEC 61557-3：2007《交流 1000V 和直流 1500V 以下低压配电系统电气安全　防护措施的试验、测量或监控设备　第 3 部分：环路阻抗》（英文版）。

请注意本文件的某些内容可能涉及专利。本文件的发布机构不承担识别这些专利的责任。

本部分由中国机械工业联合会提出。

本部分由全国电工仪器仪表标准化技术委员会（SAC/TC 104）归口。

本部分起草单位：哈尔滨电工仪表研究所、上海英孚特电子技术有限公司、河南省电力公司计量中心、天津市电力公司、山西省电力公司、重庆市电力公司、宁波三星电气股份有限公司。

本部分主要起草人：罗玉荣、薛德晋、赵玉富、王慧武、满玉岩、董力群、吴华、夏亚莉。

本部分所代替标准的历次版本发布情况为：

——GB/T 18216.3—2007。

交流1000V和直流1500V以下低压配电系统电气安全防护措施的试验、测量或监控设备 第3部分：环路阻抗

1 范围

GB/T 18216的本部分规定了通过对被测电路加载产生电压降落的方法来测量环路阻抗的设备的要求，环路阻抗是相导体与防护导体之间或相导体与中性导线之间或某两相导体之间的阻抗。

2 规范性引用文件

下列文件对于本文件的应用是必不可少的。凡是注日期的引用文件，仅注日期的版本适用于本文件。凡是不注日期的引用文件，其最新版本（包括所有的修改单）适用于本文件。

GB 4793.1—2007 测量、控制和试验室用电气设备的安全要求 第1部分：通用要求（IEC 61010-1：2001，IDT）

GB/T 18216.1 交流1000V和直流1500V及以下低压配电系统电气安全 防护措施的试验、测量或监控设备 第1部分：通用要求（GB/T 18216.1—2012，IEC 61557-1：2007，IDT）

3 术语和定义

GB/T 18216.1界定的以及下列术语和定义适用于本文件。

3.1 加载方法 loading method
给配电系统中某一电路加以负载而产生电压降落的方法。

3.2 加载设备 loading equipment
在某一电路中产生电压降落的设备。

3.3 测试电流 test current
在某一电路中产生电压降落的电流。

3.4 系统相位角 system phase angle
配电系统中环路阻抗与环路电阻之间的夹角。

3.5 环路阻抗 loop impedance
在电流环路中包含电流源阻抗在内的所有阻抗和，即从测量点到电流源另一端子的相导体（例如保护导体、接地电极和大地）的阻抗。

4 要求

下列要求以及GB/T 18216.1确立的要求适用于本文件。

4.1 在标志的或声明的测量范围内，按表1确定的最大百分工作不确定度不应超过以测量值作为基准值的±30%。

工作不确定度在GB/T 18216.1规定的额定工作条件和下列工作条件下适用：

——被测试电路没有加载；

——系统电压应在设备设计使用的配电系统的标称电压的 85％～110％之间；

——系统频率应在设备设计使用的配电系统标称频率的 99％～101％之间；

——在测量过程中，系统的电压和频率保持恒定不变；

——电路通过加设备加载。

对于配电系统中接近变压器的测量，用户应使用带有规定功能的（系统相角影响量最低 30°）环路阻抗测量设备进行，或者由用户考虑附加的规定的工作不确定度。

注：在接近源端变压器处（例如小于 50m）进行环路电阻的测量系统相角可能超过 18°（例如直到 30°），因此变压器的内部阻抗的电感部分不能忽略。

4.2 通过加载设备加载引起配电系统瞬变时，作为瞬变结果的工作不确定度不应超差。

带有规定的 18°系统相角影响量 $E_{6.1}$ 的设备应按 GB 4793.1—2007 中第 14 个警告符号在邻近环路功能标志的地方标记或者在显示器上警告。

4.3 当在做零偏移校准包括外部电阻时，则应注明。

无论在范围或功能方面有任何改变，只要被注明偏移就应一直包含在内。

4.4 应确保避免由于在受试电路的测量点上超过 50V 的测量而产生故障电压。当出现 GB/T 4793.1—2007 中图 1 所示的超过 50V 的故障电压时，可以通过自动切断来避免。

4.5 当测量设备连接到设计的测量设备使用的配电系统的 120％标称电压上时，测量设备不应受到损害，使用者不应受到危险，防护装置不应动作。

4.6 当测量设备意外连接到对地电压为它的额定电压的 173％的电压上达 1min 时，测量设备不应被损坏，使用者不应受到危险，防护装置可以动作。

表 1 工作不确定度计算

基本不确定度或影响量	参比条件或规定工作范围	符号	GB/T 18216 标准相关部分的要求或试验	试验类型
基本不确定度	参比条件	A	本部分的 6.1	R
位置	参比位置±90°	E_1	GB/T 18216.1 的 4.2	R
供电电压	由制造厂商规定的极限	E_2	GB/T 18216.1 的 4.2、4.3	R
温度	0℃和 35℃	E_3	GB/T 18216.1 的 4.2	T
系统相位角	测量范围下限的系统相位角 0°～18°	$E_{6.1}^a$	本部分的 4.1	T
系统相位角	测量范围下限的系统相位角 0°～30°	$E_{6.2}^a$	本部分的 4.1	T
系统频率	标称频率的 99％～101％	E_7	本部分的 4.1	T
系统电压	标称电压的 85％～110％	E_8	本部分的 4.1	T
谐波	0°相角时，三次谐波 5％ 180°相角时，五次谐波 6％ 0°相角时，七次谐波 5％（配电系统标称电压的基波百分数）	E_9	本部分的 4.1	T
直流量	加上系统标称电压 0，5％的附加直流分量，两个极性； 推荐制造厂按本表计算工作不确定度时包括 E_{10}	E_{10}^b	本部分的 4.1	T
工作不确定度	$$B=\pm(|A|+1.15\sqrt{E_1^2+E_2^2+E_3^2+E_6^2+E_7^2+E_8^2+E_9^2+E_{10}^2})$$		本部分的 4.1	R

基本不确定度或影响量	参比条件或规定工作范围	符号	GB/T 18216 标准相关部分的要求或试验	试验类型

A＝基本不确定度

E_n＝改变量

R＝常规试验

T＝型式试验

$$B[\%]=\pm\frac{B}{基准值}\times 100\%$$

a　按照适用情况，分别使用 $E_{6.1}$ 或 $E_{6.2}$。

b　影响量 E_{10} 包括计算由依照 IEC 61800-5-2 的直流泄漏电流引起的，作用于 PE 或 PEN 导体上的可能的电压跌落。

5　标志和使用说明书

5.1　标志

除 GB/T 18216.1 规定的标志外，在测量设备上还应提供下列信息：

a）不确定度限值符合 4.1 规定的环路阻抗的电阻范围或计算出的短路电流的范围；

b）设备额定使用的标称系统电压；

c）设备额定使用的额定系统频率；

d）当相位角大于 18°时，加载设备的相位角。

5.2　使用说明书

除了 GB/T 18216.1 规定外，说明书还应规定以下操作说明：

a）如相位角大于 18°，应说明与加载设备有关的数据；

b）测试电流的值和波形以及加载时间；

c）工作不确定度不超过 4.1 规定的系统电压的范围；

d）工作不确定度不超过 4.1 的规定的环路阻抗的范围（幅值和角度）；

e）可能的不确定度提示，例如对被测试电路预加载而产生的不确定度；

f）受系统电压变化影响和来自系统的其他影响的有关数据，诸如靠近配电系统变压器的测量。应规定详细的用户校正值，除非仪器有一个完整的详细的环路阻抗测量函数。

6　试验

除了 GB/T 18216.1 列出的试验外，还应施行以下试验。

6.1　应根据表 1 的规定计算工作不确定度。在此过程中，基本不确定度应在下列参比条件下确定：

——标称系统电压；

——标称系统频率；

——参比温度 23℃±2℃；

——按制造厂规定的参比位置；

——标称配电系统供电电压或电池电压；

——加载设备与在试电路环路阻抗的相位角差小于或等于 5°。

这样评定的工作不确定度不应超过 4.1 规定的限值。

6.2 按 4.3 的要求进行符合性试验（型式试验）。

6.3 按 4.4 的要求进行符合性试验（常规试验）。

6.4 按 4.5 和 4.6 的要求进行允许的过载试验（型式试验）。

6.5 本章中的各项符合性试验应进行记录。

参 考 文 献

[1]　IEC 61800-5-2 Adjustable speed electrical power drive systems—Part 5-2：Safety requirements—Functional

交流1000V和直流1500 V以下低压配电系统电气安全 防护措施的试验、测量或监控设备

第4部分：接地电阻和等电位接地电阻

GB/T 18216. 4—2012/IEC 61557-4：2007

代替GB/T 18216. 4—2007

目　　次

前　言

GB/T 18216《交流 1000V 和直流 1500V 以下低压配电系统电气安全　防护措施的试验、测量或监控设备》目前拟分为 13 个部分：

——第 1 部分：通用要求（IEC 61557-1）；

——第 2 部分：绝缘电阻（IEC 61557-2）；

——第 3 部分：环路阻抗（IEC 61557-3）；

——第 4 部分：接地电阻和等电位接地电阻（IEC 61557-4）；

——第 5 部分：对地电阻（IEC 61557-5）；

——第 6 部分：在 TT 和 TN 系统中残余电流防护装置（RCD）（IEC 61557-6）；

——第 7 部分：相序（IEC 61557-7）；

——第 8 部分：IT 系统绝缘监测装置（IEC 61557-8）；

——第 9 部分：IT 系统绝缘故障点测定装置（IEC 61557-9）；

——第 10 部分：防护措施的综合检测或监测装置（IEC 61557-10）；

——第 11 部分：在 TT、TN、IT 系统中 A 类和 B 类残余电流监测的有效性（IEC 61557-11）；

——第 12 部分：性能测量和监控装置（PMD）（IEC 61557-12）；

——第 13 部分：用于电力配电系统漏电流测量的手持式电流钳和传感器（IEC 61557-13）。

注：上述部分的名称会随 IEC 标准名称的变化而变化。

本部分为 GB/T 18216 的第 4 部分。

本部分按照 GB/T 1.1—2009 给出的规则起草。

本部分是对 GB/T 18216.4—2007（IEC 61557-4：1997）的修订。

本部分与 GB/T 18216.4—2007 相比主要变化如下：

——删减术语"测量电压"；

——关于"工作误差"的要求修改为相应的"工作不确定度"要求（见 4.6）；

——数字式设备的分辨率由 0.01Ω 修改为 0.1Ω（见 4.5）。

本部分使用翻译法等同采用 IEC 61557-4：2007《交流 1000V 和直流 1500V 以下低压配电系统电气安全防护措施的试验、测量或监控设备　第 4 部分：接地电阻和等电位接地电阻》。

请注意本文件的某些内容可能涉及专利。本文件的发布机构不承担识别这些专利的责任。

本部分由中国机械工业联合会提出。

本部分由全国电工仪器仪表标准化技术委员会（SAC/TC 104）归口。

本部分起草单位：哈尔滨电工仪表研究所、上海英孚特电子技术有限公司、天津市电力公司、山西省电力公司、重庆市电力公司、河南省电力公司、宁波三星电气股份有限公司。

本部分主要起草人：罗玉荣、薛德晋、王慧武、满玉岩、董力群、吴华、陈卓亚、夏亚莉。

本部分所代替标准的历次版本发布情况为：

——GB/T 18216.4—2007。

交流 1000V 和直流 1500 V 以下低压
配电系统电气安全
防护措施的试验、测量或监控设备
第 4 部分：接地电阻和等电位接地电阻

1 范围

GB/T 18216 的本部分规定了测量设备的要求，这些测量设备是以测量值指示或以极限值指示的用于测量接地导体、保护接地导体以及包括连接线和端子在内的等电位连接导体的电阻的设备。

2 规范性引用文件

下列文件对于本文件的应用是必不可少的。凡是注日期的引用文件，仅注日期的版本适用于本文件。凡是不注日期的引用文件，其最新版本（包括所有的修改单）适用于本文件。

GB/T 18216.1—2012 交流 1000V 和直流 1500V 及以下低压配电系统电气安全 防护措施的试验、测量或监控设备 第 1 部分：通用要求（IEC 61557-1：2007，IDT）

3 术语和定义

GB/T 18216.1—2012 界定的术语和定义适用于本文件。

4 要求

下列要求以及 GB/T 18216.1—2012 确立的要求适用于本文件。

4.1 测量电压可以是一个直流电压或是交流电压。开路电压应介于 4~24V。

4.2 按 4.4 的规定，在最小测量范围内的测量电流应不小于 0.2A。

4.3 用直流电压作为测量电压的电阻测量设备，或者提供一个换向开关或者允许交换测试导线。

4.4 工作不确定度符合 4.6 的规定的测量范围应包括 $0.2\Omega \sim 2\Omega$。

这个范围应标志在设备上。对于测量结果只有模拟显示的应将量限标在刻度盘上。

4.5 按 4.4 的规定，在模拟测量设备上标志的量限应至少覆盖标度尺长度的 50%。

在此范围内，标度尺的分度应至少为 $0.5mm/0.1\Omega$。

数字式设备的分辨率至少为 0.1Ω。

4.6 在标示或规定的测量范围内，以测量值为基准值按表 1 确定的最大百分数工作不确定度应不超过 ±30%。

工作不确定度适用于 GB/T 18216.1—2012 规定的额定工作条件下。

4.7 校零时如果包含外部电阻，则应标志出。

无论范围和功能发生任何改变，只要标志存在校零时包含的外部电阻都应一直保留着。

4.8 只有极限值指示的设备，无论是达到上限值或是下限值，都应清晰无误地显示超限。

4.9 对于可以在配电系统中使用的测量设备，当其偶然接到 120% 配电系统标称电压上时，使用者应不受到危险，设备不应被损坏。

防护设备可以被激活。

表1 工作不确定度计算

基本不确定度 或影响量	参比条件或规定工作范围	代码	GB/T 18216 相关部分 的要求或试验	试验类型
基本不确定度	参比条件	A	本部分的 6.1	R
位置	参比位置±90°	E_1	GB/T 18216.1—2012 的 4.2	R
供电电压	由制造厂商规定的极限	E_2	GB/T 18216.1—2012 的 4.2，4.3	R
温度	0℃和35℃	E_3	GB/T 18216.1—2012 的 4.2	T
工作不确定度	$B=\pm\left(\mid A\mid+1.15\sqrt{E_1^2+E_2^2+E_3^2}\right)$		本部分的 4.6	R

A——基本不确定度；

E_n——改变量；

R——常规试验；

T——型式试验。

$$B[\%]=\pm\frac{B}{\text{基准值}}\times100\%$$

5 标志和使用说明书

5.1 标志

除 GB/T 18216.1—2012 规定的标志外，在测量设备上还应提供下列信息：

a) 开路电压；

b) 测量电流；

c) 设备额定的标称系统电压；

d) 符合 4.6 规定的测量范围。

5.2 使用说明书

除了 GB/T 18216.1—2012 的规定外，说明书还应包括以下信息：

a) 只能对非激励的电路进行测量的警告标志；

b) 由于并联另外的工作电路的阻抗或瞬时电流可能对测量结果产生不利影响的警告标志；

c) 当用手摇发电机供电时，给出正确操作的说明；

d) 用电池或可充电电池供电的测量设备，应说明可测量的次数。

6 试验

除了 GB/T 18216.1—2012 规定的试验外，还应施行下列试验。

6.1 应根据表1的规定计算工作不确定度。在此过程中，基本不确定度应在下列参比条件下确定：

——供电电压为标称值；

——当以手摇发电机作为电源时，应在标称转速下；

——参比温度 23℃±2℃；

——按制造厂规定的参比位置。

这样评定的工作不确定度应不超过 4.6 规定的限值。

6.2　应进行 4.1 要求的试验，测量开路电压的下限值（常规试验）。

应进行 4.1 要求的试验，测量开路电压的上限值（型式试验）。

6.3　应进行 4.2 要求的试验，检测测量电流（常规试验）。

6.4　进行 4.7 要求的符合性试验（型式试验）。

6.5　按 4.9 的规定进行允许过载试验。

为此目的，一个幅值为 1.2 倍配电系统标称电压的顺序改变极性的直流电压和一个交流电压依次施加到测量端子上历时 10s。可以用接通和断开测量设备的方式进行试验。经此试验后，该测量设备应无损坏。（型式试验）

6.6　应确定达到电池检查设备规定的电压范围极限时可能进行的测量次数。试验过程中，测量设备应通过 $1\Omega\pm5m\Omega$ 的试验电阻每次加载 5s，每次新的加载间隔为 25s。

6.7　本章中的符合性试验应进行记录。

————————————

交流1000V和直流1500V以下低压配电系统电气安全 防护措施的试验、测量或监控设备

第5部分：对地阻抗

GB/T 18216.5—2012/IEC 61557-5：2007

代替 GB/T 18216.5—2007

输配电和供用电卷

目　　次

前　言

GB/T 18216《交流 1000V 和直流 1500V 以下低压配电系统电气安全　防护措施的试验、测量或监控设备》目前拟分为 13 个部分：

——第 1 部分：通用要求（IEC 61557-1）；

——第 2 部分：绝缘电阻（IEC 61557-2）；

——第 3 部分：环路阻抗（IEC 61557-3）；

——第 4 部分：接地电阻和等电位接地电阻（IEC 61557-4）；

——第 5 部分：对地电阻（IEC 61557-5）；

——第 6 部分：在 TT 和 TN 系统中残余电流防护装置（RCD）（IEC 61557-6）；

——第 7 部分：相序（IEC 61557-7）；

——第 8 部分：IT 系统绝缘监测装置（IEC 61557-8）；

——第 9 部分：IT 系统绝缘故障点测定装置（IEC 61557-9）；

——第 10 部分：防护措施的综合检测或监测装置（IEC 61557-10）；

——第 11 部分：在 TT、TN、IT 系统中 A 类和 B 类残余电流监测的有效性（IEC 61557-11）；

——第 12 部分：性能测量和监控装置（PMD）（IEC 61557-12）；

——第 13 部分：用于电力配电系统漏电流测量的手持式电流钳和传感器（IEC 61557-13）。

注：上述部分的名称会随 IEC 标准名称的变化而变化。

本部分为 GB/T 18216 的第 5 部分。

本部分按照 GB/T 1.1—2009 给出的规则起草。

本部分是对 GB/T 18216.5—2007（IEC 61557-5：1997）的修订。

本部分与 GB/T 18216.5—2007 的主要区别如下：

——增加术语"辅助地电极""辅助地电极电阻""探针""探针电阻"（见 3.2、3.3、3.4、3.5）；

——关于"工作误差"的要求修改为相应的"工作不确定度"要求（见 4.3）。

本部分使用翻译法等同采用 IEC 61557-5：2007《交流 1000V 和直流 1500V 以下低压配电系统电气安全　防护措施的试验、测量或监控设备　第 5 部分：对地电阻》。

请注意本文件的某些内容可能涉及专利。本文件的发布机构不承担识别这些专利的责任。

本部分由中国机械工业联合会提出。

本部分由全国电工仪器仪表标准化技术委员会（SAC/TC 104）归口。

本部分起草单位：哈尔滨电工仪表研究所、上海英孚特电子技术有限公司、天津市电力公司、山西省电力公司、重庆市电力公司、河南省电力公司、宁波三星电气股份有限公司。

本部分主要起草人：罗玉荣、薛德晋、王慧武、满玉岩、董力群、吴华、陈卓亚、夏亚莉。

本部分所代替标准的历次版本发布情况为：

——GB/T 18216.5—2007。

交流 1000V 和直流 1500V 以下低压配电系统电气安全防护措施的试验、测量或监控设备第 5 部分：对地电阻

1 范围

GB/T 18216 的本部分规定了使用交流电压来测量对地电阻设备的要求。

2 规范性引用文件

下列文件对于本文件的应用是必不可少的。凡是注日期的引用文件，仅注日期的版本适用于本文件。凡是不注日期的引用文件，其最新版本（包括所有的修改单）适用于本文件。

GB 4793.1—2007 测量、控制和实验室用电气设备的安全要求 第 1 部分：通用要求（IEC 61010-1：2001，IDT）

GB/T 18216.1—2012 交流 1000V 和直流 1500V 及以下低压配电系统电气安全 防护措施的试验、测量或监控设备 第 1 部分：通用要求（IEC 61557-1：2007.IDT）

3 术语和定义

GB/T 18216.1—2012 界定的以及下列术语和定义适用于本文件。

3.1 串联干扰电压 series interference voltage
叠加在测量电压上的外来电压。

3.2 辅助地电极 auxiliary earth electrode
提供测量所需电流的附加地电极。

3.3 辅助地电极电阻 auxiliary earth electrode resistance
R_H
流过测量所需电流的附加地电极的电阻。

3.4 探针 probe
测量期间用作探测电位的附加地电极。

3.5 探针电阻 probe resistance
R_s
测量期间用作探测电位的附加地电极的地电极电阻。

4 要求

下列要求以及 GB/T 18216.1—2012 确立的要求适用于本文件。

4.1 出现在端子 E 和 H 之间的输出电压应是一个不含直流分量的交流电压。

应这样选择其频率和波形，使电干扰，特别是来自以系统频率工作的电气安装的电干扰不会对测量结果产生显著的不利影响。

4.2 如果来自配电系统的交流或直流电流干扰电压的影响超过 4.3 的要求，制造厂应在使用说明书中说明。

4.3 按表 1 规定，在标志的或说明的测量范围内最大百分数工作不确定度不应超过以被测值作为基准值的±30%。

表 1　工作不确定度的计算

基本不确定度或影响量	参比条件或规定工作范围	符号	GB/T 18216 相关部分的要求或试验	试验类型
基本不确定度	参比条件	A	本部分的 6.1	R
位置	参比位置±90°	E_1	GB/T 18216.1—2012 的 4.2	R
供电电压	由制造厂商规定的极限	E_2	GB/T 18216.1—2012 的 4.2，4.3	R
温度	0℃和 35℃	E_3	GB/T 18216.1—2012 的 4.2	T
串联干扰电压	见 4.2 和 4.3	E_4	本部分的 4.2，4.3	T
探针和辅助地电极的电阻	$0\sim(100\times R_A)$，但小于或等于 50kΩ	E_5	本部分 4.3	T
系统频率	标称频率的 99%～101%	E_7	本部分 4.3	T
系统电压	标称电压的 85%～110%	E_8	本部分 4.3	T
工作不确定度	$B=\pm(\lvert A\rvert+1.15\sqrt{E_1^2+E_2^2+E_3^2+E_4^2+E_5^2+E_7^2+E_8^2})$		本部分 4.5	R

A——基本不确定度；

E_a——改变量；

R——常规试验；

T——型式试验。

$$B[\%]=\pm\frac{B}{\text{基准值}}\times100\%$$

工作不确定度适用于 GB/T 18216.1—2012 规定的额定工作条件和以下要求：

——在端子 E（ES）和 S 之间或对地电阻环路之间分别注入系统频率为 400Hz、60Hz、50Hz、$16\frac{2}{3}$Hz 的串联干扰电压或直流电压。带有辅助电极的设备的串联干扰电压的方均根值（r.m.s.）应为 3V。对于使用电流钳的设备，如果影响量超出改变量 E_4 和工作不确定度的规定值，应明确指出干扰的存在。

——辅助地电极和探针的电阻：$0\sim(100\times R_A)$，但小于或等于 50kΩ。

——对于以电网供电的测量设备和（或）直接从配电系统获取其输出电压的测量设备，系统电压应在标称系统电压的 85%～110% 之间，系统频率应在标称系统频率的 99%～101% 之间。

4.4 测量设备应能判定探针和辅助地电极的电阻值是否超过最大允许值。

4.5 测量中不应出现危险的接触电压。

这可以通过下列要求对输出电压的电源进行适当的设计来实现：

——输出电压的开路值限制到方均根值（r. m. s.）50V 或峰值 70V；

注：在农田里测量时，该开路电压不超过方均根值 25V（r. m. s.）或峰值 35V。

——当电压值超过 50V（70V）或 25V（35V）时，短路电流值限制到方均根值（峰值）3.5mA（5mA）。

当出现与上述条件不相符时，测量过程应在 GB/T 4793.1—2007 图 1 规定的允许时间内自动切断。

4.6 当测量设备的用于连接到配电系统电源的任何插头或插座连接到其标称电压的 120%的电压上时，使用者不应接触到超过允许接触电压的电压，测量设备应回复到规范的要求，保护装置不应动作。

5 标志和使用说明书

5.1 标志

除 GB/T 18216.1—2012 规定的标志外，测量设备还应有下列标志：

a) 适用于最大工作不确定度的测量范围；

b) 输出电压的频率；

c) 端子的符号（尽可能适用）：

- E：地电极端子；
- ES：最靠近地电极的探针端子；
- S：探针端子；
- H：辅助地电极端子。

5.2 使用说明书

除 GB/T 18216.1—2012 的规定外，说明书还应包括以下操作说明：

a) 测量地电阻设备的应用范围（例如：用于农用器械或其他）；

b) 是否有串联干扰电压影响大于 4.3 规定值的情况；

c) 关于正确使用手摇发电机（如提供）的说明；

d) 与 5.1 中 c) 项不同的端子符号的说明。

6 试验

除了 GB/T 18216.1—2012 列出的试验外，还应施行以下试验。

6.1 应根据表 1 计算工作不确定度。在此过程中，基本不确定度应在下列参比条件下确定：

——供电电压为标称值；

——当使用手摇发电机供电时，发电机应在每分钟标称转速下运行；

——以电网供电的测量设备，供电电源的标称频率应符合 4.3 的要求；

——参比温度：23℃±2℃；

——按制造厂规定的参比位置；

——探针和辅助地电极的电阻为 100Ω；

——干扰电压为 0V。

这样评定的工作不确定度不应超过 4.3 规定的限值。

6.2 在各自的测量范围内，检查开路电压、短路电流和延时切断是否符合 4.5 的规定（常规试验）。

6.3 检查各个探针和辅助地电极的最大电阻是否超过允许的最大值（型式试验）。

6.4 当测量设备的用于连接到配电系统电源的任何插头或插座连接到其标称电压的 120% 的电压上时，应按 4.6 进行过载保护试验（型式试验），保护装置不应动作。

6.5 本章中的各项符合性试验应进行记录。

交流 1000V 和直流 1500V 以下低压配电系统电气安全 防护措施的试验、测量或监控设备

第 12 部分：性能测量和监控装置（PMD）

GB/T 18216.12—2010/IEC 61557-12：2007

输配电和供用电卷

目　　次

前　言

GB/T 18216《交流 1000V 和直流 1500V 以下低压配电系统电气安全　防护措施的试验、测量或监控设备》分为 13 个部分：
——第 1 部分：通用要求（IEC 61557-1）；
——第 2 部分：绝缘电阻（IEC 61557-2）；
——第 3 部分：环路阻抗（IEC 61557-3）；
——第 4 部分：接地电阻和等电位接地电阻（IEC 61557-4）；
——第 5 部分：对地电阻（IEC 61557-5）；
——第 6 部分：TT 和 TN 系统中残余电流防护装置（IEC 61557-6）；
——第 7 部分：相序（IEC 61557-7）；
——第 8 部分：IT 系统绝缘监测装置（IEC 61557-8）；
——第 9 部分：IT 系统绝缘故障点测定装置（IEC 61557-9）；
——第 10 部分：防护措施的综合检测或监测装置（IEC 61557-10）；
——第 11 部分：在 TT、TN、IT 系统中 A 类和 B 类残余电流监测的有效性（IEC 61557-11）；
——第 12 部分：性能测量和监控装置（PMD）（IEC 61557-12）；
——第 13 部分：用于电力配电系统漏电流测量的手持式电流钳和传感器（IEC 61557-13）。

注：上述部分的名称会随 IEC 标准名称的变化而改变。

GB/T 18216《交流 1000V 和直流 1500V 以下低压配电系统电气安全　防护措施的试验、测量或监控设备》已经或计划发布以下部分：
——第 1 部分：通用要求（IEC 61557-1）；
——第 2 部分：绝缘电阻（IEC 61557-2）；
——第 3 部分：环路阻抗（IEC 61557-3）；
——第 4 部分：接地电阻和等电位接地电阻（IEC 61557-4）；
——第 5 部分：对地电阻（IEC 61557-5）；
——第 8 部分：IT 系统绝缘监测装置（IEC 61557-8）；
——第 9 部分：IT 系统绝缘故障点测定装置（IEC 61557-9）；
——第 12 部分：性能测量和监控装置（PMD）（IEC 61557-12）。

本部分为 GB/T 18216 的第 12 部分。

本部分按照 GB/T 1.1—2009 给出的规则起草。

本部分使用翻译法等同采用 IEC 61557-12：2007《交流 1000 V 和直流 1500 V 以下低压配电系统电气安全　防护措施的试验、测量或监控设备　第 12 部分：性能测量和监控装置（PMD）》（英文版）。

为便于使用，本部分做了下列编辑性修改：
——删除了国际标准的前言；

——"IEC 61557 的本部分"一词改为"GB/T 18216 本部分";

——用小数点"."代替作为小数点的逗号","。

本部分修订了英文版的以下明显错误：

——修订了表 9（续）的标题栏第 4 列的明显错误。将原文的"温度系数"改为"改变量限值"。

——修订了表 15 的明显错误："改变量限值对性能等级 C"的角注 ab，改为 a；"外部持续的交流磁感应"、"射频电磁场"和"由射频场引起的传导干扰"的角注 cd，改为 c，b；同时在表注的下面加上编者注："编者注[1] 原文为[d]，根据注释内容看应为[b]。编者注[2] 原文为[ab]，应该是[a]。"

——附录 D 的 D.4 的文字"本部分条款 0 给出 PMD 的各个特定功能的适用性能等级。"改为"本附录给出 PMD 的各个特定功能的适用性能等级。"。

请注意本文件的某些内容可能涉及专利。本文件的发布机构不承担识别这些专利的责任。

本部分由中国机械工业联合会提出。

本部分由全国电工仪器仪表标准化技术委员会（SAC/TC 104）归口。

本部分起草单位：哈尔滨电工仪表研究所、上海英孚特电子技术有限公司、西门子（中国）有限公司西门子（中国）研究院、浙江正泰仪器仪表有限责任公司、丹东华通测控有限公司、江苏斯菲尔电气有限公司、宁波三星电气股份有限公司、上海安科瑞电气有限公司、施耐德电气（中国）投资有限公司、上海市计量测试技术研究院、河南电力试验研究院、湖北省电力试验研究院计量中心、江西省电力科学研究院、中国电力科学研究院电测量研究所、上海电力公司电能计量中心、国网电科院农村电气化所。

本部分主要起草人：薛德晋、胡飞凰、陶纲领、刘海波、夏亚莉、刘献成、邵凤云、卓越、来磊、许文专、周中、陈少芳、刘永胜、费天兰、魏庆峰、申莉、赵铎、孙平、闫华光、杜卫华、刘剑欣。

引　言

作为防护措施的一项补充，监控配电系统的必要性能，测量不同的电气参数，变得越来越必要，这是由于：

——电气安装标准的发展，例如，由于存在谐波，对中性线检测过电流是现在的一项新需求；

——科技进步（电子负载、电子测量方法等）；

——最终用户要求（节约成本、遵循建筑规范的各方面要求等）；

——安全和维护的连贯性；

——可持续性发展的要求，例如，电能测量被视为电能管理的基本要素，作为全力推行降低碳排放、提高制造业、商业组织以及公共服务的商业效率的一部分。

目前市场上存在的这些装置具有不同的特性，需要有一个共同的参照系统。因此需要有一个新的标准帮助最终用户就性能、安全等作出选择，解释各种标志。本部分为规范和描述这类装置以及评估它们的性能提供了一个基础。

交流 1000V 和直流 1500V 以下低压配电系统 电气安全 防护措施的试验、测量或监控设备 第 12 部分：性能测量和监控装置（PMD）

1 范围

GB/T 18216 的本部分规定了配电系统中测量和监控电参数的综合性能测量和监控装置的要求，也规定了额定电压交流 1000V 或直流 1500V 以下单相和三相低压配电系统的性能。

本部分这些装置适用于固定安装的或是便携式的。它们拟使用于室内和/或室外。

本部分不适用于以下情况：

——符合 GB/T 17215.211、GB/T 17215.321、GB/T 17215.322 以及 GB/T 17215.323 的电测量设备。然而，本部分中规定的对于有功、无功电能测量的不确定度源自于 GB/T 17215 系列标准。

——简单的遥控继电器和简单的监控继电器。

本部分将和 IEC 61557-1 配套使用（除另有规定外），IEC 61557-1 规定了 IEC 60364-6 标准所必需的测量以及监控设备的通用要求。

本部分不包括 GB/T 18216 标准的第 2 部分到第 9 部分或 IEC 62020 规定的电参数的测量和监控装置。

按本部分的规定，综合性能测量和监控装置（PMD）给出了附加的安全信息，有助于电气安装的核查并提高配电系统的性能。例如，这些装置可帮助检查谐波的含量水平是否仍然与 IEC 60364-5-52 规定的布线系统的要求相符合。

本部分描述的测量和监控电参数的综合测量和监控装置（PMD）用于一般的工业及商业。PMD-A 是符合 IEC 61000-4-30 A 类标准的特殊的 PMD，宜可用于"电能质量评估"。

注 1：通常，这种类型的装置用于以下的用途或者满足以下的需求：

——电气安装中的能量管理；

——测量和/或监控必须的或常规的电参数；

——测量和/或监控电能质量。

注 2：一个电参数测量和监控装置通常是由几个功能模块组成。所有的或某些功能模块组合在一个设备中。这些功能模块的范例如下所述：

——同时测量和显示几个电参数；

——电能测量和/或监控，有时也要符合建筑规范方面的一些要求；

——各种报警功能；

——电能质量（谐波，过电压/欠电压，电压暂降以及电压暂升等）。

2 规范性引用文件

下列文件对于本文件的应用是必不可少的。凡是注日期的引用文件，仅注日期的版本适用于本文件，凡是不注日期的引用文件，其最新版本（包括所有的修改单）适用于本文件。

GB/T 2423.1 电工电子产品环境试验 第 2 部分：试验方法 试验 A：低温（GB/T 2423.1—2008，IEC 60068-2-1：2007，IDT）

GB/T 2423.2 电工电子产品环境试验 第 2 部分：试验方法 试验 B：高温（GB/T 2423.2—2008，IEC 60068-2-2：2007，IDT）

GB/T 2423.4 电工电子产品环境试验 第 2 部分：试验方法 试验 Db：交变湿热（12h＋12h 循环）（GB/T 2423.4—2008，IEC 60068-2-30：2005，IDT）

GB 4208 外壳防护等级（IP 代码）（GB 4208—2008，IEC 60529：2001，IDT）

GB 4793.1—2007 测量、控制和试验室用电气设备的安全要求 第 1 部分：通用要求（IEC 61010-1：2001，IDT）

GB/T 17215.211—2006 交流电测量设备 通用要求、试验和试验条件 第 11 部分：测量设备（IEC 62052-11：2003，IDT）

GB/T 17215.321—2008 交流电测量设备 特殊要求 第 21 部分：静止式有功电能表（1 级和 2 级）（IEC 62053-21：2003，IDT）

GB/T 17215.322—2008 交流电测量设备 特殊要求 第 22 部分：静止式有功电能表（0.2s 级和 0.5s 级）（IEC 62053-22：2003，IDT）

GB/T 17215.323—2008 交流电测量设备 特殊要求 第 23 部分：静止式无功电能表（2 级和 3 级）（IEC 62053-23：2003，IDT）

GB/T 17626.5 电磁兼容 试验和测量技术 浪涌（冲击）抗扰度试验（GB/T 17626.5—2008，IEC 61000-4-5：2005，IDT）

IEC 60364-6 低电压电气安装 第 6 部分：检验（Low-voltage electrical installations—Part 6：Verification）

IEC 61000-4-5 电磁兼容性（EMC） 第 4-5 部分：试验和测量技术 电涌抗扰试验（Electromagnetic compatibility（EMC））—Part 4-5：Testing and measurement techniques—Surge immunity test）

IEC 61000-4-15 电磁兼容性（EMC） 第 4 部分：试验和测量技术 15 章：闪变仪功能和设计规范（Electromagnetic compatibility（EMC）—Part 4：Testing and measurement techniques—Section 15：Flickermeter—Functional and design specifications）

IEC 61000-4-30：2003 电磁兼容性（EMC） 第 4-30 部分：试验和测量技术 电能质量测量方法（Electromagnetic compatibility（EMC）—Part 4-30：Testing and measurement techniques—Power quality measurement methods）

IEC 61010（所有部分） 测量、控制和实验室用电气设备的安全要求（Safety requirements for electrical equipment for measurement，control and laboratory use）

IEC 61326-1：2005 测量、控制和实验室用电气设备的电磁兼容性要求 第 1 部分：一般要求（Electrical equipment for measurement，control and laboratory use—EMC requirements—Part 1：General requirements）

IEC 61557-1：2007 交流 1000V 和直流 1500V 以下低压配电系统电气安全 防护措施的试验、测量或监控设备 第 1 部分 通用要求（Electrical safety in low voltage distribution systems up to 1000V a. c. and 1500V d. c. —Equipment for testing，measuring or monitoring of protective measures—Part 1：General requirements）

IEC 62053-31：1998 交流电测量设备 特殊要求 第 31 部分：感应、静止式电能表的脉冲装置（两线）〔Electricity metering equipment（a. c. ）—Particular requirements—Part 21：Static meters for active energy（classes 1 and 2）〕

3 术语和定义

IEC 61557-1 界定的以及下列术语和定义适用于本部分。

3.1 通用术语

3.1.1 性能测量和监控装置 performance measuring and monitoring device；PMD

几个专注于测量和监控配电系统或电气安装中电参数的功能模块在一个或多个装置中的组合。PMD 可以与几个传感器连接使用（见 4.3）。

本定义也涵盖 IEC 61000-4-30 定义为等级 B 的 PMD。

注1：通用术语里的"监控"也包括记录和警报管理等功能。

注2：这些装置可包括电能质量功能。

3.1.2 PMD-A

所有电能质量评估功能的测量方法遵循 IEC 61000-4-30 的 A 级的规定，性能要求符合 IEC 61000-4-30 的 A 级的要求和本部分的补充要求（安全、电磁兼容性、温度范围以及补充的影响量）的 PMD。

注：如果该装置是用于检查网路运营商对客户协议的遵循情况，那么该装置应安装在电气安装和网路之间的分界点上。

3.1.3 电能质量评估性能 power quality assessment functions

IEC 61000-4-30 已经定义了测量方法的电能质量功能。

3.1.4 专用外部传感器 specified external sensor

按照其与一个无传感器的 PMD 相连时，系统性能等级符合 4.4.2 的要求而选定的传感器。

3.1.5 电流传感器 current sensor；CS

电的、磁的、光学的或其他的，用于传输相应于流经这些装置的原边电路的电流信号的装置。

注：电流互感器（CT）通常是磁的电流传感器。

3.1.6 恒流制输出电压 compliance voltage

电流发生器符合输出不确定度规范要求时，其输出能产生的电压值。

注：该定义适用于模拟电流输出信号。

3.1.7 电压传感器（VS）voltage sensor

电的、磁的、光学的或其他的，用于传输相应于原边电路两端电压信号的装置。

注：电压互感器（VT）通常是磁的电压传感器。

3.1.8 自供电的 PMD self-powered PMD

无需辅助电源而能工作的设备。

注1：自供电的 PMD 不提供电源端子。

注2：自供电的 PMD 包括从测量输入、内部电池组或其他内部能量源（内部光伏电源等）供电的设备。

3.1.9 辅助电源 auxiliary power supply

外部的交流或直流电源，通过和 PMD 测量电路分离的、专门的端子对 PMD 供电。

3.2 有关不确定度和性能的术语

3.2.1 参比条件 reference conditions

影响量的规定值和/或规定的值的范围的适当的集合，在此条件下规定测量仪表的最小不确定度。

注：作为参比条件规定的范围，称之为参比范围，它们不能宽于，并且通常是窄于作为额定工作条件规定的范围。

[GB/T 6592，定义 3.3.10]

3.2.2 基本不确定度 intrinsic uncertainty

使用在参比条件下的测量仪表的不确定度。除非另有规定，在本部分中，它是其他影响量在参比条件下，被测量在其额定范围内的被测量值的百分数。

[GB/T 6592，定义 3.2.10，修改]

3.2.3 影响量 influence quantity

不是测量的对象，但是其变化影响指示值和测量结果之间的关系。

注1：影响量可能源自于测量系统、测量设备或者环境 [IEV]。

注2：由于校准图依赖于影响量，为了给测量结果赋值，有必要了解在规定范围内是否有相关的影响量存在 [IEV]。

[GB/T 6592，定义 3.1.14，修改的]

3.2.4 改变量（由于单个影响量造成的）variation（due to a single influence quantity）

参比条件下的测得值和影响范围内任意测得值之间的差。

注：其他性能特征和其他影响量都应保持在参比条件规定的范围内。

3.2.5 （额定）工作条件（rated）operating conditions

在测量期间为使校准图有效而应满足的一组条件。

注：对于影响量除了规定的测量范围和额定工作范围外，这些条件可以包括其他性能特性的规定范围和不能用量的范围表示的其他指示值。

[GB/T 6592，定义 3.3.13]

3.2.6 工作不确定度 operating uncertainty

额定工作条件下的不确定度。

注：仪表的工作不确定度，与基本不确定度类似，不是由仪表的使用者评估的，而是由制造厂说明的或由校准得到的。该说明可由仪表的基本不确定度和一个或多个影响量值之间的代数关系来表达，但是此关系只不过是表示一组不同工作条件下的仪表的工作不确定度的简便方法，而不是一个用于评价仪表内部不确定度传播的函数关系。

[GB/T 6592，定义 3.2.11，修改的]

3.2.7 综合系统不确定度 overall system uncertainty

额定工作条件下，由几个单独测量手段（传感器、导线、测量仪表等）的测量不确定度组成的不确定度。

3.2.8 功能性能等级 function performance class

用百分数表示的无外部传感器的单一功能的性能，它取决于功能的基本不确定度以及影响量引起的改变量。

注：在本部分中，用 C 表示功能性能等级。

3.2.9 系统性能等级 system performance class

用百分数表示的，包括特定的外部传感器的单一功能的性能，它取决于功能的基本不确定度以及影响量引起的改变量。

注：在本部分中，也用 C 表示系统功能性能等级。

3.2.10 额定频率 rated frequency

f_n

根据其确定 PMD 相关性能的频率值。

注：在 IEC 61557-1 中用 f_n 表示标称频率。

3.2.11 额定电流 rated current

I_n

根据其确定经外部传感器工作的 PMD（PMD Sx）相关性能的电流值。

注：在 IEC 61557-1 中用 I_n 表示标称电流。

［IEV 314-07-02，修改的］

3.2.12 基本电流 basic current

I_b

根据其确定直接接入的 PMD（PMD Dx）相关性能的电流值。

［GB/T 17215.211，定义 3.5.1.2，修改的］

3.2.13 起动电流 starting current

I_{st}

使 PMD 起动并连续计数的电流最低值。

［GB/T 17215.211，定义 3.5.1.1，修改的］

3.2.14 最大电流 maximum current

I_{max}

符合本部分不确定度要求的 PMD 电流的最高值。

［GB/T 17215.211，定义 3.5.2，修改的］

3.2.15 额定电压 rated voltage

U_n

根据其确定 PMD 相关性能的电压值，取决于配电系统及其与 PMD 的连接。该电压既可以是线电压也可以是相电压。

注：在 IEC 61557-1 中用 U_n 代表标称电压。

3.2.16 标称电压 nominal voltage

U_{nom}

指定使用的或鉴别一个系统的接近相配的电压值。

［IEV 601-01-21］

3.2.17 最低电压 minimum voltage

U_{min}

PMD 符合本部分不确定度要求的电压最低值。

3.2.18 最高电压 maximum voltage

U_{max}

PMD 符合本部分不确定度要求的电压最高值。

3.2.19 标明的输入电压 declared input voltage

U_{din}

通过变换器变比获得的标明的电源电压值。

［IEC 61000-4-30，定义 3.2］

3.2.20 残余电压 residual voltage

U_{resid}

在电压暂降或中断过程中记录到的电压 U 的最小值。

注：残余电压用伏特值表示，或用额定电压的百分数或标幺值表示。

［IEC 61000-4-30，定义 3.25，修改的］

3.2.21 需量值 demand value

在一个规定时间区间里的一个量的平均值。

3.2.22　峰需量值　peak demand value

从开始测量或上次复位开始的最高的需量值（正或负）。

3.2.23　热需量　thermal demand

效仿热需量表，对于恒定负载提供指数的时间滞后式需量，指示的读数是规定时间内实际需量的 90％。

注：时间由制造商规定，通常是 15min。

3.2.24　三相平均值　three-phase average value

在四线或三线系统里，每个相的值算术平均数。

3.2.25　最大值　maximum value

从开始测量或上次复位后开始测量或计算出的最高值。

3.2.26　最小值　minimum value

从开始测量或上次复位后开始测量或计算出的最低值。

3.2.27　时间间隔　interval

为了计算需量值，通过 PMD 对方均根值或瞬时值进行积分的时间区间。

3.3　有关电气现象的术语

3.3.1　相电流　phase current

I

流经配电系统每个相的电流值。

3.3.2　中性线电流　neutral current

I_N

配电系统中性线的电流值。

3.3.3　线电压　phase to phase voltage

线间电压　line to line voltage

U

各相之间的电压。

［IEV 601-01-29］

3.3.4　相电压　phase to neutral voltage

线与中性点间的电压　line to neutral voltage

V

在多相系统中一个相和中性点之间的电压。

［IEV 601-01-30］

3.3.5　频率　frequency

f

在一个配电系统中测得的频率值。

3.3.6　功率因数　power factor

PF

周期性条件下，有功功率对视在功率之间绝对值的比率。

注：该功率因数不是位移功率因数。

［EV 131-11-46，修改的］

3.3.7 谐波电流幅值　amplitude of harmonic current

I_h

时间函数的傅立叶变换频谱中的各谐波频率电流的幅值。

3.3.8 谐波电压幅值　amplitude of harmonic voltage

U_h

时间函数的傅立叶变换频谱中的各谐波频率电压的幅值。

3.3.9 稳态谐波（电压和电流）stationary harmonics（voltage and current）

信号的每个谐波分量幅值的变化保持在基波幅值±0.1%内的谐波成分。

3.3.10 半稳态谐波（电压和电流）quasi-stationary harmonics（voltage and current）

在每个邻近的 10/12 周期窗口中，信号的每个谐波分量幅值变化保持在基波幅值±0.1%内，此类谐波分量为半稳态谐波。

3.3.11 次谐波（电压和电流）sub-harmonics（voltage and current）

谐波阶数小于 1 的谐间波成分。

注：本部分中的次谐波分量限于整数的倒数成分。

［IEV 551-20-10，修改的］

3.3.12 闪变　flicker

由亮度或光谱分布随着时间波动的光刺激而产生的不稳定的视觉印象。

［EV 161-08-13］

3.3.13 电压暂降　voltage dip

在配电系统某节点上出现的低于规定阈值的电压短暂下降。

注 1：中断是电压暂降的特殊情况。后续处理可以用来区分电压暂降和电压中断。

注 2：在世界上的一些地区，电压暂降视为电压跌落（voltage sag）。这两个术语被认为是可互换的。然而，本部分只使用"电压暂降"这个术语。

［IEC 61000-4-30，定义 3.30，修改的］

3.3.14 电压暂升　voltage swell

在配电系统某节点上出现的高于规定阈值的电压短暂上升。

［IEC 61000-4-30，定义 3.31，修改的］

3.3.15 电压中断　voltage interruption

在配电系统某节点上出现的低于规定中断阈值的电压下降。

3.3.16 幅值和相位不平衡的电压　amplitude and phase unbalanced voltage

三相系统中，线电压（基波分量）的均方根值或相邻线电压间相位角不完全相等的情况。

注 1：该不平衡度通常表示为负序和零序分量与正序分量之间的比值。

注 2：在本部分中，认为电压不平衡是相对于三相系统的。

［IEV 161-08-09，修改的］

3.3.17 幅值不平衡电压　amplitude unbalanced voltage

三相系统中线电压（基波分量）均方根值不完全相等的情况。不考虑线电压之间的相应相位。

注：在本部分中，认为电压不平衡是相对于三相系统的。

［IEV 161-08-09，修改的］

3.3.18 瞬时过电压　transient overvoltage

几毫秒或更短时间的，通常是高阻尼的振荡或非振荡的短期过电压。

注 1：瞬时过电压后面可能会紧跟暂时过电压。在这种情况下，这两种过电压被看作是两个单独的事件。

注 2：根据它们达到前峰和尾部的时间或者总的持续时间和可能的叠加振荡，IEC 60071-1 定义了三种类型的瞬时过电压，即慢前峰过电压、快前峰过电压和特快前峰过电压。

[IEV 604-03-13]

3.3.19 电网信号电压 mains signalling voltage

在公共网络上由电能供应商传输的用于诸如控制某些种类负荷的网络管理的信号。

注：从技术上讲，这些电网信号是一种谐间波电压源。然而，在这种情况下，信号电压是有目的地加在供电系统的一个选定的部分。发射的信号电压和频率是预先确定的，并且在特定时期被传输。

3.4 有关测量技术的术语

3.4.1 零盲区测量 zero blind measurement

连续不断地执行测量的测量技术。对于数字技术以及一个给定的采样速率，在测量操作时将不丢失任何样本。

注：使用零盲区测量技术时，没有信号稳定性的前提。相反，使用非零盲区测量技术时，不进行测量的那段时间内的信号被认为是稳定的。

3.5 符号

3.5.1 应变量

符号	功用
P	总有功功率
E_a	总有功电能
Q_A/Q_V	总算术无功功率/总矢量无功功率
E_{rA}/E_{rV}	总算术无功电能/总矢量无功电能
S_A/S_V	总算术视在功率/总矢量视在功率
E_{apA}/E_{apV}	总算术视在电能/总矢量视在电能
f	频率
I	相电流，包含 I_p（在 p 线上的电流）
I_N/I_{Nc}	测得的中线电流/计算的中线电流
U	电压，包含 U_{pg}（p 线对 g 线的电压）以及 V_p（p 线对中线的电压）
U_{din}	声明的输入电压 [IEC 61000-4-30]
PF_A/PF_V	算术功率因数/矢量功率因数
	注意：在没有谐波存在的情况下 $PF_V = \cos(\varphi)$
P_{st}/P_{lt}	短时闪变/长时闪变
U_{dip}	电压暂降，包括 U_{pgdip}（p 线对 g 线）以及 V_{pdip}（p 线对中线）
U_{swl}	电压暂升，包括 U_{pgswl}（p 线对 g 线）以及 V_{pswl}（p 线对中线）
U_{tr}	瞬时过电压，包括 U_{pgtr}（p 线对 g 线）以及 V_{ptr}（p 线对中线）
U_{int}	电压中断，包括 U_{pgint}（p 线对 g 线）以及 V_{pint}（p 线对中线）
U_{nb}	相位和幅值不平衡电压，包括 V_{pnb}（p 线到中线）
U_{nba}	幅值不平衡电压，包括 V_{pnba}（p 线到中线）
U_h	谐波电压，包括 U_{pgh}（p 线对 g 线）以及 V_{ph}（p 线对中线）
THD_u	对基波的电压总谐波畸变
$THD\text{-}R_u$	电压的方均根值的总谐波畸变

I_h	电流谐波，包括 I_{ph}（p 线上的谐波）
THD_i	对基波的电流总谐波畸变
$THD\text{-}R_i$	电流的方均根值总谐波畸变
M_{sv}	电网信号电压

3.5.2 符号以及缩略语

$\%U_n$	U_n 的百分比
$\%I_n$	I_n 的百分比
$\%I_b$	I_b 的百分比

3.5.3 标记

a	有功的
r	无功的
ap	视在的
n	额定的
b	基本的
nom	标称的
N	中性线的
c	计算的
h	谐波
i	电流
u	电压
dip	暂降
swl	暂升
tr	瞬时
int	中断
nb	不平衡
nba	幅值不平衡
A	算术的
V	矢量的
min	最小值
max	最大值
avg	平均值
peak	峰值
resid	残余的

4 要求

4.1 通用要求

除非以后另有说明，应适用下列要求以及 IEC 61557-1 中所规定的要求。

对于安全，应适用 GB 4793.1 以及 IEC 61010 的适用部分和后面附加的要求。

除非以后另有说明，对于电磁兼容性（EMC）要求，应适用 IEC 61326-1。对于抗扰度，应适用 IEC 61326-1：2005 的表 2（工业场所使用设备的抗扰度试验要求）。对于发射，应适用 IEC 61326-1：2005 中规定的 A 级或 B 级的极限。

注：附录 E 中给出适用于 PMD-A 或/和 PMD 要求的指引。

4.2 PMD 的通用结构

测量链的构成：一般在低压系统中，待测电量既可直接接入，也可通过测量传感器如电压传感器（VS）或电流传感器（CS）接入。

下面的图 1 表明了一个 PMD 的通用结构。

当一个 PMD 不包括传感器时的某些情况下，就不考虑与传感器关联的不确定度。当一个 PMD 包括传感器时，就得考虑传感器的关联不确定度。

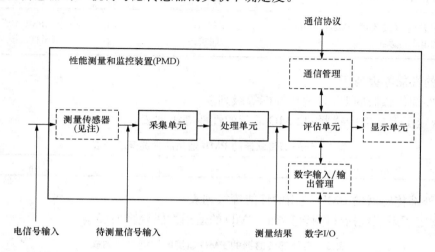

注：所示虚线部分不一定包含在性能测量和监控装置（PMD）中。

图 1　PMD 通用测量链

4.3 PMD 的分类

如图 2 所示，PMD 既可以有一个内部传感器，也可能需要一个外部传感器。

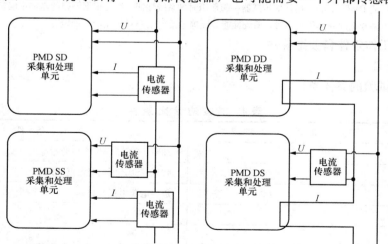

注：当和外部传感器一起使用时，被指定为 PMD Dx 的 PMD，在一定的条件下，能够作为 PMD Sx 使用，前提是它能同时符合 PMD Sx 和 Dx 两者的要求；被指定为 PMD xD 的 PMD，在一定的条件下，能够作为 PMD xS 使用，前提是它能同时符合 PMD xS 和 xD 两者的要求。

图 2　不同类型 PMD 的描述

根据这些特性，按表1的规定，PMD可分为4类。

表1 PMD 的 分 类

		电 流 测 量	
		经传感器接入的 PMD（PMD 外部的电流传感器）→PMD Sx	直接接入式 PMD（PMD 内部有电流传感器）→PMD Dx
电压测量	直接接入式 PMD（PMD 内部有电压传感器）→PMD xD	PMD SD（半直接接入）	PMD DD（直接接入）
	通过传感器接入的 PMD（PMD 外部的电压传感器）→PMD xS	PMD SS（间接接入）	PMD DS（半直接接入）

4.4 适用的性能等级列表

4.4.1 无外部传感器的 PMD 适用性能等级列表

表2规定了无外部传感器的 PMD 适用的性能等级列表。

表2 无外部传感器的 PMD 适用的性能等级列表

0.02	0.05	0.1	0.2	0.5	1	1.5	2	2.5	3	5	10	20

4.4.2 有外部传感器的 PMD 适用的性能等级列表

表3规定了系统包括外部传感器的 PMD 的适用性能等级列表。

表3 有外部传感器的 PMD 适用的性能等级列表

0.02	0.05	0.1	0.2	0.5	1	1.5	2	2.5	3	5	10	20

不允许对无专用外部传感器的 PMD 规定系统性能等级。

对有专用外部传感器的 PMD 的系统性能的要求和直接接入式 PMD 的要求相同。

注：当 PMD Sx 或 PMD xS 和专用外部传感器一起使用时，系统性能分级是根据测得的基本不确定度。

当传感器不是专用的外部传感器时，系统性能等级等于按附录 D 计算出的不确定度。

4.5 PMD 的工作条件和参比条件

4.5.1 参比条件

表4给出试验的参比条件。

表4 试 验 的 参 比 条 件

环 境	参 比 条 件
工作温度	23℃±2℃或由生产厂商指定
相对湿度	40%～60%的相对湿度（RH）
辅助电源电压	额定电源电压±1%
相位	3 相不缺相[a]
电压不平衡	≤0.1%[a]
外部恒定磁场	≤40A/m（d.c.） ≤3A/m（a.c.）（50/60Hz）
电压和电流的直流分量	无

环　　境	参　比　条　件
波形	正弦
频率	额定频率（50Hz 或 60Hz）±0.2％[b]

[a]　只有在三相系统中需要规定。

[b]　尽管可以规定其他的额定频率或额定频率范围（包括直流），但可能的情况下 PMD 应使用标准规定的 50Hz 或 60Hz 额定频率。

4.5.2　额定工作条件

下列各表给出了按照各自规范实现其功能的工作条件。

4.5.2.1　便携式设备的额定工作温度条件

表 5 规定了便携式 PMD 的额定工作温度。

表 5　便携式 PMD 的额定工作温度

	PMD 的温度等级　K40
额定工作范围（对规定的不确定度）	0℃～+40℃
极限工作范围（无硬件故障）	−10℃～+55℃
储存和运输极限范围	−25℃～+70℃

4.5.2.2　固定安装设备的额定工作温度条件

表 6 规定了固定安装的 PMD 的额定工作温度。

表 6　固定安装设备的额定工作温度

	温度等级 K55	温度等级 K70	温度等级 Kx[b]
额定工作范围（对规定的不确定度）	−5℃～+55℃	−25℃～+70℃	高于+70℃和/或低于−25℃[a]
极限工作范围（无硬件故障）	−5℃～+55℃	−25℃～+70℃	高于+70℃和/或低于−25℃[a]
储存和运输极限范围	−25℃～+70℃	−40℃～+85℃	按制造厂商规定[a]

[a]　极限由制造厂商根据使用情况确定。

[b]　Kx 代表扩展的条件。

4.5.2.3　额定工作湿度和海拔高度条件

表 7 规定了便携式 PMD 和固定安装的 PMD 两者的额定工作湿度和海拔高度条件。

表 7　额定工作湿度和海拔高度

	标准的条件	扩展条件
额定工作范围（对规定的不确定度）	(0～75)％RH[b]	0≤RH>75％[a,b]
极限工作范围（30 天/年）	(0～75)％RH[b]	0≤RH>90％[a,b]

表 7（续）

	标 准 的 条 件	扩 展 条 件
储存和运输的极限范围	(0～75)%RH[b]	0≤RH＞90%[a,b]
海拔	(0～2000) m	(0～2000) m 以上[a]

[a] 极限由制造厂商根据使用情况确定。
[b] 相对湿度值被规定为无凝露状态。

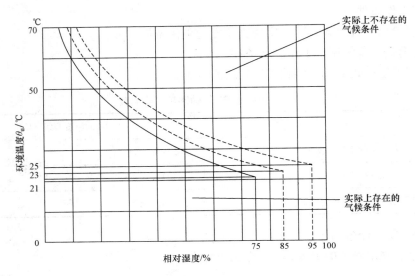

图 3　环境空气温度和相对湿度间的关系

4.6　启动条件

接通电源 15s 后，应通过通信或本地用户界面获得测量读数。如果启动超过 15s，制造厂应规定接通电源后通过通信或本地用户界面获得测量读数的最长时间。

没有通信或本地用户界面时，应按 6.1.14 给定的试验程序验证本要求。

4.7　PMD 功能要求（除 PMD-A）

在本条中列出了所有功能。根据测量目的，应测量列出的所有功能或它的一个子集。

所有产品上实现的包含在本部分中的功能，应遵循本部分的要求。

4.7.1　有功功率（P）和有功电能（E_a）测量

4.7.1.1　技术

见附录 A。

要求零盲区测量。

4.7.1.2　额定工作范围

基本不确定度要求应在以下额定范围内适用：

$80\%U_n＜U＜120\%U_n$。

4.7.1.3　基本不确定度表

参比条件下的基本不确定度不应超过表 8 给出的极限。

表 8　有功功率和有功电能的基本不确定度表

规定的测量范围		功率因数[d]	基本不确定度限值 对性能等级 C[a,b,c]的 PMD		单　位
直接接入的 PMD Dx 的电流值	经传感器接入的 PMD Sx 的电流值		$C<1$	$C \geqslant 1$	
$2\%I_b \leqslant I < 10\%I_b$	$1\%I_n \leqslant I < 5\%I_n$	1	$\pm 2.0 \times C$	—	%
$5\%I_b \leqslant I < 10\%I_b$	$2\%I_n \leqslant I < 5\%I_n$	1	—	$\pm(1.0 \times C + 0.5)$	%
$10\%I_b \leqslant I \leqslant I_{max}$	$5\%I_n \leqslant I \leqslant I_{max}$	1	$\pm 1.0 \times C$	$\pm 1.0 \times C$	%
$5\%I_b \leqslant I < 20\%I_b$	$2\%I_n \leqslant I < 10\%I_n$	0.5 感性 0.8 容性	$\pm(1.7 \times C + 0.15)$ $\pm(1.7 \times C + 0.15)$	—	%
$10\%I_b \leqslant I < 20\%I_b$	$5\%I_n \leqslant I < 10\%I_n$	0.5 感性 0.8 容性	—	$\pm(1.0 \times C + 0.5)$ $\pm(1.0 \times C + 0.5)$	%
$20\%I_b \leqslant I \leqslant I_{max}$	$10\%I_n \leqslant I \leqslant I_{max}$	0.5 感性 0.8 容性	$\pm(1.0 \times C + 0.1)$ $\pm(1.0 \times C + 0.1)$	$\pm 1.0 \times C$ $\pm 1.0 \times C$	%

[a]　有功电能功能性能等级 C 的允许值：0.2-0.5-1-2，有功功率功能性能等级的允许值：0.1-0.2-0.5-1-2-2.5。
[b]　附录 D 给出了计算带外部电流传感器或电压传感器的 PMD 的系统性能等级的公式及其允许值。
[c]　对于本部分 1 级和 2 级有功电能测量，可以使用 GB/T 17215.321—2008 的表 6 规定的 1 级和 2 级的不确定度限
值以及本表给出的不确定度限值。对于本部分 0.2 级和 0.5 级的有功电能测量，可以使用 GB/T 17215.322—
2008 的表 4 所规定的 0.2S 级和 0.5S 级的不确定度限值，以及本表给出的不确定度限值。
[d]　在参比条件下，信号为正弦的情况下，功率因数＝$\cos\varphi$。

4.7.1.4　由影响量引起的改变量的限值

在 4.5.1 给出的参比条件基础上，影响量引起的附加的改变量不应超过表 9 给出的有关
性能等级的限值。

表 9　有功功率和有功电能测量的影响量

影　响　量		规定的测量范围[e]		功率因数[j]	温度系数 对性能等级 C[a,b]的 PMD		单位
影响类型	影响范围	直接接入式 PMD Dx[f] 的电流值	经传感器接入的 PMD Sx[f] 的电流值		对于 $C<1$	对于 $C \geqslant 1$	
环境温度	根据表 5 和表 6 的额定工作范围	$10\%I_b \leqslant I \leqslant I_{max}$ $20\%I_b \leqslant I \leqslant I_{max}$	$5\%I_n \leqslant I \leqslant I_{max}$ $10\%I_n \leqslant I \leqslant I_{max}$	1 0.5(感性)	$0.05 \times C$ $0.05 \times C$	$0.1 \times C$ $0.07 \times C$	%/K %/K

影　响　量		规定的测量范围[e]		功率因数[j]	改变量限值 对性能等级 C[a,b]的 PMD		单位
辅助电源电压[1]	额定电压 $\pm 15\%$	$10\%I_b$	$10\%I_n$	1	$0.1 \times C$	$0.1 \times C$	%

429

表 9（续）

影 响 量	规定的测量范围e		功率因数j	改变量限值 对性能等级 $C^{a,b}$ 的 PMD		单位
				对于 $C<1$	对于 $C\geqslant1$	
电压	$80\%U_n<U$ $<120\%U_n$	$5\%I_b\leqslant I\leqslant I_{max}$ $10\%I_b\leqslant I\leqslant I_{max}$	$2\%I_n\leqslant I\leqslant I_{max}$ $5\%I_n\leqslant I\leqslant I_{max}$	1 0.5(感性)	$0.3\times C+0.04$ $0.6\times C+0.08$	$0.3\times C+0.4$ $0.5\times C+0.5$	%
频率	额定频率 $\pm2\%$	$5\%I_b\leqslant I\leqslant I_{max}$ $10\%I_b\leqslant I\leqslant I_{max}$	$2\%I_n\leqslant I\leqslant I_{max}$ $5\%I_n\leqslant I\leqslant I_{max}$	1 0.5(感性)	$0.3\times C+0.04$ $0.3\times C+0.04$	$0.3\times C+0.2$ $0.3\times C+0.4$	%
逆相序	—	$10\%I_b$	$10\%I_n$	1	$0.15\times C+0.02$	1.5	%
电压不平衡	$0\sim10\%$	I_b	I_n	1	$1.5\times C+0.2$	$2.0\times C$	%
缺相f	1个或2个 相位缺失	I_b	I_n	1	$2.0\times C$	$2.0\times C$	%
电流和电压回路中的谐波	电压，5次谐波 10% 电流，5次谐波 40%	$50\%I_{max}$	$50\%I_{max}$	1	$0.4\times C+0.3$	$0.2\times C+0.6$	%
交流电流回路中的奇次谐波	见g	$50\%I_b$	$50\%I_n$	1	$3.0\times C$	$3.0\times C$	%
交流电流回路中的次谐波	见g	$50\%I_b$	$50\%I_n$	1	$3.0\times C$	$3.0\times C$	%
隔离电流输入上的共模电压抑制k	0到最大对地电压（根据测量类别）i	$10\%I_b$	$5\%I_n$	1	$1.0\times C$	$0.5\times C$	%
外部持续的交流磁感应 0.5mT^{c,d,h}	见c,d	I_b	I_n	1	2.0	$1.0\times C+1.0$	%
射频电磁场^{c,d}	见c,d	I_b	I_n	1	$3.4\times C+0.3$	$1.0\times C+1.0$	%

表 9（续）

影　响　量	规定的测量范围[e]		功率因数[j]	改变量限值 对性能等级 $C^{a,b}$ 的 PMD		单位
				对于 $C<1$	对于 $C \geq 1$	
由射频场[c,d] 引起的传导干扰	见[c,d]	I_b	I_n	1	$3.4 \times C + 0.3$	$1.0 \times C + 1.0$	%

[a] 有功电能功能性能等级 C 的允许值：0.2-0.5-1-2，有功功率功能性能等级 C 的允许值：0.1-0.2-0.5-1.2-2.5。

[b] 对于本部分的有功电能测量 1 级和 2 级的改变量极限，既可以使用 GB/T 17215.321—2008 的表 8 所规定的 1 级和 2 级的值，又可以用本表给出的不确定度限值。对于本部分的有功电能测量 0.2 级和 0.5 级的改变量极限，既可以用 GB/T 17215.322—2008 的表 6 所规定的 0.2S 级和 0.5S 级的值，又可以用本表给出的不确定度限值。

[c] 电磁兼容性等级和试验条件按 IEC 61326 标准中相关工业场合的要求。

[d] 电磁兼容影响量仅适用于电能测量。

[e] 电流是平衡的，除非另有说明。

[f] 不适用于自供电的 PMD。

[g] 见第 6 章。

[h] 由和施加在 PMD 上的电压相同频率的外部电流产生的 0.5mT 的交流磁感应，在最不利的相位和方向下所产生的改变量不应超过本表规定的值。

[i] 测量类别在 IEC 61010-2-030 中定义，例如类别Ⅲ的 300 V，共模电压为 300 V。

[j] 在参比条件下，信号是正弦曲线，因此，此种情况下，功率因数＝cosφ。

[k] 如果电流输入从内部或外部接地，本要求不适用。

[l] 这些限值为由电网电压供电的 PMD 设定的。如果直流或交流供电电压的范围较大，需在范围的上下限上进行试验，在任何情况下 PMD 应在规定的所有供电电压范围内符合要求。

4.7.1.5　启动和无负载情况

4.7.1.5.1　PMD 的启动

按 4.6 的规定。

4.7.1.5.2　无负载情况（仅适用于电能测量）

当电流回路无电流时施加电压，PMD 的测试输出不应产生多于一个的脉冲。

对于该试验，电流回路开路，将额定电压 115% 的电压施加到电压回路中。

注：如果有外部分流器，只有 PMD 的输入电路开路。

最小试验周期 Δt 是：

PMD 类型	无负载情况的最小试验周期 Δt	
	对于 $C<1$	对于 $C \geq 1$
PMD	$\Delta t = \dfrac{[(100/C) + 400] \times 10^6}{k \times m \times U_n \times I_{max}} \text{min}$	$\Delta t = \dfrac{[(100/C) + 360] \times 10^6}{k \times m \times U_n \times I_{max}} \text{min}$

式中　C——性能等级；

　　　k——常数，由 PMD 输出装置发出的每千瓦时脉冲数量（imp/kWh）；

　　　m——测量元件数量；

　　　U_n——额定电压，以伏特（V）为单位；

　　　I_{max}——最大电流，以安培（A）为单位。

对于通过原级和半原级互感器接入式的 PMD，常数 k 相应于二次侧的值（电压和电流）。

4.7.1.5.3　启动电流

PMD 应在表 10 所示的启动电流值下启动并连续计数（在三相表情况下，带平衡负载）。

当满足表 10 启动条件时，基本不确定度应在测得值的 $-40\%\sim+90\%$ 之间。

如果 PMD 是按照测量双向电能设计的，那么启动电流的试验适用于每个方向。

表 10　有功功率和有功电能测量的启动电流

PMD 类型	功率因数[a]	性能等级 C 的 PMD 启动电流	
		$C<1$	$C\geqslant1$
PMD Dx	1	$2\times10^{-3}\times I_b$	$(C+3)\times10^{-3}\times I_b$
PMD Sx	1	$1\times10^{-3}\times I_n$	$(C+1)\times10^{-3}\times I_n$

[a]　在参比条件下，信号为正弦曲线，因此，此种情况下的功率因数＝$\cos\varphi$。

4.7.2　无功功率（Q_A，Q_V）和无功电能测量（E_{rA}，E_{rV}）

4.7.2.1　技术

见附录 A。

要求零盲区测量。

4.7.2.2　额定工作范围

基本不确定度要求应在以下额定范围内适用：

$80\%U_n<U<120\%U_n$。

4.7.2.3　基本不确定度表

在参比条件下的基本不确定度不应超过表 11 给出的限值。

表 11　无功功率和无功电能测量的基本不确定度表

规定的测量范围		$\sin\varphi$（感性或容性）	基本不确定度对性能等级 $C^{a,b,c}$ 的 PMD		单位
直接接入式 PMD Dx 的电流值	经传感器接入的 PMD Sx 的电流值		$C<3$	$C\geqslant3$	
$5\%I_b\leqslant I<10\%I_b$	$2\%I_n\leqslant I<5\%I_n$	1	$\pm1.25\times C$	$\pm1.33\times C$	%
$10\%I_b\leqslant I\leqslant I_{max}$	$5\%I_n\leqslant I\leqslant I_{max}$	1	$\pm1.0\times C$	$\pm1.0\times C$	%
$10\%I_b\leqslant I<20\%I_b$	$5\%I_n\leqslant I<10\%I_n$	0.5	$\pm1.25\times C$	$\pm1.33\times C$	%
$20\%I_b\leqslant I\leqslant I_{max}$	$10\%I_n\leqslant I\leqslant I_{max}$	0.5	$\pm1.0\times C$	$\pm1.0\times C$	%
$20\%I_b\leqslant I\leqslant I_{max}$	$10\%I_n\leqslant I\leqslant I_{max}$	0.25	$\pm1.25\times C$	$\pm1.33\times C$	%

[a]　无功电能性能等级 C 的允许值为：2-3，无功功率性能等级 C 的允许值为：1-2-3。

[b]　带外部电流传感器或电压传感器的 PMD 的系统性能等级允许值和计算公式见附录 D。

[c]　本部分的无功电能测量等级中的 2 级和 3 级的不确定度限值，既可使用 GB/T 17215.323—2008 的表 6 规定的 2 级和 3 级的值，又可以用本表给定的不确定度限值。

4.7.2.4　由影响量引起的改变量限值

在 4.5.1 给出的参比条件基础上，影响量导致的附加的改变量不应超过表 12 给出的有关性能等级的限值。

表 12　无功功率和无功电能测量的影响量

影　响　量		规定的测量范围[d]		sinφ (感性和容性)	温度系数对性能等级 $C^{a,e}$ 的 PMD		单位
影响类型	影响范围	直接接入式 PMD Dx 的电流值	经传感器接入的 PMD Sx 的电流值		对于 $C<3$	对于 $C\geqslant3$	
环境温度	根据表 5 和表 6 的额定工作范围	$10\%I_b\leqslant I\leqslant I_{max}$ $20\%I_b\leqslant I\leqslant I_{max}$	$5\%I_n\leqslant I\leqslant I_{max}$ $10\%I_n\leqslant I\leqslant I_{max}$	1 0.5	$0.05\times C$ $0.075\times C$	$0.05\times C$ $0.08\times C$	%/K %/K
辅助电源电压[f]	额定电压 $\pm15\%$	$10\%I_b$	$10\%I_n$	1	$0.1\times C$	$0.1\times C$	%
电压	$80\%U_n$ $<U<$ $120\%U_n$	$5\%I_b\leqslant I\leqslant I_{max}$ $10\%I_b\leqslant I\leqslant I_{max}$	$2\%I_n\leqslant I\leqslant I_{max}$ $5\%I_n\leqslant I\leqslant I_{max}$	1 0.5 感性	$0.5\times C$ $0.75\times C$	$0.66\times C$ $1.0\times C$	% %
频率	额定频率 $\pm2\%$	$5\%I_b\leqslant I\leqslant I_{max}$ $10\%I_b\leqslant I\leqslant I_{max}$	$2\%I_n\leqslant I\leqslant I_{max}$ $5\%I_n\leqslant I\leqslant I_{max}$	1 0.5 感性	$1.25\times C$ $1.25\times C$	2.5 2.5	%
外部的持续的交流磁感应 0.5mT[b,c]	见[b,c]	I_b	I_n	1	$1.5\times C$	3.0	%
射频电磁场[b,c]	见[b,c]	I_b	I_n	1	$1.5\times C$	3.0	%
由射频场引起的传导干扰[b,c]	见[b,c]	I_b	I_n	1	$1.5\times C$	3.0	%

[a]　无功电能功能性能等级 C 的允许值为：2-3，无功功率性能等级 C 的允许值为：1-2-3。

[b]　电磁兼容性等级和试验条件应满足 IEC 61326 标准中工业场合要求。

[c]　电磁兼容影响量仅适用于电能测量。

[d]　电流是平衡的，除非另有说明。

[e]　本部分的无功电能测量等级中的 2 级和 3 级的改变量极限，既可使用 GB/T 17215.323—2008 的表 8 规定的 2 级和 3 级的值，又可以用本表给定的不确定度限值。

[f]　这些限值为由电网电压供电的 PMD 设定的。如果直流或交流供电电压的范围较大，需在范围的上下限上进行试验，在任何情况下 PMD 应在规定的所有供电电压范围内符合要求。

4.7.2.5　启动和无负载情况

4.7.2.5.1　PMD 的启动

按 4.6 的规定。

4.7.2.5.2　无负载情况

当电流回路中无电流，施加电压，PMD 的测试输出不应产生多于一个的脉冲。

对于该试验，电流回路应开路，将额定电压 115% 的电压施加到电压回路中。

注：如果有外接分流器，仅输入回路是开路。

最小试验周期 Δt 是：

PMD 类型	无负载情况的最小试验周期 Δt	
	对于 $C<3$	对于 $C \geqslant 3$
PMD	$\Delta t = \dfrac{[(240/C)+360] \times 10^6}{k \times m \times U_n \times I_{max}} \text{min}$	$\Delta t = \dfrac{[(1080/C)-60] \times 10^6}{k \times m \times U_n \times I_{max}} \text{min}$

式中 C——性能等级；

k——常数，由 PMD 输出装置发出的每千乏时脉冲数量（imp/kvarh）；

m——测量元件数量；

U_n——额定电压，以伏特（V）为单位；

I_{max}——最大电流，以安培（A）为单位。

对于通过原级和半原级互感器接入式的 PMD，常数 k 相应于二次侧的值（电压和电流）。

4.7.2.5.3 启动电流

PMD 应在表 13 所示的启动电流下起动并连续计数（如果是三相表，带平衡负载）。

当启动条件符合表 13，基本不确定度应在测得值的 $-40\%\sim+90\%$ 之间。

如果 PMD 是按照测量双向电能设计的，那么启动电流的试验适用于每个方向。

表 13　无功电能测量的启动电流

PMD 类型	$\sin\varphi$（感性或容性）	启动电流对性能等级 C 的 PMD	
		对于 $C<3$	对于 $C \geqslant 3$
PMD Dx	1	$(C+3) \times 10^{-3} \times I_b$	$(5 \times C-5) \times 10^{-3} \times I_b$
PMD Sx	1	$(C+1) \times 10^{-3} \times I_n$	$(2 \times C-1) \times 10^{-3} \times I_n$

4.7.3　视在功率（S_A，S_V）和视在电能测量（E_{apA}，E_{apV}）

4.7.3.1　技术

见附录 A。

要求零盲区测量。

4.7.3.2　额定工作范围

基本不确定度要求应适用于以下额定范围内：

$$80\%U_n < U < 120\%U_n$$

4.7.3.3　基本不确定度

在参比条件下的基本不确定度不应超过表 14 给出的限值。

表 14　视在功率和视在电能测量的基本不确定度表

规定的测量范围		基本不确定度限值 对性能等级 $C^{a,b}$ 的 PMD		单位
直接接入式 PMD Dx 的电流值	经传感器接入的 PMD Sx 的电流值	对于 $C<1$	对于 $C \geqslant 1$	
$5\%I_b < I \leqslant 10\%I_b$	$2\%I_n < I \leqslant 5\%I_n$	$\pm 2.0 \times C$	$\pm(1.0 \times C+0.5)$	$\%$
$10\%I_b < I \leqslant I_{max}$	$5\%I_n < I \leqslant I_{max}$	$\pm 1.0 \times C$	$\pm 1.0 \times C$	$\%$

a 允许的性能等级 C 是：0.2-0.5-1-2。

b 带外部电流传感器或电压传感器的 PMD 的系统性能等级允许值和计算公式见附录 D。

4.7.3.4 由影响量引起的改变量限值

影响量相对于 4.5.1 的参比条件的改变引起的附加的改变量应不超过表 15 给出的有关性能等级的限值。

表 15 视在功率和视在电能测量的影响量

影 响 量		规定的测量范围 d		功率因数 e	温度系数适用于性能等级 C^a 的 PMD		单位
影响类型	影响范围	直接接入式 PMD Dx 的电流值	经传感器接入的 PMD Sx 的电流值		$C<1$	$C\geqslant1$	
环境温度	根据表 5 和表 6 的额定工作范围			1	$0.05\times C$	$0.05\times C$	%/K

影 响 量		规定的测量范围 d		功率因数 e	改变量限值对性能等级 $C^{a,2)}$ 的 PMD		单位
影响类型	影响范围	直接接入式 PMD Dx 的电流值	经传感器接入的 PMD Sx 的电流值		$C<1$	$C\geqslant1$	
辅助电源电压 f	额定电压 ±15%	$10\%I_b$	$10\%I_n$	1	$0.1\times C$	$0.1\times C$	%
电压	$80\%U_n$ < U < $120\%U_n$	$5\%I_b\leqslant I\leqslant I_{max}$ $10\%I_b\leqslant I\leqslant I_{max}$	$2\%I_n\leqslant I\leqslant I_{max}$ $5\%I_n\leqslant I\leqslant I_{max}$	1 0,5 感性	$0.3\times C+0.04$ $0.6\times C+0.08$	$0.3\times C+0.4$ $0.5\times C+0.5$	%
外部持续的交流磁感应 0.5mT c,b1)	见 c,b1)	I_b	I_n	1	2.0	$1.0\times C+1.0$	%
射频电磁场 c,b1)	见 c,b1)	I_b	I_n	1	$3.4\times C+0.3$	$1.0\times C+1.0$	%
由射频场引起的传导干扰 c,b1)	见 c,b1)	I_b	I_n	1	$3.4\times C+0.3$	$1.0\times C+1.0$	%

a 性能等级 C 的允许值为：0.2-0.5-1-2。

b 电磁兼容性等级和试验条件应满足 IEC 61326 标准中相关工业场合的要求。

c 电磁兼容影响量仅适用于电能测量。

d 电流是平衡的，除非另有说明。

e 在参比条件下，信号是正弦曲线，因此，在此种情况下，功率因数 $=\cos\varphi$。

f 这些限值是由电网电压供电的 PMD 设定的。如果直流或交流供电电压的范围较大，需在范围的上下限上进行试验，在任何情况下 PMD 应在规定的所有供电电压范围内符合要求。

编者注1) 原文为 d，根据注释内容看似乎应为 b。

编者注2) 原文为 ab，似乎应该是 a。

4.7.4 频率（f）测量

4.7.4.1 技术

不要求零盲区测量。

4.7.4.2 额定工作范围

基本不确定度要求应适用于下列额定范围：

a) 电压：$50\%U_n\sim U_{max}$，或

b) 电流：

——对于 PMD Dx：$20\%I_b\sim I_{max}$；

——对于 PMD Sx：$10I_n\sim I_{max}$。

注：频率通常从 PMD 的电压功能测得；只有在 PMD 中没有电压功能时才不得不考虑电流的额定工作范围。

4.7.4.3 基本不确定度表

在参比条件下的基本不确定度不应超过表 16 给出的限值。

表 16　频率测量的基本不确定度表

规定的测量范围	基本不确定度限值对性能等级 $C^{a,b}$ 的 PMD	单位
$45Hz\sim55Hz$ 或 $55Hz\sim65Hz$	$\pm1.0\times C$	%

[a]　性能等级 C 的允许值为：0.02-0.05-0.1-0.2-0.5。

[b]　带外部电流传感器 CS 或电压传感器 VS 的 PMD 的系统性能等级的允许值和计算公式在附录 D 中给出。

4.7.4.4 由影响量引起的改变量限值

影响量相对于 4.5.1 给出的参比条件的改变引起的附加改变量应不超过表 17 给出的有关性能等级的限值。

表 17　频率测量的影响量

影响量		温度系数对性能等级 C^a 的 PMD	单位
影响类型	影响范围或影响程度		
环境温度	根据表 5 和表 6 的额定工作范围	$0.1\times C$	%/K

影响量		改变量限值对性能等级 C^a 级的 PMD	单位
影响类型	影响范围或影响程度		
电压	$50\%U_n\sim U_{max}$	$0.2\times C$	%
电压回路中的谐波[b]	3 次谐波 10% 5 次谐波 12% 7 次谐波 10% 9 次谐波 3% 11 次谐波 7% 13 次谐波 6% 15 次谐波 1%	$0.2\times C$	%

[a]　性能等级 C 的允许值：0.02-0.05-0.1-0.2-0.5。

[b]　所有谐波成分具有相同的相对相位，但与基波的相位相反。

4.7.5 相电流（I）和中线电流（I_N，I_{Nc}）的方均根值（r.m.s）测量

4.7.5.1 技术

见附录 A。

不要求零盲区测量。

4.7.5.2 额定工作范围

基本不确定度要求适用于表 18 和表 19 给出的额定范围。

4.7.5.2.1 相电流的额定工作范围

表 18　相电流测量的额定工作范围

PMD 类型	规定的测量范围	谐波的最小带宽	峰顶因数
PMD Sx	$10\%I_n \sim 120\%I_n$	45Hz 至 15 倍额定频率或 直流和 45Hz 至 15 倍额定频率	2
PMD Dx	$20\%I_b \sim I_{max}$	45Hz 至 15 倍额定频率或 直流和 45Hz 至 15 倍额定频率	2

4.7.5.2.2　用传感器测量得到的中线电流和从相电流计算得到的中线电流的额定工作范围

表 19　中线电流测量的额定工作范围

PMD 类型	规定的测量范围	谐波的最小带宽	峰顶因数
PMD Sx	$10\%I_n \sim 120\%I_n$	45Hz 至 15 倍额定频率或 直流和 45Hz 至 15 倍额定频率	2
PMD Dx	$20\%I_b \sim I_{max}$	45Hz 至 15 倍额定频率或 直流和 45Hz 至 15 倍额定频率	2

注：中线电流传感器的标称电流可与相电流传感器的标称电流不同。

4.7.5.3　基本不确定度表

在参比条件下的基本不确定度应不超过表 20、表 21、表 22 给出的限值。

4.7.5.3.1　相电流的基本不确定度表

表 20　相电流的基本不确定度表

规定的测量范围		基本不确定度对性能 等级 $C^{a,b}$ 的 PMD	单位
直接接入式的 PMD Dx 电流值	经传感器接入的 PMD Sx 的电流值		
$20\%I_b \leqslant I \leqslant I_{max}$	$10\%I_n \leqslant I \leqslant I_{max}$	$\pm 1.0 \times C$	%

a　性能等级 C 的允许值：0.05-0.1-0.2-0.5-1-2。
b　带外部电流传感器的 PMD 的系统性能等级的允许值和计算公式在附录 D 中绘出。

4.7.5.3.2　用传感器测量得到的中线电流的基本不确定度表

表 21　中线电流测量的基本不确定度表

规定的测量范围		基本不确定度对性能 等级 $C^{a,b}$ 的 PMD	单位
直接接入式的 PMD Dx 的电流值	经传感器接入的 PMD Sx 的电流值		
$20\%I_b \leqslant I_N \leqslant I_{max}$	$10\%I_N \leqslant I_N \leqslant I_{max}$	$\pm 1.0 \times C$	%

a　性能等级 C 的允许值：0.2-0.5-1-2。
b　带外部电流传感器的 PMD 的系统性能等级的允许值和计算公式在附录 D 中绘出。

4.7.5.3.3　从相电流计算得到的中线电流的基本不确定度表

表 22　由计算得出的中线电流的基本不确定度表

规定的测量范围		基本不确定度限值 PMD 的性能等级 $C^{a,b,d}$	单位
直接接入式的 PMD Dx 的电流值	经传感器接入的 PMD Sx 的电流值		
$20\%I_b \leqslant I_p^c \leqslant I_{max}$	$10\%I_n \leqslant I_p^c \leqslant I_{max}$	$\pm 1.0 \times C$	$\%I^c$

规 定 的 测 量 范 围		基本不确定度限值 PMD 的性能等级 $C^{a,b,d}$	单位
直接接入式的 PMD Dx 的电流值	经传感器接入的 PMD Sx 的电流值		

^a 性能等级 C 的允许值：0.1-0.2-0.5-1-2。
^b 带外部电流传感器的 PMD 的系统性能等级的允许值和计算公式在附录 D 中给出。
^c 不确定度用最大相电流的百分数表示。
^d 性能等级 C 是针对相电流性能的分级。

4.7.5.4 由影响量引起的改变量限值

影响量相对于 4.5.1 给出的参比条件的改变引起的附加改变量应不超过表 23 给出的有关性能等级的限值。

表 23 相电流和中线电流测量的影响量

影 响 量		规定的测量范围^b		温度系数 对性能等级 C^a 的 PMD	单位
影响类型	影响范围	直接接入式的 PMD Dx 的电流值	经电流传感器接入 的 PMD Sx 的电流值		
环境温度	根据表 5 和表 6 的额定工作范围	$20\%I_b\leqslant I\leqslant I_{max}$	$10\%I_n\leqslant I\leqslant I_{max}$	$0.05\times C$	%/K

影 响 量		规定的测量范围^b		改变量限值 对 PMD 的性能 等级 C^a	单位
影响类型	影响范围	直接接入式的 PMD Dx 的电流值	经电流传感器接入 的 PMD Sx 的电流值		
辅助电源电压^c	额定电压±15%	$20\%I_b$	$10\%I_n$	$0.1\times C$	%

^a 测得的中线电流的性能等级 C 的允许值是 0.2-0.5-1-2，计算的中线电流的性能等级 C 的允许值是 0.1-0.2-0.5-1-2。
^b 三相配电系统中的相电流影响量规定为平衡电流。
^c 这些限值是由电网电压供电的 PMD 设定的。如果直流或交流供电电压的范围较大，则至少应在范围的上下限上进行试验，在任何情况下 PMD 应在规定的所有供电电压范围内符合要求。

4.7.6 电压方均根值（U）测量

4.7.6.1 技术

见附录 A。

不要求零盲区测量。

4.7.6.2 额定工作范围

基本不确定度要求适用于表 24 给出的范围。

表 24 电压方均根值测量的额定工作范围

PMD 类型	规定的测量范围	谐波的最小带宽	峰顶因数
PMD xS	$20\%U_n\sim120\%U_n$ 见注	45Hz 至 15 倍额定频率或直流和 45Hz 至 15 倍额定频率	1.5
PMD xD	按制造厂商规定	45 Hz 至 15 倍额定频率或直流和 45Hz 至 15 倍额定频率	1.5

注：使用的频率检测电路在全部额定范围内不都能工作的 PMD，U_n 在 20%～50% 之间，可以用最后测得的稳定的频率来测量电压。

4.7.6.3 基本不确定度表

在参比条件下的基本不确定度不应超过表 25 给出的限值。

表 25 电压方均根值测量的基本不确定度表

规定的测量范围		基本不确定度限值对性能等级 $C^{a,b}$ 的 PMD	单位
直接接入式的 PMD xD 的电压值	经传感器接入的 PMD xS 的电压值		
$U_{min} \leqslant U \leqslant U_{max}^{c}$	$U_{min} \leqslant U \leqslant U_{max}^{c}$	$\pm 1.0 \times C$	%

a 性能等级 C 的允许值：0.05-0.1-0.2-0.5-1-2。

b 经过外部 CS 或 VS 接入的 PMD 的系统性能等级的允许值和计算公式在附录 D 中给出。

c 制造厂商可参考表 24 中的最小测量范围规定 U_{max} 和 U_{min}。

4.7.6.4 由影响量引起的改变量限值

影响量相对于 4.5.1 给出的参比条件的改变引起的附加改变量不应超过表 26 给出的有关性能等级的限值。

表 26 相电压测量的影响量

影响量		规定的测量范围[b]		温度系数对性能等级 C^{a} 的 PMD	单位
影响类型	影响范围	直接接入式的 PMD xD 的电流值	经传感器接入的 PMD xS 的电流值		
环境温度	根据表 5 和表 6 的额定工作范围	$U_{min} \leqslant U \leqslant U_{max}$	$U_{min} \leqslant U \leqslant U_{max}$	$0.05 \times C$	%/K

影响量		规定的测量范围[b]		改变量极限对性能等级 C^{a} 的 PMD	单位
影响类型	影响范围	直接接入式的 PMD xD 的电流值	经传感器接入的 PMD xS 的电流值		
辅助电源电压	额定电压±15%	$U_{min} \leqslant U \leqslant U_{max}$	$U_{min} \leqslant U \leqslant U_{max}$	$0.1 \times C$	%

a 功能性能等级 C 的允许值为：0.1-0.2-0.5-1-2。

b 考虑表 24 的规定的测量范围，制造厂商能够规定 U_{max} 和 U_{min}。

c 这些限值为由电网电压供电的 PMD 设定的。如果直流或交流供电电压的动态范围较大，至少需在范围的上下限上进行试验，在任何情况下 PMD 应在规定的所有供电电压范围内符合要求。

4.7.7 功率因数（PF_A，PF_V）测量

4.7.7.1 技术

见附录 A。

4.7.7.2 额定工作范围

基本不确定度要求应适用于下列额定范围：

a）电压：50%U_n～U_{max}，或

b）电流：

——对于 PMD Dx：20%I_b～I_{max}；

——对于 PMD Sx：10%I_n～I_{max}。

4.7.7.3 基本不确定度表

在参比条件下的基本不确定度不应超过表 28 给出的限值。

表 27 功率因数测量的基本不确定度表

规定的测量范围	基本不确定度限值对性能等级 $C^{a,b}$	单位
从 0.5 感性至 0.8 容性	$\pm 0.1 \times C$	c

a 性能等级 C 的允许值是：0.5-1-2-5-1.0。
b 带外部电流传感器和电压传感器的 PMD 的系统性能等级的允许值和计算公式在附录 D 中给出。
c 无单位。

4.7.7.4 由影响量引起的改变量限值

在额定工作范围内除去基本不确定度的附加改变量，在功率因数为 1 和 0.5 感性条件下应根据表 9 和表 15 来计算，并考虑最坏情况下的不确定度的组合。

4.7.8 短期闪变（P_{st}）和长期闪变（P_{st}）的测量

4.7.8.1 技术

按 IEC 61000-4-15 的规定。

4.7.8.2 额定工作范围

基本不确定度要求应适用于下列额定范围：

——电压：$80\% U_n \sim U_{max}$

4.7.8.3 基本不确定度表

在参比条件下的基本不确定度不应超过表 28 给出的限值。

表 28 闪变测量的基本不确定度表

规定的测量范围	基本不确定度限值对性能等级 C^a 的 PMD	单位
0.4～2	$\pm 1.0 \times C$	%

a 性能等级 C 的允许值为：0.5-1-2-5-10。

4.7.9 电压暂降（U_{dip}）和电压暂升（U_{swl}）测量

4.7.9.1 技术

见附录 A。

要求零盲区测量。

适用于经过如下修改的 IEC 61000-4-30：2003 的 5.4 要求：

——在本部分中，要求或者以固定参比电压，或者以 1min 为时间常数的一阶滤波器的滑动参比电压作为检测电压暂降和电压暂升的阈值；

——在本部分中，不要求与基波电压过零点同步。

4.7.9.2 额定工作范围

基本不确定度要求应适用于表 29 给出的额定范围。

表 29 电压暂降和电压暂升测量的额定工作范围

PMD 类型	为电压暂降设定的最小阈值范围	为电压暂升设定的最小阈值范围
PMD xS	$5\% U_n \sim 100\% U_n$	$100\% U_n \sim 120\% U_n$
PMD xD	由生产商规定	由生产商规定

最小可检测持续时间至少等于被测电压的一个周期。

4.7.9.3 基本不确定度表

在参比条件下的基本不确定度不应超过表 30 给出的限值。

表 30　电压暂降和电压暂升测量的基本不确定度表

规定的测量范围	基本不确定度限值对性能等级 $C^{a,b,c}$的 PMD	单位
暂降，残余电压和暂升，过电压	$\pm 1.0 \times C$	$\%U_n$
暂降持续时间和暂升持续时间	电网频率的一个周期	ms[d]

[a]　性能等级 C 的允许值：0.1-0.2-0.5-1-2。
[b]　带外部电压传感器的 PMD 的系统性能等级的允许值和计算公式在附录 D 中给出。
[c]　暂降或暂升持续时间的不确定度等于暂降或暂升起始不确定度（半个周期）加暂降或暂升结束不确定度（半个周期）。
[d]　此为一个固定不确定度。

4.7.9.4　由影响量引起的改变量限值

影响量相对于 4.5.1 给出的参比条件的改变引起的附加改变量应不超过表 31 给出的有关性能等级的限值。

表 31　电压暂降和暂升测量的影响量

影　响　量		规定的检测范围[b]		温度系数对性能等级 C^a 的 PMD	单位
影响类型	影响范围	直接接入式的 PMD xD 的电压值	经传感器接入的 PMD xD 的电压值		
环境温度	根据表 5 和表 6 的额定工作范围	$U_{min} \leqslant U \leqslant U_{max}$	$U_{min} \leqslant U \leqslant U_{max}$	$0.05 \times C$	$\%/K$
影　响　量		规定的检测范围[b]		改变量限值对性能等级 C^a 的 PMD	单位
影响类型	影响范围	直接接入式的 PMD xD 的电压值	经传感器接入的 PMD xD 的电压值		
辅助电源电压[c]	额定电压±15%	$U_{min} \leqslant U \leqslant U_{max}$	$U_{min} \leqslant U \leqslant U_{max}$	$0.1 \times C$	$\%U_n$
频率	额定频率±10%	$U_{min} \leqslant U \leqslant U_{max}$	$U_{min} \leqslant U \leqslant U_{max}$	$0.5 \times C$	$\%U_n$

[a]　性能等级 C 的允许值是：0.1-0.2-0.5-1-2。
[b]　制造厂商可根据表 29 中的最小测量范围来规定 U_{max} 和 U_{min}。
[c]　这些限值为由电网电压供电的 PMD 设定的。如果直流或交流供电电压的动态范围较大，至少需在范围的上下限上进行试验，在任何情况下 PMD 应在规定的所有供电电压范围内符合要求。

4.7.10　瞬时过电压（U_{tr}）测量

4.7.10.1　技术

应按 IEC 61000-4-30：2003 中附录 A 的规定。
要求零盲区测量。
参比波形：IEC 61000-4-5 中定义的 1.2/50μs。

4.7.10.2　额定工作范围

基本不确定度要求应适用于表 32 给出的额定范围。

4.7.10.3　基本不确定度表

在参比条件下的基本不确定度不应超过表 32 给出的限值。

表 32　瞬时过电压测量的基本不确定度表

性能等级 C 的 PMD 的规定测量范围	PMD 的基本不确定度限值	持续时间测量的分辨率
$0\sim U_{tr}^{a}$	$\pm 3.0\% U_{tr}$	$5\mu s$

a　规定的测量范围推荐值为：6kV-4kV-2.5kV-1.5kV-0.8kV。

b　持续时间的测量是可选的。如果规定，应在瞬时过电压峰值的 50％ 处做测量。

4.7.11　电压中断（U_{int}）测量

4.7.11.1　技术

见附录 A。

要求零盲区测量。

适用 IEC 61000-4-30：2003 的 5.4，只是本部分不要求和电压基波过零点同步。

注：只有 PMD 和中性线相连时才有可能进行此项测量。

4.7.11.2　额定工作范围

生产厂商应在 $1\% U_{n}\sim 5\% U_{n}$ 之间的范围内至少选择一个值作为电压中断检测的阈值。

4.7.11.3　基本不确定度表

在参比条件下的基本不确定度不应超过表 33 给出的限值。

表 33　电压中断测量的基本不确定度表

规定的测量范围	性能等级 $C^{a,b}$ 的 PMD 的基本不确定度	单位
$0\%\sim 5\% U_{n}$ 的中断	$\pm 1.0\times C$	$\% U_{n}$
中断持续时间	少于电网频率的 2 个周期	ms^{c}

a　性能等级 C 的允许值是：0.1-0.2-0.5-1-2。

b　带外部电压传感器的 PMD 的系统性能等级的允许值和计算公式在附录 D 中给出。

c　此为一个固定的不确定度。

4.7.12　电压不平衡（U_{nb}，U_{nba}）测量

4.7.12.1　技术

不要求零盲区测量。

根据制造厂商规定，应实现下列功能之一：

——电压幅值不平衡（U_{nba}）：见附录 A。

——电压幅值和相位不平衡（U_{nb}）：见 IEC 61000-4-30。

4.7.12.2　额定工作范围

基本不确定度要求应适用于下列范围：

$80\% U_{n}\sim 120\% U_{n}$。

4.7.12.3　基本不确定度表

在参比条件下的基本不确定度不应超过表 34 给出的限值。

表 34　电压不平衡测量的基本不确定度表

U_{nb} 或 U_{nba} 的标明范围	性能等级 C^{a} 的基本不确定度	分辨率	单位
$0\%\sim 10\%$	$\pm 1\times C^{b}$	± 0.1	$\%$

U_{nb} 或 U_{nba} 的标明范围	性能等级 C^a 的基本不确定度	分辨率	单位

a　性能等级 C 的允许值是 0.2-0.5-1。

b　下面的图表举了一个功能性能等级 0.5 的基本不确定度限值的例子：

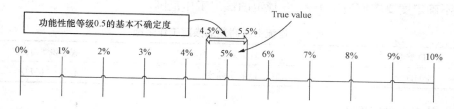

4.7.13　电压谐波（U_h）和电压总谐波（THD_u 和 $THD\text{-}R_u$）测量

4.7.13.1　技术

生产厂商应规定采样频率、谐波次数、窗和滤波方法、组合方法。

注1：不强制要求符合 GB/T 17626.7 的。

不要求零盲区测量。

注2：当不采用零盲区测量时，仅能测量稳态谐波和半稳态谐波。

4.7.13.2　额定工作范围

基本不确定度要求应适用于表 35 给出的范围。

表 35　电压谐波测量的额定工作范围

PMD 类型	最小带宽	基波频率范围
PMD	15 倍额定频率	45Hz～65Hz

4.7.13.3　基本不确定度表

在整个工作条件下，表 36 和表 37 里所示的不确定度适用于一个单次的稳态谐波信号。

表 36　电压谐波测量的基本不确定度表

规定的测量范围	基本不确定度 PMD 的性能等级 $C^{a,b}$	单位
$U_h > 3 \times U_n \times C/100$	±5.0	%U_h
$U_h \leqslant 3 \times U_n \times C/100$	±0.15×C	%U_n

a　性能等级 C 的允许值是：1-2-5。

b　带外部电压传感器的 PMD 的系统性能等级的允许值和计算公式在附录 D 中给出。

表 37　电压 THD_u 或 $THD\text{-}R_u$ 测量的基本不确定度表

电压总谐波（THD）的规定测量范围	基本不确定度 PMD 的性能等级 $C^{a,b}$	单位
0%～20%	±0.3×C^c	百分点^c

a　性能等级 C 的允许值是：1-2-5。

b　带外部电压传感器的 PMD 的系统性能等级的允许值和计算公式在附录 D 中给出。

c　0.3×C 是一个恒定的不确定值。例如，10%THD（总谐波），如果 $C=1$，则测量值可能介于 9.7 到 10.3 之间。

4.7.14　电流谐波（I_h）和电流总谐波 THD（THD_i 和 $THD\text{-}R_i$）测量

4.7.14.1　技术

采样频率、谐波次数、窗和滤波方法、组合方法等根据制造厂商的规定。

不要求零盲区测量。

注：当不采用零盲区测量时，仅能测量稳态谐波和半稳态谐波。

4.7.14.2 额定工作范围

基本不确定度要求应适用于表 38 规定的额定工作范围。

表 38 电流谐波测量的额定工作范围

PMD 类型	最小带宽	基本频率范围
PMD	15 倍额定频率	45Hz～65Hz

4.7.14.3 基本不确定度表

在整个工作条件下，表 39 和表 40 中所示的不确定度适用于一个单次的稳态的谐波信号。

表 39 电流谐波测量的基本不确定度表

PMD 类型	规定的测量范围	基本不确定度 PMD 的性能等级 $C^{a,b}$	单位
PMD-Sx	$I_h > 10 \times I_n \times C/100$	± 5.0	$\% I_h$
	$I_h \leq 10 \times I_n \times C/100$	$\pm 0.5 \times C$	$\% I_n$
PMD-D$_X$	$I_h > 10 \times I_b \times C/100$	± 5.0	$\% I_b$
	$I_h \leq 10 \times I_b \times C/100$	$\pm 0.5 \times C$	$\% I_b$

[a] 性能等级 C 的允许值是：1-2-5。
[b] 带外部电流传感器的 PMD 的系统性能等级的允许值和计算公式在附录 D 中给出。

表 40 电流 THD_i 和 $THD\text{-}R_i$ 测量的基本不确定度表

规定的测量范围	基本不确定度 PMD 的性能等级 $C^{a,b}$	单位
0%～100%	$\pm 0.3 \times C^c$	百分点^c
100%～200%	$\pm 0.3 \times C \times THD/100^d$	百分点^c

[a] 性能等级 C 的允许值是：1-2-5。
[b] 带外部电流传感器的 PMD 的系统性能等级的允许值和计算公式在附录 D 中给出。
[c] $0.3 \times C$ 是一个绝对不确定度值。例如，10% THD，如果 $C=1$，则测量值可能介于 9.7 到 10.3 之间。
[d] THD 是电流总谐波的测量值，以百分数表示。

4.7.15 最小值、最大值、峰值、三相平均值及需量的测量

4.7.15.1 额定工作范围

制造厂商应规定额定工作范围。

4.7.15.2 基本不确定度表

这些值（最大值、最小值……）的不确定度应和有关用来计算这些值的相应测量的不确定度相同。例如，一个宣称功率测量性能等级为 C 的 PMD，如果它有功率需量测量功能，则其测量应满足相同的性能等级 C。

计算方法按附录 B 的规定。

4.8 PMD-A 的功能性要求

测量的不确定度、测量方法、测量范围及试验方法应符合 IEC 61000-4-30：2003 的 A

类的要求，补充特性在下面的表 41 中给出。

根据测量目的，应测量表 41 所列的所有功能或一个功能子集。

注：为了各种合同的应用，表 41 所列的所有功能可能都是需要的。

PMD-A 的"电能质量评估功能"应遵守 IEC 61000-4-30：2003 的 A 类规定的测量方法和测量不确定度。

每个功能应在本部分 4.5.2 规定的工作条件下，遵循 IEC 61000-4-30 的规定。

对于 PMD-A，在本部分 4.5 规定的温度工作范围内，环境温度变化引起的最大改变量不应超过 IEC 61000-4-30 中规定的测量不确定度 1 倍。制造厂应按 IEC 61000-4-30：2003 的 4.1 注 2 的要求，规定改变量。

表 41 PMD-A 的补充性能

功　能	额 外 的 补 充 性 能
f	工作范围：如果考虑暂降和暂升，$50\%U_{din} \sim U_{max}$ 或 $1\%U_{din} \sim U_{max}^a$
U	无补充性能
P_{st}，P_{lt}	无补充性能
U_{dip}	可设定的阈值：$50\%U_{din} \sim 120\%U_{din}$； 滞后：$2\%U_{din}$
U_{swl}	可设定的阈值：$50\%U_{din} \sim 120\%U_{din}$； 滞后：$2\%U_{din}$
U_{int}	可设定的阈值：$0.5\%U_{din} \sim 10\%U_{din}$； 测量持续时间的不确定度 <2 个周期
U_{nb}	可设定的极限：$0\% \sim 5\%$； 分辨率：最低 0.05%
U_h	要求测量到第 50 次，因此最小带宽应至少为额定频率的 51 倍
I_h	无补充性能
M_{SV}	可设定的阈值：$0.1\%U_{din} \sim 10\%U_{din}$

> a 在 $1\%U_{din} \sim 50\%U_{din}$ 之间，使用频率检测电路的 PMD 能用最后的稳定频率测量值来测量电压。

4.9 一般机械要求

4.9.1 振动要求

便携式设备的要求按 IEC 61557-1 的规定。固定安装设备的要求如下：

——幅值：0.35mm；

——频率：25Hz；

——持续时间：3 个方向，每个方向 20min；

——在试的 PMD 必须通电。

试验期间，PMD 的功能应满足规范要求。

4.9.2 IP 要求

制造厂商应通过文件说明设备的有关 GB 4208 的 IP 等级。表 42 给出了最低要求，它规定了不同种类 PMD 外壳的最低 IP 要求。

表 42　PMD 的最低 IP 要求

PMD 种类	前面板	除前面板外的外壳
固定安装的 PMD→板面安装设备	IP 40	IP 2X
固定安装型 PMD→在配电盘内 DIN 导轨上的快装式组合设备	IP 40	IP 2X
固定安装型 PMD→在配电盘内 DIN 导轨上快装式机架设备	IP 2X	IP 2X
便携式 PMD	IP 40	IP 40

4.10　安全要求

PMD 应遵循 GB 4793.1—2007 的安全要求以及以下条款的附加要求。

注 1：IEC 61557-1：2007 中规定的 Ⅱ 类要求不是强制性的。

注 2：防护等级的定义按 GB/T 17045 的规定。

4.10.1　间隙和爬电距离

间隙和爬电距离的选择至少应按照：

——污染等级 2；

——测量输入电路的测量等级Ⅲ；

——电源电路过压等级Ⅲ。

注 1：测量等级的定义按 IEC 61010-2-030 的规定。

注 2：对于便携式设备来说，只有电源电路从插座取电的，才可以接受其过电压等级Ⅱ。

4.10.2　固定安装式 PMD 与电流互感器的连接

当电流互感器无意间从 PMD 断开时会引起危险，因此应该以防止开路的方式设计电流输入的连接方式。这种情况可通过可移动自动短路连接器，或可转动的连接器，或固定连接，或外部防护装置，或电流互感器内的防护装置等任一方式来实现。

4.10.3　PMD 与高压传感器的连接

如果外部高压传感器的设计具有防止任何危险的特性，那么就允许 PMD xS 或 PMD xD 与外部高压传感器连接〔例如对于额定电压高于 1000V(a. c) 和 1500V(d. c) 的系统〕。

4.10.4　可接触零部件

对可接触零部件的要求按 GB 4793.1 的规定。

用于和外部可接触电路连接的电路应认为是可接触导电部件，如通信电路。

可与数据系统连接的通信端口也应被认为是可接触导电部件。

这些可接触导电部件要求对单一故障条件进行防护。

注：对于防护单一故障条件来说基本绝缘是不充分的。相应绝缘的例子是双重绝缘或加强绝缘等，参见 GB 4793.1。

4.10.5　危险带电部件

在配电系统中，中性导线应被认为是危险带电部件。

4.11　模拟输出

4.11.1　通用要求

除非另有规定，表示测得参数的每个模拟输出的综合不确定度应在第 4 章规定测量参数的不确定度的极限内。

注 1：模拟输出的测试见 6.1.11。对于带有模拟输出的 PMD 的要求，应适用于 4.11.5 的规定。

注 2：模拟输出电流信号应该是 4mA～20mA，但也可以是 0mA～20mA。

4.11.2 恒流制输出电压

电流输出信号应至少有 10V 的恒流制输出电压。实际的恒流制输出电压应在随机文件中规定（见 5.2）。

当按照 6.1.11.2 进行恒流制输出电压试验时，对于性能等级 C 的具有模拟输出的 PMD，其模拟输出的不确定度应不超过满量程的（2C）％。

4.11.3 模拟输出的纹波成分

当按照 6.1.11.3 进行输出信号的最大输出纹波含量试验时，对一个性能等级 C 的输出信号应不超过规定的最大输出信号满量程的（2C）％。

4.11.4 模拟输出响应时间

根据 6.1.11.4，对于渐增或渐减的输入，如果模拟输出的响应时间不同，那么应在随机文件中规定。

4.11.5 模拟输出信号的极限值

输出信号应被限制到一个最大值不超过额定最大输出信号的两倍。对于双极性信号，这个要求适用于每个方向。

按 6.1.11.5 的规定进行测试时，如果测量值不在最大和最小输出信号所代表的下限值或上限值之间，除了辅助电源失电，仪表在任何工作条件下都不应产生一个在最大和最小的输出信号之间的值。

4.11.6 脉冲输出

脉冲输出，应符合 IEC 62053-31：1998 的 4.1 的要求（功能要求）。

5 标志和使用说明

除了本部分另有规定外，标志和使用说明应遵循 GB 4793.1 和 IEC 61557-1 的规定。

5.1 标志

应符合 GB 4793.1 规定的要求。此外，不矛盾的情况下，增加下列标志，标志应清晰明了且不易擦除：

——接线图或者 GB 4793.1 中的符号 14；

——如有必要，装置内部应有序列号，制造年份或型号。

5.2 使用和安装说明

应符合 GB 4793.1 的规定。此外，不矛盾的情况下，还需满足以下要求：

5.2.1 一般特性

用文件标明如下特性：

a）如果需要校准，标明校准周期。

b）以下列形式之一表示的额定电压：

——如果连接系统的线数多于 1，PMD 电压电路端子上的适用电压；

——系统的标称电压，或 PMD 要连接的仪用互感器的二次电压。

c）对于直接接入式 PMD，用符号表示的基本电流（I_b）和最大电流（I_{max}）。例如：基本电流为 10A 和最大电流为 40A 的 PMD，表示成 10A～40A 或 10（40）A。

d）对于通过电流互感器接入的 PMD，PMD 所要连接的互感器的额定二次电流（I_n）和互感器的最大二次电流（I_{max}），例如：/5（6.5）A。

e) 对于经传感器接入的 PMD，相应的 PMD 输入的主要特性，例如：1 V/1000 A。

f) 额定频率或者频率范围，以 Hz 为单位。

g) 仪表常数，如果有电能测量。

h) 启动时间（如果长于 15s）。

5.2.2 基本特性

5.2.2.1 PMD 的特性

应用一个表格来规定 PMD 的特性，如表 43 那样包含以下项目：

a) 电能质量评估功能（如有）；

b) 按 4.3 的 PMD 分类；

c) 按 4.5.2.1 和 4.5.2.2 规定的温度；

d) 按 4.5.2.3 规定的湿度以及海拔高度；

e) 按 4.7.1 规定的有功功率或有功电能功能（如有）的性能等级。

功能符号的顺序应如下：

表 43　PMD　规　范　表

特性型式	可能的特性值范例	其他的补充特性
电能质量评估功能（如有）	—A 或空白	
根据 4.3 的 PMD 分类	SD 或 DS 或 DD 或 SS	
温度	K40 或 K55 或 K70 或 Kx	
湿度＋海拔	空白或扩展值	
有功功率或有功电能功能（如有该功能）性能等级	0.1 或 0.2 或 0.5 或 1 或 2	

注：竭力推荐列出所有项目，并只列出存在的项目。

5.2.2.2 功能特征

应该用一个表格来规定 PMD 的功能特性，如表 44 那样包含以下项目

a) 按表 44 规定的功能符号；

b) 本部分规定的功能性能等级；

c) 规定的性能等级的测量范围；

d) 其他补充的特征。

功能符号的顺序应如下：

表 44　特　性　规　范　模　板

功能符号	按 GB/T 18216.12 的功能性能等级	测量范围	其他补充特性
P			
Q_A，Q_V			
S_A，S_V			
E_a			
E_{rA}，E_{rV}			
E_{apA}，E_{apV}			

功能符号	按 GB/T 18216.12 的功能性能等级	测量范围	其他补充特性
f			
I			
I_N，I_{Nc}			
U			
PF_A，PF_V			
P_{st}，P_{lt}			
U_{dip}			
U_{awl}			
U_{tr}			
U_{int}			
U_{nba}			
U_{nb}			
U_h			
THD_u			
$THD\text{-}R_u$			
I_h			
THD_i			
$THD\text{-}R_i$			
M_{sv}			

注：竭力推荐列出所有项目，并只列出存在的项目。

5.2.2.3 "电能质量评估功能"的特性

应该用一个表格来规定 PMD 的"电能质量评估功能"的特性，如表 45 那样包含以下项目：

a）表 45 中定义的功能符号；

b）根据本标准规定的功能性能等级；

c）规定的性能等级的测量范围；

d）其他的补充特性；

e）按 IEC 61000-4-30 的测量方法分类。

功能符号的顺序应如下所示：

表 45 特性规范模板

功能符号	根据 GB/T 18216.12 的功能性能等级	测量范围	其他补充特征	IEC 61000-4-30 规定的类别（如有）
f				
I				
I_N，I_{Nc}				
U				

表 45（续）

功能符号	根据 GB/T 18216.12 的功能性能等级	测量范围	其他补充特征	IEC 61000-4-30 规定的类别（如有）
P_{st}，P_{lt}				
U_{dip}				
U_{swl}				
U_{int}				
U_{nba}				
U_{nb}				
U_h				
I_h				
M_{sv}				

注：竭力推荐列出所有项目，并只列出存在的项目。

5.2.3 安全特性

5.2.3.1 电路间绝缘

为了安全，应该用文件详细说明可接触导电部件。

制造厂商应说明每个独立电路之间的，相应于 GB 4793.1—2007 的绝缘类型（如基本绝缘、双重绝缘或加强绝缘等）。

6 试验

除非另有规定，应按 IEC 61557-1：2007 对测量设备进行试验。

除非另有规定，所有试验都应在参比条件下进行。本部分 4.5.1 规定了参比条件。

6.1 PMD 型式试验

应进行型式试验，以检查是否符合 4.5、4.6 和 4.7 的要求。对于其中的一些试验，如果可能的话，可以将几个功能的影响量试验合并在一起进行（比如，有功功率测量的温度影响试验可以与电压和电流的同时进行）。

6.1.1 温度影响试验

温度系数应在整个工作范围内确定。工作温度范围应该分成几个 20 K 宽的范围。应该对这些范围的每一个确定温度系数，在范围中间的上 10 K 和下 10 K 测量温度系数。无论怎样，试验过程中，温度不应超过规定的工作温度范围。

标明的温度系数应是最大的。

6.1.2 有功功率

6.1.2.1 电流和电压电路中的谐波影响

试验条件为：

基波电流：$I_1 = 0.5 I_{max}$；

基波电压：$U_1 = U_n$；

基波功率因数：1

5 次谐波电压含量：$U_5 = 10\% U_n$；

5 次谐波电流含量：$I_5 = 40\% I_1$；

谐波功率因数：1；

基波和谐波电压在正向过零点处相位相同；

总有功功率为 $1.04 \times P_1 = 1.04 \times U_1 \times I_1$。

6.1.2.2　电流电路中奇次谐波的影响

试验波形的峰值应等于 $\sqrt{2} \times I_b$ 或 $\sqrt{2} \times I_n$。

应生成以下试验电流波形：

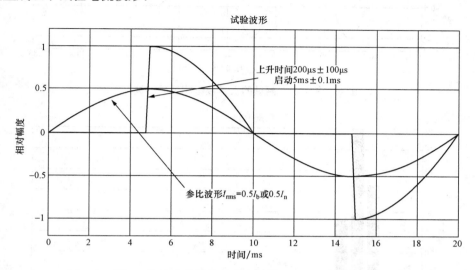

图 4　有功功率测量的奇次谐波影响试验的波形

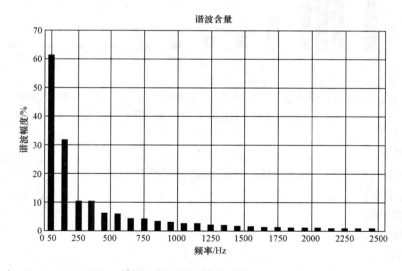

注：1. 参比波形和畸变波形产生相同的有功功率或有功电能。

　　2. 以上曲线、图表和数值都是在 50Hz 条件下给出的。对于其他频率，应作相应调整。

图 5　有功功率测量的奇次谐波影响试验的频谱分量

6.1.2.3　次谐波影响

峰值应等于 $\sqrt{2} \times I_b$ 或 $\sqrt{2} \times I_n$。信号周期是 2 个全波紧跟 2 个无信号周期。

应生成以下试验波形：

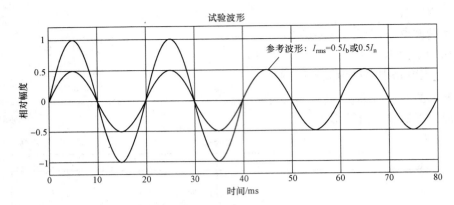

图6　有功功率测量的次谐波影响试验的波形

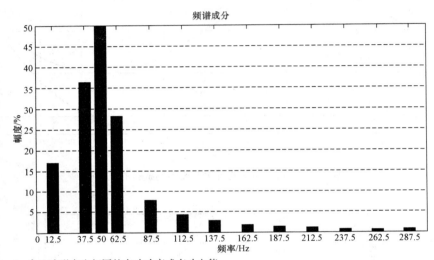

注：1. 参比波形产生相同的有功功率或有功电能。
　　2. 以上曲线、图表和数值都是在50Hz条件下给出的。对于其他频率，应作相应调整。

图7　有功功率测量的次谐波影响试验的频谱成分

6.1.3　视在功率

如果下列功能中至少已测试两项，不强制进行视在功率试验：

——有功功率；

——无功功率；

——功率因数。

6.1.4　功率因数

如果下列功能中至少已测试两项，不强制进行功率因数试验：

——有功功率；

——无功功率；

——视在功率。

6.1.5　共模电压抑制试验

对于每个独立的电流输入，应进行下列如图8所示的试验。它在于计算两次测量的差：第一次测量为不带共模电压的 P_1，第二次测量为电流输入和参考地之间加共模电压的 P_2。

452

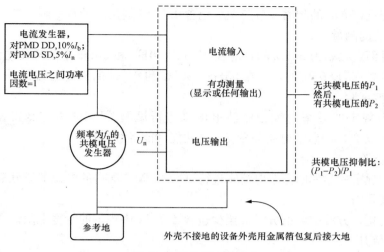

图 8　共模电压影响试验

6.1.6　频率

以表 17 的谐波数据，生成以下波形：

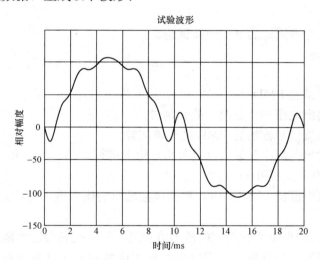

试验波形

注：**1.** 相对幅度以基波峰值的百分比表示。

　　2. 曲线是在 50Hz 条件下给出的。对于其他频率，应作相应调整。

图 9　频率测量的谐波影响试验波形

6.1.7　电压谐波测量

以下试验对额定频率为 50Hz 的，应在 45Hz、50Hz 和 55Hz 下的额定电压 U_n 下进行；对于额定频率为 60Hz 的，应在 55Hz、60Hz 和 65Hz 的额定电压下进行。

6.1.7.1　正弦波试验

按 6.1.7 中规定的频率的纯正弦波形电压来进行试验。PMD 不应测得任何幅值超过 $0.0015 \times C\% U_n$（C 是功能性能等级）的谐波电压分量。

6.1.7.2　方波试验

按 6.1.7 中规定的频率的方波电压来进行试验。PMD 测得的电压谐波分量应在表 36 中规定的不确定度极限内。

如果没有变化，方波的频谱分量应至少包含 4.7.13 规定的带宽上限。

6.1.8　电流谐波的测量

以下试验对额定频率为 50Hz 的，应在 45Hz、50Hz 和 55Hz 下的额定电流 I_n 或 I_b 下进行；对于额定频率为 60Hz 的，应在 55Hz、60Hz 和 65Hz 的额定电流 I_n 或 I_b 下进行。

6.1.8.1　正弦波试验

按 6.1.8 中规定的频率的纯正弦波电流来进行试验。PMD 不应测得任何幅值超过 $0.005 \times C\% I_n$（或 I_b）的谐波电流分量（C 是功能性能等级）。

6.1.8.2　方波试验

按 6.1.8 中规定的频率的方波电流来进行试验。PMD 测得的电流谐波分量应在表 39 规定的不确定度极限内。

如果没有变化，方波的频谱分量应至少包含 4.7.14 中规定的带宽上限。

6.1.9　暂降和暂升

试验至少进行矩形调制的一个完整周期的暂降或暂升。

如果在方均根电压测量功能中已经进行了影响量的试验，暂降和暂升的影响量试验可以省略。

6.1.10　电压中断

应至少进行一个完整周期的电压中断试验。

6.1.11　输出试验

6.1.11.1　概述

应在参比条件下试验 PMD。

6.1.11.2　恒流制输出电压和负载改变的影响试验

仅对具有模拟电流信号输出的 PMD 进行该试验。

试验应在模拟输出的最小和最大（低和高）值上进行。在每个点上，输出负载电阻应设定为其规定的最大值的 10% 和 90%：

——如果由外部电源给 PMD 供电，那么模拟输出的供电电压应设定为规定的最小值和最大值；

——PMD 的电源应设定为它规定的最小值和最大值，或者设定为额定电压的 ±15%。

应记录最坏的情况下的低输出和高输出的最大读数和最小读数。百分不确定度 E 按照下列等式确定：

$$E = \frac{N - W}{U} \times 100$$

式中　N——额定信号；

　　　W——最坏情况信号；

　　　U——输出量程。

6.1.11.3　纹波含量试验

模拟输出的波纹含量应在额定输出的最小和最大值上测量。纹波含量应按照峰-峰值来测量。

6.1.11.4　模拟输出响应时间试验

渐增式输入的响应时间应该用能在输出信号中产生一个从输出范围的 0%～100% 变化的阶跃输入来确定，响应时间为输出达到其输出范围 90% 的时间。

渐降式输入的响应时间应该用能在输出信号中产生一个从输出范围的 100%～0% 变化

的阶跃输入来确定，响应时间为输出达到其输出范围10%的时间。

6.1.11.5　模拟输出极限值的试验

模拟输出的极限值试验应通过在最小和最大值之间改变输入参数来确定。任何输出的可编程特性，诸如输入偏移量或满度值，应设置成只产生最大过负载。

6.1.12　气候试验

在每次气候试验后经过适当的恢复时间后，PMD应无损坏或信息改变，并应在其规范内正确地工作。

6.1.12.1　干热试验

应在下列条件下，按GB/T 2423.2进行试验：

a）PMD在非工作状态下。

b）温度：

——+70℃±2℃，对K40和K55的PMD；

——+85℃±2℃，对K70的PMD。

c）试验时间：16 h。

6.1.12.2　低温试验

应在下列条件下按GB/T 2423.1进行试验：

a）PMD在非工作状态下。

b）温度：

——−25℃±3℃，对K40和K55的PMD；

——−40℃±3℃，对K70的PMD。

c）试验时间：16 h。

6.1.12.3　交变湿热试验

应在下列条件下按GB/T 2423.4进行试验：

a）电压电路和辅助电路加额定电压。

b）在电流电路中无电流。

c）变量1。

d）温度上限：

——+40℃±2℃，对K40的PMD；

——+55℃±2℃，对K55的PMD；

——+70℃±2℃，对K70的PMD。

e）不采取特殊措施来排除表面潮气。

f）试验时间：6个周期。

湿热试验可作为腐蚀性试验。目测评判试验结果。PMD的外观应不出现可能影响功能特性的腐蚀性痕迹。

6.1.13　EMC试验

按照IEC 61326-1：2005中表2（工业场合）要求对PMD进行试验。

下列要求适用于射频电磁场和射频场传导试验：

——PMD的辅助电路施加额定电压；

——在其工作条件下进行试验，施加基本电流 I_b，相应的为额定电流 I_n，额定电压，功率因数等于1（或等于0，对无功功率），选择适用的。

进行前面各表（影响量引起的改变量极限的表）规定的电磁影响量引起的改变量的试验。

6.1.14 启动试验

无通信或本地用户界面的 PMD 的起动时间按照下列步骤进行试验：

——设置 PMD 数值范围到不产生计算溢出的可能的最大值；

——将 kWh/imp 值设定为可能的最小值；

——设置光学采样器或其他脉冲采样装置；可以用一个固态继电器或机械继电器作为电能脉冲输出装置；

——PMD 断电；

——所有电压和电流的测量输入上施加相应的 U_{max} 和 I_{max}，$PF＝1.0$；

——给 PMD 通电，测量通电到采样器接受到第一个电能脉冲的时间。

6.2 PMD-A 的型式试验

试验应按 IEC 61000-4-30：2003 中第 6 章的规定，如需要，应按本部分执行。

6.3 常规试验

6.3.1 保护连接试验

按 GB 4793.1—2007 中附录 F 的规定对 PMD 进行试验。

6.3.2 介电强度试验

按 GB 4793.1—2007 中附件 F 的规定测试 PMD。

6.3.3 不确定度试验

用户可进行的每项基本测量功能（如电流、电压、功率等）都应进行常规试验。

注：竭力推荐本试验的结果应有记录。

附　录　A

（资料性附录）

电参数的定义

本附录给出了计算量的首选定义和方法。使用其他方法的制造厂商必须在技术文件中详细说明自己的方法。

本附录不应视为对 PMD-A 的要求。注意本部分中 PMD-A 的定义，仅涉及 IEC 61000-4-30：2003 有关测量的方面。

表 A.1 给出了本附录中使用的符号的清单。表 A.2 规定了如何计算参数。

表 A.1　符号定义

符　号	定　义
U_{resid}	残余电压
N	每周期的采样的总数（例如周期 20ms）
k	周期内的样本号（$0 \leqslant k < N$）
p	相的数码（$p＝1、2$ 或 3；或 $p＝a、b$ 或 c；或 $p＝r、s$ 或 t；或 $p＝R、Y、B$）[a]
g	相的数码（$g＝1、2$ 或 3；或 $g＝a、b$ 或 c；或 $g＝r、s$ 或 t；或 $g＝R、Y、B$）[a]
i_{p_k}	p 相电流第 k 次采样
v_{pN_k}	p 相对中线电压的第 k 次采样
v_{gN_k}	g 相对中线电压的第 k 次采样

符 号	定 义
φ_p	p 相电流和电压之间的相角，见图 A.2
h_i	第 i 次谐波分量
a p 和 g 是变量，也就是相的数码。	

表 A.2 带中性线的三项不平衡系统的电参数的计算定义

这些方法源自 IEEE 标准 1459—2000：

项 目	定 义	非相关方法
p 相的电流方均根值	$I_p = \sqrt{\dfrac{\sum\limits_{k=0}^{N-1} i_{p_k}^2}{N}}$	
中性线电流方均根值	$I_N = \sqrt{\dfrac{\sum\limits_{k=0}^{N-1} (i_{1_k} + i_{2_k} + i_{3_k})^2}{N}}$	相电流的矢量和
$L_P - N$ 电压（相电压）方均根值	$V_{pN} = \sqrt{\dfrac{\sum\limits_{k=0}^{N-1} v_{pN_k}^2}{N}}$	
$L_P - L_g$ 电压（线电压）方均根值	$U_{pg} = \sqrt{\dfrac{\sum\limits_{k=0}^{N-1} (v_{gN_k} - v_{pN_k})^2}{N}}$	线 L-N 电压的矢量差：$U_{pg} = V_{pN} - V_{gN}$
p 相有功功率	$P_p = \dfrac{1}{N} \cdot \sum\limits_{k=0}^{N-1} (v_{pN_k} \times i_{p_k})$	
p 相视在功率	$S_p = V_{pN} \times I_p$	
无功功率符号（$SignQ$）	$SignQ(\varphi_p) = +1, \varphi_p \in [0° - 180°]$a $SignQ(\varphi_p) = -1, \varphi_p \in [180° - 360°]$a	
p 相无功功率	$Q_P = SignQ(\varphi_p) \times \sqrt{S_p^2 - P_p^2}$	
总有功功率	$P = P_1 + P_2 + P_3$	
总无功功率（矢量）	$Q_V = Q_1 + Q_2 + Q_3$	
总视在功率（矢量）	$S_V = \sqrt{P^2 + Q_V^2}$	
总视在功率（算术）	$S_A = S_1 + S_2 + S_3$	
总无功功率（算术）b	$Q_A = \sqrt{S_A^2 - P^2}$	
功率因数（矢量）	$PF_V = \dfrac{P}{S_V}$	
功率因数（算术）	$PF_A = \dfrac{P}{S_A}$	
电压暂降	$U_{dip}(\%) = \dfrac{U_n - U_{resid}}{U_n}$	
电压暂升	$U_{swl}(\%) = \dfrac{U_{resid} - U_n}{U_n}$	

表 A.2（续）

项 目	定 义	非相关方法
电压幅值不平衡	$U_{nba} = \dfrac{\max\{\,\|U_{12} - U_{avg}\|,\ \|U_{23} - U_{avg}\|,\ \|U_{31} - U_{avg}\|\,\}}{U_{avg}}$ 其中 $\qquad U_{avg} = \dfrac{U_{12} + U_{23} + U_{31}}{3}$	
对方均根值的总谐波畸变 （电压是 $THD\text{-}R_u$， 电流是 $THD\text{-}R_i$）	$THD - R(\%) = \dfrac{\sqrt{\sum\limits_{i=2} h_i^2}}{\text{方均根值}}$ 方均根值：对 $THD\text{-}R_u$ 为 U_{rms}；对 $THD\text{-}R_i$ 为 I_{rms}	
对基波的总谐波畸变 （电压是 $THD\text{-}R_u$， 电流是 $THD\text{-}R_i$）	$THD(\%) = \dfrac{\sqrt{\sum\limits_{i=2} h_i^2}}{h_i}$	

a 如图 A.2。
b 该功率无符号。

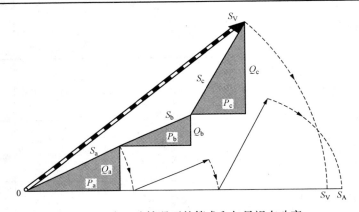

图 A.1　在正弦情况下的算术和矢量视在功率

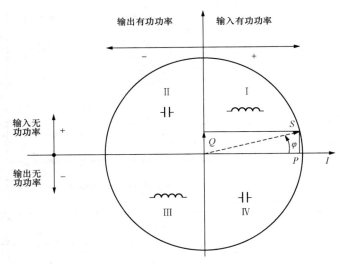

注：1. 图表参照 IEC 60375 中的 12 和 14。
　　2. 该图表的参照物是电流矢量（设定在右手线上）。
　　3. 电压矢量 V 根据相角 φ 改变其方向。
　　4. 电压 V 和电流之间的相角 φ，从数学意义上逆时针方向认为正。

图 A.2　有功功率和无功功率的几何表示

附 录 B

（规范性附录）

最小值、最大值、峰值和需量的定义

B.1 需量

需量是在规定的时间周期内的一个量的平均值。

B.1.1 功率需量

功率需量是一个时间区间内的功率值除以区间长度所得的计算值。其结果等于一个时间周期内累计的电能除以周期长度。

B.1.2 电流需量

电流需量是一个时间区间内的电流方均根值的算术累加除以区间长度所得的计算值。

B.1.3 电流热需量（或双金属电流需量）

电流热需量被认为是基于热响应的需量，它仿效图 B.1 所示的模拟热需量仪表。

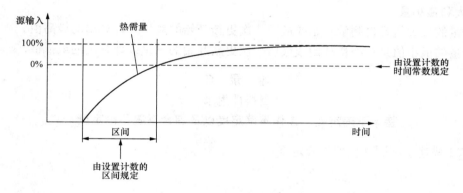

注：n 值通常是 90%，时间间隔通常为 15min。

图 B.1 电流热需量

B.1.4 计算需量的规定时间间隔

PMD 控制计算需量的时间间隔。PMD 可执行多种方法：

固定式区间：区间是连续的；PMD 在每个区间结束时计算并更新需量。

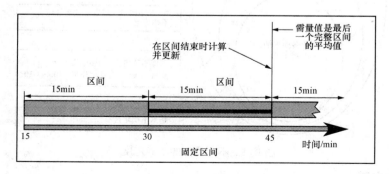

注：15min 只是一个例子。

滑动式区间：时间间隔是滑动的。PMD 按照滑动速度来计算和更新需量。

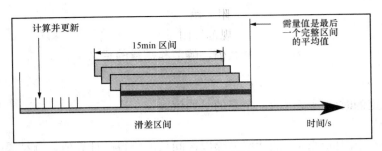

注：15min 只是一个例子

B.2 最大需量

最大需量是自测量开始或最近一次需量清零开始的需量最高值（正或负）。

B.3 三相平均值

在三线或四线系统中，一个量的平均值是每个相值的算术平均值：

例如：三相线电压的平均值＝（V_1 方均根电压＋V_2 方均根电压＋V_3 方均根电压)/3

B.4 最大和最小量

一个量的最大值是自测量开始或最后一次更新开始的测量或计算出的最高值。

一个量的最小值是自测量开始或最后一次更新开始的测量或计算出的最低值。

附 录 C

（资料性附录）

基本不确定度、工作不确定度以及综合系统不确定度

图 C.1 描述了不同类型的不确定度：

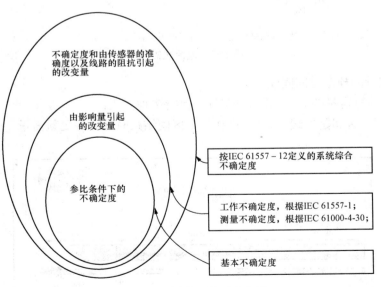

图 C.1 不同类型的不确定度

C.1 工作不确定度

工作不确定度应包括基本不确定度（在参比条件下）以及影响量引起的改变量。

$$工作不确定度 = |\,基本不确定度\,| + 1.15 \times \sqrt{\sum_{i=1}^{N}(影响量引起的改变量)^2}$$

其中，$N=$影响量的数量。

C.2 综合系统不确定度

综合系统不确定度应包括工作不确定度，线路阻抗引起的不确定度以及传感器的不确定度。

对 PMD DD：综合系统不确定度＝工作不确定度；

对 PMD xS 和 PMD Sx：

下面给出的是简化的逼近的公式，只适用于电压、电流、有功功率和有功电能测量：

$$系统综合不确定度 = 1.15 \times \sqrt{(PMD\,工作不确定度)^2 + \sum_{i=1}^{N}(传感器不确定度 + 线路不确定度)^2}$$

其中，$N=$外部传感器（电压或电流）的种类数。

注： 当只使用电流（或电压）传感器时 $N=1$；当同时使用电流传感器和电压传感器时 $N=2$。

附 录 D
（资料性附录）
不同种类的 PMD 建议使用的传感器等级

D.1 综合考虑

PMD Sx、PMD xS 或 PMD SS 和外部电流和/或电压传感器组合在一起构成了一个完整的系统。系统性能等级取决于传感器等级以及 PMD 性能等级（系统性能等级评估见 D.2 和 D.3）。

然而，系统性能等级只在一定的范围内适用，在此范围内传感器的基本不确定度在其性能等级极限内，而系统性能等级不等于 PMD DD 的性能等级。例如，符合 IEC 60044-1：1996 的电流传感器与相同性能等级的 PMD DD 相比只有一个狭窄的规定范围。

对于功率和电能测量必须有特殊的考虑，因为在功率因数不等于 1 时，传感器的相位误差会影响测量：对于有功功率测量，在 PF＝0.5 时一个 $20'$ 的相位误差要加 1% 的误差。

因此，如果要求提高性能等级，竭力建议功率或电能测量使用 0.2S 或 0.5S 的传感器。

D.2 带外部电流传感器或电压传感器的 PMD

表 D.1 给出一些 PMD 和外部传感器结合的建议。

表 D.1 和电流传感器结合的 PMD SD 或和电压传感器结合的 PMD DS

不带外部传感器的 PMD 的性能等级	与 PMD[b, c] 配套使用的传感器性能等级的建议	包含外部传感器的 PMD-Sx 或 PMD-xS 预期性能等级	与 PMD[a] 相连接的传感器的可能的最高等级
0.1	0.1 或以下	0.2	0.2
0.2	0.2 或以下	0.5	0.5
0.5	0.5 或以下	1	1
1	1 或以下	2	2
2	2 或以下	5	5
5	5 或以下	10	

不带外部传感器的 PMD 的性能等级	与 PMD[b,c]配套使用 的传感器性能等级的建议	包含外部传感器的 PMD-Sx 或 PMD-xS 预期性能等级	与 PMD[a] 相连接的传感器的 可能的最高等级

a 这产生一个可接受的系统性能的降低。

b 对功率和电能测量，通常要求 0.2 S 和 0.5 S 等级的传感器。

c 传感器的分级涉及到 IEC 60044-1、IEC 60044-2、GB/T 20840.7 和 GB/T 20840.8 中规定的等级。当变换器取代传感器时，传感器的分级归诸于变换器的基本不确定度。

$$综合系统性能等级 = 1.15 \sqrt{等级(传感器的)^2 + 性能等级(PMD\,SS)^2}$$

注：在三相系统中，如果三个传感器的等级相同，那么三个传感器的等级等于一个传感器的等级。

综合系统性能等级四舍五入到最近的标准默认值（见表 D.4）。

例如，1 级的 PMD 和 1 级的 CS（电流传感器）将给出一个综合系统性能等级等于 2 级。

D.3 带外部电流传感器和电压传感器组合的 PMD

当一个 PMD 带有一个外部电流传感器和一个外部电压传感器组合时，表 D.2 给出某些建议。

表 D.2　带电流传感器和电压传感器的 PMD SS

不带外部传感器的 PMD 的性能等级	与 PMD[a,b]配套使用的 传感器性能等级的建议	包含外部传感器的 PMD-SS 的预期性能等级	与 PMD[a] 相连接的 传感器的可能的最高等级
0.1	0.1 或以下	0.2	0.2
0.2	0.2 或以下	0.5	0.5
0.5	0.5 或以下	1	1
1	1 或以下	2	2
2	2 或以下	5	5
5	5 或以下	10	

a 这产生一个可接受的系统性能的降低。

b 对功率和电能测量，通常要求 0.2 S 和 0.5 S 等级的传感器。

c 传感器的分级涉及到 IEC 60044-1、IEC 60044-2、GB/T 20840.7 和 GB/T 20840.8 中规定的等级。当变换器取代传感器时，传感器的分级归诸于变换器的基本不确定度。

$$综合系统性能等级 = 1.15 \sqrt{(电流传感器等级)^2 + (电压传感器等级)^2 + (PMD\text{-}SS\,性能等级)^2}$$

注：在三相系统中，如果三个传感器的等级相同，三个传感器的等级等于一个传感器的等级。

综合系统性能等级四舍五入到最近的标准默认值（见表 D.4）。

例如，带有 0.5 级的 CS（电流传感器）以及 0.5 级的 VS（电压传感器）的 1 级的 PMD 给出 2 级的综合系统性能等级。

D.4 适用的性能等级范围

本附录给出 PMD 的各个特定功能的适用性能等级。

编者注：原文是 in clause 0.

表 D.3 给出了所有适用的性能等级一览表。

0.02	0.05	0.1	0.2	0.5	1	2	2.5	3	5	10	20

表D.4给出了根据D.2和D.3计算得来的适用性能等级的列表。

表D.4 带配套的外部传感器的PMD的计算出的适用性能等级范围

0.2	0.3	0.5	0.75	1	1.5	2	2.5	3	5	7.5	10	15	20

D.5 受外部传感器不确定度影响的功能清单

表D.5定义了每种传感器对PMD各项功能的影响。

表D.5 受外部传感器的不确定度影响的功能清单

符号	功能	电流传感器	电压传感器
P_a	总有功功率	×	×
Q_A，Q_V	总无功功率（算术或矢量）	×	×
S_A，S_V	总视在功率（算术或矢量）	×	×
E_a	总有功电能	×	×
E_{rA}，E_{rV}	总无功电能（算术或矢量）	×	×
E_{apA}，E_{apV}	总视在电能（算术或矢量）	×	×
f	频率	—	—
I	相电流	×	—
I_N，I_{Nc}	中性线电流（测量的、计算的）	×	—
U	电压（L_p-L_g 或 L_p-N）	—	×
PF_A，PF_V	功率因数（算术、矢量）	×	×
P_{st}，P_{lt}	闪变（短期、长期）	—	—
U_{dip}	电压暂降（L_p-L_g 或 L_p-N）	—	×
U_{swl}	电压暂升（L_p-L_g 或 L_p-N）	—	×
U_{int}	电压中断（L_p-L_g 或 L_p-N）	—	×
U_{nba}	电压幅值不平衡度（L_p-N）	—	×
U_{nb}	电压相角和幅值不平衡度（L_p-L_g 或 L_p-N）	—	×
U_h	电压谐波	—	×
THD_u，$THD\text{-}R_u$	电压总谐波含量 THD（相对基波，均方根值）	—	×
I_h	电流谐波	×	—
THD_i $THD\text{-}R_i$	电流总谐波含量 THD（相对基波，均方根值）	×	—
M_{sv}	电网信号电压	—	×

注："×"表示"影响功能"，"—"表示不影响功能。

附　录　E

（规范性附录）

PMD 和 PMD-A 的适用要求

表 E.1 给出了每种 PMD 的适用要求一览表。

表 E.1　PMD 和 PMD-A 的适用要求

	包括 PMD-A 在内的 PMD 的适用要求	除 PMD-A 以外的 PMD 的适用要求	只适用于 PMD-A 的要求
范围	1		
规范性引用文件	2		
定义	3		
通用要求	4.1 4.2 4.3 4.4 4.5 4.6		
性能要求		4.7	4.8
机械要求	4.9		
安全要求	4.10		
模拟输出	4.11		
标志和操作说明	5		
常规试验	6.1.14	6.1	6.2
型式试验	6.1.12		
EMC 试验	6.1.13		
常规试验	6.3		
电气参数的定义		附录 A	
最小值、最大值、峰值和需量测量 的定义		附录 B	
基本不确定度、工作不确定度，以 及综合系统不确定度	附录 C		
不同种类 PMD 使用传感器的等级 建议	附录 D		

参 考 文 献

[1] GB/T 2900.50—2008 电工术语 发电、输电及配电 通用术语（IEC 60050-601：1985，MOD）

[2] GB/T 2900.57—2008 电工术语 发电、输电及配电 运行（IEC 60050-604：1987，MOD）

[3] GB/T 2900.77—2008 电工术语 电工电子测量和仪器仪表 第1部分：测量的通用术语（IEC 60050（300-311）：2001，IDT）

[4] GB/T 2900.74—2008 电工术语 电路理论（IEC 60050-131：2002，MOD）

[5] GB/T 2900.79—2008 电工术语 电工电子测量和仪器仪表 第3部分：电测量仪器仪表的类型（IEC 60050（300-313）：2001，IDT）

[6] GB/T 6592—2001 电工和电子测量设备的性能表示（IEC 60359：1996，IDT）

[7] GB/T 17045—2008 电击防护 装置和设备的通用部分（IEC 61140：2001，IDT）

[8] GB/T 17215.211—2006 交流电测量设备 通用要求、试验和试验条件 第11部分：测量设备（IEC 62052-11：2003，IDT）

[9] GB/T 17626.7—2008 电磁兼容 试验和测量技术 供电系统及所连设备谐波、谐间波的测量和测量仪器导则（IEC 61000-4-7：2002，IDT）

[10] GB/T 20840.7—2007 互感器 第7部分：电子式电压互感器（IEC 60044-7：1999，MOD）

[11] GB/T 20840.8—2007 互感器 第8部分：电子式电流互感器（IEC 60044-8：2002，MOD）

[12] IEC 60044-1：1996 互感器 第1部分：电流互感器（Instrument transformers—Part 1：Current transformers）

[13] IEC 60044-2：1997 互感器 第2部分：电磁式电压互感器（Instrument transformers—Part 2：Inductive voltage transformers）

[14] IEC 60050-131：2002 国际电工词汇——第131部分：电路原理（International Electrotechnical Vocabulary—Part 131：Circuit theory）

[15] IEC 60050-161：1990 国际电工词汇——第161章：电磁兼容性（International Electrotechnical Vocabulary—Chapter 161：Electromagnetic compatibility）

[16] IEC 60050-300：2001 国际电工词汇 电工电子测量和仪器仪表 第312部分：关于电工测量的通用术语；第314部分：仪表类型的专用术语（International Electrotechnical Vocabulary—Electrical and electronic measurements and measuring instruments—Part 312：General terms relating to electrical measurements—Part 314：Specific terms according to the type of instrument）

[17] IEC 60071-1：2006 绝缘配合 第1部分：定义、原理和规则（Insulation co-ordination—Part 1：Definitions，principles and rules）

[18] IEC 60364-5-52：2001 建筑物的电气装置 第5-52部分：电气设备的选择和安装——布线系统（Electrical installations of buildings—Part 5-52：Selection and erection of electrical equipment—Wiring systems）

[19] IEC 61010-2-030：CDV：测量、控制和实验室用电气设备的安全要求——第2-30部

分：测试和测量电路的特殊要求（Safety requirements for electrical equipment for measurement, control, and laboratory use—Part 2 030: Special requirements for testing and measuring circuits）

[20] IEEE 1459-2000：IEEE 正弦、非正弦、平衡或非平衡条件下的电能质量测量的标准定义（IEEE Standard Definitions for the Measurement of Electric Power Quantities Under Sinusoidal, Non-sinusoidal, Balanced, or Unbalanced Conditions）

农村电网低压电气安全工作规程

DL/T 477—2010

代替 DL 477—2001

目　次

前　言

本标准是对 DL 477—2001《农村低压电气安全工作规程》进行的修订。

本标准与 DL 477—2001 比较有以下主要变化：

——本标准共分 16 章和附录部分。对原标准第 7 章架空线路工作，第 10 章室内线路和电动机，第 11 章砍伐树木工作及第 12 章测量工作与仪表使用等章节部分内容进行了合并和删减。

——新增加了 4 个章节，第 7 章低压线路和设备的运行及维护、第 8 章一般安全措施、第 13 章低压配电及装表接电和第 14 章施工机具的使用、保管、检查和试验。

——对农村电网的安全稳定运行、施工器具的安全使用提出了具体的要求。

——重点对从事低压电网建设和运行维护人员的工作职责、工作规范和现场安全管理提出了更高的要求。

本标准由中国电力企业联合会提出。

本标准由电力行业农村电气化标准化技术委员会归口。

本标准起草单位：江西省电力公司、中国电力科学研究院。

本标准主要起草人：黄兴无、盛万兴、章久根、李林元、车榕军、钟国志、解芳、汪萍。

本标准实施后代替 DL 477—2001。

本标准在 1992 年首次发布。

本标准在执行过程中的意见或建议反馈至中国电力企业联合会标准化管理中心（北京市白广路二条 1 号，100761）。

农村电网低压电气安全工作规程

1 范围

本标准规定了农村低压电网安全工作的基本要求和保证安全的措施。

本标准适用于1000V以下农村电网建设与改造、运行维护、经营管理。

2 规范性引用文件

下列文件对于本文件的应用是必不可少的。凡是注日期的引用文件，仅注日期的版本适用于本文件。凡是不注日期的引用文件，其最新版本（包括所有的修改单）适用于本文件。

GB/T 5905　起重机试验规范和程序

GB/T 6067　起重机械安全规程

DL/T 499　农村低压电力技术规程

JB 8716—1998　汽车起重机和轮胎起重机　安全规程

国务院令第344号　危险化学品安全管理条例

3 术语和定义

下列术语和定义适用于本标准。

3.1 低压　low voltage

电压等级在1000V以下者。

3.2 紧急事故处理　the manipulating of the emergencies

对于可能造成人身触电；使设备事故扩大，引发系统故障；导致电气火灾等类事故的处理。

3.3 低压间接带电作业　low voltage indirect electriferous jobslive working

指工作人员与带电体非直接接触，即手持绝缘工具对带电体进行作业。

3.4 接户线与进户线　service conductor and service entrance conductor

用户计量装置在室内时，从低压电力线路到用户室外第一支持物的一段线路称为接户线；从用户室外第一支持物至用户室内计量装置的一段线路称为进户线。

用户计量装置在室外时，从低压电力线路到用户室外计量装置的一段线路称为接户线；从用户室外计量箱出线端至用户室内第一支持物或配电装置的一段线路称为进户线。

4 总则

4.1 为加强农村低压电网作业现场管理，规范各类工作人员的行为，保证人身、电网和设备安全，依据国家有关法律、法规，结合农村低压电网生产的实际，制定本标准。各类从事低压电气工作的人员应熟悉并执行本标准。

4.2 作业现场的基本条件：

4.2.1 作业现场的生产条件和安全设施等应符合有关标准、规范的要求，工作人员的劳动防护用品应合格、齐备。

4.2.2 经常有人工作的场所及施工车辆上宜配备急救箱，宜存放急救用品，并应指定专人经常检查、补充或更换。

4.2.3 现场使用的安全工器具应合格并符合有关要求。

4.2.4 各类作业人员应被告知其作业现场和工作岗位存在的危险因素、危险点、防范措施及事故紧急处理措施。

4.3 作业人员的基本条件：

4.3.1 经医师鉴定，无妨碍工作的病症（体格检查每两年至少一次）。

4.3.2 具备必要的电气知识和业务技能，熟悉本标准及有关规程、规定，并经考试合格。

4.3.3 具备必要的安全生产知识，必须学会紧急救护法，熟练掌握触电急救。

4.4 教育和培训：

4.4.1 各类作业人员应接受相应的安全生产教育和岗位技能培训，经考试合格持证上岗。

4.4.2 对作业人员应每年考试一次本标准。因故间断低压电气工作连续三个月以上者，应重新学习本标准，并经考试合格后，方能恢复工作。

4.4.3 新参加电气工作的人员、实习人员和临时参加劳动的人员（管理人员、非全日制用工等），应经过安全知识教育后，方可进入现场参加指定的工作，并且不准单独工作。

4.5 任何人发现有违反本标准的情况，应立即制止，经纠正后才能恢复作业。各类作业人员有权拒绝违章指挥和强令冒险的作业；在发现直接危及人身、电网和设备安全的紧急情况时，有权停止作业或者在采取可靠的紧急措施后撤离作业场所，并立即报告。

4.6 工作人员应熟悉所管辖的电气设备。

4.7 在试验和推广新技术、新工艺、新设备、新材料时，应制定相应的安全措施，并经本单位分管生产的领导（总工程师）批准后执行。

4.8 各单位可以根据现场情况制定本标准的补充条款和实施细则，经各单位分管生产的领导（总工程师）批准后执行。

5 保证安全工作的组织措施

5.1 在低压电气设备上工作，保证安全的组织措施
  a）现场勘察制度；
  b）工作票制度；
  c）工作许可制度；
  d）工作监护制度；
  e）工作间断制度；
  f）工作终结和恢复送电制度。

5.2 现场勘察制度

5.2.1 下列工作工作票签发人或工作负责人应根据工作任务组织现场勘察，并做好记录（见附录 A）：
  a）架设和拆除线路；
  b）跨越铁路、公路、河流的线路检修施工作业；
  c）同杆架设线路的电气作业；
  d）低压电力电缆线路的电气作业；
  e）低压配电柜（盘）上的安装、拆除和检修作业；

f）工作地段有临近、交叉、跨越、平行的电力线路的作业；

g）在具有两个及以上电源点的线路和设备的检修作业；

h）工作票签发人或工作负责人认为有必要进行现场勘察的其他作业。

5.2.2 现场勘察应查看现场施工（检修）作业需要停电的范围、保留的带电部位和作业现场的条件、环境及危险点等。

5.2.3 根据现场勘察结果，对危险性、复杂性和困难程度较大的作业项目，应编制组织措施、技术措施、安全措施，经主管部门负责人批准后执行。

5.3 工作票制度

5.3.1 在低压电气设备或线路上工作，应按下列方式之一进行：

a）填用低压第一种工作票（见附录 B）；

b）填用低压第二种工作票（见附录 C）；

c）口头和电话命令。

5.3.2 填用低压第一种工作票的工作：

a）在全部或部分停电的低压线路（含低压电缆）上的工作；

b）在全部或部分停电的低压配电箱（盘、柜）上的检修工作；

c）其他须停电并接地的低压工作。

5.3.3 填用低压第二种工作票的工作：

a）在运行的低压配电箱（盘、柜）上的工作；

b）在运行的配电变压器台架上面的工作；

c）除口头和电话命令的工作外，其他在低压带电线路杆塔上进行的工作；

d）低压电力电缆无须停电的工作；

e）其他低压间接带电的工作。

5.3.4 当设备发生事故（障碍）时，进行紧急事故处理不需要使用工作票；完成紧急事故处理后，若需转入检修，应使用工作票。

5.3.5 执行口头或电话命令的低压工作有：

a）修剪与低压带电线路有 1m 及以上安全距离的树枝；

b）低压电杆底部和基础等地面检查、消缺、培土工作；

c）在低压电杆上刷写杆号或用电标语，安装标示牌等，工作地点在杆塔最下层导线以下，并能够保持与低压带电线路大于 1m 的距离；

d）在住宅照明回路上的工作。

口头或电话命令的工作至少由两人进行并做好记录，在工作日志或值班记录中详细记录发令人姓名、受令人姓名、时间、工作任务、工作人员及注意事项等。

5.3.6 低压工作票的填写、签发与使用。

5.3.6.1 低压工作票应使用黑色或蓝色的钢（水）笔或圆珠笔填写与签发，一式两份，内容应正确，填写应清楚，不得任意涂改。如有个别错、漏字需要修改时，应使用规范的符号，字迹应清楚。工作票由工作负责人填写，也可由工作票签发人填写。

用计算机生成或打印的低压工作票应使用统一的票面格式。由工作票签发人审核无误，手工或电子签名后方可执行。

5.3.6.2 低压工作票由设备运行管理单位工作票签发人签发，也可经设备运行管理单位审核合格且经批准的修试及基建单位工作票签发人签发。修试及基建单位的工作票签发人、工作负责人名单应事先送有关设备运行管理单位备案。承发包工程中，工作票可实行"双签发"形式。签发工作票时，双方工作票签发人在工作票上分别签名，各自承担本标准工作票签发人相应的安全责任。

低压工作票经工作票签发人应认真审核后方可签发；工作票签发人对复杂工作或对安全措施有疑问时，应及时到现场进行核查。

5.3.6.3 在工作期间，低压工作票其中一份必须始终保留在工作负责人手中，另一份由工作许可人收执。工作许可人应将低压工作票编号、工作内容、许可及终结时间等记录在值班记录簿中。

5.3.6.4 低压第一种工作票所列的地点以一个电气连接部分为限，如同一地点且同时停送电，则允许在几个电气连接部分共用一张工作票。

低压第二种工作票，对当日同类型、同设备结构的工作可共用一张工作票。

5.3.6.5 一个工作负责人不能同时执行多张工作票。若一张工作票下设多个小组工作，每个小组应指定小组负责人（监护人），并办理工作任务单。

工作任务单应写明工作任务、停电范围、工作地段的起止杆号及补充的安全措施。工作任务单一式两份，由工作负责人签发，一份工作负责人留存，一份交小组工作负责人执行。小组工作结束后，由小组负责人交回工作任务单，向工作负责人办理工作结束手续。

5.3.6.6 一回线路检修或施工，其邻近或交叉的其他电力线路需进行配合停电和接地时，应在工作票中列入相应的安全措施。若配合停电线路属于其他单位，应由检修（施工）单位事先书面申请，经配合停电线路的设备运行管理单位同意并实施停电、接地，并履行书面工作许可手续后，方可开始工作。

5.3.6.7 低压第一、二种工作票的有效时间，以批准的检修期为限。工作票需办理延期手续，应在有效时间尚未结束以前由工作负责人向工作许可人（第二种工作票为签发人）提出申请，经同意后给予办理。工作票的延期只能办理一次。

5.3.6.8 事故应急抢修单，每张只能用于应急抢修的一条线路或一个抢修任务，为防止抢修人员发生触电伤害，对危及事故抢修工作地段的交叉、跨越、平行和同杆架设的线路（包括用户线路），必须做好安全措施，指定工作负责人，严格履行工作许可制度及工作终结和恢复送电制度。

5.3.6.9 已执行的低压工作票、事故应急抢修单和工作任务单应保存一年。

5.3.7 低压工作票所列人员基本条件。

5.3.7.1 工作票签发人应由熟悉人员技术水平、熟悉管辖范围内设备情况、熟悉本标准，并具有相关工作经验的运行管理单位人员或经本单位分管生产领导批准的人员担任。

5.3.7.2 工作负责人（专责监护人）、工作许可人应由有一定工作经验、熟悉本标准、熟悉工作班成员的工作能力、熟悉工作范围内的设备情况，并经本单位批准的人员担任。

5.3.7.3 工作票签发人、工作负责人（专责监护人）、工作许可人三者在同一工作中不得兼任，工作票签发人、许可人可以作为该项工作的工作班成员。

5.3.7.4 工作票签发人、工作负责人（专责监护人）、工作许可人名单应行文公布。

5.3.8 工作票所列人员的安全责任。

5.3.8.1 工作票签发人：

a）工作必要性和安全性；

b）工作票上所填安全措施是否正确完备；

c) 所派工作负责人和全体工作人员是否适当和充足。

5.3.8.2 工作负责人:

a) 正确安全地组织工作;

b) 负责检查工作票上所列安全措施是否正确完备和工作许可人所做的安全措施是否符合现场实际条件,必要时予以补充;

c) 工作前对工作班成员进行危险点告知、交代工作任务、交代安全措施和技术措施,并确认每个工作班成员都已知晓;

d) 严格执行工作票所列安全措施;

e) 督促、监护工作班成员遵守本标准、正确使用劳动防护用品和执行现场安全措施;

f) 工作班人员精神状态是否良好;

g) 工作班人员变动是否合适。

5.3.8.3 工作许可人:

a) 审查工作的必要性;

b) 停、送电和许可工作的命令是否正确;

c) 许可的接地等安全措施是否正确完备。

5.3.8.4 专责监护人:

a) 明确被监护人员和监护范围;

b) 工作前对被监护人员交代安全措施、告知危险点和安全注意事项;

c) 监督被监护人员遵守本标准和现场安全措施,及时纠正不安全行为。

5.3.8.5 工作班成员:

a) 熟悉工作内容、工作流程,掌握安全措施,明确工作中的危险点,并履行确认手续;

b) 严格遵守安全规章制度、技术规程和劳动纪律,对自己在工作中的行为负责,互相关心工作安全,并监督本标准的执行和现场安全措施的实施;

c) 正确使用安全工器具和劳动安全防护用品。

5.4 工作许可制度

5.4.1 工作负责人应在得到全部工作许可人的许可后,方可开始工作。

5.4.2 工作许可人收到低压第一种工作票后,对可能送电至检修线路或设备的各侧都停电,经验电确无电压,装设好接地线,并做好工作票所列的其他安全措施。

5.4.3 工作许可人完成工作票所列安全措施后,应立即向工作负责人逐项交代已完成的安全措施。对临近工作地点的带电设备部位,应特别交代清楚。当所有安全措施和注意事项交代、核对完毕后,工作许可人和工作负责人应分别在工作票上签字,记录时间后,方可发出许可工作的命令。

5.4.4 工作负责人接到工作许可命令后,应向全体工作人员交代现场安全措施、带电部位和其他注意事项,并询问是否有疑问,工作班全体成员确认无疑问后,工作班成员必须在签名栏签名,方可开始工作。

5.4.5 工作许可后,任何人不得擅自变更有关检修线路和设备的运行方式。工作负责人、工作许可人任何一方不得擅自变更安全措施。工作中如有特殊情况需要变更时,应先取得对方及原工作票签发人同意,变更情况及时记录在工作票的备注栏内。

5.4.6 许可开始工作的命令,应通知工作负责人。其方法可采用当面通知、电话下达两种方式。对直接在现场许可的停电工作,工作许可人和工作负责人应在工作票上记录许可时间，并签名。电话下达时，工作许可人及工作负责人应记录清楚明确，并复诵核对无误。

5.4.7 每天开工与收工，均应履行工作票中"开工和收工许可"手续。

5.4.8 严禁约时停、送电。

5.5 工作监护制度

5.5.1 工作监护人由工作负责人（专责监护人）担任，当施工现场用一张工作票分组到不同的地点工作时，各小组监护人可由工作负责人指定。

5.5.2 工作期间，工作监护人必须始终在工作现场，对工作人员安全认真监护，及时纠正违反安全规定的行为。

5.5.3 在工作期间不宜变更工作负责人，工作负责人如需临时离开现场，则应指定具备担任工作负责人资格的人员担任临时工作负责人，工作负责人离开前必须将工作现场的情况交代清楚，并通知工作许可人和全体成员；原工作负责人返回工作现场时，应履行同样的交接手续。若工作现场无具备工作负责人资格的人员时，该工作必须暂停，并撤离工作现场。

若工作负责人需长时间离开现场，应办理工作负责人变更手续，变更工作负责人必须经工作票签发人批准，并设法通知全体工作人员和工作许可人，履行工作票交接手续，同时在工作票备注栏内注明。

5.5.4 为确保施工安全，工作负责人可指派一人或数人为专责监护人，在指定地点负责监护任务。监护人员要坚守工作岗位，不得擅离职守，只有得到工作负责人下达"已完成监护任务"命令时，方可离开岗位。

5.5.5 工作负责人对有触电危险、施工复杂容易发生事故的工作，应增设专责监护人和确定被监护的人员，专责监护人因故离开时，工作负责人应重新指定专责监护人，否则应通知被监护人员停止工作或离开工作现场，待专责监护人回来后方可恢复工作。

5.5.6 在线路停电时进行工作，工作负责人在班组成员确无触电危险的条件下，可以参加工作班工作，但专责监护人不得兼做其他工作。

5.5.7 安全措施的设置与线路设备的停送电操作应由两人进行，其中由较熟悉现场设备的一人担任监护人。

5.6 工作间断制度

5.6.1 在工作中遇雷、雨、大风或其他任何情况威胁到工作人员的安全时，工作负责人或专责监护人可根据情况，临时停止工作。

5.6.2 白天工作间断时，工作地点的全部安全措施仍应保留不变。工作人员离开工作地点时，要检查安全措施是否完好，必要时应派专人看守。

5.6.3 在工作间断时间内，任何人不得私自进入现场进行工作或碰触任何物件。

5.6.4 恢复工作前，应重新检查各项安全措施是否正确完整，然后由工作负责人再次向全体工作人员说明，方可进行工作。

5.6.5 填用数日内工作有效的第一种工作票，每日收工时如果将工作地点所装的接地线拆除，次日恢复工作前应重新验电挂接地线。

如果经设备运行管理单位负责人批准允许的连续停电、夜间不送电的线路或设备，工作地点的接地线可以不拆除，但次日恢复工作前应派人检查。

5.7 工作终结、验收和恢复送电制度

5.7.1 完工后，工作负责人（包括小组负责人）应检查清理现场，确认线路或设备上没有遗留的个人保安线、工具、材料等，查明全部工作人员确由线路或设备上撤离后，再命令拆除工作地段所装设的接地线。接地线拆除后，应即认为线路或设备带电，不准任何人再登杆或在设备上进行工作。多个小组工作，工作负责人应得到所有小组负责人工作结束的汇报，方可办理工作票终结手续。

5.7.2 工作终结后，工作负责人应及时报告工作许可人，报告方式分为当面报告和用电话报告并经复诵无误。若有其他单位配合停电线路，还应及时通知指定的配合停电设备运行管理单位联系人。

5.7.3 工作终结报告应简明扼要，并包括下列内容：工作负责人姓名，某线路上某处（说明起止杆塔号、分支线名称等）工作已经完工，设备改动情况，工作地点所挂的接地线、个人保安线已全部拆除，线路（设备）上已无本班组工作人员和遗留物，可以送电。

5.7.4 工作许可人在接到所有工作负责人（包括用户）的完工报告，并确认全部工作已经完毕，所有工作人员已由线路上撤离，接地线已经全部拆除，与记录簿核对无误并做好记录后，方可下令拆除各侧安全措施，向线路恢复送电。

6 保证安全工作的技术措施

6.1 在全部停电和部分停电的线路或设备上工作时，必须完成的技术措施

  a）停电；

  b）验电；

  c）装设接地线；

  d）使用个人保安线；

  e）悬挂标示牌和装设遮栏（围栏）。

6.2 停电

6.2.1 工作地点需要停电的线路或设备：

  a）检修、施工与试验的线路或设备；

  b）工作人员在工作中，正常活动范围边沿或工作时使用的工器具与线路或设备带电部位的安全距离小于 0.7m；

  c）工作人员周围临近带电导体且无可靠安全措施的设备；

  d）两台及以上配电变压器低压侧共用一个接地引下线时，其中一台配电变压器或低压出线停电检修，其他配电变压器也必须停电。

6.2.2 工作地点需要停电的线路或设备，必须把所有可能送电至工作地点的电源断开，每处都必须有一个明显断开点或可判断的断开点，并确保做到以下几点：

  a）断开线路各端（含分支）或设备（包括用户设备）的断路器（开关）和隔离开关（刀闸）、熔断器；

  b）断开危及工作地段（线路）作业人员人身安全，且不能采取相应安全措施的交叉跨越、平行和同杆架设线路（包括用户线路）的断路器（开关）、隔离开关（刀闸）和熔断器；

  c）断开有可能反送电的断路器（开关）、隔离开关（刀闸）、熔断器；

  d）停电操作后，应检查断开后的断路器（开关）、隔离开关（刀闸）应在断开位置，熔断器应取下。停电的低压配电柜（箱、盘）门应加锁。

6.2.3 检修设备和可能来电侧的断路器（开关），必须断开操作电源，取下熔断器，隔离开关（刀闸）操作把手应制动，防止误送电。

6.3 验电

6.3.1 在停电线路或设备的各个电源端或停电设备的进出线处，必须用合格的低压专用验电器进行验电。验电前应先在带电线路或设备上进行试验，确认验电器良好，然后在线路或设备的三相和中性线导体上，逐相验明确无电压。

6.3.2 不得仅以设备分合位置标示牌的指示、电压表指示零位、电源指示灯泡熄灭、电动机不转动、电磁线圈无电磁响声及变压器无响声等单一现象变化作为判断设备已停电的依据。

6.3.3 检修断路器（开关）、隔离开关（刀闸）或熔断器时，应在断口两侧验电。杆上低压线路验电时，应先验下层，后验上层；先验近侧，后验远侧。

6.4 装设接地线

6.4.1 经验明停电线路或设备各端确无电压后，应立即装设接地线并各相（含中性线）短路直接接地（同杆架设的路灯线也要接地）。各工作班工作地段各端和有可能送电到停电线路工作地段的分支线（包括用户）都要验电、装设接地线。装设、拆除接地线应在监护下进行。

为防止工作地段失去接地线保护，断开引线前，应在断开的引线两侧装设接地线。

配合停电的线路可以只在工作地点附近装设一处接地线。

工作接地线应全部列入工作票，工作负责人应确认所有工作接地线均已挂设完成方可宣布开工。

6.4.2 凡有可能送电到停电检修设备上的各个方面的线路（包括中性线）都要装设接地线。同杆架设的多层电力线路装设接地线时，应先装设下层导线，后装设上层导线；先装设离人体较近的导线（设备），后装设离人体较远的导线（设备）。拆除时顺序相反。

6.4.3 当运行线路对停电检修的线路或设备产生感应电压而又无法停电时，应在检修的线路处或设备上加装接地线。

6.4.4 电缆及电容器接地前应逐相充分放电，星形接线电容器的中性点应接地，装在绝缘支架上的电容器外壳也应放电。

6.4.5 装设接地线时，应先接接地端，后接导线端，接地线应接触良好、连接应可靠。拆接地线的顺序与此相反。若设备处无接地网引出线时，可采用临时接地棒接地，接地棒截面积不准小于 $190mm^2$（如 $\phi16$ 圆钢）。接地体在地面下的深度不得小于 $0.6m$。为了确保操作人员的人身安全，装、拆接地线时，应戴绝缘手套，人体不得接触接地线或未接地的导体。

6.4.6 严禁工作人员或其他人员擅自移动已装设好的接地线。

6.4.7 低压成套接地线应由有透明护套的多股软铜线组成，其截面积不得小于 $16mm^2$，同时应满足装设地点短路电流的要求。严禁使用其他导线作接地线或短路线。接地线应使用专用的线夹固定在导体上，禁止使用缠绕的方法进行接地或短路。

6.4.8 由单电源供电的照明用户在户内电气设备停电检修时，如果进户刀开关或熔断器已断开，并将配电箱门锁住，可不挂接地线。

6.5 使用个人保安线

6.5.1 工作地段如有邻近、平行、交叉跨越及同杆塔架设线路，为防止停电检修线路上感应电压伤人，在需要接触或接近导线工作时，应使用个人保安线。

6.5.2 个人保安线应在杆塔上接触或接近导线的作业开始前挂接，作业结束脱离导线后拆除。装设时，应先接接地端，后接导线端，且接触良好，连接可靠。拆个人保安线的顺序与此相反。个人保安线由作业人员负责自行装、拆。

6.5.3 个人保安线应使用有透明护套的多股软铜线，截面积不得小于16mm²，且应带有绝缘手柄或绝缘部件。严禁用个人保安线代替接地线。

6.5.4 在杆塔或横担接地通道良好的条件下，个人保安线接地端允许接在杆塔或横担上。

6.6 装设遮栏和悬挂标示牌（见附录H）

6.6.1 在下列断路器（开关）、隔离开关（刀闸）及跌落式熔断器的操作处，均应悬挂"禁止合闸，线路有人工作！"或"禁止合闸，有人工作！"的标示牌：

　　a）一经合闸即可送电到工作地点的断路器（开关）、隔离开关（刀闸）及跌落式熔断器；

　　b）已停用的设备，一经合闸即可启动并造成人身触电危险、设备损坏，或引起剩余电流动作保护装置动作的断路器（开关）、隔离开关（刀闸）及跌落式熔断器；

　　c）一经合闸会使两个电源系统并列，或引起反送电的断路器（开关）、隔离开关（刀闸）及跌落式熔断器。

6.6.2 在以下地点应挂"止步，有电危险！"的标示牌：

　　a）运行设备周围的固定遮栏上；

　　b）施工地段附近带电设备的遮栏上；

　　c）因电气施工禁止通过的过道遮栏上。

6.6.3 在以下邻近带电线路设备的场所，应挂"禁止攀登，有电危险！"的标示牌：

　　a）工作人员或其他人员可能误登的电杆或配电变压器的台架；

　　b）距离线路或变压器较近，有可能误攀登的建筑物。

6.6.4 装设的临时遮栏距低压带电部分的距离应不小于0.35m，户外安装的遮栏高度应不低于1.5m，户内应不低于1.2m。临时装设的遮栏应牢固、可靠。

6.6.5 在城镇、人口密集区地段或交通道口和通行道路上施工时，工作场所周围应装设遮栏（围栏），并在相应部位装设标示牌。必要时，派专人看管。

6.6.6 严禁工作人员和其他人员随意移动遮栏或取下标示牌。

7 低压线路和设备运行及维护

7.1 低压线路和设备的巡视

7.1.1 低压线路和设备的巡视工作应由有工作经验的人员担任。单独巡视线路和设备人员应考试合格并经工区（公司、所）分管生产领导批准。偏僻山区、隧道中的低压线路和夜间巡线应由两人进行。汛期、暑天、雪天等恶劣天气，必要时由两人进行。单人巡线时，禁止攀登电杆和铁塔。

7.1.2 雷雨、大风天气或事故巡线，巡视人员应穿绝缘鞋或绝缘靴；汛期、暑天、雪天等恶劣天气和山区巡线应配备必要的防护工具、自救器具和药品；夜间巡线应携带足够的照明工具。

7.1.3 夜间巡线应沿线路外侧进行；大风时，巡线应沿线路上风侧前进，以免万一触及断落的导线；特殊巡视应注意选择路线，防止洪水、塌方、恶劣天气等对人的伤害。巡线时禁止泅渡。

　　事故巡线应始终认为线路带电。即使明知该线路已停电，亦应认为线路随时有恢复送电的可能。

7.1.4 巡线人员发现低压导线、电缆断落地面或悬挂空中，应立即派人看守，设法防止行人靠近断线地点 4m 以内，以免跨步电压伤人，同时应尽快将故障点的电源切断，并迅速报告调度和上级，等候处理。

7.1.5 巡视检查时，严禁更改施工作业已做好的安全措施，禁止攀登电杆或配电变压器台架。进行配电设备巡视的人员，应熟悉设备的内部结构和接线情况。巡视检查配电设备时，不得越过遮栏或围墙。进出配电室（箱）应随手关门，巡视完毕应上锁。

7.1.6 在巡视检查中，发现有威胁人身安全的缺陷时，应采取相应的应急措施。

7.2 电气操作

7.2.1 电气操作基本要求如下：

a) 电气倒闸操作应使用倒闸操作票（见附录 D）。倒闸操作人员应根据值班负责人的操作指令（口头、电话或传真、电子邮件）填写或打印倒闸操作票。操作指令应清楚明确，受令人应将指令内容向发令人复诵，核对无误，做好记录。

b) 事故应急处理可不使用操作票。

c) 操作票应用黑色或蓝色的钢（水）笔或圆珠笔逐项填写。用计算机开出的操作票应与手写格式票面统一。操作票票面应清楚整洁，不得任意涂改。操作票应填写设备双重名称，即设备名称和编号。操作人和监护人应根据模拟图或接线图核对所填写的操作项目，并分别手工或电子签名。

d) 操作票应事先连续编号，计算机生成的操作票应在正式出票前连续编号，操作票按编号顺序使用。作废的操作票，应注明"作废"字样，未执行的应注明"未执行"字样，已操作的应注明"已执行"字样。操作票应保存一年。

e) 倒闸操作应由两人进行，一人操作，一人监护，并认真执行唱票、复诵制。发布指令和复诵指令都要严肃认真，使用规范的操作术语，准确清晰，按操作票顺序逐项操作，每操作完一项，应检查无误后，做一个"√"记号。操作中发生疑问时，不准擅自更改操作票，应向操作发令人询问清楚无误后再进行操作。操作完毕，受令人应立即汇报发令人。

7.2.2 下列电气操作应使用操作票：

a) 低压电气设备、线路由运行状态转检修状态的操作；

b) 低压电气设备、线路由检修状态转运行状态的操作；

c) 低压双电源的解、并列操作。

7.2.3 低压操作票由操作人填写，填写完后，操作人和监护人应核对所填写的操作项目，并分别签名。操作前、后，都应检查核对现场设备名称、编号和断路器（开关）、隔离开关（刀闸）的断、合位置。操作完毕后，应进行全面检查。

电气设备操作后的位置检查应以设备实际位置为准，无法看到实际位置时，通过设备机械指示位置、电气指示、带电显示装置、仪表等两个及以上的指示，且所有指示均已同时发生对应发生变化，才能确认该设备已操作到位。以上检查项目应填写在操作票中作为检查项。必要时可用验电器验明。

7.2.4 电气操作顺序：停电时应先断开断路器（开关），后拉开隔离开关（刀闸）或熔断器；送电时与上述顺序相反。

7.2.5 合隔离开关（刀闸）时，当隔离开关（刀闸）动触头接近静触头时，应快速将隔离开关（刀闸）合入，当隔离开关（刀闸）触头接近合闸终点时，不得有冲击；拉隔离开关（刀闸）时，当动触头快要离开静触头时，应快速断开，然后操作至终点。

7.2.6 断路器（开关）、隔离开关（刀闸）和熔断器操作后，应逐相进行检查。合闸后，应检查各相接触是否良好，连动操作手柄制动是否良好；拉闸后，应检查各相动、静触头是否断开，连动操作手柄是否制动良好。

7.2.7 操作时如发现疑问或发生异常故障，均应停止操作，待问题查清、处理后，方可继续操作。

7.2.8 严禁以投切熔件的方法对线路进行送（停）电操作。

7.2.9 雷电时，严禁进行倒闸操作和更换熔丝工作。

7.2.10 在发生人身触电事故时，可不经过许可，即行断开有关设备的电源，但事后应立即报告设备运行管理单位。

7.3 测量工作

7.3.1 电气测量工作，应在无雷雨和干燥天气下进行。直接接触设备的电气测量工作，至少应由两人进行，一人操作，一人监护。夜间进行测量工作，应有足够的照明。

测量人员应了解仪表的性能、使用方法和正确接线，熟悉测量的安全措施。

7.3.2 测量电压、电流时，应戴绝缘手套，人体与带电设备应保持足够的安全距离。

7.3.3 电压测量工作应在较小容量的开关上、熔丝的负荷侧进行，不宜直接在母线上测量。

7.3.4 测量配电变压器低压侧电流时，可使用钳形电流表。应注意不触及其他带电部分，以防相间短路。

7.3.5 测试低压设备绝缘电阻时，应使用 500V 绝缘电阻表，并做到：

a）被测设备应全部停电，并与连接的其他回路断开；

b）设备在测量前后，都必须分别对地放电；

c）被测设备应派人看守，防止外人接近；

d）穿过同一管路中的多根绝缘线，不应有带电运行的线路；

e）在有感应电压的线路上（如同杆架设的双回线路或单回线路与另一线路有平行段）测量绝缘时，必须将另一回线路同时停电后方可进行。

7.3.6 测试低压电网中性点接地电阻时，必须在低压电网和该电网所连接的配电变压器全部停电的情况下进行；测试低压避雷器独立接地体接地电阻时，应在停电状态下进行。

7.3.7 测量架空线路对地面或对建筑物、树木以及导线与导线之间的距离时，一般应在线路停电后进行。带电线路导线的垂直距离（导线弛度、交叉跨越距离），可用测量仪或使用绝缘测量工具测量。严禁使用皮尺、普通绳索、线尺等非绝缘工具进行测量。

7.3.8 使用绝缘电阻表时应注意以下安全事项：

a）测量用的导线，应使用相应的绝缘导线，其端部应有绝缘套。

b）测量绝缘时，应将被测设备从各方面断开，验明无电压，确实证明设备无人工作后，方可进行。在测量中禁止他人接近被测设备。在测量绝缘前后，应将被测设备对地放电。测量线路绝缘时，应取得许可并通知对侧人员后方可进行。

c）在带电设备附近测量绝缘电阻时，测量人员和绝缘电阻表安放位置，应选择适当，保持安全距离，以免绝缘电阻表引线或引线支持物触碰带电部分。移动引线时，应注意监护，防止工作人员触电。

d）雷电时，严禁测量线路绝缘。

7.3.9 使用钳形电流表时，应注意以下安全事项：

a）使用钳形电流表时，应注意钳形电流表的电压等级。测量时戴绝缘手套，站在绝缘垫上，不得触及其他设备，以防短路或接地。观测表计时，要特别注意保持头部与带电部分

480

的安全距离。

b）测量回路电流时，应选有绝缘层的导线上进行测量，同时要与其他带电部分保持安全距离，防止相间短路事故发生。测量中禁止更换电流挡位。

c）测量低压熔断器或水平排列的低压母线电流时，测量前应将各相熔断器和母线用绝缘材料加以包护隔离，以免引起相间短路，同时应注意不得触及其他带电部分。

d）钳形电流表应保存在干燥的室内，使用前要擦拭干净。

7.3.10 使用万用表时，应注意以下安全事项：

a）测量时，应确认转换开关、量程、表笔的位置正确。

b）在测量电流或电压时，如果对被测电压、电流值不清楚，应将量程置于最高挡位。不得带电转换量程。

c）测量电阻时，必须将被测回路的电源切断。

7.4 砍剪树木工作

7.4.1 在线路带电情况下，砍剪靠近线路的树木时，工作负责人应在工作开始前，向全体人员说明：电力线路有电，不得攀登电杆，树木、绳索不得接触导线。

7.4.2 砍剪树木时，应防止马蜂等昆虫或动物伤人。上树时，不应攀抓脆弱或枯死的树枝，并使用安全带。安全带不得系在待砍剪树枝的断口附近或以上。不应攀登已经锯过或砍过的未断树木。

7.4.3 砍剪树木应有专人监护。待砍剪的树木下面和倒树范围内不得有人逗留，防止砸伤行人。为防止树木（树枝）倒落在导线上，应设法用绳索将其拉向与导线相反的方向。绳索应有足够的长度和强度，以免拉绳的人员被倒落的树木砸伤。砍剪山坡树木应做好防止树木向下弹跳接近导线的措施。

7.4.4 树枝接触或接近带电导线时，应将线路停电或用绝缘工具使树枝远离带电导线至安全距离。此前严禁人体接触树木。

7.4.5 风力超过5级时，禁止砍剪高出或接近导线的树木。

7.4.6 油锯和电锯的安全操作要求：

a）使用油锯和电锯的作业，应由熟悉机械性能和操作方法的人员操作。油锯和电锯不宜带到树上使用。使用时，应先检查所能锯到的范围内有无铁钉等金属物件，以防金属物体飞出伤人。

b）操作前检查油锯和电锯各种性能是否良好，安全装置是否齐全并符合操作安全要求。

c）检查锯片不得有裂口，电锯各种螺丝应拧紧。

d）操作要戴防护眼镜，站在锯片一侧，禁止站在与锯片同一直线上，手臂不得跨越锯片。

e）锯树木时，电锯必须紧贴树木，不得用力过猛，遇硬节要慢推。

8 一般安全措施

8.1 高处作业

8.1.1 凡在坠落高度基准面2m及以上的高处进行的工作，都应视为高处作业。凡参加高处作业的人员，应每年进行一次体检。

8.1.2 高处作业时，必须使用合格且有后备绳的双保险安全带。安全带的挂钩或绳子应挂在结实牢固的构架上，并应采用高挂低用的方式。禁止系挂在移动或不牢固的物件上。应防止安全带从杆顶脱出或被锋利物损坏。

8.1.3 攀登杆塔作业前，应先检查杆根、杆身、基础和拉线是否牢固。新立杆塔在杆基未完全牢固或做好临时拉线前，严禁攀登。遇有冲刷、起土、上拔或导线、拉线松动的杆塔，应先培土加固，打好临时拉线或支好架杆后，再行登杆。

8.1.4 登杆塔前，应先检查登高工具、设施，如脚扣、升降板、安全带、梯子和脚钉、爬梯、防坠装置等是否完整牢靠。禁止携带器材登杆或在杆塔上移位。严禁利用绳索、拉线上下杆塔或顺杆下滑。

8.1.5 登杆塔前，应核对线路双重称号无误后，方可登杆。

8.1.6 高处作业应一律使用工具袋。较大的工具应用绳拴在牢固的构件上，不准随便乱放。上下传递物件应用绳索拴牢传递，严禁上下抛掷。

8.1.7 杆上作业转位时，手扶的构件应牢固，且不得失去安全带保护。上横担进行工作前，应检查横担连接是否牢固和腐蚀情况，检查时安全带（绳）应系在电杆或牢固的构架上。

8.1.8 在高处作业现场，工作人员不得站在作业处的垂直下方，高空落物区不得有无关人员通行或逗留。在行人道口或人口密集区从事高处作业，工作点下方应设围栏或其他保护措施，并有人看护。

8.1.9 杆塔上下无法避免垂直交叉作业时，应做好防落物伤人的措施，作业时要相互照应，密切配合。

8.1.10 杆塔上有人时，不得调整或拆除拉线。

8.1.11 在未做好安全措施的情况下，不准在不坚固的结构（如彩钢板屋顶）上进行工作。

8.1.12 使用梯子时，要有人扶持或绑牢。梯子应坚固完整，有防滑措施。梯子的支柱应能承受作业人员及所携带的工具、材料攀登时的总重量。硬质梯子的横档应嵌在支柱上，梯阶的距离不应大于40cm，并在距梯顶1m处设限高标志。使用单梯工作时，梯与地面的斜角度为60°左右。梯子不宜绑接使用。人字梯应有限制开度的措施。间接带电作业或邻近带电设备作业时，禁止使用非绝缘的梯子登高作业。

8.1.13 在气温低于−10℃时，不宜进行高处作业。确因工作需要进行作业时，作业人员应采取保暖措施，施工场所附近设置临时取暖休息场所，并注意防火。高处连续工作时间不宜超过1h；在冰雪、霜冻、雨雾天气进行高处作业，应采取防滑措施。

8.2　坑洞开挖与爆破

8.2.1 挖坑前，应与有关地下管道、电缆等地下设施的主管单位取得联系，明确地下设施的确切位置，做好防护措施。组织外来人员施工时，应将安全注意事项交代清楚，并加强监护。在挖掘过程中如发现电缆盖板或管道，则应立即停止工作，并报告现场工作负责人。

8.2.2 挖坑时，应及时清除坑口附近浮土、石块，坑边禁止外人逗留。在超过1.5m深的基坑内作业时，向坑外抛掷土石应防止土石回落坑内，并做好临边防护措施。作业人员不得在坑内休息。

8.2.3 在土质松软处挖坑，应有防止塌方措施，如加挡板、撑木等。不得站在挡板、撑木上传递土石或放置传土工具。禁止由下部掏挖土层。

8.2.4 在下水道、煤气管线、潮湿地、垃圾堆或有腐质物等附近挖坑时，应设监护人。在挖深超过2m的坑内工作时，应采取安全措施，如戴防毒面具、向坑中送风和持续检测等。监护人应密切注意挖坑人员，防止煤气、沼气等有毒气体中毒。

8.2.5 在居民区及交通道路附近挖的基坑，应设坑盖或可靠遮栏，加挂警告标示牌，夜间应挂红灯。

8.2.6 进行石坑、冻土坑打眼或打桩时，应检查锤把、锤头及钢钎。作业人员应戴安全帽。打锤人应站在扶钎人侧面，严禁站在对面，并不得戴手套。钎头有开花现象时，应及时修理或更换。

8.2.7 爆破作业应由专业人员根据相关规程执行，严禁非专业人员从事爆破工作。

8.3 立杆和撤杆工作

8.3.1 立、撤杆应设专人统一指挥。开工前，应交代施工方法、指挥信号和安全组织、技术措施，作业人员应明确分工、密切配合、服从指挥。在居民区和交通道路附近立、撤杆时，应具备相应的交通组织方案，并设警戒范围或警告标志，必要时派专人看守。

8.3.2 立、撤杆要使用合格的起重、支撑设备和拉绳，使用前应仔细检查，必要时要进行试验。使用方法应正确，严禁过载使用。

8.3.3 立杆过程中，杆坑和杆下禁止有人工作或走动，除指挥人及指定人员外，其他人员必须与电杆至少保持 1.2 倍杆塔高度的距离。

8.3.4 立杆及修整杆坑时，应有防止杆身倾斜、滚动的措施，如采用拉绳和叉杆控制等。

8.3.5 顶杆及叉杆只能用于竖立 8m 以下的拔梢杆，不得用铁锹、桩柱等代用。立杆前，应开好"马道"。工作人员要均匀分配在电杆的两侧。

8.3.6 利用已有杆塔立、撤杆，应先检查杆塔根部及拉线和杆塔的强度，必要时增设临时拉线或其他补强措施。在带电线路或设备附近进行立、撤杆工作，杆塔、拉线与临时拉线，以及立杆工器具应与带电线路或设备保持足够的安全距离，并有防止立、撤杆过程中拉线跳动和杆塔倾斜接近带电导线的措施。

8.3.7 使用吊车立、撤杆时，绳套应吊在杆的重心偏上位置，防止电杆失去平衡而突然倾倒，必要时应用拉绳等安全措施防止电杆摆动。

8.3.8 在撤杆工作中，拆除杆上导线前，应先检查杆根和拉线，并做好防止倒杆措施。在挖坑前应先绑好拉绳。

8.3.9 使用抱杆立、撤杆时，主牵引绳、尾绳、杆塔中心及抱杆顶应在一条直线上。抱杆下部应固定牢固，抱杆顶部应设临时拉线控制，临时拉线应均匀调节并由有经验的人员控制。抱杆应受力均匀，两侧拉绳应拉好，不得左右倾斜。固定临时拉线时，不得固定在有可能移动的物体上，或其他不牢固的物体上。

8.3.10 立、撤杆塔过程中，吊件垂直下方、受力钢丝绳的内角侧严禁有人。杆顶起立离地约 0.8m 时，应对杆塔进行一次冲击试验，对各受力点处做一次全面检查，确无问题，再继续起立；杆塔起立 60°后，应减缓速度，注意各侧拉线。

8.3.11 牵引时，不得利用树木或外露岩石作受力桩。临时拉线不得固定在有可能移动或其他不可靠的物体上。一个锚桩上的临时拉线不得超过两根，临时拉线绑扎工作应由有经验的人员担任。临时拉线应在永久拉线全部安装完毕承力后方可拆除。

8.3.12 已经起立的电杆，只有在杆基回土夯实完全牢固后，方可撤去抱杆（叉杆）及拉绳。回填土块直径应不大于 30mm，每回填 150mm 应夯实一次。基础未完全夯实牢固和拉线杆塔在拉线未制作完成前，严禁攀登。

杆塔施工中不宜用临时拉线过夜；需要过夜时，应对临时拉线采取加固措施。

8.4 放线、撤线、紧线

8.4.1 放线、撤线和紧线工作均应有专人指挥、统一信号，并做到通信畅通、加强监护。工作前应检查放线、撤线和紧线工具及设备是否良好。

8.4.2 交叉跨越各种线路、铁路、公路、河流等放、撤线时，应先取得主管部门同意，做好安全措施，如搭好可靠的跨越架、封航、封路、在路口设专人持信号旗看守等。

8.4.3 放线工作开始前，工作负责人应检查线盘及放线架是否牢固、平稳，明确分工，派专人负责看守线盘，并备有制动措施。发现异常情况应立即发信号停止工作。

8.4.4 紧线前，应检查导线有无障碍物挂住。紧线时，应检查接线管或接线头以及过滑轮、横担、树枝、房屋等处有无卡住现象。如遇导线有卡、挂住现象，应松线后处理。处理时操作人员应站在卡线处外侧，采用工具、大绳等撬、拉导线。严禁用手直接拉、推导线。

8.4.5 放线、撤线和紧线工作时，人员不得站在或跨在已受力的牵引绳、导线的内角侧和展放的导线圈内以及牵引绳或架空线的垂直下方，防止意外跑线时抽伤。

8.4.6 紧线、撤线前，应检查拉线、桩锚和杆塔。必要时，应加固桩锚或加设临时拉绳。

8.4.7 放线或撤线、紧线时，应采取措施防止导线由于摆（跳）动或其他原因而与带电导线接近至危险距离以内。

8.4.8 为了防止新架或停电检修线路的导线产生跳动，或因过牵引引起导线突然脱落、滑跑而发生意外，应用绳索将导线牵拉牢固或采用其他安全措施。

8.4.9 严禁采用突然剪断导线的做法松线。

8.5 起重与运输

8.5.1 起重工作应由有经验的人统一指挥，指挥信号应简明、统一、畅通，分工应明确。参加起重工作的人员应熟悉起重搬运方案及安全措施。工作前，工作负责人应对起重工作和工器具进行全面的检查。

8.5.2 起重机械，如绞磨、汽车吊、卷扬机、手摇绞车等，应安置平稳牢固，并应设有制动和逆止装置。制动装置失灵或不灵敏的起重机械禁止使用。

8.5.3 起重机械和起重工具的工作荷重应有铭牌规定，使用时不得超出。使用流动式起重机工作前应按说明书的要求平整停机场地，牢固可靠地打好支腿。电动卷扬机应可靠接地。

8.5.4 起吊物件应绑扎牢固，若物件有棱角或特别光滑的部位时，在棱角和滑面与绳索（吊带）接触处应加以包垫。

8.5.5 吊钩应有防止脱钩的保险装置。使用开门滑车时，应将开门勾环扣紧，防止绳索自动跑出。

8.5.6 当重物吊离地面后，工作负责人应再检查各受力部位和被吊物品，无异常情况后方可正式起吊。

8.5.7 在起吊、牵引过程中，受力钢丝绳的周围、上下方、转向滑车内角侧、吊臂和起吊物的下面，严禁有人逗留和通过。吊运重物不得从人头顶通过，吊臂下严禁站人。

8.5.8 起重钢丝绳的安全系数应符合下列条件：

  a) 用于固定起重设备为 3.5。

  b) 用于人力起重为 4.5。

  c) 用于机动起重为 5～6。

  d) 用于绑扎起重物为 10。

  e) 用于供人升降用为 14。

8.5.9 起重工作时，臂架、吊具、辅具、钢丝绳及重物等与带电体的最小距离不得小于表

1 的规定。

表 1　邻近带电线路的起重工作应保持的最小安全距离

线路电压　kV	1 以下	1～20	35～110	220
与线路最大风偏时的安全距离　m	1.5	2.0	4.0	6.0

8.5.10　复杂道路、大件运输前应组织对道路进行勘查，并向司乘人员交底。

8.5.11　运输爆破器材，氧气瓶、乙炔气瓶等易燃、易爆物件时，应遵守国务院〔2002〕第 344 号令的规定，并设标志。

8.5.12　装运电杆和线盘时应绑扎牢固，并用绳索绞紧。水泥杆、线盘的周围应塞牢，防止滚动、移动伤人。运载超长、超高或重大物件时，物件重心应与车厢承重中心基本一致，超长物件尾部应设标志。严禁客货混装。

8.5.13　装卸电杆等笨重物件应采取措施，防止散堆伤人。分散卸车时，每卸一根之前，应防止其余杆件滚动；每卸完一处，应将车上其余的杆件绑扎牢固后，方可继续运送。

8.5.14　使用机械牵引杆件上山时，应将杆身绑牢，钢丝绳不得触磨岩石或坚硬地面，牵引路线两侧 5m 以内，不得有人逗留或通过。

8.5.15　人力运输的道路应事先清除障碍物，在山区抬运笨重物件时应事先制订运输方案，采取必要的安全措施。

8.5.16　多人抬扛，应同肩，步调一致，起放电杆时应相互呼应协调。重大物件不得直接用肩扛运，雨、雪后抬运物件时应有防滑措施。

8.5.17　在吊起或放落箱式配电设备、变压器、柱上断路器（开关）或隔离开关（刀闸）前，应检查台、构架结构是否牢固。

8.5.18　起重工具应妥善保管，列册登记，定期检查，按期试验，见附录 G。

9　邻近带电导线的工作

9.1　在低压带电线路杆塔上的工作

9.1.1　在带电电杆上工作时，只允许在带电线路的下方进行，如处理水泥杆裂纹、加固拉线、拆除鸟窝、紧固螺丝、防腐、消除杆塔异物、涂写杆号牌、查看导线金具和绝缘子等工作。

作业人员活动范围及其所携带的工具、材料等，与低压带电导线的最小距离不得小于 0.7m，如不能保证 0.7m 的距离时，应按照带电作业要求工作或停电进行。

进行上述工作时，风力应不大于 5 级，并应有专人监护。

9.1.2　对带电电杆进行拉线加固工作时，只允许调整拉线下把的绑扎或补强工作，不得将连接处松开。

9.2　邻近或交叉其他电力线路的工作

9.2.1　新架或停电检修低压线路（如放线、撤线或紧线、松线、落线等）时，如该线路与 10kV 及以下带电线路交叉或接近，其安全距离小于 1.0m 时，带电线路必须停电。

9.2.2　低压线路如与 35kV 及以上线路邻近或交叉，工作时可能接触或接近至危险距离以内（见表 2），而 35kV 及以上线路又不能停电时，应遵守以下规定：

a）采取有效措施，使人体、导线、施工机具、牵引绳索和接绳等与带电导线符合表 2 中的安全距离。

b）作业的导线应在工作地点可靠接地；绞车等牵引工具也应接地。

c）只有停电检修线路在带电线路下面时，方可在线路交叉挡内进行松紧、降低或架设导线的工作，并应采取防止导线产生跳动或过牵引而与带电导线接近表2安全距离以内的措施。

表2　邻近或交叉其他电力线路工作的安全距离

电压等级　kV	安全距离　m	电压等级　kV	安全距离　m
10及以下	1.0	63（66）、110	3.0
20、35	2.5	220	4.0

9.2.3 为防止登杆作业人员误登杆而造成人身触电事故，与检修线路邻近的带电线路的电杆上必须挂标示牌，或派专人看守。

9.3　同杆塔架设多回线路中的低压停电的工作

9.3.1 工作票签发人和工作负责人对停电检修线路的称号应特别注意正确填写和检查。多回线路中的每回线路都应填写双重称号（即线路双重名称和位置称号，位置称号指上线、中线或下线和面向线路杆塔号增加方向的左线或右线）。

9.3.2 工作负责人在接受许可开始工作的命令时，应与工作许可人核对停电线路双重称号无误。如不符或有任何疑问时，不得开始工作。

9.3.3 在高低压同杆架设的低压线路上工作，所有低压线路必须停电并接地。

9.3.4 在同杆架设的多回线路中的任一低压线路检修，在高压不停电的情况下，低压线路停电检修应注意以下事项：

a）从事低压登杆（塔）或杆塔上工作时，人体与上层带电高压线路应保证足够的安全距离，每基杆塔应设专人监护。

b）作业人员登杆塔前应核对停电检修线路的识别标记和双重称号无误后，方可攀登。

c）绑线须绕成小盘后，再带上杆塔使用。严禁在杆塔上卷绕或展开绑线。

d）在线路一侧吊起或向下放落工具、材料等物体时，应使用绝缘无极绳圈传递，物件与带电导线的安全距离应符合表2的要求。

9.3.5 禁止在有同杆架设的10kV及以下线路带电情况下，进行低压线路的停电施工作业。

10　架空绝缘导线作业

10.1 架空绝缘导线不应视为绝缘设备，作业人员不得直接接触。架空绝缘线路与裸导线线路停电作业的安全要求相同。

10.2 架空绝缘导线应在线路的适当位置设立验电接地环或其他验电接地装置，以满足运行、检修工作的需要。

10.3 禁止工作人员穿越未停电接地或未采取隔离措施的绝缘导线进行工作。

11　低压电缆作业

11.1　低压电力电缆作业的安全措施

11.1.1 工作前应详细核对电缆标示牌的名称与工作票所填写的相符，安全措施正确可靠后，方可开始工作。

11.1.2 电缆直埋敷设施工前应先查清图纸，再开挖足够数量的样洞和样沟，摸清地下管线分布情况，以确定电缆敷设位置及确保不损坏运行电缆和其他地下管线。为防止损伤运行电缆或其他地下管线设施，在城市道路红线范围内不应使用大型机械来开挖沟槽，硬路面面层破碎可使用小型机械设备，但应加强监护，不得深入土层，并告知施工人员有关施工的注意事项。若要使用大型机械设备时，应履行相应的报批手续。

11.1.3 掘路施工应具备相应的交通组织方案，做好防止交通事故的安全措施。施工区域应用标准路栏等严格分隔，并有明显标记，夜间施工应佩戴反光标志，施工地点应加挂警示灯，以防行人或车辆等误入。

11.1.4 沟槽开挖深度达到 1.5m 及以上时，应采取措施防止土层塌方。

11.1.5 沟槽开挖时，应将路面铺设材料和泥土分别堆置，堆置处和沟槽之间应保留通道供施工人员正常行走。在堆置物堆起的斜坡上不得放置工具材料等器物，以免滑入沟槽损伤施工人员或电缆。

11.1.6 挖到电缆保护板后，应由有经验的人员在场指导，方可继续进行，以免误伤电缆。

11.1.7 移动电缆接头一般应停电进行。如必须带电移动，应先调查该电缆的历史记录，由有经验的施工人员，在专人统一指挥下，平正移动，以防止损伤绝缘。

11.1.8 锯电缆以前，应确认该电缆确已停电，并在电缆两端可靠接地，同时在工作点附近用接地的带绝缘柄的铁钎钉入电缆芯后，方可工作。操作人应戴绝缘手套并站在绝缘垫上，并采取防灼伤措施（如防护面具等）。

11.1.9 开启电缆井井盖、电缆沟盖板及电缆隧道人孔盖时应使用专用工具，同时注意所立位置，以免滑脱后伤人。开启后应设置标准路栏围起，并有人看守。工作人员撤离电缆井或隧道后，应立即将井盖盖好，以免行人碰盖后摔跌或不慎跌入井内。

11.1.10 电缆隧道应有充足的照明，并有防火、防水、通风的措施。电缆井内工作时，禁止只打开一只井盖（单眼井除外）。进入电缆井、电缆隧道前，应先用吹风机排除浊气，再用气体检测仪检查井内或隧道内的易燃易爆及有毒气体的含量是否超标，并做好记录。电缆沟的盖板开启后，应自然通风一段时间，经测试合格后方可下井工作。电缆井、隧道内工作时，通风设备应保持常开，以保证空气流通。

11.1.11 制作环氧树脂电缆头和调配环氧树脂工作过程中，应采取有效的防毒和防火措施。

11.1.12 电缆施工完成后应将穿越过的孔洞进行封堵以达到防水、防火和防小动物的要求。

11.1.13 非开挖施工的安全措施：

　　a）采用非开挖技术施工前，应首先探明地下各种管线及设施的相对位置。

　　b）非开挖的通道，应离开地下各种管线及设施足够的安全距离。

　　c）通道形成的同时，应及时对施工的区域进行灌浆等措施，防止路基的沉降。

11.2 低压电缆线路试验安全措施

11.2.1 电力电缆试验要拆除接地线时，应征得工作许可人的许可，方可进行。工作完毕后立即恢复。

11.2.2 电缆的试验过程中，更换试验引线时，应先对设备充分放电。作业人员应戴好绝缘手套。

11.2.3 电缆试验分芯进行时，其余缆芯应接地。

11.2.4 电缆试验结束，应对被试电缆进行充分放电，并在被试电缆上加装临时接地线，待电缆尾线接通后才可拆除。

11.2.5 电缆故障声测定点时，禁止直接用手触摸电缆外皮或冒烟小洞，以免触电。

12 间接带电作业

12.1 进行间接带电作业时，作业范围内电气回路的剩余电流动作保护器必须投入运行。

12.2 低压间接带电工作时应设专人监护。使用有绝缘柄的工具，其外裸的导电部位应采取绝缘措施，防止操作时相间或相对地短路。工作时，应穿绝缘鞋和全棉长袖工作服，并戴手套、安全帽和护目镜，工作服袖口必须套入手套内，站在干燥的绝缘物上进行。严禁使用锉刀、金属尺和带有金属物的毛刷、毛掸等工具。

12.3 户外间接带电作业，应在天气良好的条件下进行。

12.4 在带电的低压配电装置上工作时，应采取防止相间短路和单相接地短路的隔离措施。

12.5 带电断开配电盘或接线箱中的电压表和电能表的电压回路时，必须采取防止短路或接地的措施。严禁将电流互感器二次侧开路。

12.6 高低压同杆架设，在低压带电线路上工作时，应先检查与高压线的距离，采取防止误碰带电高压设备的措施。工作人员不得穿越低压带电线路。

12.7 上杆前，应先分清相线、零线，选好工作位置。断开导线时，应先断开相线，后断开零线。搭接导线时，顺序应相反。人体不得同时接触两根线头。

12.8 在紧急情况下，允许用有绝缘柄的钢丝钳断开带电的绝缘照明线。断线时，应分相进行，断开点应在导线固定点的负荷侧。被断开的线头，应用绝缘胶布包扎、固定。

12.9 更换户外式熔断器的熔丝或拆搭接头时，应在线路停电后进行。如需间接带电作业时必须在监护人的监护下进行，但严禁带负荷作业。

13 低压配电及装表接电作业

13.1 在低压配电装置上的停电工作：

13.1.1 在配电变压器台架上的低压配电装置上的工作应停电进行。不论线路是否停电，应先拉开低压侧断路器（开关），再拉开隔离开关（刀闸），后拉开高压侧隔离开关（刀闸）或跌落式熔断器（保险），在停电的高、低压引线上验电、装设接地线。

13.1.2 进行配电设备停电作业前，应断开可能送电到待检修设备、配电变压器各侧的所有线路（包括用户线路）断路器（开关）、隔离开关（刀闸）和熔断器（保险），并验电、装设接地线后，才能进行工作。

13.1.3 配电设备验电时，应戴绝缘手套。

13.1.4 进行电容器停电工作时，应先断开电源，将电容器验电、充分放电、装设接地线后才能进行工作。

13.1.5 配电设备接地电阻不合格时，应戴绝缘手套方可接触箱体。

13.2 带电装表接电工作时，应采取防止短路和电弧灼伤的安全措施。

13.3 电能表与电流互感器、电压互感器的配合安装时，应有防止电流互感器二次开路和电压互感器二次短路的安全措施。

13.4 工作人员在接触运用中的配电箱、电表箱前，应用验电器确认无电压后，方可接触。

13.5 当发现配电箱、电表箱箱体带电时，应断开上一级电源将其停电，查明带电原因，并做相应的处理。

13.6 装表接电工作应由两人及以上协同进行，使用安全、可靠、绝缘的登高工器具，并做好防止高处坠落的安全措施。

13.7 装（拆）不经电流互感器的电能表、电流表时，线路不得带负荷。

14 施工机具的使用、保管、检查和试验

14.1 一般规定

14.1.1 施工机具应统一编号，专人保管。入库、出库、使用前应进行检查。禁止使用损坏、变形、有故障等不合格的施工机具和安全工器具。机具的各种监测仪表以及制动器、限位器、安全阀、闭锁机构等安全装置应齐全、完好。

14.1.2 自制或改装和主要部件更换或检修后的机具，应按国家有关规定进行试验，经鉴定合格后方可使用。

14.1.3 机具应由了解其性能并熟悉使用知识的人员操作和使用。机具应按出厂说明书和铭牌的规定使用。

14.1.4 起重机械的操作和维护应遵守 GB/T 6067 的规定。

14.1.5 特种设备的操作人员应经过专项培训，并取得特种设备操作资格证。

14.2 施工机具的使用要求

14.2.1 各类绞磨和卷扬机：

14.2.1.1 绞磨应放置平稳，锚固可靠，受力前方不得有人。锚固绳应有防滑动措施。

14.2.1.2 牵引绳应从卷筒下方卷入，排列整齐，并与卷筒垂直，在卷筒上不得少于 5 圈（卷扬机：不得少于 3 圈）。钢绞线不得进入卷筒。导向滑车应对正卷筒中心。滑车与卷筒的距离：光面卷筒不应小于卷筒长度的 20 倍，有槽卷筒不应小于卷筒长度的 15 倍。

14.2.1.3 人力绞磨架上固定磨轴的活动挡板应装在不受力的一侧，严禁反装。人力推磨时，推磨人员应同时用力。绞磨受力时人员不得离开磨杠，防止飞磨伤人。作业完毕应取出磨杠。拉磨尾绳不应少于 2 人，应站在锚桩后面，且不得在绳圈内。绞磨受力时，不得用松尾绳的方法卸荷。

14.2.1.4 拖拉机绞磨两轮胎应在同一水平面上，前后支架应受力平衡。严禁带拖斗牵引。绞磨卷筒应与牵引绳的最近转向点保持 5m 以上的距离。

14.2.2 抱杆的使用：

14.2.2.1 选用抱杆应经过计算或负荷校核。独立抱杆至少应有四根拉绳，人字抱杆至少应有两根拉绳并有限制腿部开度的控制绳，所有拉绳均应固定在牢固的地锚上，必要时经校验合格。

14.2.2.2 抱杆有下列情况之一者严禁使用：

 a) 圆木抱杆：木质腐朽、损伤严重或弯曲过大。

 b) 金属抱杆：整体弯曲超过杆长的 1/600。局部弯曲严重、磕瘪变形、表面严重腐蚀、缺少构件或螺栓、裂纹或脱焊。

 c) 抱杆脱帽环表面有裂纹或螺纹变形。

14.2.3 导线联结网套：

 导线穿入联结网套应到位，网套夹持导线的长度不得少于导线直径的 30 倍。网套末端应以铁丝绑扎不少于 20 圈。

14.2.4 双钩紧线器：

 经常进行润滑保养。出现换向爪失灵、螺杆无保险螺丝、表面裂纹或变形等情况时严禁使用。紧线器受力后应至少保留 1/5 有效丝杆长度。

14.2.5 卡线器：

规格、材质应与线材的规格、材质相匹配。卡线器有裂纹、弯曲、转轴不灵活或钳口斜纹磨平等缺陷时应予报废。

14.2.6 放线架：

应支撑在坚实的地面上，松软地面应采取加固措施。放线轴与导线伸展方向应形成垂直角度。

14.2.7 地锚：

分布和埋设深度，应根据其作用和现场的土质设置。

14.2.8 链条葫芦：

14.2.8.1 使用前应检查吊钩、链条、转动装置及刹车装置是否良好。吊钩、链轮、倒卡等有变形时，以及链条直径磨损量达10%时，严禁使用。刹车片严禁沾染油脂。

14.2.8.2 操作时，手拉链或扳手的拉动方向应与链轮槽方向一致，不得斜拉硬扳；操作人员不得站在链条葫芦的正下方。葫芦的起重链不得打扭，并不得拆成单股使用。在使用中如发生卡链情况，应将重物垫好后方可进行检修。

14.2.8.3 葫芦带负荷停留较长时间或过夜时，应将手拉链或扳手绑扎在起重链上，并采取保险措施。两台及两台以上链条葫芦起吊同一重物时，重物的重量应不大于每台链条葫芦的允许起重量。

14.2.9 钢丝绳：

14.2.9.1 钢丝绳应按出厂技术数据使用。无技术数据时，应进行单丝破断力试验。

14.2.9.2 钢丝绳应定期浸油，遇有下列情况之一者应予报废：

a）钢丝绳在一个节距中有表3中的断丝根数者。

表3　钢丝绳断丝根数

最初的安全系数	钢丝绳结构							
	6×19＝114＋1		6×37＝222＋1		6×61＝366＋1		18×19＝342＋1	
	逆捻	顺捻	逆捻	顺捻	逆捻	顺捻	逆捻	顺捻
小于6	12	6	22	11	36	18	36	18
6～7	14	7	26	13	38	19	38	19
大于7	16	8	30	15	40	20	40	20

b）钢丝绳的钢丝磨损或腐蚀达到原来钢丝直径的40%及以上，或钢丝绳受过严重退火或局部电弧烧伤者。

c）绳芯损坏或绳股挤出。

d）笼状畸形、严重扭结或弯折。

e）钢丝绳压扁变形及表面起毛刺严重者。

f）钢丝绳断丝数量不多，但断丝增加很快者。

14.2.9.3 钢丝绳端部用绳卡固定连接时，绳卡压板应在钢丝绳主要受力的一边，不得正反交叉设置；绳卡间距不应小于钢丝绳直径的6倍；绳卡数量应符合有关规定。

14.2.9.4 插接的环绳或绳套，其插接长度应不小于钢丝绳直径的15倍，且不得小于300mm。新插接的钢丝绳套应做125%允许负荷的抽样试验。

14.2.9.5 通过滑轮及卷筒的钢丝绳不得有接头。滑轮、卷筒的槽底或细腰部直径与钢丝绳直径之比应遵守下列规定：

    a）起重滑车：机械驱动时不应小于 11；人力驱动时不应小于 10。

    b）绞磨卷筒：不应小于 10。

14.2.10 汽车吊、斗臂车：

14.2.10.1 汽车吊、斗臂车的使用应遵守 JB 8716—1998 的规定。

14.2.10.2 汽车吊、斗臂车应在水平地面上工作，其允许倾斜度不得大于 3°，支架应支撑在坚实的地面上，否则应采取加固措施。

14.2.10.3 在斗臂上工作应使用安全带。不得用汽车吊悬挂吊篮上人作业。不得用斗臂起吊重物。

14.2.10.4 在带电设备区域内使用汽车吊、斗臂车时，车身应使用不小于 $16mm^2$ 的软铜线可靠接地。在道路上施工应设围栏，并设置适当的警示标示牌。

14.3 施工机具的保管、检查和试验

14.3.1 施工机具应有专用库房存放，库房要经常保持干燥、通风。

14.3.2 施工机具应定期进行检查、维护、保养。施工机具的转动和传动部分应保持润滑。

14.3.3 对不合格或应报废的机具应及时清理，不得与合格的混放。

14.3.4 起重机具的检查、试验要求应满足起重工具试验表（见附录 G 中表 G.2）的规定。

14.3.5 汽车吊试验应符合 GB/T 5905 的规定，维护与保养应遵守国家有关的规定。斗臂车机械试验、维护与保养参照以上规程执行。

15 安全工器具的保管、使用、检查和试验

15.1 安全工器具的保管

15.1.1 安全工器具宜存放在温度为 $-15℃\sim+35℃$、相对湿度为 80％以下、干燥通风的安全工器具室内。

15.1.2 安全工器具室内应配置适用的柜、架，并不得存放不合格的安全工器具及其他物品。

15.1.3 携带型接地线宜存放在专用架上，架上的号码与接地线的号码应一致。

15.1.4 绝缘隔板和绝缘罩应存放在室内干燥、离地面 200mm 以上的架上或专用的柜内。使用前应擦净灰尘。如果表面有轻度擦伤，应涂绝缘漆处理。

15.1.5 绝缘工具在储存、运输时不得与酸、碱、油类和化学药品接触，并要防止阳光直射或雨淋。橡胶绝缘用具应放在避光的柜内，并撒上滑石粉。

15.1.6 绝缘杆（棒）应垂直存放在支架上或悬挂起来，但不得接触墙壁；绝缘手套应用专用支架存放；仪表和绝缘鞋、绝缘夹等应存放在柜内；验电笔（器）存于盒（箱）内；安全工器具上面不准存放其他物件，橡胶制品不可与油脂类接触。

15.1.7 工器具及仪表等应分类编号登记，定期进行检查，按期进行绝缘和机械试验（常用登高、起重工具试验表见附录 G；常用电气绝缘工具试验表见附录 F）。

15.1.8 接地线、标示牌和临时遮栏的数量，应根据低压电网的规模或设备数量配备（标示牌式样见附录 H）。

15.2 安全工器具的使用和检查

15.2.1 安全工器具使用前的外观检查应包括绝缘部分有无裂纹、老化、绝缘层脱落、严重伤痕，固定连接部分有无松动、锈蚀、断裂等现象。对其绝缘部分的外观有疑问时应进行绝

缘试验合格后方可使用。

15.2.2 绝缘操作杆、验电器和测量杆：允许使用电压应与设备电压等级相符。使用时，作业人员手不得越过护环或手持部分的界限。雨天在户外操作电气设备时，操作杆的绝缘部分应有防雨罩或使用带绝缘子的操作杆。使用时人体应与带电设备保持安全距离，并注意防止绝缘杆被人体或设备短接，以保持有效的绝缘长度。

15.2.3 携带型短路接地线：接地线的两端夹具应保证接地线与导体和接地装置都能接触良好、拆装方便，有足够的机械强度，并在大短路电流通过时不致松脱。携带型接地线使用前应检查是否完好，如发现绞线松股、断股、护套严重破损、夹具断裂松动等均不得使用。

15.2.4 绝缘隔板和绝缘罩：10kV 及以下绝缘隔板和绝缘罩的厚度不应小于 3mm，现场带电安放绝缘隔板及绝缘罩时，应戴绝缘手套、使用绝缘操作杆，必要时可用绝缘绳索将其固定。

15.2.5 安全帽：安全帽使用前，应检查帽壳、帽衬、帽箍、顶衬、下颏带等附件完好无损。使用时，应系好下颏带，防止工作中前倾后仰或其他原因造成滑落。

15.2.6 安全带：腰带和保险带、绳应有足够的机械强度，材质应有耐磨性，卡环（钩）应具有保险装置，操作应灵活。保险带、绳使用长度在 3m 以上的应加缓冲器。

15.2.7 脚扣和登高板：金属部分变形和绳（带）损伤者禁止使用。特殊天气使用脚扣和登高板应采取防滑措施。

15.3　安全工器具试验

15.3.1 各类安全工器具应经过国家规定的型式试验、出厂试验和使用中的周期性试验，并做好记录。

15.3.2 应进行试验的安全工器具如下：

　　a）规程要求进行试验的安全工器具。

　　b）新购置和自制的安全工器具。

　　c）检修后或关键零部件经过更换的安全工器具。

　　d）对安全工器具的机械、绝缘性能发生疑问或发现缺陷时。

15.3.3 安全工器具经试验合格后，应在不妨碍绝缘性能且醒目的部位粘贴合格证。

15.3.4 安全工器具的电气试验和机械试验可由各使用单位根据试验标准和周期进行，也可委托有资质的试验研究机构试验。

15.3.5 各类绝缘安全工器具试验周期要求见附录 F。

16　其他

16.1 雷电天气禁止在室内外电气设备上进行操作和维修。

16.2 严禁带电移动或维修、试验各种电气设备。

16.3 用户有自备电源的，必须采取防反送电措施（如加装联锁、闭锁装置等），以防用户自备电源在电网停电时向电网反送电。

16.4 遇有电气设备着火时，应立即将有关设备的电源切断，然后进行救火。对电气设备应使用干式灭火器、二氧化碳灭火器、四氯化碳灭火器等灭火。在室外使用灭火器时，使用人员应站在上风侧。

附　录　A

（规范性附录）

现场勘察记录格式

现场勘察记录格式见表 A.1。

表 A.1　现场勘察记录

勘察单位＿＿＿＿＿＿＿＿＿＿＿＿＿＿＿　　　　　编号＿＿＿＿＿＿＿＿＿＿＿＿＿＿＿

勘察负责人＿＿＿＿＿＿＿＿＿＿＿＿　　　　　勘察人员＿＿＿＿＿＿＿＿＿＿＿＿＿

勘察的线路或设备的双重名称（多回应注明双重称号）：＿＿＿＿＿＿＿＿＿＿＿＿＿＿＿

＿＿

工作任务（工作地点或地段以及工作内容）：＿＿＿＿＿＿＿＿＿＿＿＿＿＿＿＿＿＿＿＿＿

＿＿

现场勘察内容

现场勘察内容
1. 需要停电的范围：
2. 保留的带电部位：
3. 作业现场的条件、环境及其他危险点：
4. 应采取的安全措施：
5. 附图与说明：

记录人：＿＿＿＿＿＿　　　　　勘察日期：＿＿＿年＿＿＿月＿＿＿日＿＿＿时＿＿＿分至＿＿＿日＿＿＿时＿＿＿分

附 录 B

（规范性附录）

低压第一种工作票格式

低压第一种工作票格式见表 B.1。

表 B.1 低压第一种工作票

单位＿＿＿＿＿＿＿＿＿＿＿＿＿＿＿＿＿＿＿＿　编号＿＿＿＿＿＿＿＿＿＿＿＿

1. 工作负责人（监护人）＿＿＿＿＿＿＿＿＿＿　班组＿＿＿＿＿＿＿＿＿＿＿＿

2. 工作班人员（不包括工作负责人）＿＿＿＿＿＿＿＿＿＿＿＿＿＿＿＿＿＿＿＿

＿＿＿＿＿＿＿＿＿＿＿共＿＿＿＿＿人

3. 工作的线路或设备双重名称（多回路应注明双重称号）＿＿＿＿＿＿＿＿＿＿＿＿

＿＿＿＿＿＿＿＿＿＿＿＿＿＿＿＿＿＿＿＿＿＿＿＿＿＿＿＿＿＿＿＿＿＿＿＿＿＿

4. 工作任务

工作地点或地段 （注明分、支线路名称、线路的起止杆号）	工作内容

5. 计划工作时间

自＿＿＿＿＿年＿＿＿＿＿月＿＿日＿＿＿＿＿时＿＿＿＿＿分

至＿＿＿＿＿年＿＿＿＿＿月＿＿日＿＿＿＿＿时＿＿＿＿＿分

6. 安全措施（必要时可附页绘图说明）

6.1　应改为检修状态的线路间隔名称和应拉开的断路器（开关）、隔离开关（刀闸）、熔断器（包括分支线、用户线路和配合停电线路）：＿＿＿＿＿＿＿＿＿＿＿＿＿＿＿＿＿＿＿＿＿＿＿＿＿＿＿＿＿＿＿＿＿＿＿＿＿

＿＿＿＿＿＿＿＿＿＿＿＿＿＿＿＿＿＿＿＿＿＿＿＿＿＿＿＿＿＿＿＿＿＿＿＿＿＿＿

＿＿＿＿＿＿＿＿＿＿＿＿＿＿＿＿＿＿＿＿＿＿＿＿＿＿＿＿＿＿＿＿＿＿＿＿＿＿＿

6.2　保留或邻近的带电线路、设备：＿＿＿＿＿＿＿＿＿＿＿＿＿＿＿＿＿＿＿＿＿

＿＿＿＿＿＿＿＿＿＿＿＿＿＿＿＿＿＿＿＿＿＿＿＿＿＿＿＿＿＿＿＿＿＿＿＿＿＿＿

＿＿＿＿＿＿＿＿＿＿＿＿＿＿＿＿＿＿＿＿＿＿＿＿＿＿＿＿＿＿＿＿＿＿＿＿＿＿＿

6.3　其他安全措施和注意事项：＿＿＿＿＿＿＿＿＿＿＿＿＿＿＿＿＿＿＿＿＿＿＿

＿＿＿＿＿＿＿＿＿＿＿＿＿＿＿＿＿＿＿＿＿＿＿＿＿＿＿＿＿＿＿＿＿＿＿＿＿＿＿

6.4　应挂的接地线

线路名称及杆号					
接地线编号					

工作票签发人签名＿＿＿＿＿＿＿＿＿＿＿＿＿　　　　　　＿＿＿＿＿年＿＿月＿＿日＿＿时＿＿分

工作负责人签名＿＿＿＿＿＿＿＿＿＿＿＿＿　　　　　　＿＿＿＿＿年＿＿月＿＿日＿＿时＿＿分收到工作票

7. 确认本工作票1～6项，许可工作开始

许可方式	许可人	工作负责人签名	许可工作的时间
			年　　月　　日　　时　　分
			年　　月　　日　　时　　分
			年　　月　　日　　时　　分

8. 确认工作负责人布置的工作任务和安全措施

工作班组人员签名：＿＿＿＿＿＿＿＿＿＿＿＿＿＿＿＿＿＿＿＿＿＿＿＿＿＿＿＿＿＿＿＿＿＿＿

＿＿＿

＿＿＿

＿＿＿

＿＿＿

9. 工作负责人变动情况

原工作负责人＿＿＿＿＿＿＿＿＿＿离去，变更＿＿＿＿＿＿＿＿＿＿＿为工作负责人。

工作票签发人签名＿＿＿＿＿＿＿＿＿＿＿＿　年＿＿月＿＿日＿＿时＿＿分

10. 工作人员变动情况（变动人员姓名、日期及时间）

＿＿＿

＿＿＿

＿＿＿

＿＿＿

＿＿＿

工作负责人签名＿＿＿＿＿＿＿＿＿＿＿＿＿

11. 工作票延期

有效期延长到＿＿＿＿＿＿年＿＿月＿＿日＿＿时＿＿分

工作负责人签名＿＿＿＿＿＿＿＿＿＿＿＿＿＿＿＿　＿＿＿＿＿年＿＿月＿＿日＿＿时＿＿分

工作许可人签名＿＿＿＿＿＿＿＿＿＿＿＿＿＿＿＿　＿＿＿＿＿年＿＿月＿＿日＿＿时＿＿分

12. 工作票终结

12.1 现场所挂的接地线编号＿＿＿＿＿＿＿＿　共＿＿＿＿＿＿组，已全部拆除、带回。

12.2 工作终结报告

终结报告的方式	许可人	工作负责人签名	终结报告时间
			年　　月　　日　　时　　分
			年　　月　　日　　时　　分
			年　　月　　日　　时　　分

13. 备注

(1) 指定专责监护人＿＿＿＿＿＿＿＿负责监护＿＿＿＿＿＿＿＿＿＿＿＿＿＿＿＿（人员、地点及具体工作）

(2) 其他事项＿＿＿＿＿＿＿＿＿＿＿＿＿＿＿＿＿＿＿＿＿＿＿＿＿＿＿＿＿＿＿＿＿＿＿＿＿＿＿

＿＿＿

＿＿＿

＿＿＿

附 录 C
（规范性附录）
低压第二种工作票格式

低压第二种工作票格式见表 C.1。

表 C.1 低压第二种工作票

单位_____　编号_____

1. 工作负责人（监护人）_____　班组_____

2. 工作班人员（不包括工作负责人）_____

_____共_____人

3. 工作任务

线路或设备名称	工作地点、范围	工作内容

4. 计划工作时间

自_____年____月____日____时____分

至_____年____月____日____时____分

5. 注意事项（安全措施）

_____

_____

_____

　工作票签发人签名_____　_____年____月_____日____时____分

　工作票负责人签名_____　_____年____月_____日____时____分

6. 确认工作负责人布置的工作任务和安全措施

　工作班组人员签名：

_____

_____

7. 工作开始时间_____年____月_____日____时____分　工作负责人签名_____

　工作完工时间_____年____月_____日____时____分　工作负责人签名_____

8. 工作票延期

有效期延长到_____年____月_____日____时____分

9. 备注

_____

_____

_____

附　录　D

（规范性附录）

低压倒闸操作票格式

低压倒闸操作票格式见表 D.1。

表 D.1　低压倒闸操作票

单位_____　编号_____

发令人		受令人		发令时间： 年　月　日　时　分
操作开始时间： 年　月　日　时　分			操作开始时间： 年　月　日　时　分	
操作任务：				

顺序	操　作　项　目	✓

备注		
操作人：	监护人：	

附 录 E
（规范性附录）
紧 急 救 护 法

E.1 通则

E.1.1 紧急救护的基本原则是在现场采取积极措施，保护伤员的生命，减轻伤情，减少痛苦，并根据伤情需要，迅速与医疗急救中心（医疗部门）联系救治。急救成功的关键是动作快，操作正确。任何拖延和操作错误都会导致伤员伤情加重或死亡。

E.1.2 要认真观察伤员全身情况，防止伤情恶化。发现伤员意识不清、瞳孔扩大无反应、呼吸、心跳停止时，应立即在现场就地抢救，用心肺复苏法支持呼吸和循环，对脑、心重要脏器供氧。心脏停止跳动后，只有分秒必争地迅速抢救，救活的可能才较大。

E.1.3 现场工作人员都应定期接受培训，学会紧急救护法，会正确解脱电源，会心肺复苏法，会止血、会包扎、会固定，会转移搬运伤员，会处理急救外伤或中毒等。

E.1.4 生产现场和经常有人工作的场所应配备急救箱，存放急救用品，并应指定专人经常检查、补充或更换。

E.2 触电急救

E.2.1 触电急救应分秒必争，一经明确心跳、呼吸停止的，立即就地迅速用心肺复苏法进行抢救，并坚持不断地进行，同时及早与医疗急救中心（医疗部门）联系，争取医务人员接替救治。在医务人员未接替救治前，不应放弃现场抢救，更不能只根据没有呼吸或脉搏的表现，擅自判定伤员死亡，放弃抢救。只有医生有权作出伤员死亡的诊断。与医务人员接替时，应提醒医务人员在触电者转移到医院的过程中不得间断抢救。

E.2.2 迅速脱离电源。

E.2.2.1 触电急救，首先要使触电者迅速脱离电源，越快越好。因为电流作用的时间越长，伤害越重。

E.2.2.2 脱离电源，就是要把触电者接触的那一部分带电设备的所有断路器（开关）、隔离开关（刀闸）或其他断路设备断开；或设法将触电者与带电设备脱离开。在脱离电源过程中，救护人员也要注意保护自身的安全。如触电者处于高处，应采取相应措施，防止该伤员脱离电源后自高处坠落形成复合伤。

E.2.2.3 低压触电可采用下列方法使触电者脱离电源：

（1）如果触电地点附近有电源开关或电源插座，可立即拉开开关或拔出插头，断开电源。但应注意到拉线开关或墙壁开关等只控制一根线的开关，有可能因安装问题只能切断零线而没有断开电源的相线。

（2）如果触电地点附近没有电源开关或电源插座（头），可用有绝缘柄的电工钳或有干燥木柄的斧头切断电线，断开电源。

（3）当电线搭落在触电者身上或压在身下时，可用干燥的衣服、手套、绳索、皮带、木板、木棒等绝缘物作为工具，拉开触电者或挑开电线，使触电者脱离电源。

（4）如果触电者的衣服是干燥的，又没有紧缠在身上，可以用一只手抓住他的衣服，拉离电源。但因触电者的身体是带电的，其鞋的绝缘也可能遭到破坏，救护人不得接触触电者的皮肤，也不能抓他的鞋。

（5）若触电发生在低压带电的架空线路上或配电台架、进户线上，对可立即切断电源的，则应迅速断开电源，救护者迅速登杆或登至可靠地方，并做好自身防触电、防坠落安全措施，用带有绝缘胶柄的钢丝钳、绝缘物体或干燥不导电物体等工具将触电者脱离电源。

E. 2. 2. 4 高压触电可采用下列方法之一使触电者脱离电源：

（1）立即通知有关供电单位或用户停电。

（2）戴上绝缘手套，穿上绝缘靴，用相应电压等级的绝缘工具按顺序拉开电源开关或熔断器。

（3）抛掷裸金属线使线路短路接地，迫使保护装置动作，断开电源。注意抛掷金属线之前，应先将金属线的一端固定可靠接地，然后另一端系上重物抛掷，注意抛掷的一端不可触及触电者和其他人。另外，抛掷者抛出线后，要迅速离开接地的金属线 8m 以外或双腿并拢站立，防止跨步电压伤人。在抛掷短路线时，应注意防止电弧伤人或断线危及人员安全。

E. 2. 2. 5 脱离电源后救护者应注意的事项：

（1）救护人不可直接用手、其他金属及潮湿的物体作为救护工具，而应使用适当的绝缘工具。救护人最好用一只手操作，以防自己触电。

（2）防止触电者脱离电源后可能的摔伤，特别是当触电者在高处的情况下，应考虑防止坠落的措施。即使触电者在平地，也要注意触电者倒下的方向，注意防摔。救护者也应注意救护中自身的防坠落、摔伤措施。

（3）救护者在救护过程中特别是在杆上或高处抢救伤者时，要注意自身和被救者与附近带电体之间的安全距离，防止再次触及带电设备。电气设备、线路即使电源已断开，对未做安全措施挂上接地线的设备也应视作有电设备。救护人员登高时应随身携带必要的绝缘工具和牢固的绳索等。

（4）如事故发生在夜间，应设置临时照明灯，以便于抢救，避免意外事故，但不能因此延误切除电源和进行急救的时间。

E. 2. 2. 6 现场就地急救。

触电者脱离电源以后，现场救护人员应迅速对触电者的伤情进行判断，对症抢救。同时设法联系医疗急救中心（医疗部门）的医生到现场接替救治。要根据触电伤员的不同情况，采用不同的急救方法。

（1）触电者神志清醒、有意识，心脏跳动，但呼吸急促、面色苍白，或曾一度电休克、但未失去知觉时，不能用心肺复苏法抢救，应将触电者抬到空气新鲜、通风良好的地方躺下，安静休息 1h～2h，让他慢慢恢复正常。天凉时要注意保温，并随时观察呼吸、脉搏变化。条件允许，送医院进一步检查。

（2）触电者神志不清，判断意识无，有心跳，但呼吸停止或极微弱时，应立即用仰头抬颏法，使气道开放，并进行口对口人工呼吸。此时切记不能对触电者施行心脏按压。如此时不及时用人工呼吸法抢救，触电者将会因缺氧过久而引起心跳停止。

（3）触电者神志丧失，判定意识无，心跳停止，但有极微弱的呼吸时，应立即施行心肺复苏法抢救。不能认为尚有微弱呼吸，只需做胸外按压，因为这种微弱呼吸已起不到人体需要的氧交换作用，如不及时人工呼吸即会发生死亡，若能立即施行口对口人工呼吸法和胸外按压，就能抢救成功。

（4）触电者心跳、呼吸停止时，应立即进行心肺复苏法抢救，不得延误或中断。

（5）触电者和雷击伤者心跳、呼吸停止，并伴有其他外伤时，应先迅速进行心肺复苏急救，然后再处理外伤。

（6）发现杆塔上或高处有人触电，要争取时间及早在杆塔上或高处开始抢救。触电者脱离电源后，应迅速将伤员扶卧在救护人的安全带上（或在适当地方躺平），然后根据伤者的意识、呼吸及颈动脉搏动情况来进行前（1）～（5）项不同方式的急救。应提醒的是高处抢救触电者，迅速判断其意识和呼吸是否存在是十分重要的。若呼吸已停止，开放气道后立即口对口（鼻）吹气2次，再测试颈动脉，如有搏动，则每5s继续吹气1次；若颈动脉无搏动，可用空心拳头叩击心前区2次，促使心脏复跳。为使抢救更为有效，应立即设法将伤员营救至地面，并继续按心肺复苏法坚持抢救。具体操作方法见图E.1。

1）单人营救法。首先在杆上安装绳索，将绳子的一端固定在杆上，固定时绳子要绕2～3圈，绳子的另一端放在伤员的腋下，绑的方法要先用柔软的物品垫在腋下，然后用绳子绕1圈，打3个靠结，绳头塞进伤员腋旁的圈内并压紧，绳子的长度应为杆的1.2～1.5倍，最后将伤员的脚扣和安全带松开，再解开固定在电杆上的绳子，缓缓将伤员放下。

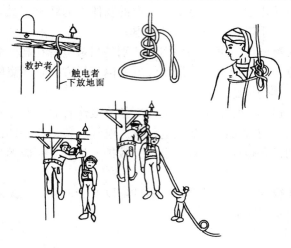

图 E.1　杆塔上或高处触电者放下方法

2）双人营救法。该方法基本与单人营救方法相同，只是绳子的另一端由杆下人员握住缓缓下放，此时绳子要长一些，应为杆高的2.2～2.5倍，营救人员要协调一致，防止杆上人员突然松手，杆下人员没有准备而发生意外。

（7）触电者衣服被电弧光引燃时，应迅速扑灭其身上的火源，着火者切忌跑动，方法可利用衣服、被子、湿毛巾等扑火，必要时可就地躺下翻滚，使火扑灭。

E.2.3　伤员脱离电源后的处理。

E.2.3.1　判断意识、呼救和体位放置：

E.2.3.1.1　判断伤员有无意识的方法：

（1）轻轻拍打伤员肩部，高声喊叫，"喂！你怎么啦？"，如图E.2所示。

（2）如认识，可直呼喊其姓名。有意识，立即送医院。

（3）眼球固定、瞳孔散大，无反应时，立即用手指甲掐压人中穴、合谷穴约5s。

注意：以上3步动作应在10s以内完成，不可太长，伤员如出现眼球活动、四肢活动及疼痛感后，应即停止掐压穴位，拍打肩部不可用力太重，以防加重可能存在的骨折等损伤。

E.2.3.1.2　呼救：

一旦初步确定伤员意识丧失，应立即招呼周围的人前来协助抢救，哪怕周围无人，也应该大叫"来人啊！救命啊！"，如图E.3所示。

图 E.2　判断伤员有无意识

图 E.3　呼救

注意：一定要呼叫其他人来帮忙，因为一个人做心肺复苏术不可能坚持较长时间，而且劳累后动作易走样。叫来的人除协助做心肺复苏外，还应立即打电话给救护站或呼叫受过救护训练的人前来帮忙。

E.2.3.1.3　放置体位。

正确的抢救体位是仰卧位。患者头、颈、躯干平卧无扭曲，双手放于两侧躯干旁。

如伤员摔倒时面部向下，应在呼救同时小心地将其转动，使伤员全身各部成一个整体。尤其要注意保护颈部，可以一手托住颈部，另一手扶着肩部，以脊柱为轴心，使伤员头、颈、躯干平稳地直线转至仰卧，在坚实的平面上，四肢平放，如图 E.4 所示。

注意：抢救者跪于伤员肩颈侧旁，将其手臂举过头，拉直双腿，注意保护颈部。解开伤员上衣，暴露胸部（或仅留内衣），冷天要注意使其保暖。

E.2.3.2　通畅气道、判断呼吸与人工呼吸。

E.2.3.2.1　当发现触电者呼吸微弱或停止时，应立即通畅触电者的气道以促进触电者呼吸或便于抢救。通畅气道主要采用仰头举颏法。即一手置于前额使头部后仰，另一手的食指与中指置于下颌骨近下颏角处，抬起下颏，如图 E.5 和图 E.6 所示。

注意：严禁用枕头等物垫在伤员头下；手指不要压迫伤员颈前部、颏下软组织，以防压迫气道，颈部上抬时不要过度伸展，有假牙托者应取出。儿童颈部易弯曲，过度抬颈反而使气道闭塞，因此不要抬颈牵拉过甚。成人头部后仰程度应为 90°，儿童头部后仰程度应为 60°，婴儿头部后仰程度应为 30°，颈椎有损伤的伤员应采用双下颌上提法。

图 E.4　放置伤员

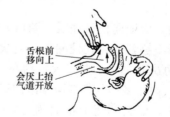
舌根前移向上
会厌上抬气道开放
图 E.5　仰头举颏法

检查伤员口、鼻腔，如有异物立即用手指清除。

E.2.3.2.2　判断呼吸。

触电伤员如意识丧失，应在开放气道后 10s 内用看、听、试的方法判定伤员有无呼吸，见图 E.7。

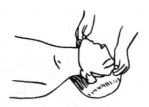

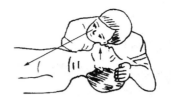

图 E.6　抬起下颏法　　　图 E.7　看、听、试伤员呼吸

(1) 看：看伤员的胸、腹壁有无呼吸起伏动作。

(2) 听：用耳贴近伤员的口鼻处，听有无呼气声音。

(3) 试：用颜面部的感觉测试口鼻部有无呼气气流。

若无上述体征可确定无呼吸。一旦确定无呼吸后，立即进行两次人工呼吸。

E.2.3.2.3 口对口（鼻）呼吸。

当判断伤员确实不存在呼吸时，应即进行口对口（鼻）的人工呼吸，其具体方法是：

(1) 在保持呼吸通畅的位置下进行。用按于前额一手的拇指与食指，捏住伤员鼻孔（或鼻翼）下端，以防气体从口腔内经鼻孔逸出，施救者深吸一口气屏住并用自己的嘴唇包住（套住）伤员微张的嘴。

(2) 每次向伤员口中吹（呵）气持续 1s～1.5s，同时仔细地观察伤员胸部有无起伏，如无起伏，说明气未吹进，如图 E.8 所示。

(3) 一次吹气完毕后，应即与伤员口部脱离，轻轻抬起头部，面向伤员胸部，吸入新鲜空气，以便做下一次人工呼吸。同时使伤员的口张开，捏鼻的手也可放松，以便伤员从鼻孔通气，观察伤员胸部向下恢复时，则有气流从伤员口腔排出，如图 E.9 所示。

图 E.8　口对口吹气　　　图 E.9　口对口吸气

抢救一开始，应即向伤员先吹气两口，吹气时胸廓隆起者，人工呼吸有效；吹气无起伏者，则气道通畅不够，或鼻孔处漏气、或吹气不足、或气道有梗阻，应及时纠正。

注意：① 每次吹气量不要过大，约 600mL（6mL/kg～7mL/kg），大于 1200mL 会造成胃扩张；② 吹气时不要按压胸部，如图 E.10 所示；③ 儿童伤员需视年龄不同而异，其吹气量约为 500mL，以胸廓能上抬时为宜；④ 抢救一开始的首次吹气两次，每次时间 1s～1.5s；⑤ 有脉搏无呼吸的伤员，则每 5s 吹一口气，每分钟吹气 12 次；⑥ 口对鼻的人工呼吸，适用于有严重的下颌及嘴唇外伤，牙关紧闭，下颌骨骨折等情况的伤员，难以采用口对口吹气法；⑦ 婴、幼儿急救操作时要注意，因婴、幼儿韧带、肌肉松弛，故头不可过度后仰，以免气管受压，影响气道通畅，可用一手托颈，以保持气道平直；另一方面婴、幼儿口鼻开口均较小，位置又靠近，抢救者可用口贴住婴、幼儿口与鼻的开口处，施行口对口鼻呼吸。

502

E.2.3.3 判断伤员有无脉搏与胸外心脏按压。

E.2.3.3.1 脉搏判断。

在检查伤员的意识、呼吸、气道之后，应对伤员的脉搏进行检查，以判断伤员的心脏跳动情况（非专业救护人员可不进行脉搏检查，对无呼吸、无反应、无意识的伤员立即实施心肺复苏）。具体方法如下：

（1）在开放气道的位置下进行（首次人工呼吸后）。

（2）一手置于伤员前额，使头部保持后仰，另一手在靠近抢救者一侧触摸颈动脉。

（3）可用食指及中指指尖先触及气管正中部位，男性可先触及喉结，然后向两侧滑移2cm～3cm，在气管旁软组织处轻轻触摸颈动脉搏动，如图 E.11 所示。

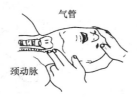

图 E.10　吹气时不要压胸部　　　　E.11　触摸颈动脉搏动

注意：① 触摸颈动脉不能用力过大，以免推移颈动脉，妨碍触及；② 不要同时触摸两侧颈动脉，造成头部供血中断；③ 不要压迫气管，造成呼吸道阻塞；④ 检查时间不要超过10s；⑤ 未触及搏动：心跳已停止，或触摸位置有错误；触及搏动：有脉搏、心跳，或触摸感觉错误（可能将自己手指的搏动感觉为伤员脉搏）；⑥ 判断应综合审定：如无意识，无呼吸，瞳孔散大，面色紫绀或苍白，再加上触不到脉搏，可以判定心跳已经停止；⑦ 婴、幼儿因颈部肥胖，颈动脉不易触及，可检查肱动脉。肱动脉位于上臂内侧腋窝和肘关节之间的中点，用食指和中指轻压在内侧，即可感觉到脉搏。

E.2.3.3.2 胸外心脏按压。

在对心跳停止者未进行按压前，先手握空心拳，快速垂直击打伤员胸前区胸骨中下段1～2次，每次1s～2s，力量中等，若无效，则立即胸外心脏按压，不能耽误时间。

（1）按压部位。胸骨中 1/3 与下 1/3 交界处。如图 E.12 所示。

（2）伤员体位。伤员应仰卧于硬板床或地上。如为弹簧床，则应在伤员背部垫一硬板。硬板长度及宽度应足够大，以保证按压胸骨时，伤员身体不会移动。但不可因找寻垫板而延误开始按压的时间。

（3）快速测定按压部位的方法。快速测定按压部位可分5 个步骤，如图 E.13 所示。

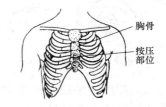

图 E.12　胸外按压位置

1）首先触及伤员上腹部，以食指及中指沿伤员肋弓处向中间移滑，如图 E.13（a）所示。

2）在两侧肋弓交点处寻找胸骨下切迹。以切迹作为定位标志。不要以剑突下定位如图 E.13（b）所示。

3）然后将食指及中指两横指放在胸骨下切迹上方，食指上方的胸骨正中部即为按压区，如图 E.13（c）所示。

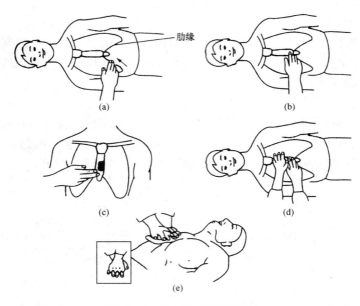

图 E.13　快速测定按压部位

(a) 二指沿肋弓向中间移滑；(b) 切迹定位标志；(c) 按压区；(d) 掌根部放在按压区；(e) 重叠掌根

4）以另一手的掌根部紧贴食指上方，放在按压区，如图 E.13（d）所示。

5）再将定位之手取下，重叠将掌根放于另一手背上，两手手指交叉抬起，使手指脱离胸壁，如图 E.13（e）所示。

（4）按压姿势。正确的按压姿势，如图 E.14 所示。抢救者双臂绷直，双肩在伤员胸骨上方正中，靠自身重量垂直向下按压。

（5）按压用力方式如图 E.15 所示。

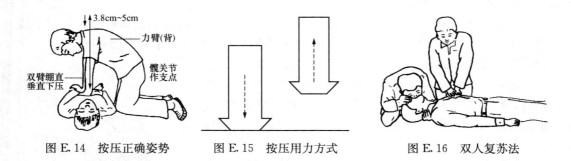

图 E.14　按压正确姿势　　　图 E.15　按压用力方式　　　图 E.16　双人复苏法

1）按压应平稳，有节律地进行，不能间断。

2）不能冲击式的猛压。

3）下压及向上放松的时间应相等，如图 E.15 所示。压按至最低点处，应有一明显的停顿。

4）垂直用力向下，不要左右摆动。

5）放松时定位的手掌根部不要离开胸骨定位点，但应尽量放松，务使胸骨不受任何压力。

（6）按压频率。按压频率应保持在 100 次/min。

504

（7）按压与人工呼吸比例。按压与人工呼吸的比例关系通常是，成人为 30：2，婴儿、儿童为 15：2。

（8）按压深度。通常，成人伤员为 4cm～5cm，5～13 岁伤员为 3cm，婴幼儿伤员为 2cm。

（9）胸外心脏按压常见的错误。

1）按压除掌根部贴在胸骨外，手指也压在胸壁上，这容易引起骨折（肋骨或肋软骨）。

2）按压定位不正确，向下易使剑突受压折断而致肝破裂。向两侧易致肋骨或肋软骨骨折，导致气胸、血胸。

3）按压用力不垂直，导致按压无效或肋软骨骨折，特别是摇摆式按压更易出现严重并发症，如图 E.17（a）所示。

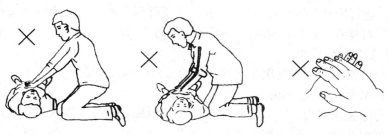

图 E.17　胸外心脏按压常见错误

（a）按压用力不垂直；（b）按压深度不够；（c）双手掌交叉放置

4）抢救者按压时肘部弯曲，因而用力不够，按压深度达不到 3.8cm～5cm，如图 E.17（b）所示。

5）按压冲击式，猛压，其效果差，且易导致骨折。

6）放松时抬手离开胸骨定位点，造成下次按压部位错误，引起骨折。

7）放松时未能使胸部充分松弛，胸部仍承受压力，使血液难以回到心脏。

8）按压速度不自主地加快或减慢，影响按压效果。

9）双手掌不是重叠放置，而是交叉放置，见图 E.17（c）所示胸外心脏按压常见错误。

E.2.4　心肺复苏法综述。

E.2.4.1　操作过程有以下步骤：

（1）首先判断昏倒的人有无意识。

（2）如无反应，立即呼救，叫"来人啊！救命啊！"等。

（3）迅速将伤员放置于仰卧位，并放在地上或硬板上。

（4）开放气道（① 仰头举颏或颌；② 清除口、鼻腔异物）。

（5）判断伤员有无呼吸（通过看、听和感觉来进行）。

（6）如无呼吸，立即口对口吹气两口。

（7）保持头后仰，另一手检查颈动脉有无搏动。

（8）如有脉搏，表明心脏尚未停跳，可仅做人工呼吸，每分钟 12～16 次。

（9）如无脉搏，立即在正确定位下在胸外按压位置进行心前区叩击 1～2 次。

（10）叩击后再次判断有无脉搏，如有脉搏即表明心跳已经恢复，可仅做人工呼吸即可。

（11）如无脉搏，立即在正确的位置进行胸外按压。

（12）每做 30 次按压，需做 2 次人工呼吸，然后再在胸部重新定位，再做胸外按压，如此反复进行，直到协助抢救者或专业医务人员赶来。按压频率为 100 次/min。

（13）开始 2min 后检查一次脉搏、呼吸、瞳孔，以后每 4min～5min 检查一次，检查不超过 5s，最好由协助抢救者检查。

（14）如有担架搬运伤员，应该持续做心肺复苏，中断时间不超过 5s。

E.2.4.2 心肺复苏操作的时间要求：

0s～5s：判断意识。

5s～10s：呼救并放好伤员体位。

10s～15s：开放气道，并观察呼吸是否存在。

15s～20s：口对口呼吸 2 次。

20s～30s：判断脉搏。

30s～50s：进行胸外心脏按压 30 次，并再人工呼吸 2 次，以后连续反复进行。

以上程序尽可能在 50s 以内完成，最长不宜超过 1min。

E.2.4.3 双人复苏操作要求：

（1）两人应协调配合，吹气应在胸外按压的松弛时间内完成。

（2）按压频率为 100 次/min。

（3）按压与呼吸比例为 30∶2，即 30 次心脏按压后，进行 2 次人工呼吸。

（4）为达到配合默契，可由按压者数口诀"1、2、3、4、…、29、吹"，当吹气者听到"29"时，做好准备，听到"吹"后，即向伤员嘴里吹气，按压者继而重数口诀"1、2、3、4、…、29、吹"，如此周而复始循环进行。

（5）人工呼吸者除需通畅伤员呼吸道、吹气外，还应经常触摸其颈动脉和观察瞳孔等，如图 E.18 所示。

E.2.4.4 心肺复苏法注意事项：

（1）吹气不能在向下按压心脏的同时进行。数口诀的速度应均衡，避免快慢不一。

（2）操作者应站在触电者侧面便于操作的位置，单人急救时应站立在触电者的肩部位置；双人急救时，吹气人应站在触电者的头部，按压心脏者应站在触电者胸部、与吹气者相对的一侧。

（3）人工呼吸者与心脏按压者可以互换位置，互换操作，但中断时间不超过 5s。

（4）第二抢救者到现场后，应首先检查颈动脉搏动，然后再开始做人工呼吸。如心脏按压有效，则应触及到搏动，如不能触及，应观察心脏按压者的技术操作是否正确，必要时应增加按压深度及重新定位。

（5）可以由第三抢救者及更多的抢救人员轮换操作，以保持精力充沛、姿势正确。

E.2.5 心肺复苏的有效指标、转移和终止。

E.2.5.1 心肺复苏的有效指标。

心肺复苏术操作是否正确，主要靠平时严格训练，掌握正确的方法。而在急救中判断复苏是否有效，可以根据以下五方面综合考虑：

（1）瞳孔。复苏有效时，可见伤员瞳孔由大变小。如瞳孔由小变大、固定、角膜混浊，则说明复苏无效。

（2）面色（口唇）。复苏有效，可见伤员面色由紫绀转为红润，如若变为灰白，则说明复苏无效。

（3）颈动脉搏动。按压有效时，每一次按压可以摸到一次搏动，如若停止按压，搏动亦

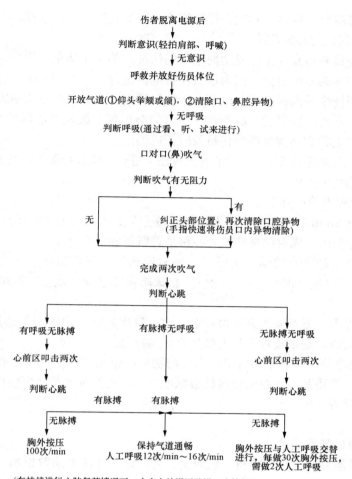

伤者脱离电源后

判断意识(轻拍肩部、呼喊)

↓ 无意识

呼救并放好伤员体位

开放气道(①仰头举颏或颌),②清除口、鼻腔异物)

↓ 无呼吸

判断呼吸(通过看、听、试来进行)

口对口(鼻)吹气

判断吹气有无阻力

| | 有 |
| 无 | 纠正头部位置,再次清除口腔异物
(手指快速将伤员口内异物清除) |

完成两次吹气

判断心跳

有呼吸无脉搏	有脉搏无呼吸	无脉搏无呼吸
心前区叩击两次		心前区叩击两次
判断心跳		判断心跳
有脉搏	有脉搏	
无脉搏		无脉搏
胸外按压 100次/min	保持气道通畅 人工呼吸12次/min～16次/min	胸外按压与人工呼吸交替 进行,每做30次胸外按压, 需做2次人工呼吸

(在持续进行心肺复苏情况下,由专人护送医院进一步抢救)

图 E.18　现场心肺复苏的抢救程序

消失,应继续进行心脏按压;如若停止按压后,脉搏仍然跳动,则说明伤员心跳已恢复。

　　(4)神志。复苏有效,可见伤员有眼球活动,睫毛反射与对光反射出现,甚至手脚开始抽动,肌张力增加。

　　(5)出现自主呼吸。伤员自主呼吸出现,并不意味可以停止人工呼吸。如果自主呼吸微弱,仍应坚持口对口呼吸。

E.2.5.2　转移和终止。

E.2.5.2.1　转移。在现场抢救时,应力争抢救时间,切勿为了方便或让伤员舒服去移动伤员,从而延误现场抢救的时间。

　　现场心肺复苏应坚持不断地进行,抢救者不应频繁更换,即使送往医院途中也应继续进行。鼻导管给氧绝不能代替心肺复苏术。如需将伤员由现场移往室内,中断操作时间不得超过 7s;通道狭窄、上下楼层、送上救护车等的操作中断不得超过 30s。

　　将心跳、呼吸恢复的伤员用救护车送医院时,应在伤员背部放一块长、宽适当的硬板,以备随时进行心肺复苏。将伤员送到医院而专业人员尚未接手前,仍应继续进行心肺复苏。

E.2.5.2.2　终止。何时终止心肺复苏是一个涉及医疗、社会、道德等方面的问题。不论在什么情况下,终止心肺复苏,决定于医生,或医生组成的抢救组的首席医生。否则不得放弃抢救。高压或超高压电击的伤员心跳、呼吸停止，更不应随意放弃抢救。

E.2.5.3 电击伤伤员的心脏监护。

被电击伤并经过心肺复苏抢救成功的电击伤伤员，都应让其充分休息，并在医务人员指导下进行不少于48h的心脏监护。因为伤员在被电击过程中，由于电压、电流、频率的直接影响和组织损伤而产生的高钾血症，以及由于缺氧等因素，引起的心肌损害和心律失常，经过心肺复苏抢救，在心跳恢复后，有的伤员还可能会出现"继发性心跳停止"，故应进行心脏监护，以对心律失常和高钾血症的伤员及时予以治疗。

对前面详细介绍的各项操作，现场心肺复苏法应进行的抢救步骤可归纳如图 E.18 所示。

E.2.6 抢救过程注意事项。

E.2.6.1 抢救过程中的再判定：

（1）按压吹气 2min 后（相当于单人抢救时做了 5 个 30∶2 压吹循环），应用看、听、试方法在 5s～10s 时间内完成对伤员呼吸和心跳是否恢复的再判定。

（2）若判定颈动脉已有搏动但无呼吸，则暂停胸外按压，而再进行 2 次口对口人工呼吸，接着每 5s 吹气一次（即每分钟 12 次）。如脉搏和呼吸均未恢复，则继续坚持心肺复苏法抢救。

（3）抢救过程中，要每隔数分钟再判定一次，每次判定时间均不得超过 5s～10s。在医务人员未接替抢救前，现场抢救人员不得放弃现场抢救。

E.2.6.2 现场触电抢救，对采用肾上腺素等药物应持慎重态度。如没有必要的诊断设备条件和足够的把握，不得乱用。在医院内抢救触电者时，由医务人员经医疗仪器设备诊断，根据诊断结果决定是否采用。

E.3 创伤急救

E.3.1 创伤急救的基本要求。

E.3.1.1 创伤急救原则上是先抢救、后固定、再搬运，并注意采取措施，防止伤情加重或污染。需要送医院救治的，应立即做好保护伤员措施后送医院救治。急救成功的条件是：动作快，操作正确，任何延迟和误操作均可加重伤情，并可导致死亡。

E.3.1.2 抢救前先使伤员安静躺平，判断全身情况和受伤程度，如有无出血、骨折和休克等。

E.3.1.3 外部出血立即采取止血措施，防止失血过多而休克。外观无伤，但呈休克状态，神志不清或昏迷者，要考虑胸腹部内脏或脑部受伤的可能性。

E.3.1.4 为防止伤口感染，应用清洁布片覆盖。救护人员不得用手直接接触伤口，更不得在伤口内填塞任何东西或随便用药。

E.3.1.5 搬运时应使伤员平躺在担架上，腰部束在担架上，防止跌下。平地搬运时伤员头部在后，上楼、下楼、下坡时头部在上，搬运中应严密观察伤员，防止伤情突变。伤员搬运时的方法如图 E.19 所示。

E.3.1.6 若怀疑伤员有脊椎损伤（高处坠落者），在放置体位及搬运时必须保持脊柱不扭曲、不弯曲，应将伤员平卧在硬质平板上，并设法用沙土袋（或其他代替物）放置头部及躯干两侧以适当固定之，以免引起截瘫。

E.3.2 止血。

E.3.2.1 伤口渗血：用较伤口稍大的消毒纱布数层覆盖伤口，然后进行包扎。

若包扎后仍有较多渗血，可再加绷带适当加压止血。

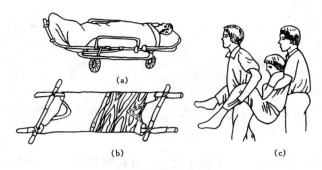

图 E.19 搬运伤员

(a) 正常担架；(b) 临时担架及木板；(c) 错误搬运

E.3.2.2 伤口出血呈喷射状或鲜红血液涌出时，立即用清洁手指压迫出血点上方（近心端），使血流中断，并将出血肢体抬高或举高，以减少出血量。

E.3.2.3 用止血带或弹性较好的布带等止血时（见图 E.20），应先用柔软布片或伤员的衣袖等数层垫在止血带下面，再扎紧止血带以使肢端动脉搏动消失为度。上肢每 60min、下肢每 80min 放松一次，每次放松 1min～2min。开始扎紧与每次放松的时间均应书面标明在止血带旁。扎紧时间不宜超过 4h。不要在上臂中 1/3 处和窝下使用止血带，以免损伤神经。若放松时观察已无大出血可暂停使用。

E.3.2.4 严禁用电线、铁丝、细绳等作止血带使用。

E.3.2.5 高处坠落、撞击、挤压可能有胸腹内脏破裂出血。受伤者外观无出血但常表现面色苍白，脉搏细弱，气促，冷汗淋漓，四肢厥冷，烦躁不安，甚至神志不清等休克状态，应迅速躺平，抬高下肢（见图 E.21），保持温暖，速送医院救治。若送院途中时间较长，可给伤员饮用少量糖盐水。

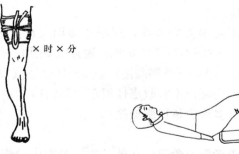

图 E.20　止血带　　　　　图 E.21　抬高下肢

E.3.3 骨折急救。

E.3.3.1 肢体骨折可用夹板或木棍、竹竿等将断骨上、下方两个关节固定，见图 E.22，也可利用伤员身体进行固定，避免骨折部位移动，以减少疼痛，防止伤势恶化。

开放性骨折，伴有大出血者，先止血、再固定，并用干净布片覆盖伤口，然后速送医院救治。切勿将外露的断骨推回伤口内。

E.3.3.2 疑有颈椎损伤，在使伤员平卧后，用沙土袋（或其他代替物）放置头部两侧（见图 E.23）使颈部固定不动。应进行口对口呼吸时，只能采用抬颏使气道通畅，不能再将头部后仰移动或转动头部，以免引起截瘫或死亡。

图 E.22　骨折固定方法　　　　　图 E.23　颈椎骨折固定
(a) 上肢骨折固定；(b) 下肢骨折固定

E.3.3.3　腰椎骨折应将伤员平卧在平硬木板上，并将腰椎躯干及两侧下肢一同进行固定预防瘫痪（见图 E.24）。搬动时应数人合作，保持平稳，不能扭曲。

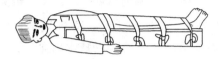

图 E.24　腰椎骨折固定

E.3.4　颅脑外伤。

E.3.4.1　应使伤员采取平卧位，保持气道通畅，若有呕吐，应扶好头部和身体，使头部和身体同时侧转，防止呕吐物造成窒息。

E.3.4.2　耳鼻有液体流出时，不要用棉花堵塞，只可轻轻拭去，以利降低颅内压力。也不可用力擤鼻，排除鼻内液体，或将液体再吸入鼻内。

E.3.4.3　颅脑外伤时，病情可能复杂多变，禁止给予饮食，速送医院诊治。

E.3.5　烧伤急救。

E.3.5.1　电灼伤、火焰烧伤或高温气、水烫伤均应保持伤口清洁。伤员的衣服鞋袜用剪刀剪开后除去。伤口全部用清洁布片覆盖，防止污染。四肢烧伤时，先用清洁冷水冲洗，然后用清洁布片或消毒纱布覆盖送医院。

E.3.5.2　强酸或碱灼伤应迅速脱去被溅染衣物，现场立即用大量清水彻底冲洗，要彻底，然后用适当的药物给予中和；冲洗时间不少于 10min；被强酸烧伤应用 5％碳酸氢钠（小苏打）溶液中和；被强碱烧伤应用 0.5％～5％醋酸溶液或 5％氯化铵或 10％枸橼酸液中和。

E.3.5.3　未经医务人员同意，灼伤部位不宜敷搽任何东西和药物。

E.3.5.4　送医院途中，可给伤员多次少量口服糖盐水。

E.3.6　冻伤急救。

E.3.6.1　冻伤使肌肉僵直，严重者深及骨骼，在救护搬运过程中动作要轻柔，不要强使其肢体弯曲活动，以免加重损伤，应使用担架，将伤员平卧并抬至温暖室内救治。

E.3.6.2　将伤员身上潮湿的衣服剪去后用干燥柔软的衣服覆盖，不得烤火或搓雪。

E.3.6.3　全身冻伤者呼吸和心跳有时十分微弱，不应误认为死亡，应努力抢救。

E.3.7　动物咬伤急救。

E.3.7.1　毒蛇咬伤后，不要惊慌、奔跑、饮酒，以免加速蛇毒在人体内扩散。

E.3.7.1.1　咬伤大多在四肢，应迅速从伤口上端向下方反复挤出毒液，然后在伤口上方（近心端）用布带扎紧，将伤肢固定，避免活动，以减少毒液的吸收。

E.3.7 1.2　有蛇药时可先服用，再送往医院救治。

E.3.7.2　犬咬伤。

E.3.7.2.1 犬咬伤后应立即用浓肥皂水或清水冲洗伤口至少15min，同时用挤压法自上而下将残留伤口内唾液挤出，然后再用碘酒涂搽伤口。

E.3.7.2.2 少量出血时，不要急于止血，也不要包扎或缝合伤口。

E.3.7.2.3 尽量设法查明该犬是否为"疯狗"，对医院制订治疗计划有较大帮助。

E.3.8 溺水急救。

E.3.8.1 发现有人溺水应设法迅速将其从水中救出，呼吸心跳停止者用心肺复苏法坚持抢救。曾受水中抢救训练者在水中即可抢救。

E.3.8.2 口对口人工呼吸因异物阻塞发生困难，而又无法用手指除去时，可用两手相叠，置于脐部稍上正中线上（远离剑突）迅速向上猛压数次，使异物退出，但也不可用力太大。

E.3.8.3 溺水死亡的主要原因是窒息缺氧。由于淡水在人体内能很快经循环吸收，而气管能容纳的水量很少，因此在抢救溺水者时不应"倒水"而延误抢救时间，更不应仅"倒水"而不用心肺复苏法进行抢救。

E.3.9 高温中暑急救。

E.3.9.1 烈日直射头部，环境温度过高，饮水过少或出汗过多等可以引起中暑现象，其症状一般为恶心、呕吐、胸闷、眩晕、嗜睡、虚脱，严重时抽搐、惊厥甚至昏迷。

E.3.9.2 应立即将病员从高温或日晒环境转移到阴凉通风处休息。用冷水擦浴，湿毛巾覆盖身体、电扇吹风，或在头部置冰袋等方法降温，并及时给病员口服盐水。严重者送医院治疗。

E.3.10 有害气体中毒急救。

E.3.10.1 气体中毒开始时有流泪、眼痛、呛咳、咽部干燥等症状，应引起警惕。稍重时会头痛、气促、胸闷、眩晕。严重时会引起惊厥昏迷。

E.3.10.2 怀疑可能存在有害气体时，应即将人员撤离现场，转移到通风良好处休息。抢救人员进入险区应戴防毒面具。

E.3.10.3 已昏迷病员应保持气道通畅，有条件时给予氧气吸入。呼吸心跳停止者，按心肺复苏法抢救，并联系医院救治。

E.3.10.4 迅速查明有害气体的名称，供医院及早对症治疗。

附　录　F
（规范性附录）
常用电气绝缘工具试验表

常用电气绝缘工具试验见表F.1。

表 F.1　常用电气绝缘工具试验表

序号	名　　称	电压等级 kV	测试周期	工频耐压 kV	时间 min	泄漏电流 mA	备注
1	绝缘棒	0.5	6个月	10	5	—	—
2	验电笔	0.5	6个月	4	5	—	发光电压不高于额定电压的25%
3	绝缘手套	低压	6个月	2.5	1	≤2.5	—
4	橡胶绝缘鞋	低压	6个月	2.5	1	<2.5	—
5	绝缘绳	低压	6个月	105/0.5m	5	—	—

附 录 G

（规范性附录）

常用登高、起重工具试验表

G.1 常用登高工具试验见表 G.1。

表 G.1 登高工器具试验标准表

序号	名称	项目	周期	要求			说明
1	安全带	静负荷试验	1年	种类	试验静拉力 N	载荷时间 min	牛皮带试验周期为半年
				围杆带	2205	5	
				围杆绳	2205	5	
				护腰带	1470	5	
				安全绳	2205	5	
2	安全帽	冲击性能试验	按规定期限	受冲击力小于4900N			使用期限：从制造之日起，塑料帽≤2.5年，玻璃钢帽≤3.5年
		耐穿刺性能试验	按规定期限	钢锥不接触头模表面			
3	脚扣	静负荷试验	1年	施加1176N静压力，持续时间5min			—
4	升降板	静负荷试验	半年	施加2205N静压力，持续时间5min			—
5	竹（木）梯	静负荷试验	半年	施加1765N静压力，持续时间5min			—

G.2 起重工具试验见表 G.2。

表 G.2 起重工具试验表

分类	名称	试验静重（允许工作倍数）	试验周期	外表检查周期	试荷时间 min
起重工具	白棕绳	2	每年一次	每月一次	10
	钢丝绳	2	每年一次	每月一次	10
	铁链	2	每年一次	每月一次	10
	葫芦及滑车	1.25	每年一次	每月一次	10
	扒杆	2	每年一次	每月一次	10
	夹头及卡	2	每年一次	每月一次	10
	吊钩	1.25	每年一次	每月一次	10
	绞磨	1.25	每年一次	每月一次	10

附 录 H

（规范性附录）

标 示 牌 式 样

标示牌式样见表 H.1。

名　称	悬　挂　处	式　样		
		尺寸　mm	颜　色	字　样
禁止合闸，有人工作！	一经合闸即可送电到施工设备的断路器（开关）和隔离开关（刀闸）操作把手上	200×160 和 80×65	白底，红色圆形斜杠，黑色禁止标志符号	黑字
禁止合闸，线路有人工作！	线路断路器（开关）和隔离开关（刀闸）把手上	200×160 和 80×65	白底，红色圆形斜杠，黑色禁止标志符号	黑字
禁止分闸！	接地刀闸与检修设备之间的断路器（开关）操作把手上	200×160 和 80×65	白底，红色圆形斜杠，黑色禁止标志符号	黑字
在此工作！	工作地点或检修设备上	250×250 和 80×80	衬底为绿色，中有直径 200mm 和 65mm 白圆圈	黑字，写于白圆圈中
止步，有电危险！	施工地点临近带电设备的遮栏上；室外工作地点的围栏上；禁止通行的过道上；室外构架上；工作地点临近带电设备的横梁上	300×240 和 200×160	白底，黑色正三角形及标志符号，衬底为黄色	黑字
从此上下！	工作人员可以上下的铁架、爬梯上	250×250	衬底为绿色，中有直径 200mm 白圆圈	黑字，写于白圆圈中
从此进出！	室外工作地点围栏的出入口处	250×250	衬底为绿色，中有直径 200mm 白圆圈	黑体黑字，写于白圆圈中
禁止攀登，有电危险！	低压配电装置构架的爬梯上，变压器、电抗器等设备的爬梯上	500×400 和 200×160	白底，红色圆形斜杠，黑色禁止标志符号	黑字

注： 在计算机显示屏上一经合闸即可送电到工作地点的断路器（开关）和隔离开关（刀闸）的操作把手处所设置的"禁止合闸，有人工作！"、"禁止合闸，线路有人工作！"和"禁止分闸"的标记可参照表中有关标示牌的式样。

农村安全用电规程

DL 493—2001

代替 DL 493—1992

输配电和供用电卷

目　次

前　　言

本标准除第 2 和第 3 两章为推荐性条文外，其余均为强制性条文。

本标准是根据国家经贸委电力司"关于确认 1999 年度电力行业标准制、修定计划项目的通知"（电力〔2000〕22 号），由电力行业农村电气化标准化技术委员会组织有关单位对 DL 493—1992《农村安全用电规程》修订而成。

在修订过程中，修订工作组根据农村电力体制改革与发展需要，认真总结了 DL 493—1992 规程实施以来的经验，结合全国各地农村安全用电的情况，广泛征求意见，依据现行的国家法律、法规、国家标准和行业标准在原规程的基础上，对原标准有关章节的内容作了修改和增删。

为了维护电力投资者、经营者和使用者的合法权益，保障电力安全运行，使电力更有效地为农业、农民、农村经济服务。本标准明确了农村安全用电管理中以资产为纽带，产权为分界点的各责任方的职责，对原规程中各责任方职责作了修改；删除了原规程中"安全用电管理组织和职责"和"乡村电工和安全工作职责"2 个章节，对其中有关内容作了修改，并将其归入了新增加的"安全用电管理中各责任方的职责"章节中；删除了原标准中"用电设施的安全管理"、"用电设施的检修与试验"和"农村人身触电伤亡事故的调查、报告和统计"3 个章节，将其中的有关内容归入到本标准的"安全用电"的章节中。

本标准生效之日同时替代 DL 493—1992。

本标准由国家电力公司农电工作部提出。

本标准由电力行业农村电气化标准化技术委员会归口。

本标准由国家电力公司农电工作部、浙江省电力公司农电工作部起草。

本标准主要起草人：李振生　　徐腊元　　沈悦阳　　赵启明　　徐方平　　黄逦元　　王光德

本标准由电力行业农村电气化标准化技术委员会负责解释。

农 村 安 全 用 电 规 程

1　范围

本规程规定了农村安全用电的基本要求和责任方的职责，适用于农村电网的管理、经营、使用活动。

2　引用标准

下列标准所包含的条文，通过在本标准中引用而构成为本标准的条文。本标准出版时，所示版本均为有效。所有标准都会被修订，使用本标准的各方应探讨使用下列标准最新版本的可能性。

GB/T 13869—1992　　　　　用电安全导则
DL/T 477 —2001　　　　　农村低压电气安全工作规程
DL/T 499—2001　　　　　农村低压电力技术规程
DL/T 633—1997　　　　　农电事故调查统计规程
《电力设施保护条例》　　　（1998 年 1 月 7 日中华人民共和国国务院令第 239 号）

3　名词解释

3.1　用户受、用电设施 the effector and consumer of the user
指按产权属用户的配电变压器、低压配电室（箱）、低压线路、接户线、进户线、室内配线和动力设备、用电器具及其相应的保护、控制等电气装置。

3.2　特低电压限值 the limitation of especially low voltage
指在最不利的情况下（预计到所有应考虑的外部因素，如电网电压的容差等），允许存在于两个可同时触及的可导电部分间的最高电压。

3.3　特低电压 especially low voltage
指在特低电压限值范围的电压，在相应条件下对人员不会有危险的。

4　安全用电管理中各责任方的职责

4.1　电力管理部门的职责：
4.1.1　负责农村安全用电的监督管理。
4.1.2　制定、宣传、普及有关农村安全用电的法律、法规知识以及安全用电常识。
4.1.3　监督有关农村安全用电的法律、法规和电力技术标准的执行。
4.1.4　协调处理安全用电纠纷，协助司法机关对农村人身触电伤亡事故的调查和处理。
4.1.5　负责对在用户受、送电装置上作业的电工的考核和承装、承修、承试电力设施单位的资格审查，并核发许可证。
4.2　电力企业的职责：
4.2.1　接受电力管理部门对安全用电的监督和管理。
4.2.2　执行国家及电力管理部门颁布的电力法律、法规、政策和电力技术规程、行业管理标准中有关安全用电工作的规定。

4.2.3 协助电力管理部门制定农村安全用电管理规章制度及宣传、普及农村安全用电知识。

4.2.4 协助做好辖区内人身触电伤亡事故的调查和处理工作。

4.2.5 依法开展安全用电检查工作。

4.2.6 承办电力管理部门委托的其他事项。

4.2.7 组织对自备电源用户的安全检查及其电气设施的验收。

4.2.8 依法保护电力设施。

4.2.9 建立健全安全用电工作的基础资料、用户档案和保障安全用电的工作制度。

4.2.10 向电力管理部门报告农村安全用电情况。

4.3 电力使用者的职责：

4.3.1 执行国家及电力管理部门的电力法律、法规、政策和电力规程中有关安全用电的规定。

4.3.2 接受电力管理部门对安全用电的监督管理。

4.3.3 接受电力企业依法开展的用电检查。

4.3.4 做好预防事故工作，制定并落实反事故措施。

4.3.5 必须安装防触、漏电的剩余电流动作保护器，并做好运行维护工作。

4.3.6 学习并掌握安全用电知识。

4.3.7 发生事故后必须保护事故现场，配合做好对人身触电伤亡事故的调查和处理工作。

4.3.8 严格执行《电力设施保护条例》，做好对电力设施的保护工作。

4.3.9 企、事业电力用户，必须配备专职或兼职电气工作人员（以下称用户电工），并接受当地电力管理部门的监督。

4.3.10 企、事业电力用户按规定建立健全产权范围内的安全用电工作的基础资料、用电设施检修和运行的工作台账等以及保障安全用电的工作制度。

4.3.11 企、事业电力用户应按规定及时上报电力事故。

4.3.12 用户电工应具备下列基本条件：

a) 必须接受当地电力管理部门和电力企业的业务指导，身体健康，无妨碍工作的病症。事业心、责任心强，具有良好的社会公德和职业道德，不以权谋私。

b) 具有初中及以上文化程度。

c) 熟悉和遵守有关电力安全、技术等法规和规程，熟练掌握操作技能，熟练掌握"人身触电紧急救护法"。

d) 必须经电力企业培训、考核，电力管理部门审查合格。

e) 能从事用户产权范围内的用电设备运行维护和安全用电工作。

4.3.13 电力使用者在承装、承修、承试电力设施时：

a) 接受电力管理部门的监督和管理。

b) 执行国家及电力管理部门的电力法律、法规、政策和电力技术规程、行业管理标准以及有关安全用电工作的规定。

c) 接受电力企业的资质考核和电力管理部门的资格审查，并取得相应资质。

d) 接受电力企业依法开展的用电检查工作。

e) 接受电力企业对承装、承修、承试电力设施的验收。

5 安全用电

5.1 安全用电、人人有责。

5.2 用户受、用电设施的选型、设计、安装和运行维护应符合国家和行业的有关标准的规定。

5.3 用户用电或临时用电应向当地电力企业申请。

5.4 用电设施安装应符合 DL/T 499 规定的要求，验收合格后方可接电，不准私拉乱接用电设备。临时用电期间用户应设专人看管临时用电设施，用完及时拆除。

5.5 严禁私自改变低压系统运行方式，禁止采用"一相一地"方式用电。

5.6 严禁私设电网防盗和捕鼠、狩猎、捕鱼。

5.7 严禁使用挂钩线、破股线、地爬线和绝缘不合格的导线接电。

5.8 严禁攀登、跨越电力设施的保护围墙或遮栏。

5.9 严禁往电力线、变压器上扔东西。

5.10 不准在电力线附近放炮采石。

5.11 不准靠近电杆挖坑或取土，不准在电杆上拴牲畜，不准破坏拉线，以防倒杆断线。

5.12 不准在电力线路上挂晒衣物。晒衣线（绳）与低压电力线要保持 1.25m 以上的水平距离。

5.13 不准通信线、广播线与电力线同杆架设。通信线、广播线和电力线进户时要明显分开。

5.14 不得在电力线路的保护区内盖房子、打井、打场、堆柴草、栽树和种植自然生长最终高度与电力线路的导线之间不符合垂直和水平安全距离规定的竹子、树木。

5.15 在电力线附近立井架、修理房屋和砍伐树木时，必须经当地电力企业或产权人同意，采取防范措施。当发生纠纷时，由当地电力管理部门依法协调。

5.16 演戏、放电影、钓鱼和集会等活动要远离架空电力线路和其他带电设备，防止触电伤人。

5.17 船只通过跨河线时，应及早放下桅杆；马车通过电力线时，不要扬鞭；机动车辆行驶或田间作业时，不要碰电杆和拉线。

5.18 教育儿童不玩弄电气设备、不爬电杆、不摇晃拉线、不爬变压器台，不要在电力线附近打鸟、放风筝和有其他损坏电力设施、危及安全的行为。

5.19 发现电力线断落时，不要靠近；如距离导线的落地点 8m 以内时，应及时将双脚并立，按导线落地点反方向跳离，并看守现场或立即找电工处理。

5.20 发现有人触电，不要赤手拉触电人，应尽快断开电源，并按 DL 477 附录 A 紧急救护法进行抢救。

5.21 必须跨房的低压电力线与房顶的垂直距离应保持 2.5m 及以上，对建筑物的水平距离应保持 1.25m 及以上。

5.22 架设电视天线时应远离电力线路，天线杆与高低压电力线路的最小距离应大于杆高 3.0m，天线拉线与上述电力线路的净空距离应大于 3.0m。

5.23 剩余电流动作保护器动作后，应迅速查明跳闸原因，排除故障后方能投运。

5.24 家庭用电禁止拉临时线和使用带插座的灯头。

5.25 用户发现有线广播喇叭发出怪叫时，不准乱动设备，要先断开广播开关，再找电工处理。

5.26 擦拭灯头、开关、电器时，要断开电源后进行。更换灯泡时，要站在干燥木凳等绝缘物上。

5.27 用电器具出现异常，如电灯不亮，电视机无影或无声，电冰箱、洗衣机不启动等情况时，要先断开电源，再做修理，如果用电器具同时出现冒烟、起火或爆炸的情况，不要赤手去切断电源开关，应尽快找电工处理。

5.28 用电器具的外壳、手柄开关、机械防护有破损、失灵等有碍安全情况时，应及时修理，未经修复不得使用。

5.29 Ⅰ类用电器具及其启动装置外露可导电部分，均应按照低压电力系统运行方式的要求装设保护接地。

5.30 新购置和长时间停用的用电设备，使用前应检查绝缘情况。

5.31 为防止电气火灾事故，用户应遵守下列规定：

a) 用电负荷不得超过导线的允许载流量，发现导线有过热的情况，必须立即停止用电，并报告电工检查处理。

b) 熔断器的熔体等各种过流保护器、剩余电流动作保护装置，必须按国家和行业的有关规程的要求装配，保持其动作可靠；不得随意加大熔体的规格，不得以其他金属导体代替熔体。

c) 使用电热器具，应与易燃易爆物体保持安全距离，无自动控制的电热器具，人离去时应断开电源。

d) 防火检查应按照有关规定进行。

e) 发生电气火灾时，要先断开电源再行灭火，严禁用水熄灭电气火灾。

5.32 有爆炸危险场所、严重腐蚀场所、高温场所的安全检查应按 GB/T 13869 的要求及有关规定执行。

5.33 彩灯的安装应满足下列要求：

a) 彩灯应采用绝缘电线。干线和分支线的最小截面除满足安全电流外，不应小于 2.5mm²，灯头线不应小于 1.0mm²。每个支路负荷电流不应超过 10A。导线不能直接承力，导线支持物应安装牢固，彩灯应采用防水灯头。

b) 供彩灯的电源，除总保护控制外，每个支路应有单独过流保护装置，并加装剩余电流动作保护器。

c) 彩灯的导线在人能接触的场所，应有"电气危险"的警告牌。

d) 彩灯对地面距离小于 2.5m 时，应采用特低电压。

5.34 用电设备采用特低安全电压（交流有效值 55V 以下）供电时，必须满足下列条件：

a) 特低电压要由隔离变压器提供。禁止直接使用自耦变压器、分压器、半导体整流装置作为电源；安全隔离变压器不允许放在金属容器内使用，不应与热体接触，也不要放在潮湿的地方。

在潮湿地方使用安全隔离变压器的，其电压不应超过特低电压限值 33V。

b) 使用特低电压的插座与插头必须配套装设，并具备其他电压系统不能插入的特点。

c) 工作在特低电压下的电路，必须与其他电气系统和任何无关的可导电部分实行电气上的隔离。

d) 当采用 33V 以上的特低电压时，必须采取防止直接接触带电体的保护措施。

5.35 用户自备电源和不并网电源的使用和安装应符合国家电力技术标准和有关规程的规定和要求。凡有自备电源或备用电源的用户，在投入运行前要向电力部门提出申请并签订协议，必须装设在电网停电时防止向电网反送电的安全装置（如联锁、闭锁装置等）。

5.36 凡需并网运行的农村电源必须依法与电力企业签订《并网协议》后方可并网运行。

5.37 当发生农村人身触电伤亡事故时，按 DL/T 633 的规定进行事故调查处理和责任划分。

农村低压电力技术规程

DL/T 499—2001

代替 DL/T 499—1992

输配电和供用电卷

目　　次

前　言

　　本标准是根据国家经贸委电力司《关于确认 1999 年度电力行业标准修、制定计划项目的通知》（电力〔2000〕22 号），由电力行业农村电气化标准化技术委员会组织有关单位对 DL/T 499—1992《农村低压电力技术规程》修订而成。

　　在修订过程中，编制组进行了广泛的调查研究，认真总结了 DL/T 499—1992 规程实施以来的经验，结合农村电网建设与改造工程的实践，从适应农村电网发展和农村电力管理体制改革的需要出发，依据现行的各有关法规、国家标准和行业标准，对原规程进行了全面修订。

　　本规程共分十二章和附录部分。对原 1、2、3、4、5、6、7、11、12、13 章的有关部分作了修改补充，其中对涉及农电管理体制的章节，按农电体制改革后的现状及最终实现城乡一体化管理目标的要求，依据有关供用电法规进行了修改；对有关技术标准、装置规范，本着逐步提高农网装备、运行水平的指导思想，依据现行各相关国家标准、行业标准进行了修订；对剩余电流动作保护增加了对保护功能、范围的描述，对三级保护的动作值、时间配合等进行了较大的修改；增加了第 8 章低压电力电缆部分。

　　对原第 8 章室内外配线，第 9 章照明与生活用电，第 10 章电动机及附属装置部分，根据征求各方面意见，认为其内容属用电户内部装置要求，有关国家标准、行业标准（建设部《民用建筑电气规范》）均有明确规定，应遵照其执行，不在本规程中列入。

　　本标准生效之日同时代替 DL/T 499—1992。

　　本标准的附录 A、附录 B、附录 C、附录 D、附录 E、附录 F、附录 G 是标准的附录。

　　本标准的附录 H、附录 I、附录 J、附录 K、附录 L、附录 M、附录 N、附录 O、附录 P 是提示的附录。

　　本标准由国家电力公司农电工作部提出。

　　本标准由电力行业农村电气化标准化技术委员会归口。

　　本标准由国家电力公司农电工作部、江苏省电力公司农电工作部起草。

　　本标准主要起草人：原固均　张莲瑛　蒋明其　邹建中　张政　窦建华　崔学智

　　本标准由电力行业农村电气化标准化技术委员会负责解释。

农村低压电力技术规程

1 范围

本标准规定了农村低压电力网的基本技术要求，适用于 380V 及以下农村电力网的设计、安装、运行及检修。对用电有特殊要求的农村电力用户应执行其他相关标准。

各级电力管理部门从事农电的工作人员、电力企业从事农电的工作人员、农村电力网中用户单位的电气工作人员应熟悉并执行本标准。

2 引用标准

下列标准所包含的条文，通过在本标准中引用而构成为本标准的条文。本标准出版时，所示版本均为有效。所有标准都会被修订，使用本标准的各方应探讨使用下列标准最新版本的可能性。

GB 12527—1990 额定电压 1kV 及以下架空绝缘电缆

GB 13955—1992 漏电保护器安装和运行

GB 50173—1992 电气装置安装工程 35kV 及以下架空电力线路施工及验收规范

GB 4623—1994 环形预应力混凝土电杆

GB 6829—1995 剩余电流动作保护器的一般要求

GB/T 6915—1986 高原电力电容器

GB/T 773—1993 低压绝缘子瓷件技术条件

GB/T 1386.1—1997 低压电力线路绝缘子 第 1 部分：低压架空电力线路绝缘子

GB/T 16934—1997 电能计量柜

GB/T 6916—1997 湿热带电力电容器

GB/T 1179—1999 圆线同心绞架空导线

GB/T 17886.1—1999 标称电压 1kV 及以下交流电力系统用非自愈式并联电容器，第一部分：总则—性能试验～安全要求—安装和运行导则

GB/T 11032—2000 交流无间隙金属氧化物避雷器

GBJ 63—1990 电力装置的电测量仪表装置设计规范

GBJ 149—1990 电气装置安装工程 母线装置施工及验收规范

DL/T 601—1996 架空绝缘配电线路设计技术规程

DL/T 602—1996 架空绝缘配电线路施工及验收规程

JB 2171—85 额定电压 450/750V 及以下农用直埋铝芯塑料绝缘塑料护套电线

JB 7113—93 低压并联电容器装置

JB 7115—93 低压无功就地补偿装置

中华人民共和国电力工业部第 8 号令《供电营业规则》1996 年 10 月 8 日

3 低压电力网

3.1 低压电力网的构成

自配电变压器低压侧或直配发电机母线，经由监测、控制、保护、计量等电器至各用户

受电设备的 380V 及以下供用电系统组成低压电力网。

3.2 配电变压器的装置要求

3.2.1 农村公用配电变压器应按"小容量、密布点、短半径"的原则进行建设与改造，配电变压器应选用节能型低损耗变压器，变压器的位置应符合下列要求：靠近负荷中心；避开易爆、易燃、污秽严重及地势低洼地带；高压进线、低压出线方便；便于施工、运行维护。

3.2.2 正常环境下配电变压器宜采用柱上安装或屋顶式安装，新建或改造的非临时用电配电变压器不宜采用露天落地安装方式。经济发达地区的农村也可采用箱式变压器。

3.2.3 柱上安装或屋顶安装的配电变压器，其底座距地面不应小于 2.5m。

3.2.4 安装在室外的落地配电变压器，四周应设置安全围栏，围栏高度不低于 1.8m，栏条间净距不大于 0.1m，围栏距变压器的外廓净距不应小于 0.8m，各侧悬挂"有电危险，严禁入内"的警告牌。变压器底座基础应高于当地最大洪水位，但不得低于 0.3m。

3.2.5 安装在室内的配电变压器，室内应有良好的自然通风。可燃油油浸变压器室的耐火等级应为一级。变压器外廓距墙壁和门的最小净距不应小于表 1 规定。

表 1 可燃油油浸变压器外廓与变压器室墙壁和门的最小净距

变压器容量　kVA	100～1000	1250 及以上
变压器外廓与后壁、侧壁净距　mm	600	800
变压器外廓与门净距　mm	800	1000

3.2.6 配电变压器的容量应根据农村电力发展规划选定，一般按 5 年考虑。若电力发展规划不明确或实施的可能性波动很大，则可依当年的用电情况按下式确定：

$$S = R_S P$$

式中　S——配电变压器在计划年限内（5 年）所需容量（kVA）；

P——一年内最高用电负荷（kW）；

R_S——容载比，一般取 1.5～2。

3.2.7 配电变压器应在铭牌规定的冷却条件下运行。油浸式变压器运行中的顶层油温不得高于 95℃，温升不得超过 55K。

3.2.8 配电变压器连接组别宜采用为 Y，yn0 或 D，yn11。配电变压器的三相负荷应尽量平衡，不得仅用一相或两相供电。对于连接组别为 Y，yn0 的配电变压器，中性线电流不应超过低压侧额定电流的 25%；对于连接组别为 D，yn11 的配电变压器，中性线电流不应超过低压侧额定电流的 40%。

3.2.9 配电变压器的昼夜负荷率小于 1 的情况下，可在高峰负荷时允许有适量的过负荷，过负荷的倍数和允许的持续时间可参照图 1 的曲线确定。

3.2.10 配电变压器各相负荷不平衡时，按如下两式确定过负荷电流：

$$I_U^2 + I_V^2 + I_W^2 \leqslant 3I_N^2$$

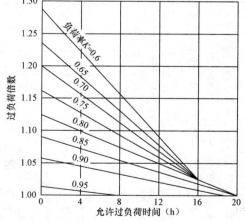

图 1　变压器负荷率小于 1 允许
过负荷时间和倍数

$$I_U、I_V、I_W \leqslant 1.3 I_N$$

式中 I_U、I_V、I_W——U、V、W 相负荷电流；

I_N——低压侧额定电流。

3.3 供电半径和电压质量

3.3.1 低压电力网的布局应与农村发展规划相结合，一般采用放射形供电，供电半径一般不大于 500m，也可根据具体情况参照表 2 确定。

表 2 受电设备容量密度与供电半径参考值

供电半径 km 供电区域地形 \ 受电设备容量密度 kW/km²	<200	200～400	400～1000	>1000
块状（平地）	0.7～1.0	<0.7	<0.5	0.4
带状（山地）	0.8～1.5	<0.7	<0.5	—

3.3.2 供电电压偏差应满足的要求：

380V 为 ±7%；

220V 为 −10%～+7%。

对电压有特殊要求的用户，供电电压的偏差值由供用电双方在合同中确定。

注：供电电压系指供电部门与用户产权分界处的电压，或由供用电合同所规定的电能计量点处的电压。

3.4 低压电力网接地方式及装置要求

3.4.1 农村低压电力网宜采用 TT 系统，城镇、电力用户宜采用 TN-C 系统；对安全有特殊要求的可采用 IT 系统。

同一低压电力网中不应采用两种保护接地方式。

3.4.2 TT 系统：变压器低压侧中性点直接接地，系统内所有受电设备的外露可导电部分用保护接地线（PEE）接至电气上与电力系统的接地点无直接关联的接地极上，如图 2 所示。

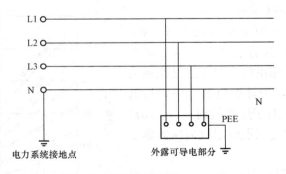

图 2 TT 系统

3.4.3 TN-C 系统：变压器低压侧中性点直接接地，整个系统的中性线（N）与保护线（PE）是合一的，系统内所有受电设备的外露可导电部分用保护线（PE）与保护中性线（PEN）相连接，如图 3 所示。

3.4.4 IT 系统：变压器低压侧中性点不接地或经高阻抗接地，系统内所有受电设备的外露可导电部分用保护接地线（PEE）单独的接至接地极上，如图 4 所示。

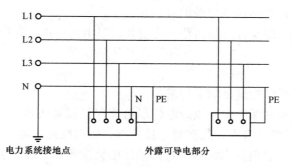

图 3　TN-C 系统

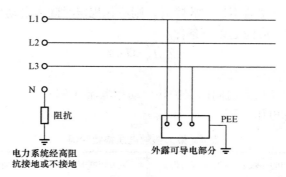

图 4　IT 系统

3.4.5 采用 TT 系统时应满足的要求：

a）除变压器低压侧中性点直接接地外，中性线不得再行接地，且应保持与相线同等的绝缘水平。

b）为防止中性线机械断线，其截面不应小于表 3 的规定。

表 3　按机械强度要求中性线与相线的配合截面　　　　　　　　mm²

相线截面 S	中性线截面 S_0
$S \leqslant 16$	S
$16 < S \leqslant 35$	16
$S > 35$	$S/2$

注：相线的材质与中性线的材质相同时有效。

c）必须实施剩余电流保护，包括：

——剩余电流总保护、剩余电流中级保护（必要时），其动作电流应满足第 5.5.1 条的要求；

——剩余电流末级保护。

剩余电流末级保护应满足以下条件：

$$R_e I_{op} \leqslant U_{lim}$$

式中　R_e——受电设备外露可导电部分的接地电阻（Ω）；

　　　U_{lim}——通称电压极限（V），在正常情况下可按 50V（交流有效值）考虑；

　　　I_{op}——剩余电流保护器的动作电流（A），应满足 5.5.2 的要求。

d) 中性线不得装设熔断器或单独的开关装置。

e) 配电变压器低压侧及各出线回路，均应装设过电流保护，包括：

——短路保护；

——过负荷保护。

3.4.6 采用 TN-C 系统时应满足如下要求：

a) 为了保证在故障时保护中性线的电位尽可能保持接近大地电位，保护中性线应均匀分配地重复接地，如果条件许可，宜在每一接户线、引接线处接地。

b) 用户端应装设剩余电流末级保护，其动作电流按 5.5.2 的要求确定。

c) 保护装置的特性和导线截面必须这样选择：当供电网内相线与保护中性线或外露可导电部分之间发生阻抗可忽略不计的故障时，则应在规定时间内自动切断电源。

为了满足本项要求，应满足以下条件：

$$Z_{sc} I_{op} \leqslant U_0$$

式中 Z_{sc}——故障回路阻抗（Ω）；

I_{op}——保证在表 4 所列时间内保护装置动作电流（A）；

U_0——对地标称电压（V）。

表 4 最大接触电压持续时间

最大切断时间 t s	预期的接触电压（交流有效值） V	最大切断时间 t s	预期的接触电压（交流有效值） V
5	50	0.2	110
1	75	0.1	150
0.5	90	0.05	220

d) 保护中性线的截面不应小于表 3 的规定值。

e) 配电变压器低压侧及各出线回路，应装设过流保护，包括：

——短路保护；

——过负荷保护。

f) 保护中性线不得装设熔断器或单独的开关装置。

3.4.7 采用 IT 系统时应满足如下要求：

a) 配电变压器低压侧及各出线回路均应装设过流保护，包括：

——短路保护；

——过负荷保护。

b) 网络内的带电导体严禁直接接地。

c) 当发生单相接地故障，故障电流很小，切断供电不是绝对必要时，则应装设能发出接地故障音响或灯光信号的报警装置，而且必须具有两相在不同地点发生接地故障的保护措施。

d) 各相对地应有良好的绝缘水平，在正常运行情况下，从各相测得的泄漏电流（交流有效值）应小于 30mA。

e) 不得从变压器低压侧中性点配出中性线作 220V 单相供电。

f) 变压器低压侧中性点和各出线回路终端的相线均应装设高压击穿熔断器。

3.5 电气接线要求

3.5.1 变压器低压侧的电气接线应满足如下基本要求：

a）装设电能计量装置；

b）变压器容量在 100kVA 以上者，宜装设电流表及电压表；

c）低压进线和出线应装设有明显断开点的开关；

d）低压进线和出线应装设自动断路器或熔断器。

3.5.2 严禁利用大地作相线、中性线、保护中性线。

4 配电装置

4.1 一般要求

4.1.1 配电变压器低压侧应按下列规定设置配电室或配电箱：

a）宜设置配电室的配电变压器：

1）周围环境污秽严重的地方；

2）容量较大、出线回路较多而不宜采用配电箱的；

3）供电给重要用户需经常监视运行的。

b）除 4.1.1a）所述以外的配电变压器低压侧可设置配电箱。

c）排灌专用变压器的配电装置可安装于机泵房内。

4.1.2 配电变压器低压侧装设的计收电费的电能计量装置，应符合 GBJ 63 标准和《供电营业规则》的规定。

4.1.3 配电变压器低压侧配电室或配电箱应靠近变压器，其距离不宜超过 10m。

4.2 配电箱

4.2.1 配电变压器低压侧的配电箱，应满足以下要求：

a）配电箱的外壳应采用不小于 2.0mm 厚的冷轧钢板制作并进行防锈蚀处理，有条件也可采用不小于 1.5mm 厚的不锈钢等材料制作；

b）配电箱外壳的防护等级（参见附录 A），应根据安装场所的环境确定。户外型配电箱应采取防止外部异物插入触及带电导体的措施；

c）配电箱的防触电保护类别（参见附录 H）应为Ⅰ类或Ⅱ类；

d）箱内安装的电器，均应采用符合国家标准规定的定型产品；

e）箱内各电器件之间以及它们对外壳的距离，应能满足电气间隙、爬电距离以及操作所需的间隔；

f）配电箱的进出引线，应采用具有绝缘护套的绝缘电线或电缆，穿越箱壳时加套管保护。

4.2.2 室外配电箱应牢固的安装在支架或基础上，箱底距地面高度不低于 1.0m，并采取防止攀登的措施。

4.2.3 室内配电箱可落地安装，也可暗装或明装于墙壁上。落地安装的基础应高出地面 50mm～100mm。暗装于墙壁时，底部距地面 1.4m；明装于墙壁时，底部距地面 1.2m。

4.3 配电室

4.3.1 配电室进出引线可架空明敷或暗敷，明敷设宜采用耐气候型电缆或聚氯乙烯绝缘电线，暗敷设宜采用电缆或农用直埋塑料绝缘护套电线，敷设方式应满足下列要求：

a）架空明敷耐气候型绝缘电线时，其电线支架不应小于 40mm×40mm×4mm 角钢，穿墙时，绝缘电线应套保护管。出线的室外应做滴水弯，滴水弯最低点距离地面不应小于 2.5m。

b) 采用农用直埋塑料绝缘塑料护套电线时，应在冻土层以下且不小于 0.8m 处敷设，引上线在地面以上和地面以下 0.8m 的部位应有套管保护。

c) 采用低压电缆作进出线时，应符合第 8 章低压电力电缆的规定。

4.3.2 配电室进出引线的导体截面应按允许载流量选择。主进回路按变压器低压侧额定电流的 1.3 倍计算，引出线按该回路的计算负荷选择。

4.3.3 配电室一般可采用砖、石结构，屋顶应采用混凝土预制板，并根据当地气候条件增加保温层或隔热层，屋顶承重构件的耐火等级不应低于二级，其他部分不应低于三级。

4.3.4 配电室内应留有维护通道：

固定式配电屏为单列布置时，屏前通道为 1.5m；

固定式配电屏为双列布置时，屏前通道为 2.0m；

屏后和屏侧维护通道为 1.0m，有困难时可减为 0.8m。

4.3.5 配电室的长度超过 7m 时，应设两个出口，并应布置在配电室两端，门应向外开启；成排布置的配电屏其长度超过 6m 时，屏后通道应设两个出口，并宜布置在通道的两端。

4.4 配电屏及母线

4.4.1 配电屏宜采用符合我国有关国家标准规定的产品，并应有生产许可证和产品合格证。

4.4.2 配电屏出厂时应附有如下的图和资料：

a) 本屏一次系统图、仪表接线图、控制回路二次接线图及相对应的端子编号图；

b) 本屏装设的电器元件表，表内应注明生产厂家、型号规格。

4.4.3 配电屏的各电器、仪表、端子排等均应标明编号、名称、路别（或用途）及操作位置。

4.4.4 配电屏应牢固地安装在基础型钢上，型钢顶部应高出地面 10mm，屏体内设备与各构件连接应牢固。

4.4.5 配电屏内二次回路的配线应采用耐电压不低于 500V，电流回路截面不小于 2.5mm²，其他回路不小于 1.5mm² 的铜芯绝缘导线。配线应整齐、美观、绝缘良好、中间无接头。

4.4.6 配电屏内安装的低压电器应排列整齐。

4.4.7 控制开关应垂直安装，上端接电源，下端接负荷。开关的操作手柄中心距地面一般为 1.2m～1.5m；侧面操作的手柄距建筑物或其他设备不宜小于 200mm。

4.4.8 控制两个独立电源的开关应装有可靠的机械和电气闭锁装置。

4.4.9 母线宜采用矩形硬裸铝母线或铜母线，截面应满足允许载流量、热稳定和动稳定的要求。

4.4.10 支持母线的金属构件、螺栓等均应镀锌，母线安装时接触面应保持洁净，螺栓紧固后接触面紧密，各螺栓受力均匀。

4.4.11 母线相序排列应符合表 5 的规定（面向配电屏）。

4.4.12 母线应按下列规定涂漆相色：

U 相为黄色，V 相为绿色，W 相为红色，中性线为淡蓝色，保护中性线为黄和绿双色。

表 5 母线的相序排列

相 别	垂直排列	水平排列	前后排列
U	上	左	远
V	中	中	中

相 别	垂直排列	水平排列	前后排列
W	下	右	近
N、PEN	最下	最右	最近

注：**1** 在特殊情况下，如果按此相序排列会造成母线配置困难，可不按本表规定；
    2 N 线或 PEN 线如果不在相线附近并行安装，其位置可不按本表规定。

4.4.13 室内配电装置的母线应满足如下安全距离：

带电体至接地部分：20mm；

不同相的带电体之间：20mm；

无遮栏裸母线至地面：屏前通道为 2.5m，低于 2.5m 时应加遮护，遮护后护网高度不应低于 2.2m；屏后通道为 2.3m，当低于 2.3m 时应加遮护，遮护后的护网高度不应低于 1.9m。不同时停电检修的无遮栏裸母线之间水平距离为 1875mm；与电器连接处不同相裸母线最小净距离为 12mm。

4.4.14 母线与母线、母线与电器端子连接时，应符合下列规定：

a）铜与铜连接时，室外高温且潮湿或对母线有腐蚀性气体的室内，必须搪锡，在干燥的室内可直接连接；

b）铝与铝连接时，可采用搭接，搭接时应净洁表面并涂以导电膏；

c）铜与铝连接时，在干燥的室内，铜导体应搪锡，室外或较潮湿的室内应使用铜铝过渡板，铜端应搪锡。

4.4.15 相同布置的主母线、分支母线、引下线及设备连接线应一致，横平竖直，整齐美观。

4.4.16 硬母线搭接连接时，应符合以下要求：

a）母线应矫正平直，切断面应平整；

b）矩形母线的搭接连接，应符合表 6 的规定：

表 6 矩 形 母 线 搭 接 要 求

搭 接 形 式	类别	序号	连接尺寸 mm			钻孔要求		螺栓规格
			b_1	b_2	a	ϕ mm	个数	
	直线连接	1	125	125	b_1 或 b_2	21	4	M20
		2	100	100	b_1 或 b_2	17	4	M16
		3	80	80	b_1 或 b_2	13	4	M12
		4	63	63	b_1 或 b_2	11	4	M10
		5	50	50	b_1 或 b_2	9	4	M8
		6	45	45	b_1 或 b_2	9	4	M8
	直线连接	7	40	40	80	13	2	M12
		8	31.5	31.5	63	11	2	M10
		9	25	25	50	9	2	M8

表 6（续）

搭 接 形 式	类别	序号	连接尺寸 mm b_1	b_2	a	钻孔要求 ϕ mm	个数	螺栓规格
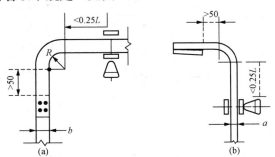	垂直连接	10	125	125		21	4	M20
		11	125	100～80		17	4	M16
		12	125	63		13	4	M12
		13	100	100～80		17	4	M16
		14	80	80～63		13	4	M12
		15	63	63～50		11	4	M10
		16	50	50		9	4	M8
		17	45	45		9	4	M8
	垂直连接	18	125	50～40		17	2	M16
		19	100	63～40		17	2	M16
		20	80	63～40		15	2	M14
		21	63	50～40		13	2	M12
		22	50	45～40		11	2	M10
		23	63	31.5～25		11	2	M10
		24	50	31.5～25		9	2	M8
	垂直连接	25	125	31.5～25	60	11	2	M10
		26	100	31.5～25	50	9	2	M8
		27	80	31.5～25	50	9	2	M8
	垂直连接	28	40	40～31.5		13	1	M12
		29	40	25		11	1	M10
		30	31.5	31.5～25		11	1	M10
		31	25	22		9	1	M8

c）母线弯曲时应符合以下规定（见图 5）：

图 5 硬母线的立弯与平弯

a—母线厚度；b—母线宽度；L—母线两支持点间的距离

（a）立弯母线；（b）平弯母线

1）母线开始弯曲处距最近绝缘子的母线支持夹板边缘不应大于 $0.25L$，但不得小于 50mm；

2）母线开始弯曲处距母线连接位置不应小于 50mm；

3）矩形母线应减少直角弯曲，弯曲处不得有裂纹及显著的折皱，母线的最小弯曲半径应符合表 7 的规定；

表 7　母线最小弯曲半径 (R) 值

母线种类	弯曲方式	母线断面尺寸	最小弯曲半径		
			铜	铝	钢
矩形母线	平　弯	50mm×5mm 及其以下	$2a$	$2a$	$2a$
		125mm×10mm 及其以下	$2a$	$2.5a$	$2a$
	立　弯	50mm×5mm 及其以下	$1b$	$1.5b$	$0.5b$
		125mm×10mm 及其以下	$1.5b$	$2b$	$1b$

4）多片母线的弯曲度应一致。

d）矩形母线采用螺栓固定搭接时，连接处距支柱绝缘子的支持夹板边缘不应小于 50mm；上片母线端头与下片母线平弯开始处的距离不应小于 50mm，见图 6。

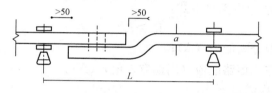

图 6　矩形母线搭接

L—母线两点支持点之间的距离；a—母线厚度

e）母线扭转 90°时，其扭转部分的长度应为母线宽度的 2.5～5 倍，见图 7。

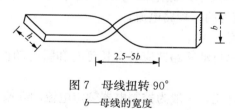

图 7　母线扭转 90°

b—母线的宽度

4.4.17　母线接头螺孔的直径宜大于螺栓直径 1mm；钻孔应垂直，螺孔间中心距离的误差不超过±0.5mm。

4.4.18　母线的接触面加工必须平整、无氧化膜。经加工后其截面减少值：铜母线不应超过原截面的 3％；铝母线不应超过原截面的 5％。

4.4.19　矩形母线的弯曲、扭转宜采用冷弯，如需热弯时，加热温度不应超过 250℃。

4.5　控制与保护

4.5.1　配电室（箱）进、出线的控制电器和保护电器的额定电压、频率应与系统电压、频率相符，并应满足使用环境的要求。

4.5.2　配电室（箱）的进线控制电器按变压器额定电流的 1.3 倍选择；出线控制电器按正常最大负荷电流选择。手动开断正常负荷电流的，应能可靠地开断 1.5 倍的最大负荷电流；

开断短路电流的，应能可靠地切断安装处可能发生的最大短路电流。

4.5.3 熔断器和熔体的额定电流应按下列要求选择：

a）配电变压器低压侧总过流保护熔断器的额定电流，应大于变压器低压侧额定电流，一般取额定电流的 1.5 倍，熔体的额定电流应按变压器允许的过负荷倍数和熔断器的特性确定。

b）出线回路过流保护熔断器的额定电流，不应大于总过流保护熔断器的额定电流，熔体的额定电流按回路正常最大负荷电流选择，并应躲过正常的尖峰电流，可参照下式选取。

对于综合性负荷回路：

$$I_N \geq I_{max \cdot st} + (\sum I_{max} - I_{max \cdot N})$$

对于照明回路：

$$I_N \geq K_m \sum I_{max}$$

式中 I_N——熔体额定电流（A）；

$I_{max \cdot st}$——回路中最大一台电动机的起动电流（A）；

$\sum I_{max}$——回路正常最大负荷电流（A）；

$I_{max \cdot N}$——回路中最大一台电动机的额定电流（A）；

K_m——熔体选择系数，白炽灯、荧光灯 K_m 取 1，高压汞灯、钠灯 K_m 取 1.5。

c）熔断器极限分断能力应满足下式：

$$I_{oc} \geq I_k^{(3)}$$

式中 I_{oc}——熔断器极限分断能力（A）；

$I_k^{(3)}$——安装处的三相短路电流（周期有效值）（A）。

d）熔断器的灵敏度应满足下式：

$$I_{min \cdot k} \geq K_{op} I_N$$

式中 K_{op}——熔体动作系数，一般取 4；

$I_{min \cdot k}$——被保护线段的最小短路电流（A），对于 TT、TN-C 系统为单相短路电流，对于 IT 系统为两相短路电流；

I_N——熔体额定电流（A）。

4.5.4 配电变压器低压侧总自动断路器应具有长延时和瞬时动作的性能，其脱扣器的动作电流应按下列要求选择：

a）瞬时脱扣器的动作电流，一般为控制电器额定电流的 5 或 10 倍；

b）长延时脱扣器的动作电流可根据变压器低压侧允许的过负荷电流确定。

4.5.5 出线回路自动断路器脱扣器的动作电流应比上一级脱扣器的动作电流至少应低一个级差。

a）瞬时脱扣器，应躲过回路中短时出现的尖峰负荷。

对于综合性负荷回路：

$$I_{op} \geq K_{rel} (I_{max \cdot st} + \sum I_{max} - I_{max \cdot N})$$

对于照明回路：

$$I_{op} \geq K_c \sum I_{max}$$

式中 I_{op}——瞬时脱扣器的动作电流（A）；

K_{rel}——可靠系数，取 1.2；

$I_{max \cdot st}$——回路中最大一台电动机的起动电流（A）；

$\sum I_{\max}$——回路正常最大负荷电流（A）；

$I_{\max \cdot N}$——回路中最大一台电动机的额定电流（A）；

K_c——照明计算系数，取 6。

b）长延时脱扣器的动作电流，可按回路最大负荷电流的 1.1 倍确定。

4.5.6 选出的自动断路器应做如下校验：

a）自动断路器的分断能力应大于安装处的三相短路电流（周期分量有效值）。

b）自动断路器灵敏度应满足下式要求：

$$I_{\min} \geqslant K_{op} I_{op}$$

式中 $I_{\min}$——被保护线段的最小短路电流（A），对于 TT、TN-C 系统，为单相短路电流，对于 IT 系统为两相短路电流；

I_{op}——瞬时脱扣器的动作电流（A）；

K_{op}——动作系数，取 1.5。

注：一般单相短路电流较小，很难满足要求，可用长延时脱扣器作后备保护。

c）长延时脱扣器在 3 倍动作电流时，其可返回时间应大于回路中出现的尖峰负荷持续的时间。

5 剩余电流保护

5.1 保护范围

5.1.1 剩余电流动作保护是防止因低压电网剩余电流造成故障危害的有效技术措施，低压电网剩余电流保护一般采用剩余电流总保护（中级保护）和末级保护的多级保护方式。

a）剩余电流总保护和中级保护的范围是及时切除低压电网主干线路和分支线路上断线接地等产生较大剩余电流的故障。

b）剩余电流末级保护装于用户受电端，其保护的范围是防止用户内部绝缘破坏、发生人身间接接触触电等剩余电流所造成的事故，对直接接触触电，仅作为基本保护措施的附加保护。

5.1.2 剩余电流动作保护器对被保护范围内相—相、相—零间引起的触电危险，保护器不起保护作用。

5.2 一般要求

5.2.1 剩余电流动作保护器，必须选用符合 GB 6829 标准，并经中国电工产品认证委员会认证合格的产品。

5.2.2 剩余电流动作保护器安装场所的周围空气温度，最高为＋40℃，最低为－5℃，海拔不超过 2000m，对于高海拔及寒冷地区，以及周围空气温度高于＋40℃低于－5℃运行的剩余电流动作保护器可与制造厂家协商制定。

5.2.3 剩余电流动作保护器的安装场所应无爆炸危险、无腐蚀性气体，并注意防潮、防尘、防震动和避免日晒。

5.2.4 剩余电流动作保护器的安装位置，应避开强电流电线和电磁器件，避免磁场干扰。

5.3 保护方式

5.3.1 采用 TT 系统方式运行的，应装设剩余电流总保护和剩余电流末级保护。对于供电范围较大或有重要用户的农村低压电网可增设剩余电流中级保护。

5.3.2 剩余电流总保护方式有：安装在电源中性点接地线上；安装在电源进线回路上；安

装在各条配电出线回路上。

5.3.3 剩余电流中级保护可根据网络分布情况装设在分支配电箱的电源线上。

5.3.4 剩余电流末级保护可装在接户或动力配电箱内,也可装在用户室内的进户线上。

5.3.5 TT 系统中的移动式电器、携带式电器、临时用电设备、手持电动器具,应装设剩余电流末级保护（Ⅱ类和Ⅲ类电器除外）。

5.3.6 剩余电流动作保护器动作后应自动开断电源,对开断电源会造成事故或重大经济损失的用户,其装置方式按 GB 13955 规定执行。

5.3.7 剩余电流保护方式,可根据实际运行需要进行选定。

5.4 剩余电流保护装置

5.4.1 剩余电流总保护、剩余电流中级保护及三相动力电源的剩余电流末级保护,宜采用具有漏电保护、短路保护或过负荷保护功能的剩余电流断路器,当采用组合式保护器时,宜采用带分励脱扣的低压断路器。

5.4.2 单相剩余电流末级保护,应选用剩余电流保护和短路保护为主的剩余电流断路器。

5.4.3 剩余电流断路器、组合式剩余电流动作保护器的电源控制开关,其通断能力应能可靠地开断安装处可能发生的最大短路电流。

5.4.4 组合式剩余电流动作保护器的零序电流互感器为穿心式时,其穿越的主回路导线宜并拢,并注意防止在正常工作条件下不平衡磁通引起的误动作。

5.4.5 组合式剩余电流动作保护器外接控制回路的电线,应采用单股铜芯绝缘电线,截面不应小于 1.5mm²。

5.4.6 单独安装的剩余电流断路器或组合式保护器的剩余电流继电器,宜安装在配电盘的正面便于操作的位置。

5.5 额定剩余动作电流

5.5.1 剩余电流总保护在躲过农村低压电网正常剩余电流情况下,额定剩余动作电流应尽量选小,以兼顾人身间接接触触电保护和设备的安全。剩余电流总保护的额定剩余动作电流宜为固定分挡可调,其最大值可参照表 8 确定。

mA

表 8 剩余电流总保护额定剩余动作电流

电网剩余电流情况	非阴雨季节	阴雨季节
剩余电流较小的电网	50	200
剩余电流较大的电网	100	300

注:剩余电流动作保护器主要特性参数见附录 B。

5.5.2 农村低压电网选用二级保护时,额定剩余动作电流可参照表 9 确定。

mA

表 9 二级保护额定剩余动作电流

二 级 保 护	总 保 护	末 级 保 护
额定剩余动作电流	100～200	≤30[1]

1) 家用电器、固定安装电器、移动式电器、携带式电器及临时用电设备为 30mA;手持式电动器具为 10mA;特别潮湿的场所为 6mA(常用低压电器技术数据参见附录 J)。

5.5.3 农村低压电网选用三级保护时,额定剩余动作电流可参照表 10 确定。

表 10　三级保护额定剩余动作电流 mA

三级保护	总保护	中级保护	末级保护
额定剩余动作电流	200～300	60～100	≤30[1]

1) 家用电器、固定安装电器、移动式电器及临时用电设备为30mA；手持式电动器具为10mA；特别潮湿的场所为6mA（常用低压电器技术数据参见附录J）。

5.6　剩余电流动作保护器分断时间

5.6.1　快速动作型保护器，其最大分断时间应符合表11的规定。

表 11　快速动作型保护器分断时间

$I_{\Delta n}$[1] A	I_n[2] A	最大分断时间　s		
		$I_{\Delta n}$	$2I_{\Delta n}$	$5I_{\Delta n}$
≥0.03	任何值	0.2	0.1	0.04
	只适用≥40[3]	0.2	—	0.15

1) $I_{\Delta n}$为额定剩余动作电流。

2) I_n为保护器额定电流。

3) 为组合式剩余电流动作保护器（包括断路器的断开时间）。

5.6.2　农村低压电网选用二级保护时，为确保保护器动作的选择性，总保护必须选用延时型剩余电流动作保护器，其分断时间与末级保护的分断时间应符合表12的规定。

表 12　二级保护的最大分断时间 s

二级保护	总保护	末级保护
最大分断时间	0.3	≤0.1

注：延时型剩余电流动作保护器的延时时间的级差为0.2s。

5.6.3　农村低压电网选用三级保护时，为确保保护器动作的选择性，总保护和中级保护必须选用延时型剩余电流动作保护器，其相互间的配合应符合表13的规定。

表 13　三级保护的最大分断时间 s

三级保护	总保护	中级保护	末级保护
最大分断时间	0.5	0.3	≤0.1

5.7　各级保护的技术参数

各级保护的技术参数如表14所示。

表 14　额定剩余动作电流、分断时间表

三级保护	总保护	中级保护	末级保护
额定剩余动作电流　mA	200～300	60～100	≤30
最大分断时间　s	0.5	0.3	≤0.1

5.8　检测

5.8.1　安装剩余电流总保护的农村低压电网，其剩余电流不应大于剩余电流动作保护器额定剩余动作电流的50%。

5.8.2　装设剩余电流动作保护器的电动机及其他电气设备的绝缘电阻不应小于0.5MΩ。

5.8.3 装设在进户线的剩余电流动作保护器，其室内配线的绝缘电阻，晴天不宜小于 0.5MΩ；雨天不宜小于 0.08MΩ。

5.8.4 剩余电流动作保护器安装后应进行如下检测：

　　a）带负荷分、合开关 3 次，不得误动作；

　　b）用试验按钮试跳 3 次，应正确动作；

　　c）各相用 1kΩ 左右试验电阻或 40W～60W 灯泡接地试跳 3 次，应正确动作。

6 架空电力线路

6.1 一般要求

6.1.1 计算负荷：应结合农村电力发展规划确定，一般可按 5 年考虑。

6.1.2 路径选择应符合下列要求：

　　a）应与农村发展规划相结合，方便机耕，少占农田；

　　b）路径短，跨越、转角少，施工、运行维护方便；

　　c）应避开易受山洪、雨水冲刷的地方，严禁跨越易燃、易爆物的场院和仓库。

6.1.3 线路设计的气象条件：应根据当地的气象资料（采用 10 年一遇的数值）和附近已有线路的运行经验确定。如选出的气象条件与典型气象区接近时，一般采用典型气象区所列数值（典型气象区参见附录 J）。

6.1.4 当采用架空绝缘电线时，其气象条件应按 DL/T 601 标准的规定进行校核。

6.1.5 线路设计要考虑地区污染和大气污染情况（架空线路污秽分级标准参见附录 K）。

6.2 导线

6.2.1 农村低压电力网应采用符合 GB/T 1179 标准规定的导线。禁止使用单股、破股（拆股）线和铁线。

　　居民密集的村镇可采用符合 GB 12527 标准规定的架空绝缘电线（参见附录 C），但应满足 6.1.4 规定的条件。

6.2.2 铝绞线、钢芯铝绞线的强度安全系数不应小于 2.5；架空绝缘电线不应小于 3.0。强度安全系数 K 可用下式表示：

$$K \geqslant \frac{\sigma}{\sigma_{\max}}$$

式中　σ——导线的抗拉强度（N/mm^2）；

　　　$\sigma_{\max}$——导线的最大使用应力（N/mm^2）。

6.2.3 选择导线截面时应符合下列要求：

　　a）按经济电流密度选择，见图 8；

　　b）线路末端的电压偏差应符合 3.3.2 的规定；

　　c）按允许电压损耗校核时：自配电变压器二次侧出口至线路末端（不包括接户线）的允许电压损耗不大于额定低压配电电压（220V、380V）的 7%；

　　d）导线的最大工作电流，不应大于导线的允许载流量；

　　e）铝绞线、架空绝缘电线的最小截面为 25mm^2，也可采用不小于 16mm^2 的钢芯铝绞线；

　　f）TT 系统的中性线和 TN-C 系统的保护中性线，其截面应按允许载流量和保护装置的要求选定，但不应小于 3.4.5 中表 3 的规定。单相供电的中性线截面应与相线相同。

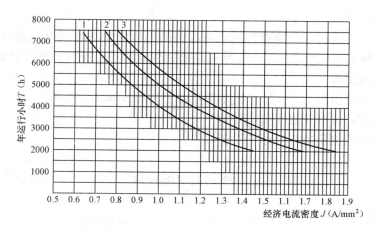

图 8　软导线经济电流密度

1—导线为 LJ 线，10kV 及以下导线；2—导线为 LGJ 型，10kV
及以下导线；3—导线为 LGJ、LGJQ 型，35～220kV 导线

6.2.4　施放导线时，应采取防止导线损伤的措施，并应进行外观检查：铝绞线、钢芯铝绞线表面不得有腐蚀的斑点、松股、断股及硬伤的现象。架空绝缘电线：表面不得有气泡、鼓肚、砂眼、露芯、绝缘断裂及绝缘霉变等现象。

6.2.5　铝绞线、钢芯铝绞线、架空绝缘电线有硬弯或钢芯铝绞线钢芯断一股时应剪断重接，接续应满足下列要求：

　　a）铝绞线、钢芯铝绞线：宜采用压接管；

　　b）架空绝缘电线：芯线采用圆形压接管；外层绝缘恢复宜采用热收缩管；

　　c）导线接续前应用汽油清洗管内壁及被连接部分导线的表面，并在导线表面涂一层导电膏后再行压接。

6.2.6　同一档距内，每根导线只允许一个接头，接头距导线固定点不应小于 0.5m，不同规格、不同金属和绞向的导线，严禁在一个耐张段内连接。

6.2.7　铝绞线在同一截面处不同的损伤面积应按下列要求处理：

　　a）损伤截面占总截面 5％～10％时，应用同金属单股线绑扎，单股线直径应不小于 2mm，绑扎长度不应小于 100mm。

　　b）损伤截面占总截面 10％～20％时，应用同金属单股线绑扎，单股线直径应不小于 2mm，绑扎长度不应小于：

　　　1）LJ-35 型及以下：140mm；

　　　2）LJ-95 型及以下：280mm；

　　　3）LJ-185 型及以下：340mm。

　　c）损伤截面积超过 20％或因损伤导致强度损失超过总拉断力的 5％时，应将损伤部分全部割去，再采用压接管重新接续。

6.2.8　钢芯铝绞线在同一截面处不同的损伤面积，应按 GB 50173 标准的规定要求处理；架空绝缘导线在同一截面处不同的损伤面积应按 DL/T 602 标准的规定要求处理。

6.2.9　架空绝缘电线的绝缘层操作时，应用耐气候型号的自粘性橡胶带至少缠绕 5 层作绝缘补强。

6.2.10　架空绝缘电线施放后，用 500V 兆欧表摇测 1min 后的稳定绝缘电阻，其值应不低于 0.5MΩ。

6.2.11 导线的设计弧垂，各地可根据已有线路的运行经验或按所选定的气象条件计算确定。考虑导线初伸长对弧垂的影响，架线时应将铝绞线和绝缘铝绞线的设计弧垂减少 20%，钢芯铝绞线设计弧垂减少 12%。

6.2.12 档距内的各相弧垂应一致，相差不应大于 50mm。同一档距内，同层的导线截面不同时，导线弧垂应以最小截面的弧垂确定。

6.2.13 常用导线结构及技术指标见附录 D。

6.3 绝缘子

6.3.1 架空导线应采用与线路额定电压相适应的绝缘子固定，其规格根据导线截面大小选定。

6.3.2 绝缘子应采用符合 GB/T 773、GB/T 1386.1 标准的电瓷产品。

6.3.3 直线杆一般采用针式绝缘子或蝶式绝缘子，耐张杆采用蝶式或线轴式绝缘子，也可采用悬式绝缘子。中性线、保护中性线应采用与相线相同的绝缘子。

6.3.4 绝缘子在安装前应逐个清污并做外观检查，抽测率不少于 5%。

　　a) 绝缘子的铁脚与瓷件应结合紧密，铁脚镀锌良好，瓷釉表面光滑、无裂纹、缺釉、破损等缺陷。

　　b) 用 2500V 兆欧表摇测 1min 后的稳定绝缘电阻，其值不应小于 20MΩ。

6.4 横担及铁附件

6.4.1 线路横担及其铁附件均应热镀锌或其他先进的防腐措施。镀锌铁横担具体规格应通过计算确定，但不应小于：

　　直线杆采用角钢时：50mm×50mm×5mm；

　　承力杆采用角钢时：2 根 50mm×50mm×5mm。

6.4.2 单横担的组装位置，直线杆应装于受电侧；分支杆、转角杆及终端杆应装于拉线侧。横担组装应平整，端部上、下和左右斜扭不得大于 20mm。

6.4.3 用螺栓连接构件时，应符合下列要求：

　　a) 螺杆应与构件面垂直，螺头平面与构件间不应有间隙。

　　b) 螺母紧好后，露出的螺杆长度，单螺母不应少于两个螺距；双螺母可与螺母相平。当必须加垫圈时，每端垫圈不应超过两个。

　　c) 螺栓穿入方向：顺线路者从电源侧穿入；横线路者面向受电侧由左向右穿入；垂直地面者由下向上穿入。

6.5 导线排列、档距及线间距离

6.5.1 导线一般采用水平排列，中性线或保护中性线不应高于相线，如线路附近有建筑物，中性线或保护中性线宜靠近建筑物侧。同一供电区导线的排列相序应统一。路灯线不应高于其他相线、中性线或保护中性线。

6.5.2 线路档距，一般采用下列数值：

　　a) 铝绞线、钢芯铝绞线：集镇和村庄为 40m～50m；田间为 40m～60m。

　　b) 架空绝缘电线：一般为 30m～40m，最大不应超过 50m。

6.5.3 导线水平线间距离，不应小于下列数值：

　　a) 铝绞线或钢芯铝绞线：档距 50m 及以下为 0.4m；档距 50m～60m 为 0.45m；靠近电杆的两导线间距离，不应小于 0.5m。

b）架空绝缘电线：档距 40m 及以下为 0.3m；档距 40m～50m 为 0.35m；靠近电杆的两导线间距为 0.4m。

6.5.4 低压线路与高压线路同杆架设时，横担间的垂直距离，不应小于下列数值：

　　直线杆：1.2m；

　　分支和转角杆：1.0m。

6.5.5 未经电力企业同意，不得同杆架设广播、电话、有线电视等其他线路。低压线路与弱电线路同杆架设时电力线路应敷设在弱电线路的上方，且架空电力线路的最低导线与弱电线路的最高导线之间的垂直距离，不应小于 1.5m。

6.5.6 同杆架设的低压多回线路，横担间的垂直距离不应小于下列数值：直线杆为 0.6m；分支杆、转角杆为 0.3m。

6.5.7 线路导线每相的过引线、引下线与邻相的过引线、引下线或导线之间的净空距离，不应小于 150mm；导线与拉线、电杆间的最小间隙，不应小于 50mm。

6.6　电杆、拉线和基础

6.6.1 电杆宜采用符合 GB 4623 标准规定的定型产品，杆长宜为 8m，梢径为 150mm。

6.6.2 混凝土电杆的最大使用弯矩，不应大于混凝土电杆的标准检验弯矩（参见附录 E）。

6.6.3 各类电杆的运行工况，应计算下列工况的荷载：

　　a）最大风速、无冰、未断线。

　　b）覆冰、相应风速、未断线。

　　c）最低温度、无冰、无风、未断线（适用于转角杆、终端杆）。

6.6.4 混凝土电杆组立前应作如下检查：

　　a）电杆表面应光滑，无混凝土脱落、露筋、跑浆等缺陷。

　　b）平放地面检查时，不得有环向或纵向裂缝，但网状裂纹、龟裂、水纹不在此限。

　　c）杆身弯曲不应超过杆长的 1/1000。

　　d）电杆的端部应用混凝土密封。

6.6.5 电杆的埋设深度，应根据土质及负荷条件计算确定，但不应小于杆长的 1/6。电杆的倾覆稳定安全系数不应小于：直线杆为 1.5；耐张杆为 1.8；转角、终端杆为 2.0。

6.6.6 电杆组立后（未架线），杆位横向偏离线路中心线不应大于 50mm。

6.6.7 架线后，杆身倾斜：直线杆杆梢位移，不应大于杆梢直径的 1/2；转角杆应向外倾斜；终端杆应向拉线侧倾斜，其杆梢位移不应大于杆梢直径。

6.6.8 转角、分支、耐张、终端和跨越杆均应装设拉线，拉线及其铁附件均应热镀锌。

6.6.9 拉线一般固定在横担下不大于 0.3m 处。拉线与电杆夹角为 45°，若受地形限制，不应小于 30°。

6.6.10 跨越道路（非公路）的水平拉线，对路面的垂直距离不应低于 5m，拉线柱应向张力反方向倾斜 10°～20°。

6.6.11 拉线宜采用镀锌钢绞线，强度安全系数不应小于 2.0，截面不应小于 25mm²。

6.6.12 拉线的底把宜采用直径不小于 16mm 的热镀锌圆钢制成的拉线棒，连接处应采用双螺母，其外露地面部分的长度应为露出地面 0.5m～0.7m。

6.6.13 拉线盘需具有一定抗弯强度，宜采用钢筋混凝土预制块，其规格不应小于 150mm×250mm×500mm。

6.6.14 拉线的埋设深度，应根据土质条件和电杆的倾覆力矩确定，其抗拔稳定安全系数不应小于：直线杆为 1.5；耐张杆为 1.8；转角杆、终端杆为 2.0。

6.6.15 穿越和接近导线的电杆拉线必须装设与线路电压等级相同的拉线绝缘子。拉线绝缘子应装在最低导线以下，应保证在拉线绝缘子以下断拉线情况下，拉线绝缘子距地面不应小于 2.5m。

6.6.16 拉紧绝缘子的强度安全系数不应小于 3.0。

6.6.17 拉线坑、杆坑的回填土，应每填 0.3m 夯实一次，最后培起高出地面 0.3m 的防沉土台，在拉线和电杆易受洪水冲刷的地方，应设保护桩或采取其他加固措施。

6.7 对地距离和交叉跨越

6.7.1 导线对地面和交叉跨越物的垂直距离，应按导线最大弧垂计算；对平行物的水平距离，应按导线最大风偏计算，并计及导线的初伸长和设计、施工误差。

6.7.2 裸导线对地面、水面、建筑物及树木间的最小垂直和水平距离，应符合下列要求：

a) 集镇、村庄（垂直）：6m；

b) 田间（垂直）：5m；

c) 交通困难的地区（垂直）：4m；

d) 步行可达到的山坡（垂直）：3m；

e) 步行不能达到的山坡、峭壁和岩石（垂直）：1m；

f) 通航河流的常年高水位（垂直）：6m；

g) 通航河流最高航行水位的最高船桅顶（垂直）：1m；

h) 不能通航的河湖冰面（垂直）：5m；

i) 不能通航的河湖最高洪水位（垂直）：3m；

j) 建筑物（垂直）：2.5m；

k) 建筑物（水平）：1m；

l) 树木（垂直和水平）：1.25m。

6.7.3 架空绝缘电线对地面、建筑物、树木的最小垂直、水平距离应符合下列要求：

a) 集镇、村庄居住区（垂直）：6m；

b) 非居住区（垂直）：5m；

c) 不能通航的河湖冰面（垂直）：5m；

d) 不能通航的河湖最高洪水位（垂直）：3m；

e) 建筑物（垂直）：2m；

f) 建筑物（水平）：0.2m；

g) 街道行道树（垂直）：0.2m；

h) 街道行道树（水平）：0.5m。

6.7.4 低压电力线路与弱电线路交叉时，电力线路应架设在弱电线路的上方；电力线路电杆应尽量靠近交叉点但不应小于对弱电线路的倒杆距离。电力线路与弱电线路的交叉角以及最小距离应符合下列规定：

a) 与一级弱电线路的交叉角不小于 45°；

b) 与二级弱电线路的交叉角不小于 30°；

c) 与弱电线路的距离（垂直、水平）为 1m。

弱电线路等级参见附录 L。

6.7.5 低压电力线路与铁路、道路、通航河流、管道、索道及各种架空线路交叉或接近时，应符合表 15 的要求。

表 15　架空电力线路与各种工程设施交叉接近时的基本要求

编号	项目	一 铁路		二 道路		三 通航河流		四 弱电线路		五 电力线路（kV）					六	
		标准轨距	窄轨	一、二级公路	三、四级公路	主要	次要	一、二级	三级	1.0以下	6~10	35~110	154~220	330	特殊管道	铁索道
1	导线最小截面	铝绞线及铝合金线为 35mm²，其他导线为 16mm²														
2	导线在跨越档内的接头	不应接头	—	不应接头	—	不应接头	—	—							不应接头	
3	导线支持方式	双固定		双固定	单固定	双固定	单固定	双固定	单固定	单固定	—				双固定	
4	最小垂直距离（m） 项目	至轨顶				至 50 年一遇洪水位									电力线在上面	
	线路电压	至承力索或接触线		至路面		至最高航行水位的最高船桅顶		至被跨越线		至导线					电力线在下面	电力线在下面时至电力线上的保护设施
	低压	7.5	6.0	6.0		6.0		1.0		1	2	3	4	5	1.5	
		3.0	3.0			1.0									1.5	
5	最小水平距离（m） 项目	电杆外缘至轨道中心		电杆中心至路面边缘		与拉纤小路平行的线路，边导线至斜坡上缘		在路径受限制地区、两线路边导线间		在路径受限制地区，两线路外边侧导线间					在路径受限制地区至管索道任何部分	
	线路电压 低压	交叉：5.0 平行：杆高加 3.0		0.5		最高电杆高度		1.0		2.5	2.5	5.0	7.0	9.0	1.5	
6	备注			公路分级见附录		开阔地区的最小水平距离不得小于电杆高度		两平行线路在开阔地区的水平距离不应小于电杆高度		两平行线路在开阔地区的水平距离不应小于电杆高度					在路径不受限制地区与管索道的水平距离不应小于电杆高度	

注：低压架空电力线路与二、三级弱电线路、低压线路、公路交叉跨越的导线最小截面可按 6.2.3 规定执行。

7　地埋电力线路

7.1　一般要求

7.1.1　地埋电力线路（简称地埋线）的电线必须符合 JB 2171 标准的规定（参见附录 F）。

7.1.2　白蚁聚居、鼠类活动频繁、土壤中含有腐蚀塑料的物质、岩石或碎石地区，不宜敷设地埋线。

7.1.3 地埋线的敷设路径和电线的计算负荷，应与农村发展规划相结合通盘考虑，一般不应少于 5 年。

7.2 地埋线

7.2.1 地埋线的型号选择，北方宜采用耐寒护套或聚乙烯护套型；南方采用普通护套型，严禁用无护套的普通塑料绝缘电线代替。

7.2.2 地埋线的截面选择，除应满足 6.2.3 有关规定外，其截面不应小于 $4mm^2$。

7.2.3 地埋线的接续宜采用压接。接头处的绝缘和护套的恢复，可用自粘性塑料绝缘带缠绕包扎或用热收缩管的办法。

当采用缠绕包扎时，一般至少缠绕 5 层作绝缘恢复，再缠 5 层作为护套。包扎长度应在接头两端各伸延 100mm，缠绕时严防灰尘、水分混入，严禁用黑胶布包扎接头。

7.2.4 地埋线的接续也可引出地面用接线箱连接。

7.3 敷设

7.3.1 地埋线应敷设在冻土层以下，其深度不宜小于 0.8m。

7.3.2 地埋线一般应水平敷设，线间距离为 50mm～100mm，电线至沟边距离不应小于 50mm。

7.3.3 地埋线的沟底应平坦坚实，无石块和坚硬杂物，并铺设一层 100mm～200mm 厚的松软细土或细砂，当地形高度变化时应作平缓斜坡。线路转向时，拐弯半径不应小于地埋线外径的 15 倍。

7.3.4 地埋线施放前，必须浸水 24h 后，用 2500V 兆欧表摇测 1min，其稳定绝缘电阻应符合有关技术标准的规定。

7.3.5 环境温度低于 0℃ 或雨、雪天，不宜敷设地埋线。

7.3.6 放线时，应做外表检查：
   a）绝缘护套不得有机械损伤、砂眼、汽泡、鼓肚、漏芯、粗细不匀等现象；
   b）芯线不偏心、无硬弯、无断股；
   c）无腐蚀霉变现象。

7.3.7 放线时应将地埋线托起，严禁在地面上拖拉。谨防打卷、扭折和其他机械损伤。

7.3.8 地埋线在沟内应水平面蛇形敷设，遇有接头、接线箱、转弯处、穿管处，应留有余度，伸缩弯的半径不应小于地埋线外径的 15 倍，沟内各相接头应错开。

7.3.9 地埋线与其他地下工程设施相互交叉、平行时，其最小距离应符合表 16 的规定。

表 16　地埋线与其他地下设施交叉、平行时允许的最小距离 　　　　　　　m

地下设施名称	平　行	交　叉
地埋电力线路	0.5	0.5（0.25）
10kV 及以下电力电缆	0.5	0.5（0.25）
通信电缆	0.5	0.5（0.25）
自来水管	0.5	0.5（0.25）

注：表中括号内数字是指地埋线有穿管保护或加隔板的最小距离。

7.3.10 地埋线穿越铁路、公路时，应加钢管套保护，管的内径不应小于地埋线外径的 1.5 倍，管内不得有接头，保护管距公路路面、铁轨路基面，不应小于 1.0m。

7.3.11 地埋线引出地面时，自埋设深处起至接线箱应套装硬质保护管，管的内径不应小于地埋线外径的 1.5 倍。

7.4 接线箱

7.4.1 地埋线路的分支、接户、终端及引出地面的接线处，应装设地面接线箱，其位置应选择在便于维护管理、不易碰撞的地方。

7.4.2 接线箱内应采用符合我国有关国家标准的产品，并应满足4.2.1的规定。

7.4.3 接线箱应牢固安装在基础上，箱底距地面不应小于1m。

7.5 填埋

7.5.1 回填土前应核对相序，做好路径、接头与地下设施交叉的标志和保护。

7.5.2 回填土应按以下步骤进行：

1）回填土应从放线端开始，逐步向终端推移，不应多处同时进行。

2）电线周围应填细土或细砂，覆土200mm后，可放水让其自然下沉或用人排步踩平，禁用机械夯实。

3）用2500V兆欧表复测绝缘电阻，并与埋设前所测电阻相比，若阻值明显下降时，应查明原因进行处理。

4）当复测绝缘电阻无明显下降时，才可全面回填土，回填土时禁用大块泥土投击，回填土应高出地面200mm。

8 低压电力电缆

8.1 农村低压电力电缆选用要求

8.1.1 一般采用聚氯乙烯绝缘电缆或交联聚乙烯绝缘电缆。

8.1.2 在有可能遭受损伤的场所，应采用有外护层的铠装电缆；在有可能发生位移的土壤中（沼泽地、流沙、回填土等）敷设电缆时，应采用钢丝铠装电缆。

8.1.3 电缆截面的选择，一般按电缆长期允许载流量和允许电压损耗确定，并考虑环境温度变化、土壤热阻率等影响，以满足最大工作电流作用下的缆芯温度不超过按电缆使用寿命确定的允许值。聚氯乙烯电缆允许载流量及持续工作的缆芯工作温度见表17。

表17 聚氯乙烯绝缘电缆允许持续载流量（建议性基础值）

敷设方式		空气中数值 A		直埋数值 A			
护套		无钢铠护套		无钢铠护套		有钢铠护套	
缆芯数		二芯	三芯或四芯	二芯	三芯或四芯	二芯	三芯或四芯
缆芯截面 mm²	10	44	38	62	52	59	50
	16	60	52	83	70	79	68
	25	79	69	105	90	100	87
	35	95	82	136	110	131	105
	50	121	104	157	134	152	129
	70	147	129	184	157	180	152
	95	181	155	226	189	217	180
	120	211	181	254	212	249	207
	150	242	211	287	242	273	237
	185	—	246	—	273	—	264
	240	—	294	—	319	—	310
	300	—	328	—	347	—	347

敷设方式	空气中数值 A		直埋数值 A			
护　套	无钢铠护套		无钢铠护套		有钢铠护套	
缆芯数	二芯	三芯或四芯	二芯	三芯或四芯	二芯	三芯或四芯
缆芯最高工作温度℃	70					
环境温度℃	40		25			

注：1. 表中系铝芯电缆数值，铜芯电缆的允许持续载流量可以乘以 1.29；
　　2. 直埋敷设土壤热阻系数不小于 1.2。

8.1.4 农村三相四线制低压供电系统的电力电缆应选用四芯电缆。

8.2　电缆路径

8.2.1 敷设电缆应选择不易遭受各种损坏的路径：

　　a）应使电缆不易受到机械、振动、化学、水锈蚀、热影响、白蚁、鼠害等各种损伤。

　　b）便于维护。

　　c）避开规划中的施工用地或建设用地。

　　d）电缆路径较短。

8.3　电缆敷设

8.3.1 敷设电缆前，应检查电缆表面有无机械损伤；并用 1kV 兆欧表摇测绝缘，绝缘电阻一般不低于 10MΩ。

8.3.2 敷设电缆时应符合的要求：

　　a）直埋电缆的深度不应小于 0.7m，穿越农田时不应小于 1m。直埋电缆的沟底应无硬质杂物，沟底铺 100mm 厚的细土或黄沙，电缆敷设时应留全长 0.5%～1% 的裕度，敷设后再加盖 100mm 的细土或黄沙，然后用水泥盖板保护，其覆盖宽度应超过电缆两侧各 50mm，也可用砖块替代水泥盖板。

　　b）电缆穿越道路及建筑物或引出地面高度在 2m 以下的部分，均应穿钢管保护。保护管长度在 30m 以下者，内径不应小于电缆外径的 1.5 倍，超过 30m 以上者不应小于 2.5 倍，两端管口应做成喇叭形，管内壁应光滑无毛刺，钢管外面应涂防腐漆。电缆引入及引出电缆沟、建筑物及穿入保护管时，出入口和管口应封闭。

　　c）交流四芯电缆穿入钢管或硬质塑料管时，每根电缆穿一根管子。单芯电缆不允许单独穿在钢管内（采取措施者除外），固定电缆的夹具不应有铁件构成的闭合磁路。

8.3.3 电缆的埋设深度，电缆与各种设施接近与交叉的距离，电缆之间的距离和电缆明装时的支持间距离应符合表 18 的规定。

表 18　电缆装置中的最小距离　　　　　　　　　　　　　　　　　　　　　　　m

项　　　目		最小距离	
		平行	交叉
电力电缆间及其与控制电缆间	一般情况	0.10	0.50
	穿管或用隔板隔开	0.10	0.25
电缆与各种设施接近与交叉净距离	公路	1.50	1.00
	集镇街道路面	1.00	0.70
	可燃气体与易燃液体管道（沟）	1.00	0.50

表 18（续）

项　　目		最小距离	
		平行	交叉
电缆与各种设施接近与交叉净距离	热力管道（沟）	2.00	0.50
	其他管道	0.50	0.50
	建筑物基础（边线）	0.60	—
	杆基础（边线）	1.00	—
	排水沟	1.00	0.50

8.3.4 敷设电缆时，应防止电缆扭伤和过分弯曲。电缆弯曲半径与电缆外径比值，不应小于下列规定：

聚氯乙烯护套多芯电力电缆为 10 倍；

交联聚乙烯护套多芯电力电缆为 15 倍。

8.3.5 低压塑料绝缘电力电缆室内终端头可采用自粘性绝缘带包扎或采用预制式绝缘手套；室外终端头宜采用热缩终端头加绝缘带包扎或预制式绝缘手套加绝缘带包扎的方式。

8.3.6 直埋电缆拐弯、接头、交叉、进入建筑物等地段，应设明显的方位标桩。直线段应适当增设标桩，标桩露出地面以 150mm 为宜。

8.3.7 电缆经过含有酸碱、矿渣、石灰等场所，不应直接埋设。若必须经过该地段时，应采用缸瓦管、水泥管等防腐保护措施。在有腐蚀性气体的场所电缆明敷时，应采用防腐型电缆。

8.3.8 直埋电缆不应平行敷设在各种管道上面或下面。

8.3.9 电缆沿坡敷设时，中间接头应保持水平，多条电缆同沟敷设时，中间接头的位置应前、后错开，其净距不应小于 0.5m。

8.3.10 在钢索上悬吊电缆固定点间的距离应符合设计要求，无特殊规定的不应超过下列数值：

水平敷设：电力电缆为 750mm；

垂直敷设：电力电缆为 1500mm。

8.3.11 电缆钢支架及安装应符合的要求：

所用钢材应平直，无显著扭曲，切口处应无卷边、毛刺；

支架应安装牢固、横平竖直；

支架必须先涂防腐底漆、油漆应均匀完整；

安装在湿热、盐雾以及有化学腐蚀地区的电缆支架，应做特殊的防腐处理或热镀锌，也可采用其他耐腐蚀性能较好的材料制作支架。

8.3.12 电缆在支架上敷设时，支架间距离不应大于下列数值：

水平敷设：电力电缆为 0.8m；

垂直敷设：电力电缆为 1.5m。

8.3.13 易燃、易爆及腐蚀性气体场所内电缆明敷时，应穿管保护，管口应封闭。

8.3.14 同一电缆芯线的两端，相色应一致，且与连接的母线相色相同。

8.3.15 三相四线制系统中，不应采用三芯电缆另加单芯电缆作零线，严禁利用电缆外皮作零线。

9 接户与进户装置

9.1 接户线、进户线的确定

9.1.1 用户计量装置在室内时,从低压电力线路到用户室外第一支持物的一段线路为接户线;从用户室外第一支持物至用户室内计量装置的一段线路为进户线。

9.1.2 用户计量装置在室外时,从低压电力线路到用户室外计量装置的一段线路为接户线;从用户室外计量箱出线端至用户室内第一支持物或配电装置的一段线路为进户线。

9.2 计量装置

9.2.1 低压电力用户计量装置应符合 GB/T 16934 的规定。

9.2.2 农户生活用电应实行一户一表计量,其电能表箱宜安装于户外墙上。

9.2.3 农户电能表箱底部距地面高度宜为 1.8m~2.0m,电能表箱应满足坚固、防雨、防锈蚀的要求,应有便于抄表和用电检查的观察窗。

9.2.4 农户计量表后应装设有明显断开点的控制电器、过流保护装置。每户应装设末级剩余电流动作保护器。

9.3 接户线、进户线装置要求

9.3.1 接户线的相线和中性线或保护中性线应从同一基电杆引下,其档距不应大于 25m,超过 25m 时,应加装接户杆,但接户线的总长度(包括沿墙敷设部分)不宜超过 50m。

9.3.2 接户线与低压线如系铜线与铝线连接,应采取加装铜铝过渡接头的措施。

9.3.3 接户线和室外进户线应采用耐气候型绝缘电线,电线截面按允许载流量选择,其最小截面应符合表 19 的规定。

表 19 接户线和室外进户线最小允许截面   mm²

架设方式	档 距	铜 线	铝 线
自电杆引下	10m 及以下	2.5	6.0
	10m~25m	4.0	10.0
沿墙敷设	6m 及以下	2.5	6.0

9.3.4 沿墙敷设的接户线以及进户线两支持点间的距离,不应大于 6m。

9.3.5 接户线和室外进户线最小线间距离一般不小于下列数值:

自电杆引下:150mm;

沿墙敷设:100mm。

9.3.6 接户线两端均应绑扎在绝缘子上,绝缘子和接户线支架按下列规定选用:

a)电线截面在 16mm² 及以下时,可采用针式绝缘子,支架宜采用不小于 50mm×5mm 的扁钢或 40mm×40mm×4mm 角钢,也可采用 50mm×50mm 的方木;

b)电线截面在 16mm² 以上时,应采用蝶式绝缘子,支架宜采用 50mm×50mm×5mm 的角钢或 60mm×60mm 的方木。

9.3.7 接户线和进户线的进户端对地面的垂直距离不宜小于 2.5m。

9.3.8 接户线和进户线对公路、街道和人行道的垂直距离,在电线最大弧垂时,不应小于下列数值:

公路路面:6m;

通车困难的街道、人行道:3.5m;

不通车的人行道、胡同：3m。

9.3.9 接户线、进户线与建筑物有关部分的距离不应小于下列数值：

与下方窗户的垂直距离：0.3m；

与上方阳台或窗户的垂直距离：0.8m；

与窗户或阳台的水平距离：0.75m；

与墙壁、构架的水平距离：0.05m。

9.3.10 接户线、进户线与通信线、广播线交叉时，其垂直距离不应小于下列数值：

接户线、进户线在上方时：0.6m；

接户线、进户线在下方时：0.3m。

9.3.11 进户线穿墙时，应套装硬质绝缘管，电线在室外应做滴水弯，穿墙绝缘管应内高外低，露出墙壁部分的两端不应小于10mm；滴水弯最低点距地面小于2m时进户线应加装绝缘护套。

9.3.12 进户线与弱电线路必须分开进户。

10 无功补偿

10.1 一般要求

10.1.1 低压电力网中的电感性无功负荷应用电力电容器予以就地充分补偿，一般在最大负荷月的月平均功率因数应达到下列规定：

农村公用配电变压器不低于0.85；

100kVA以上的电力用户不低于0.9。

10.1.2 应采取防止无功向电网倒送的措施。

10.1.3 低压电力网中的无功补偿应按下列原则设置：

a）固定安装年运行时间在1500h以上，且功率大于4.0kW的异步电动机，应实行就地补偿，与电动机同步投切；

b）车间、工厂安装的异步电动机，如就地补偿有困难时可在动力配电室集中补偿。

10.1.4 异步电动机群的集中补偿应采取防止功率因数角超前和产生自励过电压的措施。

10.2 补偿容量

10.2.1 单台电动机的补偿容量，应根据电动机的运行工况确定：

a）机械负荷惯性小的（切断电源后，电动机转速缓慢下降的），补偿容量可按0.9倍电动机空载无功功率配置，即：

$$Q_{com} = 0.9\sqrt{3}U_N I_0$$

式中　Q_{com}——电动机所需补偿容量（kvar）；

U_N——电动机额定电压（kV）；

I_0——电动机空载电流（A）。

电动机的空载电流，可由厂家提供，如无，可参照下式确定：

$$I_0 = 2I_N(1-\cos\varphi_N)$$

式中　I_0——电动机空载电流（A）；

I_N——电动机额定电流（A）；

$\cos\varphi_N$——电动机额定负荷时功率因数。

b）机械负荷惯性较大时（切断电源后，电动机转速迅速下降的）：

$$Q_{com} = (1.3\sim1.5)Q_0$$

式中　Q_{com}——电动机所需补偿容量（kvar）；

$\quad\quad Q_0$——电动机空载无功功率（kvar）。

10.2.2 车间、工厂集中补偿容量 Q_{com}，可按下式确定，也可直接查表 20 得出：

$$Q_{com} = P_{av}(tg\varphi_1 - tg\varphi_2)$$

式中　P_{av}——用户最高负荷月平均有功功率（kW）；

$\quad\quad tg\varphi_1$——补偿前功率因数角的正切值；

$\quad\quad tg\varphi_2$——补偿到规定的功率因数角正切值。

10.2.3 配电变压器的无功补偿容量可按表 20 进行配置。容量在 100kVA 以上的专用配电变压器，宜采用无功自动补偿装置。

表 20　无功补偿容量表

补偿前	为得到所需 $cos\varphi_2$ 每千瓦负荷所需电容器千乏数											
$cos\varphi_1$	0.70	0.75	0.80	0.82	0.84	0.86	0.88	0.90	0.92	0.94	0.96	0.98
0.30	2.16	2.30	2.42	2.49	2.53	2.59	2.65	2.70	2.76	2.82	2.89	2.98
0.35	1.66	1.80	1.93	1.98	2.03	2.08	2.14	2.19	2.25	2.31	2.38	2.47
0.40	1.27	1.41	1.54	1.60	1.65	1.70	1.76	1.81	1.87	1.93	2.00	2.09
0.45	0.97	1.11	1.24	1.29	1.34	1.40	1.45	1.50	1.56	1.62	1.69	1.78
0.50	0.71	0.85	0.98	1.04	1.09	1.14	1.20	1.25	1.31	1.37	1.44	1.53
0.52	0.62	0.76	0.89	0.95	1.00	1.05	1.11	1.16	1.22	1.28	1.35	1.44
0.54	0.54	0.68	0.81	0.86	0.92	0.97	1.02	1.08	1.14	1.20	1.27	1.36
0.56	0.46	0.60	0.73	0.78	0.84	0.89	0.94	1.00	1.05	1.12	1.19	1.28
0.58	0.39	0.52	0.66	0.71	0.76	0.81	0.87	0.92	0.98	1.04	1.11	1.20
0.60	0.31	0.45	0.58	0.64	0.69	0.74	0.80	0.85	0.91	0.97	1.04	1.13
0.62	0.25	0.39	0.52	0.57	0.62	0.67	0.73	0.78	0.84	0.90	0.97	1.06
0.64	0.18	0.32	0.45	0.51	0.56	0.61	0.67	0.72	0.78	0.84	0.91	1.00
0.66	0.12	0.26	0.39	0.45	0.49	0.55	0.60	0.66	0.71	0.78	0.85	0.94
0.68	0.06	0.20	0.33	0.38	0.43	0.49	0.54	0.60	0.65	0.72	0.79	0.88
0.70	—	0.14	0.27	0.33	0.38	0.43	0.49	0.54	0.60	0.66	0.73	0.82
0.72	—	0.08	0.22	0.27	0.32	0.37	0.43	0.48	0.54	0.60	0.67	0.76
0.74	—	0.03	0.16	0.21	0.26	0.32	0.37	0.43	0.48	0.55	0.62	0.71
0.746	—	—	0.11	0.16	0.21	0.26	0.32	0.37	0.43	0.50	0.56	0.65
0.75	—	—	0.05	0.11	0.16	0.21	0.27	0.32	0.38	0.44	0.51	0.60
0.80	—	—	—	0.05	0.10	0.16	0.21	0.27	0.33	0.39	0.46	0.55
0.82	—	—	—	—	0.05	0.10	0.16	0.22	0.27	0.33	0.40	0.49
0.84	—	—	—	—	—	0.05	0.11	0.16	0.22	0.28	0.35	0.44
0.86	—	—	—	—	—	—	0.06	0.11	0.17	0.23	0.30	0.39
0.88	—	—	—	—	—	—	—	0.06	0.11	0.17	0.25	0.33
0.90	—	—	—	—	—	—	—	—	0.06	0.12	0.19	0.28
0.92	—	—	—	—	—	—	—	—	—	0.06	0.13	0.22
0.94	—	—	—	—	—	—	—	—	—	—	0.07	0.16

10.3 就地补偿装置应符合 JB 7115 标准的规定

10.3.1 直接起动的电动机补偿电容器，可采用低压三相电容器直接并于电动机的接线端子上，如图 9 所示。

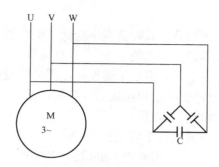

图 9　三相电容器并联接线

10.3.2 星—三角起动的电动机的补偿电容器，可采用图 10 的接线方式。

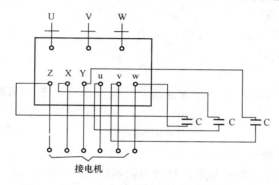

图 10　星—三角起动电动机的补偿电容器接线

10.3.3 集中补偿电容器装置应符合 JB 7113 规定，其接线原理示意如图 11 所示。

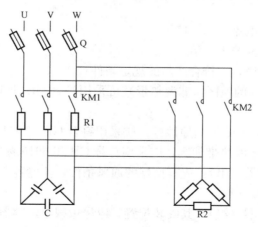

图 11　集中补偿的电容器接线

Q—跌开式熔断器；KM1、KM2—接触器；

R1—切合电阻；R2—放电电阻

注：**1.** 关合：先合 KM1，延时 0.2ms～0.5ms 后合 KM2。

　　　2. 断开：先开 KM2，延时后再开 KM1。

10.3.4 电容器开关容量应能断开电容器回路而不重燃和通过涌流能力，其额定电流一般可按电容器额定电流的 1.3～1.5 倍选取。

10.3.5 为抑制开断时的过电压及合闸涌流，集中补偿的电容器宜加装切合电阻，其阻值应按电容器组容抗的 0.2～0.3 倍选取。

10.3.6 电容器（组）应装设熔断器，其断流量不应低于电容器（组）的短路故障电流，熔断器的额定电流一般可按电容器额定电流的 1.5～2.5 倍选取。

10.3.7 电容器（组）应设放电电阻，但以下情况可不再另装设放电电阻：

a）不经开断电器直接与电动机绕组相连接的电容器；

b）出厂时，电容器内已装设放电电阻。

10.3.8 电容器的放电电阻，应满足如下要求：

a）非自动切换的电容器组，电容器断电 1min 后，其端电压不应超过 75V，放电电阻值可按下式确定：

$$R = t_1/[C\ln(\sqrt{2U_\mathrm{C}}/75)]$$

式中　R——放电电阻（Ω）；

t_1——放电降到 75V 以下所需时间（s）；

C——电容器电容（F）；

U_C——电容器额定电压（V）。

b）自动切换的电容器组，开合时电容器上的残压不应高于 $0.1U_\mathrm{C}$，放电电阻值可按下式确定：

$$R = 0.38\,t_2/C$$

式中　t_2——切合之间的最短时间间隔（s）。

c）放电电阻按长期运行条件考虑，有功损耗不应大于 1W/kvar。

10.4　安装

10.4.1 电容器（组）的连接电线应用软导线，截面应根据允许的载流量选取，电线的载流量可按下述确定：

单台电容器为其额定电流的 1.5 倍；

集中补偿为总电容电流的 1.3 倍。

10.4.2 电容器的安装环境，应符合产品的规定条件：

a）海拔不超过 1000m 的地区（非湿热带）可采用符合 GB/T 17886.1 标准规定的定型产品；

b）海拔在 1000m～5000m 的高原地区，应采用符合 GB/T 6915 标准规定的定型产品；

c）海拔在 1000m 以下的热带地区，应采用符合 GB/T 6916 标准规定的定型产品。

10.4.3 室内安装的电容器（组），应有良好的通风条件，使电容器由于热损耗产生的热量，能以对流和辐射散发出来。

10.4.4 室外安装的电容器（组），其安装位置，应尽量减小电容器受阳光照射的面积。

10.4.5 当采用中性点绝缘的星形连接组时，相间电容器的电容差不应超过三相平均电容值的 5%。

10.4.6 集中补偿的电容器组，宜安装在电容器柜内分层布置，下层电容器的底部对地面距离不应小于 300mm，上层电容器连线对柜顶不应小于 200mm，电容器外壳之间的净距不宜小于 100mm（成套电容器装置除外）。

10.4.7 电容器的额定电压与低压电力网的额定电压相同时，应将电容器的外壳和支架接地。当电容器的额定电压低于电力网的额定电压时，应将每相电容器的支架绝缘，且绝缘等级应和电力网的额定电压相匹配。

11 接地与防雷

11.1 工作接地
11.1.1 TT、TN-C 系统配电变压器低压侧中性点直接接地。

11.1.2 电流互感器二次绕组（专供计量者除外）一端接地。

11.2 保护接地
11.2.1 在 TT 和 IT 系统中，除Ⅱ类和Ⅲ类电器外，所有受电设备（包括携带式和移动式电器）外露可导电部分应装设保护接地。

11.2.2 在 TT 和 IT 系统中，电力设备的传动装置、靠近带电部分的金属围栏、电力配线的金属管、配电盘的金属框架、金属配电箱以及配电变压器的外壳应装设保护接地。

11.2.3 在 IT 系统中，装设的高压击穿熔断器应装设保护接地。

11.2.4 在 TN-C 系统中，各出线回路的保护中性线，其首末端、分支点及接线处应装设保护接地。

11.2.5 与高压线路同杆架设的 TN-C 系统中的保护中性线，在共敷段的首末端应装设保护接地。

11.3 接保护中性线
11.3.1 在 TN-C 系统中，除Ⅱ类和Ⅲ类电器外，所有受电设备（包括携带式、移动式和临时用电电器）的外露可导电部分应用保护线接保护中性线。

11.3.2 在 TN-C 系统中，电力设备的传动装置、配电盘的金属框架、金属配电箱，应用保护线接保护中性线。

11.3.3 在 TN-C 系统中，保护中性线的接法应正确，如图 3 所示，即是从电源点保护中性线上分别连接中性线和保护线，其保护线与受电设备外露可导电部分相连，严禁与中性线串接。

11.3.4 保护线应采用绝缘电线，其截面应能保证短路时热稳定的要求，如按表 3 选择时，一般均能满足热稳定要求，可不作校验。

11.4 接地电阻
11.4.1 工作接地和保护接地的电阻（工频）在一年四季中均应符合本规程的要求。

11.4.2 配电变压器低压侧中性点的工作接地电阻，一般不应大于 4Ω，但当配电变压器容量不大于 100kVA 时，接地电阻可不大于 10Ω。

11.4.3 非电能计量的电流互感器的工作接地电阻，一般可不大于 10Ω。

11.4.4 在 IT 系统中装设的高压击穿熔断器的保护接地电阻，不宜大于 4Ω，但当配电变压器容量不大于 100kVA 时，接地电阻可不大于 10Ω。

11.4.5 TN-C 系统中保护中性线的重复接地电阻，当变压器容量不大于 100kVA，且重复接地点不少于 3 处时，允许接地电阻不大于 30Ω。

11.4.6 TT 系统中，在满足 5.5.2～5.5.3 的情况下，受电设备外露可导电部分的保护接地电阻，可按下式确定：

$$R_e \leqslant \frac{U_{\text{1om}}}{I_{\text{op}}}$$

式中　R_e——接地电阻（Ω）；

U_{1om}——通称电压极限（V），在正常情况下可按 50V（交流有效值）考虑；

I_{op}——按 5.5.2～5.5.3 所确定的剩余电流保护器的动作电流（A）。

11.4.7　在 IT 系统中，受电设备外露可导电部分的保护接地电阻，必须满足：

$$R_e \leqslant \frac{U_{\text{1om}}}{I_k}$$

式中　R_e——接地电阻（Ω）；

U_{1om}——通称电压极限（V），在正常情况下可按 50V（交流有效值）考虑；

I_k——相线与外露可导电部分之间发生阻抗可忽略不计的第一次故障电流，I_k 值要计及泄漏电流（A）。

11.4.8　电力设备的传动装置、靠近带电部分的金属围栏、电力金属管配线、配电屏的金属框架、金属配电箱的保护接地电阻，在 TT 系统中应满足 11.4.6 的要求，在 IT 系统中应满足 11.4.7 的要求。

11.4.9　在 IT 系统中的高土壤电阻率的地区（沙土、多石土壤）保护接地电阻可允许不大于 30Ω。

11.4.10　不同用途、不同电压的电力设备，除另有规定者外，可共用一个总接地体，接地电阻应符合其中最小值的要求。

11.5　接地体和保护接地线

11.5.1　接地体可利用与大地有可靠电气连接的自然接地物，如连接良好的埋设在地下的金属管道、金属井管、建筑物的金属构架等，若接地电阻符合要求时，一般不另设人工接地体。但可燃液体、气体、供暖系统等金属管道禁止用作保护接地体。

11.5.2　利用自然接地体时，应用不少于两根保护接地线在不同地点分别与自然接地体相连。

11.5.3　人工接地体应符合下列要求：

a）垂直接地体的钢管壁厚不应小于 3.5mm；角钢厚度不应小于 4.0mm，垂直接地体不宜少于 2 根（架空线路接地装置除外），每根长度不宜小于 2.0m，极间距离不宜小于其长度的 2 倍，末端入地 0.6m。

b）水平接地体的扁钢厚度不应小于 4mm，截面不小于 48mm²，圆钢直径不应小于 8mm，接地体相互间距不宜小于 5.0m，埋入深度必须使土壤的干燥及冻结程度不会增加接地体的接地电阻值，但不应小于 0.6m。

c）接地体应做防腐处理。

11.5.4　在高土壤电阻率的地带，为能降低接地电阻，宜采用如下措施：

a）延伸水平接地体，扩大接地网面积；

b）在接地坑内填充长效化学降阻剂；

c）如近旁有低土壤电阻率区，可引外接地。

11.5.5　自被保护电器的外露可导电部分接至接地体地上端子的一段导线称为保护接地线（PEE），对保护接地线要求如下：

a）在 TT 系统中，保护接地线的截面应能满足在短路电流作用下热稳定的要求，如按

表 3 选择时，一般均能满足热稳定要求，可不做校验。

b）在 IT 系统中，保护接地线应能满足两相在不同地点产生接地故障时，在短路电流作用下热稳定的要求，如果满足了下述条件，即满足了本条要求：

1）接地干线的允许载流量不应小于该供电网中容量最大线路的相线允许载流量的 1/2。

2）单台受电设备保护接地线的允许载流量，不应小于供电分支相线允许载流量的 1/3。

c）在 TN-C 系统中，保护中性线的重复接地线，应满足 11.5.5（a）的规定。

11.5.6 采用钢质材料作保护接地线时，在 TT 系统中和 IT 系统中除分别满足 11.5.5 的规定外，其最小截面应符合表 21 的要求。

表 21　钢质保护接地线的最小规格　　　　　　　　　　mm, mm²

类　别	室　内	室　外	类　别	室　内	室　外
圆钢直径	5	6	扁钢厚度	3	4
扁钢截面	24	48	角钢厚度	2	2.5

11.5.7 采用铜铝线作保护接地线时，在 TT 系统中和 IT 系统中除分别满足 11.5.5 的规定外，其最小截面应符合表 22 的要求。不得用铝线在地下作接地体的引上线。

表 22　铜、铝保护接地线的最小截面　　　　　　　　　　　mm²

种　类	铜	铝	种　类	铜	铝
明设裸导线	4.0	6.0	电缆的保护接地芯线	1.0	1.5
绝缘电线	1.5	2.5	—		

11.5.8 钢质保护接地线与铜、铝导线的等效导电截面按表 23 确定。

表 23　钢、铝、铜的等效截面

扁　钢	铝（mm²）	铜（mm²）	扁　钢	铝（mm²）	铜（mm²）
15mm×2mm	—	1.3～2.0	40mm×4mm	25	12.5
15mm×3mm	6	3	60mm×5mm	35	17.5～25
20mm×4mm	8	5	80mm×8mm	50	35
30mm×4mm 或 40mm×3mm	16	8	100mm×8mm	75	47.5～50

11.6　接地装置的连接

11.6.1 接地装置的地下部分应采用焊接，其搭接长度：扁钢为宽度的 2 倍；圆钢为直径的 6 倍。

地下接地体应有引上地面的接线端子。

11.6.2 保护接地线与受电设备的连接应采用螺栓连接，与接地体端子的连接，可采用焊接或螺栓连接。采用螺栓连接时，应加装防松垫片。

11.6.3 每一受电设备应用单独的保护接地线与接地体端子或接地干线连接，该接地干线至少应有两处在不同地点与接地体相连。禁止用一根保护接地线串接几个需要接地的受电设备。

11.6.4 携带式、移动式电器的外露可导电部分必须用电缆芯线作保护接地线或作保护线。该芯线严禁通过工作电流。

11.7 接地装置形式及其计算电阻（工频）

11.7.1 配电变压器和车间、作坊的接地装置，宜采用复合式环形闭合接地网。

复合式环形闭合接地网的垂直接地体不少于 2 根，水平接地网面积不小于 100m^2 时，接地网的工频接地电阻可按下式计算：

$$R = \rho\left(\frac{1}{4r} + \frac{1}{L}\right)$$

式中　R——工频接地电阻（Ω）；

　　　r——接地网的等效半径（m）；

　　　L——水平接地体和垂直接地体的总长度（m）；

　　　ρ——土壤电阻率（$\Omega\cdot\text{m}$）。

ρ 的取值：砂质黏土为 100；黄土为 250；砂土为 500。

11.7.2 固定安装电器以及其他需作保护接地的设施，可根据周围地形和土壤种类参照表 24 选择接地型式。

表 24　人工接地装置工频接地电阻值

型式	简　图	材料尺寸（mm）及用量（m）				土壤电阻率 $\Omega\cdot\text{m}$		
		圆钢 ϕ20mm	钢管 ϕ50mm	角钢 50mm×50mm×5mm	扁钢 40mm×4mm	100	250	500
						工频接地电阻 Ω		
单根			2.5			30.2	75.4	151
						37.2	92.9	186
		2.5		2.5		32.4	81.0	162
2 根			5.0	5.0	2.5	10.0	25.1	50.2
					2.5	10.5	26.2	52.5
3 根			7.5	5.0	5.0	6.65	16.6	33.2
				7.5	5.0	6.92	17.3	34.6
4 根			10.0	7.5	7.5	5.08	12.7	25.4
				10.0	7.5	5.29	13.2	26.5
6 根			15.0		25.0	3.58	8.95	17.9
				15.0	25.0	3.73	9.32	18.6

11.8 防雷保护

11.8.1 在下列场所应装设符合 GB 11032 标准规定要求的低压避雷器：

a）多雷区（年平均雷电日大于 40 日的地区）和易受雷击地段的配电变压器低压侧各出线回路的首端；

b）在多雷区和易受雷击的地段，直接与架空电力线路相连的排灌站、车间和重要用户的接户线；

c）在多雷区和易受雷击的地段，架空线路与电缆或地埋线路的连接处。

11.8.2 在下列处所应将绝缘子铁脚接地：

　　a）在多雷区和易受雷击地段的接户线；

　　b）人员密集的教室、影剧院、礼堂等公共场所的接户线；

　　c）电动机的引接线。

11.8.3 防雷接地电阻，按雷雨季考虑，而且按工频值计及。

11.8.4 低压避雷器的接地电阻不宜大于10Ω。

11.8.5 绝缘子铁脚的接地电阻不宜大于30Ω，但在50m内另有接地点时，铁脚可不接地。

11.8.6 雷电区的划分见附录M。

12　临时用电

12.1 临时用电是指小型基建工地、农田基本建设和非正常年景的抗旱、排涝等用电，时间一般不超过6个月。临时用电不包括农业周期性季节用电，如脱粒机、小电泵、黑光灯等电力设备。

12.2 临时用电架空线路应满足的要求：

　　a）应采用耐气候型的绝缘电线（参见附录G），最小截面为6mm²；

　　b）电线对地距离不低于3m；

　　c）档距不超过25m；

　　d）电线固定在绝缘子上，线间距离不小于200mm；

　　e）如采用木杆，梢径不小于70mm。

12.3 临时用电应装设配电箱，配电箱内应配装控制保护电器、剩余电流动作保护器和计量装置。配电箱外壳的防护等级应按周围环境确定，防触电类别可为Ⅰ类或Ⅱ类。

12.4 如临时用电线路超过50m或有多处用电点时，应分别在电源处设置总配电箱，在用电点设置分配电箱，总、分配电箱内均应装设剩余电流动作保护器。

12.5 配电箱对地高度宜为1.3m～1.5m。

12.6 临时线路不应跨越铁路、公路（公路等级参见附录N）和一、二级通信线路，如需跨越时必须满足本标准6.7.4及6.7.5的规定。

附　录　A

（标准的附录）

电器外壳防护等级

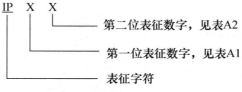

表A1　第一位表征数字

第一位表征数字	防　护　等　级	
	简　　述	含　　义
2	防止大于12mm的固体异物	能防止手指或长度不大于80mm的类似物体触及壳内带电部分或运动部件 能防止直径大于12mm的固体异物进入壳内

第一位表征数字	防 护 等 级	
	简 述	含 义
3	防止大于 2.5mm 的固体异物	能防止直径（或厚度）大于 2.5mm 的工具、金属线等进入壳内 能防止直径大于 2.5mm 的固体异物进入壳内
4	防止大于 1mm 的固体异物	能防止直径（或厚度）大于 1mm 的工具、金属线等进入壳内 能防止直径大于 1mm 的固体异物进入壳内
5	防尘	不能完全防止尘埃进入壳内，但进尘量不足以影响电器的正常运行
6	尘密	无尘埃进入

A2 第二位表征数字

第一位表征数字	防 护 等 级	
	简 述	含 义
0	无防护	无专门防护
1	防滴水	垂直滴水应无有害影响
2	15°防滴	当电器从正常位置的任何方向倾斜至 15°以内任一角度时，垂直滴水应无有害影响
3	防淋水	与垂直线成 60°范围以内的淋水应无有害影响
4	防溅水	承受任何方向的溅水应无有害影响
5	防喷水	承受任何方向的喷水应无有害影响
6	防海浪	承受猛烈的海浪冲击或强烈喷水时，电器的进水量应不致达到有害的影响

附 录 B
（标准的附录）
剩余电流动作保护器主要特性参数

B1 额定频率，Hz。

额定频率的优选值为 50Hz。

注：本附录内容依据国家标准 GB 6829 的规定。

B2 额定电压，U_N。

额定电压的优选值为 220、380V。

B3 辅助电源额定电压，U_{SN}。

辅助电源额定电压的优选值：

直流：12、24、48、60、110、220V。

交流：12、24、48、220、380V。

B4 额定电流，I_N。

额定电流优选值：

6、10、16、20、25、32、40、50、63、80、100、125、160、200A。

B5 额定剩余动作电流，$I_{\Delta on}$。

额定剩余电流的优选值为：

0.006、0.01、0.03、0.05、0.1、0.3、0.5A。

B6 额定剩余不动作电流（$I_{\Delta no}$）的优选值为 0.5$I_{\Delta n}$。

a）带短路保护的剩余电流动作保护器额定接通分断能力，如主电路接通分断应符合 GB 10963 的要求，如采用低压断路器时，应符合 GB 14048.2 的要求。

b）不带短路保护的剩余电流动作保护器的额定短路接通分断能力的最小值如表 B1 所示。

表 B1　额定短路接通分断能力的最小值

A

额定电流 I_N	额定短路接通分断电流 I_m
$I_N \leqslant 10$	500（300）
$10 < I_N \leqslant 50$	500
$50 < I_N \leqslant 100$	1000
$100 < I_N \leqslant 150$	1500
$150 < I_N \leqslant 200$	2000
$200 < I_N \leqslant 250$	2500
注：括号内的值目前仍允许使用。	

B7 主回路中不导致误动作的过流极限值。

在主回路没有剩余电流情况下，能够流过而不导致剩余电流动作保护器动作的最大电流值不应小于 6I_N（平衡或不平衡负载）。

附　录　C
（标准的附录）
额定电压 1kV 及以下架空绝缘电缆（GB 12527）标准

表 C1　架空绝缘电缆型号

型　号	名　　称	额定电压 U_0/U kV	芯　数	导体截面 mm²
JKV	架空铜芯聚氯乙烯绝缘电缆			
JKLV	架空铝芯聚氯乙烯绝缘电缆			
JKLH	架空铝合金芯聚氯乙烯绝缘电缆			
JKY	架空铜芯聚乙烯绝缘电缆			
JKLY	架空铝芯聚乙烯绝缘电缆	0.6/1.0	1, 2, 4	16～240/10～120
JKLHY	架空铝合金芯聚乙烯绝缘电缆			
JKYJ	架空铜芯交联聚乙烯绝缘电缆			
JKLYJ	架空铝芯交联聚乙烯绝缘电缆			
JKLHYJ	架空铝合金芯交联聚乙烯绝缘电缆			
注：J—架空线；V—聚氯乙烯；L—铝芯；Y—聚乙烯；H_L—铝合金；YJ—交联聚乙烯。				

表 C2　架空绝缘电缆结构和技术参数

导体标称截面 mm²	导体中最少单线根数 紧压圆 铜芯	导体中最少单线根数 紧压圆 铝、铝合金芯	导体外径（参考值） mm	绝缘标称厚度 mm	单芯电缆平均外径上限 mm	20℃时导体电阻不大于 Ω/km 铜芯 硬铜	20℃时导体电阻不大于 Ω/km 铜芯 软铜	20℃时导体电阻不大于 Ω/km 铝芯	20℃时导体电阻不大于 Ω/km 铝合金芯	额定工作温度时最小绝缘电阻率 MΩ·km 70℃	额定工作温度时最小绝缘电阻率 MΩ·km 90℃	电缆拉断力 N 硬铜芯	电缆拉断力 N 铝芯	电缆拉断力 N 铝合金芯
10	6	6	3.8	1.0	6.5	1.906	1.83	3.08	3.574	0.0067	0.67	3471	1650	2514
16	6	6	4.8	1.2	8.0	1.198	1.15	1.91	2.217	0.0065	0.65	5486	2517	4022
25	6	6	6.0	1.2	9.4	0.749	0.727	1.20	1.393	0.0054	0.54	8465	3762	6284
35	6	6	7.0	1.4	11.0	0.540	0.524	0.868	1.007	0.0054	0.54	11731	5177	8800
50	6	6	8.4	1.4	12.3	0.399	0.387	0.641	0.744	0.0046	0.46	16502	7011	12569
70	12	12	10.0	1.4	14.1	0.276	0.268	0.443	0.514	0.0040	0.40	23461	10354	17596
95	15	15	11.6	1.6	16.5	0.1999	0.193	0.320	0.371	0.0039	0.39	31759	13727	23880
120	18	15	13.0	1.6	18.1	0.158	0.153	0.253	0.294	0.0035	0.35	39911	17339	30164
150	18	15	14.6	1.8	20.2	0.128	—	0.206	0.239	0.0035	0.35	49505	21033	37706
185	30	30	16.2	2.0	22.5	0.1021	—	0.164	0.190	0.0035	0.35	61846	26732	46503
240	34	30	18.4	2.2	25.6	0.0777	—	0.125	0.145	0.0034	0.34	79823	34679	60329

表 C3　架空绝缘电缆在空气温度为 30℃时的长期允许载流量

导体标称截面 mm²	铜导体 A PVC	铜导体 A PE	铝导体 A PVC	铝导体 A PE	铝合金导体 A PVC	铝合金导体 A PE
16	102	104	79	81	73	75
25	138	142	107	111	99	102
35	170	175	132	136	122	125
50	209	216	162	168	149	154
70	266	275	207	214	191	198
95	332	344	257	267	238	247
120	384	400	299	311	276	287
150	442	459	342	356	320	329
185	515	536	399	416	369	384
240	615	641	476	497	440	459

注：1　PVC——聚氯乙烯为基材的耐气候性能的绝缘材料；

　　　PE——聚乙烯为基材的耐气候性能的绝缘材料。

　　2　当空气温度不为 30℃时，应将表中架空绝缘电线的长期允许载流量乘以校正系数 K，其值见表 C4。

表 C4　架空绝缘电线长期允许载流量的温度校正系数　　　　　　　　　　　　　K

在下列温度（℃）时载流量校正系数 K 的值									
−40	−30	−20	−10	0	+10	+20	+30	+35	+40
1.66	1.58	1.50	1.41	1.32	1.22	1.12	1.00	0.94	0.87

附　录　D
（标准的附录）
常用导线结构及技术指标

表 D1　铝　绞　线

标称截面 mm²	实际截面 mm²	结构尺寸 根数/直径 根/mm	计算直径 mm	20℃时直流电阻 Ω/km	拉断力 N	弹性系数 N/mm²	热膨胀系数 (10⁻⁶/℃)	载流量 A			计算质量 kg/km	制造长度 m
								70℃	80℃	90℃		
25	24.71	7/2.12	6.36	1.188	4	60	23.0	109	129	147	67.6	4000
35	34.36	7/2.50	7.50	0.854	5.55	60	23.0	133	159	180	94.0	4000
50	49.48	7/3.55	9.00	0.593	7.5	60	23.0	166	200	227	135	3500
70	69.29	7/3.55	10.65	0.424	9.9	60	23.0	204	246	280	190	2500
95	93.27	19/2.50	12.50	0.317	15.1	57	23.0	244	296	338	257	2000
95	94.23	19/4.14	12.42	0.311	13.4	60	23.0	246	298	341	258	2000
120	116.99	19/2.80	14.00	0.253	17.8	57	23.0	280	340	390	323	1500
150	148.07	19/3.15	15.75	0.200	22.5	57	23.0	323	395	454	409	1250
185	182.80	19/3.50	17.50	0.162	27.8	57	23.0	366	450	518	504	1000
240	236.38	19/3.98	19.90	0.125	33.7	57	23.0	427	528	610	652	1000
300	297.57	37/3.20	22.40	0.099	45.2	57	23.0	490	610	707	822	1000

注：资料来自 1989 年版工程师通用手册。

表 D2　钢 芯 铝 绞 线

标称截面 mm²	实际截面 mm²		铝钢截面比	结构尺寸 根数/直径 根/mm		计算直径 mm		直流电阻 20℃ Ω/km	拉断力 N	热膨胀系数 ×10⁻⁶ (1/℃)	弹性系数 N/mm²	载流量 A			计算质量 kg/km	制造长度 不小于 m
	铝	钢		铝	钢	导线	钢芯					70℃	80℃	90℃		
16	15.3	2.54	6.0	6/1.8	1/1.8	5.4	1.8	1.926	5.3	19.1	78	82	97	109	61.7	1500
25	22.8	3.80	6.0	6/2.2	1/2.2	6.6	2.2	1.289	7.9	19.1	89	104	123	139	92.2	1500
35	37.0	6.16	6.0	6/2.8	1/2.8	8.4	2.8	0.796	11.9	19.1	78	138	164	183	149	1000
50	48.3	8.04	6.0	6/3.2	1/3.2	9.6	3.2	0.609	15.5	19.1	78	161	190	212	195	1000
70	68.0	11.3	6.0	6/3.8	1/3.8	11.4	3.8	0.432	21.3	19.1	78	194	228	255	275	1000
95	94.2	17.8	5.03	28/2.07	7/1.8	13.68	5.4	0.315	34.9	18.8	80	248	302	345	401	1500
95	94.2	17.8	5.03	7/4.14	7/1.8	13.68	5.4	0.312	33.1	18.8	80	230	272	304	398	1500
120	116.3	22.0	5.3	28/2.3	7/2.0	15.20	6.0	0.255	43.1	18.8	80	281	344	394	495	1500
120	116.3	22.0	5.3	7/4.6	7/2.0	15.20	6.0	0.253	40.9	18.8	80	256	303	340	492	1500
150	140.8	26.6	5.3	28/2.53	7/2.2	16.72	6.6	0.211	50.8	18.8	80	315	387	444	598	1500
185	182.4	34.4	5.3	28/2.88	7/2.5	19.02	7.5	0.163	65.7	18.8	80	368	453	522	774	1500
240	228.0	43.1	5.3	28/3.22	7/2.8	21.28	8.4	0.130	78.6	18.8	80	420	520	600	969	1500
300	317.5	59.7	5.3	28/3.8	19/2	25.2	10.0	0.0935	111	18.8	80	511	638	740	1348	1500

附 录 E

（标准的附录）

环形预应力混凝土电杆标准检验弯矩

表 E1 环形预应力混凝土电杆标准检验弯矩

N·m

梢径（mm）荷重			φ100mm		φ130mm			
L（m）	L₁（m）	L₂（m）	50	75	75	100	125	150
6.0	4.75	1.0	2333.83	3490.94	3490.94	4657.85	5824.76	6981.87
6.5	5.15	1.1	2529.95	3785.12	3785.12	5050.09	6315.06	7570.23
7.0	5.55	1.2	2726.07	4079.30	4079.30	5442.33	6805.36	8158.59
7.5	6.0	1.25	—	—	4412.70	5883.60	7354.50	8825.40
8.0	6.45	1.3	—	—	4746.10	6324.87	7903.64	9492.21
8.5	6.85	1.4	—	—	—	—	—	—
9.0	7.25	1.5	—	—	—	—	—	10668.93

注：1 标准检验弯矩即支持点断面处弯矩，等于荷重乘以荷重点高度。
2 破坏弯矩为标准检验弯矩的两倍。
3 L 表示杆长；L_1 表示荷重点高度；L_2 表示支持点高度。
4 梢端至荷重点距离为 0.25m。

附 录 F

（标准的附录）

额定电压 450/750V 及以下农用直埋铝芯塑料
绝缘塑料护套电线 （JB 2171）标准

表 F1 型 号 和 名 称

型 号	名 称	适用地区
NLYV	农用直埋铝芯聚乙烯绝缘，聚氯乙烯护套电线	一般地区
NLYV-H	农用直埋铝芯聚乙烯绝缘，耐寒聚氯乙烯护套电线	一般及寒冷地区
NLYV-Y	农用直埋铝芯聚乙烯绝缘，防蚁聚氯乙烯护套电线	白蚁活动地区
NLYY	农用直埋铝芯聚乙烯绝缘，黑色聚乙烯护套电线	一般及寒冷地区
NLVV	农用直埋铝芯聚氯乙烯绝缘，聚氯乙烯护套电线	一般地区
NLVV-Y	农用直埋铝芯聚氯乙烯绝缘，防蚁聚氯乙烯护套电线	白蚁活动地区

注：横线前面字符，N 表示农用直埋，L 表示铝芯，Y 表示聚乙烯，V 表示聚氯乙烯；横线后面字符，H 表示防寒性，Y 表示防白蚁。

表 F2　规　格

标准截面 mm²	根数/单线标称直径 mm	绝缘标称厚度 mm		护套标称厚度 mm		平均外径 mm				20℃时导体电阻 Ω/km	绝缘电阻不小于 MΩ·km			
						非紧压导电线芯		紧压导电线芯			NLYV, NLYY NLYV-H, NLYV-Y		NLVV NLVV-Y	
		PE	PVC	PVC	PE	下限	上限	下限	上限	不大于	20℃	70℃	20℃	70℃
4	1/2.25	0.8		1.2		6.0	6.9	—	—	7.39	600	300	8	0.0085
6	1/2.76	0.8		1.2		6.4	7.4	—	—	4.91			7	0.0070
10	7/1.35	1.0		1.4		8.2	9.8			3.08			7	0.0085
16	7/1.70	1.0		1.4		9.2	10.9	9.1	10.9	1.91			6	0.0058
25	7/2.14	1.2		1.4		10.8	12.8	10.5	12.6	1.20	600	300	5	0.0050
35	7/2.52	1.2		1.6		12.2	14.4	11.8	14.1	0.868			5	0.0040
50	19/1.79	1.4		1.6		13.5	16.2	13.2	15.7	0.641			5	0.0045
70	19/2.14	1.4		1.6		15.0	18.5	14.8	17.4	0.443			5	0.0035
95	19/2.52	1.6		2.0		18.2	21.5	17.6	20.5	0.320			5	0.0035

表 F3　地埋线的允许载流量

标称截面 mm²	长期连续负荷允许载流量 A	标称截面 mm²	长期连续负荷允许载流量 A
4	31	35	135
6	40	50	165
10	55	70	205
16	80	95	250
25	105		

注：1. 土壤温度 25℃；

　　2. 导电线芯最高允许工作温度：65℃；

　　3. 如土壤温度不为 25℃时，允许载流量乘以温度校正系数，见表 F4。

表 F4　温 度 校 正 系 数

实际环境温度 ℃	校正系数 K	实际环境温度 ℃	校正系数 K
5	1.22	30	0.935
10	1.17	35	0.865
15	1.12	40	0.791
20	1.06	45	0.707
25	1.00	—	—

附　录　G

（标准的附录）

其他用途的绝缘电线

G1　额定电压 300/500V 及以下橡皮绝缘固定敷设电线（JB/DQ 7141 标准）见表 G1、表 G2。

表 G1 额定电压 300/500V 及以下橡皮绝缘固定敷设电线

型 号	名 称	主 要 用 途
BXW	铜芯橡皮绝缘氯丁护套电线	适用于户内明敷和户外
BLXW	铝芯橡皮绝缘氯丁护套电线	特别是寒冷地区
BXY	铜芯橡皮绝缘黑色聚乙烯护套电线	适用于户内穿管和户外
BLXY	铝芯橡皮绝缘黑色聚乙烯护套电线	特别是寒冷地区
注： B表示固定敷设，X表示橡皮绝缘，W表示氯丁护套，Y表示聚乙烯护套，L表示铝芯，铜芯无字符表示。		

表 G2 BXW、BLXW、BXY、BLXY 型橡皮绝缘电线

导体标称截面 mm²	导电线芯根数/单线标称直径 mm/mm	绝缘与护套厚度之和标称值 mm	绝缘最薄点厚度不小于 mm	护套最薄点厚度不小于 mm	平均外径上限 mm	20℃时导体电阻不大于 Ω/km		
						铜芯	镀锡铜芯	铝芯
0.75	1/0.97	1.0	0.4	0.2	3.9	24.5	24.7	—
1.0	1/1.13	1.0	0.4	0.2	4.1	13.1	18.2	—
1.5	1/1.38	1.0	0.4	0.2	4.4	12.1	12.2	—
2.5	1/1.78	1.0	0.6	0.2	5.0	7.41	7.56	11.8
4	1/2.25	1.0	0.6	0.2	5.6	4.61	4.70	7.39
6	1/2.76	1.2	0.6	0.25	6.8	3.08	3.11	4.91
10	7/1.35	1.2	0.75	0.25	8.3	1.83	1.84	3.08
16	7/1.70	1.4	0.75	0.25	10.1	1.15	1.16	1.91
25	7/2.14	1.4	0.9	0.30	11.8	0.727	0.731	1.20
35	7/2.52	1.6	0.9	0.30	13.8	0.524	0.529	0.868
50	19/1.78	1.6	1.0	0.30	15.4	0.387	0.391	0.641
70	19/2.14	1.8	1.0	0.35	18.2	0.263	0.270	0.443
95	19/2.52	1.8	1.1	0.35	20.6	0.193	0.195	0.320
120	37/2.03	2.0	1.2	0.40	23.0	0.153	0.154	0.253
150	37/2.25	2.0	1.3	0.40	25.0	0.124	0.126	0.206
185	37/2.52	2.2	1.3	0.40	27.9	0.0991	0.100	0.164
240	61/2.25	2.4	1.4	0.40	31.4	0.0754	0.0762	0.125

G2 橡皮绝缘编织软电线（GB 3958）

适用于交流 300V 及以下室内照明灯具、家用电器和工具的绝缘电线型号，如表 G3、G4、G5 所列。

表 G3 RX 型 软 电 线

标称截面 mm²	导电线芯结构根数/单线直径 mm	绝缘标称厚度 mm	电线外径 mm				直流电阻不大于 Ω/km	
			2 芯		3 芯			
			最小	最大	最小	最大	不镀锡铜芯	镀锡铜芯
0.3	16/0.15	0.6	4.1	6.0	4.3	6.4	71.3	73.0
0.4	23/0.15	0.6	4.5	6.4	4.8	6.9	49.6	51.1
0.5	28/0.15	0.8	5.4	7.6	5.7	8.1	40.2	41.3

标称截面 mm²	导电线芯 结构根数/ 单线直径 mm	绝缘标称 厚度 mm	电线外径　mm				直流电阻不大于 Ω/km	
			2 芯		3 芯		不镀锡铜芯	镀锡铜芯
			最小	最大	最小	最大		
0.75	42/0.15	0.8	5.8	8.0	6.2	8.6	26.8	27.5
1	32/0.20	0.8	6.2	8.4	6.6	9.0	20.1	20.6
1.5	43/0.20	0.8	8.8	9.0	7.2	9.6	13.7	14.1
2.5	77/0.20	1.0	9.3	12.1	10.0	13.0	8.2	8.46
4	126/0.20	1.0	10.4	13.3	11.1	14.3	5.1	5.24

表 G4　RXH 型 软 电 线

标称截面 mm²	导电线芯 结构根数/ 单线直径 mm	绝缘标称 厚度 mm	电线外径　mm				直流电阻不大于 Ω/km	
			2 芯		3 芯		不镀锡铜芯	镀锡铜芯
			最小	最大	最小	最大		
0.3	16/0.15	0.6	4.3	5.7	4.6	6.1	69.2	71.2
0.4	23/0.15	0.6	4.7	6.1	5.0	6.5	48.2	49.6
0.5	28/0.15	0.6	4.9	6.3	5.2	6.7	39.0	40.1
0.75	42/0.15	0.6	5.4	6.8	5.7	7.2	26.0	26.7
1.0	32/0.20	0.6	5.7	7.2	6.1	7.6	19.5	20.0
1.5	43/0.20	0.6	7.1	8.7	7.6	9.3	13.3	13.7
2.5	77/0.20	0.8	9.8	11.6	10.5	12.4	7.98	8.21
4.0	126/0.20	0.8	10.9	12.7	11.7	13.6	4.95	5.09

注：H 表示橡皮保护层总编织圆形。

表 G5　RXS 型 软 电 线

标称截面 mm²	导电线芯结构 根数/单线直径 mm	绝缘标称 厚度 mm	每根编织绝缘线芯 平均外径最大值 mm	软电线直流电阻不大于 Ω/km	
				不镀锡铜芯	镀锡铜芯
0.3	16/0.15	0.6	3.0	69.2	71.2
0.4	23/0.15	0.6	3.1	48.2	49.6
0.5	28/0.15	0.6	3.2	39.0	40.1
0.75	42/0.15	0.6	3.4	26.0	26.7
1	32/0.20	0.6	3.6	19.5	20.0
1.5	43/0.20	0.8	4.4	13.3	13.7
2.5	77/0.20	0.8	5.2	7.98	8.21
4	126/0.20	0.8	5.7	4.95	5.09

注：R 表示软电线，X 表示橡皮绝缘，S 表示编织双绞。

附 录 H

（提示的附录）

按防触电方式的电器分类

H1 0 类电器

依靠基本绝缘来防止触电危险的电器。它没有接地保护的连接手段。

H2 Ⅰ 类电器

该类电器的防触电保护不仅依靠基本绝缘，而且还需要一个附加的安全预防措施。其方法是将电器外露可导电部分与已安装在固定线路中的保护接地导体连接起来。

H3 Ⅱ 类电器

该类电器在防触电保护方面，不仅依靠基本绝缘，而且还有附加绝缘。在基本绝缘损坏之后，依靠附加绝缘起保护作用。其方法是采用双重绝缘或加强绝缘结构，不需要接保护线或依赖安装条件的措施。

H4 Ⅲ 类电器

该类电器在防触电保护方面，依靠安全电压供电，同时在电器内部任何部位均不会产生比安全电压高的电压。

附 录 I

（提示的附录）

农村常用低压电器型号及技术数据

表 I1　HK2 系列开启式负荷开关（瓷底胶盖熔断器式触刀开关）

额定电流 A	极数	额定电压 V	控制异步电动机功率 kW	熔体额定电流 A	熔体最大分断电流（$\cos\varphi = 0.6$） A
10	2	250	1.1	10	500
15	2	250	1.5	15	500
30	2	250	3.0	30	1000
15	3	380	2.2	15	500
30	3	380	4.0	30	1000
60	3	380	5.5	60	1500

注：开关触刀最大分断能力，当 $\cos\varphi = 0.6$ 时，为额定电流的 2 倍。

表 I2　HH10□ 系列开关熔断器组

型号规格	额定电流　A		接通电流 I A	分断电流 I_c A	接通电压 V	熔断短路电流 kA
	AC-21、AC-22	AC-23				
HH10□-20	20	8	80	64		
HH10□-32	32	14	140	112	1.1×415	50
HH10□-63	63	25	250	200		
HH10□-100	100	40	400	320		

型号规格	额定电流　A	接通电流　A		分断电流　A		熔断短路电流 kA
	AC-22、AC-23	AC-22	AC-23	AC-22	AC-23	
HH11□-100	100	300	400	300	320	
HH11□-200	200	600	800	600	640	
HH11□-315	315	945	1000	945	800	50
HH11□-400	400	1200	1300	1200	1000	

注：1. AC-21 表示通断电阻性负荷，包括适当过负荷；
　　2. AC-22 表示通断电阻和电感混合负荷，包括适当的过负荷；
　　3. AC-23 表示通断电感性负荷、电动机负荷。

表 I4　RT14 系列有填料封闭管式圆筒形熔断器

额定电压 V	额定电流　A		额定分断能力		熔体耗散功率 W
	支持件	熔　断　体	kA	$\cos\varphi$	
	20	2、4、6、10、16、20			≤3
380	32	2、4、6、10、16、20、25、32	100	0.1～0.2	≤5
	63	10、16、20、25、32、40、50、63			≤9.5

熔体额定电流 I_N A	约定时间 h	约定不熔断电流 I_{Nf}	约定熔断电流 I_f
		A	A
$I_N \leqslant 4$		1.5I_N	2.1 I_N
$4 < I_N \leqslant 10$	1		1.9 I_N
$10 < I_N \leqslant 25$		1.4 I_N	1.75 I_N
$25 < I_N \leqslant 63$		1.3 I_N	1.6 I_N

表 I5　QJ10 系列自耦减压起动器

型　号	被控 Y 系列 电动机功率 kW	Y 系列电动 机额定电流 A	热继电器 动作电流 A	一次或数次连 续起动时间 s
QJ10-11	11	24.6	24.6	
QJ10-15	15	31.4	31.4	30
QJ10-18.5	18.5	37.6	37.6	
QJ10-22	22	43	43	
QJ10-30	30	58	58	40
QJ10-37	37	71.8	71.8	
QJ10-45	45	85.2	85.2	
QJ10-55	55	105	105	60
QJ10-75	75	142	142	

型　号	控制功率 kW	额定电压 V	额定电流 A	热元件动作电流 A	延时调节范围 s	短时工作操作频率 次/h
QX4-17	17	380	33	19	13	30
QX4-30	30	380	58	34	17	30
QX4-55	55	380	105	61	24	30
QX4-75	75	380	142	85	30	30
QX4-125	125	380	260	100～160	14～60	30

表 I7　万能式（框架式）空气断路器

型　号	壳架等级额定电流 A	可选定额定电流 I_N A	额定通断能力 kA	保护功能		操作方法	
				过负荷	短路	手动	电动
DW10-200	200	100、150、200	10	√	√	√	√
DW10-400	400	100、150、200、250、300、350、400	15	√	√	√	√
DW10-600	600	500、600	15	√	√	√	
DW10-1000	1000	400～1000	20	√	√	√	电磁铁
DW15-200	200	100、160、200	200/50	√	√	√	电磁铁
DW15-400	400	200、315、400	250/88	√	√	√	电磁铁
DW15-630	630	315、400、630	300/126	√	√	√	电磁铁
DW15-1000	1000	630、800、1000	400/300	√	√	√	电动

注：分子为瞬时通断能力，分母为延时通断能力。

表 I8　塑壳式空气断路器

型　号	壳架等级额定电流 A	可选定额定电流 I_N A	额定通断能力 kA	保护功能		操作方法	
				过负荷	短路	手动	电动
DZ10-100	100	15、20、25、50、100	6、9、12	√	√	√	×
DZ10-250	250	100、120、140、170、200、225、250	30①	√	√	√	√
DZ10-600	600	200、250、300、350、400、500、600	50①	√	√	√	√
DZ15-40	40	6、10、15、20、30、40	2.5	√	√	√	×
DZ15-60	60	10、15、20、40、60	5.0	√	√	√	
DZ20-100	100	16、20、32、48、50、63、80、100	18	√	√	√	
DZ20-200	200	100、125、160、180、200	25	√	√		
DZ20-400	400	200、250、315、400	42	√	√	·	
DZ20-630	630	400、500、600	30	√	√		
DZ20-1250	1250	630、700、800、1000、1250	50	√	√		
DZ12	60	15、20、30、40、50、60	3.0	√	√	√	
DZX19-63	63	10、20、30、40、50、63	10	√	√	√	

① DZ10 的通断能力为短路峰值。

表 I9 交 流 接 触 器

| 型　号 | 额定绝缘电压 V | AC-1 | | AC-2 | | AC-3 I 类 AC-4 | | 额定控制功率 AC-3 kW |
| | | 额定电压 220V、380V | | 额定电压 220V、380V | | 额定电压 220V、380V | | |
		额定电流 A	操作频率 次/h	额定电流 A	操作频率 次/h	额定电流 A	操作频率 次/h	
CJ20-10	660	10	1200	—	—	10	1200/300	2.2
CJ20-16	660	16	1200	—	—	16	1200/300	4.5
CJ20-25	660	32	1200	—	—	25	1200/300	5.5
CJ20-40	660	55	1200	—	—	40	1200/300	11.0
CJ20-63	660	80	1200	63	300	63	1200/300	18.0
CJ20-100	660	125	1200	100	300	100	1200/300	28.0
CJ20-160	660	200	1200	160	300	160	1200/300	48.0
CJ20-250	660	315	600	250	300	250	600/30	80.0
CJ20-400	660	400	600	400	300	400	600/30	115.0
CJ20-630	660	630	600	630	300	630	600/30	175.0

注：表中操作频率栏中，分子是 AC-3 I 类，分母是 AC-4 类。

表 I10 低压无间隙金属氧化物避雷器

| 避雷器额定电压（有效值） kV | 系统额定电压（有效值） kV | 避雷器持续运行电压（有效值） kV | 标称放电电流 1.5kA | |
			雷电冲击电流残压（峰值）不大于 kV	直流（mA）参考电压不小于 kV
0.28	0.22	0.240	1.3	0.6
0.500	0.38	0.420	2.6	1.2

附 录 J
（提示的附录）
典 型 气 象 区

表 J1 典型气象区

气　象　区		I	II	III	IV	V	VI	VII
大气温度 ℃	最高	+40						
	最低	−5	−10	−5	−20	−20	−40	−20
	导线覆冰	—	−5					
	最大风	+10	+10	−5	−5	−5	−5	−5
风速 m/s	最大风	30	25	25	25	25	25	25
	导线覆冰	10						
	最高、最低气温	0						
覆冰厚度，mm		—	5	5	5	10	10	15
冰的密度		0.9						

注：最大风速系指离地面 10m 高、10 年一遇 10min 平均最大值。

附 录 K

（提示的附录）

架空线路污秽分级标准（GB 50061 标准）

污秽等级	污 秽 条 件			瓷绝缘单位泄漏距离 cm/kV	
	污 秽 特 征		盐密 mg/cm³	中性点直接接地	中性点非直接接地
0	大气清洁地区及离海岸 50km 以上地区		0～0.03（强电解质） 0～0.06（弱电解质）	1.6	1.9
1	地区轻度污染地区或地区中等污染地区 盐碱地区，炉烟污秽地区，离海岸 10km～50km 的地区，在污闪季节中干燥少雾（含毛毛雨）或雨量较多时		0.03～0.10	1.6～2.0	1.9～2.4
2	大气中等污染地区：盐碱地区，炉烟污秽地区，离海岸 3km～10km 地区，在污闪季节潮湿多雾（含毛毛雨），但雨量较少时		0.05～0.10	2.0～2.5	2.4～3.0
3	大气严重污染地区：大气污秽而又有重雾的地区，离海岸 1km～3km 地区及盐场附近重盐碱地区		0.10～0.25	2.5～3.2	2.4～3.0
4	大气特别污染地区：严重盐雾侵袭地区，离海岸 1km 以内地区		＞0.25	3.2～3.8	3.8～4.5

附 录 L

（提示的附录）

弱 电 线 路 等 级

一级——首都与各省（市）、自治区政府所在地及其相互间联系的主要线路；首都至各重要工矿城市、海港的线路以及由首都通达国外的国际线路；由邮电部指定的其他国际线路和国防线路。

铁道部与各铁路局及各铁路局之间联系用的线路；以及铁路信号自动闭塞装置专用线路。

国家电力公司与各网、省电力公司的中心调度所以及国家电力公司中心调度所联系的线路；各网、省电力公司之间及其内部的多通道回路、遥控线路。

二级——各省（市）、自治区政府所在地与各地（市）、县及其相互间的通信线路；相邻两省（自治区）各地（市）、县相互间的通信线路；一般市内电话线路。

铁路局与各站、段及站段相互间的线路，以及铁路信号闭塞装置的线路。

各网、省电力公司的中心调度所与各地（市）电力公司调度所及各主要发电厂和变电所联系的线路、遥测线路。

三级——县至乡、镇、村的县内线路和两对以下的城郊线路；铁路的地区线路及有线广播线路。

各网、省电力公司所属的其他弱电流线路。

其他各部门及机关（包括军事机关）所属弱电流线路等级可参照本附录与有关单位磋商确定。

附 录 M
（提示的附录）
雷 电 区 划 分

雷电区名称	年平均雷暴日数（日）
少雷区	不超过 15
多雷区	超过 40
雷电活动特殊强烈区	超过 90 或根据运行经验雷害特别严重地区

附 录 N
（提示的附录）
公 路 等 级

高速公路：专供汽车分向、分车道行驶，并全部控制出入的干线公路。

四车道：一般能适应按各种汽车折合成小客车的远景设计年限 20 年，年平均昼夜交通量为 25000～55000 辆。

六车道：一般能适应按各种汽车折合成小客车的远景设计年限 20 年，年平均昼夜交通量为 45000～80000 辆。

八车道：一般能适应按各种汽车折合成小客车的远景设计年限 20 年，年平均昼夜交通量为 60000～100000 辆。

一级公路：供汽车分向、分车道行驶的公路。一般能适应按各种汽车折合成小客车的远景设计年限 20 年，年平均昼夜交通量为 15000～30000 辆。

二级公路：一般能适应按各种车辆折合成中型载重汽车的远景设计年限 15 年，年平均昼夜交通量为 3000～7500 辆。

三级公路：一般能适应按各种车辆折合成中型载重汽车的远景设计年限 10 年，年平均昼夜交通量为 1000～4000 辆。

四级公路：一般能适应按各种车辆折合成中型载重汽车的远景设计年限 10 年，年平均昼夜交通量为：双车道 1500 辆以下，单车道 200 辆以下。

附 录 O
（提示的附录）
名 词 术 语

受电设备　The electric power acceptor

与低压电力网有电气连接的一切设备，它包括：

1）供给用户电能时需要设置的电路、监测、控制、保护、计量等电器；

2）将电能转换为其他能源的电器。

中性线　The neutral wire

字符 N，与变压器低压侧中性点连接用来传输电能的导线。

保护线　The protective wire

字符 PE，在某些故障情况下电击保护用的电线，在本规程中系指在 TN-C 系统中受电设备外露可导电部分与保护中性线连接的电线。

保护中性线　The protective neutral lead

字符 PEN，起中性线与保护线两种作用的导线。

保护接地线　The protective earthing lead

字符 PEE，在某些故障情况下电击保护用的电线，在本规程中系指在 TT 系统与 IT 系统中受电设备外露可导电部分与接地体地面上的接线端子连接的导线。

外露可导电部分　Exposed conductive part

受电设备能被触及的可导电部分，它在正常时不带电，但在故障情况下可能带电。

直接接触　Direct contact

人或家畜与带电部分的接触。

间接接触　Indirect contact

人或家畜与故障情况下已带电的外露可导电部分的接触。

接触电压　Contact voltage

绝缘损坏时能同时触及部分之间出现的电压。

预期接触电压　The anticipative contact voltage

在受电设备中发生阻抗可忽略不计的故障时，可能出现的最高接触电压。

通称电压极限　The generally called voltage limit

在正常情况下人能允许的最高接触电压的极限。一般为交流 50V（有效值），特殊情况下可能低于此值。

耐气候型绝缘电线　The climate bearable insulated wire

系指符合 JB/DQ 7147 规定的绝缘电线。

剩余电流　The remnant current

系指通过剩余电流保护器主回路的电流矢量和。

分级保护　The classified protection

由剩余电流总保护、剩余电流中级保护和剩余电流末级保护组成的保护系统。

保护器分断时间　The disjunction time of the protection instrument

为了切断电路使剩余电流保护器的主触头从闭合位置转换到打开位置的动作时间。

额定剩余动作电流　The rated remnant operant current

在规定的条件下使剩余电流保护器动作的电流。

弱电线路　The light current circuitry

系指电报、电话、有线广播、信号等线路。

净空距离　The headroom distance

架空线路的导线、过引线、引下线在最大风偏时，过引线、引下线之间或导线、过引线、引下线对电杆、拉线的空间相对几何尺寸。

电气间隙　The electric clearance

两导体部件间的最短直线距离。

爬电距离　The creepage distance

在两个导体之间，沿绝缘材料表面的最短距离。

污秽　Nastiness

任何附加的外界固态、液态或气态（游离气体）的物质，凡能使绝缘的电气强度或绝缘电阻降低，均称作污秽。

电感性无功负荷　Inductive character reactive termination

在负荷电路里，电流与电压不同相，电流滞后电压90°相位角，负荷与电源之间仅是相互传递功率而不消耗电能。

电容性无功负荷　Capacitive reactive termination

在负荷电路里，电流与电压不同相，电压滞后电流90°相位角，负荷与电源之间仅是相互传递功率而不消耗电能。

就地补偿　Retrieve on the spot

在供给电感性无功负荷时，尽量使无功电流不在电路里相互传递，或者减少其传递量值和传递距离，为此在感性负荷的就近处对所需的无功电流进行适量补偿。

机械负荷惯性　The inertia of the mechanical load

泛指物体（或机械器具）从静止状态转变为运动状态时所需力或力矩的大小程度。

放电电阻　Discharge resistance

当电容器从电源断开后能有效地把电容器上的剩余电压降低到安全值之下装设的电阻。

切合电阻　The cutoff and close resistance

为了降低电容器（组）投合时的涌流和防止开关重燃而引起的过电压而装设的电阻。

涌流　Surge current

当电容器（组）投入回路时可能产生高频率和高幅值的过渡过电流。

残压　Residual voltage

当电容器（组）断电并放电到一定时限（本规程规定为1min）后其端子上残存的电压（本规程规定为75V）。

自激过电压　Self-excitation excess voltage

电动机退出运行时，电容器对其定子绕组放电产生的过电压。

工作接地　Working earthing

电力网运行时需要的接地，如配电变压器低压侧中性点的直接接地等。

保护接地　Protective earthing

为防止人身触电而作的接地，如TT系统、IT系统中受电设备外露可导电部分所作的接地。

防雷接地　Lightningproof earthing

为将雷电流泄入大地而作的接地，如线路绝缘子的铁脚接地等。

接地电阻　Earthing resistance

电流经金属接地体流入大地土壤时呈现的电气阻力，其值等于接地体的对地电压与通过接地体流入大地电流的比值。

如果通过接地体流入大地的电流是50Hz（我国的电能频率是50Hz）的交变电流，则呈现的电气阻力即称作工频接地电阻。

如果通过接地体的电流是雷电流，则呈现的电气阻力即称作雷电接地电阻或冲击接地电阻。

雷电日　Thunder day

在一天 24h 内，如果发生了雷电现象，不管其雷电的次数是多少，就算一个雷电日。

泄漏电流　Leakage current

系指网络中各相导线通过绝缘阻抗向大地泄漏的电流。

高土壤电阻率地带　High soil resistivity area

系指土壤电阻率 $\rho \geqslant 500\Omega \cdot m$ 的地区。

低土壤电阻率地带　Low soil resistivity area

系指土壤电阻率 $\rho \leqslant 200\Omega \cdot m$ 的地区。

导电能力　Conducting power

系指金属导体通过电流的难易程度，用导电率表示。

携带式电器　Carriable electrical equipment

非固定使用，工作需要时可随身携带至任何地点的电器。

固定式电器　Fixed electrical equipment

固定使用或质量超过 18kg 又无携带手柄的电器。

移动式电器　Movable type electrical equipment

非长期固定使用，工作时可以移动或在连接电源后能容易地从一处移到另一处的电器。

附　录　P

（提示的附录）

本规程表示严格程度的用词说明

P1　执行本规程条文时，要求严格程度的用词，说明如下，以便在执行中区别对待。

P1.1　表示很严格，非这样做不可的用词：

正面词一般采用"必须"；

反面词一般采用"严禁"。

P1.2　表示严格，在正常情况下均应这样做的用词：

正面词一般采用"应"；

反面词一般采用"不应"或"不得"。

P1.3　表示允许稍有选择，在条件许可时首先应这样做的用词：

正面词一般采用"宜"或"一般"；

反面词一般采用"不宜"。

P1.4　表示一般情况下均应这样做，但硬性规定这样做有困难时，采用"应尽量"。

P1.5　表示允许有选择，在一定条件下可以这样做的，采用"可"。

P2　条文中必须按指定的标准、规范或其他有关规定执行的写法为"按……执行"或"符合……要求"。非必须按所指的标准、规范或其他规定执行的写法为"参照……"。

农电事故调查统计规程

DL/T 633—1997

输配电和供用电卷

目　　次

前　言

《农电事故调查统计规程》（以下简称"本规程"）是根据电力工业部 1996 年电力行业标准计划项目（技综〔1996〕40 号文）的安排制定的，在编写格式和规则上遵照 GB/T 1《标准化工作导则》及 DL/T 600—1996《电力标准编写的基本规定》。

农电是电力工业的重要组成部分，农电的安全生产和农村的安全用电，直接关系到农业现代化建设、农村经济发展和农民生活水平提高，也是农电企业提高自身经济效益的基础。为在农电系统贯彻"安全第一，预防为主"的方针，确保人身、电网和设备的安全，必须有一个指导、规范事故调查统计工作的文件，但是农电系统在执行 DL 558—94《电业生产事故调查规程》的过程中遇到一些困难，严重影响农电事故的调查统计工作，迫切需要制订一部适用于我国农电系统的事故调查规程。为此，电力工业部水电开发与农村电气化司组织部分网、省（区）农电部门的有关专家，经多次讨论、研究，制定了本规程。在编制本规程的过程中，严格按照 DL 558—94《电业生产事故调查规程》的要求和规定，使本规程的条文适合于我国农电生产和农村用电的特点。

本规程提出了农电生产及农村用电过程中发生事故后的调查统计办法，并对 DL 493—92《农村安全用电规程》第 7.9 条款中的一些叙述不准确的条文给予纠正。通过本规程的执行，可以全面反馈事故信息，总结事故教训，研究事故发生规律，为提高农电生产和农村用电的安全水平，提供科学、可靠的依据。

本规程由电力工业部水电开发与农村电气化司提出

本规程由电力工业部农村电气化标准化技术委员会归口

本规程起草单位：电力工业部农村电气化司

本规程主要起草人：李淑英、贺信健、章绍敬、黄乃元、王光德、张莲瑛、赵孟祥

本规程由电力工业部农村电气化司负责解释

农电事故调查统计规程

1 范围

本规程是对农电生产事故和农村触电死亡事故进行调查、分析和统计工作的依据。

本规程适用于全国农电系统的企事业单位及其电（热）力用户。

2 引用标准

下列标准所包含的条文，通过在本标准中引用而构成为本标准的条文。本标准出版时，所示版本均为有效。所有标准都会被修订，使用本标准的各方应探讨使用下列标准最新版本的可能性。

DL 499—92　农村低压电力技术规程

DL 558—94　电业生产事故调查规程

3 总则

3.1　发生事故必须按本规程上报并立即进行调查分析。调查分析事故必须实事求是，尊重科学，严肃认真。要坚持做到事故原因不清楚不放过，事故责任者和应受教育者没有受到教育不放过，没有采取防范措施不放过（以下简称"三不放过"原则）。

3.2　农电部门的各级领导应负责贯彻执行本规程，积极支持安全监察（以下简称"安监"）机构和安监人员监督本规程的实施，不得擅自修改和违反。各有关部门应按本规程做好相应的工作。

安监人员应认真做好农电生产和农村用电全过程的安全监察和宣传工作，并有权利、有责任直接向上级安监部门反映在贯彻执行本规程过程中出现的情况和问题。

3.3　农电生产和农村用电中发生的事故，凡涉及电力规划、设计、制造、施工安装等有关单位和个人时，均应通过事故调查和原因分析，进行事故责任追溯，指出存在的问题和应负的责任；追溯期限以合同保证期为限，合同没有规定的以该设备投产后两年为限。对构成治安处罚或刑事犯罪的，由公安机关或司法机关给予处罚或追究刑事责任。

4 事故

4.1 农电生产事故的确定

发生下列情况之一的，定为农电生产事故。

4.1.1　产权属县电力企业或由其代管的 20kV 以上的设备，造成非计划停运、降低出力或对用户少送电（热）者。

4.1.2　农电职工（包括本企业的固定职工、合同制职工和从本企业成本中支付报酬的各种用工形式的人，以下统称"职工"），发生符合 DL 558 中 2.1.1 所述情况者。

4.1.3　经济损失。

4.1.3.1　造成发供电设备、仪器仪表或施工机械损坏，修复或重置发生的总费用达到 5 万元者。

4.1.3.2 生产原料流失，如油、酸、碱、树脂等泄漏，或生产用车辆、运输工具等损坏，造成直接经济损失达到 2 万元者。

4.1.3.3 生产区域发生火灾，直接经济损失超过 1 万元者。

4.1.4 配电事故。

4.1.4.1 由县电力企业管理（含代管）的 20kV 及以下高压配电设备，由于本企业的责任发生下列情况之一，且仅造成少送电量时，定为配电事故。

    a）高压配电线路的倒杆断线；

    b）配电变压器损坏，且 24h（山区或边远地区可延长到 36h）不能恢复送电者；

    c）高压配电线路的柱上开关损坏，且 24h（山区或边远地区可延长到 36h）不能恢复送电者；

    d）电力电缆（含电缆头）发生爆炸者；

    e）处理故障过程中因判断错误引发对用户少送电量者；

    f）设备异常，被迫停止运行超过 36h 者；

    g）一切误操作（含调度端的远动误操作）。

4.1.4.2 由县电力企业管理（含代管）的 66kV 及以下直配线路（或用户专用线，包括电缆）或直配变压器发生故障构成事故时，亦定为配电事故。

4.1.5 经本企业认定并经主管单位核准的其他事故。

4.1.6 同一原因引起多次事故的认定。

4.1.6.1 发电厂由于燃料质量差或雨天煤湿等原因，在一个运行班的值班时间内，发生多次灭火停炉、降低出力时，可定为 1 次事故。

4.1.6.2 一条线路由于同一原因在 4h 内发生多次跳闸事故时，可定为 1 次事故。

4.1.6.3 同一供电企业，由于自然灾害，如覆冰、暴风、水灾、火灾、地震、泥石流等原因，发生多条线路、多个变电所跳闸停电时，可定为 1 次事故，但须得到主管单位的认可。

4.1.7 一次事故涉及几个单位时的事故认定。

4.1.7.1 一个单位发生的事故扩大成系统事故时，除该单位应定为 1 次事故外，管辖该系统的调度部门亦应定为 1 次系统事故。

4.1.7.2 一个单位发生事故时，系统内另一个单位或几个单位由于本单位的过失又造成异常运行并构成事故者，称为派生事故，派生事故亦应定为 1 次事故。

4.1.7.3 输电线路发生瞬时故障时，由于继电保护或断路器失灵，在断路器跳闸后拒绝重合，对管辖该继电保护或断路器的单位应定为电气（变电）事故；如果输电线路发生永久性故障，虽然继电保护或断路器失灵而未能重合，则只对管辖该线路的单位定为输电事故。

4.1.7.4 配电线路发生故障，并扩大为发电厂或变电所的母线停电或主变压器停电时，对于供电企业，定为 1 次变电事故；对于发电厂，则定为 1 次电气事故。

4.1.7.5 由两个及以上供电企业负责维修的同一线路发生故障跳闸构成事故时，如果各企业经过检查均未发现故障点，应分别定为 1 次事故。

4.1.7.6 由于调度机构的过失（如调度命令错误、保护定值错误、误动、误碰等）造成发供电设备异常运行并构成事故时，对调度应定为 1 次事故。如果发供电单位也有过失，亦应定为 1 次事故。

4.1.7.7 由用户设备故障引起发供电单位线路跳闸构成的事故，如发供电单位有责任时，发供电单位定为 1 次事故。

4.1.7.8 由于通信失灵造成延误送电或扩大事故者，除事故单位定为事故外，有责任的通信单位亦应定为1次事故。上报时可合并定为1次事故，但应作说明。

4.1.7.9 电力系统内实行独立核算的集中检修单位，在承包农电生产的检修工作中发生设备事故时，若双方都有责任，则不分主、次，各定为1次事故；如果责任分不清，同样各定为1次事故；如果一方有责任，另一方无责任，则仅对有责任一方定为1次事故。

4.1.7.10 如一次事故中同时发生人身伤亡事故和设备事故，应各定为1次事故。

4.2 农村触电死亡事故的确定

4.2.1 凡因触及农村电网电力设施或用电设施，造成非电力企业职工人身死亡事故，均定为农村触电死亡事故；但对以下事故，经县级公安、检察等部门认定，市级农电主管部门核实，并经省级农电主管部门同意后，不作为农村触电死亡事故认定。

　　a) 利用电力或电力设施谋害他人或进行自杀者；

　　b) 因盗窃或破坏电力设施造成自身或他人死亡者；

　　c) 因盗窃或破坏国家、集体或他人财物造成自身或他人触电死亡者；

　　d) 精神病人或间歇性精神病人发作期触及合格的电力设施造成自身死亡者；

　　e) 乡镇及以上企事业单位在其厂区或工作区内发生的触电死亡事故；

　　f) 非农业人口发生的触电死亡事故；

　　g) 由于不可抗拒的因素（如自然灾害）超过国家或行业规定的设计防范标准，造成电力设施损坏而引起的人身触电死亡事故。

4.2.2 农村触电死亡事故按原因可分为：设备安装不合格；设备失修；违章作业；缺乏安全用电常识；私拉乱接；其他。

4.3 事故性质的确定

　　根据事故性质的严重程度及经济损失的大小，分为特别重大事故、重大事故和一般事故。

4.3.1 特别重大事故（以下简称"特大事故"）。

4.3.1.1 人身死亡事故一次达50人及以上者。

4.3.1.2 造成直接经济损失达1000万元及以上者。

4.3.1.3 性质特别严重、经国务院电力管理部门认定为特大事故者。

4.3.2 重大事故。

4.3.2.1 人身死亡事故一次达3人及以上，或人身伤亡事故一次死亡与重伤达10人及以上者。

4.3.2.2 大面积停电造成减供负荷超过200MW者。

4.3.2.3 造成发供电设备或施工机械严重损坏，直接经济损失达150万元者。

4.3.2.4 25MW及以上的发电设备，31.5MVA及以上的主变压器或大型、贵重的施工机械严重损坏，30天内不能修复或修复后不能达到原来铭牌出力和安全水平者。

4.3.2.5 其他性质严重的事故，经省级电力管理部门认定为重大事故者。

4.3.3 一般事故。

　　除特大事故、重大事故以外的事故，均定为一般事故。

5 障碍

5.1 发生下列情况之一的，定为障碍。

5.1.1 降低出力未构成事故者。

5.1.2 由于发供电企业的责任，造成 35kV 及以上变电所的母线电压超过调度规定的电压曲线数值的±5%，且延续时间超过 1h；或超过规定数值的±10%，且延续时间超过 30min 的电压质量降低。

5.1.3 其他。

5.1.3.1 事先经过省级及以上农电部门批准进行的科学技术实验项目，在实行中由于非本单位人员过失造成的设备异常运行，但未造成严重后果者。

5.1.3.2 经省级及以上电力管理部门事先认定的老旧小发电机组和输变电设备，发生非本单位人员过失造成的设备异常运行，但未造成严重后果者。

5.1.3.3 由用户过失引起的线路跳闸事故，且发供电单位没有事故责任者。

5.1.3.4 线路发生故障，断路器跳闸后自动重合闸成功者。或因断路器遮断容量不足，经发电厂、供电局总工程师批准，并报上级主管单位备案停用自动重合闸的断路器，跳闸后 3min 内强送成功者。

5.1.3.5 为抢险救灾（包括人员和物资）而紧急停止设备运行者。

5.1.4 由同一原因引起的多次障碍，或一次障碍涉及几个单位时，比照 4.1.6 和 4.1.7 的规定执行。

对"障碍"的统计办法，暂由各省农电部门自行制定。

6 事故调查

在事故的调查、处理过程中，应遵守回避制度，以免影响对事故的公正分析和处理，还应特别注意对事故现场的保护和原始资料的收集工作，在坚持"三不放过"原则的基础上，认真分析事故原因、明确事故责任、制定行之有效的防止对策、按时写出事故报告并按人事管理权限提出处理意见。

6.1 农电生产事故及障碍的调查

遵照 DL 558 的有关规定执行。

6.2 农村触电死亡事故的调查

6.2.1 发生农村触电死亡事故时，村电工应立即赶赴出事地点，保护现场，抢救触电人员，并尽快报告乡电管站；乡电管站应立即派人到现场协助工作，同时向县电力企业报告。

6.2.2 县电力企业接到事故报告后，应尽快派人赶赴现场，按 6.2.3 进行事故调查。在未查清事故原因，又未采取有效措施前，不得破坏现场，不能盲目送电。

6.2.3 事故调查工作应由县电力企业负责人会同县劳动、公安、检察等有关部门组成调查组，进行现场调查；同时用电报、电话或传真向上级农电部门报告。

6.2.4 发生特大、重大农村触电死亡事故时，应立即报告当地公安部门，保护现场、收集证据，并按照 DL 588 中 4.1 的有关规定组成调查组，进行调查、处理。

6.2.5 调查组的任务是：找出事故发生的原因，查明事故的责任和责任者，按有关规定提出处理意见，填写事故报告，并按 6.2.3、6.2.4 的规定上报。

6.3 事故责任的划分

6.3.1 农电生产事故，应在调查分析的基础上，明确事故发生及扩大的直接原因和间接原因，确定直接责任者和领导责任者，并根据其在事故发生过程中的作用，确定主要责任者、次要责任者和扩大责任者，同时确定各级领导对事故应负的领导责任。

6.3.2 农村触电死亡事故，应按产权隶属关系及事故性质划分事故责任。

6.3.2.1 因设备质量不良、选型、安装不当，或维修、管理不符合规程要求造成触电死亡事故时，设备产权所属者或有书面协议承担代管义务者应承担主要责任或全部责任；与事故相关的责任者则应承担相应责任。

6.3.2.2 对于产权虽属用户，但有书面协议由他人或单位承担代管义务的设备，因代管者的失误直接造成人身触电死亡事故时，代管者应负主要责任或全部责任。

6.3.2.3 用户的电力设施经电力企业验收合格后的安全保证期，在没有外力破坏或其他环境变化的条件下，一般以合同保证期为限；合同没有规定的，则以投产后两年为限。

6.3.2.4 由下列原因之一造成本人或他人的人身触电伤亡事故，应由肇事者本人负全部责任；未成年人或无自制能力者，应由其家长或监护人负全部责任；造成电力设施损坏或停电事故的，电力企业有权要求其赔偿全部损失；触犯刑律的，电力企业应协同公安、检察部门依法追究肇事者的刑事责任。

  a）私自攀登合格的变压器台架、电杆或摇动拉线；

  b）家用电器或照明设备超过使用年限失修漏电；

  c）私拉乱接或其他违章用电；

  d）在电力线路附近盖房、打井或从事其他劳动时，误触合格的电力设施；

  e）玩忽职守、违章作业；

  f）电工或其他人利用职权违章指挥；

  g）利用电力设施自杀或谋害他人；

  h）盗窃或破坏电力设施，盗窃或破坏国家、集体或他人财物；

  i）私设电网；

  j）车辆或机械碰撞电力设施；

  k）超高、超宽物品通过带电设施，引起安全距离不够；

  l）私自向停电设备送电。

6.3.2.5 由于不可抗拒的因素（如自然灾害）超过国家或行业规定的设计防范标准，造成电力设施损坏而引起人身触电死亡事故时，通过事故调查，并经公安、检察等部门认定，不予追究责任。

6.3.2.6 在由单位组织的活动中，凡因违反安全用电规定引发的触电死亡事故，由组织活动的单位负主要责任。

6.3.2.7 其他由多种因素造成的人身触电死亡事故，均应根据情况分清主次责任。

7 统计报告

  在农电生产事故的统计报告工作中，各网、省农电管理部门应与安监部门协同规定本省农电事故的上报渠道，避免漏报或重报。

7.1 统计填报单位和审批汇总单位

7.1.1 县（市、区）发、供电企业为统计及填报事故的基层单位。

7.1.2 地（市）农电安全管理部门将基层的各类报告、报表审批汇总后上报。

7.1.3 网、省局农电安全管理部门将所辖单位的各类报告、报表审批汇总后，上报电力工业部农村电气化司。

7.2 统计报告、报表的种类

7.2.1 事故报告。

7.2.1.1 农电生产事故报告分以下两类。

a) 人身伤亡事故报告,其格式见附录 A 表 A1;

b) 设备事故报告,其格式见附录 A 表 A2。

注:表 A1、表 A2 分别与 DL 558 附录 B 的表 B1、表 B2 相同。

7.2.1.2 农村触电死亡事故报告,其格式见附录 A 表 A3。

7.2.2 事故调查报告书。

对"农电生产事故"和"重大、特大农村人身触电死亡事故",要求写出事故调查报告书。

7.2.2.1 农电生产事故调查报告书,分以下两类。

a) 人身伤亡事故调查报告书,其格式见附录 A 的 A4;

b) 设备事故调查报告书,其格式见附录 A 的 A5。

注:表 A4、表 A5 分别与 DL 558 附录 B 的相应内容相同。

7.2.2.2 重大、特大农村触电死亡事故调查报告书,其格式见附录 A 的 A6。

7.2.3 农电生产事故报表。

7.2.3.1 年报表。

年报表是各级农电部门进行年度安全统计、分析安全生产情况的依据。它分为以下七类:

a) 农电生产事故情况综合年报表,其格式见附录 B 表 B1;

b) 农电生产人身事故分析年报表,其格式见附录 B 表 B2;

c) 农电生产人身事故隶属关系及分月统计年报表,其格式见附录 B 表 B3;

d) 农电生产事故(率)统计月(年)报表,其格式见附录 B 表 B4,需计算事故率;

e) 主变压器/配电变压器烧毁情况年报表,其格式见附录 B 表 B5;

f) 农电生产场所火灾事故情况年报表,其格式见附录 B 表 B6;

g) 农电生产人身事故分类统计月(年)报表,其格式见附录 B 表 B7,不需填写累计人数。

7.2.3.2 月报表。月报表是本单位分析安全生产情况和上级农电部门了解、分析所辖单位安全情况的依据,可分为以下两类:

a) 农电生产事故(率)统计月(年)报表,其格式见附录 C 表 C1,内容同附录 B 表 B4,但不需计算事故率;

b) 农电生产人身事故分类统计月(年)报表,其格式见附录 C 表 C2,内容同附录 B 表 B7,但需填写累计人数。

7.2.4 农村用电事故报表。

7.2.4.1 年报表。

a) 农村用电事故情况综合年报表,其格式见附录 D 表 D1;

b) 农村触电死亡事故情况及分月统计年报表,其格式见附录 D 表 D2;

c) 农村触电死亡事故分类统计年(月)报表,其格式见附录 D 表 D3;

d) 农村用电火灾事故和漏电保护器情况年报表,其格式见附录 D 表 D4。

7.2.4.2 月报表。

农村触电死亡事故分类统计年(月)报表,其格式见附录 E 表 E1,内容同附录 D

表 D3。

7.3 月（年）度统计报表的填报

7.3.1 基层统计填报单位应按月填报 7.2.3.2 所列报表，并于次月 5 日前报地（市）电力局农电安全主管部门。地（市）电力局应于当月 10 日前报（或抄报）省农电局（处）；省农电局（处）汇总后于当月 20 日前报电力工业部农村电气化司。

补报的事故，可与下月报表同时报出。

7.3.2 基层年度统计报表填报的时间，由各省农电局（处）自行规定，但省农电局（处）应于 3 月 20 日前将 7.2.3.1 所列的报表报送电力工业部农村电气化司。

7.4 事故的报告程序

7.4.1 农电生产事故的报告程序。

7.4.1.1 发生农电生产事故（不含配电事故）后，事故单位应于次月 5 日前将事故报告一式三份上报地（市）电力局农电安全主管部门；地（市）电力局审核后，于当月 10 日前上报省电力局农电局（处）一式两份；省农电局（处）审阅后，于当月 20 日前报网局农电局（处）及电力工业部农村电气化司（报告形式包括计算机软盘，下同）。

7.4.1.2 发生特大事故、重大事故和生产人身死亡事故时的事故报告，按 DL 558 的规定报出。

7.4.2 农村触电死亡事故的报告程序。

按照 6.2 农村触电死亡事故的调查相同的程序，与农电生产事故报告同时上报。

7.5 统计报告的其他规定

7.5.1 对事故的统计报告，要及时、准确、完整，并与设备可靠性管理相结合，全面评价安全水平。

7.5.2 发生特大、重大事故（包括农村用电部分）、生产人身死亡、两人及以上生产人身重伤和性质严重的设备损坏事故，事故单位必须在 24h 内用电话、传真或电报快速向地（市）电力局、省农电局（处）和地方有关部门报告，省农电局（处）应立即向网局和电力工业部转报。

在发生特大、重大事故（包括农村用电部分）或生产人身死亡事故后，事故单位应在向地（市）电力局和省农电局（处）报告的同时，直接向网局和电力工业部报告；报告办法和形式，应遵照 DL558 的规定。

7.5.3 配电事故的报告办法由省农电局（处）自行制定。

8 安全考核

8.1 农电生产安全考核项目按照 DL 558 的规定执行，但对超过设计防范标准的雷害事故和县级电力企业无责任的农村用电事故不进行考核。

8.2 农电生产安全考核项目的计算统计方法，除采用 DL 558 中规定的计算方法和公式外，对配电事故率应按式（1）计算

$$配电事故率［次/（百~km·年）］=\frac{本规定列入统计的配电事故次数（次）}{配电线路总长度（百~km·年）} \tag{1}$$

8.3 农村用电安全考核的项目和计算公式。

8.3.1 农村千公里线路触电死亡率的计算公式为

$$农村千公里线路触电死亡率［人/（千~km·年）］=\frac{全省一年农村触电死亡人数（人）}{全省农村高、低压线路（含电缆）总长度（千~km）} \tag{2}$$

8.3.2 农村千万千瓦·时用电量触电死亡率的计算公式为

农村千万千瓦·时用电量触电死亡率［人/（千万 kW·h·年）］

$$=\frac{全省一年农村触电死亡人数（人）}{全省农业用电量（千万 kW·h）} \quad (3)$$

8.3.3 低压漏电保护器。对于低压漏电保护器，应满足 DL 499 的要求。

附　录　A
（标准的附录）
事故报告的格式

A1 人身伤亡事故报告的格式见表 A1。

表 A1　人 身 伤 亡 事 故 报 告

填报单位：＿＿＿＿＿＿＿＿＿＿（章）事故简题：＿＿＿＿＿＿＿＿＿

事故编号	主管单位名称	事故单位（部门）	隶属关系	经济类型	事故发生时间	事故性质	事故类别	事故归属	安全记录	姓名	性别	年龄	工龄	工种1	工种2	本工种工龄

用工类别	伤害程度	受 伤 部 位		折算损失工日	起因物	危险作业分类		触电类别		触电电压
				工日						
职业禁忌	现场紧急救护措施	1. 2. 3. 4. 5.	6. 7. 8. 9. 10.	直接经济损失	致害物	1. 2. 3. 4.		气象条件及自然灾害		气温
				千元						℃

不安全状态	不安全行为	事故直接原因	责任分类	事故间接原因	责任分类	报告附件
1. 2. 3. 4.	1. 2. 3. 4.	1. 2. 3. 4.	1. 2. 3. 4.	1. 2. 3. 4.	1. 2. 3. 4.	1. 2. 3. 4.

事故经过	
事故暴露的问题	
防止对策	

执行人		完成期限	年　月　日	事故单位领导（签名）		安监审核人（签名）		填报人（签名）	
网省局领导批复		（签名）：			网省局安监部门批复		（签名）：		

填报日期：　　年　月　日

A2 设备事故报告的格式见表 A2。

表A2 设备事故报告

填报单位：_____ （章） 事故简题：_____

事故编号	主管单位名称	事故单位（部门）	事故起止时间		设备停运时间	设备分类	事故分类	事故性质	事故责任单位	气象条件及自然灾害	气温	安全记录
			年 月 日 时 分 至 月 日 时 分		小时 分						℃	

主 设 备 规 范											事 故 损 失		
设备编号	设备名称	容量（t/h,MW,MVA）	压力或电压	主汽温度	型号	制造厂家	制造日期	投产日期	大修日期	少发电量	少送电量	直接经济损失
			MPa或kV	℃			年 月 日	年 月 日	年 月 日	万 kWh	万 kWh	千元

事 故 原 因 及 责 任										损 坏 设 备		
设备编号	部件分类	零部件名称	技术分类	型 号	制造厂家	原因1	责任1	原因2	责任2	设备分类	部件分类	损坏程度
										1. 2. 3. 4. 5.	1. 2. 3. 4. 5.	1. 2. 3. 4. 5.

不 正 确 动 作 的 保 护 情 况													
保护名称	一次电压(kV)	技术分类	错误类型	有无附图	有无派生	派生情况	设备分类	设备编号	容量（t/h，MW，MVA）	压力或电压（MPa，kV）	制造厂家	部件分类	技术分类	原因

事故经过、扩大及处理情况	
事故暴露的问题	事故责任人姓名、职务
防止对策	

执行人		完成期限	年 月 日	厂（局）长或总工程师	（签名）	安监审核人	（签名）	填报人	（签名）
网省局领导批复		（签名）：				网省局安监部门批复		（签名）：	

填报说明：如无派生情况，则不填写派生情况栏目。

填报日期： 年 月 日

A3 农村触电死亡事故报告的格式见表 A3。

表 A3 农村触电死亡事故报告

填报单位：＿＿＿＿＿＿＿＿＿＿＿＿＿＿＿＿＿＿（章）事故简题：＿＿＿＿＿＿＿＿＿＿＿＿＿＿＿

事故地点	省（市、自治区）		市（地）	县（市）	乡（镇）	村			
事故时间	年　月　日　时　分						事故地点周围环境		
天气情况			气温		℃				
触电电压		触电起因（选择打√）			电力设施□　家用电器□　其他□				
姓名	性别	年龄	社会身份	身　体　触　电　部　位					
1.									
2.									
3.									
事故经过									
暴露问题									
事故责任									
防止对策									
调查组成员及单位									
单位负责人	（签名）		安监审核人		（签名）				

填报人：　　　　　　　　　　　　　　　　　　　　　报出日期：　　年　月　日

A4 人身伤亡事故调查报告书的格式如下。

人身伤亡事故调查报告书

1. 事故单位
2. 事故简题
3. 事故性质
4. 事故时间
5. 伤亡人姓名
6. 性别
7. 年龄
8. 工种
9. 技术等级
10. 本工种工龄
11. 健康状况
12. 安全教育情况
13. 伤害程度
14. 受伤部位
15. 事故类别
16. 企业性质

17. 用工类别

18. 事故归属

19. 折算损失工日

20. 直接经济损失

21. 触电类别

22. 电压等级

23. 事故经过

24. 事故原因

25. 暴露问题

26. 事故责任及处理情况

27. 防止对策、执行者及完成期限

28. 事故调查组成员的姓名、单位、职务或职称

29. 有关附件（包括图纸、资料、原始记录、事故照片、录像等）

30. 事故调查组成员签名

31. 主持事故调查单位

（代章）

32. 报出日期

A5 设备事故调查报告书的格式如下。

设备事故调查报告书

1. 事故单位

2. 事故简题

3. 事故性质

4. 事故起止时间

5. 气象条件及自然灾害

6. 主设备规范

7. 设备制造厂家和投运时间

8. 设备修复（更新）时间

9. 直接经济损失

10. 少发（送）电（热）

11. 设备损坏情况

12. 事故前工况

13. 事故经过（发生、扩大及处理情况）

14. 事故发生、扩大的原因

15. 事故暴露的问题及有关评议

16. 对重要用户的影响

17. 事故责任及处理情况

18. 防止事故的对策、执行人员及完成期限

19. 事故调查组成员的姓名、单位、职务或职称

20. 有关附件（包括图纸、资料、原始记录、事故照片及录像等）

21. 事故调查组成员签名

22. 主持事故调查单位

（代章）

23. 报出日期

A6 重大、特大农村人身触电死亡事故报告书的格式如下。

重大、特大农村人身触电死亡事故报告书

1. 事故地点

2. 事故简题

3. 事故性质

4. 事故时间

5. 伤亡人简况

1）姓名

2）性别

3）年龄

4）身份

5）受教育情况

6）原健康状况

7）伤害部位

8）伤害程度

6. 触电形式

7. 触电电压

8. 事故经过

9. 事故原因

10. 事故责任

11. 事故分析

1）暴露问题

2）防止对策

3）有关附件（包括图纸、资料、照片、录像及原始记录）

12. 事故调查组成员情况

1）姓名

2）性别

3）工作单位

4）职务（职称）

13. 事故调查组成员签名

14. 主持调查单位（盖章）

15. 报出日期

附 录 B

（标准的附录）

农电生产年报表格式

B1 农电生产事故情况综合年报表的格式见表B1。

表 B1 农电生产事故情况综合年报表

项　　目	单位	本年		上年		本年与上年比较	备注
		死亡	重伤	死亡	重伤	增减量（±相应单位量）	
1. 农电职工总数（录自农电综合年报）	人						
2. 职工死亡、重伤人数	人						
隶属：供电	人						
火电	人						
水电	人						
其中：特大、重大人身事故（次/死亡/重伤）	次/人/人						
3. 职工千人死亡率	‰						
4. 职工千人重伤率	‰						
5. 主变压器总数	台/kVA						
其中：烧毁主变压器	台/kVA						
6. 配电变压器总数	台/kVA						
其中：烧毁配电变压器	台/kVA						
7. 生产场所火灾事故	次/万元						
其中：重大火灾事故	次/万元						
8. 输电事故率	次/（百 km·年）						
9. 变电事故率	次/（台·年）						
10. 配电事故率	次/（百 km·年）						
11. 公用火电厂发电事故率	次/（台·年）						
12. 公用水电厂发电事故率	次/（台·年）						
13. 供电事故总次数	次						
14. 发电事故总次数	次						
15. 特大、重大事故损失	次/万元						

说明：本表基层单位不填，仅供上级农电部门汇总，上报用。

单位负责人：　　　　填报人：　　　　填报日期：　　年　　月　　日

B2 农电生产人身事故分析年报表的格式见表B2。

填报单位：＿＿＿＿＿＿＿＿＿

表 B2　农电生产人身事故分析年报表

（盖章）

事故类别	合计			小计		违章带电作业		安全距离不够		返送电		触电伤害															
事故原因												接触或跨步电压		感应电压		未验电接地		误入带电间隔或设备		约时停送电		误送电		低压设备		其他触电	
	事故件数	死亡人数	重伤人数	死亡	重伤	死亡	重伤	死亡	重伤	死亡	重伤	死亡	重伤	死亡	重伤	死亡	重伤	死亡	重伤	死亡	重伤	死亡	重伤	死亡	重伤	死亡	重伤
	01	02	03	04	05	06	07	08	09	10	11	12	13	14	15	16	17	18	19	20	21	22	23	24	25	26	27
总　　计																											
直接原因 1. 安全防护装置缺少或有缺陷																											
2. 设备、设施、工具及附件有故障、隐患或有缺陷																											
3. 个人防护用品、安全用品具缺少或有缺陷																											
4. 生产或工作场地的环境不良（如照明度低、噪声大等）																											
5. 误操作、违章操作或设备监视对设备监视、调整不当																											
6. 物体存放不当																											
7. 工作中忽视安全或安全设备维护不当、使用了不安全设备																											
间接原因 1. 没有安全操作规程或安全操作规程不健全																											
2. 劳动组织不合理																											
3. 对现场工作缺乏检查或指挥错误																											
4. 设计、制造或施工安装过程中有缺陷或存在隐患																											
5. 教育、培训不够																											
6. 事故隐患防范措施和整改措施不力																											

说明：各省填写此表时，对"其他触电"、"其他伤害"栏的内容请在表下注明原因。

593

事故原因		小计 死亡	小计 重伤	物体打击或重伤害 死亡	物体打击或重伤害 重伤	机器或设备伤害 死亡	机器或设备伤害 重伤	车辆伤害 死亡	车辆伤害 重伤	杆塔倒塌或高处坠落 死亡	杆塔倒塌或高处坠落 重伤	建筑物坍塌 死亡	建筑物坍塌 重伤	一般伤害 锅炉或压力容器爆炸 死亡	锅炉或压力容器爆炸 重伤	爆破作业时伤害 死亡	爆破作业时伤害 重伤	其他爆炸伤害 死亡	其他爆炸伤害 重伤	淹溺 死亡	淹溺 重伤	火灾 死亡	火灾 重伤	灼烫伤 死亡	灼烫伤 重伤	中毒或窒息 死亡	中毒或窒息 重伤	其他伤害 死亡	其他伤害 重伤
		28	29	30	31	32	33	34	35	36	37	38	39	40	41	42	43	44	45	46	47	48	49	50	51	52	53	54	55
合 计																													
直接原因	1. 安全防护装置缺少或有缺陷																												
	2. 设备、设施、工具及附件有故障，隐患或有缺陷																												
	3. 个人防护用品、安全用具缺少或有缺陷																												
	4. 生产或工作场地的环境不良（如照度低、噪声大等）																												
	5. 误操作、违章操作或对设备监视、调整不当																												
	6. 物体存放不当																												
	7. 工作中忽视安全或设备维护不当，使用了不安全设备																												
间接原因	1. 没有安全操作规程或安全操作规程不健全																												
	2. 劳动组织不合理																												
	3. 对现场工作缺乏检查或指挥错误																												
	4. 设计、制造或施工安装过程中有缺陷或存在隐患																												
	5. 教育、培训不够																												
	6. 事故隐患防范措施和整改措施不力																												

说明：各省填写此表时，对"其他触电"、"其他伤害"栏的内容请在表下注明原因。

单位负责人：　　　　填报人：　　　　填报日期：　　年　月　日

594

B3 农电生产人身事故隶属关系及分月统计年报表的格式见表 B3。

表 B3　农电生产人身事故隶属关系及分月统计年报表

填报单位（盖章）

地区	死伤情况与上年比较						农电职工全年末总人数（计算方法见表下说明）				千人重伤率(‰)		按隶属关系分类						分月统计																									
	本年		上年		死亡人数增减	重伤人数增减	合计	供电	火电	水电	本年	上年	供电		火电		水电		一月		二月		三月		四月		五月		六月		七月		八月		九月		十月		十一月		十二月	
	重伤	死亡	重伤	死亡									伤	亡	伤	亡	伤	亡	重伤	死亡	重伤	死亡	重伤	死亡	重伤	死亡	重伤	死亡	重伤	死亡	重伤	死亡	重伤	死亡	重伤	死亡	重伤	死亡	重伤	死亡	重伤	死亡
	01	02	03	04	05	06	07	08	09	10	11	12	13	14	15	16	17	18	19	20	21	22	23	24	25	26	27	28	29	30	31	32	33	34	35	36	37	38	39	40	41	42
地区																																										

此处表格填写地区，从略

说明：1. 此处"职工"按本规定范围统计；短期用工应进行折算，即将全年用工的人次总数按工作日总数平均。
　　　2. 各省填写此表时，左边"地区"栏填写本省地区名。

单位负责人：　　　　　　　　　　填报人：　　　　　　　　　　填报日期：　　年　月　日

595

B4 农电生产事故(率)统计月(年)报表的格式见表 B4。

表 B4　农电生产事故(率)统计月(年)报表(　　年　　月)

填报单位(盖章) 地区	供电事故总次数	输电事故				变电事故				配电事故				发电事故总次数	发电事故(火电/水电)										重大及特大事故				
		次数		输电线路长度	次/(百km·年)	次数		主变压器台数	次/(台·年)	次数		配电线路长度	次/(百km·年)		次数		其中						发电机组台数	次/(台·年)	小计	其中			
		本月	累计	百km		本月	累计	台	(台·年)	本月	累计	百km			本月	累计	锅炉	汽机	发电机	水工	水轮机	其他	台	(台·年)		供电	火电	水电	其他
地　区	01	02	03	04	05	06	07	08	09	10	11	12	13	14	15	16	17	18	19	20	21	22	23	24	25	26	27	28	29
此处表格填写地区，从略																													

说明：1. 各省填写此表时，对"其他"栏的内容请在表下注明原因；左边"地区"栏填写本省地区名。

2. 本表作为月报表时，需填写"累计"栏，不计算事故率；作为年报表时，需计算事故率。

单位负责人：　　　　　　填报人：　　　　　　填报日期：　　　年　月　日

596

B5 主变压器/配电变压器烧毁情况年报表的格式见表 B5。

表 B5 主变压器/配电变压器烧毁情况年报表

填报单位（盖章）	主 变 压 器							配 电 变 压 器							
	总台数 台/kVA	烧毁台数 台/kVA	按事故原因分类 台/kVA					总台数 台/kVA	烧毁台数 台/kVA	按事故原因分类 台/kVA					
			雷击	超负荷	失修	质量差	其他			雷击	超负荷	失修	低压短路	质量差	其他
地 区	01	02	03	04	05	06	07	08	09	10	11	12	13	14	15
此处表格填写地区，从略															

说明：各省填写此表时，对"其他"栏的内容请在表下注明原因；左边"地区"栏填写本省地区名。

单位负责人： 填报人： 填报日期： 年 月 日

B6 农电生产场所火灾事故情况年报的格式见表 B6。

表 B6 农电生产场所火灾事故情况年报

填报单位（盖章）	合 计				供 电				火 电				水 电			
	火灾次数	损失折款万元	死亡人数	重伤人数	火灾次数	损失折款万元	死亡人数	重伤人数	火灾次数	损失折款万元	死亡人数	重伤人数	火灾次数	损失折款万元	死亡人数	重伤人数
地 区	01	02	03	04	05	06	07	08	09	10	11	12	13	14	15	16
此处表格填写地区，从略																

填报单位（盖章）	其中：重大及特大火灾事故															
	小计				供电				火电				水电			
	次数	损失折款万元	死亡	重伤	次数	损失折款万元	死亡	重伤	次数	损失折款万元	死亡	重伤	次数	损失折款万元	死亡	重伤
地 区	17	18	19	20	21	22	23	24	25	26	27	28	29	30	31	32
此处表格填写地区，从略																

单位负责人： 填报人： 填报日期： 年 月 日

B7 农电生产人身事故分类统计年（月）报表的格式见表 B7。

表 B7 农电生产人身事故分类统计年(月)报表(年 月)

填报单位(盖章)	两种伤害合计		小计 本月/累计		违章带电作业		安全距离不够		返送电		接触或跨步电压		感应电压		不验电接地		误入带电间隔或设备		约时停送电		误送电		低压设备		其他触电	
	死亡	重伤	死亡	重伤	死亡	重伤	死亡	重伤	死亡	重伤	死亡	重伤	死亡	重伤	死亡	重伤	死亡	重伤	死亡	重伤	死亡	重伤	死亡	重伤	死亡	重伤
	01	02	03	04	05	06	07	08	09	10	11	12	13	14	15	16	17	18	19	20	21	22	23	24	25	26
地区																										
此处表格填写地区、从略																										

触 电 伤 害

填报单位(盖章)	小计 本月/累计		物体打击或起重伤害		机器或设备伤害		车辆伤害		杆塔倒塌或高处坠落		建筑物坍塌		锅炉或压力容器爆炸		爆破作业时伤害		其他爆炸伤害		淹溺		火灾		灼烫伤		中毒或窒息		其他伤害	
	死亡	重伤	死亡	重伤	死亡	重伤	死亡	重伤	死亡	重伤	死亡	重伤	死亡	重伤	死亡	重伤	死亡	重伤	死亡	重伤	死亡	重伤	死亡	重伤	死亡	重伤	死亡	重伤
	27	28	29	30	31	32	33	34	35	36	37	38	39	40	41	42	43	44	45	46	47	48	49	50	51	52	53	54
地区																												
此处表格填写地区、从略																												

一 般 伤 害

说明: 1. 各省上报此表时, 对"其他触电"、"其他伤害"栏的数字请在表下注明事故原因; 左边"地区"栏填写本省地区名。

2. 本表作为月报表时, 需填写"本月累计"栏, 以"/"区分; 作为年报表时, 只填写全年"累计"数字。

填报人:

单位负责人:

填报日期: 年 月 日

598

附 录 C

农电生产月报表格式

C1 农电生产事故（率）统计月（年）报表的格式见表 C1。

表 C1 农电生产事故（率）统计月（年）报表（　　　年　　月）

填报单位（盖章）	供电事故总次数	输电事故				变电事故				配电事故			
		次数		输电线路长度百km	次/（百km·年）	次数		主变压器台数	次/（台·年）	次数		配电线路长度百km	次/（百km·年）
		本月	累计			本月	累计			本月	累计		
地区	01	02	03	04	05	06	07	08	09	10	11	12	13
此处表格填写地区，从略													

填报单位（盖章）	发电事故（火电/水电）								发电机组台数	发电总事故率次/（台·年）	重大及特大事故				
	次数		其中								小计	其中			
	本月	累计	锅炉	汽机	发电机	水工	水轮机	其他 火 水				供电	火电	水电	其他
地区	14	15	16	17	18	19	20	21 22		23	24	25	26	27	28
此处表格填写地区，从略															

说明：1. 各省上报此表时，对"其他"栏的数字请在表下注明事故原因；左边"地区"栏填写本省地区名。

2. 本表作为月报表时，需填写"累计"栏，不计算事故率；作为年报表时，需计算事故率。

单位负责人：　　　　　　　　　　　　　填报人：　　　　　　　　　　　　填报日期：　　年　月　日

C2 农电生产人身事故分类统计月（年）报表的格式见表 C2。

表 C2 发电生产人身事故分类统计月(年)报表(年 月)

触 电 伤 害

填报单位(盖章)	两种伤害合计		小计 本月/累计		违章带电作业		安全距离不够		返送电		接触或跨步电压		感应电压		不验电接地		误入带电间隔或设备		约时停送电		误送电		低压设备		其他触电	
	死亡	重伤	死亡	重伤	死亡	重伤	死亡	重伤	死亡	重伤	死亡	重伤	死亡	重伤	死亡	重伤	死亡	重伤	死亡	重伤	死亡	重伤	死亡	重伤	死亡	重伤
地区	01	02	03	04	05	06	07	08	09	10	11	12	13	14	15	16	17	18	19	20	21	22	23	24	25	26
此处表格从略																										

一 般 伤 害

填报单位(盖章)	小计 本月/累计		物体打击或起重伤害		机器或设备伤害		车辆伤害		杆塔倒塌或高处坠落		建筑物坍塌		锅炉或压力容器爆炸		爆破作业时伤害		其他爆炸伤害		淹溺		火灾		灼烫伤		中毒或窒息		其他伤害	
	死亡	重伤	死亡	重伤	死亡	重伤	死亡	重伤	死亡	重伤	死亡	重伤	死亡	重伤	死亡	重伤	死亡	重伤	死亡	重伤	死亡	重伤	死亡	重伤	死亡	重伤
地区	27	28	29	30	31	32	33	34	35	36	37	38	39	40	41	42	43	44	45	46	47	48	49	50	51	52	53	54
此处表格从略																										

说明：1. 各省上报此表时，对"其他触电"、"其他伤害"栏的数字请在表下注明事故原因；左边"地区"栏填写本省各地区名。

2. 本表作为月报表时，需填写"本月/累计"栏，以"/"区分；只填全年"累计"数字。作为年报表时，作为年报表时，只填全年"累计"数字。

单位负责人：　　　　　　填报人：　　　　　　填报日期：　年　月　日

600

附 录 D

（标准的附录）

农村用电事故年报表格式

D1 农村用电事故情况综合年报表的格式见表 D1。

表 D1 农村用电事故情况综合年报表

项 目	单位	本年	上年	本年与上年比较 增减量（±相应单位量）	备 注
1. 农村触电死亡总数	人				
2. 高、低压线路总长	千公里				
千公里触电死亡率	人/（千 km·年）				
3. 农村总用电量	千万 kWh				
千万千瓦时触电死亡率	人/（千万 kW·h·年）				
4. 共有县数	个				
其中：已通电的县数	个				
发生触电死亡事故的县数	个				
5. 重大、特大触电事故情况	次/死亡数/重伤数				
6. 电气火灾事故及损失情况	次/万元				
其中：重大、特大火灾	次/万元				
7. 安装漏电保护器数量	万台				
其中：总保护器	万台				
分支保护器	万台				
末端（家用）保护器	万台				
8. 总保护器动作次数	万次				

说明：本表基层单位不填，仅供上级农电部门汇总、上报用。

单位负责人：　　　　　　　　填报人：　　　　　　　　，填报日期：　年　月　日

601

D2 农村触电死亡事故情况及分月统计年报表的格式见表D2。

表 D2　农村触电死亡事故情况及分月统计年报表

填报单位 （盖章）	死亡人数与上年比较				隶属关系			触电死亡率						供电总县数
								按"人/ （千 km·年）"计			按"人/ （千万 kWh）"计			
	本年人数	上年人数	增减人数	增减率％	供电	火电	水电	线路长	本年率	上年率	用电量	本年率	上年率	
地　区	01	02	03	04	05	06	07	08	09	10	11	12	13	14
此处表格填写地区，从略														

填报单位 （盖章）	发生触电死亡事故的县数个		特大、重大伤亡事故起/人/人	按　月　份　统　计												
	本年	上年		1月	2月	3月	4月	5月	6月	7月	8月	9月	10月	11月	12月
地　区	15	16	17	18	19	20	21	22	23	24	25	26	27	28	29
此处表格填写地区，从略															

说明：1. 各省填写此表时，左边"地区"栏填写本省地区名。
　　　2. 第08项"线路长"应为高低压线路总长，填写时请注意。

单位负责人：　　　　　　　　　填报人：　　　　　　　　　填报日期：　　年　月　日

D3 农村触电死亡事故分类统计年（月）报表的格式见表D3。

表 D3　农村触电死亡事故分类统计年（月）报表（　　年　　月）　　　　单位：人

填报单位 （盖章）	合计	高压触电死亡人数						低压触电死亡人数								
		小计	占合计百分比％	线路	倒杆断线	高压设备	其他	小计	占合计百分比％	线路	倒杆断线	接户引线	临时用电	动力设备	生活用电	其他
地　区	01	02	03	04	05	06	07	08	09	10	11	12	13	14	15	16
此处表格填写地区，从略																

填报单位 （盖章）	按触电原因分类						按社会身份分类						
	设备安装不合格	设备失修	违章作业	缺乏安全用电常识	私拉乱接	其他	农民	乡村干部	农村电工	农业工人	学生	学前儿童	其他
地　区	17	18	19	20	21	22	23	24	25	26	27	28	29
此处表格填写地区，从略													

说明：各省填写此表时，对"其他"栏的内容请在表下注明原因；左边地区栏填写本省地区名。

单位负责人：　　　　　　　　　填报人：　　　　　　　　　填报日期：　　年　月　日

D4 农村用电火灾事故和漏电保护器情况年报表的格式见表D4。

表 D4　农村用电火灾事故和漏电保护器情况年报表

未注明单位：　　　人；折款单位：　　　万元

填报单位（盖章）	火灾事故情况				其中重大特大火灾				漏电保护器情况（单位：台）														总保护器动作分析				
									已投各种保护器（总计）	总保护器情况				分支保护器情况				末端（家用）保护器情况				动作总次数	触电引起动作次数	漏电引起动作次数	拒动次数	正确动作率%
	次数	损失折款	死亡	重伤	次数	损失折款	死亡	重伤		应安装数	已安装数	安装%	投运%	应安装数	已安装数	安装%	投运%	应安装数	已安装数	安装%	投运%					
地　区	01	02	03	04	05	06	07	08	09	10	11	12	13	14	15	16	17	18	19	20	21	22	23	24	25	26
总　计																										

说明：各地填写此表时，对"其他"栏的内容请在表下注明原因；左边"地区"栏填写本省地区或县（市）名。

单位负责人：　　　　　填报人：　　　　　填报日期：　　年　月　日

附　录　E

（标准的附录）

农村触电死亡事故月报表格式

E1 农村触电死亡事故分类统计月（年）报表的格式见表 E1。

表 E1　农村触电死亡事故分类统计月（年）报表（　　年　月）

填 报 单 位（盖章）	合计	高压触电死亡人数						低压触电死亡人数								
		小计	占合计百分比％	线路	倒杆断线	高压设备	其他	小计	占合计百分比％	线路	倒杆断线	接户引线	临时用电	动力设备	生活用电	其他
地　区	01	02	03	04	05	06	07	08	09	10	11	12	13	14	15	16
此处表格填写地区，从略																

填 报 单 位（盖章）	按触电原因分类						按社会身份分类						
	设备安装不合格	设备失修	违章作业	缺乏安全用电常识	私拉乱接	其他	农民	乡村干部	农村电工	农业工人	学生	学前儿童	其他
地　区	17	18	19	20	21	22	23	24	25	26	27	28	29
此处表格填写地区，从略													

说明：各省填写此表时，对"其他"栏的内容请在表下注明原因；左边地区栏填写本省地区名。

单位负责人：　　　　　　　　　　填报人：　　　　　　　　　填报日期：　　年　月　日